中央高校教育教学改革基金（本科教学工程项目·2018G15）
资源勘查工程国家一流专业系列教材建设基金
教育部、财政部首批特色专业建设项目（TS2307）　　　　　联合资助
中国地质大学（武汉）学科杰出人才基金（102－162301192664）
国家重点研发计划项目课题（2018YFC0604202）

含煤岩系矿产资源

Mineral Resources in Coal Measures

编　著：焦养泉　王双明　王　华
副主编：荣　辉　吴立群　汪小妹
参　编：王小明　李　晶　张　帆
　　　　甘华军　乔军伟

内容提要

本教材聚焦于含煤岩系矿产资源的勘查与开发,从含煤岩系形成和演化的角度,按照沉积成因、形成时序及后生叠加改造作用等关键控矿要素,将含煤岩系矿产资源分为同沉积型、不整合型、成岩变质型3种成因类型,系统总结和阐述了与含煤岩系相关的24种矿产(元素组合)形成发育的普遍地质特征、成因机理和分布规律。

该教材供资源勘查工程专业本科生教学使用,同时适宜于从事煤地质学、沉积学、沉积矿产研究,以及相关领域的研究生、工程师、教师和科学家参阅。

图书在版编目(CIP)数据

含煤岩系矿产资源/焦养泉,王双明,王华编著. —武汉:中国地质大学出版社,2020.12

ISBN 978-7-5625-4903-1

Ⅰ.①含…
Ⅱ.①焦…②王…③王…
Ⅲ.①煤系-伴生矿物-研究
Ⅳ.①P618.11

中国版本图书馆 CIP 数据核字(2020)第 241777 号

含煤岩系矿产资源　　　　　　　　　　　　焦养泉　王双明　王华　**编著**

责任编辑:王凤林　陈琪	选题策划:毕克成　陈琪	责任校对:徐蕾蕾

出版发行:中国地质大学出版社(武汉市洪山区鲁磨路388号)　　　　邮编:430074
电　　话:(027)67883511　　传　　真:(027)67883580　　E-mail:cbb@cug.edu.cn
经　　销:全国新华书店　　　　　　　　　　　　　　　　　　　http://cugp.cug.edu.cn

开本:787毫米×1092毫米　1/16	字数730千字	印张:28.5
版次:2020年12月第1版	印次:2020年12月第1次印刷	
印刷:武汉中远印务有限公司	印数:1—2000册	
ISBN 978-7-5625-4903-1		定价:60.00元

如有印装质量问题请与印刷厂联系调换

前言

含煤岩系以其重要的煤炭资源而受到人们的广泛重视,由于其自身的富有机质特性、较强的还原吸附能力,以及含煤岩系沉积环境演化和后生成岩-构造-岩浆-变质作用的叠加影响等,围绕含煤岩系形成富集了多种其他的矿产资源。这些共生或伴生矿产资源的形成发育,大大地增加了含煤岩系的经济附加值,其中一些矿产资源的经济价值甚至大大超过了煤炭资源本身。因此,深入了解和科学利用含煤岩系矿产资源,就成为新时代资源勘查工程专业人才培养的重要组成部分。在中国地质大学,煤地质学是一个传统的优势学科。随着本科专业建设的需要,于2008年开设了"含煤岩系共伴生矿产"专业主干课。10年来,经过教学团队的不断努力和教学方案的逐渐优化,该课程已经成为一门具有严谨知识体系、相对成熟的专业主干必修课。

该课程设置并出版教材的最初动机,是基于新时代人们对"多矿种共伴生"资源的日益重视,以及对"协同勘查"理念达成的共识。其中,最为突出的实例是鄂尔多斯盆地,2003年科技部设立了"多种能源矿产共存成藏(矿)机理与富集分布规律"国家"973"项目(刘池洋,2005;杨明慧和刘池洋,2006;刘池洋和吴柏林,2016),2011年国土资源部中央地质勘查基金管理中心组织实施大营铀矿"煤铀兼探"会战并获得了重大找矿突破(程利伟等,2012;焦养泉等,2012;彭云彪等,2019)。在鄂尔多斯盆地,存在三套不同时代的含煤岩系,同时具有丰富的石油和天然气藏资源,以及目前我国最大的砂岩型铀矿田,其沉积矿产种类多达十几种(图0-1)。上述两个项目的实施,让人们认识到了多种能源矿产的同盆共存富集具有普遍性,协同勘查成为业界的共识并引领了地勘行业,鄂尔多斯盆地成为率先实践多矿产同盆共存富集研究与协调勘查的典型代表。煤地质界所熟知的抚顺煤田是另外一个典型实例。在抚顺煤田,人们甚至在6800年前就开始利用了煤精等宝石资源,煤中的琥珀、煤层瓦斯(煤层气)、煤矸石以及油页岩等均为宝贵的矿产资源。其实,类似的实例在我国不胜枚举,只是矿种组合随地质背景不同而有所区别。调研发现,进入新世纪特别是最近10年以来,随着2014年中国地质大调查"煤系矿产资源综合调查与评价计划项目"的实施,国内外涉及共伴生矿产研究的学术论文呈现爆发式的刊出,这说明含煤岩系矿产资源已经成为沉积学、煤地质学和矿床学研究的一个热点领域。有研究表明,目前国际上高度关注的大多数关键矿产(金属)以共伴生矿产的形式产出(毛景文等,2019),而煤中金属有望成为我国"三稀"战略性矿产资源的重要来源(宁树正等,2017)。以煤中锗和镓为例,俄罗斯远东地区巴甫洛夫与中国云南临沧、内蒙古乌兰图嘎提供了全球工业用锗的50%(Seredin et al,2013),我国云南临沧和内蒙古乌兰图嘎是目前煤灰中稀有金属商业开发的典范。内蒙古准格尔煤田中异常分布的铝和镓,被认为是继从粉煤灰中提取铀和锗之后的第三次成功范例(代世峰等,2006)。相信,随着国家自然科学基金重大研究计划"战略性关键金属超常富集成矿动力学"项目的启动,该领域必将成为地球科学研究的前沿和热点。那么,煤、油(气)、铀等同盆共存富集是偶然巧合,还是具有

· I ·

必然联系？种种迹象表明，它们是在盆地形成演化过程中有序产出，其间存在成因联系，值得进一步深入研究和探讨。可以预见，随着多能源矿产同盆共存富集规律性和成因认识的逐渐明朗，这种超前的研究思想不仅为推动我国多能源和矿产资源的协同勘查与综合利用步伐注入新的活力，还必将从教育教学角度为培养大批适宜协同勘查的专门人才奠定平台，并使其具有更为宽泛的就业渠道。

一门合格的课程，教材是必不可少的。"教材是知识传承的载体，是课程教学的核心材料，是重要的教学资源"。然而，调研发现"伴生矿产"通常是以"章节"形式出现于一些矿床类或煤地质学的专著或教材中，涉及矿种较少，篇幅有限，缺少系统性，急需要一部完整的教材支撑课堂教学。为此，教学团队于4年前开始着手准备教材的编撰事宜，组织编撰队伍，酝酿编撰体例，制定编撰大纲。目前，呈现给大家的教材具有以下4个鲜明特色。

1. 通过系统调研，厘定了"含煤岩系矿产资源"的概念体系，其核心在于给"含煤岩系共伴生矿产"以更为宽泛的定义。

含煤岩系共伴生矿产资源历来受到煤地质学家的重视，人们从不同角度给含煤岩系共伴生矿产以定义和分类，并深入探讨了其成因和分布规律。但是，通过对国外矿法的研究发现，国际上尚未有国家对共生矿产和伴生矿产进行严格区分（王峰等，2020）。在国内，一批学者也意识到了使用"煤系共伴生矿产"的局限性，建议采用较为宽泛的概念——"含煤岩系矿产资源"，并将其定义为赋存于煤和含煤岩系以及邻近地层中、与煤矿床有成因联系或空间组合关系的所有矿产资源（孙升林等，2014；曹代勇等，2016；乔军伟等，2016；宁树正等，2017；李增学等，2018）。显然，这个概念有利于协同勘查和矿业权管理，是一种新的趋势，值得推崇。应该说，严格地区别含煤岩系矿产资源是共生还是伴生，仅具有科学意义。本教材使用了"含煤岩系矿产资源"的概念，认为除常见的煤系矿产资源外，还需要重视在地球演化早期由低等植物形成的含石煤岩系，因为其中蕴藏着种类繁多、资源量巨大的多（非）金属矿产、页岩气等矿产资源。同时，也应该重视含煤岩系中诸如琥珀和煤精等宝石矿产资源。

2. 从含煤岩系形成和演化的角度，建立了矿产资源新的成因分类系统，为教材和课程构建了相对严谨的知识体系结构。

含煤岩系矿产资源种类繁多，不同的学者出于不同的认识和需要提出了多种分类，以往的分类主要依据了矿产资源的工业属性、赋存状态、物理性能、加工利用方向等。而编著者更趋向于依据矿产资源的成因机制进行分类，即从含煤岩系形成和演化的角度，对煤系矿产资源进行新的分类。该分类重点考虑了矿产资源在含煤岩系中的沉积成因、形成时序以及经历后生地质作用的叠加改造。按照含煤岩系的同沉积环境和作用、沉积间断作用、成岩变质作用等要素，将矿产资源分为三种成因类型，即同沉积型、不整合型、成岩变质型。这一理念，不仅将制约含煤岩系矿产资源形成发育的关键控矿要素有机地关联在一起，也为教材篇章结构设置和知识体系构建奠定了基础。即在探究矿产资源的成因归属过程中，既要考虑含煤岩系同沉积作用与环境的演化，也同时考虑含煤岩系的后生构造作用、岩浆作用和变质作用等的叠加影响。这一分类也便于读者理解由矿质来源到矿质富集的矿床成因过程，暗含了类似含油气系统(Magoon and Dow, 1994)和煤系统分析(Warwick, 2005；吴立群等，2010)的基本思想。按照这一设想，即含煤岩系矿产资源新的成因分类，将本教材设置为三篇18章涉及24种矿产资源和元素组合。第一章为绪论，介绍了含煤煤系矿产资源的基本概念、分类、建设内

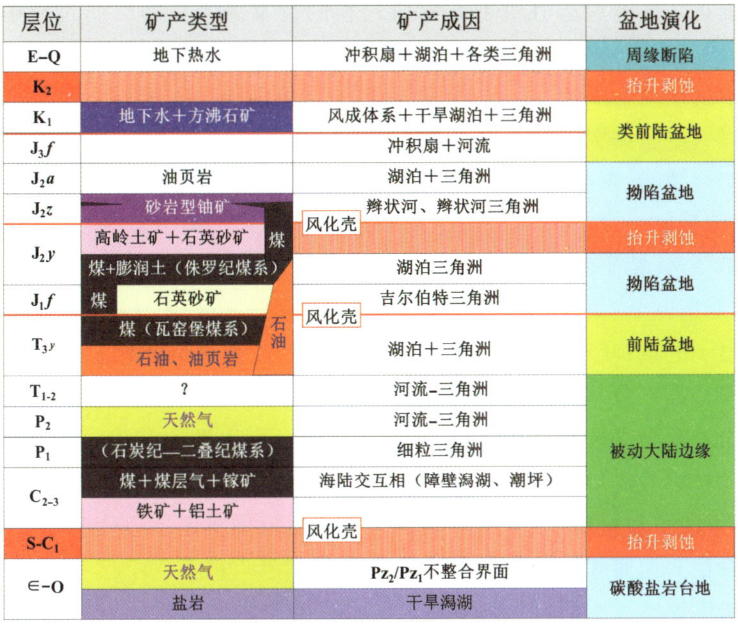

层位	矿产类型	矿产成因	盆地演化
E–Q	地下热水	冲积扇+湖泊+各类三角洲	周缘断陷
K_2			抬升剥蚀
K_1	地下水+方沸石矿	风成体系+干旱湖泊+三角洲	类前陆盆地
J_3f		冲积扇+河流	
J_2a	油页岩	湖泊+三角洲	坳陷盆地
J_2z	砂岩型铀矿	辫状河、辫状河三角洲	
J_2y	高岭土矿+石英砂矿 煤 煤+膨润土（侏罗纪煤系）	风化壳 湖泊三角洲	抬升剥蚀 坳陷盆地
J_1f	煤 石英砂矿	吉尔伯特三角洲	
T_3y	煤（瓦窑堡煤系） 石油 石油、油页岩	风化壳 湖泊+三角洲	前陆盆地
T_{1-2}	?	河流-三角洲	
P_2	天然气	河流-三角洲	
P_1	（石炭纪—二叠纪煤系）	细粒三角洲	被动大陆边缘
C_{2-3}	煤+煤层气+镓矿 铁矿+铝土矿	海陆交互相（障壁泻湖、潮坪） 风化壳	
$S-C_1$			抬升剥蚀
$\in$–O	天然气 盐岩	Pz_2/Pz_1不整合界面 干旱潟湖	碳酸盐岩台地

图 0-1 鄂尔多斯盆地多种沉积矿产同盆共存富集现象（据焦养泉等，2015 修改）

容和目的意义，该章之后的三篇为各论。第一篇为含煤岩系同沉积型矿产资源，共 8 章（第二章—第九章），分别介绍了石煤、琥珀和煤精、硅藻土和膨润土、油页岩、煤中有益金属元素、泥岩型铀矿、碳硅泥岩型铀矿、石英砾岩型铀矿和冰碛岩型铀矿等 11 种矿产资源和元素组合。第二篇为含煤岩系不整合型矿产资源，共 6 章（第十章—第十五章），分别介绍了石英砂矿、高岭土矿、铝土矿、含铁矿床、不整合型金-银矿床、不整合面型铀矿 6 种矿产资源。第三篇为含煤岩系成岩变质型矿产资源，共 3 章（第十六章—第十八章），分别介绍了煤成油气、砂岩型铀矿和石墨等矿产资源。

3.聚焦服务于含煤岩系矿产资源的勘查与开发，教材从成因机理和分布规律等角度强调了应用基础性研究的重要性。

在知识体系格架构建基础上，教材围绕每一种矿产资源，阐明其普遍地质特征和成因机理，特别是深入挖掘其与含煤岩系的成因联系，揭示和总结矿产资源的时空分布规律，其目的在于更好地服务和应用于未来矿产资源的勘查与开发，这也是本教材和课程建设的另一项重要任务。

4.强调基本知识与典型矿床案例解剖相结合的特色，秉承了图表可视化的、图文并茂的一贯行文方式。

作为一部教材，对基本知识的系统阐述是人们的共识。由于本教材涉及的矿产种类繁多，有些还比较少见或特殊，所以特别设置了本教材的编撰体例，即在系统介绍每种矿产资源的普遍性特征和成因机理的基础上，尽量选择国内外典型矿床实例加以解剖，这样便于读者学习和掌握。同时，为了突出示范性，在编撰体例上对个别矿种有所区别，例如，对于"不整合型金-银矿"床采用了传统矿床学研究的基本思路进行表征，而对于"石英砂矿"则偏重于从科学研究的角度进行表征,其目的在于引导学生掌握一些规范和写作技巧。另一方面,本教材突出了可视性表达。编者遴选引用了大量前人和同行及编者长期科研过程中积累的经典图件和照片,教材图表丰富、图文并茂,意欲从视觉上感染读者,这也是编者一贯的行文作风。

该教材由中国地质大学(武汉)焦养泉教授、王双明院士、王华教授编著,负责规划教材大纲、制订编撰体例、组织编撰工作。荣辉副教授、吴立群副教授、汪小妹副教授任副主编。参编者还有王小明副教授、李晶副教授、张帆博士后、甘华军副教授和乔军伟博士。具体的分工是:焦养泉负责编撰第一章、第二章、第三章、第九章第二节、第十章、第十四章、第十八章;王双明负责编撰第一章、第十六章第二节;王华负责编撰第一章、第十六章第三节;荣辉负责编撰第四章、第六章第四节、第九章第一节、第十一章、第十三章、第十五章;吴立群负责编撰第七章、第八章、第十七章;汪小妹负责编撰第五章、第六章第一节和第五节、第十二章;王小明负责编撰第十六章第一节;李晶负责编撰第六章第二节、第三节和第六节;张帆负责编撰第三章第一节部分内容及全书校对工作;甘华军和乔军伟分别协助编撰了第十六章的第二节和第三节。为了保障教材质量,在编撰过程中课程教学团队和编撰组多次协商沟通,统一思想、优化方案,并相互审阅了教材初稿,为主编顺利完成教材统稿奠定了坚实基础,吴立群和荣辉负责完成了与出版社的沟通和编校等相关事宜。

编者感谢从事煤地质学和含煤岩系矿产资源研究领域的科学家,他们的贡献是本教材知识体系的源泉。感谢教学团队10余年的执教过程和知识积累,以及编者们的精诚合作和辛勤编撰付出。感谢李思田教授、郑大瑜教授级高级工程师、汤达祯教授、陈安平教授级高级工程师、张金带教授级高级工程师、陈跃辉教授级高级工程师、李友良教授级高级工程师、李建伏教授级高级工程师、范立民教授级高级工程师、彭云彪教授级高级工程师、逄䂽教授级高级工程师等长期以来对煤地质学、沉积学及矿产资源学科专业建设的一贯支持和指导。感谢我国杰出书画艺术家金克勤为本教材题名。感谢出版社教材编辑团队对稿件的仔细润色与校对,以及对版面装帧风格的规划设计。

封面照片为鄂尔多斯盆地东北部东胜马家梁延安组顶部的风化壳(砂岩型高岭土)及上覆直罗组底部大型骨架砂体(铀储层)露头剖面;封底照片为抚顺煤矿始新世琥珀煤手标本。

对于含煤岩系的研究,编撰团队具有丰富经验和知识积累,然而对于矿产资源研究却仅仅涉及到了其中的一部分。在吸纳和总结前人研究成果过程中难免存在偏差,错误和疏漏之处敬请批评指正。

2019 年 11 月 7 日

目 录

第一章 绪 论
　第一节　基本概念 …………………………………………………………（1）
　第二节　含煤岩系矿产资源分类系统 ……………………………………（3）
　第三节　建设内容和目标任务 ……………………………………………（7）
　第四节　煤系矿产资源基本特点与研究意义 ……………………………（9）

第一篇　含煤岩系同沉积型矿产资源

第二章　石　煤
　第一节　石煤及其物质成分和性质 ………………………………………（14）
　第二节　石煤的分布规律和形成条件 ……………………………………（17）
　第三节　石煤的伴生矿产资源 ……………………………………………（24）

第三章　琥珀和煤精
　第一节　琥　珀 ……………………………………………………………（33）
　第二节　煤　精 ……………………………………………………………（54）

第四章　硅藻土和膨润土
　第一节　硅藻土 ……………………………………………………………（59）
　第二节　膨润土 ……………………………………………………………（71）

第五章　油页岩
　第一节　油页岩基本地质特征 ……………………………………………（82）
　第二节　油页岩与煤共生规律 ……………………………………………（89）

第六章　煤中有益金属元素
　第一节　煤中锗 ……………………………………………………………（93）
　第二节　煤中镓 ……………………………………………………………（101）

- 第三节 煤中锂 …………………………………………………………… (109)
- 第四节 煤中铀 …………………………………………………………… (115)
- 第五节 煤中稀土元素 …………………………………………………… (129)
- 第六节 煤中其他稀有元素 ……………………………………………… (138)

第七章 泥岩型铀矿
- 第一节 铀矿基本特征与关键控矿要素 ………………………………… (144)
- 第二节 泥岩型铀矿床典型实例 ………………………………………… (148)
- 第三节 成因上与之相关的其他铀矿 …………………………………… (164)

第八章 碳硅泥岩型铀矿
- 第一节 基本地质特征 …………………………………………………… (168)
- 第二节 成矿机理与铀循环 ……………………………………………… (172)
- 第三节 典型铀矿实例 …………………………………………………… (177)

第九章 石英砾岩型铀矿和冰碛岩型铀矿
- 第一节 石英砾岩型铀矿 ………………………………………………… (190)
- 第二节 冰碛岩型铀矿 …………………………………………………… (198)

第二篇　含煤岩系不整合型矿产资源

第十章 石英砂矿
- 第一节 沉积间断地球动力学背景 ……………………………………… (203)
- 第二节 富县组石英砂矿床 ……………………………………………… (210)
- 第三节 延安组石英砂岩河道及矿床 …………………………………… (216)
- 第四节 物源区石英砂岩矿床及研究启示 ……………………………… (219)

第十一章 高岭土矿
- 第一节 基本特征 ………………………………………………………… (223)
- 第二节 关键成矿要素与矿床成因分类 ………………………………… (227)
- 第三节 典型矿床分析 …………………………………………………… (231)

第十二章 铝土矿
- 第一节 矿床类型 ………………………………………………………… (237)
- 第二节 我国铝土矿时空分布规律 ……………………………………… (239)
- 第三节 铝土矿的矿物组成 ……………………………………………… (242)

第四节　铝土矿的结构和自然类型 ……………………………………………………… (245)
　　第五节　典型矿床实例 …………………………………………………………………… (252)

第十三章　含铁矿床
　　第一节　铁　矿 …………………………………………………………………………… (262)
　　第二节　硫铁矿 …………………………………………………………………………… (267)

第十四章　不整合型金-银矿床
　　第一节　盆地演化与地层格架 …………………………………………………………… (276)
　　第二节　矿床地质特征 …………………………………………………………………… (279)
　　第三节　关键控矿因素 …………………………………………………………………… (286)
　　第四节　成矿模式 ………………………………………………………………………… (294)

第十五章　不整合面型铀矿
　　第一节　矿床分布及特点 ………………………………………………………………… (297)
　　第二节　成矿地质条件 …………………………………………………………………… (298)
　　第三节　典型矿床分析 …………………………………………………………………… (303)

第三篇　含煤岩系成岩变质型矿产资源

第十六章　煤成油气
　　第一节　煤系气 …………………………………………………………………………… (308)
　　第二节　富油煤与煤成(制)油 …………………………………………………………… (327)
　　第三节　煤型天然气 ……………………………………………………………………… (338)

第十七章　砂岩型铀矿
　　第一节　基本概念及地质特征 …………………………………………………………… (347)
　　第二节　中国砂岩型铀矿的有利成矿条件 ……………………………………………… (356)
　　第三节　典型矿床分析 …………………………………………………………………… (374)

第十八章　石　墨
　　第一节　石墨基本特征 …………………………………………………………………… (391)
　　第二节　矿床成因与分类 ………………………………………………………………… (394)
　　第三节　典型矿床分析 …………………………………………………………………… (398)

主要参考文献

第一章 绪 论

根据国内外的重大考古发现,琥珀和煤精作为宝石是人类最早开发利用的含煤岩系矿产资源,沈阳新乐遗址出土的煤精饰品的艺术应用历史超过了6000年(黎家芳,1986)。人们对煤及粉煤灰中微量元素的研究和利用起步也相对较早(Goldschmidt,1935;唐修义和黄文辉,2004)。在19世纪末和20世纪初,美国怀俄明州和犹他州就从煤灰中提取金、银(Stone,1912)。"第二次世界大战"以后,煤灰中的铀成为美国、苏联工业和军事铀的主要来源之一(任德贻等,2006)。在20世纪60年代,苏联、捷克斯洛伐克、英国和日本从煤灰中提炼出工业利用的锗(Swaine,1990)。

中华人民共和国成立后,在大规模的煤田勘查中涉及了煤系共伴生矿产的研究,但远不能满足对资源合理开发的需要(李星学,1955)。改革开放之后,科技进步与工业发展加速了对各种矿产的需求,一批地质学家呼吁重视含煤岩系共伴生矿产及其之间成矿作用的成因联系研究(武汉地质学院煤田教研室,1981;关明久,1990;涂光炽,1994;程守田和黄焱球,1994;袁国泰和黄凯芬,1998)。进入21世纪,随着国家级与省部级重大科研项目的实施,以及一批重大找矿成果的发现,含煤岩系矿产资源的研究也被推到了前所未有的高度。其中,最显著的表现是最近10年来国内外涉及该领域的学术论著呈现爆发式刊出,在业界还形成了可持续发展、协同勘查、矿产综合开发利用、环境保护等先进理念(王双明等,2010;袁亮,2010;袁亮等,2017;彭苏萍等,2015;范立民等,2019),这一切说明含煤岩系矿产资源已经成为沉积学、煤地质学和矿床学研究的一个热点领域。

含煤岩系矿产资源是沉积盆地呈献给人类社会不可再生的宝贵财富,为了更快地寻找和更好地利用,需要从学科基础建设的角度系统全面地诠释其内在的本质和规律。

第一节 基本概念

矿产资源是自然界赋予人类的宝贵财富,多矿种共伴生是矿产资源的基本特征之一。含煤岩系除了重要的煤炭资源外,同样也包含有多种其他的矿产资源和有用元素。无论是金属矿床的共伴生矿产资源,还是含煤岩系矿产资源(含煤岩系共伴生矿产),长期以来人们深入地探究了其概念的基本内涵和外延意义。调研发现,目前无论是国外的矿法条文,还是国内的深入研究状况,人们更趋向于对"共生矿产"和"伴生矿产"采用较宽泛的定义。对于含煤岩系而言,从传统的"煤系共伴生矿产"到"煤系矿产资源"新概念的提出,其科学和实用意义突显。

一、共伴生矿产

共伴生矿产(泛义)的概念,适宜于大多数矿床类型。目前,中国在共伴生矿的定义中多是分别定义共生矿和伴生矿。比较而言,《矿产资源综合勘查评价规范(GB/T 25283—2010)》作为国家标准给出的定义相对更为权威。该规范中,共生矿产(symbiotic minerals)是指同一矿床或矿区内,存在两种或两种以上有用组分(矿石、矿物、元素)分别达到工业品位,或者未达到工业品位,但已达到边界品位以上,经论证后可制定综合工业指标的一组矿产,以经济价值较高、资源储量规模较大的为主矿产,其他则为共生矿产。伴生矿产(associated minerals)是指同一矿体中未达到工业品位但富集能通过开采主矿产可综合回收利用的其他有用组分矿产。在这一规范中,共生矿产和伴生矿产的评价主要是从经济可利用性来定义,共生矿产是达到工业品位或边界品位以上的各类矿产,伴生矿产是主矿体中未达到工业品位但富集可综合利用的矿产。

王峰等(2020)追根溯源、判研了共伴生矿产的多个定义,并从共伴生矿床形成机理的角度,认为主要有3种观点。持第一种观点的学者认为,矿产的共伴生性与矿床的形成有着必然的联系,可以从其形成的时间与成因上来判断共伴生矿,并认为共生矿物是指同一空间内由于同一成矿原因、同一成矿时期形成的不同种矿物,若同一空间内矿物之间形成时间和成因不同,则被称为伴生矿物。而持第二种观点的学者对这个定义持相反的观点,认为共生矿产是指多种矿产与主矿产具有成因和时间上的联系,其形成、赋存与主矿种有一定的时间序列,并且可以作为单一矿种进行开采,而伴生矿产是指其他矿产在成因上与主矿种是同时进行的,开采时必须同时采出。持第三种观点的学者认为,同一空间范围内的不同种矿物就是伴生矿物,不需要考虑彼此间在形成时间上和成因上是否有一定的联系。

严格地区别矿产是共生还是伴生,应该说具有科学意义,而对于矿业权设置的法律规定并不适合。通过对国外矿法的研究发现,国际上尚未有国家对共生矿产和伴生矿产进行严格区分(王峰等,2020)。国际上对共伴生矿的管理立法经验,显然有利于多矿种资源的协同勘查和综合开发利用。

二、含煤岩系共伴生矿产

长期以来,含煤岩系矿产资源在人们的印象中是一个较为笼统的概念,人们常用"共伴生矿产"表征含煤岩系中除煤之外的其他矿产种类。

李星学(1955)提出,在含煤岩系形成过程中,如有适合于其他矿产聚集的特殊自然条件时将有他种矿产的形成,如油页岩、铝土矿、耐火黏土、铁、锰和黄铁矿等。程守田和黄焱球(1994)提出,含煤岩系伴生矿产应指煤系及其围岩中赋存的所有可供利用的非煤资源。吴道蓉和吴殿虎(1994)指出,煤系共生矿产指同一矿区(矿床)内存在着两种以上符合工业指标、具有一定规模的矿产;伴生矿产则指在矿床(矿体)中与主要矿产一道产出,无单独开采价值,但在采掘、加工主要矿产时,可以同时被采出、提取和利用的矿产。杨锡禄和周国铨(1996)将

"煤系共伴生矿产资源"定义为：含煤岩系中与煤共伴生的所有金属和非金属矿产以及煤中赋存的有工业价值的稀有分散元素、放射性元素和某些金属元素。袁国泰和黄凯芬（1998）在辨析了"矿产""伴生矿""共生矿""伴生矿物"和"共生矿物"基本概念的基础上，将"煤系共伴生矿产"定义为：在煤系地层中与煤在成因上共生，或不具成因联系而伴生在一起共同出现的其他矿产。可分为固、液、气3种状态。他们认为煤系共伴生矿产的概念还可引伸至"在勘探范围内，在含煤岩系垂向剖面上所遇见的各种有益矿产"。晏达宇（2004）提出煤系共伴生矿产资源是指在煤系地层中与煤炭共生或伴生的其他矿产和元素。它们与煤一样，也是不可再生的资源。任德贻和代世峰（2009）指出，煤是一种具有高度还原障与吸附障性能的有机岩和矿产，在特定的地质条件下，可以富集一些有益金属元素，并达到成矿的规模。满建康等（2011）提出煤系中与煤共伴生的所有金属、非金属矿产以及煤中赋存的有工业价值的稀有元素和某些金属元素都属于煤系共伴生矿产资源的范畴。刘建强等（2015）认为含煤岩系中存在的多种矿产和元素可以统称为煤的共伴生矿产，然而煤的共生矿产与伴生矿产明显不同。煤的共生矿产主要是指多种矿产与煤具有成因和时间上的联系，其形成、赋存则与煤具有一定的时间序列，且能够作为单一矿种进行赋存与开采，煤与其他任何一种矿种可以在宏观上有所体现。煤的伴生矿产是其他矿产与煤具有成因上的关系，其形成时间与煤的形成时间几乎同时进行，煤的伴生矿产则表现为开采上的差异性。

三、含煤岩系矿产资源

从"煤系共伴生矿产"到"煤系矿产资源"概念的提出，反映了人们对煤地质学和资源开发利用认识的升华。随着对煤炭资源从低效的直接利用转向对共伴生资源的综合开采利用（王涛和张新军，2019），人们在实践中发现了"煤系共伴生矿产"概念的弊端。通过对国外矿法的研究发现，国际上尚未有国家对共生矿产和伴生矿产进行严格区分（王峰等，2020）。在国内，孙升林等（2014）较早使用了"煤系矿产资源"的概念，将其定义为含煤地层中有成因联系的所有矿产资源，包括煤和煤系共伴生矿产。随后，一批学者也意识到了使用"煤系共伴生矿产"的局限性，建议采用较为宽泛的概念——"含煤岩系矿产资源"，并将其定义为赋存于煤和含煤岩系以及邻近地层中、与煤矿床有成因联系或空间组合关系的所有矿产资源。其中，定义中的"邻近地层"主要指煤炭地质勘查中可能钻遇的煤系上覆岩层和紧邻煤系基底的地层。使用"煤系矿产资源"这一术语取代"煤系共伴生矿产"，其实质在于拓宽了煤炭资源的概念，认为煤炭资源的多重价值体现在含煤岩系中多种矿产资源的共生组合与共采潜力（曹代勇等，2016；乔军伟等，2016；宁树正等，2017；李增学等，2018）。

显然，这是一种新的趋势，值得推崇。需要强调的是，含煤岩系也应该包括地球演化早期由低等植物形成的含石煤岩系，其中蕴藏的矿产资源种类繁多、资源量巨大，如多（非）金属、页岩气等。同时，也应该强调含煤岩系中诸如琥珀和煤精等在内的宝石矿产资源。

第二节　含煤岩系矿产资源分类系统

含煤岩系矿产资源种类繁多，不同的学者出于不同的认识和需要提出了多种分类方案，以往的分类主要依据了矿产资源的工业属性、赋存状态、物理性能、加工利用方向等。而编者更趋向于依据矿产资源的成因机制和形成时序进行分类,即从含煤岩系形成和演化的角度,对煤系矿产资源进行新的分类。在该分类方案中,编者强调了含煤岩系同沉积时期形成发育的矿产资源,以及含煤岩系形成之后在成岩-变质期由于种种因素富集的矿产资源。

一、传统的分类系统

产出于煤系地层中的共伴生矿产大多数为同生沉积成因,属沉积矿产,部分属后生作用和沉积变质作用成因。占据沉积矿产主要地位的是非金属矿产,但也包括一些燃料矿产(如天然气、煤成气)和金属矿产。袁国泰和黄凯芬(1998)根据含煤岩系共伴生矿产的物质成分及物理性能,并结合其加工利用方向,提出了煤系共伴生矿产资源的分类方案,即将矿产资源分为三大类和三大态(表1-1)。

表 1-1 煤系共生、伴生矿产分类表(据袁国泰和黄凯芬,1998)

种类	固态	液态	气态
可燃有机矿产	油页岩、高碳质页岩、泥炭(固结—半固结)、地蜡(固结—半固结)、固体沥青	石油、软沥青、煤成油	煤成气、煤层气(煤层甲烷)
金属矿产	黑色金属:铁、锰、钒;有色金属:铜、锌、锡等;轻金属:镁、铝等;贵金属:金、银、铂;放射性金属元素:铀、钍;稀有及分散元素:铌、钽、稀土、锗、镓、铟等		
非金属矿产	冶金辅助原料矿产、化工原料、建筑材料、其他非金属矿产;高岭土、耐火黏土、硅藻土、膨润土、叶蜡石、石墨、硫铁矿、伊利石、石英砂、石膏、硬石膏、白云石、石灰石、宝石(如琥珀)等	矿泉水、地热水、可利用地下水	碳酸气

孙升林等(2014)将煤系矿产资源划分为煤系能源矿产、煤系金属矿产和煤系非金属矿产3类。刘建强等(2015)根据矿产在煤层中的赋存状态、存在位置及与煤的关系,认为煤的伴生矿产包括煤层气、煤成气、镓、铀、锗、钒等,共生矿产包括页岩气等,而油页岩、黏土与高岭土则既是伴生矿产也是共生矿产。黄炳香等(2016)将煤系共伴生矿产划分为含沉积层状与非沉积层状的固体矿产资源和流体矿产资源。

二、矿产组合分类与空间分布规律

在总结前人研究成果的基础上,曹代勇等(2016)和徐浩(2017)从经济性、赋存特征、成因、相态、工业分类5个方面分别对煤系(除煤之外)矿产资源进行了系统分类。但是,他们推荐使用工业分类(即将煤系矿产资源划分为能源矿产、金属矿产、非金属矿产和水气矿产),并从煤系矿产资源耦合成矿(藏)机理分析入手,通过典型实例研究归纳总结了中国煤系矿产组合类型,将煤系矿产资源划分为6个组合类型大类、21个主要组合类型(表1-2)。同时,按照赋煤区→成煤时代的思路,初步总结了我国含煤岩系矿产资源组合的时空分布规律(表1-3)。

表 1-2 中国含煤岩系矿产资源组合的分类系统(据曹代勇等,2016)

组合类型大类	主要组合类型	典型实例(地区)
煤-能源矿产	煤-煤系气	沁水盆地(C-P)、鄂尔多斯盆地东缘(C-P)
	煤-煤系气-油页岩-砂岩型铀矿	鄂尔多斯盆地西缘和北部(J_2)
	煤-油页岩	山东黄县(E)、海南儋州(N)
	煤-油页岩-煤层气	辽宁抚顺(E)
	煤-油-铀	二连盆地(E)
	煤系气-油页岩-天然气水合物	青海省木里煤田聚乎更矿区(J_2)
	煤-油气-页岩气	四川盆地(Pz_2-Mz)
煤-金属矿产	煤-锗	内蒙古乌兰图嘎(K_1)、伊敏煤田(K_1)
	煤-镓	内蒙古准格尔(C-P)
	煤-镓-锗	二连盆地胜利煤田(K_1)、白音华煤田(K_1)
煤-非金属矿产	煤-高岭土-耐火黏土	靖远矿区(C)
	煤-隐晶质石墨	湖南鲁塘(P_{1-2})、陕西凤县(C_2)、吉林磐石(T_3)
煤-能源矿产-金属矿产	煤-煤系气-煤中稀散金属	鄂尔多斯盆地(C-P)
	煤-铀-锗	云南临沧(N)
煤-能源矿产-非金属矿产	煤-煤层气-耐火黏土-硅藻土	鹤岗盆地(Mz-Kz)
	煤-膨润土-煤层气-硅藻土	鸡西盆地(Mz-Kz)
	煤-煤层气-耐火黏土	勃利盆地(Mz-Kz)
	煤-油页岩-硫铁矿	桦甸盆地(E)
	煤-油页岩-高岭土-耐火黏土	甘肃窑街(J)
	煤-油页岩-高岭土	广东茂名(E-N)
煤-非金属矿产-金属矿产	煤-高岭土-耐火黏土-铝土矿	陕北石炭纪—二叠纪煤田(C-P)

表 1-3 不同赋煤区的含煤岩系矿产资源组合类型(据曹代勇等,2016)

赋煤区	成煤时代	主要组合类型
华北赋煤区	C-P	煤-煤系气组合、煤-煤系气-"三稀"金属组合、煤-高岭土-耐火黏土-铝土矿共生组合
	J	煤-煤系气-油页岩-砂岩型铀矿组合、煤-煤系气组合
	E	煤-油页岩组合
东北赋煤区	Mz-Kz	煤-煤层气-耐火黏土-硅藻土组合、煤-煤层气-膨润土-硅藻土组合、煤-煤层气-耐火黏土组合
	K	煤-锗矿床组合、煤-锗-镓矿床组合
	E	煤-油页岩-硫铁矿组合、煤-煤层气-油页岩组合、煤-油-铀组合
西北赋煤区	C	煤-高岭土-耐火黏土组合
	J	煤-煤系气组合、煤-砂岩型铀矿组合、煤-油页岩-高岭土-耐火黏土组合、煤系气-油页岩-天然气水合物组合
华南赋煤区	E-N	煤-油页岩-高岭土组合、煤-油页岩组合
	P	煤-隐晶质石墨组合
	Pz_2-Mz	煤-油气-页岩气组合
滇藏赋煤区	N	煤-锗-铀矿组合

三、新的成因分类

对含煤岩系矿产资源进行成因分类的思想，最初源于程守田和黄焱球（1994）提出的矿床分类。他们认为，煤系众多的伴生矿产形成于不同期次和不同地质条件，每一矿种均具各自的成因过程和地质特征，但同一矿种可形成于不同演化阶段和不同地质背景。相同的演化阶段和地质背景亦可形成不同种类的伴生矿产。他们从伴生矿产的成矿阶段及成矿基本地质条件等方面，将煤系伴生矿产划分为同沉积型、古风化型、岩浆型、复合型4种宏观的成因类型。

在汲取前人研究和成因分类方案的基础上，编者赞同在含煤岩系发育过程中对"同沉积型"和"古风化型"的划分，但是也更强调含煤岩系在改造演化过程中形成的矿产资源，即对煤系矿产资源进行新的成因分类。该分类重点考虑了矿产资源在含煤岩系中的沉积成因、形成时序，以及经历后生地质作用的叠加改造事件。这一理念，不仅将制约含煤岩系矿产资源形成发育的关键控矿要素有机地关联在一起，也为教材篇章结构设置和知识体系构建奠定了基础。即在探究矿产资源的成因归属过程中，既要考虑含煤岩系同沉积作用与环境的演化，也同时考虑含煤岩系的后生构造作用、岩浆作用和变质作用等的叠加影响。这一分类也便于读者理解由矿质来源到矿质富集的矿床成因过程，暗含了类似含油气系统（Magoon and Dow，1994）和煤系统分析（Warwick，2005；吴立群等，2010）的基本思想。

鉴于此，按照含煤岩系的同沉积环境和作用、沉积间断作用、成岩变质作用等要素，将矿产资源分为3种成因类型，即同沉积型、不整合型、成岩变质型（表1-4）。显然，同沉积型矿产资源最为丰富，有的矿产直接受控于沉积环境（如低等植物形成的石煤），而当沉积环境和物源供给发生改变时，石煤岩系中就伴生了钒、铀、磷、锰等有用元素（矿床）。有的则受控于高等植物成煤物质的变化（如琥珀）、成煤环境的变化（油页岩）、物源供给的变化（如煤岩型铀矿、伴生稀有元素）。有的受控于双重因素变化的控制，如成煤物质和成煤环境的变化（煤精）、成煤环境和物源供给的变化（硅藻土、膨润土、泥岩型铀矿）。有的与同沉积期的缺氧事件、搬运介质以及沉积搬运作用有关（如石英砾岩型铀矿、冰碛岩型铀矿）。不整合型矿产资源的成因主要有两种成因途径：一种是与沉积间断作用有关，受风化作用、物源供给、沉积搬运控制，如高岭土矿、石英砂矿、铝土矿、含铁矿床（硫铁矿-铁矿）等；另一种是利用了不整合面的物理空间，不整合界面提供了含矿热流体的运移通道，当遇到合适的地球化学障时富集成矿，不整合型金-银矿床、不整合面型铀矿是典型代表。成岩变质型矿产资源主要是指含煤岩系在后生改造过程中的成矿类型，如由有机质（热）演化形成的煤系气（煤层气、煤系页岩气、致密砂岩气），以及由富油煤热演化形成的煤成油，有的是在表生成岩作用阶段受氧化-还原环境制约，如砂岩型铀矿等，还有含煤岩系经受区域变质和/或热接触变质作用形成的石墨。

这种成因分类同样也适合于沉积盆地中的铀矿资源，可以依据上述理念将其分为3种成因类型：①同沉积型，包括湖水型铀矿（湖水介质携载超量的铀元素）、泥岩型铀矿（富分散有机质和黄铁矿的暗色淤泥吸附湖泊水体中的溶解铀而富集成矿）、煤岩型铀矿（特指在泥炭沼泽形成过程中富集的铀资源，铀在煤层中均匀分布）、碳硅泥岩型铀矿（含石煤岩系中富集的铀矿,大部分经历了后期的浅变质叠加改造)、石英砾岩型铀矿(地球形成早期缺氧条件下的含铀-金砾质水道沉积)、冰碛岩型铀矿(高品位富矿冰川漂砾沉积);②不整合型,也称不整合面型铀矿(不整合界面提供了铀质的运移通道,经石墨层附近吸附还原成矿);③成岩变质型,最为经典的是砂岩型铀矿(表生成岩期含矿流体渗入砂岩经还原介质作用而富集成矿)。

表 1-4 含煤岩系矿产资源的成因分类

成因类型	高级控制因素	低级控制因素	矿产资源类型
同沉积型	低等植物煤系	沉积环境	石煤
		沉积环境变化+物源供给变化	暗色岩系共伴生矿产(碳硅泥岩型铀矿等)
	高等植物煤系	成煤物质变化	琥珀
		成煤环境演化	油页岩
		成煤物质变化+成煤环境变化	煤精
		物源供给变化	煤岩型铀矿、有益金属元素(锗、镓、锂、铀、稀土元素、其他稀有元素)
		成煤环境变化+物源供给变化	硅藻土、膨润土、泥岩型铀矿
		缺氧事件+搬运介质+沉积搬运	石英砾岩型铀矿、冰碛岩型铀矿
不整合型	沉积间断	风化作用+物源供给+沉积搬运	石英砂矿、高岭土矿、铝土矿
			含铁矿床(硫铁矿-铁矿)
	不整合界面	盆地(热)流体+物源供给	不整合型金-银矿床、不整合面型铀矿(原矿与石墨有关)
成岩变质型		成岩阶段有机质(热)演化	煤系气(煤层气、煤系页岩气、致密砂岩气)、富油煤作为母质的煤成(制)油、煤型天然气
		表生成岩作用(氧化-还原环境)	砂岩型铀矿
		区域变质作用、热接触变质作用	石墨(含石煤岩系、含煤岩系)

第三节 建设内容和目标任务

含煤岩系矿产资源是从煤地质学派生出的一个新分支(学科方向),它以沉积盆地中含煤岩系为载体,重点揭示矿产资源类型、时空分布规律与同盆共存富集的成藏(矿)机理,煤地质学、沉积学和矿床学是其重要的理论支撑。鉴于全面了解含煤岩系矿产资源的重要性,需要通过课程体系建设,构建严谨的知识体系,培养学生协同勘查和综合开发利用的全局意识。

一、课程建设内容

聚焦服务于含煤岩系矿产资源的勘查与开发,建立相对完整和较为科学的知识体系格架,以及阐明矿产资源的成因与分布规律是课程和教材建设的核心内容。

在中国,尽管对煤炭资源的利用具有悠久的历史,然而大规模开展含煤岩系矿产资源勘查和研究的历史却较短,人们对含煤岩系矿产资源的系统认识和观点参差不齐,甚至百花齐放,所以厘定含煤岩系矿产资源的基本概念、对矿产资源进行科学的成因分类是构建课程知识体系格架的前提。在工作中,我们需要在汲取和传承前人知识经验的基础上,甄别和厘定能够服务于未来多种矿产资源协同勘查与综合开发利用的基本概念。实际上,该课程和教材首先需要让读者知道的是,含煤岩系中究竟有哪些可以利用的矿产资源,而不必纠结是与煤系"共生的"还是"伴生的",要将"矿产"置于课程的中心地位,而非赋存形式。因此,编者首先用"含煤岩系矿产资源"的概念取代了"含煤岩系共伴生矿产"的传统术语;其次对含煤岩系矿产资源进行科学的成因分类,按照关键控矿因素和成矿作用时序,将它们分为同沉积型、不整合型和成岩变质型三大类,在其内部再依据次要控矿因素划分到具体矿种,这样便将含煤岩系中复杂多样的矿产类型给予各自科学的定位,这就是本教材和课程知识体系构建的基本格架。

在知识体系格架构建的基础上,围绕每一种矿产资源阐明其普遍地质特征和成因机理,特别是深入挖掘其与含煤岩系的成因联系,以及揭示和总结矿产资源的时空分布规律,其目的在于更好地服务和应用于未来矿产资源的勘查与开发,这也是该教材和课程建设的另一项重要任务。

二、建设目标任务

建设目标任务就是通过教材建设优化课堂教学内容。通过课堂教学传授知识体系,扩大学生视野,培养协同勘查和综合开发利用的全局意识,拓宽就业渠道。

1.阐明含煤岩系矿产资源的重要性

含煤岩系赋存多种类型的矿产资源,而且都是不可再生资源。依据各种矿产资源的物化属性,它们具有各种工业用途。除常规应用外,有些是现代高科技工业的命脉,被称之为关键矿产、紧缺矿产,直接关系国计民生和国家安全。可以预见,不久的将来随着科学技术的进步,含煤岩系中必将还有一些潜在的矿产或者元素成为决定未来科技发展的钥匙。

2.了解含煤岩系矿产资源的基本类型和成因分类

以煤、含煤岩系和邻近地层作为3个研究目标,系统研究目前能服务人类生存需要的所有矿产资源类型,以及未来的潜在资源。运用煤地质学、沉积学和矿床学的基本理论知识,梳理总结制约矿产资源和有益元素富集成矿的高级别地质要素(控矿要素),并按照地质时序进行宏观分类,在沉积盆地中厘定各类矿产资源的来龙去脉,建立相对科学的知识体系。应该说,了解矿产资源类型、掌握成因分类原则,是课程教学的核心内容。

3.掌握各类矿产资源的空间配置和时空分布规律

以沉积盆地为单位,在含煤岩系等时地层格架中,开展煤系矿产赋存特征研究,总结各类沉积矿产和有益元素相互之间的空间配置关系,因地制宜建立含煤岩系矿产资源构架模式。按照单一的矿产类型,在评价地层单元内部总结资源时空分布特征和规律。通过成矿规律总结,为含煤岩系矿产资源潜力评价预测和综合勘查开发奠定了基础。

4.深入探求含煤岩系矿产资源同盆共存富集的成藏(矿)机理和内在成因联系

进行含煤岩系矿产资源的研究,绝不能限于含煤岩系和矿产资源本身,必须具备对沉积盆地进行整体分析的思路。沉积盆地的形成与演化,决定了含煤岩系的基本特征和矿产资源的基本类型,所以对含煤岩系矿产资源的研究必将涉及制约盆地形成演化的一切地质作用和要素——板块构造、古地理、古气候、古植物,甚至是地球大气圈氧含量的变化,要超出含煤岩系探求矿产资源形成发育的本质。

用物以类聚来表述和形容含煤岩系矿产资源是再恰当不过了。其实,这中间既包含了在同沉积期控制含煤岩系和矿产资源形成发育的一切外在沉积学要素,也包含了煤和含煤岩系自身的有机吸附还原特性。正是这些外在沉积学要素和含煤岩系内在特性的耦合,导致了一些元素和矿产与含煤岩系同期形成。

当然,在同沉积期含煤岩系及其矿产资源形成之后,后期外来因素和叠加改造作用便成为新的变质成岩型和部分不整合型矿产资源形成发育的主导因素。应该说,这些矿产资源的形成看似与外在地质改造作用密切相关,实则也与同沉积期含煤岩系及矿产资源的基本特性有关。所以,可以说一种矿产的存在往往是另一种矿产形成发育的基础。

涂光炽(1994)指出,煤、石油、天然气、非金属矿和金属矿等矿产的形成都是自然界成矿作用的有机组成部分,相互之间关系密切。需要对单一成矿作用进行深入研究,也要对自然界的各种成矿作用进行综合分析。

深入思考和理解含煤岩系矿产资源同盆共存富集的成藏(矿)机理和内在成因联系,有助于培养学生协同勘查和综合开发利用的"大资源观"与全局意识。

5.初步了解和掌握各类矿产资源的物化性能和潜力评价预测能力

从教材体例的设置上,针对每一种矿产资源都进行了基本物化性能的简要介绍,有的涉及到了传统的岩石学、矿物学和地球化学属性,有些还涉及到了矿石学特征,如物质成分、有用组分赋存形式、矿物组构等。目的在于了解各类矿产的工业习性,一方面为矿产资源的综合利用方向铺垫知识,另一方面是结合矿产资源的赋存特征为多种矿产的开发时序、开发工艺提供必要的知识储备。

深入学习含煤岩系矿产资源的基本理论知识,最根本的目的在于服务国民经济主战场——找矿发现与突破。这需要在课程基本理论知识学习的基础上,初步具备评价和预测含煤岩系矿产资源潜力的能力。但是,这一能力的培养离不开长期的野外地质实践和生产实践环节的锻炼,需要产学研相结合。

第四节 煤系矿产资源基本特点与研究意义

一、基本特点

从资源类型、地质特征及开发利用等方面,程守田和黄焱球(1994)指出,含煤岩系矿产资源具有种类繁多、资源潜力巨大、分布广泛、赋存方式多样、矿床类型复杂、便于开发利用等特点。

1.矿产种类繁多

含煤岩系中赋存有多种矿产资源,除含有诸如煤层甲烷、煤成气和油页岩及石油等燃料矿产外,还含有众多的金属,特别是非金属矿产。例如,作为钢铁等冶金原料的黑色金属矿产、铁矿、锰矿、钒矿，有色金属矿产的铝土矿和贵金属矿产的金矿等。用于电子工业的稀有元素矿产有锗、镓和可供核工业利用的放射性矿产铀矿等。随着我国非金属矿业的兴起和发展，含煤岩系中非金属矿产越来越多地被发现和利用，成为最引人注目的矿产资源。例如，各种耐火黏土、高岭土、硅藻土、膨润土、累托石、海泡石等多种黏土类矿产，还有硫铁矿、磷矿、石膏、沸石、珍珠岩、重晶石、石墨和石灰岩、大理岩，以及种类繁多的硅质原料、建筑材料等用于化工、建材、轻工等工业领域的矿产。众多的煤系矿产资源，有的已较早认识和利用，也有的属于近年来的新发现，随着经济环境改善、地质认识的提高和加工技术的进步，可供利用的煤系矿产种类还将持续增加（程守田和黄焱球，1994）。

2. 资源潜力巨大

中国含煤岩系矿产资源不仅种类繁多，而且资源量雄厚，并不乏许多大型矿床。从工业用途的角度看，在燃料矿产方面，抚顺、茂名煤盆地油页岩是储量丰富的著名大型矿床；中国煤层气和煤成气资源潜力巨大已被勘查证实。含煤岩系中的非金属矿产显示了更为明显的资源优势，有些矿种几乎全部赋存在含煤建造中。如中国大型、超大型优质高岭土矿床全部赋存于含煤岩系中，有的已成为我国造纸涂料高岭土的重要基地。煤系中的铝土矿，占总储量90%以上。中国含煤岩系中的钒资源量为世界现有储量的5倍。中国的石墨无论是储量还是产量均名列国际前茅，其中绝大部分产于含（石）煤岩系。众所周知的煤系耐火黏土，其资源超过全国总储量97%，其中高铝耐火黏土的储量居世界首位。另外，煤系硅藻土资源亦十分可观，仅作为全国三大硅藻土基地之一的云南省，其硅藻土几乎全部产于古近纪—新近纪煤盆地，储量占全国的77%。除此之外，含煤岩系还有很多的水泥原料、建筑材料、化工原料等，资源相当雄厚。近10年来，含煤岩系中的金属矿产和有用元素勘查异军突起。在鄂尔多斯盆地北部侏罗纪含煤岩系中，发现了我国第一个超大型砂岩铀矿床，包含大营铀矿在内的东胜铀矿田的铀资源量跻身世界前列，并一举助力改变了我国铀矿勘查和开发的基本格局。有研究表明，煤中金属有望成为我国"三稀"战略性矿产资源的重要来源（宁树正等，2017）。多年区域地质和资源调查、煤田地质勘探和矿产研究成果表明，我国含煤岩系矿产资源十分丰富，在国民经济中占重要地位。

3. 矿产分布广泛

我国不仅在地史上聚煤时间早、煤系时代齐全，而且煤系地层分布广泛，大小不等的煤田、煤盆地至少有4000余处分布于全国各省（自治区），总面积远超过$100 \times 10^4 \text{ km}^2$，这无疑决定了含煤岩系矿产资源的分布特点。即在时间分布上表现为含矿层位多，如从早古生代含石煤岩系到第四纪泥炭地层均有各种不同类型的矿产分布。在空间分布上则表现为广泛的区域性特点。尽管因不同时代、不同地区的含煤地层在沉积期和沉积期后经历的地质背景不同及后生叠加成矿成因类型差别极大，矿产种类及分布相当复杂，但是，从宏观背景上煤系矿产资源也存在着一定的分布规律性。例如，早古生代石煤岩系富含某些金属元素及稀有元素矿产，晚古生代煤系矿产以铝土矿、耐火黏土、高岭土为明显特征；中新生代煤盆地及煤-火山岩盆地趋于种类多样化和复杂化。另外，如陆相煤系与近海煤系、构造变动强烈与微弱地区、有与无岩浆侵入的煤系、区域热力变质程度高与低的煤田等不同宏观背景中的矿产种类和分布各具特点。从更高级别的构造背景上看，在不同的大地构造位置矿产分布具一定规律性或构成不同的矿产系列,如我国东部中生代煤-火山岩盆构造带为大量沸石、珍珠岩、膨润土、凹凸棒石等矿产的重要成矿带。含煤岩系矿产的分布特点对各地区广泛而有选择地利用资源是有利条件。加强煤系矿产资源分布规律的研究有助于提高找矿的预测性(程守田和黄焱球,1994)。

4. 矿产赋存方式多样

程守田和黄焱球(1994)按照矿体在含煤岩系中存在的宏观特征,将赋存方式分为岩层型式、煤层型式、界面型式和侵入型式4种类型,充分反映了矿产赋存方式的多样性。岩层型式指矿层以岩层型式赋存于含煤建造中。矿层或含矿层作为与含煤岩系同生的地质体构成建造的组成部分。按其岩石类别可进一步划分为碎屑岩层型式和火山岩层型式两种,前者指赋存于正常沉积岩层中的矿产,如耐火黏土矿,后者指赋存于与含煤建造同期形成的火山岩、火山凝灰岩及其夹层中或与这些异常岩层有关的矿产,如煤-火山岩盆地中的沸石、珍珠岩、膨润土矿等。煤层型式指矿产赋存于煤层中,如煤中的伴生元素矿产、煤层高岭石夹矸以及煤层甲烷等。界面型式指赋存于煤盆地充填序列构造层序界面之上及附近,或与不整合面有关的矿产,其常见的有砂岩型高岭土矿、铁矿、铝土矿等。侵入型式指赋存于煤系的岩墙、岩床、岩脉等后期侵入体及其有关的矿产,如石墨、辉绿岩等矿。

5. 矿床类型复杂

矿床的形成是各种地质因素综合作用的结果。煤系众多的矿产形成于不同期次和不同地质条件,每一矿种均具各自的成因过程和地质特征,但同一矿种可形成于不同演化阶段和不同地质背景。相同的演化阶段和地质背景亦可形成不同种类的矿产。因此,从煤系矿产的资源地质而言,其类型的复杂性是不言而喻的(程守田和黄焱球,1994)。

6. 便于开发利用

含煤岩系一般埋藏较浅,其矿产许多都适合于露天开采,在现有煤矿山可实现煤与其他矿产的综合开采。有些矿产采出后不用加工便可直接利用,有的矿产在煤的洗选、加工和利用过程中可合理回收。但是,也有一些矿产需要采取特殊的开发工艺,例如含煤岩系中的砂岩型铀矿,目前采取的是地浸采铀技术,所以处理好煤炭、铀矿两种资源的开发时序和技术匹配问题事关资源效益的最大化。

二、研究意义

鉴于我国含煤岩系矿产品种繁多、资源丰富和应用价值巨大,特别是在国民经济、高科技应用领域以及国家安全中占有重要地位,因此加强含煤岩系矿产资源的综合研究意义重大。

1. 满足人类社会发展、特别是高科技发展的需求

目前我国工业正处于快速和高质量发展时期,工业和市场要求提供更多、更好的矿产品以适应和满足其需求(程守田和黄焱球,1994)。近年来,随着社会进步和经济发展,高科技领域对关键矿产提出了新的要求。毛景文等(2019)指出,目前各国对关键矿产的需求在不断增加,甚至可以说是急剧攀升,而大多数关键矿产以共伴生矿产的形式产出。宁树正等(2017)的研究认为,煤中金属有望成为中国"三稀"战略性矿产资源的重要来源。中国的社会发展、科技进步和国家安全对矿产品的需求,必将为潜力巨大的煤系矿产资源研究带来机遇和广阔的前景。

2. 时代变迁对资源和环境保护提出了新要求

相对于已往煤炭工业而言,随着时代的变迁和进步,今天的人们更关注对不可再生资源的保护,同时也更关注对环境质量的改善,而这些恰恰与含煤岩系蕴藏丰富的矿产资源以及煤炭开发利用密切相关。中国的《矿产资源法》对矿业勘探和开采提出了明确要求,"在勘探主要矿种时,应对共伴生矿综合勘探,综合评价""在开采主要矿产时,对具有工业价值的共生矿和伴生矿,应当统一规划、综合开发、综合利用,防止浪费"。这从法律上对不可再生的煤系资源保护提供了保障。近年来,煤炭工业领域一些关键技术的研发大大改善了人们的生活质量,一方面体现在通过对煤的物质成分、基本性能、伴生金属元素品位指标(孙玉壮等,2014)等方面的研究,也为煤的综合利用和燃煤污染治理提供了支撑。另一方面是煤与瓦斯共采(袁亮,2010)、采煤与生态(王双明等,2010)、保水采煤(范立民等,2019)、煤废弃物和资源化等技术的提出与有效实施,实现了矿山的安全生产和生态环境的改善。

3. 煤系矿产开发经济效益显著

在历史上,对含煤岩系矿产资源的开发利用已显示出了巨大的经济价值,例如铝土矿、耐火黏土、铁矿和油页岩等煤系矿产,在国民经济建设中发挥了显著作用,其社会效益颇丰。近20年来,随着多个部门对煤系矿产资源的愈加重视,特别是协同矿产和综合利用理念的倡导,大量新的煤系矿产,如石墨、高岭土、砂岩型铀矿、硅藻土、膨润土、"三稀"金属等,得以不同形式的开发并应用于多个工业领域,产生了更为明显的经济效益,同时也显示了其经济潜力(程守田和黄焱球,1994)。例如,我国制订了长远的、宏伟的核电规划,将满足核电运行的铀矿资源列为焦点。然而,近20年的研究和勘查发现,沉积盆地是铀矿储存最重要的地质单元,赋存的铀矿种类多且资源量巨大,大多数铀矿与煤系地层密切相关,所以深入挖掘具有巨大潜力的盆地铀资源才是最可靠的保障,其重要的经济效益不言而喻。

4. 煤系矿产资源研究的地质意义

含煤岩系矿产资源是聚煤盆地及其建造在地质演化过程中形成的,每种矿产的物质成分、矿体赋存方式和有用组分在矿石中的赋存型式以及不同矿产的共伴生组合关系等特征都反映了含煤岩系的地质条件和成矿作用以及成因地质联系。因此,通过煤系矿产的综合研究,不仅可查明煤系资源分布、矿床特征及类型、矿石质量和选矿加工工艺以及产品的利用方向,为矿产开发提供依据,同时可获得沉积、构造、古气候、成岩-变质作用、岩浆活动、地球化学等方面的大量地质数据和信息,这将有助于分析和认识聚煤盆地的沉积充填、成矿作用及其区域大地构造演化和背景等许多地质问题(程守田和黄焱球,1994)。以煤型稀有金属矿床研究为例,其地质意义不仅能对煤层地质成因及其改造演化等提供重要的煤地球化学和煤矿物学证据,而且也能对煤炭经济循环发展、煤炭利用过程中的环境保护,以及对国家稀有金属资源安全也具有重要的现实和社会意义(代世峰等,2014)。资源利用与基础学科互为促动的深刻内涵彰显无遗。

第一篇
含煤岩系同沉积型矿产资源

　　含煤岩系中最广泛和最重要的一类矿产资源,特指形成于同沉积时期主要受成煤物质、沉积环境、物源供给等要素制约,以煤系地层为载体或与煤系地层相关的矿产资源。此类矿产的形成伴随了地球由低等植物向高等植物演化的漫长过程,主要包含石煤、琥珀、煤精、硅藻土、膨润土、油页岩、金属元素、泥岩型铀矿、碳硅泥岩型铀矿、石英砾岩型铀矿、冰碛岩型铀矿11种矿产资源和元素组合。

第二章　石　煤

从生物界演化的角度看,低等植物是高等植物的先祖,持续繁衍的植物界在地质历史中均留下了富"碳"的沉积记录。其中,低等植物遗体被记录于早古生代及其之前的古大陆边缘滨浅海陆棚环境中,形成了富泥质、碳质和碳酸盐岩的特色沉积岩,有人称之为碳硅泥岩暗色岩系,当有机质富集到一定的含量便构成了石煤。在晚泥盆世大规模"植物登陆"事件发生之后,高等植物便在适宜的沉积环境中形成了泥炭堆积并演化为煤层,构成了含煤岩系。因此,可以说碳硅泥岩暗色岩系是含煤岩系的前奏,而与碳硅泥岩相关的石墨、石煤和铀矿等都应该归于含煤岩系的矿产资源(图 2-1)。石煤作为能源矿产不及由高等植物形成的煤层,所以本章在初步介绍了石煤基本特征之上,还涉及部分与含石煤岩系相关的其他矿产资源。

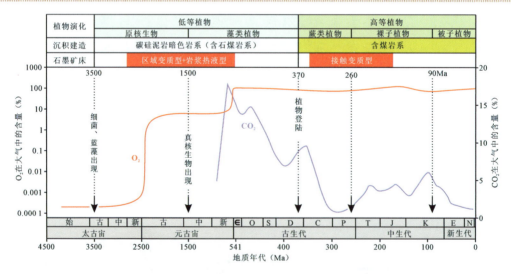

图 2-1　地球大气圈和古植物演化与含(石)煤岩系和沉积矿产的相关性

(图中 O_2 和 CO_2 演化资料分别据网络资料和陶世龙等,1999 修改)

第一节　石煤及其物质成分和性质

石煤(stone-like coal)是一种高灰分、低热值的可燃有机岩(劣质煤),是由早古生代的水生菌藻类和浮游生物等有机残骸、硅质、黏土等,在浅海环境中经腐泥化作用和煤化作用转变而成(图 2-2)。石煤是属于富含硅质或黏土的海相腐泥型煤或富泥质页岩,通常与含碳页岩、含碳硅质岩互层出现,从而构成碳硅泥质暗色岩系。有学者也称之为黑色岩系,即一套富含硫化物和有机质的暗色泥质岩、硅岩、碳酸盐岩组合(范德廉,1988)。从煤地质学角度看,黑色岩系也可视为含石煤岩系(姚素平等,2010)。我国除早古生代的寒武纪、奥陶纪和志留纪有海相腐泥型石煤形成外,震旦纪也有类似的沉积,这在世界上也是罕见的。石煤除了用作燃料之外,还含有丰富的有用共伴生元素,如钒、钼、镍、银、铀等,有些可以达到工业品位从而构成金属矿产资源。因此,石煤不仅可以用作能源,有的也可作为金属矿产资源(武汉地质学院煤田教研室,1981)。

图 2-2　湖北崇阳东山地区下寒武统牛蹄塘组富铀的暗色碳硅泥岩沉积(焦养泉摄于 2017 年)
a.露头剖面(N29°14.363′;E114°07.603′);b、c.钻孔岩心(ZKⅠ-30-3)

一、石煤的物理和化学工艺性质

石煤的外貌似碳质页岩,光泽暗淡,密度较大,一般在 1.9～2.4g/cm³ 或者更高。燃烧时无火焰或微有火焰。

石煤的灰分产率在 40% 以上,而发热量却较低,多低于 12 600J/g(表 2-1)。人们曾对陕南早古生代和鄂西早寒武世的石煤分别通过反射率测定和 X 光衍射分析发现,石煤的变质程度介于无烟煤与石墨之间,而更接近无烟煤。因此,石煤中的碳质通常呈石墨和无定形碳质产出。碳质集合体呈鳞片状、叶片状和顺层的条带状,经后期的变质作用形成煤质或半晶质石墨,若变质作用较强,可使部分碳质形成石墨。

石煤的 N/H 比值通常高于高变质的腐殖煤,有机差热分析曲线峰温为 690～778℃,这些均显示石煤属于腐泥成因煤类。

我国石煤储量具有一定规模,但有机成分含量低,在用做燃料时,需要采取特殊措施。但是,石煤常常含有多种有用元素,具有重要的经济价值。例如,鄂西北石煤中含有钒、银、铀、铂、钯、钇、磷等 10 种元素(图 2-3),其中 V_2O_5 达到了工业品位,平均达 1.00%,高者可达 2.76%。湖南北部有些石煤中钼、镍的含量都达到了工业品位。还有许多其他元素,有的达到工业品位,有的可供综合利用。石煤中的铀早已作为铀的一种矿产加以利用。因而,石煤是一种重要的含稀有和贵金属的矿产资源,其价值远远超过其燃料属性。

表 2-1　陕南早古生代石煤的煤质分析参数(据武汉地质学院煤田教研室,1981)

采样地点	工业分析						
	水分 w^f(%)	灰分 A^g(%)	挥发分 V^r(%)	全硫 S_g^b(%)	发热量 Q_T^{2D}(J/g)	黏结比(1~7)	磷 P^g(%)
平利三里垭	0.76	43.98	6.73	1.57	4125	1	0.172 4
安康陈家沟	0.60	49.06	5.57	0.58	3826	1	
紫阳堰沟河	0.35	47.50	4.09	0.72	3982	1	

采样地点	元素分析(%)					煤灰成分(%)				
	碳 C^r	氢 H^r	氮 N^r	氧 O^r	硫 S^r	SiO_2	Fe_2O_3	Al_2O_3	CaO	MgO
平利三里垭	92.68	0.67	0.86	2.98	2.81	68.24	8.19	11.25	1.48	2.79
安康陈家沟	93.90	0.95	0.67	3.34	1.15	72.28	5.76	10.24	0.75	3.02
紫阳堰沟河	95.03	0.67	0.34	2.58	1.38					

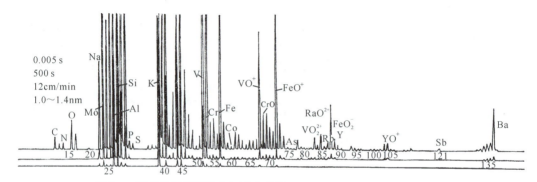

图 2-3　鄂西北石煤质谱全扫描曲线图(据武汉地质学院煤田教研室,1981)

二、石煤的岩石矿物组成

人们对石煤的显微组分和岩石类型研究尚不充分。通常将石煤的岩石组成分为有机显微组分和无机显微组分。

石煤的有机显微组分又可分为无结构胶质体、隐结构胶质体、结构胶质体和腐泥基质 4 种(图 2-4、图 2-5,表 2-2)。其中,无结构胶质体基本上是均一的,仅在高倍油浸正交偏光条件下,有时可见细胞组织的痕迹;隐结构胶质体主要是由色调深浅不同显示出细胞结构;结构胶质体具有清晰的生物残体的细胞结构;腐泥基质在 4 种组分中最为常见。微古植物是这些有机组分的主要母质,鲍振襄(1992)曾报道过湘西北下寒武统木昌组的磷块岩中存在原始光面球孢、绞面球孢等微古植物化石。尹磊明(2006)在《中国疑源类化石》一书中,展示了我国寒武纪、奥陶纪和志留纪的部分微古化石(图 2-5)。所以,需要强调的是在早古生代石煤(包括震旦纪在内)的有机组分中,主要是低等植物的组分,并未发现任何木质结构的镜质组(或丝质组等)组分或其他高等植物残体。

石煤的无机显微组分复杂多样,通常分为硅质、黏土质和其他矿物质 3 类。①硅质(图 2-5c):含量多少不一,多者可达 40% 以上,常见的硅质成分以碎屑石英、胶质沉积石英和硅质生

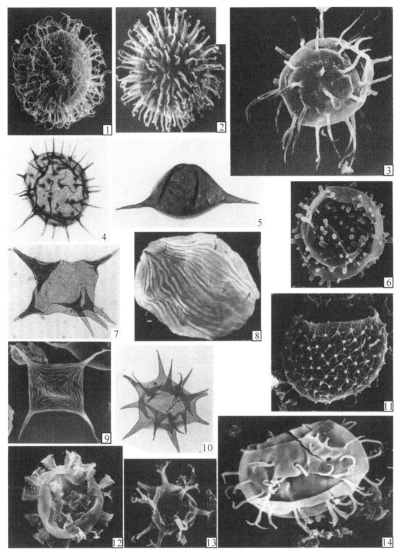

图 2-4 中国寒武纪、奥陶纪和志留纪部分微古化石(据尹磊明,2006)

1.格鲁塔特袋形藻 *Aryballomorpha grootaertii*,吉林浑江下奥陶统冶里组,×750(据 Martin,1982);2.毛发阿萨巴斯卡球藻 *Athabascaella penika*,吉林浑江下奥陶统冶里组,×890(据 Martin and Yin,1988);3.脆弱波罗的刺球藻 *Baltisphaeridium fragile*,湖北宜昌大坪奥陶系大湾组,×1100(据 Tongiorgi et al,1995);4.日射球藻(未定种)*Solisphaeridium* sp.,湖北宜昌大坪奥陶系大湾组,×830;5.朦胧光梭藻 *Leiofusa somniculata*,湖北宜昌大坪奥陶系大湾组,×1000(据 Pittau,1985);6.棒突厚壁球藻 *Pachysphaeridium rhabdocladium*,湖北宜昌黄花场奥陶系大湾组,×620(据 Lu,1987;Ribecai and Tongiorgi,1999);7.肿胀非对称藻 *Picostella turgida*,湖北宜昌黄花场奥陶系大湾组,×1000(据 Yin et al,1998);8.卡博特指形藻 *Dactylofusa cabotti*,浙江安吉志留系康山组,×875(据 Cramer,1970;Eisenack et al,1976;Fensome et al,1990);9.初始条纹藻(小变种)*Striatotheca princcipalis* var. *parvus*,湖北宜昌黄花场奥陶系大湾组,×1000(据 Burmann,1970);10.薄壁多角藻 *Polygonium gracile*,湖北宜昌黄花场奥陶系大湾组,×800(据 Vavrdova,1966);11.斑点星斑藻 *Stelliferidium stelligerum*,湖北宜昌大坪奥陶系大湾组,×1400(据 Gorka,1967;Deunff,1974);12.齿饰翼突球藻 *Peteinosphaeridium exornotum*,湖北宜昌黄花场奥陶系大湾组,×620(据 Tonigorgi et al,1995);13.不规则多叉球藻 *Multiplicisphaeridium* cf. *irregulare*,湖北宜昌大坪奥陶系大湾组,×1100(据 Staplin et al,1965);14.初生始盔藻 *Priscogalea primordialis*,吉林浑江寒武纪—奥陶纪界线过渡地层,×2070(据 Yin,1986)

物碎屑 3 种状态出现。其中,又以硅质生物碎屑为最多,它既可以呈保存完好的化石或生物碎屑面貌出现,又可充填在规则的细胞腔中,粒度 1~2μm;②黏土质:主要是由伊利石、高岭石类黏土矿物组成,一般呈尘土状、鳞片状的细晶集合体出现(图 2-5b),但在不同石煤中的种类和含量有所区别;③其他矿物质:早古生代石煤中除磷灰石、黄铁矿、方解石等常见矿物外,还有含钒、含钼镍、含铀等多种矿物,如在鄂西北的石煤中就发现了钛钒石榴石、铬钒石榴石、含钒云母、含钒锗石、砷硫钒铜等多种含钒矿物。鉴于石煤中无机组分含量高,矿物种类比较复杂,可以把石煤按照硅质石煤型、泥质石煤型、粉砂质石煤型开展分类研究。

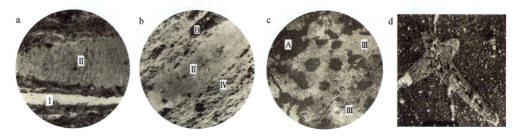

图 2-5 鄂西北杨家堡石煤的显微岩石组分类型(据武汉地质学院煤田教研室,1981;张爱云等,1982)
a.石煤有机显微组分,油浸反光,×1250;b.石煤显微组分,油浸反光,×800;c.石煤显微组分,油浸反光,×500;
d.石煤中保存的海绵骨针,二次电子相,×500
Ⅰ.无结构胶质体;Ⅱ.隐结构胶质体;Ⅲ.结构胶质体;Ⅳ.腐泥基质;A.硅质;B.黏土质

表 2-2 鄂西北杨家堡石煤的显微组分类别及其基本特征(据武汉地质学院煤田教研室,1981)

有机显微组分类别	反射色	最大反射率(%)	偏光性质	双反射与多色性	结构	构造
无结构胶质体 (图 2-5a)	灰白色	8~11.9	强非均质性,黄灰色—浅黄色,波状消光	清晰,白灰色—灰白色	均一,在正交偏光镜下有时隐约可见细胞结构残迹	呈带状或透镜状分布,有明显的垂直裂纹
隐结构胶质体 (图 2-5a、b)	灰白色	5~7	非均质性,褐灰色—灰黄色,波状或网状消光	较清楚,灰色—灰白色	根据色调深浅隐约可见原细胞结构痕迹,正交偏光镜下尤为显著	呈透镜状或扁豆状
结构胶质体 (图 2-5c)	浅灰色	3~4	弱偏光性	不明显	低倍镜下呈蜂窝状或海绵状结构,高倍镜下群体细胞结构清晰	轮廓不规则,边缘不平整
腐泥基质 (图 2-5b、d)	浅灰色				由大小不同、形状不一的斑点、团粒、团块分散地、不规则地分布在有机质与矿物之间,作为胶结物存在	

第二节 石煤的分布规律和形成条件

中国的石煤资源非常丰富,但主要分布于中国南方的下古生界。在低等植物发育阶段,较高的生物生产力以及相对贫氧的还原环境是石煤形成的有利条件。人们普遍认为,高效的生物生产力主要依赖于上升洋流的作用。

一、石煤的分布规律

石煤主要分布于中国南方,包括川、渝、鄂、黔、桂、粤、湘、赣、苏、浙等省(市)以及陕西南部,其他地区如河南、山西和新疆等省(自治区)仅零星分布。含石煤层位为早古生代,其中以寒武纪最好,分布面积广、成层厚、煤质相对也较好。其次为志留纪。另外震旦纪也有含石煤的层位。早古生代的石煤都分布于海相地层中,与泥岩、粉砂岩、灰岩或硅质岩交替出现,厚度变化都比较大(表2-3)。范德廉(1988)通过对扬子地台震旦纪—奥陶纪含石煤黑色岩系成因的研究发现,扬子地台分布着5层黑色岩系,分别是下震旦统大塘坡组,上震旦统陡山沱组底部和顶部,下寒武统牛蹄塘组底部和中奥陶统。它们均形成于缺氧环境。中国早古生代代表性含石煤岩系的垂向序列见图2-6。

王煕曾等(1992)曾把南方石煤划分为秦岭含石煤条带、扬子含石煤条带、江南含石煤条带和东南含石煤条带4个带(图2-7),认为江南含石煤条带是我国最主要的石煤聚积区域。有研究指出,仅赣北地区垂深在300m以上的石煤地质储量约计百亿吨(王和中,1985)。从浙北经赣北、湘西北、贵州至云南一线,下寒武统含石煤岩系的分布约1600km(图2-7),石煤厚度一般为5~30m,最厚超过200m(浙江省煤炭工业局,1980;范德廉和杨秀玲,1981;李远虑等,1982)。

二、石煤的形成条件

黑色岩系的形成受两个重要条件的限制:一是生物生产力要高,能够向海底提供充分的沉积有机质;二是必须具备有利于沉积有机质保存、聚集与转化的条件(吴朝东等,1999)。石煤是低等植物沉积的产物,需要较高的生物生产力。理论上讲,地球早期低等植物是十分脆弱的,其发育需要较浅的、阳光充沛的、低能的海洋环境。陆架及斜坡,特别是具有障壁岛的潟湖和海湾是良好的低等植物发育的沉积场所。吴朝东等(1999)在研究湘西上震旦统—下寒武统黑色岩系沉积演化与含矿序列时指出,只有在缺氧的条件下菌藻类和海水中的胶状硅质或悬浮泥质的沉积速率与地壳的沉降幅度相互补偿,才能使菌藻类遗体避免遭受氧化破坏而被保存,从而为形成石煤提供了必要的物质条件(图2-8)。于炳松等(2003)认为缺氧、高有机质产率、快速埋藏等条件可有效地抑制有机质的氧化和微生物的降解,从而有利于黑色页岩的保存。

卢衍豪(1979)对华南寒武系区域沉积环境和磷矿形成条件进行了系统研究,根据生物特征将华南划分为4大沉积区:扬子区(台地)、过渡区(相当于斜坡带上部)、江南区(相当于斜坡带下部-陆隆)和珠江区(盆地)。其中,扬子区生物群属于华北型,江南区和珠江区属于东南型,过渡区为华北型与东南型的混合型(图2-9)。姜月华等(1993)将大致相当于卢衍豪(1979)划分的过渡区和江南区解释为古大陆斜坡,认为在寒武纪—奥陶纪,中国南方发育着一个壮观的大陆斜坡,斜坡规模长约2000km,宽几十千米至几百千米,在其范围内拥有各种各样的大、中、小型金属和非金属矿床,特别是磷、钒、钡、钼、镍、铜、金、银、锰、石煤和油气。

卢衍豪(1979)和王煕曾等(1992)的研究均指出,大陆斜坡是早古生代石煤发育的有利沉积环境。前者认为石煤主要分布在"滞流海的边缘斜坡区",或者认为我国最主要的石煤聚积区域之一——江南含石煤条带,恰好处于早寒武世沉积位置的斜坡区(图2-9)。

表 2-3 中国主要含石煤岩系的基本特点（据武汉地质学院煤田教研室，1981）

时代	含煤与石煤层位（代表性群、组）	分布地区	含煤岩系的岩石组成	含煤简况
志留纪（S）	梅子垭组	鄂西北、陕南及川北、湘西	千枚岩、片岩及板岩、硅质砂岩、灰岩夹煤层	石煤10层左右
	大贵坪组		千枚岩、碳质板岩、粉砂岩夹煤层	腐泥无烟煤、石煤1~4层
寒武纪—奥陶纪（∈—O）	洞河群	陕南	碳质板岩、硅质板岩、硅质岩、片岩及灰岩、泥灰岩及千枚岩夹煤层	腐泥无烟煤、石煤2层以上
寒武纪（∈）	紫阳段家沟组	陕南	灰岩、泥灰岩夹煤层	石煤、腐泥无烟煤2层
	八卦庙组 毛坝关组		泥灰岩、灰岩和碳质板岩夹煤层	石煤、腐泥无烟煤3~5层
	鲁家坪组		碳质、硅质、泥质板岩夹煤层	石煤、腐泥无烟煤1~3层，厚1~3m
	牛蹄塘组	湘西、黔东、黔北	黑色硅质岩、砂岩、粉砂岩及灰岩夹煤层，底部常有层磷结核和燧石层	石煤5~6层
	水井坨组（或水口组）	鄂西北	灰岩、硅质岩、泥岩、板岩夹煤层	石煤4~5层
	荷塘组	皖东南、浙西、赣东北、苏南、鄂东南	黑色细碎屑岩、硅质岩夹煤层，底部常含磷块岩结核层	以石煤为主，偶见腐泥无烟煤，共1~10层，厚3~5m
	龙山群			
震旦纪（Z）	灯影组	湘西北	黑灰色硅质岩，钙质粉砂岩、泥岩夹煤层	石煤1~2层
	耀岭河组	鄂西北	硅质岩、碳质片岩夹煤层，常有磷矿层、锰矿层等共生	石煤1~2层

三、石煤的形成机理

大陆斜坡区之所以能够发育大规模的石煤，有学者认为与洋流上升有关。上升洋流能够为表层水体带来极为丰富的营养物质，从而引起表层生物大量繁殖，这其中包含了大量低等植物，其死亡后与其他沉积物一起就地堆积，从而为石煤的形成提供了丰富的物质基础（姜月华等，1993）。在华南地区，晚震旦世晚期—早寒武世记录了最大的一次全球性海平面上升事件，在斜坡带自下而上普遍形成了由硅质岩-磷酸盐岩-黑色页岩-碳酸盐岩的上升流生物化学沉积序列。这些岩石粒度均很细，色深，沉积构造以水平层理为主，局部可见重力滑移揉皱构造，其中富含原生黄铁矿。在暗色岩系中，尚含有大量低级原始菌藻生物和高级脊索动物化石，如海绵、软舌螺、三叶虫、古尾海鞘等。沉积物含有丰富的有机质（例如荷塘组硅质岩中有机碳含量达 $0.4\%~12\%$，黑色页岩有机碳含量 $1.07\%~12.57\%$，石煤层中固定碳含量达 $10\%~30\%$），并含磷、钡、钼、钒、镍、铀、金、银等数十种金属元素（姜月华等，1993）。

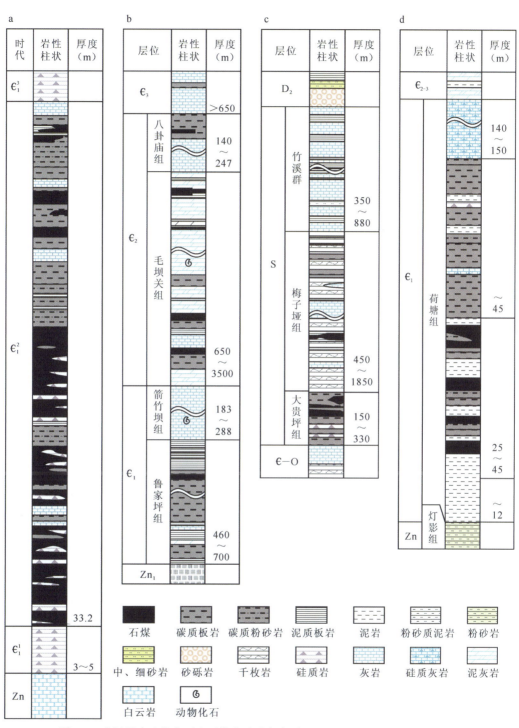

图 2-6 中国早古生代典型含石煤岩系垂向序列(据武汉地质学院煤田教研室,1981)

a.鄂西北;b、c.陕西安康;d.江西上饶

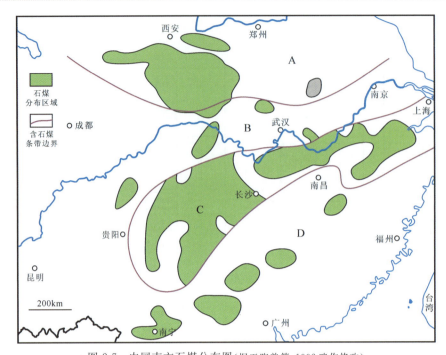

图 2-7 中国南方石煤分布图(据王煦曾等,1992略作修改)

A.秦岭含石煤条带;B.扬子含石煤条带;C.江南含石煤条带;D.东南含石煤条带

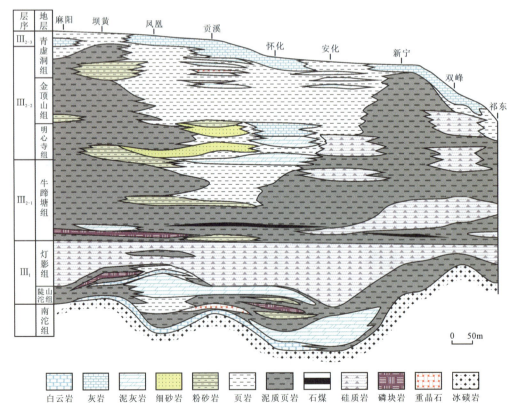

图 2-8 湘西上震旦统—下寒武统黑色岩系沉积演化与含矿性时空分布规律(据吴朝东等,1999)

(陡山沱组黑色岩系为含锰、磷、硅质岩序列,磷块岩从台地向盆地方向含矿性变差;牛蹄塘组黑色岩系为磷、重晶石、石煤、钒-镍-钼序列)

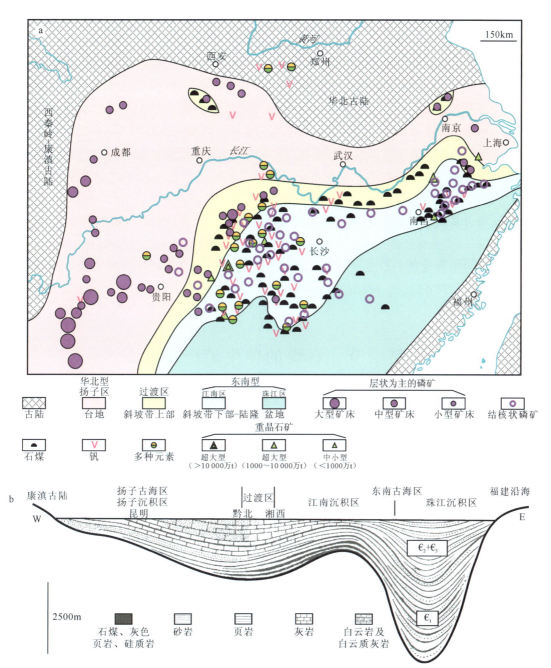

图 2-9 中国南部早寒武世生物地理分区及多类型沉积矿产分布图

a. 古环境及其沉积矿产空间配置图(据卢衍豪,1979;李文炎等,1991;姜月华等,1993;资料修编);

b. 区域东西向沉积剖面格架图(据卢衍豪,1979)

实际上,姚素平等(2010)对石煤成因机理的调研发现,上升洋流说仅是石煤成因的一种观点。Arthur(1979)、Leggett(1980)和Jenkyns(1980)首先提出了早古生代及侏罗纪—白垩纪的多层黑色岩系为大洋缺氧环境产物的认识和黑色岩系成因的海平面上升模式,姜月华等(1993,1994)认为石煤是由于海平面上升导致上升洋流携带富氧海水,在沉积速率缓慢和少泥的条件下,促使菌藻类大量发育,并由此引起海底缺氧环境菌藻类死亡后沉积在海底,经过复杂的成岩变质作用形成。但 Martin et al(2002)和 Cornelius et al(2005)的研究成果表明，黑色岩系的沉积环境变化很大，可以形成于还原到弱氧化沉积环境。Huinby-Hunt et al(1996)曾研究了 300 多个黑色岩系和现代沉积物的地球化学特征，结果显示黑色岩系的沉积环境可以从生成甲烷的还原环境变化到氧化环境。Calvert et al(1996)发现早古生代高碳质黑色岩系中存在锰碳酸盐，证明了此类岩石并不一定非要形成于还原性盆地，关键在于提供沉积物的生物质的富集程度。我国陕西茶店黑色岩系中的磷锰矿则是一个形成于从还原到弱氧化沉积环境过渡地带的实例，Liu et al(1996)认为，是相对浅水、高能条件下的沉积作用以及成矿流体的多源性控制了该矿石物质组分与结构特征。总之，石煤具有独特的成因环境，尽管有少数学者认为石煤是由早期生成的石油与黏土、地层水等混合经高温高压下热解变质及后期岩浆烘烤形成，但由于许多学者先后在石煤中发现了大量的菌藻类(如蓝绿藻和褐藻)、古孢子、海绵骨针及一些分类尚不明确的原始动物、植物等生物化石，因此，石煤是以菌藻类为主的生物堆积和形成于海相还原环境的研究成果已取得了普遍共识(李远虑等，1982；朱丽英，1983；周浩达，1990；姜月华等，1994；Oschmann，2000；Steiner et al，2005；姚素平等，2010)。

第三节　石煤的伴生矿产资源

许多大型、超大型矿床的形成与黑色岩系密切相关。经过对国内外典型矿床的研究发现，黑色金属矿产(锰、钒)，有色金属矿产(铜、铅、锌、镍、锡、钼、锑)，贵金属矿产(金、银、铂族元素)，稀散元素矿产(硒、铊、镉、锗、碲)，放射性矿产(铀)以及非金属(磷、硫、重晶石、石煤)等数十种多元素矿产均与黑色岩系都有着密切的成因联系，常聚集成带形成矿床(宋明义，2009)。

石煤是我国南方重要的煤炭资源，同时赋含多种金属元素，具有极其重要的潜在价值(姚素平等，2010)。寒武纪—奥陶纪，中国南方古大陆斜坡是石煤等沉积矿产形成富集的有利地质背景，已探明多种大中型的沉积金属和非金属矿床，小型矿床及矿点更是不计其数。大中型沉积矿床有磷矿、重晶石矿、石煤矿、钒矿、铀矿等，小型矿床或矿点(包括矿化层)有镍、钼、金、银、锰、铂、铜、锶、钾、稀土等。此外，还有丰富的非常规页岩油气及层控大、中、小型的汞、汞金、锑或锌矿床等。因此，该区域是我国著名的成矿带之一(姜月华等，1993)。

一、几种重要的伴生矿产

1.磷矿

在华南古大陆斜坡背景中，磷矿床星罗棋布。层状磷矿主要产出在斜坡带上部(过渡区)以及地台区，而结核状磷矿多产出于斜坡带下部至陆隆(江南区)。姜月华等(1993)用上升洋流解释了磷矿的成因，认为当上升洋流带来的磷质遇到斜坡带时，由于含磷水体突然变浅，压力骤减，磷质极易在接近古陆边缘或古陆(如康滇古陆)、古岛(如牛首山古岛)之间的海湾、潟湖体系中(弱氧化—弱还原、弱酸性—弱碱性及相对较高的海水盐度条件)大量沉积，从而形成大型或特大型的层状磷矿床。

2. 重晶石矿

重晶石矿沿扬子地台东南缘分布很广泛。李文炎等(1991)的研究认为"重晶石沉积的最佳相带属于盆地边缘斜坡相",扬子地台东南缘的成矿带重晶石资源储量占全国总储量的51.78%,反映了大陆斜坡带是重晶石矿床的十分有利的沉积地带(姜月华等,1993)。

3. 钒矿

含钒黑色岩系是中国主要的钒矿资源之一,鄂西北下寒武统底部的钒矿床具有典型性,矿床主要产出于杨家堡组和庄子沟组的黑色岩系中(图2-10)。岩性组合主要为含碳硅质板岩-含碳硅质板岩夹薄层泥质岩或互层-含硅质粉砂质板岩、碳质板岩或含硅碳质板岩-含碳泥质板岩夹少量薄层硅质板岩-薄层、中厚层黑色页岩-杂色砂质板岩。其中,杨家堡矿区的含钒层位主要赋存在杨家堡组上段中部的石煤中。

鄂西北下寒武统黑色岩系中的钒矿体形态简单,产出部位和几何形态完全受地层控制,呈缓倾斜层状、似层状产出(图2-11),矿体与围岩界限不明显。矿床主要有3种矿石类型:硅质板岩型、粉砂质板岩和碳质板岩型、黏土质板岩型。矿石矿物主要为硅质、碳质、有机质和钒云母等,钒矿物以钒云母为主、钙钒榴石次之,它们通常赋存在含黏土质硅质板岩、含硅碳质板岩、含硅质泥质板岩中的有机质及黏土矿物中。区内钒矿体出露长度400~2200m,最长3815m。平均厚度1.34~11.55m,最厚达16.98m。V_2O_5含量平均为0.65%~1.02%,最高达1.86%(任明等,2012)。

吴强等(2018)对四川广元含钒石煤矿的研究发现,石煤样品的矿物组成复杂,主要有白云母、石英和针铁矿,其次是锐钛矿、钙沸石和蒙脱石等。偏光显微镜下白云母呈无色或浅褐色细小片状,细小云母片相嵌填充在碳质和黏土矿物基体中,石英为灰白色,多呈他形粒状,充填在云母裂隙和黏土矿物中(图2-12)。V与Al、Si和K元素呈正相关,与Fe、Mg元素呈负相关,钒主要以V^{3+}为主(占61%),其次为V^{4+}(占39%),没有检测出V^{5+}的存在。田宗平等(2016)通过对湖北、湖南、贵州3省5个黑色岩系(石煤)钒矿区矿石标本的对比研究发现,钒主要赋存在云母类矿物中,占总质量分数的70%以上;其次赋存在氧化铁矿物和黏土矿物中,占14%以上。钒主要以低价态V^{3+}、V^{4+}产出,占64%以上,高价态V^{5+}相对较少,占35%以下。

任明等(2012)研究发现,鄂西北钒矿床V_2O_5品位含量随着硅质、碳质减少而降低,直至消失,这说明钒的富集与环境演化密切相关。郑坤等(2015)的研究认为,湖北石煤型钒矿床属于沉积成因,其形成过程大致经历了早期的黏土矿物吸附作用和后期的活化富集作用等阶段。陈明辉等(2012)对湖南寒武系黑色岩系页岩型钒矿的研究表明,钒的富集主要发生在沉积阶段,与黑色岩系的沉积过程一致;矿床形成于缺氧环境中,大部分钒被黏土质吸附,随有机质、黏土质和硅质呈胶态腐泥沉入海底;在成岩过程中,云母类黏土矿物结构发生再结晶,将原有表面吸附的钒(V^{3+})转化为类质同象形式进入云母晶格中取代部分铝(Al^{3+}),形成含钒伊利石并聚集成为钒矿床。他指出黑色岩系及其有关的钒矿在沉积成岩成矿过程中都离不开生物地球化学作用。鲍振襄(1990)对湘西北镍钼钒多金属矿床的研究也提出了相似的成因观点,认为下寒武统木昌组黑色岩系中黄铁矿结核的硫同位素几乎没有什么分馏作用($\delta^{34}S$值17.3‰),而镍钼层中的黄铁矿$\delta^{34}S$值为负值(-10.7‰),表明成矿作用与生物作用有关,属于较典型的沉积型镍钼钒多金属矿床。

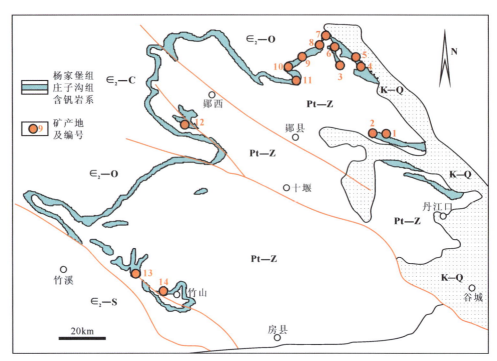

图 2-10 鄂西北黑色岩系与钒矿床分布图(据任明等,2012)

1.丹江口杨家堡钒矿;2.丹江口王家沟钒矿;3.郧县杜家沟钒矿;4.郧县青马池钒矿;5.郧县董坪钒矿;6.郧县郭沟钒矿;7.郧县大桑树钒矿;8.郧县何家曼钒矿;9.郧县大柳钒矿;10.郧县田家河钒矿;11.郧县青木沟钒矿;12.郧西万河钒矿;13.竹山四颗树钒矿;14.竹山田家坝钒矿

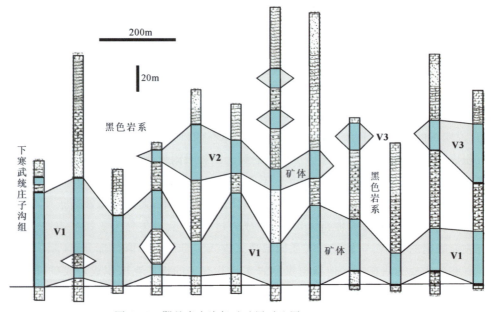

图 2-11 郧县青木沟钒矿矿层对比图(据任明等,2012)

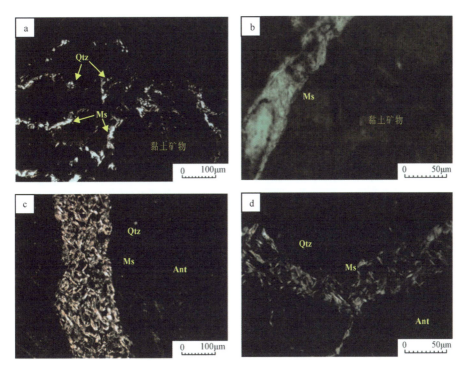

图 2-12　四川广元石煤钒矿矿石样品薄片的偏光显微照片(据吴强等,2018)
a.白云母(Ms)呈无色透明的细小片状,灰白色石英主要为细粒集合体与白云母镶嵌分布;b.白云母镶嵌充填在蒙脱石等黏土矿物和碳质基质中;c、d.浅褐色细小片状或条状白云母与石英(Qtz)、碳质镶嵌构成条带,充填在碳质基质和锐钛矿(Ant)中

4.锰矿

沉积锰矿床在我国锰资源中占有绝对优势,主要分布于地台及其边缘地区。根据含矿岩系可划分为泥质岩型、黑色岩系型和碳酸盐岩型 3 类。可区别出 10 种元素组合类型,其中 B-Mo、S-Ga-Mg-Mo、Co-Mo、P-Mo 组合是十分独特的。与世界锰矿的成矿时代(元古宙—太古宙和渐新世)对比,我国锰矿的成矿时代多,并主要集中于震旦纪和泥盆纪。矿石类型以碳酸锰矿为主,原生沉积的氧化锰矿石甚少,并以低价态产出。我国锰矿床的物质来源是多源的,形成和富集是多阶段的,锰的成矿作用与地质事件,特别是大的造山事件、缺氧事件、火山事件等有着密切关系(范德廉,1988)。

锰矿是南方奥陶纪重要的矿床之一,矿床以点式分布为主,原生矿石为碳酸锰。湘中桃江的响涛锰矿产出于扬子陆块东南边缘斜坡带(饶雪峰和范德廉,1990;刘宝珺等,1991)或深海—半深海非补偿缺氧盆地(杨振强等,1993),含矿层赋存在胡乐组、磨刀溪组黑色岩系中,碳酸盐重力流和陆屑浊积岩为储矿层。锰矿直接顶底板为黑色泥岩、板岩和硅质泥岩,矿层厚度不超过 2m,矿体长约数百米,间断延续约 10km。可见层纹状菱锰矿层与黑色页岩互层,并常见软硬层形成沉积物滑动现象(姜月华等,1993)。

近年来,人们在扬子地块东南缘的南华系大塘坡组,陆续发现了松桃西溪堡(普觉)、松桃道坨、松桃高地和松桃桃子坪 4 个隐伏超大型锰矿床(周琦等,2016)。虽然这些锰矿床产于南华纪,但其黑色岩系的成因背景与早古生代暗色岩系基本相似,即前者与陆缘裂谷盆地相关,而后者与基本连续演化的大陆斜坡有关。周琦和杜远生(2012)、周琦等(2013)和杜远生等(2015)的研究认为,大规模锰矿成矿作用与Rodinia超大陆裂解形成的裂谷盆地、Sturtian冰期—间冰期的气候事件以及古天然气渗漏具有密切关系(图2-13),即锰矿主要形成于南华纪裂谷盆地地堑区的次级地堑中。在Sturtian冰期时期,由于海面冰层存在,大陆与海洋之间的物质交换被切断,南华裂谷盆地中水体呈现还原性特征,沉积物中形成天然气水合物,海水中溶解大量Mn^{2+},形成巨大的锰库。在Sturtian冰期结束向间冰期转换过程中,可能尚存在短暂的寒冷事件,由此形成的富氧寒冷海水受温盐环流影响进入海底,引发海底氧化事件,促使原生氧化锰矿形成,这些锰的氧化物及氢氧化物进入沉积物后与有机质反应而生成菱锰矿(图2-13)。目前,"大塘坡式"沉积型锰矿已成为我国最重要的锰矿床类型。

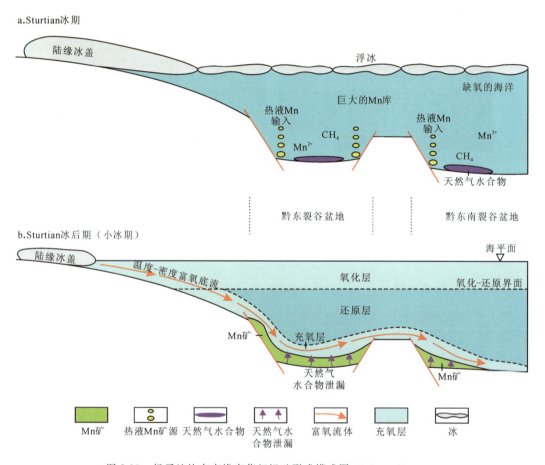

图 2-13 扬子地块东南缘南华纪锰矿形成模式图(据杜远生等,2015)

5.金银矿

华南寒武纪—奥陶纪古大陆斜坡带也是金银富集的重要地域,赋矿层位主要是下寒武统牛蹄塘组或荷塘组、小烟溪组、水井沱组等和上奥陶统五峰组等黑色岩系。据对安徽、湖北两省随机采样的分析结果,金、银含量普遍较高(表2-4),某些层段甚至分别达到地壳克拉克值的8倍和170倍。所以,古大陆斜坡带的暗色岩系具有丰富的金、银矿资源。

表 2-4　安徽和湖北部分地区古斜坡带暗色岩系中的金、银含量(据姜月华等,1993)

层位	地点	Au 或 Ag	样品数	最小值	最大值	平均值
下寒武统	安徽歙县	$Ag(\times 10^{-6})$	10	0.32	12.00	4.79
		$Au(\times 10^{-9})$	10	2.55	40.80	13.13
	湖北崇阳	$Ag(\times 10^{-6})$	11	0.06	11.00	3.24
		$Au(\times 10^{-9})$	11	1.10	21.50	7.72
	安徽青阳	$Ag(\times 10^{-6})$	8	0.04	1.62	0.28
		$Au(\times 10^{-9})$	8	1.52	89.00	17.24
上奥陶统	湖北崇阳	$Ag(\times 10^{-6})$	10	0.062	0.18	0.11
		$Au(\times 10^{-9})$	10	1.20	10.30	5.08

在湖北均县杨家堡含钒石煤矿床中,银是重要的伴生矿产资源。杨家堡钒矿床共分 3 个矿层,银在Ⅰ、Ⅱ、Ⅲ矿层及其顶板,高碳黏土质板岩中都有分布(表 2-5),含量 10×10^{-6},达到了综合利用的品位要求。经鉴定,石煤中的银主要富集在富锌砷黝铜矿中(徐国镇等,1982)。

表 2-5　杨家堡含钒石煤矿床中银在矿层和矿石中的含量(据徐国镇等,1982)

	样品类型	银含量($\times 10^{-6}$)
矿层综合样	Ⅲ矿层	8～20
	Ⅱ矿层	10～11
	Ⅰ矿层	13
矿石类型样	石煤	8～14
	高碳石榴石硅质板岩	13～37,个别仅 2～6
	高碳硅质板岩、高碳黏土岩、硅质板岩	3～10,个别 23
	高碳粉砂质板岩	15～27
	高碳黏土质板岩	9～26,个别达 31

二、伴生矿产时空配置关系

吕惠进和王建(2005)对浙西寒武系底部黑色岩系含矿性和有用组分赋存状态进行了研究,发现磷块岩(结核)层发育于黑色岩系的底部,其上为金属层或石煤层,金属层的厚度与磷块岩的发育呈正相关,与石煤层的厚度呈负相关。在石煤层或其上部的碳质页岩中含黄铁矿层。石煤中伴生有钒、镍、钼、铜、铅、锌、铀、银和稀土元素,在部分地段可富集成矿。其中,钒或以独立矿物存在,或以类质同象赋存在黏土矿物中;镍主要以独立矿物存在;钼主要与碳、硫、黏土一起呈钼硫化物胶状集合体,经热接触变质作用后形成辉钼矿;铀呈不均匀分散在胶磷矿和碳泥质中,呈类质同象或吸附状态存在;稀土元素主要呈类质同象存在于胶磷矿中,部分呈吸附状态存在;铜、铅、锌主要以硫化物和硫砷化物等存在,多富集在金属层中。鲍振襄(1990)研究了湘西北下寒武统木昌组与石煤共生的镍钼钒多金属矿床的空间配置规律,发现赋矿岩系是一套富含有机质和黄铁矿的硅泥质黑色页岩,共包含有两种岩性组合序列,分别赋存不同的矿床组合。一种是含磷岩系→碳质页岩→黑色页岩,为镍钼矿层岩性组合序列,镍钼富集在该序列的含磷岩系中;另一种是碳质页岩(或含磷结核)夹硅质岩(或互层)→碳质页岩→黑色页岩,为钒矿层岩性组合序列,钒主要富集在该序列的碳质页岩夹薄层硅质岩及含磷结核层中(图2-14)。

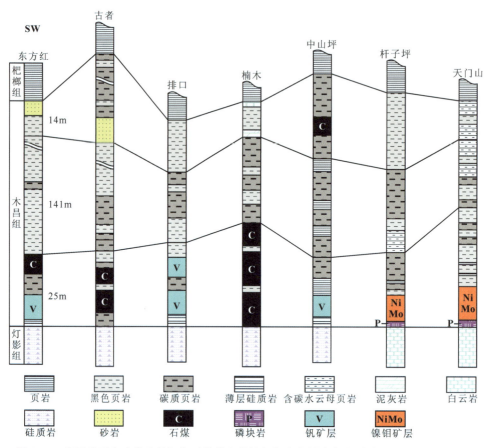

图 2-14 湘西北下寒武统木昌组与石煤共生的镍钼钒多金属矿床矿层对比图(据鲍振襄,1990)

吴朝东等(1999)从层序地层学的角度总结了湘西黑色岩系及其含矿序列的沉积模式,指出湘西晚震旦世到早寒武世沉积层序的演化序列阶段性明显,黑色岩系形成于沉积盆地斜坡或以下地带,与海平面上升有关。陡山沱组的磷块岩为上震旦统层序中的凝缩层,牛蹄塘组的黑色页岩形成于海侵阶段的浅海—半深海沉积条件,构成了黑色岩系型含矿序列。两套黑色岩系的含矿性在时空上具有良好的分布规律,陡山沱组为含锰、磷、硅质岩含矿序列,磷块岩从台地向盆地方向含矿性变差;牛蹄塘组为磷、重晶石、石煤、钒-镍-钼序列(图2-15)。笔者进一步解释了两套含矿序列的形成演化过程,认为扬子区在经历了冰期以后,大陆壳经长期风化,使锰等元素迁移,在海洋的环境得到富集,经有机质的还原作用形成 Mn^{2+},最终以碳酸盐的方式沉淀,形成在海进底部的碳酸锰矿床。随着海洋生物的进一步繁盛,上升洋流带来丰富的富磷海水和营养物质,使磷在这一时期得到富集,经成岩作用富集形成磷矿床,以花桥的磷矿为代表。在寒武系底部多形成层位稳定的磷结核层,以含丰富的海绵骨针为特征,可能反映了生物的聚磷作用。随着裂谷作用火山喷发、气液喷溢和地外事件,提供了丰富的含金属元素的卤水,形成重晶石透镜状矿层,因海平面的进一步上升而引起的缺氧环境和生物富集,发育了全区稳定分布的石煤层,石煤中的有机质来源一方面是发育于该地区的藻类,另一重要来源是台地、斜边的有机质被海水迁移而来。随着海侵范围的进一步扩大,由浅水运移来的有机质丰度提高,使钒达到最大富集状态,而形成富含钒的层位,发育了一定规模的矿床。

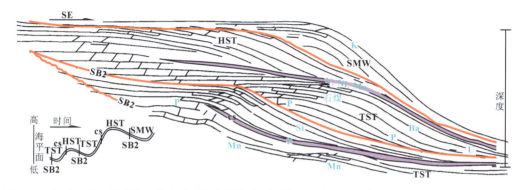

图 2-15　湘西晚震旦世晚期—早寒武世早期黑色岩系及其含矿序列的层序地层沉积模式(据吴朝东等,1999)
SB2.层序界面;cs.凝缩层;TST.海侵沉积体系域;HST.高位沉积体系域;SMW.陆架边缘体系域;Si.硅质岩;Mn、P、Ba、K、V、Ni、Mo、U 分别代表锰、磷、钡、钾、钒、镍、钼、铀等元素富集层

张振贤和周怀玲(1992)通过对广西泥盆纪早埃姆斯期盆地相和台地相两条含矿岩系剖面的研究,认为早埃姆斯期沉积事件主要是风暴事件、缺氧事件和生物礁的兴衰交替,它们在盆地、台地环境中的反映不尽相同。根据沉积事件的发生、发展可划分为早、晚两期。早期,由弱到强的周期性风暴事件,在缺氧环境的盆地中形成一套呈黑色的含碳质角砾状泥岩、碳质泥岩、硅质岩互层的岩石组合与石煤、钒银(铀)矿床共生;而在台地边缘相中形成一套礁、滩、坪、凹交替的碳酸盐岩和风暴岩与成岩-后生铅锌矿床共(伴)生。晚期,为海侵缺氧事件,在盆地中表现为一套呈黑色的含碳质泥岩与石煤、沥青煤共生,而在台地边缘相中表现为碳质泥岩盖覆礁云岩组合与成岩型铅锌矿床共生(图 2-16)。

三、伴生矿产的成因分类

硫化物在含石煤岩系最为常见。姚素平等(2010)通过对我国南方早古生代聚煤过程中硫的生物地球化学行为及成矿效应进行了研究,指出石煤中富集的金属元素多属亲硫元素,硫的地球化学行为直接影响金属元素的富集与赋存状态。成煤作用早期是煤中伴生元素富集的重要阶段,多金属硫化物是石煤中金属元素最重要的赋存形式。因此,硫是石煤和黑色岩系及其矿床中一种十分重要的矿化剂元素。

范德廉(1988)系统总结了黑色岩系 3 种类型共生矿床的成矿模式。

第Ⅰ类矿床主要是铁、镍、钼、银、钴的硫化物矿床,硅酸盐型钾矿、铀、钒矿和海相腐泥型石煤。均直接产于黑色岩系中,其形成的地质、地球化学环境与黑色岩系一致。这些矿床物源复杂(地外、陆源、海源均有),多形成于同生-沉积阶段,有的经化学和生物-化学淀积(如硫化物),有的被泥质颗粒和有机质吸附(如金、钒),有的为有机化合物的组成部分(如钒、镍卟啉),有的则由微生物堆积而成(如石煤)。

第Ⅱ类矿床主要是锰与钡的碳酸盐、硫酸盐矿床,如菱锰矿、镁锰云石、毒重石、重晶石

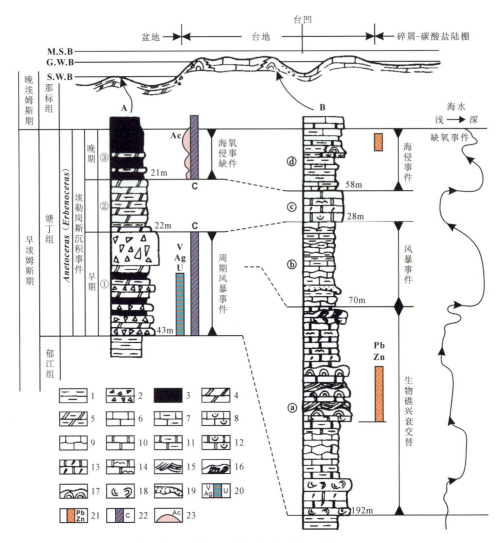

图 2-16 广西泥盆纪早埃姆斯期含矿层系沉积事件对比图(据张振贤和周怀玲,1992)

1.泥岩;2.角砾状泥岩;3.碳质泥岩;4.硅质岩;5.泥质硅质岩;6.灰岩;7.泥质灰岩;8.生物碎屑灰岩;9.瘤状灰岩;10.白云岩;11.泥质白云岩;12.生物碎屑白云岩;13.砂屑白云岩;14.纹层状白云岩;15.砂屑交错层白云岩;16.珊瑚礁;17.层孔虫礁;18.生物滩;19.风暴岩;20.钒银(铀)矿床;21.铅锌矿床;22.石煤;23.沥青煤

等。其物质来源也是多源的,并往往形成于黑色岩系向浅色碳酸盐岩或泥质岩的过渡带上,形成于由缺氧到弱氧化、由弱碱性到碱性环境的地球化学转变带内。这类矿床经历了缺氧环境下的蕴集和弱氧化条件下的淀积两个阶段。淀积后的再冲刷和成岩作用对锰的再富集有着重要意义。碳酸锰矿中发现蓝藻及其他微生物,现代海洋学研究证实钡与海洋有机物的硅质骨架有关,古老钡矿床与黑色硅岩紧密伴生,这些均说明锰、钡的富集与有机物的关系密切。

第Ⅲ类矿床主要是碳酸盐岩溶矿型硫化物矿床,如铅、锌、汞、金矿床等,多属层控矿床。黑色岩系为这类矿床提供了矿源层或胚胎矿。

第三章 琥珀和煤精

> 琥珀和煤精是含煤岩系中珍贵的宝石矿产资源,是成煤植物和成煤环境变化的产物。从宝石矿产利用的角度,人们对煤精的应用历史超过6000年。琥珀和煤精除了本身的宝石学功能和考古价值之外,近年来的研究表明琥珀具有重要的科学和研究价值。

第一节 琥 珀

琥珀是煤的一种伴生矿产资源,品相较好的琥珀属于珍贵的宝石。琥珀主要产出于含煤岩系,是地质历史上植物分泌物(如树脂)经过石化作用的产物,是一种透明的生物化石(树脂化石),即白垩纪和古近纪—新近纪松柏科、云实科、南洋杉科等植物的树脂化石。现代的一些树木也具备分泌树脂的功能,如松柏类中的松科、柏科、南洋杉科、罗汉松科均通过树脂道产生树脂,而我们熟悉的桃树也能分泌桃胶,树脂呈现为透明至半透明的黄色、浅红色或棕色,实际上就是未经石化的琥珀(图3-1)。

图3-1 琥珀和树脂
a.琥珀煤标本;b.桃胶;c.松树及其分泌的松脂

在自然界,最早记录化石树脂的是石炭纪,但琥珀一直到白垩纪早期才开始出现。琥珀属于沉积作用的产物,主要产于白垩纪或古近纪—新近纪的砂砾岩和煤层中(表3-1)。著名的琥珀产地有缅甸、波罗的海地区、多米尼加共和国、中国。我国除辽宁抚顺和河南西峡的琥珀最为驰名外,云南盈江、福建的漳浦至龙海、西藏尼玛、吉林的舒兰和延边、内蒙古贝尔湖、黑龙江嘉荫、湖北恩施、四川奉节和忠县等地也产有琥珀。

人们认为琥珀具有 4 类价值:科学价值、医学价值、投资价值、宗教价值。众所周知,琥珀的投资价值体现在琥珀的宝石功能上,药用价值和宗教价值也可以通过考古追溯到远古时代,唯有科学价值是地质学家一直关注的热点。可以说,从一定程度上讲,琥珀的宝石价值和科学价值远远大于煤炭资源本身。

一、琥珀的成因分析

琥珀是沉积和生物化学共同作用的产物。对琥珀成因的解释,需要从物质来源、形成环境和形成过程 3 个方面来诠释。

琥珀是植物树脂经成岩作用形成的。宗普等(2014)的研究表明,现代能分泌树脂的植物包括松柏类和诸多被子植物科,现代松柏类如南洋杉科的琥珀最早可追溯至晚三叠世—早侏罗世,但在白垩纪中期至中新世的地层中更为丰富。始新世以来,热带和亚热带被子植物来源的琥珀开始占优势地位(图 3-2)。绝灭的能分泌树脂的植物包括繁盛于石炭纪—二叠纪的科达类和髓木类种子蕨以及石炭纪以来出现并已绝灭的一些松柏类裸子植物。Grimaldi (2009)报道了目前已知最早的琥珀产自晚石炭世地层(距今约 3.2 亿年)(图 3-3)。李疏芳和李晓帆(2010)报道了在中国新疆西昆仑山(莎车县境内)发现下侏罗统下部发育有古老的琥珀。

表 3-1 琥珀形成的地质时代(据邢秋雨,2014 修改)

地质时代			年代	产地
代	纪	世	(Ma)	
新生代	第四纪	全新世	现在~0.1	
		更新世	0.1~2.6	
	新近纪	上新世	2.6~5.3	
		中新世	5.3~23.0	西西里岛、墨西哥、多米尼加
	古近纪	渐新世	23.0~34	波罗的海、多米尼加
		始新世	34~56	中国抚顺、波罗的海
		古新世	56~66	
中生代	白垩纪		66~145	缅甸、中国西峡、黑龙江、英国怀特、黎巴嫩
	侏罗纪		145~201	新疆莎车
	三叠纪		201~252	意大利东北部
早古生代	二叠纪			
	石炭纪		290~358.9	美国伊利诺伊
	泥盆纪			

树脂形成以后,还要依次受到沉积作用和成岩作用的改造。从已有的琥珀产出环境来看,一部分琥珀直接产于煤层中,而另一部分琥珀则产于砂岩和泥岩构成的碎屑岩中。可以想象,产于煤层中的琥珀可能经历了类似于煤形成的泥炭化作用和煤化作用过程,而产于碎屑岩中的琥珀却极大可能地受到了水流搬运等沉积作用的影响。郭时清等(1991)通过对辽宁抚顺、河南西峡以及现代树脂内自由基浓度的测试发现,琥珀的自由基含量比现代树脂高出 10 倍,琥珀石化过程与煤化过程相仿,最后也会生成一定数量的稳定自由基。无论产出背景如何,形成琥珀的沉积环境以及即将石化的成岩环境应该总体处于还原或者弱还原环境。因为,树脂属于有机物,它们经不起强烈氧化作用的改造。

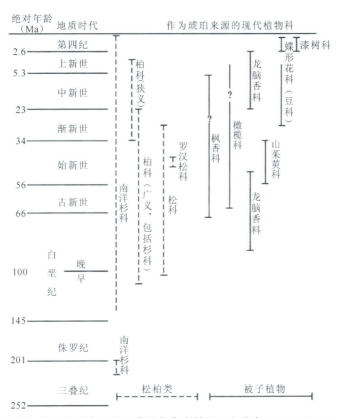

图 3-2 作为琥珀来源的现代植物代表科的地史分布（据宗普等，2014）

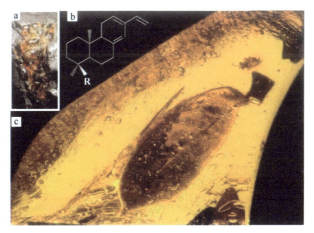

图 3-3 晚石炭世、中新世Ⅰ类琥珀及其分子结构（据 Grimaldi，2009；宗普等，2014）
a. 美国伊利诺伊州晚石炭世琥珀（距今约 3.2 亿年）；b. Ⅰ类琥珀分子结构；
c. 多米尼加中新世琥珀（来自于被子植物，距今约 20Ma）

植物树脂可大体分为两类，类萜树脂和酚类树脂，大多数琥珀是由前者形成的（Langenheim，2003；Grimaldi，2009）。树脂中挥发性的组分带来了芳香，而非挥发性的二萜及三萜组分，经成岩过程形成琥珀（宗普等，2014）。树脂的石化过程（琥珀化或成熟化）可分为两个阶段：从天然树脂转化为柯巴树脂的聚合作用阶段和从柯巴树脂转化为琥珀的萜烯组分的蒸发作用阶段（杨一萍等，2010）。第一阶段可能比较短暂，也可能需经历几千年至几百万年，植物分泌的树脂接触空气与阳光后发生聚合作用,形成具有多环结构的柯巴树脂(Scalarone et al, 2003)。柯巴树脂含有大量的萜烯类挥发分,因此在第二阶段,这些挥发分经过几百万年的蒸发作用形成琥珀(Guiliano et al,2007;杨一萍等,2010;宗普等,2014)。

所以,琥珀被认为是远古植物树脂经过大分子聚合作用形成的。首先是植物分泌树脂,树脂中含有较多的挥发物质,随着挥发物质的挥发,树脂逐渐变硬。变硬的树脂经历沉积埋藏,经过一定的化学聚合过程,逐渐形成柯巴树脂。柯巴树脂被继续埋藏,进一步发生聚合作用,在地质历史中失去全部挥发分,最终形成性质较为稳定的琥珀。有些琥珀形成后,受构造作用影响出露地表,经沉积作用再埋藏。

二、琥珀的物理化学性质

琥珀的物理化学性质具有较大的差异,这主要取决于植物种类、成岩环境、地质演化过程等因素导致的物质成分和内部结构的差别。

1. 化学成分

琥珀是碳氢化合物,化学通式为 $C_{2n}H_{3n}O(5<n<15)$,其中 C 79%,H 10.5%,O 10.5% (图 3-4)。主要组分为琥珀树脂酸、琥珀松香酸、琥珀脂醇等,有时还含有少量硫化氢,微量元素有钠、锶、硅、铁、钨、镁、铝、钴、镓等。

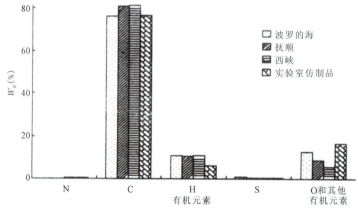

图 3-4 琥珀样品与仿制品样品中有机元素质量分数的平均值比较(据徐红奕等,2007)

通常情况下,琥珀酸含量越少,琥珀越清澈透明;氧化程度越高,颜色越深;随埋藏时间的增长,琥珀的硬度越大。有研究表明,一些地区的琥珀颜色与其 C、S 有关,C 越低、S 越高,琥珀的颜色就越深。

2. 形态结构

琥珀为非晶质体。常呈结核状、瘤状、水滴状。琥珀表面及内部通常保留着当初树脂流动时产生的纹路,内部经常可见气泡、裂纹,以及古老昆虫、动物或植物碎屑,产出于煤层或其他沉积岩中。它们的个体通常不大,但也有很大的,哥本哈根博物馆收藏的一块琥珀质量达到了 47.5kg(图 3-5)。

图 3-5 收藏于丹麦哥本哈根琥珀博物馆内的藏品(据神秘的地球,2016)
(2014 年发现于苏门答腊岛,长 57.5cm、宽 62cm、高 37cm,质量为 47.5kg)

3.光学性质

琥珀颜色多样,蜡黄色至红褐色,蓝色、浅绿色、淡紫色少见。一般透明。树脂光泽。均质体,正交偏光镜下全消光或波状消光,干涉色为一级灰—黄。折射率为1.54。长波紫外线下具浅蓝白色及浅黄色、浅绿色、黄绿色至橙黄色荧光,弱到强。短波紫外线下荧光不明显(图3-6)。

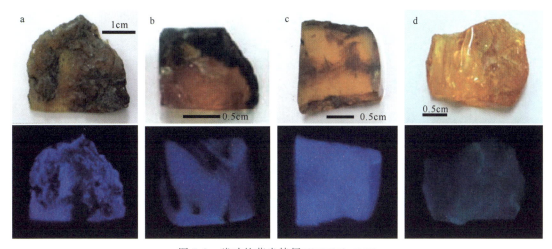

图3-6 琥珀的荧光特征(据董雅洁,2013)
a.缅甸琥珀;b.抚顺琥珀;c.多米尼加琥珀;d.波罗的海琥珀

4.力学性质

琥珀呈固体,性脆易裂,具贝壳状断口。硬度2~3,用小刀甚至指甲可以轻易刻划。密度相对较轻,为$1.05\sim1.10g/cm^3$。

5.其他特征

琥珀属于绝缘体,与绒布摩擦会产生静电。

琥珀为有机物,导热性差,在150℃时软化,250℃时熔融,超过250℃,就会发生物理性质的变化。琥珀易燃,燃点为500℃。燃烧时有爆裂声,并发出松香气味。

琥珀易溶解于硫酸、热硝酸等酸类物质,部分可溶解于酒精、汽油、松节油等有机溶剂。

三、琥珀种类与级别划分

琥珀主要以宝石的功能分类,主要指标为颜色、透明度、质地、所含包裹物、产地以及化合物组分等,这些指标也是评价琥珀价值的主要依据。

(一)种类划分

1.颜色质地分类

我国根据琥珀的颜色和特点,划分的品种有金珀、血珀、虫珀、香珀、石珀、花珀、水珀、明珀、蜡珀、蜜蜡、红松脂等十多类,其中并没有明确的定义。例如,虫珀和灵珀应该算是一种,都是指含有动物遗骸的琥珀。

金珀:透明,金黄色,晶莹通透的明黄色琥珀属于名贵品种之一(图 3-7a)。

血珀:红色如同鲜血,透明度高,很珍贵(图 3-7b)。

虫珀:包有动植物遗体的琥珀,其中以琥珀藏蜂、琥珀藏蚊、琥珀藏蝇等较为珍贵(图 3-7e)。

香珀:摩擦后具有香味的琥珀,不透明。

石珀:黄色透明,石化程度较高、硬度较大的琥珀。

花珀:花珀里面含有很多包裹体,大部分是植物的叶子碎片,透明到不透明(图 3-7g)。花珀很漂亮,是人们喜爱的琥珀品种之一。

蓝珀:自然光下,显示蓝色调的琥珀,很珍贵(图 3-7h)。

骨珀:感觉像骨头一样的琥珀,颜色为黄色,含有白色纹带。

水珀:指内含水滴的琥珀,也叫水胆琥珀,是非常少见和珍贵的琥珀。

蜜蜡:半透明至不透明,可以呈各种颜色,以金黄色、棕黄色、蛋黄色等黄色最为普遍,有蜡状感,光泽有蜡状—树脂光泽,也有呈玻璃光泽的(图 3-7i)。

2.产地分类

按照琥珀产地,将琥珀划分为波罗的海琥珀(分布于乌克兰、俄罗斯、丹麦、波兰、立陶宛、德国等地)、墨西哥琥珀、巴西琥珀、缅甸琥珀、多米尼加琥珀、中国抚顺琥珀和珲春琥珀(产量低)。

图 3-7 琥珀类型(据李鹏,2014;王雅玫等,2014;张晨,2017)

a.金珀;b.血珀(缅甸);c.棕红珀;d.翳珀;e.虫珀(缅甸);f.根珀;g.花珀;h.蓝珀(多米尼加);i.蜜蜡

3.化学组分分类

Anderson 等(1992)对大量琥珀(化石树脂)进行化学组分分析,将琥珀划分为 5 类,其中 Ⅰ 类中又可进一步划分为 Ia、Ib、Ic 3 个亚类。Ⅰ 类琥珀分布最为广泛,为 Labdanoids(类赖百当)型二萜化合物的聚合物(图 3-3),依据 Labdanoids 的化学结构以及大分子结构中是否存在琥珀酸进行细分。在Ⅰ类琥珀中存在两种类型的 Labdanoids:规则结构、对映序列(enantio series)。规则的 polylabdanoid(聚类赖百当)琥珀且包含琥珀酸的为Ⅰa亚类,波罗的海地区的大量琥珀属于此类型。Ⅰb 也具规则的 polylabdanoids,但不包含琥珀酸,这类琥珀在全球范围最为常见。Ⅰc 琥珀具有对映序列的聚合物,缺少琥珀酸(图 3-3)。现代植物门类中,有规则 polylabdanoid 结构的树脂,相当于Ⅰb 琥珀,一般起源于松柏类;具有对映序列的 Labdanoids 树脂,相当于Ⅰc 琥珀,多与被子植物有关。Ⅱ类琥珀由双环倍半萜化合物构成,主要为 cadinene(杜松烯)及相关的异构体化合物。Ⅲ类琥珀的成分为 polystyrene(聚苯乙烯)。Ⅳ类琥珀树脂没有聚合结构,主要成分为倍半萜化合物 cedrane(柏木烷),发于化石叶片。Ⅴ类琥珀为未聚合的二萜型羧酸化合物,常与松柏类的球果、木化石保存在一起,可能表明其母体植物为松柏类。

(二)品质级别划分

琥珀的质量评价主要是根据琥珀内是否含有稀有的动植物包裹体、颜色、块体大小、透明度、裂纹及杂质含量等因素来进行分级的。根据上述因素将琥珀分成 4 个不同级别(表 3-2)。最名贵的琥珀是透明度较高并带有昆虫的,昆虫的清晰程度、形状大小、颜色决定其经济价值。金黄色、黄红色的琥珀是上品。而裂纹较多、质地较松软、颜色暗淡,与一般石色相仿的琥珀,价值较低。

表 3-2　琥珀质量的级别划分标准(据邢秋雨,2014)

等级	颜色	包裹体及裂隙	透明度	大小
特级	红色、金黄色	含完整的动植物化石、无裂隙及其他杂质	透明	一般数克以上
一级	黄色、蜜黄色	含少量不完整或常见动植物化石、无或少量裂隙	透明	越大越好
二级	黄色	极少含动植物化石、有少量裂隙或杂质	半透明	较大
三级	浅黄、黄褐色	不含动植物、有裂隙	微透明	大小不分

四、典型矿床

1.中国抚顺琥珀矿床

抚顺煤矿是世界琥珀的重要产地之一,其以"色彩丰富低调、光泽明亮柔和、质地细腻温润"而闻名于世。矿体东西长 6.6km、宽 2km,矿石为新生代始新世古城子组煤层与煤层顶板的煤矸石(图 3-1a)。抚顺琥珀是抚顺西露天煤矿特有的矿产资源,品种丰富、质地坚韧、色泽艳丽、产量稀少,主要用于制作雕刻工艺品和首饰(图 3-8)。煤层中的琥珀为半透明—透明的不规则块状体,块径大于 10cm。按颜色分为下列品种:金珀,晶莹如黄水晶;虫珀,琥珀中含有栩栩如生、千姿百态的昆虫;香珀,含有芳香族物质具香味;灵珀,密黄透明琥珀;石珀,黄色、透明,有一定石化的琥珀;花珀,具黄白相间的花纹;血珀,红色、桃红色琥珀;蜜蜡,软性的琥珀。其中金珀、虫珀、血珀最珍贵。宝石级琥珀可做首饰原料,有适宜块度者则可成雕琢玉料(姚德贤和曹建劲,1995)。

2.中国西峡琥珀矿床

矿床分布在西峡县至内乡县境内。琥珀赋存在白垩系上段的红色砂砾岩所夹的灰绿色中细粒砂岩中或灰绿至灰黑色砂岩中。琥珀矿体呈透镜状、条带状、脉状、不规则状。大小不一,大者几十立方厘米,小者 $1\sim 2mm^3$。琥珀中包裹方解石、石英粒,未见虫珀。颜色有白、黄、橙、红、黑,松脂光泽,透明至半透明,性脆,融后散发香味(姚德贤和曹建劲,1995)。

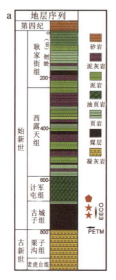 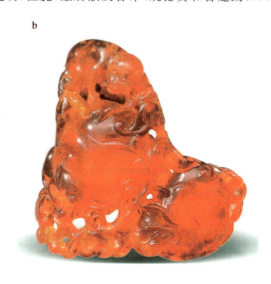

图 3-8　抚顺西露天煤矿基本地质特征及其琥珀制品

a.中国西露天煤矿地层序列。红色五边形表示产生大型化石的化石层,红色星星表示琥珀层。PETM 代表古新世—始新世极热事件(约 55Ma),EECO 代表始新世早期最佳气候(51~53Ma)(据 Wang et al,2014)。b.清琥珀镂雕"灵猴寿桃"挂件(据徐锐,2014)

王徽枢(1989)的研究发现了很有意思的现象,西峡琥珀呈团块或不规则状分布于碎屑颗粒之间。琥珀由微小的椭圆形胶粒($0.17\sim0.42\mu m$)堆积而成,小胶粒堆积成肾状、花瓣形,再进一步堆积成菜花状、椭圆形状球粒(图 3-9a,b),这种不断的凝结可能代表了琥珀的生长过程。琥珀颗粒中通常包裹有方解石、石英等细小颗粒,更鲜见的是琥珀体外通常包裹一层 0.5~10cm 厚的绿色砂岩(图 3-9c)。这些特征为进一步探索和认识西峡琥珀的成因提供了重要线索。

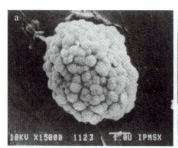 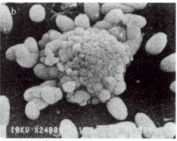 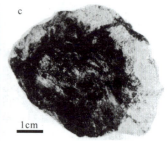

图 3-9　西峡琥珀的微观结构与宏观产状(据王徽枢,1989)

a.琥珀胶粒堆积成菜花状,SEM,×15 000;b.琥珀胶粒堆积成椭圆形状,SEM,×24 000;

c.琥珀与砂岩的包裹关系,中部黑色者为琥珀、外围灰色者为绿色砂岩

周世全和赵树林（2005）的研究认为，西峡琥珀属于河流冲、洪积沉积矿床。琥珀矿体在冲、洪积扇体系内具有规律可循，其颗粒自西—北西向东—东南方向变细，矿体规模也逐步变小，即琥珀的富集程度自西向东减弱。在垂向上，琥珀颗粒下粗上细，密度下高上低，颜色下深上浅，显示了（相对）远源搬运的特征，故推测盆地西北及北部裸露的上三叠统可能是琥珀的物源区。

3.缅甸琥珀

缅甸琥珀是有机宝石，出产于缅甸东北部与中国云南接壤的克钦邦，由白垩纪已绝灭的南洋杉科植物的树脂石化而来。缅甸琥珀氧化程度较高，琥珀中的类氨基酸含量也相对较高。缅甸琥珀可以分为棕珀、金珀、血珀、蜜蜡、根珀、茶珀、虫珀、变色琥珀等。棕珀是缅甸琥珀的一个大珀种，棕珀又根据颜色不同分为棕红、金棕、绿珀和紫罗兰。缅甸琥珀当中蜜蜡的种类是非常多的，如猪油蜜、鸡油黄、白蜜、灰蜜、血蜜、棕蜜、绿蜜；有的根据状态命名，比如金沙蜜、金绞蜜、金飘蜜、溶洞蜜。根珀是缅甸琥珀中非常独特的一种琥珀，按颜色可以分为黑根、黄根、花根、白根。茶珀只产出于缅甸，因其有茶的颜色且和茶一样具浓郁厚重的感觉而命名，茶珀分为红茶珀、绿茶珀、黄茶珀、紫茶珀。所有的珀种，都有可能包裹虫子，而缅甸虫珀内的昆虫则更古老一些，所以缅甸虫珀中的昆虫会更有收藏价值和研究价值。另外，在不同角度和光线的观察下，珀体呈现出不同颜色的琥珀被称为变色琥珀，可分为金红变色琥珀、橘红变色琥珀、红茶变色琥珀、金棕变色琥珀等。

4.波罗的海琥珀

波罗的海沿岸是全球主要的琥珀产地，这里的琥珀品质上乘，素有"波罗的海黄金"之称。其中，波兰是开采和利用琥珀最早、也是对琥珀商业化运作最成功的国家。

波罗的海的琥珀很容易在岸边找到。有时甚至被冲到海滨，成为次生矿床。这些琥珀大约形成于4000万年前始新世的蓝泥层中，现在通过海水的冲刷出露地表。正因为如此，外国古人还误认为琥珀是在海底生成的。最著名的琥珀产地是俄罗斯、波兰和立陶宛的波罗的海岸边未固化海绿石沙滩和加里宁格勒附近的萨兰姆半岛。

几年前，波兰、立陶宛、俄罗斯和乌克兰4国琥珀协会联合签订意向书，今后将统一使用"波罗的海琥珀"名称。由此可见，波罗的海琥珀在世界市场上占有重要的一席之地。

5.多米尼加琥珀

多米尼加琥珀属于新近纪的渐新世—中新世，主要产于多米尼加北部山区的Cordillera和Cotui以及东部的Sabana。Cordillera和Cotui琥珀主要分布在Los Cabelleros的北部与东部，范围达60km^2，共7个矿区。其中Los Cacaos、Palo Quemado和Lomael Penon 3个较大的矿区出产高品质的琥珀，尤其是举世闻名的蓝琥珀。琥珀主要赋存于石灰岩、泥灰岩和砾岩中，但较集中于灰色碳质泥灰岩中并常与褐煤混存。Sabana的琥珀属于中新世，主要赋存于石灰岩、黏土层、灰色碳质泥灰岩中。共有15个矿区，所产琥珀粒度较大，曾产出8kg的琥珀。琥珀所含植物化石已被确认为 *Hymenaea*，树脂来源于热带区沼泽地的红树属植物，且至今仍生存（彭国祯和朱莉，2006）。

五、不同产地琥珀的主要区别

对于宝石,了解其特性、鉴别其真伪是人们关注的重点。于是,宝石学家运用现代测试技术,对世界著名产地的琥珀开展了各种精细的科学研究,以期总结琥珀的基本性质以及不同产地琥珀的主要差异,为宝石鉴定积累了丰富资料。

应用的测试技术通常有元素分析、半工业分析、等离子体发射光谱、色谱、红外光谱、紫外光谱、X 射线衍射、偏光显微镜、电子显微镜等测试手段。王雅玫等(2013)从宝石学角度,总结了不同产地琥珀特征的基本差异(表 3-3)。

表 3-3　不同产地琥珀、柯巴树脂样品的宝石学特征(据王雅玫等,2013)

特征	缅甸琥珀	波罗的海琥珀	多米尼加、墨西哥琥珀	柯巴树脂
颜色	主要为棕黄色、深棕红色,另有黄色、红色、黑色及黑色、白色斑驳交织等。颜色越浅,透明度越高	黄白色、金黄色、红色、棕色等。总体透明度差,蜜蜡居多	深浅不同的黄色、褐黄色、黄绿色、棕红色,总体透明度好	大多数柯巴树脂为浅黄色、黄绿色;婆罗洲琥珀可见深棕黄色、深棕红色
品种	金珀、棕黄珀、棕红珀、血珀、翳珀、根珀	蜜蜡、金珀、血珀、泡沫琥珀	金珀、蓝珀	
紫外荧光(LW)	亮蓝色、蓝紫色荧光	强黄白色荧光,个别为弱土黄色荧光	强蓝白色荧光	哥伦比亚、新西兰和俄罗斯琥珀多为强黄白色、黄绿色荧光;婆罗洲琥珀为蓝紫色荧光
表皮特征	部分样品具有较厚的氧化皮及白色方解石细脉,表面呈麻坑状,性脆易碎	表面常具砂糖状、树皮状、龟裂状橘红色氧化皮	部分样品表面可见灰黑色、红褐色的皮壳	
内部特征	内部可见特征的由小红点状物组成的似流畅玛瑙纹状的特征流纹,这种流纹可能是由于树脂在流动过程中包裹了尘土等杂质氧化而成	云雾状气泡及圆滑状卷动流纹	多见红色丝状、不规则黑红色絮状包裹体	可见大气泡、昆虫包裹体,近平行流纹发育
红外光谱	显示 C-C、C=O、C-O 等官能团引起的伸缩振动和弯曲振动谱峰	具特征的"波罗的海肩"	显示 C-C、C=O、C-O 等官能团引起的伸缩振动和弯曲振动谱峰	哥伦比亚、新西兰、俄罗斯琥珀均显示明显的与 C=C 不饱和键相关的 3070cm^{-1}、1645cm^{-1}、889cm^{-1} 吸收峰(热处理"绿珀"除外);婆罗洲琥珀与柯巴树脂的红外光谱相似
酒精揉搓	无变化	无变化	无变化	大多数黏手,只有哥伦比亚和婆罗洲琥珀不黏手,但光泽会变暗淡

1. 有机元素

徐红奕等(2007)、王雅玫等(2014)通过有机元素分析,发现不同产地琥珀及柯巴树脂的C、H、O元素组成特征上略有差异,其中H元素质量分数变化不大,琥珀石化作用对琥珀中H的质量分数影响不明显。缅甸琥珀中C的平均质量分数最高,O的最低;柯巴树脂中C的平均质量分数最低,O的最高,且C、O平均质量分数随琥珀石化程度的增加呈反相关关系;在琥珀及柯巴树脂的C—O质量分数关系图中,除了多米尼加琥珀外,缅甸琥珀、波罗的海琥珀和柯巴树脂具有很好的分区性,这表明元素质量分数可以为琥珀的产地信息提供依据(图3-10)。

2. 生物标志物

生物标志物研究发现,植物树脂中的萜类化合物具有类群特异性,并且能够长时间保持稳定的骨架结构。因此植物树脂化石即琥珀中保存的萜类化合物可以作为识别琥珀来源的生物标志物。通过生物标志分析,目前已提出的琥珀来源植物类群有裸子植物松科(缅甸琥珀)、柏科(抚顺琥珀)、金松科(波罗的海琥珀)、南洋杉科、被子植物豆科(多米尼加琥珀)、橄榄科、龙脑香科(印度Cambay琥珀)、使君子科、金缕梅科以及已绝灭的松柏类植物掌鳞杉科(黎巴嫩琥珀)。

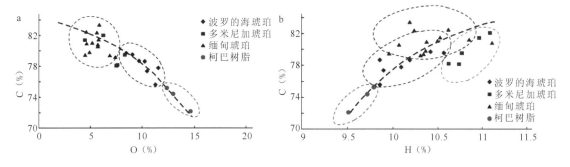

图3-10 不同产地琥珀及柯巴树脂有机元素组成及变化规律(据王雅玫等,2014)
a.C、O元素质量分数关系图;b.C、H元素质量分数关系图

史恭乐等(2014)通过对河南西峡琥珀和福建漳浦琥珀萜类化合物组成研究发现,晚白垩世西峡琥珀最有可能来源于裸子植物南洋杉科,但不能排除掌鳞杉科的可能性。中中新世漳浦琥珀最有可能来源于热带被子植物类群龙脑香科(图3-11)。此前在漳浦产出琥珀的地层中已发现了大量龙脑香科的翅果和叶化石,这与漳浦琥珀生物标志物研究得到了相互印证(Shi et al,2014)。

3. 痕量元素

王徽枢(1989)对西峡琥珀中的Cu、Fe、Mn、Ca、Mg、Al等痕量元素进行了定量分析。将分析结果与波罗的海、西西里、黎巴嫩、加拿大等地所产琥珀进行对比(表3-4)。发现中国西峡琥珀中Cu、Mn含量最低。

4. 稳定同位素

王雅玫等(2013)对波罗的海琥珀、多米尼加琥珀、墨西哥琥珀、缅甸琥珀及不同产地的柯巴

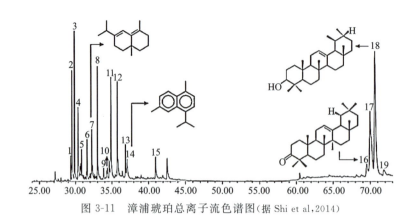

图 3-11 漳浦琥珀总离子流色谱图(据 Shi et al,2014)

表 3-4 不同产地琥珀中痕量元素含量($\times 10^{-5}$)对比

元素	产地				
	波罗的海	西西里	黎巴嫩	加拿大	中国西峡
Cu	5.3(200;0.1)	13(10;30)	37(1000;0.1)	30(100;2)	0.005(0.01;0.001)
Fe	8.3(50;0.1)	63(100;51)	1.0(1000;1000)	1.5(1000;0.1)	60(1000;50)
Mn	0.3(20;0.1)	1.3(4.8;0.7)	3.9(9.0;0.2)	19(1000;0.9)	0.002(0.005;0.001)
Ca	10(1000;0.1)	1000(1000;1000)	70(1000;0.7)	52(1000;0.9)	190(400;10)
Al	1.5(1000;0.1)	67(1000;0.4)	1000(1000;1000)	69(1000;6)	10(1500;10)
Mg	9.9(1000;0.1)	410(1000;0.5)	690(1000;1.5)	529(1000;3)	30(1000;10)
文献来源	Eichhoff and Mischer,1972				王徽枢,1989

注:括号中的数值是每种元素的极限含量。

树脂的 $\delta^{13}C$、δD、$\delta^{18}O$ 稳定同位素进行了测定。研究结果表明,不同产地琥珀的 $\delta^{13}C$ 值分布在一个较为稳定的范围内,$\delta^{13}C$ 值与琥珀形成的地质时代存在较好的线性关系,随着琥珀化程度的增加 $\delta^{13}C$ 值有规律地增大(图 3-12)。柯巴树脂明显比琥珀贫 $\delta^{13}C$。不同产地琥珀中 δD 的同位素变异反映了环境水(大气降水)与古纬度之间的变化规律,即随着琥珀产地古纬度的增加,δD 逐渐减小(图 3-13)。不同产地琥珀在 $\delta^{13}C$-δD、δD-$\delta^{18}O$ 之间及 $\delta^{13}C$、δD、$\delta^{18}O$ 三维空间中具有很好的分区性(图 3-14),这表明碳、氢、氧稳定同位素综合分析可以示踪琥珀的产地信息。

5.红外吸收光谱

人们对多米尼加琥珀、中国抚顺琥珀、波罗的海琥珀、缅甸琥珀进行了系统的红外吸收光谱分析。比较发现,不同产地的琥珀均存在由脂肪族 C—H 键振动导致的吸收峰,包括伸缩振动引起的 2927cm^{-1}、2858cm^{-1} 附近的吸收峰,以及由弯曲振动导致的 1454cm^{-1}、1377cm^{-1} 峰,说明琥珀的基本骨架为脂肪族结构。不同地区琥珀的光谱大致相同,但在 3000~2800cm^{-1}、1740~1690cm^{-1}、1300~1000cm^{-1} 范围内的吸收图谱在峰位或吸收强度上存在差异(图 3-15),利用这些差异可以鉴别琥珀的产地(彭国祯和朱莉,2006;王妍等,2015)。导致红外吸收光谱差异的原因,被认为是琥珀形成时间、聚合化程度和树种来源组分的不同。

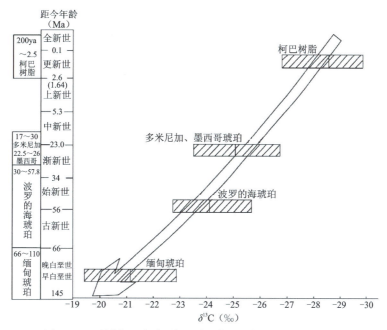

图 3-12　不同产地琥珀及柯巴的 δ^{13}C 组成(据王雅玫等,2013)

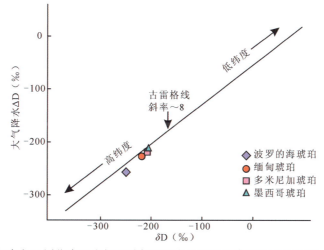

图 3-13　大气降水 D 同位素组成与不同产地琥珀 D 的平均值关系示意图(据王雅玫等,2013)

6. 激光拉曼光谱

吴文杰和王雅玫(2014)运用激光拉曼光谱仪对波罗的海琥珀、多米尼加琥珀、缅甸琥珀进行了测试,根据谱峰特征剖析了不同产地琥珀含碳官能团的种类和特征。测试发现,同一产地不同品种琥珀的拉曼谱峰特征基本一致,不同产地琥珀的拉曼谱峰特征在个别位移处存在较小差异(图 3-16)。分析认为,含碳官能团基团振动是导致其激光拉曼光谱形成的主要原因,分子结构的较大差异会导致拉曼光谱区别明显。

7. 差热分析

差热分析表明,组分类似(树种来源相近)的琥珀,其 DTG 曲线也相似,而年代越久的

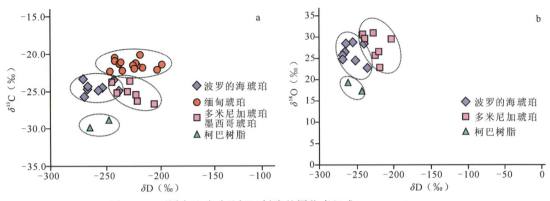

图 3-14　不同产地琥珀及柯巴树脂的同位素组成(据于雅玫等,2013)
a. $\delta^{13}C-\delta D$；b. $\delta^{18}O-\delta D$

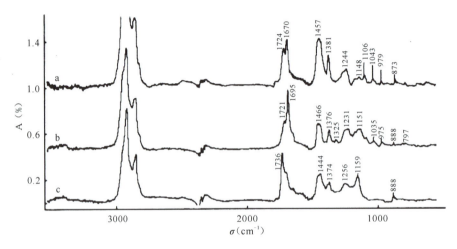

图 3-15　琥珀的红外吸收光谱特征(据彭国祯和朱莉,2006)
a. 多米尼加琥珀；b. 中国抚顺琥珀；c. 波罗的海琥珀

琥珀,失重最大的温度也越高(Cebulak et al,2003)。多米尼加琥珀的热解温度为 386.2℃ (图 3-17a),中国抚顺琥珀的热解温度为 398.4℃(图 3-17b),波罗的海琥珀的热解温度为 402℃(Ragazzi et al,2003)。这与 3 个地区琥珀形成的地质年代顺序相吻合,即热解温度的顺序为波罗的海琥珀＞中国抚顺琥珀＞多米尼加琥珀,而地质年代的顺序为波罗的海琥珀＞中国抚顺琥珀＞多米尼加琥珀(彭国祯和朱莉,2006)。

六、研究的科学价值

琥珀的科学价值主要体现在生物研究、医学、艺术上,在此我们更为关注的是琥珀生物研究所揭示的地学意义。

树脂的香味对昆虫等动物具有吸引力,其黏稠的物化状态是捕获生物并得以完好保存的理想载体。所以,琥珀中的生物群落就为科学家研究古生物多样性、古生态、古气候,甚至区域大地构造背景提供了理想的素材。新近的研究还发现,当琥珀煤成为铀矿载体时,铀矿本身会对琥珀的分子结构产生影响,使其长链断裂以及丧失不稳定的官能团。

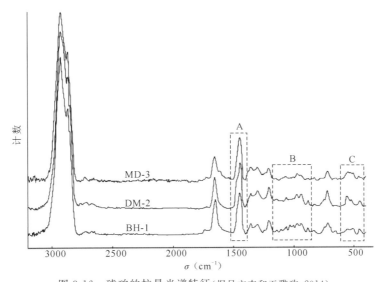

图 3-16 琥珀的拉曼光谱特征(据吴文杰和王雅玫,2014)

BH-1.波罗的海琥珀;DM-2.多米尼加琥珀;MD-3.缅甸琥珀;注意 A、B、C 3 处的细微差别

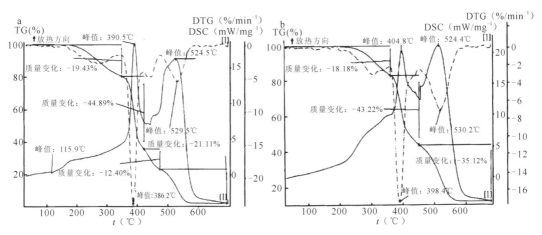

图 3-17 琥珀的差热分析曲线图(据彭国祯和朱莉,2006)

a.多米尼加琥珀;b.中国抚顺琥珀

(一)生物群落研究

长期以来,琥珀因其富含生物学信息,一直备受地质工作者青睐。据报道,多米尼加是含虫琥珀的重要产地,已确认的植物和昆虫种类超过 100 种(彭国祯等,2006)。多米尼加的琥珀中,也保存有脊椎动物如哺乳动物、蜥蜴等的骨骼(Macphee and Grimaldi,1996;Polcyn et al,2002)。产自黎巴嫩的早白垩世琥珀中也保存有精美的昆虫和脊椎动物化石(Arnold et al,2002)。白垩纪中期的缅甸琥珀中,亦蕴藏着目前已知最丰富的白垩纪昆虫动物群(Cai and Huang,2014)。而最古老的具昆虫等内含物的琥珀发现于意大利的三叠系。Schmidt et al(2012)报道了产自意大利东北部距今 230Ma(三叠纪卡尼期)的琥珀,其中保存的节肢动物比之前在琥珀中产出的最古老的化石要早 100Ma。经鉴定,三叠纪节肢动物标本包括 1 个双

翅目以及螨虫类的 2 个种,这些螨虫类是 Triophyoidea 中最古老的化石。抚顺始新世早期地层中也产出丰富的含虫琥珀(图 3-18)。洪友崇(1981)曾写道"抚顺煤田琥珀的蜘蛛化石,以其保存完美而驰名于国内外,这些化石栩栩如生,宛如原物再现,可谓珍贵的科学资料"。Wang et al(2014)在抚顺琥珀中发现了极其丰富的节肢动物,共计 22 个目、80 多个科,另有大量植物和微生物化石。琥珀中保存的精美动植物化石为研究生物进化提供了难得的素材(宗普等,2014)。

近年来,对中国抚顺琥珀生物群和缅甸琥珀生物群的研究异常火爆,重要发现层出不穷。

图 3-18 抚顺琥珀中重要的植物和节肢动物(据 Wang et al,2014)

a. 水杉叶片;b. 蚜虫群;c. 非叮咬性蠓(双翅目摇蚊科),图中有一对交配的蠓,面朝相反的方向,具有相同的身体方向(腹面朝向相同的方向);d. 蓟马(缨翅目长蓟马科);e. 蚂蚁(膜翅目蚁科);f. 假仙女黄蜂;g. 扭翅寄生虫(链球菌属);h. 巴虱(叶蝉科中足科)

1.中国抚顺琥珀生物群

抚顺琥珀不仅是中国重要的有机宝石资源,也是我国昆虫琥珀的惟一产地(洪友崇,1980;王文利,1993),具有极其重要的经济、文化和科研价值。抚顺琥珀形成于早始新世(约 50Ma)一个重要温室效应时期,形成过程中包裹了大量的节肢动物和微生物类群,为研究这些生物的起源和辐射提供了最直接的化石证据。

张海春和王博等(2019)经过 20 多年对抚顺琥珀的地质背景、物理化学性质、植物来源以及琥珀中的植物、昆虫、蜘蛛、微生物等化石进行了系统研究。他们在抚顺琥珀中发现了极其丰富的节肢动物以及大量的植物、微生物化石,使其成为世界上种类最丰富的琥珀生物群之一(图 3-18);首次确认了抚顺琥珀的植物起源为柏科植物(以水杉为主),指出抚顺琥珀形成于典型的亚热带温暖潮湿气候背景中,属于始新世早期的一个重要温室效应时期;研究还表明 50Ma 前欧亚大陆两端已经存在广泛的生物交流。这一研究为琥珀生物群研究提供了一个良好的范例。

2.缅甸琥珀生物群

缅甸琥珀作为宝石已有两千年的历史,然而其科学价值直到近一百年才逐渐被发现。由于缅甸琥珀形成时期的特殊性和内含物的多样性,对缅甸琥珀的研究已成为当今古生物学领域的研究热点之一(图 3-19)。截至目前,已经定名的缅甸琥珀内含物有 684 种,其中节肢动物种类和数目最多达 626 种。此外,还有其他无脊椎动物、原生生物、植物、真菌和甚至稀有脊椎动物遗体的记录,其中最罕见的是爬行类(壁虎)、鸟类、恐龙的相关研究被陆续报道(郭明霞,2017)。

图 3-19 缅甸琥珀内含物——昆虫(据郭明霞等,2016)
a.眼甲(鞘翅目原鞘亚目眼甲科);b.长扁甲(鞘翅目原鞘亚目长扁甲科);
c.大花蚤幼虫(多食亚目拟步甲总科)

由张海春和王博(2019)领导的研究团队报道了保存在一枚缅甸琥珀中的菊石、螺类、节肢动物等化石集群(图 3-20)。他们的研究认为,该琥珀森林位于热带海滨地区,环境类似于当今的一些热带海岸森林。研究人员怀疑这团树脂可能来自生长在海边的树,它在滚落沙滩的途中包覆了一枚被史前风暴冲上海岸的菊石空壳与其他漂流物。该研究也为缅甸琥珀年龄提供了直接证据,并为琥珀埋藏学和白垩纪森林生态环境分析提供了新见解(Yu et al,2019)。蔡晨阳等(2019)对甲虫化石的系统研究发现了两类独特的拳甲科昆虫化石新种(图 3-21)。通过形态描述、古今对比和生物地理分析等综合研究,直接证明了这两个现生属存在长期演化停滞现象,而长期保持不变的森林湿生环境可能是形态演化缓慢的重要原因。现生类型的分布模式很可能属于孑遗分布(Cai et al,2019)。蔡晨阳等的研究还发现了两种突眼隐翅虫化石,它们极其罕见地保存了高度特化的捕食器官(图 3-21),它们能够以此捕捉迅速逃跑的猎物,如跳虫等。新发现对理解高度特化捕食器官的早期演化和现生各个属之间的系统发育关系具有重要意义。

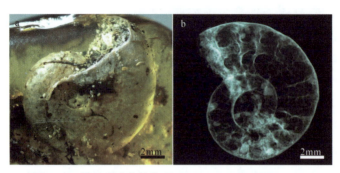

图 3-20　缅甸琥珀中的菊石（据 Yu et al,2019；摄影：王博）
a.光学显微镜照片；b.显微 CT 侧面透视图

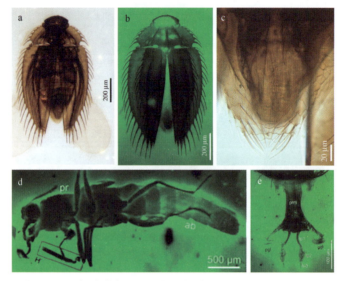

图 3-21　缅甸琥珀中的昆虫化石新种（据 Cai et al,2019a,2019b）
a.拳甲科昆虫新种,全型背视图,正常反射光；b.拳甲科昆虫新种,全型背视图,
绿色萤光；c.拳甲科昆虫新种,心尖部,透射光；d.突眼隐翅虫,绿色萤光；
e.突眼隐翅虫的捕食器官,绿色萤光

除此以外，据 Zookeys 杂志报道，科学家们从被封在琥珀中的蜈蚣身上发现了不为科学所知的昆虫亚目。缅甸专家发现了一条被封在琥珀中的惊人蜈蚣，长度有 8.2mm（图 3-22）。显微镜检查后发现，这只蜈蚣与现代蜈蚣有区别。

图 3-22　缅甸琥珀中发现 99Ma 白垩纪时期蜈蚣（据神秘的地球配图,2019）

相对于缅甸琥珀的昆虫化石研究而言,对植物化石的研究却较少,但最近也报道了一些重要发现。据 Poinar(2017)研究,在缅甸琥珀中发现了白垩纪的一种辐射对称雄花(*Cascolaurus burmitis* gen. et sp. nov.),这个化石被固定在树脂里,与现存的荔枝属单性花最为相似。研究发现,这是白垩纪琥珀月桂科的第一朵花,也是该科白垩纪所有已知花卉中保存最完好的一朵花(图 3-23)。李春香研究团队(2020)通过对缅甸琥珀中蕨类植物化石的系统研究,基于精美保存的繁殖器官形态解剖特征首次在琥珀中发现了蕨类植物另一个类群——树蕨类(Tree ferns)。通过对比现存植物类群和化石植物类群,确定发现的树蕨类为白垩密锥蕨(新种)*Thyrsopteris cretacea*(图 3-24),该新种的现存相近种目前仅分布于太平洋东南部的胡安费尔南德兹群岛(智利),是典型的残遗类群,该化石新种的发现证明该类植物曾经分布于劳亚大陆(Li et al,2020a)。该研究团队同时还发现和建立了水龙骨类(*Polypods*)中鳞始蕨科(Lindsaeaceae)的一新属——原始乌蕨属(*Proodontosoria*)(图 3-24),通过与鳞始蕨科现代和化石类群进行综合对比,探讨了该科植物的起源和多样性演变(Li et al,2020b)。

图 3-23 缅甸琥珀中第一朵月桂科花朵(*Cascolaurus burmitis* gen. et sp. nov.)(据 Poinar,2017)
a.侧视图;b.花药(花的雄蕊顶端产生花粉的部分);c.俯视图(G 为分泌腺体)

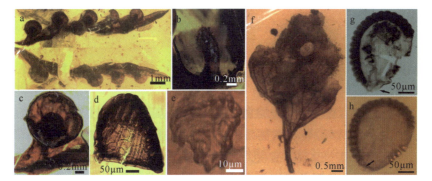

图 3-24 缅甸琥珀中的树蕨类和水龙骨类植物新类群(据 Li et al,2020a,2020b)
a~e.白垩密锥蕨化石;f~h.原始乌蕨属(鳞始蕨科,水龙骨目);a.叶片;b,c.杯状毛被和棒状花托的放大;d.分离的孢子囊;e.三裂孢子;f.叶片;g.分离的孢子囊,箭头指向孢子囊的基部,柄附着在那里;h.空的孢子囊,有明显的孢子孔和环,箭头指向孢子囊的基部,柄附着在那里

(二)铀矿化对琥珀分子结构的影响

捷克共和国白垩系琥珀在铀矿化作用下,分子结构会发生变化。Křižany 地区的白垩系琥珀,与来自 Nové Strasecí 地区的琥珀具有相近的年龄和相同的植物来源,但前者铀的含量高达 1.5%,而后者不含铀。Havelcová et al(2016)通过对比研究这两个地区的琥珀,发现 Křižany 地区的琥珀孔隙和裂隙被主要含 Zr–Y–REE 的沥青铀矿充填(图 3-25,表 3-5)。与 Nové Strasecí 地区的琥珀相比,受铀辐射的影响,Křižany 地区的琥珀结构发生了改变,表现为脂肪族环烃的脱氢芳香度增加(图 3-26),含氧官能团减少,聚合度增加,C—C 键交联,有机基质中三维碳氢化合物网络形成(图 3-27),以及铀矿层周围有机基质碳化。

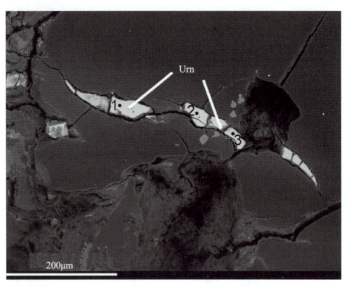

图 3-25 Křižany 地区白垩系琥珀裂隙中充填有铀矿物的扫描电镜图

(据 Havelcová et al,2016)

表 3-5 Křižany 地区白垩系琥珀裂隙中 1、2 和 3 位置铀矿物(wt%)的微探针分析结果

成分	质量百分数(%)			成分	质量百分数(%)			元素	单位分子式中原子个数		
	1	2	3		1	2	3		1	2	3
UO_2	77.43	85.22	76.40	FeO	0.37	0.63	0.47	U	1.63	1.64	1.62
ThO_2	0.04	0.00	0.13	MnO	0.05	0.03	0.11	Si	0.02	0.01	0.02
SiO_2	0.16	0.10	0.17	TiO_2	0.08	0.22	0.34	P	0.05	0.05	0.06
P_2O_5	0.62	0.72	0.77	PbO	0.02	0.17	0.10	Zr	0.23	0.21	0.20
ZrO_2	4.89	4.97	4.25	合计	84.61	92.78	83.40	Y	0.01	0.00	0.00
Y_2O_3	0.18	0.00	0.00					Ca	0.07	0.06	0.07
Ce_2O_3	0.01	0.03	0.00					Fe	0.03	0.05	0.04
La_2O_3	0.04	0.00	0.00					Mn	0.00	0.00	0.02
CaO	0.72	0.69	0.65					Ti	0.01	0.01	0.02

注:单位分子式中氧原子个数为 4(1、2、3 具体位置见图 3-25;据 Havelcová et al,2016)。

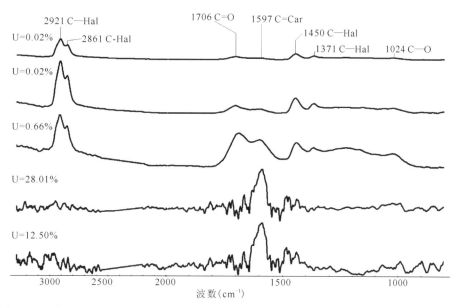

图 3-26 Křižany 地区白垩系含不同铀浓度琥珀的傅里叶红外光谱图（据 Havelcová et al,2016）
注：C—Hal.脂肪链中 C—H 官能团；C＝Car.芳香环中 C＝C 官能团

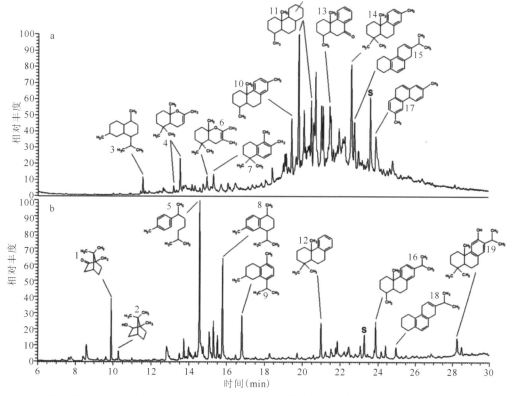

图 3-27 Křižany 地区（a）和 Nové Strasecí 地区（b）的琥珀总离子色谱图（据 Havelcová et al,2016）
1.莰酮；2.莰醇；3.杜松烷；4.倍半萜烯；5.二氢芳姜黄烯；6.4a,5,6,7,8,8a-六氢-2,3,5,8,8a-五甲基䓛烯；7.花侧柏烯；8.菖蒲烯；9.5,6,7,8-四氢萘；10.16,17,19-三甲基-8,11,13-三烯；11.C18 二烯；12.三甲基八氢菲；13.10,18-二甲基-8,11,1-三烯；14.16,17-双正氢脱氢松油烷；15.18-去甲基-8,11,13-三烯；16.脱氢松香烷；17.二甲基菲；18.10,18-二甲基-5,7,9(10),11,13-戊烯；19.铁锈醇

第二节 煤　精

煤精，又称煤玉，存在于煤层之中。从煤地质学的角度看，煤精是一种特殊的煤，一种主要由低等植物和少量高等植物共同参与而形成的腐殖腐泥混合煤，属烛煤。煤精的化学成分以碳为主，含有少量有机质，可燃，因此它也是一种可燃有机岩。但是由于其结构细腻、质地坚韧、软硬适中、黝黑发亮，从而具有极高的工艺价值，是一种理想的工艺雕刻和制作印章的材料。由此可见，煤精的宝石学价值远高于能源价值，因此人们也常称其为黑玉、黑宝石（黑色有机宝石）、黑琥珀、雕漆煤等。中国是世界上最早认识和使用煤玉的国家之一，中国煤精的主要产地是抚顺西露天煤矿。

一、煤精岩石矿物学特征

1.矿石学特征

从矿物岩石学角度看，煤精属于腐殖质和腐泥质的混合物。

在外观上，煤精常呈黑色和褐黑色，粉末为褐色；以不透明、贝壳状断口为主，新鲜断面不污手；具有明亮的树脂和沥青光泽，抛光后可呈现玻璃光泽，折射率约为 1.66 ± 0.02（点测）。

在质地上，煤精无定形，集合体为致密块状，大小从几千克到几百千克不等。密度为 $1.32\pm0.02\text{g/cm}^3$（煤为 1.60g/cm^3）。硬度为 3~5。煤精既有腐殖煤的硬度，又兼备腐泥煤的柔软，韧性大，质地致密细腻。瑕疵为杂质和裂纹。

煤精可燃烧，呈煤烟状火焰，并释放出难闻的气味。

2.组分及分类

煤精由有机物和无机物组成，并以有机质为主。按元素分析，煤精的化学组成成分为：碳 77.6%、氢 6.74%、氧 13.14%、氮 1.66%、硫 0.66%（刘嘉，2016）。

煤精的显微组分主要由腐泥、腐殖和小孢子花粉组成，并在基质中有少量的镜质组、藻类、菌类及较多的矿物。

邢莹莹和朱莉（2007）、邢莹莹（2009）通过对辽宁抚顺煤雕工艺品的研究结果表明，煤精的主要组分为非晶态树脂体和腐殖质（图3-28a），其有机组分的微形貌呈不规则鳞片状（图3-28b、c）。煤精的有机组分包括腐殖组、类脂组和惰性组三大类（表3-6）。腐殖质又划分为结构腐殖质与无结构腐殖质，结构腐殖质中包括结构木质体（图3-28d），无结构腐殖体中包括凝胶体和团块腐殖体。类脂体包括树脂体（图3-28e、f）和孢子体（图3-28g）。惰性组中主要是纤维素（图3-28d）。扫描电子显微镜下，煤精的有机组分多呈不规则、形态各异的鳞片状结构紧密排列（图3-28c），部分断面光滑致密，整体呈致密块状，孔隙度低。

煤精的无机组分包括同生和后生矿物（表3-7），同生矿物主要有高岭石、石英（图3-28a）、伊利石、黄铁矿等，后生矿物主要包括伊利石、绿泥石和黄铁矿（图3-28h）。

煤精的结构与腐殖质、树脂体排列的定向程度以及树脂体含量的多少有关，腐殖质与树脂体排列的定向程度越好，树脂体的含量越高，煤精就越致密，光泽越好，硬度越高。

表 3-6　煤精的有机组分划分(据邢莹莹,2009)

显微组分组	显微组分亚组	显微组分	鉴别特征
腐殖组	结构腐殖组	结构木质体	单偏光镜下呈似丝状的纤维结构,较亮的柠檬黄至褐黄色,有一定的凸起
	无结构腐殖组	凝胶体	单偏光镜下颜色较深,呈深褐红色,相对凸起较高
		团块腐殖体	形态与植物组织及其不同的切面有关,可成圆形、椭圆形等各种形态
类脂组		孢子体	由植物孢子的外壁、周壁及花粉壁所形成。在单偏光镜下,孢粉体呈暗褐色,边缘较为光滑,一般长0.1mm左右,宽约0.02mm
		树脂体	树脂体主要为细胞分泌物,它出现在植物的树皮、木质部、叶等部分,呈近圆形、椭圆形、纺锤形或不规则形态,大小变化极大。单偏光镜下呈褐黄、柠檬黄至黄色,有微凸起,正交偏光镜下表现为全消光
惰性组		纤维素	单偏光镜下呈亮白色的弯曲细条带,夹杂在腐殖体之间

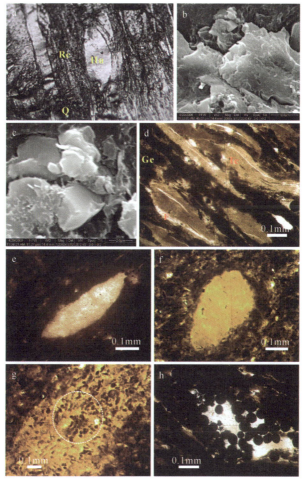

图 3-28　煤精的微观显微结构(据邢莹莹和朱莉,2007;邢莹莹,2009)

a.腐殖质(Hu)和树脂体(Re)呈互层定向排列,石英(Q)分布其中;b、c.有机组分呈不规则鳞片状结构;d.丝状纤维(F)和结构木质体(Te)被凝胶体(Ge)包围;e.纺锤形树脂体;f.椭圆形树脂体;g.孢子体;h.草莓状黄铁矿

表 3-7　煤精的主要无机组分(据邢莹莹,2009)

矿物分类	第一阶段		第二阶段		主要产状
	同生矿物		后生矿物		
	流水带来或风力带来的碎屑	自生矿物	充填裂隙空洞的	原生矿物改造形成的	
黏土矿物	高岭石、伊利石			伊利石、绿泥石	微粒、透镜体、团块、薄层充填于细胞腔中,少数呈聚片状结晶
硫化物		黄铁矿	黄铁矿		莓粒、结核、浸染状
氧化硅类	石英		石英		棱角状、半棱角状碎屑,自生石英外形不规则,个别呈自形晶

二、煤精的宝石学功能

煤精又称煤玉、黑琥珀,具有不透明、光泽性强、质密体轻、坚韧耐磨等优良特性,是宝玉石和雕刻品的上等材料(图3-29~图3-32)。

1.煤精宝石

煤精的运用具有悠久的历史,早在古罗马时代就是最流行的"黑宝石"之一,在欧洲石器时代和北美印第安人部落的遗迹中都有煤精制品的出现(刘嘉,2016)。在我国,煤精也是出土文物中最早的玉石品种之一,我们的祖先至少在6000年前就已经使用煤精了。

1973年,在沈阳北凌的新乐遗址考古中,人们发现了25件用煤精制成的小装饰品(沈阳市文物管理办公室,1978),经实验室测试发现其制作于距

图 3-29　新乐遗址出土的煤精饰品
(据高寒冰,2014;李浩,2019)

今6800~7200年间,是我国煤雕史上最早的实物记录(黎家芳,1986)(图3-29),而煤精的产地也被确认来自于抚顺煤田(辽宁省煤田地质勘探公司科研所,1979)。

图 3-30　西魏独孤信多面体煤精组印
(据杭志宏,2015)

由于煤精良好的柔韧性,历来充当印石之用,是难得的珍贵工艺用材。清朝陈目耕在《篆刻针度》中描述:"煤精石,色黑而质坚韧,体轻有似乌犀出秦中可作为印。"在出土的文物中,西魏的独孤信煤精印当属国宝珍品(图3-30)。该印1981年出土于陕西省旬阳县,现是陕西省历史博物馆馆藏玉器,高4.5cm,呈球体,8棱26个面,其中14个面分别用魏体楷书镌刻有"公文""上书""书信"3种类型的印文,印文格式丰富,书法雅健劲拔,透露出一股浓厚的魏碑韵味。这使得独孤信煤精印成为中国印章史上的集大成者(杭志宏,2015)。

除新乐遗址外,考古工作者还分别在陕西、四川、河南、新疆、甘肃、广东、辽宁 7 个省(区) 20 多处古墓、遗址中,出土了许多煤精制品(图 3-31)。这说明我国煤精使用不仅历史悠久, 而且分布地区十分广泛,承载的文化历史也具有传统性。在辽宁抚顺,煤精利用久负盛名,精 湛的雕刻工艺传承至今,当代的作品还融入了东北文化大区的众多特征(于晓波,2013),例如 程斌的《关东魂》和龚振涛的《小矿工》即是典型的代表作(图 3-32)。

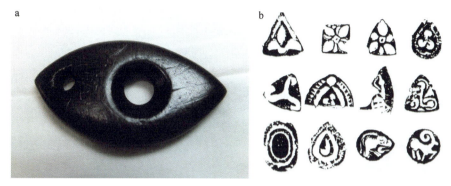

图 3-31 部分煤精宝石出土文物

a.夏家店文化煤精石挂件(据中华古玩网,2015);b.新疆出土的煤精肖形印(据王珍仁和孙慈珍,1999)

图 3-32 抚顺煤精雕刻艺人的代表作品(转引自于晓波,2013)

a.程斌的《关东魂》;b. 龚振涛的《小矿工》

2.煤精质量分级

刘嘉(2016)的研究将煤精的质量品质分为 3 个等级。

一级煤精,结构致密细腻,坚韧,纯黑色,光泽极强,极少裂纹。镜下观察,此品级煤精中 杂质含量较少,组分的绝大部分都是腐殖质与树脂体,且两者结合紧密。腐殖质和树脂体多 呈定向排列,且定向程度好。树脂体大体上呈带状分布,含量较多,为 50%~70%。

二级煤精,结构中等致密,比较坚韧,黑色,光泽强,少裂纹。镜下观察,此品级煤精中腐 殖质与树脂体都具有一定走向排列,树脂体含量相对较少,呈零散状分布,占 30%~40%。腐 殖质的结构较疏松,且与树脂体结合不太紧密;树脂体含量的减少和定向程度减弱,可能是造 成其致密度下降的主要原因。

三级煤精,结构疏松,韧性差,脆性大,偏褐色,光泽相对暗淡,多裂纹。此品级煤精中含有极少量的树脂体,杂质多,主要杂质为细砂级石英颗粒和粉砂级绢云母。

三、煤精的产地与成因

煤精大多数伴生在大型煤田煤层中,从未形成稳定的煤层。它们有的呈扁豆体状和透镜体状出现,有的呈薄层状,但是向两侧延伸尖灭。因此,世界上煤精的产地和蕴藏量都非常少。目前已知的煤精产地主要有英格兰北部约克郡海岸,法国的朗格多克省,西班牙的阿拉贡、加利西亚和阿斯图里亚斯。在我国,煤精的主要产地有辽宁抚顺、山西大同和保德、陕西铜川等地。其中,抚顺煤精质地精良,可用作宝玉石材料。

抚顺的煤精主要产出于西露天煤田。按照成煤原始物质和成煤环境,可以将该煤田的煤分为两类,即腐殖煤和混合煤。前者可再分为腐殖煤和琥珀煤,后者也可再分为腐泥腐殖煤、腐殖腐泥煤和烛煤。煤精相当于腐殖腐泥混合煤,有人将其归为浊煤。它们主要呈似层状、透镜状发育于含煤岩系的古城子组中,并多与腐殖腐泥煤、琥珀煤共生,接触界线清楚。煤精层厚度变化较大,产出块体可以很大,质量达数百千克,小者亦有三四千克。煤精随煤而开采,产量较煤少得多。在矿区,肉眼识别煤精主要依据其具有一定硬度,结构致密,煤精光泽与煤层差异较大(刘嘉,2016)。

煤精虽然是一种特殊的煤,但也遵循煤的一般成因机理(焦养泉等,2015)。一是泥炭沼泽要充分发育,提供足够的母质,只是构成泥炭沼泽的植物必须是富油脂的,一些学者认为柞、榆、桦、松、柏等油质丰富的坚硬树木是煤精发育的主要质料。二是富油脂的泥炭沼泽堆积地要始终处于还原环境,这样有利于泥炭沼泽向碳化方向发展而形成煤精。除此之外,根据煤精的物质成分判断,较多的腐泥组分预示着其形成环境可能更偏向相对较深的水体。所以,煤精既有腐殖煤的黑亮光泽,又有腐泥煤的韧性。关于煤精更为细节的泥炭沼泽环境及其泥炭化作用和煤化作用过程,目前研究程度相对薄弱,有待进一步加强。

第四章 硅藻土和膨润土

> 硅藻土和膨润土是含煤岩系中常见且重要的伴生矿产,前者属于生物成因,而后者是非生物成因。然而,它们的共性在于二者的形成均与聚煤盆地沉积作用息息相关:受水体介质的影响明显,成矿物质来源与火山作用或盆地边缘火山岩关系密切。

第一节 硅藻土

硅藻土是一种单细胞水生植物硅藻的古生物残骸沉积物(Losic et al,2009;郑水林等,2014)。由二氧化硅含量很高的硅藻、放射虫类或海绵的遗体组成,是生物成因的硅质沉积岩(图 4-1)。

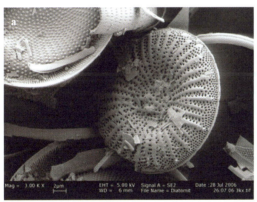

图 4-1 硅藻显微特征
a.圆盘藻;b. 直链藻

一、资源现状

我国是目前仅次于美国的全球第二大硅藻土资源储量和硅藻土制品生产大国(表 4-1;郑水林等,2014)。我国已在吉林、云南、浙江等十多个省(自治区)发现硅藻土矿 70 余处,已探明储量超过 4.0 亿 t,远景储量超过 20 亿 t。其中,吉林长白地区探明储量超过 6000 万 t,远景储量超过 6 亿 t,是目前发现的中国最大的优质硅藻土资源蕴藏地,其硅藻含量大于 85%,也是目前世界上储量达上千万吨的优质硅藻土产地之一(郑水林等,2014)。我国硅藻土多产于煤系地层中(图 4-2)。由于我国煤系硅藻土赋存较浅,露头很好,便于开采,水文地质条件简单,因此适于露天开采或坑采(晏达宇,2004)。

表 4-1 全球主要国家硅藻土储量(单位:万 t;据孙志明,2017)

国家	2012 年	2013 年	2014 年
美国	25 000	25 000	25 000
中国	11 000	11 000	11 000
捷克	约 410	约 410	约 410
秘鲁	约 200	约 200	约 200
其他	约 55 000	约 55 000	约 55 000

矿床	系	统	组	段	含矿地层层序	沉积环境	矿石类型	规模
吉林长白马鞍山	新近系	上新统			上覆岩系;玄武岩	淡水湖泊相,河漫滩相	硅藻土,硅藻黏土,含黏土质硅藻土,黏土质硅藻土	大型
		中新统	马鞍山村组	$N_1 m_4$	硅藻含砂岩系,上部砂、粉砂岩,中部含砂层夹硅藻土 3 层,厚 48~114m			
				$N_1 \beta_2$	现状橄榄玄武岩,厚 7~12cm			
				$N_1 m_3$	砂、粉砂质黏土,夹硅藻质黏土,厚 13m			
				$N_1 m_2$	砂及粉砂质黏土层含粉砂质黏土层厚约 40cm			
				$N_1 \beta_2$	现状橄榄玄武岩,厚约 20cm			
				$N_1 m_1$	砂砾岩层,厚约 20cm			
					下伏岩系;厚约 20cm			
云南寻甸先锋	第四系				上覆岩系;松散堆积物	淡水、微咸水湖沼相	含碳泥质硅藻土,含碳硅质黏土	大型
	新近系	中新统	小龙潭组	N_1^4	含砂砾质泥岩段,局部夹薄层铁质粉砂岩,厚约 36m			
				N_1^3	含煤层,间夹碳质泥岩,厚约 60m			
				N_1^2	硅藻土段,含碳硅藻质黏土,含碳含硅藻土和含碳泥质硅藻土矿 1~6 层,厚达 537m			
				N_1^1	含煤层,但煤层不稳定,局部可采,厚 217m			
	震旦系(?)				泥质白云岩(?)			
四川来易中桥子	第四系				上覆岩系;松散堆积物	河流-湖泊相	以硅藻黏土为主	中小型
	新近系	上新统	昔格达组	$N_2 x_3$	黄灰色粗砂岩和黏土岩,厚约 4.8m			
				$N_2 x_2$	硅藻土层夹薄层细粒及粗砂岩,厚约 15m			
				$N_2 x_1$	黄灰色细砂岩、粗砂岩及黏土岩底部为砾岩,厚约 8m			
	二叠系				峨眉山玄武岩			

图 4-2 我国硅藻土矿床的某些典型剖面(据木士春,1997)

二、基本特征

郑水林等(2014)研究发现,中国硅藻土资源具有以下特点:

(1)产地和储量高度集中。全国探明的硅藻土储量高度集中于云南、吉林两省;19个大中型矿床拥有全国储量的99%。

(2)硅藻生物群:吉林、山东、浙江、四川以中心硅藻纲为主,而云南腾冲以羽纹纲的硅藻为主。

(3)矿石以含黏土硅藻土和黏土质硅藻土为主,硅藻含量大多在75%以下,硅藻含量85%以上的优质资源少。

1.矿石矿物组成

矿石矿物成分为硅藻蛋白石(非晶质),绝大部分未发生再结晶现象,偶尔见有再结晶向玉髓(隐晶质)方向发展。硅藻土原矿常伴有黏土、碎屑物、火山灰和有机质,硅藻壳中的微孔也被许多杂质充填。伴生的黏土矿物常为蒙脱石、伊利石和高岭石等,碎屑矿物主要为长石和石英等。生物,特别是硅藻对于硅藻土的形成起到了决定性的作用。但是,并不是有生物发育的地方就一定有硅藻土。

2.化学成分及物理性质

硅藻土中 SiO_2 的含量只能大致反映矿石中硅藻含量,一般不会高于92%(黄成彦,1993)。其有害组分 Al_2O_3 和 Fe_2O_3 的含量一般为0.2%~1.5%,结构水(H_2O^-)为3.5%~8.6%。此外,Cu、Mg、K、Na、B等元素也被认为是硅藻生长所需的基本元素,因而在硅藻土中也有一定含量。硅藻土的烧失量与硅藻土中的结晶水、吸附水及有机质含量等因素有关,一般在4%~9%之间,我国硅藻土化学成分及主要物理性质如表4-2所示。

表4-2 中国部分硅藻土的化学成分及物理性质(据木士春,1997)

类型	化学成分(%)						孔结构			
	SiO_2	Al_2O_3	Fe_2O_3	CaO	MgO	烧失量	堆密度(g/mL)	孔体积(cm^3/g)	比表面积(cm^2/g)	主要孔半径(nm)
吉林长白地区	83.84	6.02	2.27	0.56	0.23	4.77	0.32	0.45	19.16	100~300
云南腾冲	81.42	5.93	0.58	0.85	0.97	8.55	0.29	0.62	19.6	50~500
云南寻甸	52.15	11.21	4.68	0.33	0.15	23.43	0.64	1.34	23.7	50~300
广东徐闻	81.31	13.16	4.14	0.27	0.76	8.72	0.45	2.26	17.3~142.1	1 972.2~3 034.0
山东临朐	67.63	9.70	8.81	3.17	2.85	5.66	0.43	0.87	64.9	50~700
浙江嵊县	67.18	18.06	3.50	2.23	0.74	7.74	0.61	0.64	46.4	50~800
四川米易	61.64	11.32	0.13	0.73	0.93	6.81	0.64	0.60	33	50~400
内蒙古商都	65.53	13.18	7.46	1.08		7.24	0.53	7.27	152.9	24 200~59 600

3.工业与工艺性能

硅藻土具有独特的微孔结构和颗粒分布特征,可形成高度渗透性的过滤层,从而能够截留各种杂质微粒,滤除最细小的悬浮固体,甚至可以滤除1μm大小的微粒杂质,使滤液达到高度洁净。因此,硅藻土作为助滤剂,应用于酒类、炼油、油脂、涂料、肥料、酸碱、药品、水等液体的过滤(Ren et al,2014;Dobor et al,2015)。硅藻土结构坚固,成分稳定,且色白、无毒性,从而成为橡胶、颜料、油漆、纸张、沥青制皂、制药等工业部门广泛应用的填充物料。它能改善产品的稳定性、弹性和分散性等性能,以提高产品的强度、耐磨与耐酸性。硅藻土不仅含有一定的化学成分,同时还具有良好的多孔结构特性,如较好的比表面积、孔隙体积和孔径分布等特性,在氢化作用过程中可作镍催化剂、制造硫酸中钒催化剂、石油磷酸催化剂的理想载体,也可做肥料、杀虫剂载体、炸药密度调节剂、研磨材料等,是建筑材料中的优选轻质材料,也是防水、防渗的原料之一。

三、主要控矿因素

1. 硅藻土沉积物的形成过程

降雨产生的地表水将二氧化硅(SiO_2)和其他营养物质(如磷)携带到附近湖泊中。二氧化硅也可以源于火山灰。太阳为硅藻的生长和繁殖提供光照。硅藻死后,它们的二氧化硅骨骼沉淀到湖底,形成硅藻土矿床(Wallace,2003)。不同种类的硅藻喜欢各自的环境,因此不同地域的硅藻土沉积物可能会不同(图4-3)。

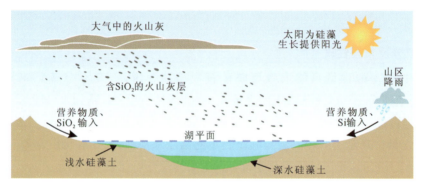

图4-3 硅藻土沉积物的形成过程(据Wallace,2003)

2. 影响硅藻活性的因素

影响硅藻活性的因素主要包括水温、pH值、特定化学条件、营养物质等。适宜硅藻生活的条件为正常湖水、温暖、水体中性至微碱性、碳酸盐缓冲、低盐度和富磷。硅藻的活性依赖于二氧化硅和营养物质的流入,而二氧化硅的来源主要有两个方面:①从附近和远处火山爆发产生的火山灰,降落在湖泊中与湖水反应,释放二氧化硅;②来自风化母岩产生溶解的二氧化硅,然后通过地表水迁移输送进入湖泊(Wallace,2003)。

现代硅藻生长研究表明,硅藻最重要的营养物质是磷(P)。大多数磷源于附近的母岩风化,被地表水带入湖中。以美国西部内华达州的硅藻土为例,湖泊周缘富含磷的玄武岩、火山岩与湖泊中大规模硅藻土矿床的出现关系密切。玄武岩和安山岩中磷含量[$(1400～1600)\times 10^{-6}$]比其他火成岩中磷含量[$(170～700)\times 10^{-6}$]和沉积岩中磷含量[$(170～750)\times 10^{-6}$]高得多(Wallace,2003)。通常情况下,如果盆地周缘缺少富含磷的岩石,那么湖盆就难以形成硅藻土矿床。其他的一些富磷岩石也可以提供磷,如页岩和一些石灰岩等。

3. 硅藻土成矿条件

木士春(1997)通过对硅藻土的研究发现,其成矿的基本条件有:

(1)盆地产状平缓,浅水区域广,水体较浅(<33m)。

(2)有丰富的游离硅质来源。硅藻的生存和大量高效繁殖的物质基础是湖泊中含有大量的可溶性 SiO_2。硅藻通过汲取湖水中的 SiO_2 来营造自己的壳体,所以湖水中充足的 SiO_2 来源是保持硅藻大量繁殖的必要条件。

(3)丰富的营养物质供给,但要恰到好处,过多或不及都不利于硅藻的繁衍。

(4)水质好,无毒性,水流稳定性好。

(5)碎屑成分少,碎屑含量对硅藻生长并无直接的联系,但它影响硅藻土的品位及工业利用价值。

4. 硅藻土沉积及其与硅循环的关系

溶解的二氧化硅(正硅酸 H_4SiO_4,简称 DSi)控制着现代海洋中硅藻的生活并引发了硅藻作为地质历史上主要初级生产者的进化崛起,尤其在过去的 40Ma 里(Sullivan and Volcani, 1981;Falkowski et al,2004;Cermeño et al,2016)。海洋依赖于陆源正硅酸,主要由河流径流提供(Pellegrino et al,2018)。在陆地上,DSi 的最终来源是硅酸盐岩石的风化作用,基于以下反应式:

$$CaSiO_3 + 2H_2O + CO_2 \rightarrow Ca^{2+} + H_4SiO_4 + CO_3^{2-}$$

硅酸盐风化主要是构造与气候相互作用的产物(图 4-4)。构造隆升增加了新鲜岩石暴露于大气介质中的面积,并加剧了河流侵蚀。隆升的山脉促进了雨影区的形成和广阔大气低压带的发育,进而加大了季节性降雨地区的河流侵蚀及风化物质和溶解养分向海洋的迁移。构造作用的直接产物是火山作用,火山作用可能通过火山灰的输入促进湖盆的二氧化硅富营养化。此外,板块构造和赤道变化的共同作用控制着冰盖的生长和消亡。由此产生的海平面升降可能使大陆架暴露,降低了河流的基准面,并在陆相硅酸盐向海洋转移的过程中扮演着重要的角色。

生物成因硅(简称 BSi)是陆地硅循环的主要组成(Street-Perrott and Barker,2008)。维管束植物是硅酸盐岩的风化指示因子,它们能够将地下 DSi 转化为植物中的 BSi,进而在植物衰老和食草动物消化后释放到土壤中(Cooke and Leishman,2011)。BSi 颗粒的高溶解速率,比岩石中的二氧化硅更容易转化为 DSi,为陆地植被向海洋输入 DSi 作出了贡献。另外两个对大陆硅循环有重要贡献的成分是:食草动物和火灾(图 4-4)。食草动物粪便中存在的植酸盐比凋落物中植物组织衰老产生的植酸盐更容易溶解,这是由于物理和化学消化过程中去除了包裹植酸盐的有机薄膜所致(Vandervenne et al,2013)。同时,食草动物是流动的,它们依赖于水源,因此它们可以进一步促进二氧化硅输入河流(Pellegrino et al,2018)。火灾的作用类似于食草动物,可以降解富植硅体尘土的有机外壳,提高它们的溶解度和通过变成灰分进行的长距离分散,灰分在干旱时期被风带走或洪水期间被河流迅速搬运(Vermeire et al, 2005;Pierson et al,2011)。

5. 硅藻土与褐煤同盆共生的解释

国内外许多硅藻土矿床产于含煤岩系中,例如,我国硅藻土多产于新近纪含煤地层中、地中海地区下墨西尼亚期硅藻土普遍与富有机质沉积物(腐泥、腐泥煤)互层(图 4-5)。Pellegrino et al(2018)对地中海地区硅藻土与富有机质沉积物互层进行解释如下。

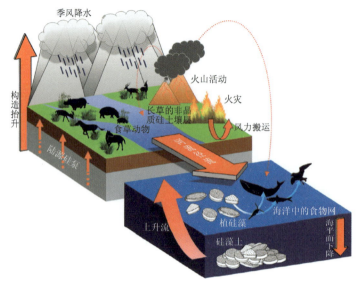

图 4-4 陆地硅循环与海洋硅藻土沉积之间的关系（据 Pellegrino et al，2018）
红色箭头表示硅循环增强的主要过程。浅蓝色箭头表示硅藻在海洋食物链中的支撑作用。

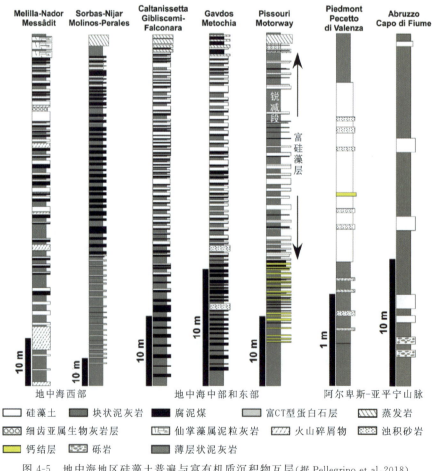

图 4-5 地中海地区硅藻土普遍与富有机质沉积物互层（据 Pellegrino et al，2018）

在季风引起的地表径流增强时期(图 4-6a),饱和的含水层有利于巨大的、高度硅化的硅藻的增殖,这些硅藻慢慢消耗了河流提供的巨大的可溶性硅。通过它们的沉淀,这些硅藻产生了一个周期性的可降解有机物的来源,这些有机物被海底的硫酸盐还原细菌逐渐代谢。这些条件促进了水底碱度的增加、硅藻细胞膜的溶解(图 4-7)和可溶性硅的连续释放,它们仍然被困在地中海分层海水的下层。

在随后较冷和干燥的气候开始时(图 4-6b),以强烈的上升流为特征,富含可溶性硅的水被输送到表面,在那里可以繁殖更多的硅藻。在干燥阶段,通过将易溶解的富植硅体尘土直接输送到盆地,富含生物硅的风可能在这个过程中对硅藻土储量的增加起到促进作用。硅藻土沉积是在含氧量逐渐增加的水体中发生的,这阻止了厌氧菌的活动和硅藻细胞膜的溶解。因此,从表面上看,硅藻的聚集促进了层状构造的保存,这取决于硅藻的特定生活规律,而不一定取决于缺氧条件的出现。硅藻土的积累一直持续到可溶性硅完全耗尽。

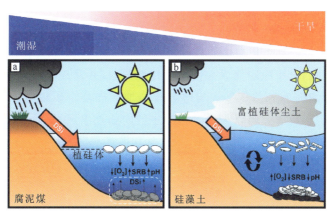

图 4-6　基于 Si 循环模型解释了地中海早墨西尼期硅藻土和腐泥岩
互层的原因(据 Pellegrino et al,2018)

a.腐泥的形成;b.硅藻土的形成

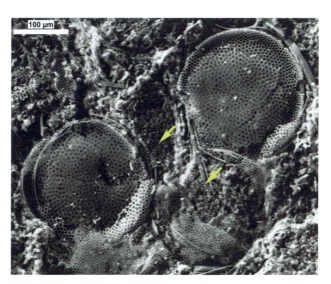

图 4-7　皮埃蒙特盆地富硅藻层中硅藻 *Coscinodiscus* sp.(据 Pellegrino et al,2018)

(黄色箭头指向细胞膜的溶解部分)

腐泥的形成。在湿润期(旋进极小期、日照最大期),强河流径流为盆地提供了大量的DSi,促进了水分层,有利于低密度、高度硅化的水下硅藻组合(阴影区系)的增殖。当硅藻到达海底时,由于硫酸盐还原菌(SRB)的活性增加了孔隙水的碱度,硅藻胞腔被溶解;硅藻土的形成。在干旱期,河流径流的减弱和水体的混合有利于在光层中重新注入回收的DSi(以前被困在高密度层之下)。富含富植硅体尘土的粉尘进一步提高了水体的二氧化硅饱和度。丰富多样的硅藻组合,适应了富硅地表水的开发利用,使其增殖,并在富氧海底进一步沉积。抑制硫酸盐还原细菌有利于保存硅藻细胞膜。

四、典型矿床分析

选取吉林长白地区虎洞沟硅藻土矿床和云南省寻甸先锋盆地硅藻土矿床作为典型案例,从成矿地质背景、矿体特征、硅藻植物群落等角度分析硅藻土矿床的成因及找矿标志。

(一)吉林长白县虎洞沟硅藻土矿床

吉林省长白地区的硅藻土成矿地质条件极为优越,已发现多个大型、超大型硅藻土矿床,因矿床(点)多、储量大、分布稳定而成为该区支柱性产业,并建成了多个硅藻土加工企业,可生产多种硅藻土产品(张致伟,2018)。吉林省长白地区硅藻土矿集中形成于中新世—更新世,以中新世为主,矿床成因上属以火山盆地为主的内陆湖泊沉积型。矿床位于盆地中心部位。长白地区硅藻土矿在形成时期、物质组成上具有很多共性,但由于处于盆地的不同部位,在矿体特征、资源量等方面存在明显差异(表4-3,图4-8)。

1.矿体特征

矿床赋存于新近系中新统马鞍山组(N_1m)中,共发育6条硅藻土矿体(图4-9),编号由下至上依次为①②③④⑤⑥号,每个矿体特征见表4-4。矿体上、下盘围岩主要为玄武岩和泥质粉砂岩,矿层与两种围岩均呈整合接触关系,接触界线清晰。

表4-3 长白地区主要硅藻土矿地质特征一览表(据张致伟,2018)

矿床名称	形成时代	层位	沉积环境	矿体形态	矿体层数	赋存标高(m)	矿石品级	硅藻类
虎洞沟	中新世	N_1m_4为主	淡水湖泊相	层状、似层状 0°~12°	6	627~757	含黏土硅藻土、黏土质硅藻土、硅藻黏土	冠盘藻、直链藻、小环藻
四分场	中新世	N_1m_3	淡水湖泊相	层状 1°~7°	3	498~878	含黏土硅藻土、黏土质硅藻土、硅藻黏土	冠盘藻、直链藻、小环藻
错草顶子	中新世	N_1m_4	淡水湖泊相	层状 0°~5°	4	704~778	硅藻土、含黏土硅藻土、黏土质硅藻土	小环藻类和直链藻
金厂	中新世	N_1m_4	淡水湖泊相	层状 0°~3°	2	715~764	硅藻土、含黏土硅藻土、黏土质硅藻土	冠盘藻
前岗头	中新世	N_1m_4	淡水湖泊相	层状 0°~3°	3	699~781	硅藻土、含黏土硅藻土、黏土质硅藻土	冠盘藻
东山村	中新世	N_1t_1、N_1t_2	淡水湖泊相	层状 0°~3°	3	395~506	硅藻黏土	直链藻

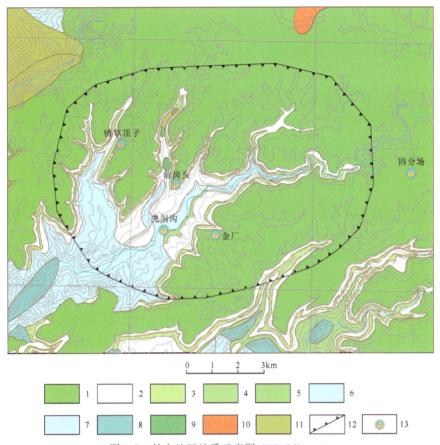

图 4-8 长白地区地质矿产图(据张致伟,2018)

1.军舰山组(N_2j):玄武岩;2.马鞍山组(N_1m):硅藻土黏土、硅藻土、砂、粉砂质泥岩;3.βN_1^3 组:斑状橄榄玄武岩;4.βN_1^2 组:斑状橄榄玄武岩;5.βN_1^1 组:斑状橄榄玄武岩;6.林子头组(J_3l):以凝灰质砂岩,砂岩,粉砂岩及中酸性凝灰岩组成;7.果松组($J_{2-3}g$):下部以砾岩、砂岩为主,上部主要为安山岩;8.大栗子岩组(Ptdl.):千枚岩、大理岩、底部千枚岩夹石英岩及大理岩扁豆体赤铁矿;9.珍珠门岩组 Pt$_2z$.:浅粉红色、白色厚层白云质大理岩,条带状、角砾状大理岩;10.二长花岗岩 K_1nY;11.闪长岩 $K_1\delta$;12.马鞍山-错草顶子盆地范围;13.典型硅藻土矿床

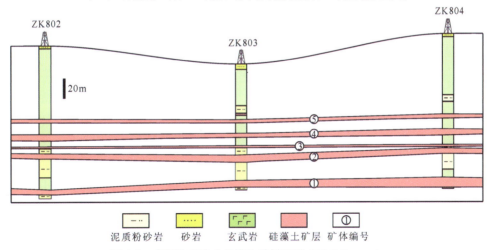

图 4-9 虎洞沟矿床 8 号线地质剖面图(据张致伟,2018)

表 4-4　虎洞沟硅藻土矿床矿体地质特征一览表(据张致伟,2018)

矿体编号	产状(°)			规模(m)			品位(%)				
	走向	倾向	倾角	长度	宽度	厚度	SiO_2	Al_2O_3	Fe_2O_3	CaO	烧失量
①	180	90	0～6	970	1023	5.51	59.79	17.32	5.95	0.93	7.03
②	180	90	0～6	560	1129	4.86	61.10	14.59	7.18	1.59	4.70
③	180	90	0～6	620	660	1.95	63.34	14.29	6.19	1.43	5.40
④	180	90	0～12	496	300	4.06	71.66	9.59	49.88	0.92	7.10
⑤	180	90	0～12	700	490	4.81	67.69	12.61	5.74	1.34	5.78
⑥	180	270	0～8	910	340	8.18	67.99	12.16	6.23	1.13	6.47

2.矿石特征

矿石颜色为灰白色—灰色,呈泥质生物结构,矿石构造以微层状构造为主,少量为块状构造。矿石主要由硅藻(10%～80%)、黏土矿物伊利石和蒙脱石(15%～45%)组成,含少量方解石(0～42%)、石英(2%～10%)、有机质(2%～3%)、长石(0～3%)、石膏(0～2%)以及黏土矿物高岭石(0～3%)等(表 4-5)。

表 4-5　矿石组成和含量(据张致伟,2018)

样品编号	组成及含量(%)							
	X 射线衍射分析(XRD)				红外光谱分析(FTIR)			
	石英	长石	方解石	石膏	高岭石	伊/蒙	有机质	硅藻
ZK802 H2-1	10	2	3	—	2	17	3	63
ZK802 H2-2	7	3	2	2	3	35	2	46
ZK802 H1-1	2	—	—	—	15	3	80	
ZK802 H1-2	4	—	—	—	—	20	2	74

3.硅藻类型

本区矿石硅藻土类型及所占比例见表 4-6,以冠盘藻为主,含量 20%～85%(图 4-10)。

表 4-6　藻的种类所占比例表(据张致伟,2018)

样品编号	藻的种类及含量(%)		
	直链藻	小环藻	冠盘藻
ZH802 H2-1	20	10	70
ZH802 H2-2	20	60	20
ZH802 H1-1	20	—	80
ZH802 H1-2	15	—	85

4.硅藻土成矿规律

该区硅藻土均形成于新近纪中新世,沉积环境属淡水湖泊相,与玄武岩喷发密切相关。矿体以层状、似层状为主,倾角 0°～12°,一般在 4°左右。矿石品级分布特点表现为在盆地中心与边部多出现含黏土硅藻土、含硅藻黏土等低品位硅藻土,过渡部分表现硅藻土、含黏土硅藻土高等级优质硅藻土。矿层数量为 2～6 层,多为 4 层。分布特点表现为从盆地中心向边部逐渐减少。究其原因,认为火山喷发期次在盆地中心覆盖多次,在边部逐渐减少。长白地区硅藻土中所含硅藻种属有冠盘藻、直链藻、小环藻,其中优质硅藻土中硅藻种属以冠盘藻较常见,质量较差的硅藻土以直链藻为主。

  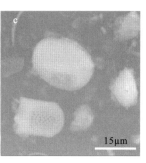

图 4-10　虎洞沟硅藻土矿床扫描电镜特征(据张致伟,2018)
a.冠盘藻;b.直链藻;c.小环藻

5.找矿标志

地层标志:硅藻土的形成受地层的影响。新近系马鞍山村组为长白地区硅藻土赋存的主要层位,是长白地区寻找硅藻土最直接的标志。

玄武岩标志:长白地区硅藻土上部盖层均为玄武岩覆盖区,玄武岩是硅藻土找矿的间接标志。玄武岩对沉积后的硅藻土有保护作用。所以在玄武岩大面积覆盖地区,若有适合硅藻土形成条件的古环境应加以重视。

构造标志:长白地区硅藻土均形成于陆相湖泊盆地,深度不大的湖泊为硅藻的生长提供了阳光和养分条件,在后期若有火山喷发作用能使沉积的硅藻保存下来便可形成硅藻土矿床,所以深度不大的大型凹陷盆地为寻找硅藻土矿的间接标志。

地形标志:硅藻土的形成具有明显的标高特征,如长白地区硅藻土矿均在750m标高范围左右出现。此标高在该地区可作为硅藻土找矿的参考标志。

(二)云南寻甸先锋盆地硅藻土矿床

先锋盆地位于昆明市东北80km。中新世初,沿东西向断裂形成北北东向断陷盆地(图4-11),中新统不整合沉积于震旦系、寒武系及上古生界之上。盆地东西长9.5km,南北宽0.5～2km,面积12.5km²。中新统、上新统由河床相、泥炭沼泽相、湖泊相组成,洪积冲积相发育在建造底部和盆地南缘。中新统下部为厚35m的浅灰—灰白色砂质泥岩与泥质粉砂岩,南部边缘出现山麓堆积的含砾砂岩及砾岩层;中部是厚244m的M_8褐煤层;上部为厚500m的含黏土硅藻土、黏土质硅藻土、硅藻质黏土。上新统厚214m,由砂质泥岩、碳质泥岩、粉砂岩、含砾砂岩及两层结构复杂的褐煤层组成,分布在盆地中部(谷白湮和周义平,1994)。

1.矿体特征

盆地的同沉积断裂与盆内的冲积扇控制着褐煤与硅藻土的分布,也决定着煤与硅藻土的矿物质含量与组分(图4-12)。古气候和水体营养程度的变化,导致出现不同属种的硅藻组合带,进一步影响了硅藻土的品位。

硅藻土覆于M_8褐煤层之上,赋存4层含黏土硅藻土与黏土质硅藻土:第6矿层,厚5.07～67.18m,平均26.35m;第5矿层,厚1.37～55.89m,平均27.96m;第4矿层,厚4.27～48.24m,平均26.25m;第3矿层,厚4.25～41.87m,平均17.17m(图4-13)。

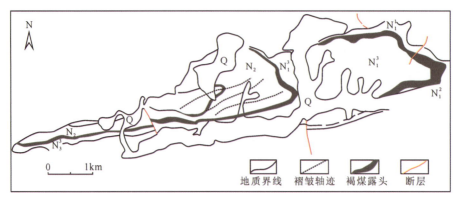

图 4-11　云南寻甸先锋矿区新生代地质略图(据谷白湮和周义平,1994)

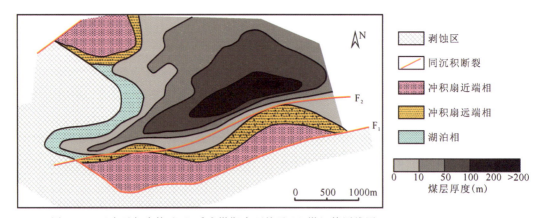

图 4-12　云南寻甸先锋矿区 N_1^2 成煤期古环境及 M_8 煤组等厚线图(据谷白湮和周义平,1994)

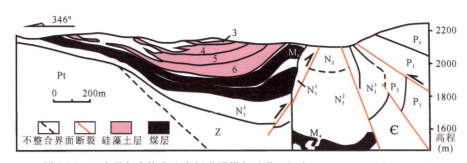

图 4-13　云南寻甸先锋盆地中新世褐煤与硅藻土沉积(据谷白湮和周义平,1994)

2.矿石特征

硅藻土以富含有机质、相对较低 SiO_2 含量、高 Al_2O_3 含量、高 Fe_2O_3 含量、高烧失量为特征(表 4-7)。

3.硅藻土古植物群与矿石品质

谷白湮和周义平(1994)的研究发现,不同的生态环境,繁衍着不同属种的硅藻。古气候、微地貌与湖泊深度、水体营养程度的变化,导致先锋盆地的硅藻土出现 10 个硅藻带。总体构成了 7 种类型组合:①辐环藻带(2、8、10 带);②辐环藻-颗粒直链藻带(1 带);③羽纹脆杆藻相似种及其变种-凸腹连接脆杆藻带(6 带);④模糊直链藻-辐环藻带(9 带);⑤模糊直链藻带

(3、5 带);⑥颗粒直链藻带(7 带);⑦颗粒直链藻-模糊直链藻带(4 带)。

硅藻组合或硅藻带决定了硅藻的品质。辐环藻带(2、8、10 带),原土 SiO_2 含量最高(50.19%~51.55%),有机质含量最少,烧失量最低(21.81%~23.5%)。辐环藻-颗粒直链藻带,原土 SiO_2 含量 50.26%,烧失量 25.97%。羽纹脆杆藻相似种及其变种-凸腹连接脆杆藻带,SiO_2 含量 48.5%,烧失量 23.6%。模糊直链藻-辐环藻带,SiO_2 含量 46.8%,烧失量 24%。模糊直链藻、颗粒直链藻的层段,品位最低,SiO_2 含量 45%~46%,烧失量 22.5%~26%。

表 4-7　先锋矿区硅藻土矿层化学成分表(据谷白湮和周义平,1994)

组分(%)	原土					锻烧土				
	6 矿层	5 矿层	4 矿层	3 矿层	平均	6 矿层	5 矿层	4 矿层	3 矿层	平均
SiO_2	50.90	48.27	50.35	51.27	50.20	67.30	64.29	66.61	66.07	66.07
Fe_2O_3	7.61	8.40	5.52	6.84	7.09	10.00	11.18	7.30	8.82	9.31
Al_2O_3	10.19	10.88	8.87	11.56	10.38	13.39	14.48	11.72	14.90	13.64
CaO	1.72	1.64	4.76	3.61	2.68	2.26	2.18	6.29	3.36	3.52
MgO	1.05	1.24	1.09	1.67	1.26	1.38	1.65	1.44	2.15	1.66
SO_2	1.04	3.54	7.70	0	3.07	1.37	4.71	10.18	0	4.06
TiO_2	0.89	1.13	0.92	1.40	1.09	1.17	1.50	1.22	1.80	1.43
K_2O	1.20	1.26	1.15	1.14	1.19	1.58	1.68	1.52	1.47	1.56
烧失量	13.90	24.87	24.34	22.42	23.88					

第二节　膨润土

膨润土是以蒙脱石为主(85%~90%)的含水黏土矿,含少量的伊利石、高岭石、沸石、长石、方解石和云母等矿物。又名膨土岩、斑脱岩,有时也称白泥,是一种性能十分优良、经济价值较高、应用范围较广的黏土资源。

中国开发使用膨润土的历史悠久,原来只是作为一种洗涤剂,真正被工业上广泛使用只有百来年历史。美国最早在怀俄明州发现,地层中呈黄绿色的黏土,加水后能膨胀成糊状,后来人们就把凡是具有这种性质的黏土,统称为膨润土。

一、资源现状

世界膨润土资源丰富,但分布不均衡,主要分布在环太平洋带、印度洋带和地中海—黑海一带。主要资源国有中国、美国、俄罗斯、希腊、土耳其、德国、意大利、墨西哥和日本等,前三国探明储量占世界储量的 4/5(章少华等,2018)。

截至 2008 年底,我国有膨润土矿区共 159 处,膨润土查明资源储量 27.93 亿 t。然而我国大型膨润土矿床中的 80% 以上位于煤系地层中,煤系地层中的膨润土资源具有储量大、分布稳定和品位高等特点。我国煤系膨润土主要分布在黑龙江、吉林、辽宁和江苏、浙江、山东、福建、广东、广西、新疆、甘肃、陕西、江西、四川、河南、安徽等省(区)(图 4-14)。其中,东北三省和广西等省(区)的膨润土矿床储量大、品质优,而且钠基膨润土比例大,是我国最主要的膨润土矿床基地(晏达宇,2004)。我国赋存于煤系地层中的膨润土探明储量为 8.88 亿 t,其中钠基膨润土在5亿t以上。仅广西宁明地区探明储量即达6.4亿t以上,矿石质量好,蒙脱石含量多在90%以上(晏达宇,2004)。

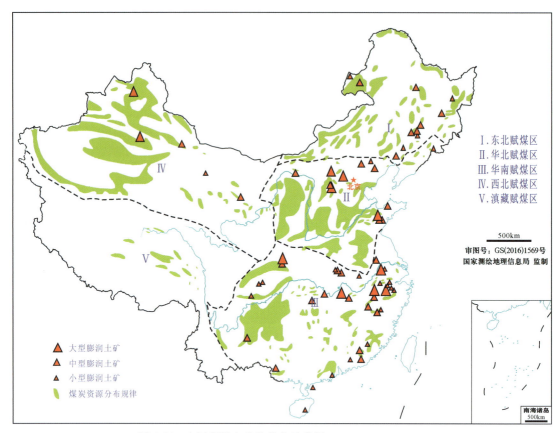

图4-14 中国膨润土矿的分布示意图(据晏达宇,2004修改)

二、基本特征

1. 化学成分

膨润土的理论化学式为$Na_x(H_2O)_4\{Al_2[Al_xSi_{4-x}O_{10}](OH)_2\}$,由于矿体产出的地质环境不同,层间吸附的阳离子和四面体、八面体的类质同象置换等要素也随之变化,蒙脱石的化学成分变化也较大(表4-8)。

2. 物理和化学性质

膨润土通常为白色,也有浅灰色、乳酪色、浅红色、肉红色、砖红色、褐红色、黄绿色、黑色、斑杂色等,呈油脂光泽、蜡状光泽或土状光泽。断口常为贝壳状或锯齿状。有块状、微层纹状、角砾状、土状及斑杂状构造,结构以泥质结构为主,尚有变余火山碎屑、角砾凝灰及粉砂状结构。

膨润土主要是由蒙脱石类矿物组成的,所以膨润土的一些性质也都是由蒙脱石所决定的。蒙脱石可以成致密块状,也可为松散的土状,用手指搓磨时有滑感,小块体加水后体积胀大数倍。

表 4-8 蒙脱石的化学成分和结构化学成分统计数据

组分	Weaver 等(1975) 平均	Weaver 等(1975) 范围	潘建强 平均	潘建强 范围	构型		Weaver 等(1973) 平均	Weaver 等(1973) 范围	潘建强 平均	潘建强 范围
SiO_2	59.49	51.20~65.00	56.50	46.74~64.67	四面体	{Si Al	3.837	3.34~4.00	3.84	3.44~4.03
Al_2O_3	21.93	15.20~34.00	19.46	11.01~25.58			0.158	0.00~0.66	0.16	0.00~0.56
TiO_2	0.25	0.00~2.90	0.39	0.00~2.08			1.492	1.10~2.00	1.14	0.86~1.67
Fe_2O_3	3.770	0.00~13.61	3.81	0.43~11.07	八面体	{Al Ti Fe^{3+}			0.02	0.00~0.11
FeO	0.197	0.00~1.61	0.24	0.00~3.57		Mn Mg Fe^{2+}	0.198	0.00~0.68	0.20	0.02~0.68
MnO			0.02	0.00~0.13					0.00	0.00~0.00
CaO	1.176	0.00~4.23	1.19	0.00~4.02			0.354	0.01~0.71	0.41	0.15~0.90
MgO	3.548	0.09~7.38	4.02	1.50~8.65			0.007		0.01	0.00~0.21
K_2O	0.342	0.00~1.82	4.58	0.00~3.34			0.007	0.00~0.49	0.08	0.00~0.30
Na_2O	0.842	0.00~3.74	1.51	0.00~4.50	层间	{Ca K Na	0.004	0.00~0.16	0.05	0.00~0.31
							0.010	0.00~0.52	0.20	0.00~0.65

3. 结晶矿物学特征

蒙脱石的晶体结构由两层硅氧四面体晶片中间夹一层铝氧八面体晶片组成,属 2∶1 型层状硅酸盐矿物(图 4-15)。

4. 矿石工业分类

膨润土的层间阳离子种类决定膨润土的类型:层间阳离子为 Na^+ 时称钠基膨润土;层间阳离子为 Ca^{2+} 时称钙基膨润土;层间阳离子为 H^+ 时称氢基膨润土。

钠质蒙脱石(或钠膨润土)的性质比钙质的好。但是世界上钙质土的分布远广于钠质土,因此除了加强寻找钠质土外就是要对钙质土进行改性,使它成为钠质土。

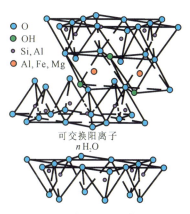

图 4-15 蒙脱石的晶体结构
(据 Grim,1962 修改)

5. 工业与工艺性能

在多水条件下,膨润土晶体结构非常微细,这决定其有许多优良特性,如高分散性、悬浮性、膨胀性、黏结性、吸附性、阳离子交换性等。因此,膨润土被广泛用于冶金、铸造、钻井泥浆、纺织印染、橡胶、造纸、化肥、农药、改良土壤、干燥剂、化妆品、牙膏、水泥、陶瓷工业、纳米材料、无机化工等领域。

(1)钻井泥浆:膨润土具有强烈的吸水性,能吸收相当于本身体积 8 倍的水,体积膨胀 10~30 倍,在水溶液中呈悬浮和胶凝状态。在进行石油、天然气钻井等项工作时,要使用泥浆来冷却钻头、清除碎屑、保护井壁及平衡地压等。由于膨润土分散性好、出浆量大,因此是制造钻井泥浆的理想材料。

(2)铸造和冶金工业:膨润土是铸造业生产醇基涂料的最佳悬浮剂,又是铸模材料的黏合剂。用膨润土制作的快干涂料性能优良,稠而不黏、滑而不淌,可使铸件表面光洁度提高两级以上,质量大为改善。

(3)建材工业:用于生产白色硅酸盐水泥,用于生产轻质建材,用于生产防水材料,在陶瓷工业中可生产陶瓷釉料及高级瓷,用于生产建筑材料及金属防腐涂料。

(4)日用化工:用于化妆品,用于生产洗涤用的软化剂,用于洗发香波。

(5)食品加工:用于食用油的净化剂、脱色剂,用于味精工业中的脱色澄清剂。

(6)其他用途:制药、纺织、造纸工业,油漆、油墨,制造新型灭火剂,生产专用干燥剂、吸附剂,干电池制造,用作助滤剂。

三、矿床成因与控矿因素

(一)矿床成因

根据蒙脱石的形成机理,可将膨润土矿床划分为沉积型、热液型、风化残积型 3 大类。

1.沉积型

根据矿层所处的沉积建造,可划分为 3 类:正常淡水沉积建造、封闭湖盆化学沉积建造、含煤沉积建造。

(1)正常淡水沉积建造:古风化壳中的铝硅酸盐岩石经风化作用,大量富镁的陆源碎屑被地表径流水体带入湖盆,在沉积和成岩过程中,硅、铝-氧键在镁离子的参与下凝聚成蒙脱石。例如,广西宁明膨润土矿。

(2)封闭湖盆化学沉积建造:盆地周边蚀源区的母岩经风化后,成矿物质在地表水的作用下形成硅、铝溶胶,进而随地表水搬运至封闭盆地中,经强烈蒸发在胶体化学凝聚作用下形成蒙脱石,沉积成膨润土矿层。例如,四川的川中准地台、苏皖交界的膨润土矿。

(3)含煤沉积建造:聚煤环境有利于诸如火山灰等转化为蒙脱石而富集成矿。此类矿床的成矿物质主要来源于聚煤盆地周围的火山喷发物质(特别是火山灰)或异地火山物质,甚至是膨润土经过搬运在盆地中沉积形成。聚煤盆地不仅为膨润土的形成提供了一个良好的堆积场所,而且由于丰富的酸性成煤介质,能够促使火山喷发物(火山岩和火山玻璃)中 Na^+、K^+ 析出,pH 值升高(9~11),二氧化硅分解,硅酸盐矿物格架被破坏,元素重新组合,形成蒙脱石矿物。膨润土矿层一般处于煤层的顶底板,例如,吉林刘房子、甘肃红泉、山东黄县膨润土矿。

2.热液型

在火山岩区沿侵入岩体的断裂、接触破碎带受后期富水气的热液影响,使火山玻璃、次火山岩体发生热液交代作用,淋漓带出铝硅酸盐中部分硅、碱、碱土组分而形成热液型膨润土。这在国外被认为是重要的成矿类型,如俄罗斯的达什-萨拉赫林、阿斯坎等矿床。我国于 1988 年曾报道过在西藏当雄县发现地热田水热蚀变作用形成的膨润土。

3.风化残积型

这种类型的膨润土矿床产于不同岩石的风化壳地区,受大气、生物风化作用的影响,从地表附近把岩石、矿物中非蒙脱石组分迁移,使蒙脱石组分聚集在风化残积物中,经后期成岩作用而形成膨润土。

矿化深度一般位于潜水面附近,从几十米至数百米深不等。由于含可溶性阳离子的水自上而下渗透,因此剖面上部蚀变作用相对较强,矿化程度相对较高。从上往下矿层与母岩呈渐变接触关系。地表附近的矿石类型以钙基膨润土为主,比较深的部位才有钠基膨润土。

（二）主要控矿因素

1. 碱性水介质条件是这类矿床形成的关键

膨润土矿床多形成于碱性环境，多数已遭受自然改型，在地下滞流潜水面上被自然改造为中性环境，钠基膨润土改型为钙基膨润土。地表或浅部直接处于游离氧、CO_2和腐殖酸等的作用影响下，水介质多为弱酸—酸性水，因此地表风化强烈，原来的钙（钠）基膨润土大多风化改造成氢（钙）基膨润土。只有在潜水（或滞留水）面以下，地下水涌流交替缓慢，风化作用大为减弱。此时，原先形成的钠基膨润土才能得以保存（图4-16）。

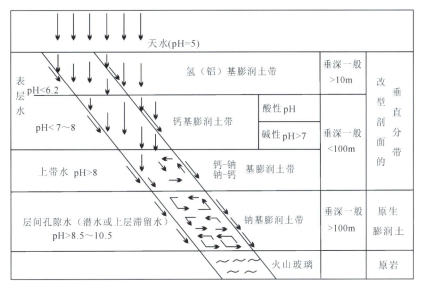

图 4-16　膨润土自然改型理想模式图（据梁修睦，1982）

（注：箭头为水的运移方向，垂直分带主要由介质的水化学分带引起）

2. 常与含煤岩系伴生多形成于近火山的浅水湖盆

从成矿时代看，我国膨润土的主要成矿期与重要聚煤期相吻合，很多膨润土与煤系地层共生。已探明的情况表明，膨润土矿层距煤层越近品位越高，离煤层越远品位有降低的趋势。

四、典型矿床分析

（一）四平市刘房子膨润土矿

四平市刘房子膨润土矿于1972年煤田勘探时发现，矿层位于下白垩统刘房子组含煤岩系中，是我国业已发现的大型优质钠质膨润土矿床之一。

1. 矿层、层位及规模

刘房子煤矿田面积约$30km^2$，矿区面积约$3km^2$。刘房子组膨润土矿层在矿区南部与煤层分布范围一致，而矿区北部大于煤层分布范围（图4-17）。

刘房子组含煤14层，煤质为腐殖质褐煤，由下至上称A、B、C 3组。具有工业价值的膨润土矿层位于A、B组煤层的顶底板。其中，B1煤层顶底板的膨润土矿层L1、L2矿层厚度稳

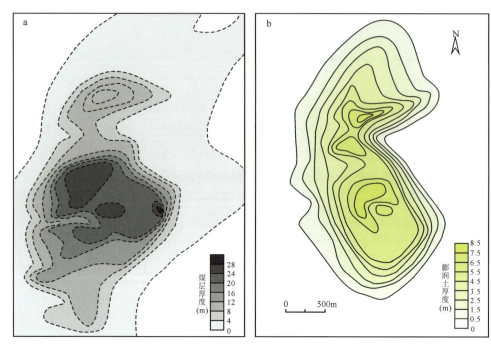

图 4-17　刘房子组煤层(a)、膨润土(b)累积厚度等值线图(据王嘹亮和胡善亭,1993)

定,平均厚度分别为 3.8m、3.5m。A 组煤层顶底板膨润土矿层 2~5 层,厚度 0.2~1.47m,煤层顶板的膨润土矿层较好(李继业,1984)(图 4-18)。

2. 矿石的物理性质和矿物成分

膨润土为浅绿色、蛋青色夹灰色及黑色条带,风化和脱水为灰白色。蜡状光泽,硬度低,用手指甲可以划动。矿石呈致密块状、层状。吸水性强,具滑感。研究区 L2 层膨润土矿层的物理化学性质见表 4-9。矿石矿物成分由钠蒙脱石(60%~75%)、水分(10%~14.2%)、少量石英、长石组成。

表 4-9　刘房子矿区 L2 层膨润土矿物理化学性质表(据李继业,1984)

采样位置	胶质价(%)	膨胀倍	pH 值	相对密度
二斜井	100.0	18~47	8.5~10.75	2.11~2.35

3. 矿层的化学成分

针对 B1 煤层顶底板的 L1 和 L2 矿层,通过 14 个钻孔的取样分析获得了化学全分析平均值(表 4-10)。其中,Al_2O_3 含量低于高岭土,L2 层 Na_2O 大于 CaO 含量,其化学成分与美国怀俄明钠质土很相似(李继业,1984)。从化学成分的角度来看,比较符合湖泊相沉积成因特征(李继业,1984)。

表 4-10　膨润土矿层化学成分平均值(%)(据李继业,1984)

矿层	SiO_2	Fe_2O_3	Al_2O_3	TiO_2	CaO	MgO	K_2O	Na_2O	烧失量
L2	62.10	3.72	18.94	0.15	1.22	2.14	0.89	1.96	5.85
L1	61.05	5.45	17.57	0.58	1.81	1.48	3.39	7.14	7.14

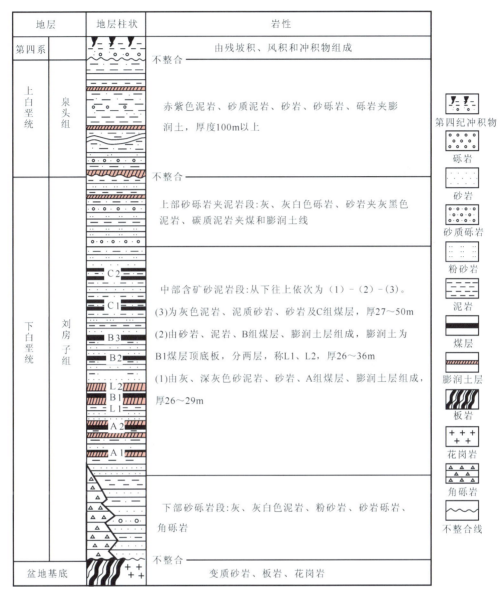

图 4-18 刘房子膨润土矿区地层综合柱状图(据李继业,1984)

4.矿床成因

刘房子矿田产出于受两组断裂控制的古断陷盆地中。在矿区西南,刘房子组下部为灰色、灰绿色、黑色角砾岩,角砾为轻变质海相泥板岩组成,厚 200m 左右(图 4-18)。该角砾岩层向东北至矿区一带相变为泥岩、砂岩,煤层和 L2 层膨润土层由南向东北方向分叉,层间夹层逐渐变厚到几十米。这种相变和分叉说明古盆地西南比东北高,即古水流主要是从西南向东北方向流动的(李继业,1984)。

含矿层的沉积韵律明显。从二矿井 85 水平岩巷揭露的一段地层剖面和 L2 层膨润土矿层剖面可以看出,其粒度由下而上,由粗变细,显示了由河床相、河漫相、沼泽或泥炭沼泽相、湖泊相的有序变化(图 4-19)。从 L2 层膨润土剖面也可以看出,其厚度具有下薄上厚,粒度具有下粗上细,特别是矿层所具有的水平层理、胶凝结构、极细粒度、同生鲕状黄铁矿,以及层厚稳定、膨润土为浅绿色、pH 值大于 10 等,均说明膨润土矿层是在较深水的还原(碱性)湖泊中以胶体化学沉积而成。刘房子钠质膨润土矿床成因类型为陆相湖泊沉积型。成矿源岩主要为盆地周围中酸性火山岩、花岗岩以及海相泥板岩(李继业,1984)。

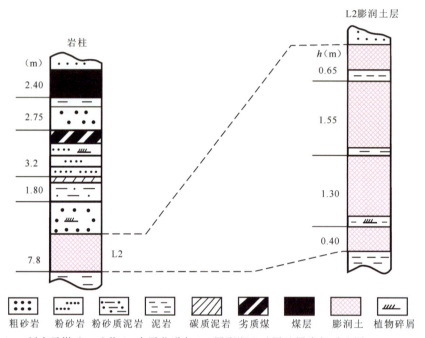

图 4-19 刘房子煤矿二矿井 85 水平巷道与 L2 层膨润土矿层地层岩相对比图(据李继业,1984)

(二)前石畔井田膨润土矿

前石畔井田位于陕西省神木县大柳塔乡,其除赋存储量巨大的煤炭资源外,20 世纪 90 年代初,在该地区进行煤矿勘探期间,发现了伴生膨润土工业矿床,可采储量 7000 多万吨(范立民等,1996)。

1.赋存层位及产状

膨润土矿层赋存于中侏罗统延安组第三、四、五段,其中赋存于第四段的膨润土矿层分布面积大、品位较高,具有工业意义,其分布于前石畔井田主要可采煤层 2^{-2} 煤之下,距 2^{-2} 煤底板 2.18～12.58m,距地表 40.20～149.17m,矿层厚度稳定,与含煤岩系产状一致(图 4-20)(范立民等,1996)。膨润土矿层的顶板多为粉砂岩、泥岩,底板则相对较粗,多为粉砂岩至中、细砂岩,均有不同程度的矿化(陕西省一八五煤田地质勘探队,1993)。

2.矿石的物理性质

膨润土呈浅灰、灰白色,少数具蓝色色调,致密细腻,团块状,具滑感,黏舌,贝壳状或参差状断口,遇水膨胀并崩解成碎块状及泥状,吸水后呈灰白色,表面略显粗糙(范立民等,1996)。在测井曲线上,膨润土层呈现出极低的视电阻率(0～12.8Ω·m,一般小于 5 Ω·m),很高的自然放射性和较低的密度(图 4-21),与含煤岩系其他岩层具有明显的区别(范立民等,1996)。

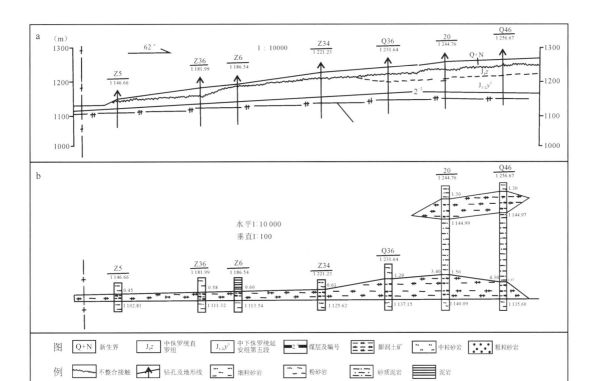

图 4-20 前石畔井田膨润土矿层典型剖面(a)及矿层对比图(b)(据陕西省一八五煤田地质勘探队,1993)

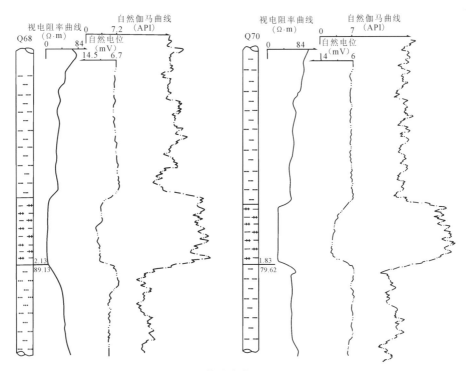

图 4-21 前石畔井田膨润土矿层测井响应特征(据陕西省一八五煤田地质勘探队,1993)

3. 矿石矿物组成

膨润土矿层中碎屑颗粒普遍为岩屑及少量石英、长石,其中岩屑为具有长石假象的黏土矿物集合体,填隙物为黏土微小颗粒及少量方解石;碎屑颗粒结构、成分成熟度很低,呈棱角状—次圆状,分选差(图 4-22a)(陕西省一八五煤田地质勘探队,1993)。膨润土矿物成分为伊-蒙混层矿物(图 4-22b、c),主要矿物包括蒙脱石、伊利石、高岭石、石英、绿泥石等(范立民等,1996)。

图 4-22 前石畔井田膨润土矿层微观特征(据陕西省一八五煤田地质勘探队,1993)
a. 白色颗粒为石英、长石等碎屑,杂色颗粒为黏土岩屑,黑色部分为填隙物,正交偏光,6.5×6.32×8.4;
b. 膨润土中黏土矿物集合体,二次电子图像,×3200;c. 膨润土中黏土矿物颗粒,透射电镜,×1500

4. 矿石化学组成

膨润土的化学成分以 SiO_2、Al_2O_3 为主,平均含量分别为 58.20% 和 19.15%。其化学组成及含量见表 4-11(范立民等,1996)。与国内外其他地区膨润土相比(表 4-12),烧失量偏高,SiO_2 略偏低,其他成分相近(范立民等,1996)。

表 4-11 膨润土化学成分(%)(据范立民等,1996)

成分	SiO_2	Al_2O_3	Fe_2O_3	FeO	CaO	MgO	TiO_2	K_2O	Na_2O	烧失量	H_2O
最大值	67.73	23.25	3.21	1.53	3.65	2.41	0.64	1.53	1.72	17.74	10.19
最小值	53.39	12.12	1.23	0.22	0.78	1.43	0.22	0.52	0.84	10.51	0.55
平均值	58.20	19.15	2.33	0.87	1.73	1.97	0.38	1.08	1.28	13.63	4.58

表 4-12 国内外典型膨润土化学成分对比(%)(据范立民等,1996)

产地	属型	SiO_2	Al_2O_3	Fe_2O_3	FeO	CaO	MgO	TiO_2	K_2O	Na_2O	烧失量	H_2O
中国陕北前石畔	Na-Ca Ca Ca-Na	58.20	19.15	2.33	0.87	1.73	1.97	0.38	1.08	1.28	13.63	4.58
中国浙江临安	Na	64.89	14.29	2.27	0.93	3.03	1.925	0.46	2.88	2.16	6.54	5.09
美国怀俄明	Na	66.05	25.10	3.98	—	0.23	2.77	0	0.37	0.03	—	—
意大利蓬察	Ca	77.79	16.88	1.16	—	0.02	3.14	—	1.23	0.02	—	—

5. 矿床成因

膨润土矿床是由风化作用形成的火山岩碎屑经搬运再沉积而成,证据主要包括:①稀土元素分布模式，与其周围泥质岩石类似（图 4-23）；②矿层中碎屑颗粒成分和结构成熟度低，同时含少量重矿物（锆石、电气石和石榴石等），异地搬运特色明显。研究区赋存膨润土的延安组含煤岩系形成于大型内陆湖泊三角洲环境（李思田等，1992）。延安沉积期盆地边缘的古高地不断有陆源碎屑被搬运到湖盆，其中大多数为火山岩风化碎屑，在三角洲间湾等封闭的环境中火山碎屑物质中 Na^+、K^+ 析出，导致 pH 升高（9～11），氧化硅分解，硅酸盐矿物格架破坏，元素重新组合，形成蒙脱石。

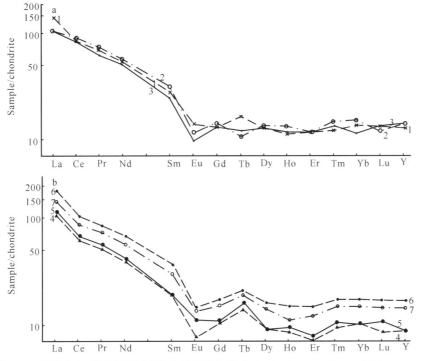

图 4-23　膨润土（a）及其围岩（b）稀土元素分布模式（据陕西省一八五煤田地质勘探队，1993）

第五章　油页岩

油页岩是非常规油气资源的重要组成,也是含煤岩系的重要伴生矿产。从1835年法国建成世界上第一座油页岩炼油厂至今,油页岩的开发和应用取得战略性突破,在能源格局中的地位愈发重要,已成为常规油气的重要补充之一(邹才能等,2015;康玉柱,2018)。中国油页岩不仅储量巨大,而且具有较高的综合利用价值(秦宏等,1997)。油页岩不仅可以干馏制取页岩油及相关产品,还能作为燃料用来发电、取暖和运输,其副产品可以生产建筑材料、水泥和化肥。

第一节　油页岩基本地质特征

油页岩的开发利用到现在已有近200年的历史,目前,前人已经基本查明了油页岩的岩石学、矿物学以及有机地球化学等特征,并在此基础上形成了一套独立的油页岩分类体系和评价标准。

一、定义及分类

早在19世纪中叶就出现了"油页岩"这一术语;不同学者曾从不同的角度对其给予定义。Кузнедов(1975)对油页岩的定义为:油页岩属于腐泥岩,它是有机成因的固体沉积矿产,含有不同数量的有机物质,可当作燃料燃烧,当热分解时可获得相当数量的、由各种化学组分组成的液体产物和高热值瓦斯。全国矿产储量委员会《矿产工业要求参考手册》(1987)对油页岩的定义为:油页岩是一种高灰分(40%~80%)的可燃有机岩石,其化学成分主要为碳、氢、氧、氮、硫等元素,含油率一般为3.5%~15%,个别高达20%以上,发热量为4.18~16.75kJ/g。联合国教科文组织(UNESCO)2003年出版的《新世纪大百科全书》中关于油页岩的定义为:油页岩是一种沉积岩,具无机矿物质的骨架,并含有机物质,主要为油母质及少量沥青质。刘招君(2009)较为全面地总结了油页岩的特征,认为油页岩是一种高灰分的固体可燃有机矿产,低温干馏可获得页岩油,含油率>3.5%,其发热量一般>4.19kJ/g,有机质含量较高,有机质类型主要为腐泥型、腐殖腐泥型和腐泥腐殖型。

油页岩的分类方案也较为繁多,最具代表的是成因分类。根据有机质类型划分为腐泥质、腐殖腐泥质、腐泥腐殖质3类,但该分类方案没有考虑油页岩的化学性和工艺性,不具有实用性(钱家麟等,2008;刘招君等,2009)。目前国内油页岩分类主要采用的是赵隆业等

(1990)提出的工业成因分类。该分类体系根据我国油页岩特征在参数上进行了选择,提出了一套适合我国油页岩的分类方案,选择含油率与灰分成分作为工业成因分类的主要指标(表5-1)。

表 5-1 油页岩按工业-成因性质分类(据赵隆业等,1990)

级、组、种	成因类型		
	腐泥质	腐殖腐泥质	腐泥腐殖质
发热量(kJ/g)	高发热量 12.5	中发热量 8.4~12.5	低发热量 6.3~8.4
亚级-焦油产率	高焦油率	中焦油率	低焦油率
	中有机质(40%~50%)	中有机质(40%~50%)	中有机质(30%~40%)
	低灰分(<60%)	中灰分(60%~70%)	高灰分(>70%)
组-T/Q 比	>6	5~6	<5
亚组-煤岩显微组分	结构藻类体、无结构藻类体	结构藻类体 腐泥腐殖混合组分 胶质藻类体+壳质体+镜质体	镜质体-腐泥腐殖混合组分 镜质体+壳质体+胶质藻类体
种-矿物质	碳酸盐质(CaO+MgO 为 20%) 硅铝-碳酸盐质(CaO+MgO 为 10%~20%)	硅铝质(CaO+MgO 为<10%)	硅质($SiO_2+Al_2O_3$>70%)
亚种-硫	低硫<2%	中硫 2%~4%	高硫>4%
伴生组分	稀有分散元素高,可工业利用 Al、K、Na、Ca、P 等		
工业利用方向	化学工业、能源工业、建材工业		化学工业(硫化工产品)、能源工业

油页岩有机质类型可以由多种方法和多种参数予以确定,常见的方法是通过有机岩石学,对原岩光片和干酪根薄片进行定量统计后采用烃源岩评价的通用原则计算类型系数(或类型指数),然后按统一标准将有机质(组合)划分为 3 类 4 型,即腐泥型(Ⅰ型)、腐殖腐泥型(Ⅱ$_1$型)、腐泥腐殖型(Ⅱ$_2$型)和腐殖型(Ⅲ型)。有机质类型是评价油页岩质量的必要条件,类型指数是评价有机质类型或有机质质量的量化指标。有机质的生油潜力Ⅰ型>Ⅱ$_1$型>Ⅱ$_2$型>Ⅲ型。此外,有机质丰度也是评价油页岩质量的重要标准,油页岩的工业质量取决于其有机质类型和有机质丰度两个因素,二者缺一不可(刘招君等,2009)。

二、岩石及有机地球化学特征

全世界油页岩资源丰富,沉积环境差异较大,致使不同地区油页岩的颜色、矿物种类以及有机地球化学特征存在一定的差异。

1.油页岩的颜色

油页岩的颜色取决于其有机质的颜色,主要呈灰褐色、褐黄色、深灰色(图 5-1)和灰黑色,少数呈灰绿色或杂色(柳蓉,2007)。各地油页岩的颜色有所不同。一般同一产地的油页岩,油页岩含油率越高,颜色及色调越深,例如抚顺油页岩深褐色的含油率最高,褐色的次之,浅褐色的最低(柳蓉,2007)。同一矿区油页岩的颜色也会随其分布及埋深不同而稍有差异(钱家麟等,2008)。此外,新采出的油页岩因水分较多,颜色较深,但随着储存时间增长,水分减少并遭受氧化作用,颜色将变浅(刘招君等,2009)。

图 5-1　油页岩(据刘招君,2009)
a.深灰色油页岩,抚顺;b.褐色油页岩,桦甸

2. 油页岩矿物组成

油页岩沉积环境类型多样,既可以形成于淡水-高盐湖泊,也可以形成于海相盆地的边缘、大陆架及湖沼和海岸的沼泽。因此,油页岩的矿物组成较为复杂。油页岩中无机矿物按其来源大致分为两类:第一类是陆源碎屑矿物,即从母岩中继承下来的矿物,呈碎屑状态出现,如石英、长石和黏土矿物等是母岩物理风化的产物,通常被称为外源矿物,是分析母岩类型的依据;第二类是自生矿物,指形成油页岩的原始物质在死亡沉积后,其有机体分解、转化成油母质的同时,自身所含的无机物质也保存下来,如硅藻类硅酸骨骼形成的硅藻土、贝壳形成的碳酸钙和白云石等,这一类矿物被称为内源矿物,这些矿物质通常与油母质紧密地结合在一起,很难用一般的物理选矿的方法分离,这些矿物是恢复沉积期环境介质物理化学性质的标志(钱家麟等,2008;刘招君等,2009)。

3. 有机地球化学特征

油页岩的有机元素组成主要包括碳(C)、氢(H)、氧(O)、氮(N)和硫(S)等。刘招君等(2009)通过统计全国 10 个油页岩含矿区 14 个油页岩样品的有机元素分析结果得出:油页岩中碳元素平均含量为 73.5%、氢元素平均含量为 8.03%、氧元素平均含量为 11.8%,三者共占 93.32%(表 5-2)。通常同一矿区油页岩中有机质的元素组成变化不大,但不同矿区的油页岩,由于其生成的原始物质和地质条件不同,在有机元素组成上有较大的差异。从中国油页岩的时代分布来看,总体表现为油页岩形成时代越新,其 C、H、O 元素三者的含量相对越低(刘招君等,2009)。

4. 油页岩与煤和碳质页岩的区别

虽然煤与油页岩都是由无机矿物和有机高分子聚合物质组成,常伴生出现,但煤与油页岩仍然存在较大区别。首先,煤与油页岩灰分不同:煤的灰分产率一般小于 50%,油页岩灰分一般大于 50%(表 5-3)。其次,煤的有机质含量远远高于油页岩:油页岩油母质主要是腐泥质或腐泥腐殖质,占油页岩的质量不超过 35%,煤的有机质主要是腐殖质,含量通常大于 75%(钱家麟等,2008;刘招君等,2009)。油页岩的有机质中氢含量高于煤,有较高的 H/C 比,因此油页岩热解生油量往往比煤高(刘招君等,2009)。此外,它们的有机质来源也不同:

油页岩形成于一定深度的水体环境中,既有丰富的陆源高等植物碎屑,又有丰富的水下植物和低等浮游生物作为有机质来源,而煤通常以陆源高等植物作为有机质来源,所以油页岩成油能力往往比煤的成油能力大(窦永昌等,2007)。

油页岩与碳质泥岩(页岩)的主要区别在于含油率是否大于5%(表5-3)。油页岩和碳质泥(页)岩在野外很容易区分:油页岩呈灰、褐、或黑色,有片理状,质量较轻,具油腻感,能用指甲刻划且划痕呈暗褐色,并且用小刀沿层面切削时,常呈刨花状薄片,用火柴燃烧时冒烟,具油味等特征,而碳质页岩缺乏以上特征。碳质页岩中有机质是肉眼难见到的炭化植物残余物质,一般为分布均匀的粉末状碳质质点,易污手(何靖宇和孟祥化,1987)。

表 5-2　中国油页岩有机元素组成特征(据刘招君等,2009)

井号	地点	时代	元素(%)				原子比	
			C	H	O	N	H/C	O/C
YYY-2	达连河	古近纪	79.09	8.73	8.45	1.78	1.33	0.08
YYY-3	达连河	古近纪	74.26	7.08	12.76	1.19	1.14	0.13
YYY-11	抚顺	古近纪	74.39	8.25	9.23	1.52	1.33	0.09
YYY-12	抚顺	古近纪	75.40	9.32	6.30	2.00	1.48	0.06
YYY-6	桦甸	古近纪	74.37	9.11	9.55	0.85	1.47	0.10
YYY-17	茂名	古近纪	70.60	7.89	14.34	1.27	1.34	0.15
YYY-14	茂名	古近纪	71.26	7.69	11.84	1.26	1.30	0.13
YYY-15	茂名	古近纪	70.86	7.75	11.25	1.39	1.31	0.12
YYY-8	罗子沟	白垩纪	70.06	7.87	8.77	1.54	1.35	0.09
YYY-37	东胜	侏罗纪	74.35	8.05	12.30	1.65	0.30	0.12
YYY-38	东胜	侏罗纪	74.63	7.98	13.60	1.66	0.30	0.12
YYY-35	铜川	三叠纪	70.94	6.19	19.25	1.58	1.05	0.20
YYY-28	三工河	二叠纪	73.80	7.69	14.57	1.33	1.25	0.15
YYY-21	妖魔山	二叠纪	74.73	8.79	13.14	1.76	1.41	0.13
中国油页岩有机质元素组成平均值			73.50	8.00	11.80	1.50	1.24	0.12
国外油页岩有机质元素组成平均值(Walter Rujl,1982)			79.50	9.30	8.30	1.30	1.26	0.04

表 5-3　油页岩与煤、碳质页岩的界限(转引自王华等,2015)

成因类型	灰分<50%	灰分>50%	
		含油率<5%	含油率>5%
腐殖类	腐殖煤、残植煤	碳质页岩	油页岩
腐泥类	藻煤、胶泥煤		
腐殖腐泥类	浊煤、半浊煤		

三、油页岩时空分布规律

全球油页岩资源十分丰富,从寒武纪、奥陶纪、泥盆纪、石炭纪、二叠纪、三叠纪、侏罗纪、白垩纪到古近纪—新近纪都有产出(表5-4),主要分布在美国、中国、俄罗斯、加拿大、刚果、巴西、爱沙尼亚、澳大利亚等国家。其中美国是全球油页岩资源最丰富的国家,占世界总量的62%,主要集中在科罗拉多州、犹他州和怀俄明州(陶树,2013)。

表 5-4 世界主要油页岩分布时代及其特征(据刘招君和柳蓉,2005)

时代		油页岩分布	形成环境及特征
新生代	新近纪	美国加利福尼亚南部,意大利西西里岛,俄罗斯高加索	海相,与硅藻土和稠油共生
		中国茂名	湖相
	古近纪	美国(绿河、皮申斯盆地),中国抚顺、吉林桦甸	湖相沉积
		巴西南部、捷克、俄罗斯南部、澳大利亚昆士兰中部	陆相,与煤共生
中生代	白垩纪	以色列、约旦、叙利亚和阿拉伯半岛南部、澳大利亚昆士兰西部	海相地台型、浅海沉积型
		中国农安、汪清	湖相
	侏罗纪	美国阿拉斯加州、法国北部巴黎盆地、东欧、南欧、亚洲东部、中国小峡和中国窑街	海相、陆相湖泊沉积,与煤共生
	三叠纪	扎伊尔的斯坦利维亚盆地、东欧、南欧、美国阿拉斯加州	海相
		中国彬县	陆相湖泊
古生代	二叠纪	澳大利亚(昆士兰东部)	浅海沉积型
		澳大利亚(南威尔士的悉尼盆地、昆士兰东部)	陆相,与煤共生
		美国(蒙大拿州)	湖相沉积
		巴西巴拉那盆地、南非卡罗盆地	海相
		法国(奥顿、圣希拉尔、特洛特、苏尔莫林)	陆相,与煤共生
		中国妖魔山	近湖相
	石炭纪	美国(犹他州、堪萨斯州等)	海相
	泥盆纪	美国(中部和东部各州)	湖相沉积
		俄罗斯(伏尔加—乌拉尔地区)	海相
	奥陶纪	波罗的盆地(爱沙尼亚中奥陶世)	与石灰岩互层
		美国(阿帕拉契亚盆地)	海相
		加拿大	海相
	寒武纪	俄罗斯(西伯利亚地台东北部安纳巴尔河和勒拿河的奥列尼尧克盆地)	富含于海相钙质、泥质、硅质沉积物中
元古宙	前寒武纪	美国(密执安州、威斯康星州)	海相

我国的油页岩主要产出于上古生界到新生界,但主要见于中新生界,上古生界和新生界分布相对较少(刘招君等,2009)(图 5-2)。刘招君等(2006)根据油页岩资源规模,将我国 47 个含油页岩盆地划分为 4 类:Ⅰ类是指有一定已查明油页岩资源规模并且已进行开发的盆地;Ⅱ类是指有一定已查明油页岩资源规模但未开发的盆地;Ⅲ类是指已有少量油页岩被查明资源未开发的盆地;Ⅳ类是指没有查明油页岩资源但具有潜在资源的盆地(表 5-5)(刘招君等,2006)。刘招君等(2009)根据地理位置进一步将油页岩划分为不同的含矿区,指出吉林是中国油页岩最富集的省份,东北地区、中部地区和西北地区是油页岩主要富集区(图 5-2)。

四、油页岩成矿地质条件

油页岩成矿是古湖泊、古气候、古构造、古沉积环境等条件相互作用和相互制约的结果。

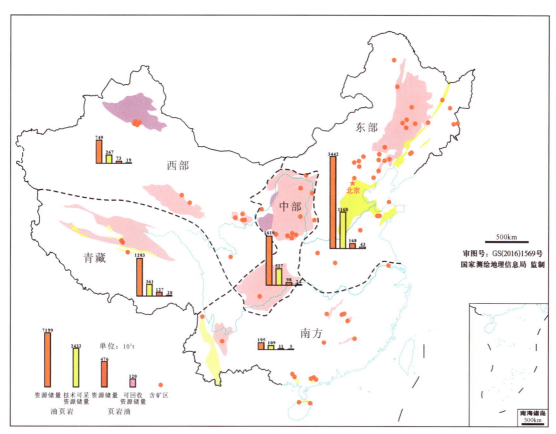

图 5-2　全国油页岩资源分布图(据刘招君等,2006 修改)

表 5-5　中国主要油页岩盆地分类表(据刘招君等,2006)

盆地分类	盆地个数	盆地名称	资源量(亿 t)	比例(%)
Ⅰ类盆地	4	抚顺、茂名、敦密、罗子沟	222	3.1
Ⅱ类盆地	10	松辽、鄂尔多斯、黑山、朝阳、建昌、渤海湾、胶莱、桐柏、民和、北部湾	4920	68.4
Ⅲ类盆地	26	准噶尔、依兰伊通、杨树沟、大杨树、阜新、丰宁等 26 个盆地	1220	17.1
Ⅳ类盆地	7	老黑山、林口、四川、阿坝、新宁、吉安、伦坡拉	826	11.4

1.古湖泊条件

古湖泊既是成矿母质的来源,也是其聚积的场所。油页岩形成的首要条件是具有大量丰富的原始有机质,这些有机质主要由陆地输入和湖泊自身的水生生物产生的。对于湖泊沉积而言,特别是大型湖泊,其自身水生生物产生的有机质(湖泊自身的生产力)与油页岩的形成机制密切相关(汪品先,1991;陈会军,2010)。1983 年和 1985 年召开的"海相烃源岩"和"湖相烃源岩"地质学会上提出:古湖泊生产力对于生油岩的形成具有重要意义,只要生产力高,即使在含氧的水底也能形成生油岩。在相同的保存条件下,古湖泊生产力越高,有机质越丰富,沉积下来的有机质就越多。因此,高古湖泊生产力与油页岩的形成机制密切相关(陈会军,2010)。油页岩形成环境主要为湖泊相、湖泊-沼泽相、潟湖相和海陆交互相,但大多为湖泊相成因(刘招君等,2009)。

此外,湖泊中有机质的保存条件也尤为重要。例如,古盐湖(干旱背景)有利于母质保存。由于持续的干旱气候,湖泊水大量蒸发,含盐度迅速上升,形成盐水与淡水分层,盐水与淡水分层限制了水体循环,湖底具有高度还原性,不但有利于高生产率的形成,而且厌氧水体范围大,有利于有机质得到最大限度的保存。即使在水进时期,快速升高的湖水仅降低了表层水体的盐度,底部湖水因盐度分层盐度仍较高,仍然有利于有机质的保存(孙中良等,2019)。

2.古气候条件

古气候条件对于油页岩的形成具有重要作用。气候的变化会导致沉积盆地中水的酸碱度、含盐度以及氧化还原环境的变化,从而影响沉积盆地中有机质的形成和分布。油页岩形成的有利古气候条件一般为温暖潮湿的亚热带气候,在此气候条件下,陆地植物繁盛,水中动植物发育,为油页岩的形成提供了丰富的物质基础。同时,温暖湿润的气候有利于降低碎屑物质的供给速率,提高了沉积物中有机质的相对含量,且大量的降雨也会带来充足的溶解营养物质,使湖泊初始生产力大幅度提高(陈会军,2010)。

3.古构造条件

含油页岩盆地的形成和演化受大地构造控制,是构造演化阶段的产物,油页岩生成的构造条件与地质发展史的稳定区域和稳定阶段紧密联系(柳蓉,2007)。不少油页岩形成于坳陷盆地中,如中国的松辽盆地、鄂尔多斯盆地等,这些含油页岩的盆地构造活动较微弱,沉积物常以细碎屑岩为主,部分油页岩形成于山前坳陷或山间坳陷中,如伊犁盆地二叠纪的油页岩,当时所处的构造条件也相对稳定(钱家麟等,2008)。断陷盆地的控盆断裂控制沉积体系的空间展布,进而间接控制油页岩的分布范围;油页岩矿层向盆地沉降中心的方向其厚度和含油率逐渐增大。盆地内不同形式的同沉积构造运动既具有成因联系,又具有各自的特点,同沉积断裂对油页岩的沉积区域、沉积持续时间、含油率都产生控制作用。同沉积正断层的下降盘沉降空间大,油页岩层数多,厚度大,含油率高;盆地中的凹陷区相对于隆起区更有利于油页岩的形成,且矿层连续、稳定(柳蓉,2007)。

4.古沉积环境条件

油页岩的沉积环境从海相到陆相都有分布,我国以陆相沉积为主。沉积环境对油页岩的形成主要体现在沉积相的空间叠置,对于油页岩的成矿起着举足轻重的作用。我国主要含油页岩盆地的沉积环境主要为湖相和湖泊-沼泽相,在稳定湖泊的中心地带有利于油页岩的形成。

坳陷湖盆油页岩有利的沉积环境为半深湖-深湖相,主要发育在水进体系域(TST)和高水位体系域(HST)中,例如松辽盆地油页岩发育的青山口组一段和嫩江组二段,与松辽盆地基准面变化曲线中的两次最大湖侵相对应(柳蓉,2007);这两个时期,湖盆可容空间的增大速率大于碎屑物质的供给速率,为湖盆欠补偿阶段,沉积物的粒度很细,形成油页岩和暗色泥岩。油页岩发育于湖侵旋回的开始,其底界面为较大的湖泛面,油页岩的厚度中等至较薄,但其分布面积很广(刘招君等,2009)。

断陷湖盆油页岩主要分布在半深湖-深湖相沉积环境,在水进体系域(TST),基准面快速上升,构造沉降速率大于沉积物供给速率,容纳空间增大,每一次较大湖侵对应形成一套油页岩沉积;在高位体系域(HST),湖泊水体相对静止,沉积物粒度很细,有利于形成加积式准层序组叠加的油页岩(陈会军,2010)。

断陷湖泊-沼泽盆地油页岩主要发育在每次湖侵的开始,在水进体系域(TST),基准面上升,靠近控盆断裂一侧水体深,有利于形成油页岩,而靠陆一侧为沼泽沉积,有利于形成煤;高水位体系域(HST)易形成厚层湖相油页岩(柳蓉,2007)。

潟湖油页岩发育一套潮坪与潟湖沉积环境。水进体系域(TST)时期沉积一套泥灰岩、膏岩与油页岩互层的潮坪沉积;高位体系域(HST)形成有利于有机质生产和保存的条件,形成油页岩与泥灰岩互层的潟湖沉积(柳蓉,2007)。

第二节 油页岩与煤共生规律

在含煤盆地中,煤与油页岩共伴生现象比较常见,如抚顺煤田始新统煤层与油页岩共生组合(许圣传等,2012)、依兰盆地达连河组煤-油页岩共生组合(王东东等,2016)、柴达木盆地团鱼山地区石门沟组煤-油页岩共生组合(陈玲玲等,2018)。

含煤地层中共伴生的油页岩与单独存在的油页岩在形成环境和原始有机质上存在较大差异。含煤地层油页岩的主要形成环境为浅水湖泊沼泽环境,原始有机质以陆生高等植物为主,低等植物菌藻类次之;单独存在的油页岩则一般形成于半深湖-深湖环境,有机质主要由藻类及低等水生生物遗骸或少量高等植物残体组成(张孟然等,2017;陈玲玲等,2018)。此外,在煤与油页岩共生组合中,靠近煤层的油页岩中高等植物含量较高,同样,靠近油页岩的煤层中,低等植物的含量也较高,表现为富氢化,反映了煤与油页岩之间的转换过渡状态(王东东等,2016)。

一、煤与油页岩共生的典型实例

一个较为典型的实例是抚顺煤田,从煤到油页岩具有有序演化:自下而上首先是下含煤组和上含煤组,然后产出油页岩贫矿层,最后产出的是油页岩富矿层(图5-3)。许圣传等(2012)对煤层、贫矿层油页岩、富矿层油页岩的厚度编图发现,煤与油页岩具有良好的互补性,即在空间上富煤单元与富油页岩单元错落叠置,两者呈现反相关。抚顺煤田煤层与油页岩这种共生组合关系及其演化规律,实际上是同沉积期沉积环境、古气候、古构造有序演化的沉积记录。其中,始新统古气候由温暖-潮湿向寒冷-干燥的转换、古湖泊由浅水向深水的演化,是煤逐渐演变为贫矿层油页岩并进而演化为富矿层油页岩最为明显的控制因素。

与抚顺煤田相似,美国绿河盆地始新统含煤地层单元→含油页岩地层单元→含蒸发盐地层单元,同样显示了古气候和构造的联合控制作用。虽然由早到晚,3种地层单元分布范围逐渐扩展(图5-4a),但是由古植物学恢复的降雨量却逐渐减小(图5-4b),相对应地沉积期古温度逐渐增高(图5-4c),这意味着蒸发量在增加。地层分布面积与降雨量和古温度演化趋势的矛盾说明,构造作用起到了重要影响(许圣传等,2012)。

二、层序格架中煤与油页岩的共生演化规律

王东东等(2016)通过对含煤盆地和煤与油页岩共生盆地进行层序地层分析发现,低位体系域发育厚度中等—薄、分布局限的油页岩,煤层发育较差;湖扩张体系域最有利于煤与油页

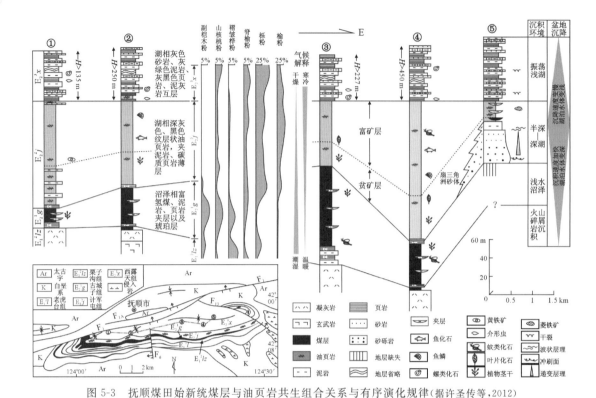

图 5-3 抚顺煤田始新统煤层与油页岩共生组合关系与有序演化规律(据许圣传等,2012)
①胜利矿57-2钻孔;②西露天矿实测剖面;③老虎台矿56-25钻孔;④东露天矿8600线综合剖面;⑤老虎台矿55-12钻孔

岩共生组合的发育;早期高位体系域发育厚度大、范围广的油页岩;晚期高位体系域几乎不发育煤与油页岩及其共生组合(图5-5)。

1. 低位体系域(LST)

该时期一般只发育厚度相对较大但分布范围较局限的油页岩,很少发育煤与油页岩共生组合,但在局部地区,若低水位期构造沉降相对较快,也可以发育规模不大的煤与油页岩共生组合(图5-5)。该时期水位较低,水平面较为稳定,可容空间产生速率缓慢,不利于煤的发育;在水体相对较深的部位,利于出现水体分层,在湖泊自身生产力和陆源碎屑植物供应下,可以发育一定厚度的油页岩;随着w_A/w_S比值(可容纳空间增加速率与沉积物供应速率的比)逐渐减小,可容空间逐渐减小,水体逐渐变浅,油页岩发育逐渐结束,形成单独的油页岩层(王东东等,2016)。

2. 湖扩张体系域(EST)

该时期可以发育各种煤与油页岩共生组合(图5-6)。该时期湖泛作用周期性发生,湖平面快速上升,可容空间迅速增大,陆源碎屑注入被限制在湖滨地区,碎屑物质供应不足,在湖泛作用时期形成油页岩,湖泛结束后,水体逐渐变浅,湖泊的外围地区演化为滨湖泥炭沼泽,高等植物繁盛,在油页岩上部堆积了泥炭层并最终演化成煤层,即形成煤层-油页岩组合(C-OS)。如果泥炭沼泽持续发育到下一期湖泛作用发生,则在泥炭层上沉积油页岩,最终演变为油页岩-煤层-油页岩组合(OS-C-OS)。在滨湖泥炭沼泽发育过程中,如果有构造运动引发湖泛,使得湖平面快速上升,可容空间迅速增大,泥炭堆积快速的过渡为油页岩沉积,则发

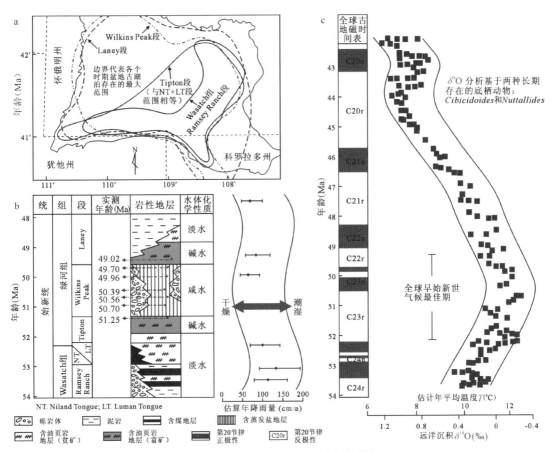

图 5-4 美国绿河盆地始新统地层分布、岩性和古气候特征（据许圣传等，2012）

a. 地层单元分布范围显示，由 Wasatch 组 Ramsey Ranch 段（煤）到绿河组 Tipton 段（油页岩），再到绿河组 Wilkins Peak 段（蒸发盐），分布范围逐渐扩展；b. 由古植物学恢复的降雨量呈现，从 Wasatch 组到绿河组 Wilkins Peak 段具有逐渐减小趋势；c. 基于氧同位素重建的北美年平均温度显示：由 Wasatch 组 Ramsey Ranch 段到绿河组 Wilkins Peak 段，沉积时期古气温逐渐增高（9～12.5℃）

育油页岩-煤层组合（OS-C）。湖泛作用结束，水体逐渐变浅，滨湖泥炭沼泽再次发育，在油页岩上部再次堆积泥炭，最终演变为煤层-油页岩-煤层组合（C-OS-C）。当煤的发育和油页岩的发育是两个相对独立的过程时，两者之间发育其他岩性沉积物的现象也是较常见的，即油页岩-其他沉积-煤层组合（OS-M/N-C）（王东东等，2016）。

3. 早期高位体系域（ESHT）

该时期有利于煤层-油页岩组合发育，分布范围最广，湖泊中有利于发育厚度较大的油页岩，向湖岸方向油页岩逐渐变薄、尖灭；而在湖泊的滨岸地区有利于发育泥炭沼泽，形成厚度较大的煤层，向湖泊中部煤层逐渐变薄、尖灭；随着陆源碎屑物质不断向湖充填，泥炭沼泽也随之向湖心迁移，在油页岩上部不断堆积泥炭，进而发育煤层-油页岩组合。在适宜的条件下，该组合可以遍布几乎整个湖泊，且较稳定，岩层厚度一般较大（王东东，2016）。

4. 晚期高位体系域（LSHT）

该时期几乎不发育煤与油页岩共生组合，但不排除局部小型洼地内发育二者共生组合的

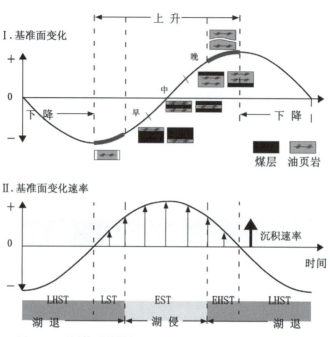

图 5-5　不同体系域煤与油页岩共生特征(据王东东等,2013)

可能。该时期湖泊已经基本消亡了,主要发育各种三角洲或河流沉积,也可以发育一些泥炭沼泽,但油页岩的发育条件很难满足,故很难出现二者的共生组合(王东东,2016)。

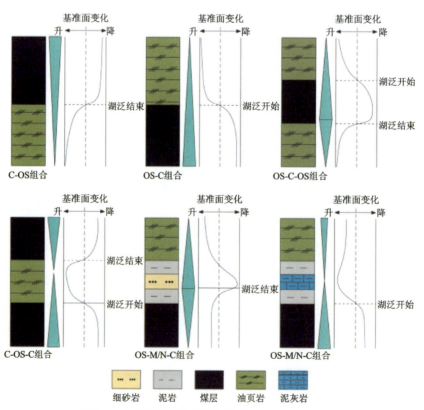

图 5-6　典型煤与油页岩共生组合(据王东东等,2016)

第六章 煤中有益金属元素

煤是一种具有还原障和吸附障性能的有机岩石和沉积矿产,分布广泛且资源量巨大,在特定的地质条件下,能在煤层及其顶底板中富集锗、锂、铝、镓、铀、稀土元素等有益元素,并达到综合利用品位,其含量可以与常规金属矿床相当,甚至更高(邓晋福等,2007;Seredin and Finkelman,2008;代世峰等,2014;赵存良,2015;Dai and Finkelman,2018;Dai et al,2018)。早在20世纪初,已有学者发现煤中有益元素的经济价值并成功提取(Dai et al,2018),因此,随着常规矿产资源的枯竭以及人类需求的增长,煤和/或燃煤副产物为这些有益元素提供了一种新的来源,并有望成为传统矿产资源和"三稀"战略性矿产资源的接替或补充资源(宁树正等,2017;Dai and Finkelman,2018)。此外,煤和/或燃煤副产物中有益金属元素的回收利用对煤炭经济循环发展及对国家稀有金属资源安全具有重要的现实和社会意义(代世峰等,2014)。

第一节 煤中锗

锗具有良好的半导体性能,在高新技术和国防建设中被广泛应用,对发展国家经济、增强国防科技实力等具有重大现实意义。随着世界各国对锗矿资源需求的增加,金属锗已被列为国家的重要战略资源(张小东等,2018)。

锗是典型的稀有、分散元素,自然界中不存在独立的锗矿床,锗主要以共伴生矿产资源的形式存在(黄少青等,2018),尤其是常在煤中富集。早在1930年,Goldschmidt 发现煤中含有锗并在1933年检测出英国达勒姆矿区烟煤煤灰中 Ge 的含量为1.1%,为煤、煤灰中锗的提取和综合利用开创了先例。20世纪60年代,苏联、捷克斯洛伐克、英国和日本等国家开始从煤中提炼出工业利用的锗(Seredin et al,2013;代世峰等,2014)。至今,煤-锗矿床已经成为世界上工业用锗的主要来源(任德贻等,2006;Dai et al,2014a)。目前,从中国云南临沧、内蒙古乌兰图嘎和俄罗斯远东 Primory 这3个煤系锗矿床中提取的锗占全球工业锗总产量的50%以上(Seredin et al,2013;Dai and Finkelman,2018)。

锗元素位于元素周期表第四周期第Ⅳ主族,原子序数32,相对原子质量为72.59。Ge 的电子构型为 $4s^24p^2$,易失去价电子而形成稳定的 Ge^{4+},Ge 的次外电子层共18个电子,为典型的铜型离子;在还原条件下,易形成 Ge^{2+} 离子,但 Ge^{2+} 是强还原剂,在自然条件下不易存在。锗有5种稳定同位素:$^{70}Ge(20.55\%)$、$^{72}Ge(27.37\%)$、$^{73}Ge(7.67\%)$、$^{74}Ge(36.74\%)$、$^{75}Ge(7.67\%)$。锗是典型的两性元素,随介质中 H^+ 浓度的变化存在于以下平衡中(刘英俊等,1984):

$$Ge^{4+} + 4OH^- \rightleftharpoons Ge(OH)_4 \rightleftharpoons H_4GeO_4 \rightleftharpoons 2H^+ + GeO_3^{2-} + H_2O$$

介质的酸性增强,平衡左移,锗主要以 Ge^{4+} 离子状态存在,在酸性岩浆射气中,常和 F、Cl 形成极易挥发的 GeF_4、$GeCl_4$ 化合物;介质的碱性增强,平衡右移,锗主要以 GeO_4^{4-} 和 GeO_3^{2-} 等形式存在。GeO_4^{4-}、GeO_3^{2-} 与 SiO_4^{4-}、SiO_3^{2-} 在化学性质(属酸性)和结晶化学性质都很相似,因此自然界中 Ge 与 Si 容易发生类质同象置换。4 价锗在结晶化学上与 Al^{3+} 相似,能与 Al^{3+} 以及 Fe^{3+}、Ti^{4+}、Cr^{3+}、Sn^{4+}、Mn^{3+} 等置换和紧密伴生。此外,锗的亲硫性使其易富集于某些硫化物矿物中(刘英俊等,1984)。

一、煤中锗的含量与分布

中国各时代煤中 Ge 含量的算术均值为 $2.97\mu g/g$,分布范围为 $0 \sim 450\mu g/g$。在各聚煤期中,以晚侏罗世—早白垩世煤的 Ge 算术均值最高,为 $3.90\mu g/g$,石炭纪—二叠纪煤中 Ge 的含量算术均值为 $3.35\mu g/g$,晚三叠世煤中 Ge 的含量算术均值最低为 $0.74\mu g/g$,南方晚二叠世煤中 Ge 的算术均值为 $2.95\mu g/g$(表 6-1)(任德贻等,2006)。

表 6-1 中国各时代煤中的 Ge(据任德贻等,2006)

时代	样品数(个)	储量权重	计算值($\mu g/g$)	算术均值($\mu g/g$)	储量比重	分值($\mu g/g$)
C-P	985	9.822	32.938	3.35	0.381	1.276
P_2	1403	2.551	7.532	2.95	0.075	0.221
T_3	12	0.216	0.160	0.74	0.004	0.003
J_{1-2}	765	17.644	43.462	2.46	0.396	0.974
J_3-K_1	18	4.287	16.701	3.90	0.121	0.472
E-N	12	0.621	0.594	0.96	0.023	0.022
总数	3189	35.141	101.387	2.89	1.000	2.968

唐修义等(2004)提出我国多数煤中锗含量范围介于 $0.5 \sim 10\mu g/g$ 之间,算术平均值为 $4\mu g/g$,并指出中国若干煤田(矿区)煤中锗的含量(表 6-2)。

二、煤中锗的赋存状态

自 1930 年 Goldschmidt 发现煤中含有锗,国内外学者就开始采用多种直接和间接的方法探讨煤中锗的赋存状态。张淑苓等(1987,1988)采用电子探针、重液分离、粒度分析、电渗析、化学提取、逐级提取和红外光谱分析等多种方法研究锗的赋存状态,认为临沧高锗煤中锗的存在形式主要为腐殖酸锗络合物及锗的有机化合物,部分呈吸附状态,还有极少数呈类质同象存在,但这些方法都只能提供间接证据(魏强,2018)。庄汉平等(1998)提出云南临沧煤中锗可能与褐煤有机质的 O、C、H 成键,也可能存在于煤的大分子的侧键中。此外,胡瑞忠等(2000)总结前人的研究结果,认为煤中锗的赋存状态包括以下几类:①以 O-Ge-O 和 O-Ge-C 形式键合;与煤中大分子的不同官能团通过 Ge-C 形式键合,或与腐殖酸螯合;②呈单个的有机化合物形式存在;③通过表面氧化还原反应和表面吸附形式存在于煤中有机质的表面。近期,Etschmann et al(2017)采用直接方法,利用 X 射线吸收近边结构(XANES)和 X 射线吸收精细结构谱(EXAFS)等仪器研究乌兰图嘎和临沧高锗煤中 Ge、As 和 W 的赋存状态,认为 Ge

表 6-2　中国若干煤田(矿区)煤中锗的含量($\mu g/g$)(据唐修义等,2004)

煤田(矿区)	成煤时代	煤类	样品数(个)	含量范围	算术均值	几何平均值	资料来源
河北　唐山荆各庄	C-P	QM	1	2.99			庄新国(1999)
河北　蓟玉大高庄	P(大苗庄组)	QFM	102	1~4	2.80		张国斌(2002)
山西　平朔安太堡矿	C-P(太原组)	QM	8	0.48~0.78	0.61	0.56	庄新国(1998)
山东　兖州矿区	C-P	QM~FM	26	0.44~11.52	5.90	4.90	刘桂建(1999)
山东　济宁矿区	C-P	QM	30	1.69~9.11	5.10	4.50	刘桂建(1999)
山东　滕县矿区	C-P(太原组)	QM	553	~80.00	6.10		李春阳(1991)
山东　滕县矿区	C-P(山西组)	QM	293	~17.18	1.80		李春阳(1991)
山东　柴里矿	P(山西组)	QM	1	1.60			李春阳(1994)
山东　枣庄矿	C-P(太原组)	FM	1	1.50			李春阳(1994)
江苏　徐州坨城矿	C-P(太原组)	QM	1	2.10			李春阳(1994)
江苏　徐州坨城矿	P(山西组)	QM	1	1.70			李春阳(1994)
安徽　淮北煤田	P(山西组)	QM~WY	7	1.2~4.30	2.30	2.00	李春阳(1994)
安徽　淮北煤田	P(石盒子组)	QM~WY	5	1.7~4.30	3.00	2.80	李春阳(1994)
江西　沿沟,鸣山矿	P_2(乐平组)	QM~FM	13		1.50	1.27	庄新国(2001)
贵州　水城汪家寨矿	P_2(龙潭组)	QM~FM	3		2.04		曾荣树(1998)
贵州　六盘水地区	P_2(龙潭组)	QM~WY	32		3.06		倪建宇(1998)
贵州　水城11号煤层	P_2(龙潭组)	QM			2.54		倪建宇(1998)
贵州　水城11号煤层	P_2(龙潭组)	FM			2.33		倪建宇(1998)
贵州　水城11号煤层	P_2(龙潭组)	JM			7.66		倪建宇(1998)
贵州　六枝和水城	P_2(龙潭组)	QM~MY	45	0.4~3.4	1.70		庄新国(2001)
云南　东部部分矿区	P_2(宣威组)		1334	~22.00	3.66		周义平(1985)
江西　沿沟煤矿	T_3(安源组)	JM~WY	31		1.00		庄新国(2001)
山西　大同一矿	J_1(大同组)	RN	8	0.16~3.06	0.76		庄新国(1999)
内蒙古　伊敏五牧场	J_3	HM~YM		~450.00	15.00		刘金钟(1992)
内蒙古　锡林浩特	J_3-K_2	HM		135~820	244.00		袁三畏(1999)
内蒙古　胜利煤田	J_3-K_2	HM		>400.00	>100.00		秦胜利(2001)
内蒙古　乌尼特煤田	J_3-K_2	HM		>100.00			秦胜利(2001)
鄂尔多斯盆地	J_2(延安组)	CY~RN			0.90	1.80	李河名(1993)
神府-东胜矿区	J_2(延安组)	CY	723	0.1~22.3	2.11		窦延焕(1998)
内蒙古　东胜	J_2(延安组)	CY	18	0~7	2.80	2.00	李河名(1993)
宁夏　马家滩	J_2(延安组)	CY	6	1~11.4	3.47	2.46	李河名(1993)
甘肃　华亭	J_2(延安组)	CY	3	0.37~4.43	2.15	1.40	李河名(1993)
陕西　彬县	J_2(延安组)	CY	2	0.43,2.94	1.69		李河名(1993)
陕西　店头	J_2(延安组)	CY	8	0~4.7	1.80	1.24	李河名(1993)
陕西　榆横工区	J_2(延安组)	CY	11	0~15	5.90	0.45	李河名(1993)
辽宁　阜新海州矿	K_1(阜新组)	CY	6	0.2~0.9			Querol(1997)
云南　潞西	N	HM					周义平(1985)
云南　沧源	N	HM			56.00		周义平(1985)
云南　腾冲	N	HM		~1730			周义平(1985)
云南　临沧	N	HM	13	<0.3~1470	565.80	199.60	庄汉平(1997)
云南　临沧帮卖矿	N	HM	1	>3000			庄汉平(2000)
云南　小龙潭矿	N	HM	3	0.33~1.36	0.85	0.67	庄汉平(2000)
广东　茂名	E_3	HM		8~14			劳林娟(1994)

主要呈四价氧化态,与 O 以一种变形八面体的配位结构存在于高锗煤的有机质中。Wei and Rimmer(2017)认为 Ge 和有机物以较弱的方式结合,可能以螯合物形式出现,可以通过 HCl-HF 将其从原煤中去除。

一些研究者还研究了高锗煤中锗与煤级以及煤中显微组分的关系。锗易富集在侧链与官能团发育、有序度低的低煤级煤中,我国大型、特大型含锗煤矿床一般为煤化程度较低的褐煤(Hu et al,2009)。张淑苓等(1987)、巩志坚等(1997)、庄汉平等(1998)的研究发现煤中锗的分布具有以下特点:锗含量和灰分产率呈明显的负相关关系、密度小的样品中更富集锗、锗主要富集在腐殖体中,尤其是团块腐殖体,其次是轻质组分和矿物。但在云南临沧和俄罗斯 Spetzugli 煤中,显微组分以腐殖组为主,为 80%~90%(Dai et al,2014a,2015a);在乌兰图嘎煤中,显微组分以稳定化组为主,为 52.5%(Dai et al,2012a)。虽然相关性分析表明煤中锗含量与腐殖组含量呈正相关,与惰质组含量呈负相关,说明腐殖组对锗富集贡献更大,但仍需要有力的证据予以证实(杜刚等,2008)。因此,煤中锗与显微组分的具体关系仍需进一步深入研究。虽然煤中锗富集与显微组分之间的关系尚不清楚(Dai and Finkelman,2018),但煤型锗矿床中的锗等异常富集元素主要赋存于有机质中是长期以来众多研究取得的共识(Zhuang et al,2006;Du et al,2009;Dai et al,2012a,2015a;Etschmann et al,2017;魏强,2018)。

煤中锗除了被有机质束缚外,也可能存在于矿物中(图 6-1)。锗是典型的分散元素,具有亲石、亲硫、亲铁和亲有机质等多重地球化学性质。在自然界中,锗与硅广泛存在类质同象关系。Ge^{4+} 和 Al^{3+} 也存在类质同象置换关系。此外,锗还表现出亲硫性,在强还原条件下,Ge^{4+} 能被还原为 Ge^{2+},从而容易置换闪锌矿中的 Zn^{2+}。在硫化物中,锗除了以类质同象进入简单硫化物晶格外,还能以硫锗酸根类质同象进入含硫盐类矿物。已有研究表明,在硫化物和硅酸盐矿物中有可能检测到极少量的锗(黄文辉,2002)。此外,由于锗和铁具有较密切的关系,锗可以置换 Fe^{3+} 进入磁铁矿、赤铁矿、针铁矿等晶格(刘英俊等,1987;胡瑞忠等,2000)。

三、煤中锗的来源及富集

1.煤中锗的来源

植物能从水和土壤中吸收锗,但锗是植物生长的毒性元素,过量的锗会抑制植物生长,甚至导致植物死亡(Hu et al,2009)。不是全部的煤层都含锗,锗含量较高的煤层是少数,即使在同时代由同种环境条件下生长的同类植物群所形成的煤,其锗含量也不相同(Hu et al,1996)。在煤层中,锗浓度一般与厚度呈负相关(Kulinenko,1977)。此外,锗在剖面上分布不均匀,主要集中在煤层的顶部和底部(Yudovich,2003)。煤层中锗浓度通常与围岩渗透率相关,渗透率较高的围岩有利于锗的富集(胡瑞忠等,2000)。以上认识表明煤中的锗只有少量从成煤植物中继承而来,主要是在成煤(包括泥炭化阶段)期间或其后从外界获取的(唐超,2016)。

聚煤盆地周缘含锗母岩(混合变质岩和花岗岩)的风化淋滤以及盆地内的热液活动都能提供丰富的锗(朱雪莉,2009;魏强,2018)。成煤期的气候温暖潮湿,有利于富含锗的母岩风化,岩石中原生锗氧化分解使得大量活化锗以锗酸溶液的形式溶于水中,由水流运输到煤盆地后,在泥炭沼泽还原环境中很快被泥炭凝胶化物质俘获,进而赋存于煤中(周义平,1974;汪

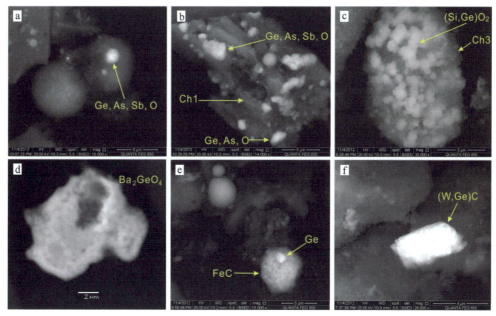

图 6-1　煤飞灰中含锗矿物扫描电镜图（据 Dai et al,2014）
a. Ge－As－Sb 氧化物；b. 未完全燃烧的飞灰中富锗矿物，Ge(18.7%)；c. 碳颗粒
(Ch3)表面和内部的 Si－Ge 氧化物；d. 钡锗酸岩；e. 元素 Ge；f. 钨锗碳化物

毓煌,1992；庄汉平,1997；秦胜利,2001）。热液通过断裂系统以及多孔介质进入含煤地层,其中的锗元素被煤层捕获,也能导致煤中锗的富集(Du et al,2009)。此外,成煤原始植物也可能吸收少量地下水和土壤中的锗,在成煤期间转移到煤层中（西安煤炭科学研究所地质室煤中伴生元素课题组,1973）。例如,乌兰图嘎煤型锗矿床中的锗源自胜利煤田西南缘的富锗花岗岩体,锗等元素经淋滤被热液运输至含煤盆地中,与有机质反应继而赋存于褐煤中。云南临沧高锗煤中锗等异常富集是由于碱性富 N_2 热液和火山成因富 CO_2 热液混合形成淋滤基底花岗岩的热液,同样由热液循环将这些微量元素带入泥炭沼泽并被有机质俘获进而形成高锗褐煤（魏强,2018）。

2.煤中锗的聚集

杜刚等(2003,2004,2008)认为煤中锗的富集与成煤沼泽微环境有成因上的联系,较弱的水动力、较低的地下水位、强还原的停滞沼泽环境是锗的有利聚集条件。而且,锗的聚集强度随原始沉积环境和锗源供给条件变化而变化,泥炭化阶段有机质的吸附作用是锗的主要聚集方式。

煤中的腐殖酸是吸附锗的主要载体,Zhang et al(1987)开展煤中腐殖酸对锗的吸收实验,发现腐殖酸与锗的络合高达 $8000×10^{-6}$,表明腐殖酸能吸收大量的锗。当原始植物处于覆水较深、水流平静的泥炭沼泽还原环境中时,菌解和凝胶化作用产生腐殖酸凝胶体,能与沼泽中的锗离子充分作用而生成锗的腐殖酸盐,之后含锗的凝胶化物质经压缩、脱水而成镜煤(翟润田,1963)。因此,在镜煤化物质中含锗最高。丝炭及丝炭化作用较强的组分中,不含或含锗少的原因,主要由于丝炭代表氧化环境下的产物。当泥炭沼泽积水浅、水流通畅,空气中的氧易于进入泥炭沼泽中,在此氧化条件下,不能大量产生腐殖酸凝胶体,故锗也就不能在此组分中富集(翟润田,1963;西安煤炭科学研究所地质室煤中伴生元素课题组,1973)。

此外,还有少量以不溶解状态被地表水带入泥炭沼泽的锗,它们与碎屑物质一起留在煤中,构成与煤的矿物质相联系的锗的一部分。随着地表水流动性的加强,碎屑物质输入的量也会提高。由于暗煤是在沼泽水流动较强时形成的,而静水沼泽是镜煤、亮煤形成的有利条件,所以暗煤中锗的含量比镜煤和亮煤少。由于同样的原因,与无机质相联系的锗在暗煤中则比在其他成分中占的比重大(翟润田,1963)。

根据含煤岩系中煤层的分布规律,厚煤层常常分布在含煤岩系中部,说明在含煤岩系发展的中间阶段具有最有利的成煤条件。而煤中锗的最有利富集条件与煤层形成的有利条件恰恰相反,它出现在含煤地层形成的开始和终结阶段(西安煤炭科学研究所地质室煤中伴生元素课题组,1973)。

3.煤中锗的富集因素

影响锗在煤中分布和富集的因素很多,主要包括3类:丰富的锗源、热液活动、沉积环境。

(1)丰富的锗源。锗的氧化物主要为二氧化锗。二氧化锗为两性化合物,易溶于碱性环境,亦易溶于酸性环境,它在天然水中的溶解度为0.405%,在弱碱性介质中溶解度更大。赋存于剥蚀区母岩中的锗在遭受风化、侵蚀、破坏时可以解脱出来,一般呈锗酸溶液的形式溶解于水中,随水流进入成煤沼泽盆地(西安煤炭科学研究所地质室煤中伴生元素课题组,1973)。

(2)热液活动。热液流体不仅能带来丰富的锗,还能将富锗花岗岩体淋滤出的锗等元素通过断层和多孔的火成岩运输至含煤盆地中,锗等元素被煤和煤层上覆的多孔粗粒碎屑岩捕获,导致煤层中锗越发富集(Du et al,2009)。

(3)沉积环境。封闭的强还原环境一方面使成煤植物充分凝胶化并与溶液中的锗发生化学和物理吸附作用(黄文辉,2002),另一方面母岩区锗的供给和锗进入成煤沼泽后的水文地质条件对锗在泥炭中的富集具有控制作用(魏强,2018)。此外,成煤期间进入沼泽的水流波动强度也会影响锗的富集。较弱的流动和高锗含量使得腐殖质可充分吸附锗,使得锗在有机组分中富集,受沼泽微环境和水动力的影响,锗在煤层中的富集会发生波动。

四、典型的锗-煤矿床

金属锗是典型的稀散金属,世界资源比较贫乏,全球已探明的保有储量约8600t。其中,美国保有储量3870t,占全球含量的45%,资源量居世界第一。其次是中国,占全球锗储量的41%。中国已探明的锗矿产地约35处,保有储量约3500t,主要分布在广东、云南、内蒙古、吉林、山西、广西、贵州等省,约占全国锗总储量的96%。目前,我国已发现的大型锗矿床包括云南临沧锗矿床、乌兰图嘎锗矿床、伊敏锗矿床和锡林浩特锗矿床(Wu et al,2002;Dai et al,2015a)。下面以云南临沧锗-煤矿床为例,探讨锗-煤矿床的形成和赋存方式。

(一)锗矿概况

云南临沧锗矿床是20世纪50年代末进行含煤铀勘探时发现的具有独立工业开采价值的超大型锗矿床。矿床位于云南西部临沧县境内的邦卖盆地中,主要含煤地层为中新世的邦卖组(任德贻等,2006;Dai et al,2015a)(图 6-2)。邦卖盆地的基底以印支期似斑状黑云母花岗岩为主、二云母花岗岩为辅,根据锆石 U-Pb 年代学测年为 254~212Ma(Zhong,1998)。位于含煤盆地西面的黑云母花岗岩被认为是煤层聚集期间的主要物源(魏强等,2018)(图 6-3)。

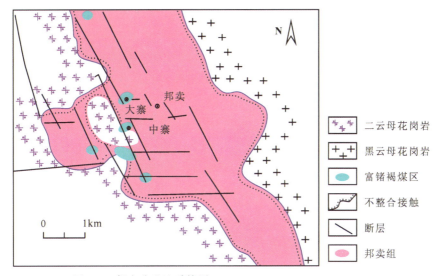

图 6-2　邦卖盆地地质简图(据胡瑞忠等,2004;Dai et al,2015a)

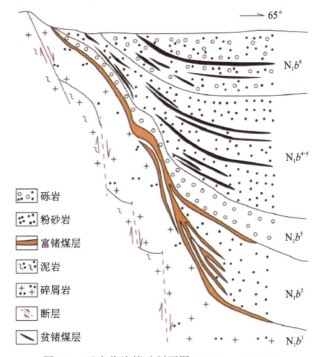

图 6-3　云南临沧锗矿剖面图(据 Dai et al,2015a)

在垂向上,含煤岩系可划分为 6 个岩性段(N_1b^1—N_1b^6)。最下部的 N_1b^1 段隶属于冲积环境,主要由花岗岩质碎屑组成(粗砾岩、含砾粗砂岩和粗砂岩),含有细砂岩和粉砂岩夹层。上覆5个地层段,由砂岩、粉砂岩、砾岩、煤层和泥炭沼泽相-湖泊相-河流相成因的硅藻土组成。其中N_1b^2、N_1b^{4-5}和N_1b^6为含煤段。锗主要赋存在靠近盆地基底的N_1b^2段煤层中,该含煤岩性段主要由粗砂岩、含砾粗砂岩(夹碳质细砂岩)、粉砂岩和煤层组成(图6-3)。

云南临沧锗矿床矿体(煤层)中Ge的品位变化较大,煤中Ge的含量为12.00~2 522.9 $\mu g/g$,碳质泥岩中Ge含量最高可达974$\mu g/g$。大寨、中寨和梅子箐是主要的锗矿床(图6-1b),其中大寨和中寨含矿煤中Ge的算术均值分别为847$\mu g/g$和833$\mu g/g$(Dai et al,2014a)。据Dai et al(2014a)报道的数据,截至2009年底,大寨和梅子箐的探明锗储量分别为613t和76t;截至2010年下旬,中寨矿的探明锗储量为39t;临沧锗回收厂的产量为每年39~47.6t(庄汉平等,1997;戚华文等,2002;Dai et al,2014a)。

(二)锗矿富集和赋存方式

张淑苓等(1988)、胡瑞忠等(1997)、庄汉平等(1997)、任德贻等(2006)和Dai et al(2015a)探讨了临沧锗矿的富集和赋存方式,并得出以下结论。

1.煤中锗的来源

盆地聚煤期气候温暖潮湿,古地形平缓,水系发展缓慢,盆地周缘含锗源岩(主要是二云母花岗岩)得以充分化学风化,淋滤出大量的锗;此外,热液流体从基底富锗花岗岩中滤出丰富的锗等元素,这些锗随热液沿断层进入盆地,形成层状硅质岩(燧石)和硅质石灰岩。因此,富锗煤矿段与盆地基底的同沉积断裂的展布相一致,在平面上沿北北西向和近东西向呈串珠状分布(胡瑞忠等,1997;任德贻等,2006)。从整个盆地来看,矿化主要发生在每一沉积周期的早期边缘沉积物中,在晚期形成的、位于盆地中心的地层中较少矿化(<1%)。这种在沉积周期和沉积旋回上的早期矿化特征表明,早期物源对锗矿化具有一定的控制作用(庄汉平等,1997)(图6-3)。

2.煤中锗的赋存状态

锗的存在和煤中的有机质有关,主要富集于富锗煤层的顶部和底部。主矿体下伏的花岗质砂(砾)岩中一般无矿化,进一步表明锗矿化与有机质关系密切。临沧锗矿床中的锗主要有3种赋存状态:与煤中有机物形成牢固的化学结合,形成腐殖酸锗络合物及锗有机化合物;呈吸附状态存在,除煤中有机质(腐殖酸等)吸附锗外,混入煤中的矿物杂质如黏土矿物、褐铁矿等也可吸附少量锗;极少部分锗可能以类质同象状态存在于硅酸盐矿物晶格内(张淑苓等,1988;任德贻等,2006);富锗煤还富含Nb、Li、Sb、W、Bi、U以及重稀土元素,其含量随锗含量的增加而增加。

3.锗矿富集的地质条件

唐修义和黄文辉(2004)以及杜刚(2008)综合各方面意见,认为云南临沧锗-煤矿床的形成具有以下有利地质条件。

(1)邦卖盆地周缘及基底有含锗母岩提供锗源,煤中锗主要来源于邦卖盆地外围二云母花岗岩。

(2)邦卖盆地煤系沉积时气候温暖潮湿,古地形平缓,水系发展缓慢,含锗母岩得到充分化学风化,释放出大量锗。

(3)邦卖盆地周围被花岗岩围绕,有比盆地盖层大4倍的汇水面积,汇水区既是蚀源区又是地下水补给区,有利于含锗溶液汇入盆地。

(4)邦卖盆地基底的同生断裂中存在富硅热水溶液活动,它们溶解和携带来自二云母花岗岩风化释放出来的锗进入成煤沼泽,对特大型锗矿床的形成起到重要作用。

(5)邦卖盆地是一个小型新近纪断陷盆地,盆地内封闭的强还原环境使成煤植物充分凝胶化,充分束缚溶液中的锗。

(6)邦卖盆地煤变质程度低(褐煤),利于锗被有机质束缚。

(7)缓慢沉降的构造环境和稳定的沉积环境,适宜邦卖盆地中锗矿的形成。

4.找矿指示

(1)含煤锗矿床的找矿应以低热值的低阶煤为主(褐煤、亚烟煤),含煤层序基底为高锗花岗岩类或煤层赋存于高锗花岗岩周围(Dai et al,2018)。

(2)发育良好的断层是富锗矿床的重要组成部分,断层是富锗溶液注入泥炭沼泽的通道(Dai et al,2018)。

(3)部分锗矿床中存在铀富集,测井中的自然伽马异常是找矿的指示标志。例如,临沧锗矿床中3个富锗煤(S3、Z2、X1)的平均铀浓度分别为 57.3×10^{-6}、30.8×10^{-6}、75.7×10^{-6},远高于世界低阶煤的平均浓度 2.9×10^{-6}(Ketris and Yudovich,2009;Dai et al,2018)。

(4)在含煤矿床中,锗不仅在煤中富集,在煤层夹矸和顶板中也有富集。例如,临沧矿床X1煤的顶板样品和Z2煤的黏土夹矸中有较高的锗含量,分别为 939×10^{-6} 和 891×10^{-6}(Dai et al,2018)。

第二节 煤中镓

镓属于典型的稀有分散金属元素,在现代化学和电子工业中有广泛的应用前景,被誉为电子行业的"脊梁"(Moskaiyk,2003)。2020年,预测全球镓金属需求410~430t(赵汀等,2017),其中90%以上用于制造半导体材料(任德贻等,2006)。

一、煤中镓的含量与分布

镓在自然界中很难形成独立的矿床,主要是从其他矿石的副产品中取得。在自然界中仅存在两个镓的独立矿物,硫镓铜矿($CuGaS_2$)和羟镓石[$Ga(OH)_3$]仅发现于非洲两个矿床中,它们仅在矿物学上具有理论意义(刘英俊,1982;任德贻等,2006)。

基于对我国具有代表性地质体中镓的分析研究,并对部分岩石矿物中镓的含量进行统计分析后,刘英俊(1982)将含镓矿床划分为岩浆矿床、伟晶矿床、气成-热液矿床、热液矿床、风化矿床和沉积矿床6种。周义平和任友谅(1982)根据镓含量在沉积盆地空间上的变化,将其分为风化壳型、同沉积富镓型、同沉积贫镓型矿床。风化壳型镓矿床中镓元素主要富集于煤的黏土矿物中,与有机质关系不密切,而与硅铝含量、灰分产率具有相关性。同沉积富镓型矿床中镓在煤层的部分层位富集。同时,该类型的锗在表生富集过程中,以离子形式迁移至泥炭沼泽中与有机质形成的有机酸结合固定,镓的富集机理可能与锗的富集过程类似(Zhuang et al,2006)。

Finkelman(1993)报道的美国煤中镓的算术均值为 5.7μg/g;英国主要煤田煤中镓的含量范围为 0.6~7.5μg/g,算术均值为 3.42μg/g(Spears and Zheng,1999);德国鲁尔煤田石炭纪煤中 Ga 的含量为 3.0μg/g(Mackowsky,1982)。根据 Bouška 和 Pešek(1999)的资料,捷克北波西米亚盆地煤中镓的含量范围为 1.9~42μg/g,均值为 10.03μg/g;塞尔维亚科索沃盆地煤中镓的含量范围为 4.0~89μg/g,均值为 40.2μg/g(Ruppert et al,1996);澳大利亚新南威尔士网尼达二叠纪煤中镓的平均含量为 16.63μg/g,范围为 1.5~82.2μg/g(任德贻等,2006)。Ketris and Yudovich(2009)系统统计了世界范围内煤和黑色页岩中各微量元素的丰度,为全球范围内煤中元素的地球化学对比提供了重要的理论基础,其中褐煤中镓的平均含量为 5.5μg/g,硬煤中镓的平均含量为 6.0μg/g,所有类型煤中镓的平均含量为 5.8μg/g(表6-3)。

表 6-3 世界各地煤中镓平均含量统计表

地区	中国	美国	英国	德国	捷克	塞尔维亚	澳大利亚	世界煤		
								褐煤	硬煤	所有煤
含量(μg/g)	6.55	5.7	3.42	3.0	10.0	40.2		5.5	6.0	5.8
数据来源	Dai et al (2012b)	Finkelman (1993)	Spears (1990)	Mackowsky (1982)	Bouška and Pešek (1999)	Ruppert et al (1996)	Ward (1999)	Ketris and Yudovich (2009)		

我国煤炭资源分布广泛,不同聚煤区的地质构造各具特色,使得煤地球化学特征十分复杂。唐修义和黄文辉(2004)汇总了中国煤中 63 种微量元素(包括稀土元素)的背景值和"异常富集值",系统地介绍了煤中微量元素的含量和赋存状态,其中镓的平均含量为 9μg/g。白向飞(2007)分析了全国范围内 440 个煤矿的 950 个煤样和 60 个生产煤样的 31 种微量元素的含量,其中镓的平均含量为 6.84μg/g。任德贻等(2006)对中国煤中 69 种常量和微量元素进行了详细的分析,提出了中国煤中元素的背景值,其中中国各时代煤中镓的含量算术均值为 6.52μg/g,略高于美国和世界煤中镓的平均含量。Dai et al(2012b)根据现有数据并结合其最新研究成果,估算出了中国煤中常量元素和微量元素含量的背景值,其中 Ga 含量的算术均值为 6.55μg/g。

我国不同煤田中镓的分布差异较大,煤中镓分布范围为 0.05~170μg/g(任德贻等,2006),总体分为煤层顶底富集分布和煤层全层富集分布。任德贻等(2006)指出,就成煤时代而言煤中镓含量随成煤时代渐新有降低的趋势。石炭纪—二叠纪煤中镓含量最高,平均为 9.88μg/g,华南晚二叠世煤中镓含量的算术均值为 8.27μg/g。晚侏罗世—早白垩世最低,北方早、中侏罗世煤中镓含量的算术均值为 2.77μg/g(表 6-4)。煤中镓含量随煤级升高而升高;就地域而言,我国煤中镓含量较高的区域主要分布于华北聚煤区的山西、山东、河南、内蒙古等地,西南聚煤区的云南、贵州、重庆也有较多分布。

表 6-4　中国各时代煤中镓的含量(据任德贻等,2006)

时代	样品数(个)	储量权重值	计算值($\mu g/g$)	算术均值($\mu g/g$)	储量比例	各时代煤中元素含量分值($\mu g/g$)
C-P	1026	19.174	189.397	9.88	0.381	3.764
P_2	>336	3.950	32.700	8.27	0.075	0.620
T_3	11	0.216	2.407	9.48	0.004	0.038
J_{1-2}	775	18.707	51.885	2.77	0.396	1.097
J_3-K_1	141	4.836	36.189	7.48	0.121	0.905
E-N	33	0.885	4.218	4.77	0.023	0.110
总数	1986	47.768	316.796	6.63	1.000	6.520

二、煤中镓的赋存状态

煤中镓的赋存状态和富集模式具有多元化特征,煤中镓可能与无机质结合,如黏土矿物、硫化物(Swaine,1990),也可能与有机质结合主要赋存在凝胶化组分里(Eskenazy,1967),或两者兼而有之。唐修义和黄文辉(2004)在总结国内外研究成果之后,引用苏联学者的分类方法,将煤中镓的赋存状态划分为3种类型。

1.煤中镓主要与无机矿物(主要为黏土矿物)结合

由于镓和铝地球化学性质相似,镓原子在沉积过程中可能进入黏土矿物晶格中取代铝的位置,以类质同象形式赋存其中。周义平和任友谅(1982)对西南晚二叠世煤田煤中镓的分布和煤层氧化带内镓的地球化学特征进行了深入研究,发现西南晚二叠世含煤岩系的陆源区以玄武岩为主,其中镓含量为 $18.3\mu g/g$,随着玄武岩的风化程度加深,其镓、铝含量渐增,在含煤岩系底部由玄武岩风化形成的铝土质粉砂质泥岩中镓含量为 $56\mu g/g$,镓、铝比值(KGA)亦增到3.45。显然,富含镓的陆源泥质悬浮物输入泥炭沼泽,煤具有明显的富镓倾向,大多数测试样品中的KGA>2.2。张国斌(2001)对天津蓟玉煤田大高庄井田煤伴生的多种稀有元素进行了研究,发现镓主要富集在煤及其直接底板岩石之中,个别样品达到了 $30\mu g/g$。

2.煤中镓与凝胶化作用形成的镜质组组分(有机态)结合

目前,关于煤中镓与镜质组组分结合赋存的报道较少,但有研究表明煤中镓与有机质的关系较为密切(代世峰等,2006;王文峰等,2011)。Bonnett(1996)从煤中发现了镓卟啉络合物,这是镓能够与有机质结合的直接证据。周义平和任友谅(1982)提出镓富集于煤中轻组分的结论。镓与有机质作用可能类似于锗,能够被有机酸吸附,实验证明腐殖酸对镓有较强的吸附作用,在pH值为4~7时,吸附作用最强(Eskenazy,1967)。通常在还原性的成煤条件下,有机组分的活跃官能团较少,不利于镓与有机质的结合;在氧化环境中有机质的活跃性明显加强。因此推测在氧化环境中,可能出现有机质吸附游离态镓,环境改变后,吸附的镓离子被释放出来,进入无机成矿的作用过程。代世峰等(2006)和王文峰等(2011)在对准格尔超大型镓矿床研究中均提出该地区煤中镓的富集与有机质联系紧密。

3.煤中镓既与黏土矿物结合同时也与有机质结合

煤中镓与黏土矿物结合的同时,又同部分有机质(主要为凝胶化作用形成的镜质组组分)

结合,表现出无机矿物与有机质的两种赋存状态。

对于镓在燃煤产物中的赋存状态,诸多研究表明煤燃烧后镓主要富集在粉煤灰中(Meij,1994;Li et al,2012)。Ratafia-Brown(1994)认为镓为较易挥发性元素(Ⅱ类),正是由于镓的挥发性,在电厂燃煤过程中,因不均一的冷凝作用以及飞灰表面的吸附作用,镓从烟气流中分异出来富集于细粒粉煤灰中,而且粉煤灰颗粒越细,镓的含量越高(Fang and Gesser,1996;Gutiérrez et al,1997;Dai et al,2010)。

三、煤中镓富集的地质控制因素

煤中镓的富集受物源区母岩性质、沉积环境、有机质、构造、岩浆热液诸多地质因素的控制,其中物源区镓含量水平起主导作用(吴国代等,2009;王文峰等,2011)。

1.物源区母岩性质

镓的富集在宏观上受物源区控制,现有的研究大多表明煤中镓与灰分呈正相关,主要受含铝矿物的控制,说明煤中富集的镓主要源于物源区。原岩中镓的含量决定了岩石风化产物中镓的含量。中酸性岩中镓的含量要略高于地球丰度 15μg/g,造岩矿物中长石、云母类矿物是镓的主要载体(涂光炽等,2004)。据研究,在中酸性岩中 65%~90% 的镓集中在长石中,其次为斜长石(18~25μg/g)、钾长石(12~15μg/g);高含量的镓见于白云母(100~200μg/g)和黑云母(45~70μg/g)中(刘英俊等,1984)。据代世峰等(2006)、Dai et al(2008a)等对准格尔富锂煤的研究,准格尔 6 号煤层中存在石英、金红石、方铅矿、闪锌矿等矿物,这种矿物组合也反映了沉积物的物质主要来源于阴山古陆的中性或中酸性岩。因而,研究区 6 号煤层中的镓才与这些载体矿物中的元素 Al、Na、K、Pb 等呈正相关。此外,镓与钛离子半径接近,故在风化、搬运和沉积过程中地球化学行为非常相似,而在一些不活泼的特征元素中,钛、钪被认为最能反映碎屑物源特征(Taylor and Me Lennan,1985;Murray and Leinen,1996)。王文峰等(2011)研究表明在 6 号煤层剖面中镓与钛和钪同步变化,反映它们具有相同的物源,而一般铝土矿中不仅镓的含量较高,钛、钪等不活泼元素也富集(刘长龄等,1991;叶霖等,2008)。

2.沉积环境

煤中镓的富集与沉积环境密切相关,处于海陆交互相环境的太原组上部煤系地层中镓的平均含量较低,而处于陆相沉积环境的山西组以及受海水影响明显的太原组底部与本溪组中镓的含量相对较高(王文峰等,2011)。盆地沉积过程中,较高盐度、碱度和还原性的沉积水介质化学条件有利于镓的沉积富集(易同生等,2007)。由于镓与铝的亲密关系,沉积物中镓的含量主要受含铝矿物的控制,特别是受铝的氢氧化物的控制(王文峰等,2011)。在华北地区,本溪组底部为灰色—灰白色铝土质泥岩,由于海水的入侵,造成了碱性环境,SiO_2 的溶解度在 pH 值为 9~10 时有极大提高(廖士范等,1989),从而得以迁移;Al_2O_3 溶解度极低而不会迁移,在溶液中以胶体形式存在的 $Al(OH)_3$ 也聚沉下来,因而在本溪组以及受海水明显影响的太原组底部地层中镓的含量较高(王文峰等,2011)。处于陆相环境的山西组沼泽水体较浅,氧化反应较强烈,水体呈酸性,但 $Al(OH)_3$ 胶体在后来的成岩作用过程中沉积成铝土矿矿物,因而山西组煤中镓含量也较高。而太原组中上部处于海陆交互相环境,相对不利于 $Al(OH)_3$ 两性胶体聚沉和镓的富集(王文峰等,2011)。

3.水动力条件

水动力条件是控制煤中镓富集的关键地质地球化学因素之一。镓含量与灰分产率之间的高度正相关关系表明,镓主要赋存在矿物之中,煤中灰分主要来源于陆源碎屑物质,陆源碎屑物含量越高,在一定程度上指示泥炭沼泽水动力条件越强。因此,较强的泥炭沼泽水动力条件有利于镓在煤中富集(易同生等,2007)。

4.后生淋滤作用和地下水活动

准格尔煤田6号煤中接近顶底板(尤其是顶板)的煤分层中镓含量高,统计钻孔数据也显示风化煤中镓含量一般要高于未风化煤(王文峰等,2011)。李春阳(1991)对藤县煤田研究时也发现,吸附有镓的胶体进入沼泽内,在pH和Eh改变后沉淀并在$3^{下}$、$12^{下}$煤层夹矸和薄煤层及上、下组煤层顶、底板富集。由此推测,风化与后生淋滤作用以及地下水活动也是煤中镓富集的主要因素之一。

5.其他地质因素

除上述因素外,煤中元素富集还与构造、岩浆热液等地质作用有关(任德贻等,2006)。

王文峰等(2011)的研究指出,整个准格尔煤田构造较简单,仅有黑岱沟勘探区的褶曲、断层相对发育,而研究区中部的黑岱沟勘探区6号、8号、9号煤层中镓含量相对较高,推测构造对煤中镓的富集具有一定的影响。

王宏伟和刘焕杰(1989)在准格尔煤田的山西组与太原组中发现多层火山碎屑岩,说明含煤地层与深部岩浆活动是有物质联系的。卫宏等(1990)指出太原西山煤田2号煤层中镓的高值($>20\mu g/g$)区主要位于煤田西部的岩浆岩体附近。涂光炽等(2004)研究发现富镓的明矾石矿床主要发育在我国东南沿海火山岩地区。在新西兰的Taupo火山带,由地热流形成的淤泥与熔结物中也发现镓富集(Moskaiyk,2003)。某些温泉形成的硅华中有较高的镓含量(周义平和任友谅,1982)。这些证据都表明镓的富集与岩浆热液活动有关。

四、典型的煤-镓矿床

目前,我国发现的典型煤-镓矿床以准格尔煤田伴生镓矿床为代表。代世峰等(2006)首次在内蒙古准格尔煤田黑岱沟煤矿发现了超大型煤-镓矿床(图6-4),随后在同一煤田的哈尔乌素和官板乌素煤矿以及内蒙古的大青山煤田均发现了煤中镓的异常富集(Dai et al,2008a,2012c)。Li et al(2016)还报道了准格尔煤田布尔陶亥-田家石畔煤矿区煤中镓的富集。

1.煤层的基本性质

准格尔煤田煤中镓主要富集于6号主煤层中,该煤层位于太原组顶部,厚度2.7~50m,平均30m,是三角洲沉积体系中形成的巨厚煤层(图6-4)。

准格尔煤田6号煤层属于低等煤化程度的烟煤,镜质组反射率R_o,ran为0.57%~0.6%,均值为0.58%,它是鄂尔多斯盆地晚古生代煤中变质程度最低的煤(代世峰等,2006)。鄂尔多斯盆地晚古生代煤的镜质组反射率变化范围较大,从盆地东北缘的准格尔煤田(R_o,ran=0.58%)到盆地西南缘的韦州煤田(R_o,ran=4%)逐渐增大(王双明,1996)。

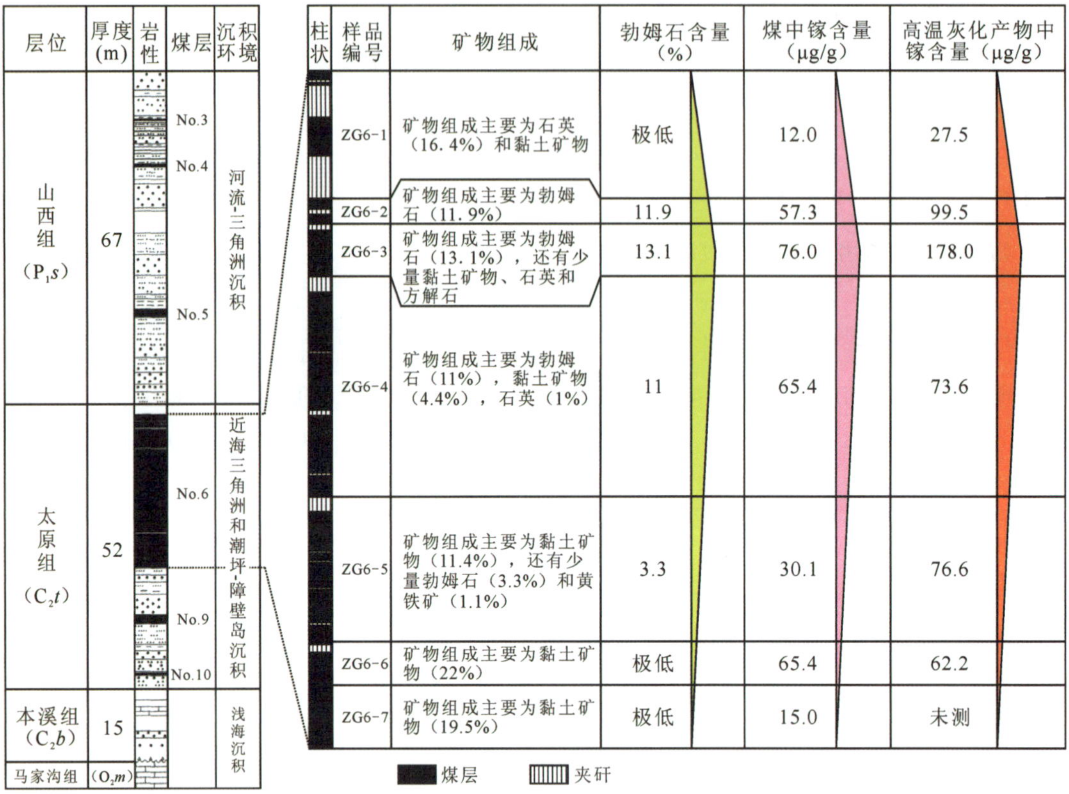

层位	厚度(m)	岩性	煤层	沉积环境	柱状	样品编号	矿物组成	勃姆石含量(%)	煤中镓含量($\mu g/g$)	高温灰化产物中镓含量($\mu g/g$)
山西组(P_1s)	67		No.3 No.4 No.5	河流-三角洲沉积		ZG6-1	矿物组成主要为石英(16.4%)和黏土矿物	极低	12.0	27.5
						ZG6-2	矿物组成主要为勃姆石(11.9%)	11.9	57.3	99.5
						ZG6-3	矿物组成主要为勃姆石(13.1%),还有少量黏土矿物、石英和方解石	13.1	76.0	178.0
						ZG6-4	矿物组成主要为勃姆石(11%)、黏土矿物(4.4%),石英(1%)	11	65.4	73.6
太原组(C_2t)	52		No.6 No.9 No.10	近海三角洲和潮坪-障壁岛沉积		ZG6-5	矿物组成主要为黏土矿物(11.4%),还有少量勃姆石(3.3%)和黄铁矿(1.1%)	3.3	30.1	76.6
						ZG6-6	矿物组成主要为黏土矿物(22%)	极低	65.4	62.2
本溪组(C_2b)	15			浅海沉积		ZG6-7	矿物组成主要为黏土矿物(19.5%)	极低	15.0	未测
马家沟组(O_2m)										

图 6-4　内蒙古准格尔煤田黑岱沟煤矿 6 号煤中镓的产出状况(据代世峰等,2006,2007 资料整理编绘)

准格尔煤田 6 号煤层显微组分最显著的特点是惰质组和镜质组含量高,壳质组含量最低。惰质组含量为 37.4%,以半丝质体和碎屑惰质体为主,平均含量分别为 18.6%、8.2%;镜质组含量为 36.6%,以基质镜质体和均质镜质体为主,平均含量分别为 19.1%、10.9%;壳质组含量为 2.3%~10.8%,均值为 7.1%,以孢子体和角质体为主(代世峰等,2006)。

2.煤中镓的分布与赋存特征

内蒙古准格尔煤田 6 号主采煤层镓异常富集,镓在全层煤样中的含量均值为 44.8$\mu g/g$,远远超过大多数中国煤层中镓的算术均值(6.64$\mu g/g$)。在主采分层(亦是镓富集的分层)中的含量为 30.1~76.0$\mu g/g$,均值为 51.9$\mu g/g$,远超出煤中镓的工业品位(30$\mu g/g$),这些分层的厚度占整个煤层厚度的 81.9%。煤的高温(550℃)灰化产物和燃煤产物飞灰中镓亦显著富集,主采分层灰化产物中镓的均值为 89.2$\mu g/g$,最高含量为 178$\mu g/g$(代世峰等,2006)(图6-4)。

准格尔黑岱沟煤-镓矿床中镓主要存在于勃姆石中(图 6-5),部分存在于高岭石中(代世峰等,2006;Dai et al,2008a,2012c);与黑岱沟矿煤中镓的载体不同,官板乌素矿煤中镓的主要载体为磷锶铝矿(Dai et al,2012c、d)(图 6-6)。王文峰等(2011)也发现了煤中镓的多种矿物亲和性,即主要存在于高岭石与勃姆石中,但可能也赋存于伊利石/绢云母、方铅矿/铅锌矿、闪锌矿、明矾石、长石中。Li et al(2016)对准格尔煤田布尔陶亥-田家石畔煤矿区煤中镓的赋存状态的研究表明,镓主要表现为良好的铝硅酸盐亲和性,推断镓的主要载体为煤中的高岭石及菱磷铝锶石(图6-6)。

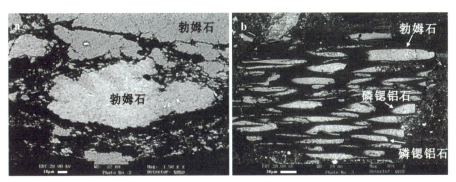

图 6-5 准格尔煤田 6 号煤中勃姆石赋存特征(据代世峰等,2006)

a.不规则团块状勃姆石,ZG6-2,SEM,二次电子像;b.充填于丝质体胞腔中的勃姆石和磷锶铝石,ZG6-3,SEM,二次电子像

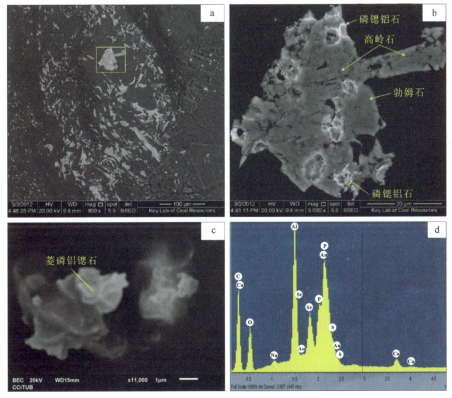

图 6-6 准格尔煤田煤中镓可能的载体矿物赋存状态

a、b.据 Dai et al,2012c,b 为 a 的局部放大;c、d.据 Li et al,2016

3.煤伴生镓矿的成因

煤伴生镓矿床富集成矿的地质作用较为复杂,在海陆交互与湖沼环境下,伴随风化-剥蚀-水解-原地或近距离搬运沉积的地质过程是有规律的、可持续继承下完成的,是特殊地质背景、古地貌与古沉积环境下的特定产物(张复新和王立社,2009)。

盆地周缘隆起区乌拉山群、渣尔泰群富钾长英质古老岩系、海西期花岗岩及热水沉积-改造铅锌矿床、火山岩型铜矿床矿石与含矿围岩样品中镓均显示偏低的正常含量(表6-5),与太原组煤层中镓的超常含量极不匹配。从矿床地质研究可知,镓的物源不可能直接来自古陆富钾岩石的碎屑沉积,从低含量的分散元素镓的地球化学行为特征来看,也不可能直接经搬运沉淀富集,镓的富集应从地质与构造演化的背景和多维时空因素来考虑(张复新和王立社,2009)。

表6-5 准格尔黑岱沟煤矿与剥蚀区稀土元素含量($\mu g/g$)参数对比(据张复新和王立社,2009)

6号煤各分层与蚀源区样品	ΣREE	LREE	HREE	L/H	δEu	δCe	Ga
ZG6-1、ZG6-4、ZG6-5	110.82	83.25	27.57	3.25	0.60	0.71	35.83
ZG6-2、ZG6-3、ZG6-6、ZG6-7	467.21	400.68	66.53	5.88	0.64	0.81	53.43
平均值	289.02	241.97	47.05	4.57	0.62	0.76	44.63
钾化蚀变岩及钾长石脉(2)	71.75	67.05	4.70	14.38	1.18	0.82	18.25
白乃庙块状硫化物铜矿石(4)	120.60	105.10	15.50	7.62	1.03	0.76	13.35
霍各乞热水沉积型铅锌矿石(1)	114.9	102.40	12.50	8.19	2.75	0.93	5.30
霍各乞热水沉积硅质岩(3)	24.13	21.90	2.23	16.55	1.47	0.96	1.05
东升庙铅锌矿石(1)	136.90	125.10	11.80	10.60	0.71	0.87	9.30
石拐石炭系煤层中矸(3)	141.37	134.90	6.47	18.87	0.47	1.02	13.57
平均值	101.61	92.74	8.87	12.70	1.27	0.89	10.14

现有的研究认为准格尔煤田煤伴生镓矿属于沉积成因。鄂尔多斯盆地基底岩系及阴山造山带属于准格尔煤田6号煤层中镓、铝、稀土物质的基础来源,盆地北偏东隆起的本溪组风化壳铝土矿可能是6号煤层中镓、铝、稀土的直接物源(代世峰等,2006;Dai et al,2012c)(图6-7)。

准格尔旗黑岱沟太原组6号煤层超常富集铝、镓和稀土,与北部阴山造山带古老岩系及海西期花岗岩系列的岩石地球化学近一致。古老基底剥蚀区主要由碱性、钙碱性长石质岩石系列组成,是铝、镓、稀土元素丰度相对稳定富集的有利岩系(表6-5),但这一系列样品含镓一般[$(5.30\sim18.25)\times10^{-6}$],也证实了镓、铝沉积聚集不是一次简单的地质成矿作用过程。另据岩相古地理研究,由于盆地古陆边缘与盆地内部边缘地区的差异构造沉降活动(何自新等,2003),致使6号煤层所在太原组相当部分的物源是由当时处于海陆交互的斜坡沉积带的本溪组作为陆源区提供的。此外,在黑岱沟煤系黏土质砾岩中存在火山晶屑及火山灰,前人研究太原组也发现了大量含微薄火山凝灰岩层(代世峰等,2006),火山凝灰、火山晶屑可能是盆地边缘华北与南蒙古板块造山活动带火山活动飘逸的产物,是镓、铝及黏土物质的另一补充来源。

太原组沉积期古气候温暖潮湿、植被繁盛、生物发育,具有强烈的分解与去硅-钾能力,将富含镓、稀土元素的陆源物质进而黏土矿化、铝土矿化,从而使镓、稀土元素原地聚集保留。同时,煤中镓的主要载体是超常富集的勃姆石,镓在勃姆石中的含量均值为0.09%。勃姆石在全层煤样中的含量为6.1%,在主采分层中的含量均值为7.5%,而勃姆石是泥炭聚集期间盆地北部隆起的本溪组风化壳铝土矿的三水铝石胶体溶液被短距离带入泥炭沼泽中,在泥炭聚集阶段和成岩作用早期经压实作用脱水凝聚而形成(代世峰等,2006)(图6-7)。

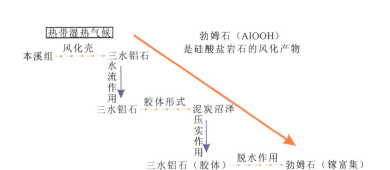

图 6-7　准格尔旗黑岱沟太原组 6 号煤层中勃姆石和镓的形成富集过程

第三节　煤中锂

在所有金属元素中,锂具有质量最轻、比热最大、膨胀系数低的优良特性。这一特性造就了锂具有极高的战略价值,被广泛应用于冶金、新材料、医药、国防、绿色能源、核聚变发电等方面(孙建之,2009),也因此获得了"金属味精""新能源金属"和"推动世界前进的金属"的誉称(秦身钧等,2015)。作为重要的能源金属,锂最长远和最大地被应用于核聚变中。1g 锂燃烧后可释放 42 998kJ 的热量,可控核聚变是继裂变发展的高层阶段,具有更安全和更清洁的优点。目前,国内金属锂年产量 400t,其中出口占 50% 以上。现在每年全国的金属锂消耗量已经超过了 500t,据分析锂的用量正以 20% 的年均递增速度增长。

一、煤中锂的含量与分布

18 世纪 90 年代,巴西人在瑞典小岛上发现了第一块锂矿石——透锂长石($H_4LiAlSi_4O_{10}$)。直到 1855 年德国化学家 Robert Bunsen 和英国化学家 Augustus Matthiessen 电解氯化锂才获得了大块的锂。目前已找到 5 种类型的锂矿床,即伟晶岩矿床、卤水矿床、海水矿床、温泉矿床和堆积矿床,可开采利用的主要是卤水矿床和伟晶岩矿床,主要的含锂矿物为锂辉石、锂云母、透锂长石(杨晶晶等,2012)。

1927 年,Ramage 在煤中首次发现了锂元素。1980 年,美国地球化学委员会的《与环境质量与健康有关的煤中微量元素地球化学》一书中首先列出了煤中锂质量分数的世界平均值为 15.6μg/g。此后,一些国外研究者陆续统计了锂在世界煤中的平均丰度值,在《煤中杂质元素》(1985)一书中,苏联学者列出烟煤和褐煤中锂等 38 种元素的世界平均丰度值。Swaine (1990)在《煤中微量元素》一书中统计出:大部分煤中锂可能的含量值范围,以及在多数煤中其他 20 种元素的平均值。Finkelman(1993)依据美国地质调查所国家煤炭资源数据库(NCRDS)的资料,总结了美国煤中包括锂在内的 52 种微量元素的平均含量值。捷克学者 Bouska and Pesek 汇集了大量褐煤的分析数据,于 1999 年统计出一份世界褐煤中包括锂的 62 种微量元素含量表(Bouska and Pesek,2000)。Lewińska – Preis et al(2009)给出了挪威煤中锂的含量;Ketris and Yudovich(2009)系统统计了世界范围内煤和黑色页岩中锂等微量元素的丰度(表 6-6),可以看出锂在煤中的含量分布极不均匀,大部分煤中锂的含量很低,平均含量值小于 20μg/g。世界煤中锂的均值为 14μg/g,美国煤中锂的算术均值为 16μg/g,澳大利亚煤中锂的算术均值为 12μg/g,苏联煤中锂的平均值仅为 6μg/g。

表 6-6　世界煤中锂含量(μg/g)统计表

地区	时代	样品数(个)	最大值	最小值	算术均值	数据来源
世界范围			80.0	1.0	14.00	Sun et al,2009
美国		7848	370.0		16.00	Finkelman,1993
土耳其	J	15	2.2	0.1	0.71	Gulbay and Korkmaz,2009
土耳其	N	48			46.00	Karayigit et al,2006
英国		23			20.00	Xu et al,2003
澳大利亚		231			20.00	Xu et al,2003
苏联					6.00	IHnnp Tb. B,1990
挪威		9	5.0		1.74	Lewinska-Preis et al,2009
朝鲜			190.0	2.0		Hu et al,2006
中国		1274	152.0	0.1	32.00	Sun et al,2009

我国学者针对国内煤中锂做了大量的研究工作,如王起超等(1996)研究了东北和内蒙古地区煤中锂的含量均值为 29.72μg/g;庄新国等(1999)研究了大同、平朔、唐山、六盘水和贵州煤中锂的含量,均值分别为 6.22μg/g、61.03μg/g、51.81μg/g、21.95μg/g 和 28μg/g;任德贻等(1999)研究了江宁沈北煤中锂含量为 5.431μg/g;赵继尧等(2002)研究了中国不同时代煤中锂的含量,均值为 14μg/g;白向飞等(2002)研究了大同煤不同组分中锂的含量,发现丝质组中的含量高于镜质组;代世峰等(2003a)研究了华北和贵州煤中锂的含量,均值为 43.91μg/g;杨建业(2008)研究了内蒙古准格尔煤中锂的含量为 38.71μg/g。Dai et al(2012d)系统统计了全国主要含煤区煤中的锂含量,给出我国煤中锂的平均含量为 31.8μg/g。

近年来,我国相继发现了山西宁武煤田和内蒙古准格尔煤田锂的超常富集和超大型伴生矿床,这引起了相关学者的广泛关注。孙玉壮等(2014)对我国 2806 个代表性煤样进行了研究,估计了我国煤中锂平均为 28.94μg/g,世界煤中锂的平均含量低于 20μg/g(除我国外),给出了锂的工业品位为 120μg/g。Dai et al(2012d)对准格尔煤田煤的地球化学和矿物学研究表明,煤中锂的含量达到 175μg/g,其中哈尔乌素煤矿煤中锂的平均含量质量分数为 116μg/g(Dai et al,2008);黑岱沟煤中锂为 143μg/g(Sun et al,2013);管板乌素煤矿煤中锂的平均含量为 264μg/g(表 6-7),煤灰中更是达到了 1320μg/g(相当于 0.28% Li_2O),该矿煤中锂的储量折算为 52 045t Li_2O,具有经济开发价值(Sun et al,2012),对于准格尔 6 号主采煤层而言,已经形成了一个 5 157 000t Li_2O 的超大型伴生锂矿(Sun et al,2013)。Li et al(2016)对准格尔煤田布尔陶亥-田家石畔勘探区煤的地球化学研究发现,全区太原组主要可采煤层 6 号和 9 号煤层锂的平均含量分别为 93μg/g 和 100μg/g。此外,在宁武煤田也发现了锂的超常富集(33.67~346.76μg/g),其中 9 号煤中锂的含量均值为 153.05μg/g(许霞,2013),11 号煤中锂的平均含量高达 295μg/g(表 6-7)。

表 6-7 我国富锂煤中伴生锂元素的含量（据秦身钧等，2015）

煤中锂含量($\mu g/g$)		富集系数	煤灰中锂含量($\mu g/g$)		Li_2O(%)		产地
范围	均值		范围	均值	范围	均值	
0.06~470	116	5.52	1.6~1422	601	0~0.30	0.13	准格尔煤田哈尔乌素煤矿
9~498	119	5.67		987		0.21	准格尔煤田哈尔乌素煤矿
12.3~505	175	8.33	33~1258	821	0.01~0.27	0.18	准格尔煤田官板乌素煤矿
80~546	264	12.57	660~3836	1320	0.14~0.83	0.28	准格尔煤田官板乌素煤矿
1~379	143	6.81		1013		0.22	准格尔煤田黑岱沟煤矿
12~657	172	8.19		1885		0.40	宁武煤田安太堡煤矿
34~347	152	7.24		1165		0.24	宁武煤田平朔矿区 9 号煤
14~211	121	5.76				0.21	宁武煤田平朔矿区 4 号煤
67~960	295	14.05				0.22	宁武煤田平朔矿区 11 号煤
14~126	72	3.43					河南同兴煤矿

二、煤中锂的赋存状态

煤中锂的赋存状态主要与煤中的无机组分（如铝硅酸盐矿物）有关。据庄新国等（2001）和 Karayigit et al（2006）学者的研究，煤中锂与铝硅酸盐矿物关系密切，同时淋滤实验表明，在高阶煤中 80% 的锂与硅酸盐矿物有关，而在低阶煤中 60% 的锂与硅酸盐矿物有关。由此可见，煤中锂的载体矿物主要是硅铝酸盐，如绿泥石、高岭石和绿泥间蒙石（绿泥石与蒙皂石的规则混层）等黏土矿物，部分赋存于云母和电气石中（Dai et al，2012b）。在内蒙古准格尔煤田管板乌素煤中未发现含锂的矿物，但锂的亲和性表明锂可能是以高岭石、勃姆石、绿泥石吸附态的形式存在（Sun et al，2012）。

除与铝硅酸盐矿物关系密切外，煤中锂的赋存与有机质也有联系。白向飞等（2002）在研究大同侏罗纪 10~11 号煤中微量元素赋存特征时发现，锂在大同煤中主要分布于与黏土矿物关系密切的矿物质中，同时他发现锂在丝质组中的含量高于其在镜质组中的质量分数。Lewińska-Preis et al（2009）通过对挪威斯匹次卑尔根岛的 Kaffioyra 和 Longyearbyen 两个矿区煤中锂赋存状态发现，在 Longyearbyen 矿区中，煤中 72% 的锂是与有机质结合的，锂与有机组分表现出了强烈的亲和性；而在 Kaffioyra 矿区中，煤中的锂完全与无机矿物相关。激光微探针质谱的研究表明，锂在丝质体中的含量明显比其他显微组分高。张健雅（2013）通过逐级化学提取实验发现，官板乌素 6 号煤中的锂主要以硅铝氧化物结合态赋存，煤中含大量硅铝氧化物，锂以类质同象方式进入煤的矿物晶格中；煤中有机态的锂也占相当一部分含量，锂在煤中可以与一些有机质结合，泥炭和腐殖酸均能从溶液中吸附锂离子。衣姝和王金喜（2014）对平朔矿区 9 号煤层中锂的研究认为，黏土矿物和锂可能是从其他地方经陆源运移而来，然后在泥煤形成阶段聚集，表明锂应该是在沉积阶段形成的；此外，通过逐级化学提取方法发现无机部分中的锂含量要远高于有机部分。由此可见，煤中的锂与无机矿物和有机物质都有关系，但是与无机组分（尤其是硅酸盐矿物）的关系更密切。

三、煤中锂的富集成因及影响因素

从成因角度考虑,煤中锂的富集主要分为3类:吸附成因、生物成因和陆源富集成因(张健雅,2013)。多数学者认为煤中锂的富集主要与矿物成分有关,煤中与矿物密切相关的锂属于陆源富集成因,而与有机质相关的锂属于生物成因和吸附成因。煤中锂的富集主要受陆源区母岩性质、沉积环境、煤中的有机质、地下水淋滤等地质因素的影响。

煤中锂的富集在宏观上受物源区的控制。以华北为例,由于加里东运动的影响导致华北地台及其北部造山带处于超长时期的剥蚀夷平状态,持续的风化作用并匹配以良好的古气候条件从而储备了丰富的富铝、锂和镓的沉积物,至晚石炭世地壳开始缓慢沉降接受沉积物,形成了一套富铝、锂和镓等的含煤岩系。锂在含煤岩系中的富集还表现出对成煤环境的明显选择。晚石炭世早期频繁的海侵事件不利于锂的富集,至晚石炭世晚期随着海水影响的相对减弱,潮坪及其泥炭沼泽是煤伴生锂矿床形成的理想环境。此外,经许多学者研究表明,泥炭和褐煤中的有机质,特别是腐殖酸和黄腐殖酸在富集微量元素方面起了很大的作用。锂在煤中也可以与一些有机质结合,如卟啉化合物等。因此,煤中锂,特别是与有机质关系密切的锂的富集在一定程度上受煤中有机质的影响。

同其他微量元素类似,煤中锂的富集也与构造、岩浆热液有关。断层产生的裂隙沟通了煤层与深部岩体的联系,锂可以随热液流体挥发沿裂隙扩散。煤层一方面有还原障和吸附障的性能,成煤过程中释放或裂解出大量渗透力很强的有机与无机气体,能从围岩中萃取锂等分散金属;另一方面,煤层的物理性质,如多孔、裂隙发育可以使流体压力降低,析出锂等微量元素。

四、典型的煤-锂矿床

位于山西省北部宁武煤田的平朔煤矿富锂煤矿床是一个典型的特大型煤伴生锂矿床。宁武煤田夹持于阴山古陆-吕梁半岛与五台岛之间(图6-8),含煤岩系主要由本溪组、太原组和山西组组成,盆地基底由太古界的斜长片麻岩和混合片麻岩构成,本溪组铝土矿主要出露于盆地的周边(汤明章和刘香玲,1996)。

山西煤田地质勘探公司(1987)和Wang et al(1997)对含煤岩系的研究认为,在晚石炭世,平朔矿区总体属于半封闭的海湾环境,海侵主要来自南部,而物源主要来自北部阴山古陆、西侧吕梁半岛和东南侧五台岛(图6-8)。沉积环境总体以海陆过渡相为主,本溪组以浅海潮下带、滨岸碎屑沉积为主;太原组以三角洲、滨岸碎屑和潟湖沉积为主;山西组以河流和湖泊沉积为主。由本溪组到山西组总体表现为海退的过程。太原组的9号煤层是锂矿的主要载体。

1.煤层的基本性质

平朔矿区含煤地层包括本溪组、太原组和山西组,煤层主要产出于太原组和山西组(Lin et al,2011)。其中,本溪组仅含2个薄煤层;太原组含煤8层,总厚度平均为24.08m;山西组含煤5层,总厚度平均为1.94m。该区4号、9号和11号煤层为主要可采煤层。9号煤层是太原组中最厚的可采煤层,在矿区内常分叉为2层,分别编号为9-1煤和9-2煤,全区平均

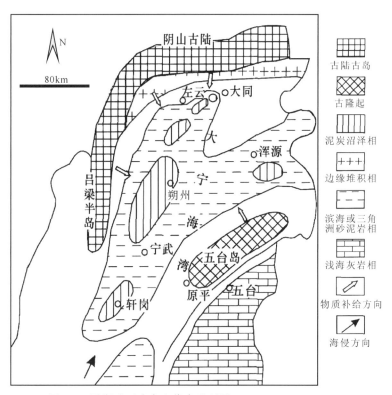

图 6-8 平朔矿区晚古生代古地理图(据庄新国等,1998,修改)

厚 13.45m,安太堡露天矿平均厚 13.82m,是平朔矿区的一个重要稳定可采煤层。

平朔矿区 9 号煤层属于变质程度较低的烟煤,以中灰分和低中硫分为特征。镜质体反射率 $Ro,\max \approx 0.6\%$;挥发分在 35.54%~49.67%之间,平均为 41.15%;灰分为 13.30%~39.08%,平均为 22.95%;原煤水分在 1.09%~5.54%之间,平均为 2.46%。9 号煤全硫的含量从 0.41%~4.71%不等,全硫的加权平均含量为 2.17%;硫主要是有机硫,其含量从 0.07%~3.23%不等,平均含量为 1.71%;硫化物含量变化范围为 0.05%~2.49%,平均含量为 0.65%;硫酸盐中硫含量从 0~0.45%不等,平均含量为 0.04%(刘帮军和林明月,2014)。

9 号煤层的显微组分以镜质组含量为主(平均含量为 56.9%),惰性组含量较高(平均含量为 32.9%),壳质组含量较低(平均含量为 3.5%),矿物质含量中等(平均含量为 6.8%)。在垂向剖面上,煤层显微组分变化较大,镜质组、惰质组、壳质组和矿物质含量变化范围分别为 40.0%~75.3%、12.0%~47.6%、1.8%~7.4%和 1.6%~12.4%。其中,镜质组主要以基质镜质体和结构镜质体为主,但结构镜质体结构保存较差;惰质组以半丝质体和粗粒体为主,丝质体比较少见;壳质组以小孢子体为主(庄新国等,1998)。

9 号层中的矿物主要以黏土矿物为主,其次为硫化物及碳酸盐类矿物,并有少量的氧化物及其他矿物。SEM-EDAX 和 XRD 分析结果表明,9 号煤中黏土矿物多为碎屑黏土(高岭石),呈层状、分散状产出,有的充填于细胞腔中。黄铁矿大多是自形晶或半自形晶。碳酸盐矿物主要是方解石,多充填于煤的裂隙中,还发现大量钠盐、钾盐,呈立方体、长方柱状或花状散布在煤层中(许霞等,2013)。

2.煤中锂的分布与赋存特征

平朔矿区9号煤层富含锂,平均锂含量为152μg/g(表6-8)。在矿区煤灰中,浓缩锂的平均含量高达1165μg/g,即Li_2O的含量为2396μg/g(刘帮军和林明月,2014)。参照中华人民共和国《稀有金属矿产地质勘查规范》(DZ/T0203—2002)中伟晶岩Li_2O的最低开采品位标准(0.2%),平朔矿区煤灰中Li_2O的含量为0.24%,已经达到了锂含量的工业标准。Sun et al(2012)指出,锂合理的最低综合利用品位为80μg/g,中国煤中锂的综合利用品位为120μg/g,按此标准平朔矿区煤中锂的含量全部达到了综合利用品位,其中矿区中南部锂的含量较高。还有学者研究指出,铝土矿中Li_2O综合利用边界品位是$Li_2O=0.05\%$(赵运发等,2004),本区煤灰中Li_2O的平均含量达0.133 7%,完全达到综合利用的标准,可以从粉煤灰中提取锂并作为有益金属使用。

平朔矿区9号的煤炭储量为36.7亿t,如果用锂的平均含量152μg/g进行计算,那么锂的储量可达到55.8万t,即Li_2O的含量为119.5万t。根据Sun et al(2012)的分类标准,平朔矿区9号煤中的锂已经达到了一个特大型煤伴生锂矿的规模。

通过逐级化学提取实验分析,平朔煤矿9号煤中94.5%的锂与无机物质,特别是硅酸盐有密切联系,而和有机物质密切程度较低。因此,富锂煤中的锂元素主要赋存于硅酸盐中,含量高达482μg/g。然而,扫描电镜和X射线衍射分析并没有在煤中发现含锂矿物,因此推断煤中锂可能是通过被黏土矿物吸附的形式而赋存,黏土矿物包括高岭石、勃姆石、绿泥石族矿物以及无定形黏土状矿物等(刘帮军和林明月,2014,2015)。

表6-8　平朔矿区9号煤中锂含量(μg/g)(据刘帮军和林明月,2014)

井工三矿		安太堡露天矿		井工一矿		井工二矿		总平均含量
样品数(个)	平均含量	样品数(个)	平均含量	样品数(个)	平均含量	样品数(个)	平均含量	
12	206	14	144	4	139	8	176	2

3.煤伴生锂矿的成因

宁武煤田平朔矿区伴生锂矿床的形成主要依赖于成矿时期有利的构造背景、稳定的物源、良好的古气候和沉积环境,使含矿矿物及岩石经过多阶段的泥化-黏土化和铝土矿化,以及去硅钾等杂质的复杂过程,最终导致锂元素在煤中富集形成伴生锂矿。

从古地理学角度考虑,阴山古陆可能是平朔矿区煤中锂的最初物质来源,而盆地北部本溪组中的铝土矿可能是锂的直接来源。庄新国等(1998)通过对宁武煤田晚古生代含煤地层分析指出,宁武煤田9号煤中锂的物源来自阴山古陆,Sun et al(2012)的研究也得出了相似的结论。衣姝和王金喜(2014)研究发现,本溪组最下层浅灰色铝土矿中锂平均含量达到了426μg/g,因此这些铝土矿层可能是锂元素的物质来源,而高岭石可能是泥煤聚集时期锂元素的主要携带者。Wang et al(2015)对平朔矿区11号煤的研究也认为,11号煤中大部分的锂可能来源于阴山古陆或本溪组铝土矿,并通过迁移吸附的方式富集至煤层中。

由于稳定的构造条件,石炭纪—早二叠世潮湿炎热的气候条件,有利于铝土矿和高岭土的形成,高岭土等黏土矿物是煤中锂富集的主要载体,地下水的淋滤作用加剧了锂在煤中的富集。

第四节 煤中铀

铀是天然放射性元素,在地壳中平均含量为 4μg/g,共有 3 个天然同位素^{238}U、^{235}U 和 ^{234}U,其在天然矿物中主要呈＋4 价、＋6 价,U^{6+} 和 U^{4+} 相互转化是铀地球化学的主要特点(刘英俊,1984)。铀在自然界的主要存在形式如下:①形成铀的独立矿物,矿物中铀的含量高(一般高于 40%～45%),在矿物中占据晶格的主要位置;②类质同象存在于其他矿物晶格中,如钛钽铌酸盐类矿物、磷酸盐类矿物(磷灰石、磷钇矿、独居石)中常有铀的存在;③呈吸附状态,带电胶粒及矿物微晶的表面吸附铀,如玻璃蛋白石可吸附铀、铁氧化物有时吸附的铀可达 1%;④替换阳离子形式,在某些层状、链状结构矿物或有机分子中$(UO_2)^{2+}$ 易进入面网中;⑤铀呈溶解状态存在于矿物包裹体中或存在于粒间或晶体裂隙的水溶液中(刘英俊,1984)。

煤中的铀引起人们注意的原因:①煤炭是工业利用铀的主要来源之一。"二战"前,富铀煤是苏联和美国核工业领域铀的主要来源,前人研究显示,如果煤灰中的铀含量达到 $1000×10^{-6}$,这种煤将被认为是工业提炼铀的原料。②富铀煤通常还伴生其他稀有金属元素,如 Re、Se、Mo 和 V,也具有潜在的经济价值。③铀是一种放射性元素,富铀煤燃烧后的残渣会对人类健康和生态环境产生负面影响。④煤中铀的聚集丰度和模式可以作为原始泥炭沉积环境、成岩作用和表生作用过程的指示剂(Monnet et al,2015)。

在 20 世纪 50 年代后半期到 60 年代初,我国开展了煤中铀的普查,探寻到一批富铀煤。但是自然界大多数煤中铀的含量较低,只有在极特殊的地质条件下铀才有可能聚集,形成具有开发价值的富铀煤(唐修义和黄文辉,2004)。铀作为一种天然放射性元素在煤中的浓度对煤炭开采和利用有重要影响(孙升林等,2014)。我国高铀煤主要分布于西北、华北、东北、华南赋煤区(图 6-9),如云南邦卖盆地煤中铀含量为 71.50μg/g,已查明属锗-铀-煤共生矿床类型(黄文辉和唐修义,2002),新疆伊犁盆地南缘 ZK0161 井中 12 号煤靠近顶板部位的富铀煤中铀含量为 767μg/g(杨建业等,2011)。

一、煤中铀的含量与分布

据黄文辉和唐修义(2002)对我国 1383 个煤样品分析数据的统计,多数样品铀含量处于 0.2～10μg/g 之间,平均 3μg/g;少数样品(采自河南平顶山、湖南涟邵、湖南辰溪、广西合山、黑龙江双鸭山等矿区)铀含量达 26～90μg/g;个别样品(采自湖南辰溪、重庆松藻)铀含量高达 108μg/g 和 440μg/g(表 6-8)。

Swaine(1990)认为世界大多数煤中铀含量范围为 0.5～10μg/g,平均为 2μg/g。Bouška and Pešek(1999)统计了世界上 2503 个褐煤的铀含量,多数值的范围处于 0.2～13.0μg/g 之间,最大值为 176.0μg/g,平均为 6.06μg/g。任德贻等(2006)按美国联邦地质调查所(1993)和伊利诺伊州地质调查所(1997)资料统计出美国 7488 个煤样品中铀含量平均为 1.8μg/g,最大值为 75μg/g。加拿大不列颠哥伦比亚省煤中铀含量平均值为 1.8μg/g(Grieve and Goodarzi,1993)。澳大利亚悉尼煤田和鲍恩煤田煤中铀含量为 0.28～5.0μg/g(Swaine,1990)。

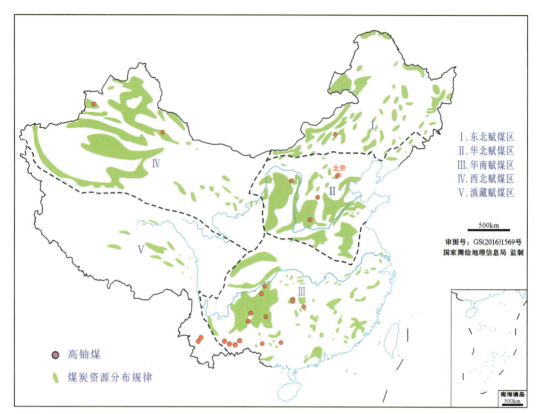

图 6-9　中国高铀煤分布图(据特殊与稀缺煤炭资料调查报告,2013)

二、煤中铀的赋存状态

煤中铀的赋存状态是复杂多样的,当煤中铀含量低时以有机态为主,而富含铀的煤中以矿物态为主(Gluskoter et al,1977;Palmer et al,1993)。唐修义和黄文辉(2004)总结前人的研究认为,煤中铀的赋存状态主要有以下几种:①铀被有机质吸附。水中的铀酰离子与羧酸、酚基等官能团上的氢离子发生阳离子交换,生成铀酰腐殖酸盐,或者铀酰离子与腐殖酸形成铀酰有机络合物,或者铀也可以被腐殖物质吸附。②独立的铀矿物。例如,晶质铀矿、沥青铀矿(图 6-10a)、铀石(图 6-10b)、水硅铀矿、钙铀云母、铜铀云母、钒钾铀矿、板菱铀矿、钒钙铀矿、钒钾铀矿、变砷铜铀矿、铀黑等(Bouška,1981;张淑苓等,1984;王保群,2002;Dai et al,2015b)。③被硅酸盐矿物、黏土矿物、铁的氢氧化物、硫化物等矿物吸附(图 6-10c)。例如,Finkelman(1999)利用逐级化学提取、电子探针、X 衍射等方法发现,煤样中铀以硅酸盐结合态和氧化物结合态为主。Querol et al(1995)发现西班牙大型电厂所用次烟煤中铀呈铝硅酸盐结合态占 45%,呈有机结合态占 38%,而 17% 存在于伴生的重矿物中。代世峰等(2004)应用逐级化学提取法对鄂尔多斯盆地晚古生代烟煤研究发现,煤样中铀呈铝硅酸盐结合态占 67%,有机结合态占 33%。④呈类质同象赋存在锆石、磷灰石、金红石、独居石、碳酸盐矿物、磷酸盐矿物、稀土磷酸盐矿物内。例如,Finkelman(1993)利用新型 X 射线照相方法,发现铀含量 1~2μg/g 的阿帕拉契亚煤中有 20% 的铀是存在于很细的锆石和富稀土的磷酸盐中。

表 6-8 中国主要煤田(矿区)煤中的铀(据黄文辉和唐修义,2002扩充)

省(区)	煤田(矿区、矿)	成煤时代	(层位)	煤类	样品数	铀含量范围 (μg/g)	铀算术平均值 (μg/g)	铀几何平均值 (μg/g)	资料来源
河北	唐山荆各庄	C-P		QM	1	5.75			庄新国(1999)
山西	主要煤田	C-P	(太原组)	QM-WY	22	0.88~5.40	2.87		袁三畏(1999)
山西	主要煤田	P	(山西组)	QM-WY	35	0.18~5.90	0.85		袁三畏(1999)
山西	西山	C-P	(太原组)	SM	1	2.0			黄文辉(1994)
山西	霍西	C-P	(太原组)	PM	7	0.4~2.6	1.70	1.50	黄文辉(1994)
河南	平顶山矿区	C-P	(太原组)	QM	4	1.32~25.5	13.58	8.93	黄文辉(2000)
河南	平顶山矿区	P	(山西组)	QM	4	1.24~3.69	2.35	2.18	黄文辉(2000)
河南	平顶山矿区	P	(石盒子组)	QM	7	1.59~5.22	2.63	2.45	黄文辉(2000)
山东	肥城和新汶煤田	C-P	(太原组)	QM-FM	17		4.69		曾荣树(2000)
山东	肥城和新汶煤田	P	(山西组)	QM-FM	6		1.13		曾荣树(2000)
山东	济宁煤田	C-P		QM-FM	38	2.32~12.60	7.00	6.40	刘桂建(1999)
山东	淄博	C-P	(太原组)	PM	1	0.1			黄文辉(1994)
山东	柴里矿	P	(山西组)	QM	1	1.3			黄文辉(1994)
山东	陶庄矿	P	(山西组)	PM	2	1.0~1.3	1.10	1.10	黄文辉(1994)
山东	枣庄矿	C-P	(太原组)	PM	10	0.2~13.4	2.50	1.40	黄文辉(1994)
江苏	徐州坨城矿	C-P	(太原组)	QM	1	1.6			黄文辉(1994)
江苏	徐州坨城矿	P	(山西组)	QM	1	1.7			黄文辉(1994)
江苏	徐州坨城矿	P	(石盒子组)	QM	5	1.1~2.4	1.80	1.70	黄文辉(1994)
安徽	淮北煤田	P	(山西组)	QM-WY	7	0.4~2.8	1.40	1.10	黄文辉(1994)
安徽	淮北煤田	P	(石盒子组)	QM-WY	5	1.0~1.7	1.40	1.40	黄文辉(1994)
安徽	淮南新庄孜矿	P	(山西组)	QM	2	1.2~1.4	1.30	1.30	黄文辉(1994)
安徽	淮南新庄孜矿	P	(石盒子组)	QM	9	1.4~4.3	2.70	2.50	黄文辉(1994)
安徽	淮南李一矿	P	(石盒子组)	QM	5	0.6~3.1	1.80	1.60	黄文辉(1994)
安徽	淮南潘一矿	P	(石盒子组)	QM	6	0.7~2.2	1.40	1.20	黄文辉(1994)
湖南	涟邵芦茅江	C_1	(测水组)	WY			10.0~90.0		袁三畏(1999)
浙江	长广	P_2	(龙潭组)	QM			7.43		李文华(1986)
江西	丰城	P_2	(龙潭组)	JM			3.43±0.70		叶崇开(1981)
江西	新华	P_2	(龙潭组)	FM			0.89±0.08		叶崇开(1981)
湖南	辰溪	P_2	(吴家坪组)	QM			48.70		李文华(1986)
湖南	辰溪狮子山井田	P_2	(吴家坪组)	FM			440.00		袁三畏(1999)
湖南	梅田矿区	P_2	(龙潭组)	PM-WY	10	0.4~3.1	1.20	1.00	黄文辉(1994)
广东	梅县矿区	P_2	(童子岩组)	WY		~23			袁三畏(1999)
广西	合山	P_2	(合山组)	FM			65.5		李文华(1986)
重庆	松藻	P_2	(龙潭组)	WY		5.0~108.0			袁三畏(1999)
贵州	水城汪家寨矿	P_2	(龙潭组)	QM-FM	3	1.34~2.7	1.94	1.86	曾荣树(1998)
贵州	六枝和水城	P_2	(龙潭组)	QM-FM	45	1~8	4.00		庄新国(2001)
云南	东部	P_2	(龙潭组)			<10			周义平(1985)
云南	恩洪	P_2	(宣威组)	YM	40	0.1~2.5	0.20		席维实(1992)
江西	青山	T_3	(安源组)	WY		2.03±0.52			叶崇开(1981)

续表 6-8

省（区）、煤田（矿区、矿）		成煤时代（层位）		煤类	样品数	铀含量范围（μg/g）	铀算术平均值（μg/g）	铀几何平均值（μg/g）	资料来源
江西	安源	T₃	（安源组）	FM		1.26 ± 0.16			叶崇开(1981)
江西	巨源	T₃	（安源组）	FM-SM		4.40 ± 0.35			叶崇开(1991)
云南	一平浪	T₃		YM	9	0.5～0.6	0.60		席维实(1992)
山西	大同	J₂	（大同组）	RN	4	0.6～4.0	2.30	1.70	黄文辉(1994)
山西	大同矿区	J₂	（大同组）	RN	8	0.22～3.4	1.14		袁三畏(1999)
山西	大同一矿	J₂	（大同组）	RN	8	0.33～1.32	0.88		庄新国(1999)
神木-东胜矿区		J₂	（延安组）	CY	5	0.10～6.40	2.34	1.05	黄文辉(2000)
新疆	哈密三道岭	J₁	（八道湾组）	CY		0.4～0.7	0.50	0.50	黄文辉(1994)
新疆	哈密三道岭露天矿	J₁	（八道湾组）	CY	4	1.1～3.41	2.01	1.79	黄文辉(2000)
新疆	哈密七泉湖红星矿	J₁	（八道湾组）	CY	2	0.05～0.05	0.05	0.05	黄文辉(2000)
新疆	阜康三工河矿	J₁	（八道湾组）	CY	4	0.60～1.83	0.16	0.10	黄文辉(2000)
新疆	艾维尔沟	J₁	（八道湾组）	QM-JM	5	0.11～0.93	0.52	0.39	黄文辉(2000)
新疆	库车俄霍布拉克	J₃	（塔里奇克组）	CY	2	0.17～3.50	1.84	0.77	黄文辉(2000)
新疆	库车阿艾东风矿	J₃	（塔里奇克组）	QM	4	0.1～0.33	0.16	0.14	黄文辉(2000)
新疆	和田布雅矿区	J₃	（塔里奇克组）	CY	1	1.82			黄文辉(2000)
新疆	准东巴里坤,三塘湖	J₂	（西山窑组）	QM	4	0.71～1.08	0.89	0.88	黄文辉(2000)
新疆	准南硫磺沟矿	J₂	（西山窑组）	QM	5	0.10～0.81	0.46	0.38	黄文辉(2000)
云南	蒙自	N		HM	223	0.14～141.5	36.80		席维实(1992)
云南	可保	N		HM	70	0.2～13.1	4.30		席维实(1992)
云南	景谷	N		HM	52	1.1～3.9	0.90		席维实(1992)
云南	永平	N		HM	5	0.2～0.6	0.30		席维实(1992)
云南	普洱	N		HM	4	0.1～0.7	0.30		席维实(1992)
云南	景洪	N		HM	5	2.7～9.3	0.70		席维实(1992)
云南	建水	N		HM	111	2.8～73.0	10.50		席维实(1992)
云南	建水甸尾	N		HM		306.0～700.0			袁三畏(1999)
云南	临沧勐旺	N		HM		26.0～78.0			袁三畏(1999)
云南	临沧帮卖矿	N		HM	1	71.5			黄文辉(2000)
云南	小龙潭矿	N		HM	3	1.83～16.8	7.28	4.63	黄文辉(2000)

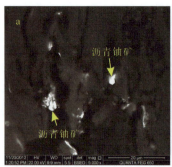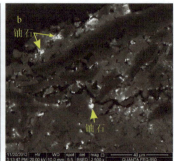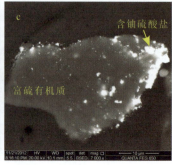

图 6-10　伊犁盆地南缘煤岩型铀矿中铀的赋存状态（Dai et al,2015b）

a.沥青铀矿；b.铀石；c.含铀硫酸盐

三、煤中铀的富集机理

1.煤对铀的还原吸附作用

张仁里(1984)的研究指出,煤中有机质可以以3种方式使铀沉淀下来:①水溶液中的六价铀酰离子,被煤中有机物或从有机物中分解出的硫化氢气体还原成四价铀而沉淀于煤中。随着煤中铀含量的增加,煤中碳含量下降,氧含量增加,说明含铀溶液和煤层接触时,铀被有机质还原,有机物则被氧化。②铀酰离子与煤中腐殖酸生成铀酰腐殖酸盐而使铀固定于煤中,腐殖酸结构中羧基、酚基等基团中 H^+ 可以和 UO_2^{2+} 进行交换,形成铀酰腐殖酸盐。③铀酰离子因表面吸附作用而被固定于煤中,煤是一种高分子缩聚物,具有很大的内表面积,故褐煤分解出腐殖酸后,仍然能吸附铀酰离子。

2.煤中铀的富集过程

煤中的铀主要来自沉积时期进入泥炭沼泽中的水和后期进入煤层中的地下水(刘英俊,1984;唐修义和黄文辉,2004)。在泥炭化阶段,泥炭沼泽周围必须有富铀的源岩分布。我国西北和西南部分的中新生代陆相成煤盆地基底为富铀花岗岩(黑云母花岗岩、二云母花岗岩)或酸性火山岩(含铀丰度大于 $8\mu g/g$)。盆地的古地形、水文地质、沉积和构造等地质条件有利于水将岩石风化后产生的铀酰离子汇入泥炭沼泽。在这种背景下盆地内可形成富铀煤。在泥炭化阶段形成的富铀煤称为"同生类型"的铀-煤共生矿;在成岩作用阶段,由地下水淋滤作用进一步将铀酰离子携入煤层,使煤中的铀进一步富集,称"后生类型",后期矿化作用可能多次发生(唐修义和黄文辉,2004)。

3.铀-煤共生矿的成因类型

铀-煤共生矿的形成,除了煤对铀的还原、吸附作用外,还必须具备一定的地质条件,包括:①铀源,即煤中铀的来源;②渗透性良好的围岩,则有利于含铀水溶液渗入泥炭层或煤层;③煤中羧基含量和比表面积都随煤化、变质程度加深而下降,故低变质程度煤对铀的吸附能力较强。张仁里(1984)将铀-煤共生矿划分为3种成因类型:同生沉积类型、后生沉积类型、多次矿化富集类型。

(1)同生沉积类型。该类型铀矿化与泥炭化作用同时发生,铀矿化在煤层中分布较均匀,煤中铀含量一般较低。例如,我国古近纪—新近纪煤矿中铀含量为 $0.01\%\sim0.03\%$。铀矿化多分布在盆地边缘,靠近基岩露头处,铀矿化面积约占泥炭层总面积的 $6\%\sim10\%$。铀源是来自盆地边缘的基底岩层中的含铀岩石,从基岩流入泥炭的水中的铀含量为 $(2\sim5)\times10^{-8}g/L$(图6-11)。泥炭吸附铀的地球化学环境是弱酸性介质弱还原环境(Eh值小于 $-200mV$、pH值为6.5)。当铀被有机质强烈吸附时,常伴有锗、铜、铍、钴、钼、铅、锌富集,铀常在泥炭层底部的黑色淤泥中富集,铀含量达 $0.03\%\sim0.06\%$,有时可高达 $0.6\%\sim0.8\%$ 或更高,而有机质未分解的泥炭地段,铀含量很少高于 0.003%(姚振凯,1988)。

(2)后生沉积类型。该类型铀矿化作用发生在煤层形成之后,由热液或地下水从上覆岩层带入到煤中。铀多富集于煤层的顶板或者底板附近,并向煤层中心含量逐渐减低(图6-12)。铀矿化严格受层位和岩相控制,铀矿体呈似层状、透镜状,铀矿品位较低,多为 $0.01\%\sim$

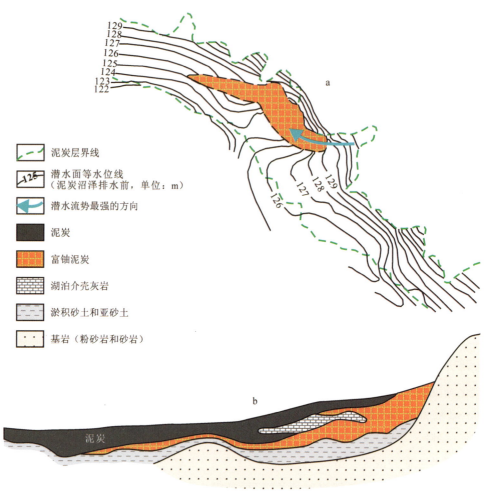

图 6-11　泥炭田铀矿化实例(据 Kochenov et al,1965)

a.泥炭田中矿化的平面分布;b.通过泥炭田的沉积剖面

0.03%,有时可达 0.2%。

(3)多次矿化富集类型。铀矿化作用经历了同生沉积和后生富集等几个矿化阶段。例如,我国某侏罗纪铀-煤共生矿,产于具有良好渗透性的顶板和隔水性的底板围岩中,有利于同生沉积的铀在后生矿化阶段经多次淋滤、迁移而得到富集,故煤中铀含量一般较高,可达 0.1%左右(彭家石等,1961)。煤层内铀的后生叠加富集还与氧化-还原分带有关,铀主要在氧化-还原过渡带内富集(张淑琴,1987)。例如,在哈萨克斯坦东部的下伊犁矿床,铀矿化产出于厚煤层顶部形成了薄 10~20cm 厚达 2m 的矿层(赵凤民,2015),煤层本身构成了还原介质(图 6-13)。成煤期后铀的叠加富集作用取决于煤盆周缘蚀源区及煤层上覆地层的含铀性、含煤岩系的渗透性、煤层顶底板岩层的透水性、矿床构造形态及其氧化-还原分带等。该类铀矿床以下伊犁盆地煤岩型铀矿较为典型,铀矿体中矿石以沥青铀矿(80%)和铀石(20%)为主,钼矿化与铀矿化紧密共生(两者含量的相关系数为 0.63~0.82),为蓝钼矿、胶硫钼矿和少量辉钼矿,其他伴生元素的平均品位可达到工业或者接近工业品位,Re 为 $6.8×10^{-6}$、Ge 为 $9.9×10^{-6}$、Ag 为 $3.5×10^{-6}$、Co 为 0.017%、Se 为 0.025%等(图 6-14)。

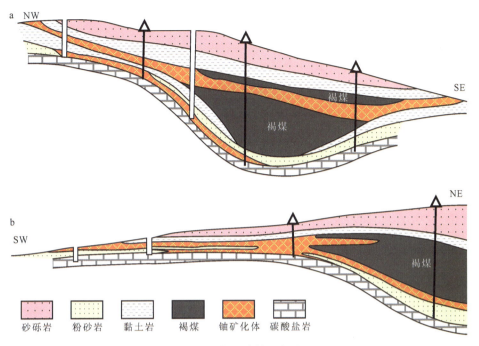

图 6-12 煤中成岩型铀矿化地质剖面略图(转引自姚振凯,1988)

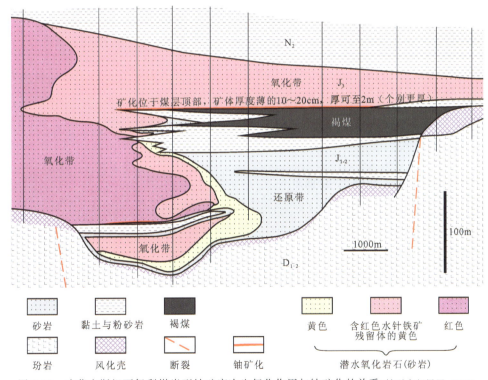

图 6-13 哈萨克斯坦下伊犁煤岩型铀矿床次生氧化作用与铀矿化的关系(转引自赵凤民,2015)

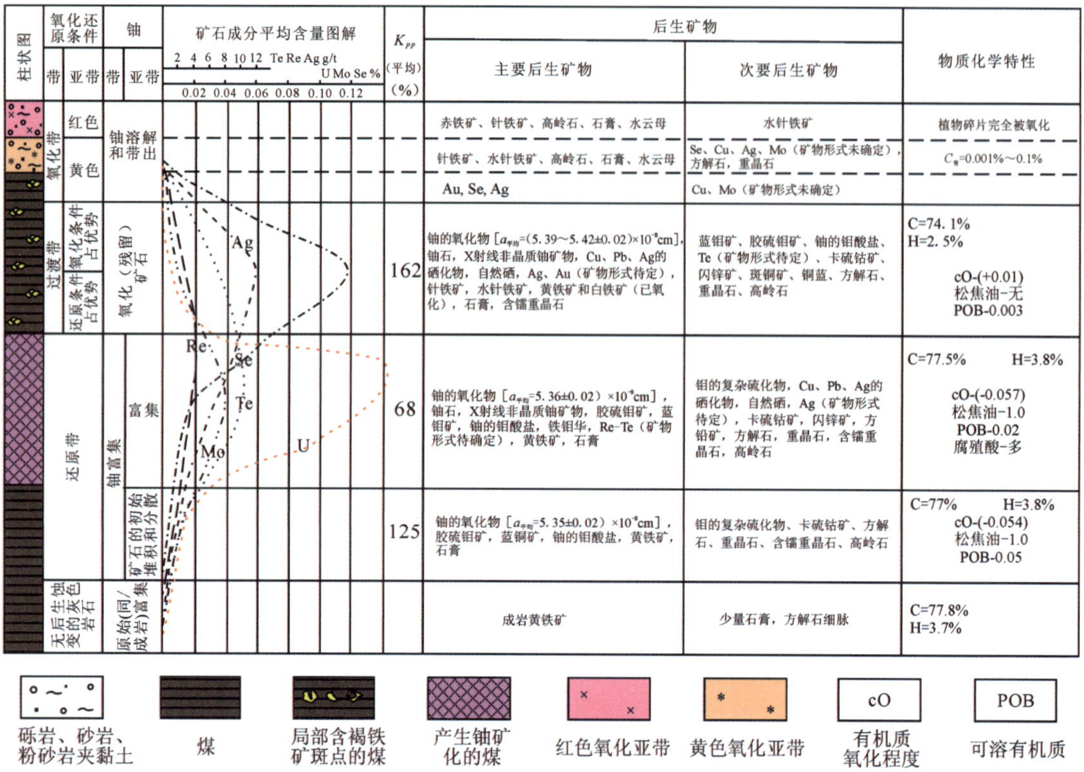

柱状图	氧化还原条件		铀	矿石成分平均含量图解	K_{pp} (平均)(%)	后生矿物		物质化学特性
	带	亚带	亚带	2 4 6 8 10 12 Te Re Ag g/t / U Mo Se % / 0.02 0.04 0.06 0.08 0.10 0.12		主要后生矿物	次要后生矿物	
	氧化带	红色	铀溶解和带出			赤铁矿、针铁矿、高岭石、石膏、水云母	水针铁矿	植物碎片完全被氧化
		黄色				针铁矿、水针铁矿、高岭石、石膏、水云母 Au, Se, Ag	Se、Cu、Ag、Mo(矿物形式未确定)、方解矿、重晶石 Cu、Mo(矿物形式未确定)	C_w=0.001%~0.1%
	过渡带	还原条件氧化条件占优势 占优势	氧化（残留）矿石		162	铀的氧化物 [a_{vu}=(5.39~5.42±0.02)×10⁴cm]、铀石，X射线非晶质铀矿物，Cu、Pb、Ag的硒化物，自然硒，Ag、Au（矿物形式待定）、针铁矿、水针铁矿、黄铁矿和白铁矿（已氧化）、石膏，含镭重晶石	蓝硫矿、胶硫钼矿、铀的钼酸盐、Te（矿物形式待定）、卡硫钴矿、闪锌矿、斑铜矿、铜蓝、方解矿、重晶石、高岭石	C=74.1% H=2.5% cO−(+0.01) 松焦油−无 POB−0.003
	还原带		富集 铀富集		68	铀的氧化物 [a_{vu}=5.36±0.02)×10⁴cm]，铀石，X射线非晶质矿物，胶硫钼矿，铀的钼酸盐，铁钼华，Re−Te（矿物形式待定），黄铁矿，石膏	钼的复杂硫化物，Cu、Pb、Ag的硒化物，自然硒，Ag（矿物形式待定），卡硫钴矿，闪锌矿，方铅矿、方解矿、重晶石，含镭重晶石、高岭石	C=77.5% H=3.8% cO−(−0.057) 松焦油−1.0 POB−0.02 腐殖酸−多
			矿石的初始堆积和分散		125	铀的氧化物 [a_{vu}=5.35±0.02)×10⁴cm]，胶硫钼矿，蓝铜矿，铀的钼酸盐，黄铁矿，石膏	钼的复杂硫化物，卡硫钴矿、方解矿、重晶石、含镭重晶石、高岭石	C=77% H=3.8% cO−(−0.054) 松焦油−1.0 POB−0.05
	无后生变的灰色岩石		原始(同成岩)富集			成岩黄铁矿	少量石膏，方解矿细脉	C=77.8% H=3.7%

图例：砾岩、砂岩、粉砂岩夹黏土；煤；局部含褐铁矿斑点的煤；产生铀矿化的煤；红色氧化亚带；黄色氧化亚带；cO 有机质氧化程度；POB 可溶有机质

图 6-14　下伊犁煤岩型铀矿床矿物-地球化学分带性（据别列夫采夫，1973）

四、典型的煤-铀矿床

煤中伴生铀的工业品位一般要求为0.02%。目前已知具有工业价值的富铀煤层大多形成于陆相沉积环境，尤其在褐煤层中较多。铀多富集于煤层的顶、底板附近，向煤层中心含量逐渐减低。铀含量与煤岩组分的关系研究显示凝胶化组分多时含铀较高。

（一）新疆伊犁盆地煤岩型铀矿

1.基本特征

伊犁盆地是中国北方重要的产铀盆地，从铀矿化的成因类型来看，占主导地位的是层间氧化带控制的砂岩型铀矿，也有一部分属于煤岩型铀矿。但是在伊犁盆地，这些煤岩型铀矿最重要的特色是铀矿化位于煤层的顶部或底部，而且在铀矿化部位煤层往往与顶板或者底板的砂岩相接触，显示铀主要依赖于砂岩多孔介质的运移和供给（图6-15）。

铀矿化主要是赋存在中下侏罗统水西沟群，为温暖潮湿气候条件下形成的含煤岩系，由八道湾组（J_1b）、三工河组（J_1s）和西山窑组（J_2x）构成（图6-16）。

达拉第铀矿位于伊利盆地南缘，是我国最早勘探发现的铀矿床。矿化位于达拉第向斜东翼（图6-17a），呈层状或似层状（图6-17b）。多个煤层见到铀矿化，铀富集于煤层的顶、底板附近，与有机质、黄铁矿关系密切；矿体厚度一般为1~2m，最厚可达10.6m，平均品位0.3%，

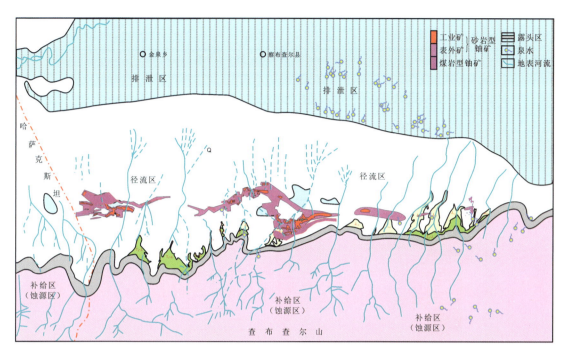

图 6-15 伊犁盆地南缘煤岩型和砂岩型铀矿化及其与区域水系的空间配置图

最大为 1.0%;铀品位与灰分产率具正相关趋势;铀以沥青铀矿、铀石、含铀硫酸盐等形式存在;成矿年代以 7~5.7Ma 为主(中新世晚期)。

2.矿床成因

铀富集与后生氧化作用有着密切关系。当上覆红色氧化砂岩与煤直接接触时,矿化主要产在煤中,铀最富集的部位是每个煤层上部 0.3m 范围内,向煤层底板方向逐渐变贫(图 6-18)。

铀富集程度与煤层上、下岩层的孔隙度和渗透率有关。当煤层顶板为透水性弱的粉砂岩、泥岩时,矿体则分布于煤层顶部的砂岩中,反之矿体则分布于煤层顶部。

伊犁盆地南缘煤中,U、Se、Mo、Re、Hg、As 和矿物组合含量的升高归因于两种不同的溶液:富 U-Se-Re-Mo 溶液和富 Hg-As 溶液,前者与低温大气降水有关,而后者与火山热液作用有关(Dai et al,2015b)。

(二)滇西大寨含铀锗煤矿床

1.基本特征

矿床产于新近纪断陷盆地群的邦卖盆地中。邦卖盆地是以混合花岗岩为基底的阶梯状半地堑式断陷盆地。盆地西缘和基底同沉积断裂控制着盆地的形成和演化。盆地地层简单,为新生代新近纪中新世邦卖组,是一套含煤岩系(图 6-19)。它由一个沉积旋回,3 个韵律层共 8 个岩段组成。沉积体系类型为冲积扇、河流和湖泊等。

大寨含铀锗矿床产于邦卖盆地西侧中段,限制于两组同沉积断裂控制的冲积扇间凹地内,矿体走向延伸与岩层和基底同沉积断裂方向基本一致。锗、铀矿体分布在第一韵律 $N_1 b^2$

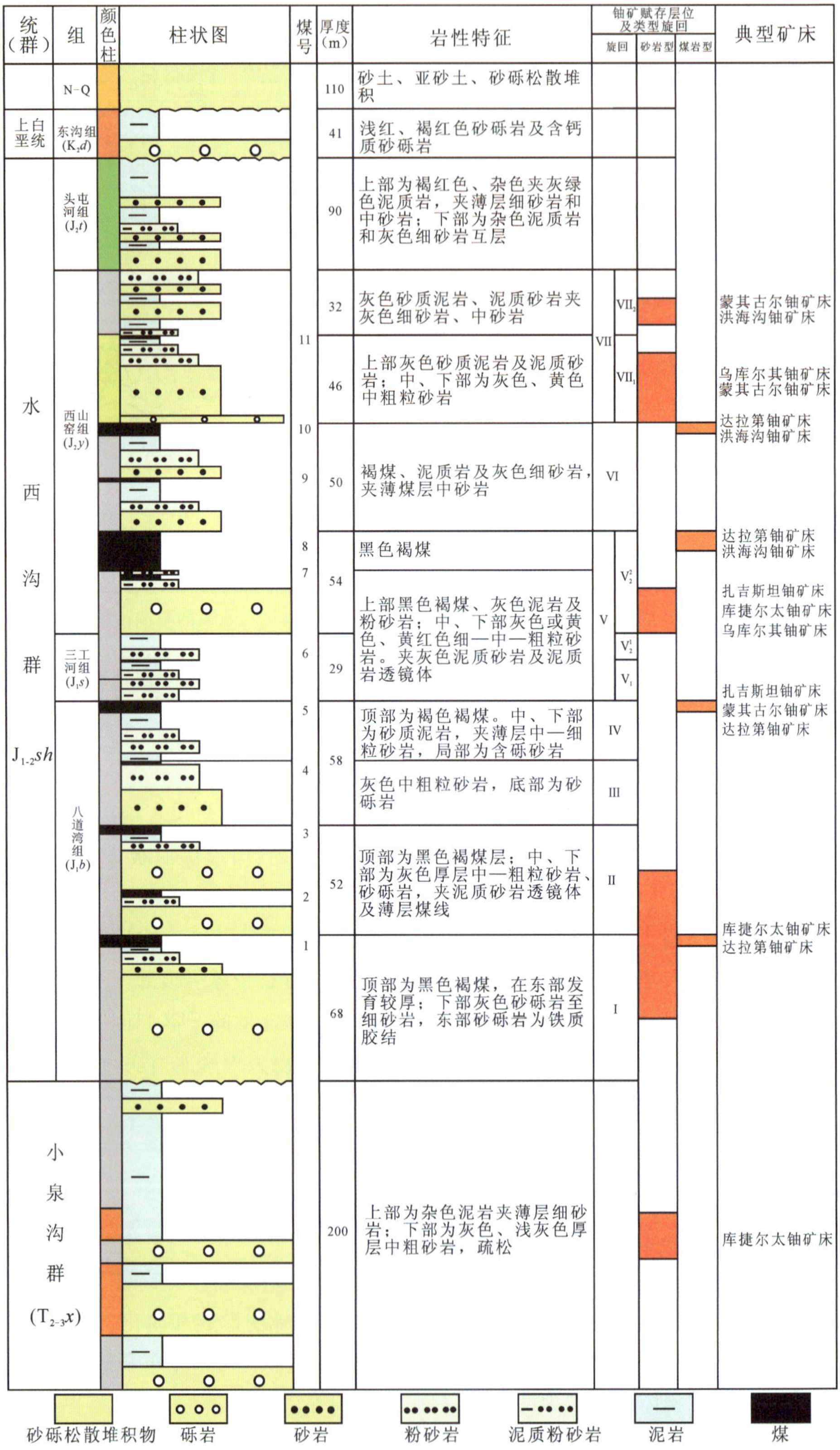

统(群)	组	颜色柱	柱状图	煤号	厚度(m)	岩性特征	铀矿赋存层位及类型旋回			典型矿床
							旋回	砂岩型	煤岩型	
				N-Q		110	砂土、亚砂土、砂砾松散堆积				
上白垩统	东沟组(K₂d)				41	浅红、褐红色砂砾岩及含钙质砂砾岩				
	头屯河组(J₂t)				90	上部为褐红色、杂色夹灰绿色泥质岩，夹薄层细砂岩和中砂岩；下部为杂色泥质岩和灰色细砂岩互层				
水西沟群	西山窑组(J₂y)				32	灰色砂质泥岩、泥质砂岩夹灰色细砂岩、中砂岩	VII₂			蒙其古尔铀矿床 洪海沟铀矿床
				11			VII			
					46	上部灰色砂质泥岩及泥质砂岩；中、下部为灰色、黄色中粗粒砂岩	VII₁			乌库尔其铀矿床 蒙其古尔铀矿床
				10						达拉第铀矿床 洪海沟铀矿床
				9	50	褐煤、泥质岩及灰色细砂岩，夹薄煤层中砂岩	VI			
				8		黑色褐煤	V₂²			达拉第铀矿床 洪海沟铀矿床
	三工河组(J₁s)			7	54	上部黑色褐煤、灰色泥岩及粉砂岩；中、下部灰色或黄色、黄红色细—中—粗粒砂岩。夹灰色泥质岩及泥质岩透镜体	V			扎吉斯坦铀矿床 库捷尔太铀矿床 乌库尔其铀矿床
				6	29		V₂¹			
							V₁			扎吉斯坦铀矿床 蒙其古尔铀矿床 达拉第铀矿床
J₁₋₂sh				5	58	顶部为褐色褐煤。中、下部为砂质泥岩，夹薄层中—细粒砂岩，局部为含砾砂岩	IV			
				4		灰色中粗粒砂岩，底部为砂砾岩	III			
	八道湾组(J₁b)			3						
				2	52	顶部为黑色褐煤层；中、下部为灰色厚层中—粗粒砂岩、砂砾岩，夹泥质砂岩透镜体及薄层煤线	II			库捷尔太铀矿床 达拉第铀矿床
				1	68	顶部为黑色褐煤，在东部发育较厚；下部灰色砂砾岩至细砂岩，东部砂砾岩为铁质胶结	I			
小泉沟群(T₂₋₃x)					200	上部为杂色泥岩夹薄层细砂岩；下部为灰色、浅灰色厚层中粗粒砂岩，疏松				库捷尔太铀矿床

图例：砂砾松散堆积物　砾岩　砂岩　粉砂岩　泥质粉砂岩　泥岩　煤

图 6-16　伊犁盆地含铀岩系地层结构（据陈戴生等,1994,1997；李胜祥等,2006 修编）

第六章 煤中有益金属元素 125

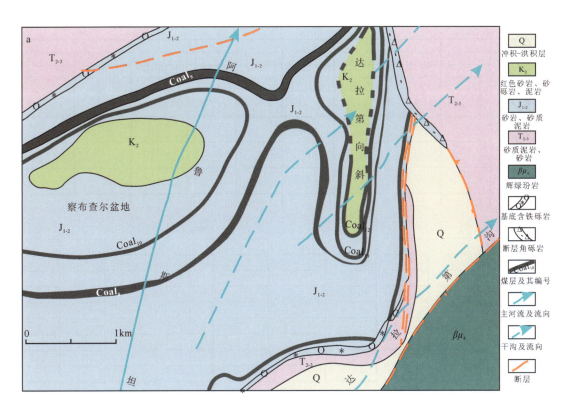

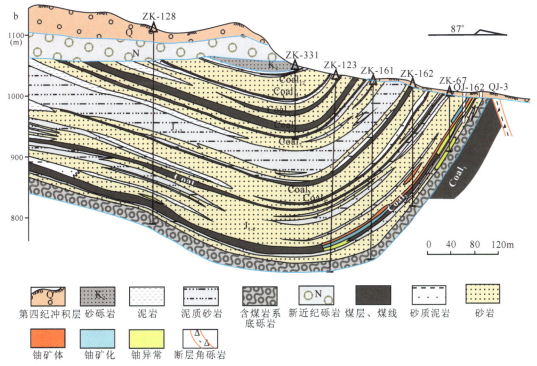

图6-17 伊犁盆地南缘达拉第铀矿床（据西北铀矿地质志，2004）
a.矿区地质略图；b.含矿剖面图

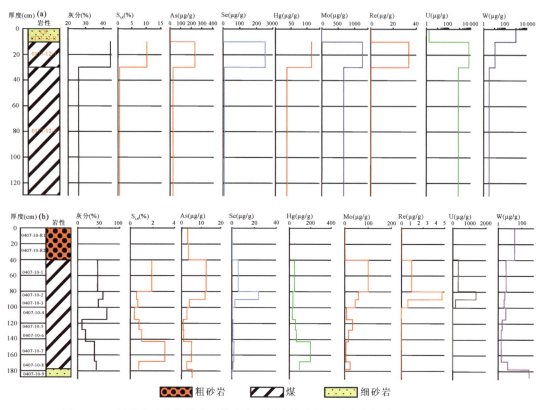

图 6-18 伊犁盆地南缘煤岩型铀矿中不同岩性微量元素变化规律(据 Dai et al,2015b)

煤层和 N_1b^1 上部含碳砂岩中。矿体呈层状,与地层产状一致。在 N_1b^2 煤层下部(第一含煤段),煤层即是锗矿层(主矿体)。该矿体稳定、厚度大、品位富、规模大,其储量占矿床总储量的 80%(图 6-20)。

该矿床与临沧矿田的其他矿床一样,锗矿与铀矿紧密共生,形成锗铀复合矿体。锗矿与铀矿表现为:①具有同一矿源体(层),产于同一构造部位,受同一沉积断裂控制的冲积扇扇间凹地泥炭沼泽环境;②形成于同一层位(N_1b^1 和 N_1b^2);③相同成矿主岩——褐煤和含碳砂岩;④相同的存在形式——腐殖酸络合物和吸附态。不同之处是:①平面上,铀矿分布范围小于锗矿;②在剖面上,铀矿仅分布在锗矿主矿体的中下部;③锗矿富集程度高于铀矿;④铀矿体跨层现象较锗明显,并见铀矿体斜切层理现象(白云生,1983;韩延荣等,1994)。

从露天采场取样分析的结果发现,N_1b^{1-2} 底部锗铀含量大致存在如下关系:当锗含量在 0.02%~0.25% 时,两者表现为正相关关系,即锗铀含量同时增高或降低。当锗含量大于 0.25% 时,两者为负相关关系,即随锗含量增高,铀含量反而降低(白云生,1983)(图 6-21)。

2.矿床成因

该矿床的成矿地质条件是:隆起带-混合花岗岩-断陷盆地-地热异常区是成矿的前提;同沉积断裂控制着富厚矿体的形成;不整合面是矿液运移的通道;泥炭沼泽有利于成矿物质的吸附还原和聚集。韩延荣等(1994)认为,铀锗成矿经历了多次成矿作用,是一个沉积-成岩为主的多阶段复成因矿床(图 6-22)。

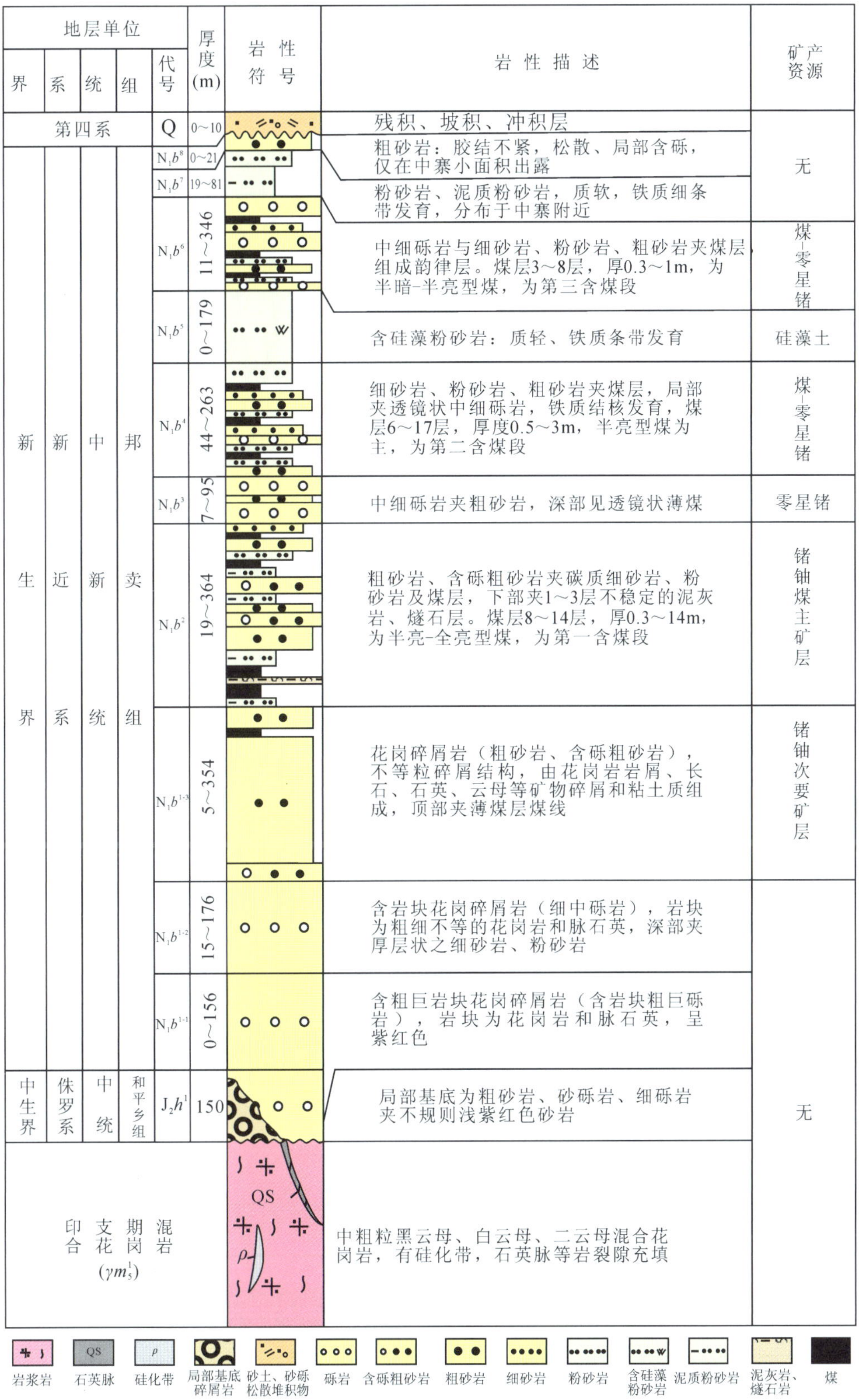

第六章 煤中有益金属元素

地层单位				代号	厚度(m)	岩性符号	岩性描述	矿产资源
界	系	统	组					
	第四系			Q	0~10		残积、坡积、冲积层	
新生界	新近系	新近统	中邦卖组	N_1b^8	0~21		粗砂岩：胶结不紧、松散、局部含砾，仅在中寨小面积出露	无
				N_1b^7	19~81		粉砂岩、泥质粉砂岩，质软，铁质细条带发育，分布于中寨附近	
				N_1b^6	11~346		中细砾岩与细砂岩、粉砂岩、粗砂岩夹煤层组成韵律层。煤层3~8层，厚0.3~1m，为半暗-半亮型煤，为第三含煤段	煤 零星锗
				N_1b^5	0~179		含硅藻粉砂岩：质轻、铁质条带发育	硅藻土
				N_1b^4	44~263		细砂岩、粉砂岩、粗砂岩夹煤层，局部夹透镜状中细砾岩，铁质结核发育，煤层6~17层，厚度0.5~3m，半亮型煤为主，为第二含煤段	煤 零星锗
				N_1b^3	7~95		中细砾岩夹粗砂岩，深部见透镜状薄煤	零星锗
				N_1b^2	19~364		粗砂岩、含砾粗砂岩夹碳质细砂岩、粉砂岩及煤层，下部夹1~3层不稳定的泥灰岩、燧石层。煤层8~14层，厚0.3~14m，为半亮-全亮型煤，为第一含煤段	锗铀煤主矿层
				N_1b^{1-3}	5~354		花岗碎屑岩（粗砂岩、含砾粗砂岩），不等粒碎屑结构，由花岗岩岩屑、长石、石英、云母等矿物碎屑和粘土质组成，顶部夹薄煤层煤线	锗铀次要矿层
				N_1b^{1-2}	15~176		含岩块花岗碎屑岩（细中砾岩），岩块为粗细不等的花岗岩和脉石英，深部夹厚层状之细砂岩、粉砂岩	
				N_1b^{1-1}	0~156		含粗巨岩块花岗碎屑岩（含岩块粗巨砾岩），岩块为花岗岩和脉石英，呈紫红色	
中生界	侏罗系	中统	和平乡组	J_2h^1	150		局部基底为粗砂岩、砂砾岩、细砾岩夹不规则浅紫红色砂岩	无
	印支期混合花岗岩 (γm_5^1)						中粗粒黑云母、白云母、二云母混合花岗岩，有硅化带，石英脉等岩裂隙充填	

图例：岩浆岩、石英脉、硅化带、局部基底碎屑岩、砂土·砂砾松散堆积物、砾岩、含砾粗砂岩、粗砂岩、细砂岩、粉砂岩、含硅藻粉砂岩、泥质粉砂岩、泥灰岩·燧石岩、煤

图6-19 邦卖盆地地层柱状图（据韩延荣等，1994）

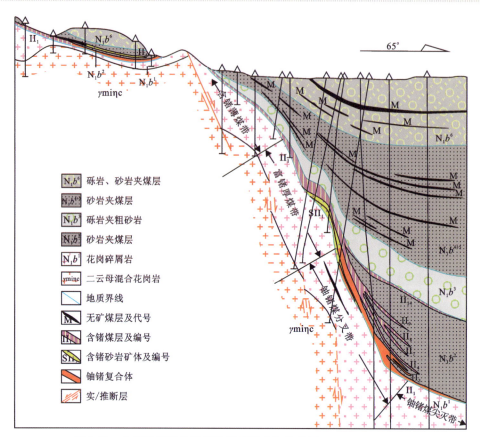

图 6-20 大寨铀锗矿床勘探线剖面及矿体分带图(据韩延荣等,1994)

样号	铅直厚度(m)	铀品位(%)	锗品位(%)
I_A-91	0.70	0.047	0.057 6
I_A-95	0.15	0.011	0.012 9
I_A-96	0.30	0.011	0.008 5
I_A-97	0.30	0.019	0.013 3
I_A-98	0.20	0.038	0.038 7
I_A-99	0.23	0.170	0.200 0
I_A-100	0.70	0.260	0.196 0
I_A-101	0.60	0.135	0.193 2
I_A-102	0.50	0.081	0.276 3
I_A-103	0.55	0.045	0.291 6
I_A-104	0.55	0.010	0.374 8
I_A-105	0.60	0.056	0.359 4
I_A-106	0.60	0.033	0.278 5
I_A-107	0.45	0.004	0.223 2
I_A-108	0.25	0.006	0.026 8

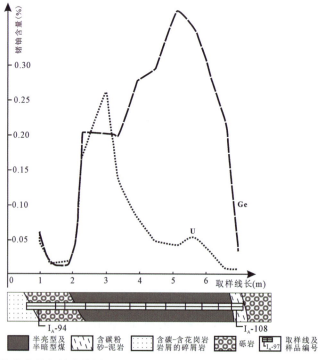

图 6-21 铀锗含量相关曲线图(据白云生,1983)

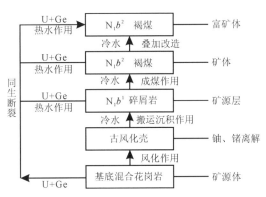

图 6-22　大寨超大型含铀锗矿床成矿机理示意图(据韩延荣等,1994 修改)

第五节　煤中稀土元素

稀土元素具有独特的物理性质和化学性质,在工业材料的生产制造、信息和纳米技术、国防科技、新能源等领域都有广泛的应用(谭东,1990)。例如,Pr 和 Pm 的同位素可用于制造微型原子电池;含稀土的银镁合金质轻坚固,是飞机、导弹、火箭的良好结构材料;一些稀土元素的同位素具有放射性,可用于医疗和科研;高级相机的镜头要用到氧化镧;稀土元素还可以用于制造防紫外线玻璃等(Seredin and Dai,2012)。此外,随着对稀土元素研究的深入,稀土元素的应用已逐渐拓展到林业、畜牧业及家禽饲养业和水产养殖业等方面(赵志根,2002;陈蕃茂,2017)。

我国是稀土资源大国和生产大国,供应着世界上 90% 以上的稀土消费市场(黄文辉等,2019),传统稀土资源主要有内蒙古白云鄂博稀土矿床、四川冕宁稀土矿床、山东微山稀土矿床、南方七省稀土矿床等(傅太宇等,2015),传统稀土资源虽然丰富,但随着我国经济和科学技术的飞速发展,稀土资源的需求和消耗大幅度增加,同时,我国稀土资源大量出口,资源量日益消减。因此,寻找和开发传统稀土资源的接替或补充资源具有重大的现实意义和经济价值。

稀土元素是含煤岩系重要的共伴生矿产资源,据估计,煤中稀土总量为 5000 万 t,相当于传统稀土矿产资源储量的 50% 左右(Zhang et al,2015)。美国在 2012 年启动了一项从煤及其燃烧产物中提取稀土的研究项目,并且已经取得了一些重要进展(黄文辉等,2019)。Finkelman(1993)指出:就目前美国的煤产量,若煤中稀土可以提取利用,就可以满足美国对稀土一半以上的需求量。Seredin and Dai(2012)的研究结果表明,世界煤和煤灰中总稀土元素含量均值分别为 $68.47\mu g/g$ 和 $404\mu g/g$,美国煤和煤灰中总稀土元素含量均值分别为 $62.09\mu g/g$ 和 $513\mu g/g$,煤灰中稀土含量可以达到煤的 $3\sim 7$ 倍。此外,Seredin(1991)报道远东地区一些煤灰中稀土含量高达 $0.2\%\sim 0.3\%$,与传统风化壳吸附型稀土矿床的工业品位接近。以上数据表明煤灰中的稀土元素可以相对富集,并可望得以综合利用,随着传统稀土矿床逐渐枯竭,煤和含煤岩系将是未来最有潜力的稀土元素来源。

另一方面,煤中稀土元素蕴含了丰富的地质和地球化学信息:稀土元素具有化学性质稳定、均一化程度高、不易受变质作用的干扰等独特的地球化学性质,能为地球的形成与演化、岩石、矿床的形成机理及形成条件等提供大量地球化学信息（王中刚等，1989），是研究煤地质成因的良好地球化学指示剂（任德贻等，2006）。煤中稀土元素的含量特征、赋存状态、配分模式以及地球化学参数可以反演煤的地质成因，揭示源区供给并区分不同的物源环境；根据煤中稀土元素的含量变化可以为烃源岩的演化、沉积环境、后生地质构造作用以及岩浆岩侵入等提供相关的证据（Seredin et al，2012；Dai et al，2012b，2014b；Finkelman et al，2018）。

一、稀土元素的组成及性质

1.稀土元素的组成

稀土元素（rare earth elements，REE）一般指的是原子序数为57～71的15个镧系元素（表6-9），包括元素 La、Ce、Pr、Nd、Pm、Sm、Eu、Gd、Tb、Dy、Ho、Er、Tm、Yb、Lu（Dai et al，2016a）。在15个稀土元素中，元素 Pm 由3个同位素组成，分别为 ^{145}Pm、^{146}Pm 和 ^{147}Pm，它们是放射性同位素，其半衰期分别为 17.7a、5.55a 和 2.623 4a，如此短的半衰期使得现在的地质样品中不存在元素 Pm，因此煤地球化学研究中所涉及的镧系元素为14个。由于 Y 的化学性质以及地球化学性质与镧系元素相似且密切伴生，因此把 Y 也归为稀土元素（刘英俊，1987；Bau，1996；Seredin and Dai，2012），称为 REY（rare earth elements and Y）。

表 6-9 稀土元素名称及符号表

原子系数	英文名称	中文名称	元素符号	读音
39	Yttrium	钇	Y	yǐ
57	Lanthanum	镧	La	lán
58	Cerium	铈	Ce	shì
59	Praseodymium	镨	Pr	pǔ
60	Neodymium	钕	Nd	nǚ
61	Promethium	钷	Pm	pǒ
62	Samarium	钐	Sm	shān
63	Europium	铕	Eu	yǒu
64	Gadolinium	钆	Gd	gá
65	Terbium	铽	Tb	tè
66	Dysprosium	镝	Dy	dī
67	Holmium	钬	Ho	huǒ
68	Erbium	铒	Er	ěr
69	Thulium	铥	Tm	diū
70	Ytterbium	镱	Yb	yì
71	Lutetium	镥	Lu	lǔ

依据不同的划分标准，稀土元素有不同的分类分案。依据稀土元素的供需关系，稀土元素可划分为紧要的稀土元素（critical，包括 Nd、Eu、Tb、Dy、Y、Er）、不紧要的稀土元素（uncritical，包括 La、Pr、Sm、Gd）和过多的稀土元素（excessive，包括 Ce、Ho、Tm、Yb、Lu）3类（Seredin and Dai，2012）。根据原子序数的差异，稀土元素可分为铈族或轻稀土元素（La、Ce、Pr、

Nd、Pm、Sm、Eu)和钇组或重稀土元素(Y、Tb、Dy、Ho、Er、Tm、Yb、Lu)两部分(Dai and Chou,2008;Moldoveanu et al,2013)。根据 Seredin and Dai(2012)的分类方案,煤中 REY 可分为轻稀土 LREY(包括元素 La、Ce、Pr、Nd、Sm)、中稀土 MREY(Eu、Gd、Tb、Dy、Y)、重稀土 HREY(Ho、Er、Tm、Yb、Lu)。

2.稀土元素的性质

稀土元素是白色或灰白色金属,质地软,化学性质活泼,具有十分相似的化学性质和物理性质。

稀土元素的电子构型可用通用式 $4d^{10}4f^{0-14}5s^25p^65d^{0-1}6s^2$ 表示,并以电子的内层充填为特征,即由一个元素过渡到相邻的下一个元素时,不增加新的电子层,而是在 4f 亚层上增加电子,其他层的电子结构保持不变,这是决定稀土元素一系列地球化学特征的重要原因之一(陈德潜,1990)。在自然界,稀土元素常呈稳定的+3 价离子,离子半径十分相似;少数稀土元素除了+3 价以外,还有其他氧化价态,如 Ce^{4+} 和 Eu^{3+}。

虽然稀土元素在自然界密切共生,具有十分相似的原子结构、化学性质和晶体化学性质,但稀土元素在结晶化学性质、元素碱性、吸附能力、形成络合物的能力上仍然存在细微的差距,致使它们的化学行为存在某些差异,在成岩作用过程中产生分异(刘英俊,1987;杨学明等,2000),这些差异主要包括:①结晶化学因素,各稀土元素因离子半径的差别,使它们以类质同象加入其他矿物中的能力不同。②碱性不同,REE^{3+} 的碱性和碱土金属相似,其碱性随着离子半径的减小逐渐降低,即 La-Lu 逐渐减小。它们的氢氧化物的溶解、沉淀的 pH 值也从 La-Lu 逐渐降低,这导致它们沉淀和迁移的能力差异,引起分离。③稀土元素被吸附的能力不同,稀土元素被黏土等物质吸附的能力随着原子系数的增加、半径的减小而减小。④稀土元素形成络合物的能力不同。

二、煤中稀土元素的含量及赋存状态

(一)煤中稀土元素的含量

煤中稀土元素含量偏低,国内外学者都统计过煤中稀土元素的含量(表 6-10)。Ketris et al(2009)提供的世界煤中总稀土含量为 68.47μg/g,Finkelman(1993)提供的美国煤中总稀土含量为 62.09μg/g,Dai et al(2012c)给出的中国煤中总稀土元素含量为 139.89μg/g。

(二)煤中稀土元素的赋存状态

1.研究方法

研究者们对煤中稀土元素赋存状态的认识在很大程度上依赖于间接方法,常见的方法包括:①多元统计方法(相关关系/聚类分析),即依据煤中稀土元素与灰分产率和有机质含量之间的关系来判断其无机/有机亲和性(王文峰等,2002;Sun et al,2010;Bai et al,2015;Zheng et al,2017;Li et al,2018;Munir et al,2018)。如 Zheng et al(2007)发现稀土元素含量与煤中灰分产率呈正相关关系及与煤中主量元素 Si、Al、Ti、Fe 和 Na 呈正相关关系,认为华北二叠纪煤中稀土元素主要赋存于黏土矿物中。赵志根等(2000a,b)、郑刘根等(2006)、孙蓓蕾等

(2010)、吴盾等(2013)也运用相似的方法对煤中稀土元素赋存状态进行了研究。②逐级化学提取(Bau,1996;姜萌萌等,2012;Wang et al,2014)、密度分离(Querol et al,2001;Lin et al,2017b)与浮沉法(Tian et al,2014)。由于这些实验方法需要遵循特定的实验程序,操作较为繁琐,没有多元统计法应用广泛。例如,代世峰等(2002)根据稀土元素的特性,把稀土元素分为水溶态、可交换态、碳酸盐结合态、有机态、硅铝化合物结合态和硫化物结合态,并运用逐级提取法对石炭井、石嘴山和峰峰矿区煤层及顶板中稀土元素的赋存状态进行了研究,得出的结论认为煤和顶板中的稀土元素均主要赋存在硅铝化合物结合态中。李大华等(2005)、姜萌萌等(2012)也运用相似的实验方法对重庆煤中稀土元素赋存状态进行了研究,并得出了相似的结论。赵志根等(2000b)用密度分离法对淮北煤田煤中稀土元素进行研究发现,稀土元素在密度大的样品中含量相对较高,各密度级稀土元素分布模式相似。低温灰化+X射线衍射也是煤中微量元素赋存状态研究的常用间接方法之一(张军营等,1998),但由于煤中含稀土元素矿物的含量较低,XRD难以准确识别,因此该方法对于稀土元素的赋存状态研究受到限制。近几年,随着实验操作经验的逐步积累和实验条件的改善,不少研究者对逐级化学提取和密度分离的实验步骤进行了完善和改良。目前利用这些实验方法,能够得出准确的元素赋存状态研究结果(Wei and Rimmer,2017;Finkelman et al,2018)。

表6-10 中国、美国与世界煤中稀土元素含量比较(据 Dai et al,2012c)

元素	中国煤 (Dai et al,2012) 平均值($\mu g/g$)	美国煤 (Finkelmen,1993) 平均值($\mu g/g$)	世界煤 (Ketris and Yudovich, 2009) 平均值($\mu g/g$)
La	22.50	12.00	11.00
Ce	46.70	21.00	23.00
Pr	6.42	2.40	3.50
Nd	22.30	9.50	12.00
Sm	4.07	1.70	2.00
Eu	4.84	0.40	0.47
Gd	4.65	1.80	2.70
Tb	0.62	0.30	0.32
Dy	3.74	1.90	2.10
Ho	0.96	0.35	0.54
Er	1.79	1.00	0.93
Tm	0.64	0.15	0.31
Yb	2.08	0.95	1.00
Lu	0.38	0.14	0.20
Y	18.20	8.50	8.40
ΣREY	139.89	62.09	68.47

煤中元素赋存状态的直接研究方法一般包括两个方面:①微区原位分析,通过测试元素在单个矿物颗粒或显微组分微区中的含量判断元素的赋存状态(Li et al,2007;Wei et al,2018);②通过红外光谱、X射线光电子能谱(XPS)、(近边)X射线吸收精细结构光谱(XAFS;

赵峰华等,1998)研究元素结合状态。例如,杨建业等(2015)曾成功应用红外光谱对西山矿区煤中稀土元素与有机质的结合点位进行了研究。由于稀土元素在煤中的含量较低且与有机质关系密切(Finkelman,1993;Lin et al,2017a),部分直接方法在煤稀土元素赋存状态的研究应用上受到了一定限制。但是不少学者已经成功地在煤灰中运用了这些方法,例如 Phuoc et al(2016)首次报道了利用激光诱导击穿光谱(LIBS)检测出了煤灰中稀土元素含量。此外,Kolker 等(2017)利用 SHRIMP-RG 离子探针分析了单个颗粒煤飞灰中的稀土元素组成。

2.赋存状态

继 1933 年 Goldschmidt and Peters 首次发表了对于煤中部分稀土元素的无机/有机亲和性的研究结果以来,不少研究者也相继开展了对稀土元素赋存状态的研究工作(Eskenazy,1987,1999;Querol et al,2001;Lin et al,2017a;Finkelman et al,2018)。目前被广泛接受的观点是,煤中的稀土元素既赋存于无机矿物质中,同时也赋存于有机质中(Eskenazy,1987;Finkelman,1993;Lin et al,2017a)。从来源上讲,煤中的稀土元素主要与来自碎屑物源区的原生矿物有关(Schatzel and Stewart,2003;Qi et al,2007)。然而,当搬运到泥炭沼泽中的原生矿物改变或被破坏时,一部分稀土元素会发生溶解活化,这些溶解状态的稀土元素与有机质发生络合/吸附作用而被有机质束缚(郑刘根等,2006),或者重新分配后被保留在自生矿物中(Schatzel and Stewart,2012)。基于此,Seredin and Dai(2012)将煤中稀土元素赋存状态分为 3 种:①赋存于原生碎屑或火山岩碎屑矿物中(主要为独居石,少量磷钇矿),或者以类质同象进入陆源碎屑或者火山灰来源的矿物中(如锆石、磷灰石等);②赋存于自生矿物中,如含稀土的铝磷酸盐矿物、硫酸盐矿物、含水的稀土元素硫酸盐矿物、氧化物以及碳酸盐和氟碳化合物等;③赋存于有机质中。此外,代世峰等(2014)提出煤中稀土元素还可以以离子吸附的形式存在。

三、煤中稀土元素的配分模式

(一)稀土元素的奇偶效应及稀土元素的标准化

1.稀土元素的奇偶效应

太阳系的稀土元素丰度变化较大,由于原子核的稳定性存在差异,具有偶数原子系数的稀土元素比原子系数为奇数的稳定,因此原子序数为偶数的稀土元素比其相邻的原子序数为奇数的稀土元素的丰度较高,在元素-丰度图解上呈现为锯齿状(图 6-23),称其为奇偶效应(Oddo-Haikins)(刘英俊等,1987;杨学明等,2000)。

2.稀土元素的标准化

在研究稀土元素时,为了更加直观地揭示其分布规律,需要消除奇偶效应。经标准化后(样品稀土元素含量除以标准物质稀土元素含量),可以消除原子序数为奇数和偶数的稀土元素间的丰度变化,使得稀土元素的丰度曲线变得平滑(图 6-23),同时还可以反映样品中稀土元素相对于标准化物质的分馏情况(杨学明等,2000)。

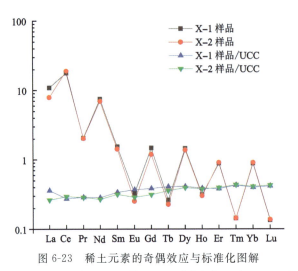

图 6-23 稀土元素的奇偶效应与标准化图解

样品 X-1、X-2 采自山西省寺河矿 3 号煤层，UCC 值参考自 Taylor and Mclennan(1985)

利用标准参照物对天然样品标准化后，可以得到不同的稀土元素-标准化值折线图，即为稀土元素配分模式图（图 6-24）。配分模式图曲线的斜率、形态和偏离直线的稀土元素的异常地球化学行为特征，为成岩成矿机理的研究，鉴别岩石的成因和类型等提供了重要的信息（Haskin et al,1966；Seredin,1996；Seredin and Dai,2012；Dai et al,2016）。

煤中稀土元素常用的标准物质有球粒陨石、北美页岩（NASC）、大陆上地壳（UCC）和晚太古代澳大利亚页岩（PASS）（Dai et al,2016a）。早期的研究中，球粒陨石常被用于煤中稀土元素的标准化，球粒陨石标准化的稀土元素配分模式图对于碎屑物源区的示踪具有较好的指示作用。Dai et al(2016a)指出，为了研究煤中稀土元素在沉积过程中是如何分馏的，用于标准化的标准物质应该与煤具有相同或相似的成因，因此，Dai et al(2016a)建议煤中的稀土元素标准化物质采用沉积岩的平均值，如大陆上地壳、北美页岩、晚太古代澳大利亚页岩或者煤本身。Dai et al(2016a)认为最适合煤的标准物质是 UCC，因为煤沉积于大陆上地壳，泥炭沼泽中存在大量的 UCC 碎屑，煤的性质接近 UCC，它们两者的配分模式相似。

（二）煤中稀土元素的配分模式类型

根据 Seredin and Dai(2012)的划分方案，煤中稀土元素经大陆上地壳平均值（UCC）标准化后，其配分模式可以划分为以下 4 种类型。

1. 轻稀土富集型（L-type）

轻稀土富集型表现为 $(La/Lu)_N > 1$，配分模式图中的折线向右下方倾斜，具有负斜率（图 6-24a）。L-REY 型稀土元素配分模式，通常是中国古生代一些灰分产率较高（18%～50%）、煤层厚度在 0.6～28.7m 的高阶煤所表现的配分模式。煤灰中 REO（稀土元素氧化物）含量为 0.11%～0.23%，$(La/Lu)_N$ 的比值 1.1～2.9。稀土元素配分模式为 L-REY 型的煤中稀土元素异常通常来源于泥炭沼泽阶段进入的陆源碎屑或火山凝灰岩碎屑。

2. 中稀土富集型（M-type）

中稀土富集型表现为 $(La/Sm)_N < 1$，$(Gd/Lu)_N > 1$，配分模式图中的折线中部略微凸起

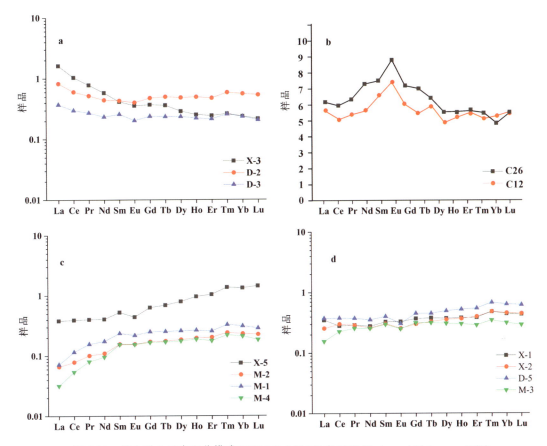

图 6-24 煤中稀土元素配分模式（标准化为大陆上地壳 UCC，Taylor and McLennan，1985）
a.轻稀土富集型；b.中稀土富集型；c.重稀土富集型；d.正常型

其中，样品 X-1~5、D-2~5 采自山西省寺河矿，M-1~4 采自山西省赵庄矿，C12 与 C26 图临摹自 Seredin and Dai(2012)

（图6-24b）。M-REY 型的煤发现于中国、俄罗斯远东地区、白俄罗斯、塔吉克斯坦等国家的一些煤中(Seredin and Dai,2012)。成煤时期从石炭纪到新生代，煤阶从无烟煤到褐煤(Seredin and Dai,2012)。通常，聚煤盆地中的酸性循环水体和富稀土元素的酸性热液溶液表现为中稀土富集(McLennan,1989；Michard,1989)，因此，M-REY 型煤灰中 REY 含量异常高可能是由于酸性热液提供稀土来源(Seredin and Dai,2012)。此外，腐殖质对 M-REY 的吸附高于 LREY 和 HREY 也可能导致煤中稀土元素表现为 M-REY 型(Seredin and Shpirt,1999)。

3.重稀土富集型(H-type)

重稀土富集型表现为 $(La/Lu)_N<1$，配分模式图中的折线右上方倾斜，具有正斜率（图 6-24c）。H-REY 型在富 REY 的煤灰中尤为典型，煤阶可以从褐煤到无烟煤(Seredin and Dai,2012)。煤中 H-REY 型分布的出现可能与在煤盆地中广泛分布的富含 HREY 的循环天然水体有关。这些水流可能是海水、碱性内陆水、低温(130℃)碱性热液，也可能是一些高温(>500℃)火山热液流体(Seredin and Dai,2012)。此外，也可能与重稀土元素具有较强的有机亲和性有关(Wang et al,2019)。

4.正常型(N-type)

相对于 L-、M-、H-REY,正常型的稀土元素配分模式主要表现在稀土元素间没有分馏或具有非常弱的分馏,配分模式图中的折线近乎平直(图 6-24d)。N-type 稀土元素配分模式很少出现在富稀土元素的煤中,在贫稀土元素的煤中常见(Seredin and Dai,2012)。

四、稀土元素的异常

1.煤中 Ce 异常

在强氧化、碱性条件下,Ce 能以 Ce^{4+} 形式存在于地壳浅层稳定开放的低温水体中,从而与其他稀土元素发生分离(Dai et al,2016a 及其参考文献)。Ce/Ce^*(有时记为 δCe)是评价 Ce 与其他稀土元素的耦合关系和异常程度的参数。$Ce/Ce^* > 1$ 表示 Ce 正异常,$Ce/Ce^* < 1$ 表示 Ce 负异常,$Ce/Ce^* \approx 1$ 表示 Ce 无异常。计算公式为(赵志根等,2002):

$$Ce/Ce^* = \frac{Ce_N}{Ce_N^*} = \frac{Ce_N}{\sqrt{La_N + Pr_N}}$$

公式中 Ce_N、La_N 和 Pr_N 是研究样品中 Ce、La 和 Pr 的标准化值,Ce_N^* 为 Ce 的内差值,此公式适用于样品稀土元素含量在进行标准化后,取自然对数作为纵坐标,以原子序数从小到大排列为横坐标的配分模式图(赵志根等,2002)。若以常规整数为纵坐标,Ce 的异常情况用以下公式判断(Dai et al,2016a 及其参考文献):

$$Ce/Ce^* = \frac{Ce_N}{Ce_N^*} = \frac{Ce_N}{\sqrt{0.5La_N + 0.5Pr_N}}$$

若测试结果没有元素 Pr 的数据(例如,REY 是由仪器中子活化分析确定),则 Ce/Ce^* 可计算为:

$$Ce/Ce^* = \frac{Ce_N}{Ce_N^*} = \frac{Ce_N}{\sqrt{0.67La_N + 0.33Nd_N}}$$

煤中 Ce 主要表现为负异常、弱负异常或无异常。明显的 Ce 正异常在煤中很少发生,但在一些煤层内生裂隙和煤的赋存岩体中发现了明显的 Ce 正异常。

造成煤中 Ce 异常的因素多样,沉积源区、地下水或热液浸出、海水、铁锰氢氧化物的矿化等多种因素都可能控制煤和含煤地层中 Ce 的特征(Dai et al,2016a)。例如:以玄武岩为主沉积物源区无 Ce 异常(Xu et al,2001;Xiao et al,2004),因此以其为物源的煤也无 Ce 异常;以长英质岩为主的沉积物源区表现为 Ce 弱负异常,以陆源物质输入为主的煤通常显示 Ce 弱负异常(Dai et al,2016a)。某些情况下,地下水和层间热液的渗滤作用会导致渗滤部位及下方煤层中 Ce 异常。渗滤过程中如果氧化条件允许会将 Ce^{3+} 氧化为 Ce^{4+},Ce^{4+} 通常不流动而在原地保存(Braun et al,1990;Taunton et al,2000),导致滤液中富含 REY 却贫 Ce,随着滤液进入有机质中,煤中的稀土元素特征表现出富 REY 贫 Ce 的特征(Dai et al,2016a)。

2.煤中 Eu 异常

一般稀土元素大多呈+3 价,但 Eu 较为特殊,在强还原和高温环境下如岩浆作用过程中,Eu^{3+} 可以被还原为 Eu^{2+}(Sverjensky,1984;Rard,1985;Elderfield,1988;Bau,1991)。Eu^{3+} 和其他稀土元素性质相似,但 Eu^{2+} 与其他稀土元素的性质不同,因而容易与其他+3 价的稀土元素发生分离,出现异常行为,体现在稀土元素标准化图解上,曲线在 Eu 处呈现为"峰"或"谷","峰"称为 Eu 正异常,"谷"称为 Eu 负异常(赵志根等,2002)。

Eu/Eu*(有时记为 δEu)是评价 Eu 与其他 REY 元素的耦合关系和异常程度的参数,Eu/Eu*>1 表示 Eu 正异常,Eu/Eu*<1 表示 Eu 负异常,Eu/Eu*≈1 表示 Eu 无异常。计算公式为:

$$Eu/Eu^* = \frac{Eu_N}{Eu_N^*} = \frac{Eu_N}{\sqrt{Sm_N + Gd_N}}$$

公式中 Eu_N、Sm_N 和 Gd_N 是研究样品中 Eu、Sm 和 Gd 的标准化值,Eu_N^* 为 Eu 的内差值,此公式适用于样品稀土元素含量在进行标准化后,取自然对数作为纵坐标,以原子序数从小到大排列为横坐标的配分模式图(赵志根等,2002)。若以常规整数为纵坐标,Eu 的异常情况用以下公式判断:

$$Eu/Eu^* = \frac{Eu_N}{Eu_N^*} = \frac{Eu_N}{\sqrt{0.5Sm_N + 0.5Gd_N}}$$

为了避免 Gd 异常对 Eu 异常的影响,Eu/Eu* 可计算为(Bau and Dulski,1996):

$$Eu/Eu^* = \frac{Eu_N}{Eu_N^*} = \frac{Eu_N}{\sqrt{0.67Sm_N + 0.33Tb_N}}$$

煤中 Eu 异常通常不是由沉积物源区的风化过程或金属从沉积物源区泥炭沼泽的运输过程造成的,而是继承自沉积物源区的母岩,并且受高温热液流体的影响(Dai et al,2016a)。煤中 Eu 异常除受沉积源区控制外,还受火山灰的影响。漂浮的火山碎屑物质沉积在泥炭沼泽中形成火山灰层,也可能导致煤中 Eu 异常的出现。

五、煤中稀土元素的富集

1.稀土元素含量的评价指标

Seredin and Dai(2012)用 REO 表征煤灰中稀土元素的含量,提出以 REO 值≥1000μg/g 作为煤灰中稀土元素的边界品位(划分矿与非矿界限的最低品位),若煤层厚度>5m,边界品位的标准可以降低到 800~900μg/g。此外,Ketris and Yudovich(2009)估计世界煤煤灰中 REO 平均含量为 485μg/g,提出煤灰中的 REO 浓度系数大于 2,则煤灰中稀土元素可以考虑开发利用。

2.稀土元素富集的控制因素

代世峰等(2014)、Dai and Finkelman(2018)总结了煤及含煤地层中稀土元素富集的成因机制,主要包括火山灰作用、热液流体(出渗型和入渗型)、沉积源区供给 3 种类型(表 6-11)。他们认为在同沉积期,如果有富 REE 的沉积物源或火山灰输入泥炭,或者在同生/表生阶段有富 REE 的热液注入煤层,则煤的灰分中 REE 含量可能达到 0.1%~1.5%(表 6-11),其浓度可以和传统的稀土矿床相当甚至更高(Seredin and Dai,2012;Arbuzov et al,2016)。

热液成因的煤-稀土矿床在国内外都有发现,如俄罗斯滨海边区新生代煤盆地,中西伯利亚的通古斯卡盆地,稀土元素在这些矿床煤灰中一般为 1%~2%(Seredin and Dai,2012)。此外,广西宜山煤层中 U-Se-Mo-Re-V 和稀土元素富集,中国南方贵州贵定、广西合山、重庆磨心坡等地稀土元素的富集均和热液流体有关(Dai et al,2015c,2017)。

表 6-11　煤及含煤地层中稀土元素富集的成因类型(据 Dai and Finkelman,2018)

成因类型	REO(%,灰分)	伴生元素	范例
沉积源区供给	0.1~0.4	Al、Ga、Li、Ba、Sr	中国准格尔和大青山煤田(Dai et al,2012c)
火山灰作用 (酸性、碱性火山灰)	0.1~0.5	Nb、Ta、Zr、Hf、Ga、Zr、Hf、Ga	云南东部(Zhao et al,2017),四川华蓥山(Dai et al,2014b),美国肯塔基(Mardon and Hower,2004)
溶液入渗	0.1~1.2	U、Mo、Se、Re	蒙古国 Aduunchulun(Arbuzov and Mashenkin,2007)
溶液出渗或热液流体	0.1~1.5	U-Mo-Se-Re 或 As-Sb-Hg-Ag-Au	俄罗斯 Rettikhovka(Seredin,2004),四川磨心坡和古叙(Dai et al,2016a,2017)

沉积物源区对煤中稀土元素的影响表现为稀土元素的含量和分布在很大程度上继承了聚煤盆地周缘沉积物源区母岩的性质(Seredin and Dai,2012)。如内蒙古准格尔和大青山煤田的煤-镓矿床中也高度富集稀土元素,沉积物源区本溪组风化壳铝土矿和夹矸经过长期地下水淋溶作用导致了煤层中特有的 Al-Ga-REE 稀有金属元素富集组合(Dai et al,2006a,2012;代世峰等,2014)。四川华蓥山煤-稀土矿床(K1)中稀土元素的富集是碱性流纹岩和热液流体共同作用的结果(Dai et al,2014b),K1 煤层中的 3 层夹矸是由碱性流纹岩蚀变形成的(碱性 Tonstein),高度富集稀土元素、铌、锆等稀有金属元素。

在火山喷发过程中产生的火山灰和火山碎屑能够进入泥炭,形成夹矸或和煤中有机质混合,导致煤层中稀土元素含量偏高(Dai et al,2012c)。如重庆松藻煤矿晚二叠世 11 号煤层中 Nb-Ta-Zr-Hf-REE 元素的富集主要由碱性火山灰导致(代世峰等,2007b)。

第六节　煤中其他稀有元素

除国内外已经发现的一些煤伴生锗、铀、锂、镓的富集以外,近年在煤中陆续发现了高度富集的铌、铼、钪、锆、稀土元素以及银、金、铂、钯等贵金属元素,这些高含量的稀有金属元素是潜在的重要战略矿产资源。

一、煤中稀有金属的含量与分布

中国煤及含煤岩系中发现的镓(铝)、铌、铼、钪、锆等稀有元素多和稀土元素相伴生,Dai et al(2018)将煤-稀土多稀有金属矿床的伴生元素组合主要归纳为 REY-Al-Ga、REY-Zr(Hf)-Nb(Ta)-Ga、REY-U-V-Cr-Se-Re、REY-Nb(Ta)-Zr(Hf)-U 及 REY-U(Mo,Se)5 种类型。

1.REY-Al-Ga 型

在中国内蒙古准格尔和大青山煤田的煤-镓矿床中也高度富集稀土元素,高度富集的稀土元素主要来源于沉积物源区本溪组风化壳铝土矿和夹矸经过长期地下水淋溶作用,形成了特有的 REY-Al-Ga 稀有金属元素富集组合(Dai et al,2006,2012b、d)。

2. REY-U(Mo,Se)型

中国南方晚二叠世形成于局限碳酸盐岩台地基础上的煤层,主要分布在贵州贵定和紫云、广西合山、扶绥、云南砚山、湖南辰溪等地。局限碳酸盐岩台地型的煤含有机硫(4%~12%),属于超高有机硫煤(Shao et al,2003;Zeng et al,2005;Dai et al,2008b,2013a;Chou,2012)。该类型煤中铀较为富集,含量一般为40~288μg/g,其中贵定煤中U的均值为211μg/g,砚山煤中铀的均值为153μg/g。与铀共伴生的钒、铬、钴、镍、钼、硒也高度富集,形成了特有的U-V-Se-Mo-REY的组合模式(Shao et al,2003;Zeng et al,2005;Dai et al,2008b,2013a)。

对这种超高有机硫煤层中高度富集的硫及REY-U(Mo,Se)等稀有金属元素,一般有两种解释:①海水的强烈影响(Shao et al,2003;Zeng et al,2005);②在泥炭聚积期间热液流体的侵入(如海底喷流),热液流体作用导致煤中稀有金属元素的富集和再分配,形成了特有的U-V-Se-Mo-REY组合模式(Dai et al,2008b,2013a)。

3. REY-Zr(Hf)-Nb(Ta)-Ga 型

受煤中碱性火山灰蚀变黏土岩夹矸(碱性Tonstein)高度富集铌、锆、稀土、镓等稀有金属元素及其在测井曲线上表现出的自然伽马正异常的启发,目前REY-Zr(Hf)-Nb(Ta)-Ga型煤-多稀有金属-稀土矿床主要发现于我国西南地区,横跨云南东部、贵州西部、四川南部、重庆等多个地区。这些REY-Zr(Hf)-Nb(Ta)煤-多稀有金属-稀土矿床含有0.1%~0.5% REO(REY的三氧化物),1%~3%(Zr,Hf)$_2$O$_5$,0.05%~0.1%(Nb,Ta)$_2$O$_5$(灰基),这些稀有金属元素的丰度均远远超出其相应的工业品位(一般为工业品位的2~5倍,Dai et al,2014b;Zou et al,2014b;Zhao et al,2015)。

这些矿中REY-Zr(Hf)-Nb(Ta)-Ga的富集主要与3种因素有关(Dai et al,2016b):凝灰质或碱性火山灰蚀变黏土岩(碱性Tonstein)、热液流体、凝灰质-热液流体混合型。

4. REY-U-V-Cr-Se-Re 型

Dai et al(2017)研究发现,在四川磨心坡煤田镁铁质凝灰岩上沉积的K1煤(均厚40cm)中高度富集REO(1239×10^{-6}),U(917×10^{-6}),V$_2$O$_5$(13.098×10^{-6}),Cr$_2$O$_3$(8569×10^{-6}),Se(160×10^{-6})及Re(6.21×10^{-6})(灰基),并解释这种REY-U-V-Cr-Se-Re煤-多稀有金属矿床的形成归因于渗出的热液流体的作用。

5. REY-Nb(Ta)-Zr(Hf)-U 型

四川磨心坡煤田K1煤层中除富集上述REY-U-V-Cr-Se-Re稀有元素组合外,K1煤层及K2煤层中还富集Nb(Ta)-Zr(Hf)-REY型稀有元素组合(Dai et al,2017)。此外,四川古叙煤田25号煤层(半无烟煤)中也富集REY-Nb(Ta)-Zr(Hf)-U稀有元素组合(Dai et al,2016c),煤层底板邻近煤层的上段为陆源碎屑来源的中酸性岩石,下段为峨眉山镁铁质凝灰岩。煤层中富集的REY、Nb、Ta、Zr、Hf及U可能来源于底板上段的中酸性岩石,并且明显受热液的影响(Dai et al,2016c)。

二、煤中稀有金属的赋存状态和富集因素

1. 多稀有金属的赋存状态

稀有金属在煤中的赋存状态多样,同一元素在不同煤中的赋存状态也是不同的。煤-稀

土-多稀有金属矿床中 U、Se、Mo、Re、V 等稀有金属同样具有多种赋存状态,但主要赋存在煤的有机质中(Dai et al,2018)。尽管在一些煤中发现了含 U 矿物(如铀石和钛铀矿)(Dai et al,2015c),煤-稀土-多稀有金属矿床中 U、Se、Mo、Re、V 等稀有金属的赋存在一定程度上与煤中的伊利石或伊蒙混层矿物有关(Liu et al,2015)。

2.多稀有金属的富集因素

Dai et al(2012b)讨论了控制中国煤中元素和矿物富集的 7 种因素:沉积物源区岩石、低温热液、火山灰、海水环境、岩浆热液、海底喷流和地下水。不同时代、不同地区的煤沉积背景和成煤环境不同,导致煤中稀有金属异常的控制因素各异。

控制中国南方晚二叠世形成于局限碳酸盐岩台地基础上的煤中 REY、U、V、Mo、Se 等稀有金属元素富集的主要有 3 种地质因素:①陆源区供给决定了煤中微量元素的背景值。局限碳酸盐岩台地基础上形成的煤层可以具有不同的沉积物源区,如砚山煤的沉积物源区是越北古陆(Dai et al,2008b),贵定和紫云煤的沉积物源区是康滇古陆,合山煤的沉积物源区是云开古陆(Dai et al,2013a)。②在泥炭聚积期间热液流体的侵入(如海底喷流)作用导致煤中稀有金属元素的富集和再分配,形成了特有的 V-Se-Mo-Re-U 的组合模式(Dai et al,2008b,2013a);热液流体对稀有金属的再分配作用主要体现在夹矸中的稀有金属被热液(或地下水)淋溶到下伏的煤层中,继而被有机质吸附(Dai et al,2013a、b)。③绝大部分局限碳酸盐岩台地型煤受到了海水的影响,海水侵入和静海环境提供了利于稀有金属元素保存的介质条件,如 Eh 和 pH 值(Shao,2003;Zeng et al,2005)。

然而,煤中富集的 U-Re-V-Cr-Se 元素组合未必仅出现在上述局限碳酸盐岩台地背景下的煤层中,且这些元素的富集未必受海水的影响(Dai et al,2017)。例如,重庆磨心坡煤田煤中 U-Re-Se-V-Cr 及 Zr(Hf)-Nb(Ta)-REE 以及四川古叙煤田 U-Zr(Hf)-Nb(Ta)-REE 多稀有金属的富集均归因于热液流体的作用(Dai et al,2016c,2017)。热液流体不仅可以提供稀有金属元素的来源,同时对煤和夹矸中的稀有金属元素起到了再分配作用(代世峰等,2014)。四川华蓥山煤-稀土矿床 K1 煤层中稀土元素的富集是碱性流纹岩和热液流体共同作用的结果,Zr、Nb、Yb 和 U 等稀有金属在热液的作用下,分别被淋溶到下伏的煤中的有机质中,继而被有机质吸附(Dai et al,2014b)。

酸性和碱性火山灰可以导致煤型多稀有金属矿床的形成。碱性火山灰成因的煤-稀土矿床往往也高度富集铌(钽)、锆(铪)和镓,这些元素的高度富集归因于同时期大规模碱性火山灰喷发(Seredin and Dai,2012)。煤中 REY-Zr(Hf)-Nb(Ta)-Ga 型稀有金属组合的富集主要与 3 种因素有关(Dai et al,2016b):凝灰质或碱性火山灰蚀变黏土岩(碱性 Tonstein)、热液流体、凝灰质-热液流体混合型。根据矿层的岩石结构-构造特征,初步将其分为碱性火山灰蚀变黏土岩、碱性凝灰质黏土岩、碱性火山凝灰岩和碱性火山角砾岩(Dai et al,2010b)。这种碱性火山灰是峨眉山大火成岩省地幔柱消亡阶段的产物。富含铌、锆、稀土、镓的碱性火山灰降落沉积后,在成岩作用早期或后期阶段,又遭受了热液作用,其直接证据是鲕绿泥石在多稀有金属矿体中的普遍存在。结合碱性火山灰蚀变黏土岩的空间分布特征(厚度及其变化、层位分布等)和地球化学特征,可以把碱性火山灰蚀变黏土岩作为寻找该类型矿床的地质和地球化学标志(周义平,1999)。

三、典型煤-铌-锆-稀土-镓多稀有金属矿床

重庆松藻矿区煤型 Nb-Ta-Zr-Hf-REE 矿床是一个典型的多稀有金属矿床,该矿床位于重庆西南綦江县。矿区含煤地层为晚二叠世龙潭组(P_3l),平均厚度78.5m,含煤5~15层,可采或局部可采4层,分别为6号、7号、8号和11号。龙潭组上覆地层为长兴组(P_3c),为石灰岩、生物碎屑灰岩夹白云质灰岩,含燧石结核及生物礁,产䗴、珊瑚及腕足类动物化石,平均厚99m。下伏地层为茅口组(P_2m),为生物碎屑灰岩,与龙潭组呈平行不整合接触。龙潭组为海陆交互相含煤沉积,是中国南方的重要含煤地层。

1. 煤层的基本性质

根据代世峰等(2007)的研究,矿区6号和7号属于中灰、高硫煤,8号煤属于低灰、中高硫煤,11号属于高灰、高硫煤。这4个煤层均为中高硫-高硫煤,煤中硫主要以黄铁矿硫为主。

从煤的镜质组反射率来看,4个煤层均属于低阶无烟煤,11号煤层的镜质组反射率最低。通过 X 射线衍射、带能谱仪的扫描电镜及光学显微镜的观察和分析发现,6号、7号和8号煤中矿物组成较简单,主要有黄铁矿、黏土矿物、方解石和石英。而11号煤中矿物组成复杂,鉴定出的矿物有黄铁矿、硫锰矿、黄铜矿、白铁矿、石英、高岭石、伊蒙混层矿物、绿泥石、钠长石、菱铁矿、方解石、独居石、磷灰石、锐钛矿和石膏15种矿物。

2. 煤中 Nb-Ta-Zr-Hf-REE 的分布与赋存特征

6号煤层富集 Sr 和 Mo,7号煤层富集 Cu、Sr 和 W。8号煤层为矿区最主要可采煤层,其储量占矿区总储量的60%,煤层中微量元素没有明显富集(代世峰等,2007)。除 Ca 外,11号煤层中的其他常量元素,如 Mg、Al、Si 和 Fe 明显富集。

11号煤层中的 Be($9.14\mu g/g$)、Sc($12.9\mu g/g$)、Ti($9508\mu g/g$)、Mn($397\mu g/g$)、Co($23.7\mu g/g$)、Cu($108\mu g/g$)、Zn($123\mu g/g$)、Ga($32\mu g/g$)、Sr($402\mu g/g$)、Zr($1304\mu g/g$)、Nb($169\mu g/g$)、Hf($32.7\mu g/g$)、Ta($11.4\mu g/g$)、W($24.8\mu g/g$)、Hg($2.8\mu g/g$)、Pb($28.1\mu g/g$)和稀土元素 REE($509.62\mu g/g$)明显高于中国贵州和美国大部分煤中相应元素的含量。除 Li 外,11号煤层中的碱金属元素大离子的亲石元素 Th 也明显富集,^{232}Th 几乎占 Th 天然同位素的100%,这些高含量的天然放射性元素所引起的异常从矿区钻孔的测井曲线上得到了清晰的反映。

11号煤层中 Nb 的含量高达$169\mu g/g$。自然界多数煤中 Nb 的含量小于$20\mu g/g$,少数可以达到$20\mu g/g$以上,但接近或超过$100\mu g/g$的罕见(唐修义和黄文辉,2004)。美国大部分煤中 Nb 最高值为$70\mu g/g$(6843个样品),而 Ta 的最高值为$1.7\mu g/g$(4622个样品)(Finkelman,1993)。对煤中 Nb 的赋存状态的研究资料较少,一般认为煤中 Nb 存在于氧化物矿物(如金红石)中(Finkelman,1993)。与 Ti 广泛地形成异价类质同象是 Nb 的重要地球化学性质之一,两者常形成复杂的氧化物,在阿拉斯加煤中发现有铌铁矿矿物(Rimmer,1991)。Nb 和 Ta 都是典型的亲石元素,具有强烈的亲氧性,常共存在同一矿物中。另外,黏土矿物可以吸附 Nb(Bouška et al,2000)。SEM-EDX 测试结果表明,Nb 和 Ta 在胶态的锐钛矿中的含量分别为5.65%和0.45%;钠长石和伊蒙混层矿物中含有少量的 Nb,其含量分别为1.14%和0.71%。Ta 在其他组成中的含量均低于检测极限。Nb 在该煤层中的灰化(815℃)产物中

的含量为 275μg/g,其工业利用价值值得关注。根据《稀有金属矿产地质勘查规范》(DZ/T 0203—2002)的标准,风化壳类型的 Nb 矿床所要求的工业品位是 160～200μg/g,河流类砂矿类型要求 Nb 的含量为 100～120μg/g,因此,松藻矿区 11 号煤层可能是一新型的与煤共伴生的 Nb 矿床,但 Nb 的分布范围、储量及其提取技术尚值得进一步研究(代世峰等,2007)。

11 号煤中 Zr 含量高达 1304μg/g,锆石是 Zr 的主要载体(Finkelman,1993),然而,通过 SEM-EDX、XRD 和光学显微镜在 11 号煤层中未检测到锆石的存在。胶态状的锐钛矿是 Zr 的载体之一,含量为 1.40%。另外,钠长石中 Zr 的含量为 0.05%,伊蒙混层矿物含量为 0.28%。

在松藻 4 个主要煤层中,11 号煤层中稀土元素含量最高为 509.62μg/g。中国大部分煤中稀土元素的均值为 137.9μg/g,黔西晚二叠世煤中稀土元素总量为 165.9μg/g(Dai et al,2005),美国大部分煤中稀土元素的总量均值为 62.09μg/g(Finkelman,1993)。根据代世峰等(2007a)的研究,8 号和 11 号煤层中稀土元素配分模式基本相似,均表现为明显的 Eu 负异常,稀土元素的含量不同是这两个煤层的明显差别;而 6 号和 7 号煤层的稀土元素配分模式相似,Eu 负异常不明显。SEM-EDX 测试结果表明,在伊蒙混层矿物中检测出 La 和 Ce 的含量较高,分别为 0.18% 和 0.15%,磷灰石和独居石中明显富集稀土元素。由于磷灰石和独居石在煤中的含量较低,因此,稀土元素主要存在于伊蒙混层矿物中。

3. 煤伴生 Nb-Ta-Zr-Hf-REE 矿床的形成

不同地质时代的含煤岩系中广泛分布的火山灰蚀变黏土黏夹矸(Tonstein),其原始物质绝大部分是同沉积的酸性、中酸性火山灰。个别例外的情况是英国石炭纪地层中曾鉴别出 7 层 Tonstein,由基性火山灰形成,另外 14 层由酸性和中性火山灰形成(周义平和任友谅,1994)。加拿大始新世 Hat Creek 山间盆地,在沉积总厚 500 余米的 4 个煤带中,含火山灰蚀变黏土黏夹矸 72 层,仅确定出 1 层为基性火山灰(周义平,1992)。至于同沉积的碱性 Tonstein,仅周义平(1999)、Zhou et al(2000)在中国西南地区有发现,并对其类型、分布范围进行了详细的划分和圈定。

重庆松藻矿区煤层形成时的主要物源来自聚煤盆地西侧的康滇古陆(周义平和任友谅,1994)。松藻矿区 11 号煤层与 6 号、7 号和 8 号煤层中矿物质的显著差异表明,含煤岩系底部的 11 号煤的矿物质来源明显不同于煤系中部和上部的煤层。11 号煤中除部分热液成因的黄铁矿外,煤中其他主要矿物的赋存特征显示出非陆缘碎屑成因、非热液成因和非生物成因。

现有研究表明,松藻矿区 11 号煤层中 Nb-Ta-Zr-Hf-REE 的异常富集主要归因于同沉积的碱性火山灰。通常情况下,火山灰厚度较薄,从几毫米到几厘米(一般 2～5cm),具有大面积分布的特征;有的同沉积火山灰物质亦可与沼泽中的泥炭紧密混合并堆积,最终成为煤中矿物质的重要组成部分(Dai et al,2003)。而松藻矿区 11 号煤中的碱性火山灰物质具有这两者的过渡型特征,在宏观上难以识别其纹层,总体上表现为暗淡煤的特征,夹有镜煤条带,仅在光学显微镜和扫描电子显微镜下识别出厚度为几个微米到几十个微米的较细纹层,稳定分布,并与有机质相间排列重复出现,反映了该火山灰喷发具有多期性、每次喷发的时间相对较短、规模相对较小的特征。

西南地区碱性 Tonstein 仅发育在晚二叠世龙潭早期(Zhou et al,2000),而晚二叠世龙潭中晚期主要喷发基性和酸性火山灰,如 Dai et al(2003)在贵州织金矿区晚二叠世龙潭组上部发现有基性火山灰,并对煤中微量元素的富集起到了决定作用。在空间分布上,松藻矿区 11 号煤层亦位于周义平(1999)所圈定的碱性火山灰分布的范围之内,产出 4~8 层碱性火山灰蚀变黏土黏夹矸。

一般而言,岩浆从基性向酸性、碱性演化时,铁族元素 Ti、V、Co、Ni 和 Cr 等的含量不断下降,大部分在碱性岩浆岩中降至最低点(仅 Ti 在碱性岩浆岩中含量比酸性岩浆岩增加),而对亲石元素的 Li、Be、Nb、Ta、Zr、Hf、U、Th、W 以及稀土元素等,在碱性岩浆岩中大量富集,尤其是具有高价位、大离子半径的 Nb、Ta、Zr、Hf 和稀土元素等。在碱性岩中,由于 Si 和 Al 含量的相对不足,Nb、Ta、Zr、Hf 和稀土元素等两性亲石元素能形成络阴离子而与碱性阳离子结合以维持系统的平衡,这是它们在碱性岩浆岩中富集的重要原因之一。松藻矿区 11 号煤层 Nb、Ta、Zr 和 Hf 显著富集,与全国煤中含量均值相比增长了 10~14 倍,稀土元素含量与全国煤相比亦增长了 3~4 倍。Ti 在大多数矿物和有机质中含量普遍偏高,亦是 11 号煤层受碱性火山灰影响的证据之一。虽然碱性与基性和酸性 Tonstein 的稀土元素配分模式相似(Zhou et al,2000),但碱性 Tonstein 中稀土元素含量更高,为 $140\sim2500\mu g/g$(均值 $700\mu g/g$),而酸性和基性 Tonstein 中稀土元素的含量为 $55\sim540\mu g/g$(均值 $200\mu g/g$)。另外,碱性 Tonstein 较基性和酸性的 δCe 高,并更富集轻稀土元素,碱性 Tonstein 的这些特征和松藻矿区 11 号煤层的稀土元素配分特征相吻合。Nb、Ta、Zr、Hf 和 REE 在松藻 11 号煤中显著富集,但是极少见到与这些元素相对应的单矿物的存在,其与碱性 Tonstein 物态特征相吻合。如在碱性 Tonstein 中,Zr 的含量为 $605\sim3756\mu g/g$(均值 $1230\mu g/g$),而在酸性和基性火山灰蚀变黏土黏夹矸中的含量为 $80\sim840\mu g/g$(均值 $280\mu g/g$),但重砂分析和薄片观察研究表明,锆石的含量后者是前者的数十倍、上百倍(周义平,1999)。松藻 11 号煤层中富集的元素与周义平(1999)研究西南地区龙潭早期碱性火山灰蚀变的黏土黏夹矸中的元素的赋存形态亦非常吻合。远源的粒度极细的火山灰沉降速度很慢,要使其沉积到一定的厚度必定需要较长的时间,这一过程利于火山玻璃在泥炭沼泽中进行彻底水解,分散赋存于玻屑中的亲石元素即以阳离子形式析出,并被新生的黏土矿物吸附而原地保留下来。

此外,与通常见到的 Tonstein 几乎全部由结晶度好的高岭石组成不同(Loughnan,1978;Crowley et al,1993),松藻 11 号煤层中微米级别的 Tonstein 主要由伊蒙混层矿物组成,伊蒙混层矿物占总黏土矿物含量的 78%,仅有少量高岭石。由此可见,碱性 Tonstein 中有较高含量的伊蒙混层矿物(Zhou et al,2000)。碱性 Tonstein 是 Nb-Ta-Zr-Hf-REE 形成富集的重要条件。

第七章 泥岩型铀矿

在煤田勘探过程中,人们通常会发现一些具有放射性的暗色泥岩。由于泥岩具有极低的渗透性,所以其中的放射性元素通常被认为是在沉积期富集的。当泥岩中的铀含量达到了工业品位,并具有一定的规模,就是一种可以被利用的紧缺战略矿产资源。在二连盆地西部额仁淖尔地区,位于赛汉塔拉组含煤岩系之上发育于二连达布苏组湖相泥岩中的铀矿床,经勘探确认是同沉积泥岩型铀矿床的典型代表,人们称之为努和廷铀矿床。笔者在本章中以该矿床为重点实例,系统阐述此类铀矿的基本特征与关键控矿要素,同时简要介绍在成因上与之相关的其他铀矿特征,如湖水型铀矿、浊积岩型铀矿等。

第一节 铀矿基本特征与关键控矿要素

一、铀矿基本特征

泥岩型铀矿,是指在湖泊沉积时期,大量溶解铀(U^{6+})从湖水中逐渐被湖泊底部富有机质和黄铁矿的淤泥还原吸附,并与细粒沉积物一起富集沉淀形成的铀矿层。

泥岩型铀矿,也被称为同沉积泥岩型铀矿,这是为了突出沉积作用的成矿特色(焦养泉等,2009;彭云彪等,2015)。此类矿床发育的首要控制因素是稳定构造背景条件下的沉积环境与沉积作用。稳定的大规模湖泊水体是铀预富集的间接载体,湖泊底部富强还原性的有机质-黄铁矿暗色淤泥是铀的吸附剂和最终载体,维持同沉积成矿作用持续发育的时间因素是通过稳定的构造背景实现的。

由于铀成矿作用与沉积作用同步进行,所以在某种意义上铀矿化体也是一种具有等时意义的地层对比标志层。同沉积泥岩型铀矿床严格受地层层位和岩相岩性控制。矿体为较规则的层状,其产状与地层一致。由于含铀岩系往往具有很好的韵律性,相应的铀矿化也常表现出多层位性,铀矿化多出现在韵律中部或上部。

二、关键控矿要素

对于一种矿床而言,深入研究关键控矿要素是进行成矿机理解释、总结成矿规律和成矿模式、进行成矿预测和评价的关键内容。泥岩型铀矿主要受控于以下7种关键地质要素。

1. 适宜的大地构造背景

适宜的大地构造背景是各种类型铀矿床形成发育的最根本的地质条件,即普适性的控矿要素。对于特定类型的铀矿而言,它能够促使其他几种关键控矿要素在时空上形成恰当的匹配和耦合关系,要有利于一个铀成矿系统的形成。具体到同沉积泥岩型铀矿,需要有稳定的大地构造背景,从而保障铀源的充分补给、大型湖泊的持续发育、还原地质体的形成发育、较低的沉积速率、充分的铀吸附与成矿时间以及良好的保存条件等,同时有利于这些关键要素在有限的时空范围内耦合与匹配。

2. 充足且持续的铀源补给

充足且持续的铀源补给,第一取决于构造条件,使物源区能够借助诸如地表水系等要素,能与沉积盆地构成良好的沟通;第二更为重要,取决于蚀源区富铀母岩的性质,通常认为中酸性花岗岩、火山碎屑岩、钾质混合岩化的变质岩、富铀沉积岩等都能构成良好的铀源,当然蚀源区各种类型的铀矿床均属于最好的富铀母岩。有些母岩由于富含铀,而有的母岩相对贫铀但却具有高效的铀释放能力,不一而足;第三取决于铀的补给方式,蚀源区富铀母岩通过物理、化学和生物风化作用,会形成溶解铀(溶于水的 U^{6+})、碎屑铀(含铀的碎屑矿物或铀矿碎屑)。泥岩型铀矿主要依赖于溶解铀,但是,如果有碎屑铀的输入,经水体改造其部分的碎屑铀会演化为溶解铀,从而以溶解铀的形式加入到铀成矿过程中;第四,一般认为干旱的古气候有利于溶解铀的高效率输导。

充足且持久的铀源供给是湖相泥岩中铀富集最重要的基础性条件。铀元素在淡水中的浓度比海水低得多,因此绝大部分的湖相富有机质沉积物中都不富集铀(Herron,1987)。湖相沉积物中出现相对高的铀含量也曾被报道过,可能是由于富铀岩石的风化产物通过河流或地下富铀流体进入盆地;或者富铀的火山物质喷出后迅速进入湖泊水体中富集形成的(张本筠,1992;Nash,2010)。

因此,相对于海相沉积物,湖相泥岩中是否能出现铀富集,充足且持久的铀源供给显得尤为重要。在已经发现的湖相泥岩铀富集的例子中,绝大多数均可以找到有外来物质提供铀源的证据。例如,美国 Date Creek 盆地北端 Anderson 铀矿床的铀被认为来源于火山物质(Sherborne et al,1979)。

3. 大型湖泊的稳定持续发育

稳定、持续发育的湖泊,不仅为铀成矿提供了物理空间,而且是铀成矿的化学反应器。一方面,稳定而持续的汇水促使大型湖泊的发育,从而也促成了大规模富 U^{6+} 水体这种"间接性铀源"的形成;另一方面,稳定而持续的湖泊发育,为铀的持续吸附成矿($U^{6+} \rightarrow U^{4+}$)提供了充足的时间。

这一要素,在二连盆地努和廷地区不同层位的泥岩型铀成矿作用中具有显著反差。在垂向上,上白垩统二连组与古近系呈不整合接触关系。尽管两者均为暗色泥岩的湖泊沉积,但是古近系夹有频繁的黄色含氧化铁的泥质条带沉积物,这反映了一种构造或者气候频繁变化而引起的古近纪湖泊的周期性暴露,在这种条件下即便具有其他有利的成矿条件也会使其瞬间丧失,所以不利于同沉积泥岩型铀矿的形成。而下伏二连组持续、稳定的湖泊发育,形成了中国第一个超大型铀矿床——努和廷铀矿床。

4.高品质还原地质体的形成发育

对铀的沉淀来说,吸附剂和还原剂的存在是一个非常重要的先决条件。在陆相沉积盆地中,一定的沉积有机质生产力,以及有利的古气候条件,是形成发育深色淤泥——还原地质体的充分和必要条件。也就是说,这种湖泊中沉积有机质的生产力不一定要很高,但是要具有能被高效保存的沉积环境。一般来讲,湖泊中的沉积有机质可以来源于盆地及其周缘分散有机质的远源输导,也可以是湖泊浮游生物的持续繁衍。关键是这些有机质,在沉积之后能被确保形成良好的保存,从而具备铀成矿还原地质体的性能。一旦有机质沉积下来,由干旱古气候条件导致的盐度分层大大地限制了湖泊下层水体的循环,从而导致了湖泊底部(强)还原环境的形成,这种环境不仅有利于沉积有机质的保存,而且有利于黄铁矿等的形成,富有机质和黄铁矿的湖底暗色淤泥便成为铀成矿的最佳还原地质体。石油地质学的研究表明,一些发育于干旱古气候背景中的湖泊,通常还有利于烃源岩的形成。

一些学者已经关注到了湖泊水体中溶解铀与暗色淤泥之间成矿作用的细节。Ramsh et al(2011)对印度塔尔沙漠的 Didwana 盐湖研究发现,沉积物中的铀以非晶质(无定型)形式存在于沉积物中,与卤水之间具有平衡转化过程。韩军(2013)对不同类型盐湖沉积物与卤水中铀分配比的研究发现,大多数碳酸盐型盐湖远大于硫酸盐型盐湖。

目前的研究认为,铀的吸附剂主要包括有机质和磷酸盐,而还原剂则主要为有机质和以黄铁矿为代表的硫化物。

磷酸盐与铀的关系十分密切。Kochenov et al(2002)对俄罗斯 Mangyshlak 半岛的 Melovoe 有机磷酸盐矿床进行了研究,发现铀的丰度和磷的含量之间存在明显的正相关关系,而且 Bell et al(1940)在 Nambian 大陆架表层沉积物中铀和磷具有相似的分布特征。Fisher et al(2001)对英国约克郡南部上石炭统的黑色页岩进行了研究,通过实验证明铀、细晶磷灰石以及有机碳之间存在明显的正相关性(图 7-1)。秦艳等(2009)对鄂尔多斯延长组长 7 段富铀烃源岩的逐级化学提取结果表明,胶磷矿中铀含量占全岩中铀含量的 50% 以上。铀可能以一种无序的形态分布于胶磷矿中。

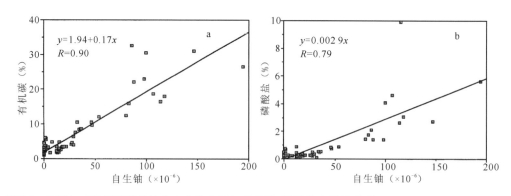

图 7-1 Middlecliff 露天矿样品中自生铀含量与有机碳、磷酸盐含量的关系(据 Fisher and Wignall,2001)
a.自生铀含量与有机碳含量的关系;b.自生铀含量与磷酸盐含量的关系

有机质在铀的富集过程充当了吸附、还原和络合作用的媒介,其既是吸附剂,也是还原剂。黑色岩系中有机质和铀的含量很早就被发现存在线性关系(Schmoker,1981;Zelt,

1985),Swanson在1956年提出有机质的吸附和还原作用使铀在黑色页岩中富集。黑色页岩中富集的自生铀沉淀在沉积水界面之下的缺氧环境中,且与有机质一同堆积(Berry and Wilde,1978;Meyer and Nederlof,1984;Mann et al,1986;Wignall and Myers,1990)。在同生沉积阶段,高初级生产力使有机质高度富集,大大消耗了水体中溶解的有限浓度的O_2,造成严重缺氧的还原环境(Данчев,1979)。原本以U^{6+}形式溶解于水体中的铀被腐殖质为主的有机质吸附后进入还原环境中以U^{4+}形式沉淀下来(Galindo et al,2007)。有机质本身的性质也会影响其铀含量。在对苏联含铀低沼泥炭的研究中发现,泥炭中的铀同泥炭有机质的分解程度关系密切,不分解的有机质含铀量最低,半分解的高一些,高度分解的含铀量最高(Meunier et al,1989)。

不同类型的吸附剂吸附铀的效率是不同的(Wood,1996;伊金双等,2005;Galindo et al,2007;Descostes et al,2010),而它们在数量上并没有必然的联系。

除有机质之外,一些硫化物也在铀成矿的过程中充当了重要的还原剂,其中以黄铁矿最为常见。Descostes et al(2010)通过实验证明,黄铁矿的表面会发生包括铀在内的一些氧化还原敏感元素的沉淀,其反应可用反应式(1)来表示:

$$UO_2^{2+} + (1-x)FeS_2 + xH_2O \longrightarrow UO_{2+x}(s) + (1-x)Fe^{2+} + 2(1-x)S^0 + 2xH^+ \quad (1)$$

张如良和丁万烈(1994)认为,当铀矿与黄铁矿共生时,其成矿机理是:

$$[UO_2(CO_3)_3]^{4-} + H_2S \longrightarrow UO_2 \downarrow + S + 2CO_3^{2-} + H_2O + CO_2 \uparrow \quad (2)$$

$$4[UO_2(CO_3)_3]^{4-} + HS^- + 15H^+ \longrightarrow 4UO_2 \downarrow + SO_4^{2-} + 12CO_2 \uparrow + 8H_2O \quad (3)$$

$$[UO_2(CO_3)_3]^{4-} + 2Fe^{2+} + 3H_2O \longrightarrow UO_2 \downarrow + 2Fe(OH)_3 + 3CO_2 \uparrow \quad (4)$$

5.低沉积速率和持续时间较长的缺氧环境

陆相盆地沉积速率的快与慢是大地构造背景、盆地和物源性质,以及古气候条件综合影响的结果,人们通常用补偿盆地、欠补偿盆地和过补偿盆地来表述。对于泥岩型铀矿而言,坳陷型欠补偿盆地是最佳类型。因为,这类盆地粗碎屑物输入有限,相反却有利于高品质富有机质和黄铁矿暗色淤泥的形成,表现出了较低的沉积速率。当然,如果这时候湖泊中心有浊积岩,或者是三角洲前缘河口坝砂体发育,那么浊积岩或河口坝砂体也同样会具有还原性质,也可以吸附溶解铀,但是形成的矿石却具有"砂岩"性质。

沉积速率和缺氧条件持续的时间也会影响铀的沉淀。有机质与含铀流体接触的时间越长,被固定的铀就越多(Myers and Wignall,1987;Arthur and Sageman,1994)。Mangini and Dominik(1979)证明了地中海腐泥的U/TOC比率具有与沉积速率负相关的趋势。缺氧事件发生的频率、持续时间或周期会影响铀元素的沉淀。一般来说,在缺氧环境持续时间很短的情况下,吸附铀可能被部分或完全氧化后又被重新激活并释放到溶液中(Thomson et al,1995;Mangini et al,2001),且缺氧事件持续时间较长的环境受成岩作用影响也较小,有利于铀的保存。缺氧环境可能是生物的过度繁盛造成的,也可能与地史上的海侵事件、火山喷发或上升洋流的活动等因素有关(Leggett,1980;Jin et al,2000;周立君和侯贵卿,2002)。

6.氧化还原环境的突变

在正常的氧化还原反应中,Eh(氧化还原电位)的变化以一个或多个相当突变的界线为特征,铀的沉淀作用发生在突变的界线上。氧化的含铀水同还原水会沿着液体-液体的接触面扩散混合并开始铀的沉淀作用(Galloway and Hobday,1989)。可见氧化还原边界的位置会直接影响铀沉淀的位置,对铀矿勘查具有十分重要的意义,Fisher and Wignall(2001)曾对英国晚石炭世的Parkhouse海相页岩中的生物相(ORB)、黄铁矿化度(DOP)、C/S及S、C、自生铀、磷灰石含量变化趋势进行了对比,证明自生铀含量的峰值出现在氧化还原边界的附近(图7-2)。而对于泥(页)岩的沉积环境来说,其氧化还原边界的位置通常与沉积水界面相关(Myers and Wignall,1987;Van der Weijden,1990)。

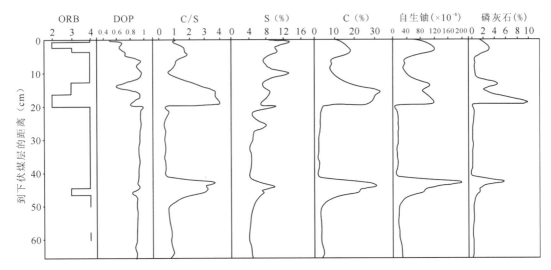

图7-2 G. listeri Marine Band 页岩中生物相(ORB)及各化学指标变化趋势对比图(据Fisher and Wignall,2001)
ORB2.厌氧生物相;ORB3.次需氧生物相;ORB4.需氧生物相。自生铀含量的高值出现在缺氧环境中,而峰值出现在生物相发生变化的位置,即氧化还原边界附近

7.充分的铀吸附与成矿时间

一个具有工业性质铀矿体的形成,需要充足的成矿时间来保证。这在很大程度上取决于稳定的大地构造条件,要确保在较长的地质历史时期中,有利成矿要素间的协同成矿关系不被破坏和中断,也就是确保溶解铀能够源源不断地被富有机质和黄铁矿的淤泥吸附,而且这个时间持续的越长,形成的矿体就越大、越富。

8.矿体的良好保护

在矿体形成后,最好是能够在矿体之上有随后沉积的直接盖层加以保护。在干旱古气候背景条件下,盆地演化末期的湖泊消亡阶段,通常能够形成具有封盖作用的膏盐层。与油气成藏一样,膏盐层是铀矿保护的最佳盖层。努和廷铀矿床就具有此种结构,大约1m厚的膏盐层或含膏泥岩直接覆盖于主要矿体之上,起到了盖层保护作用。另一方面,在矿床形成之后,还要避免后期构造作用的剥蚀改造,这当然取决于盆地构造的演化过程。

第二节 泥岩型铀矿床典型实例

二连盆地努和廷铀矿床是我国发现的第一个超大型铀矿床,隶属于一种独特的同沉积湖泊泥岩型成因。第二个实例是潮水盆地的大红山铀矿床,为同沉积干旱湖泊泥灰岩-泥岩型铀矿床。第三个具有类似成因的实例是鄂尔多斯盆地延长组长7油层组同沉积深水湖泊的富铀油页岩。第四个实例有些特殊，是哈萨克斯坦滨里海成矿区的同沉积浅海鱼骨-磷酸盐型铀矿床。

一、努和廷铀矿床

二连盆地努和廷铀矿床，是典型的干旱古气候、充足的铀源和稳定的构造条件背景中，一种独特的同沉积湖泊泥岩型铀矿床（焦养泉等，2009）。从矿床规模和发现时序上讲，努和廷铀矿床是我国第一个发现的超大型铀矿床（彭云彪等，2015），而位于鄂尔多斯盆地北部的大营铀矿床（古砂岩型）却属于我国第二个超大型铀矿床（彭云彪等，2019）。

（一）铀矿发育的动力学背景与含铀岩系地层格架

1.地球动力学背景

努和廷铀矿床产出于二连盆地乌兰察布坳陷额仁淖尔地区的二连达布苏组。从沉积盆地构造演化的角度看，乌兰察布坳陷经历了早—中侏罗世裂陷期、晚侏罗世—早白垩世裂陷期、裂后热沉降期三大演化阶段。其中，晚侏罗世—早白垩世裂陷期主要由裂陷Ⅰ幕和裂陷Ⅱ幕构成，腾格尔组形成于裂陷Ⅱ幕早期，赛汉塔拉组形成于裂陷Ⅱ幕的断拗转换期。二连达布苏组和古近系则形成于裂后热沉降期（图7-3）。断陷盆地发展演化末期的裂后热沉降背景，为二连达布苏组稳定的湖泊沉积体系发育及其持续的铀成矿奠定了良好的地质基础。

2.含铀岩系地层判别与地层格架

焦养泉等（2009）通过对努和廷矿床钻遇地层的孢粉、介形虫、轮藻和有孔虫等微体古生物，以及大化石的系统研究，判定含铀岩系——二连达布苏组形成于晚白垩世（图7-4），该层位可以延伸对比至二连盐池附近盛产恐龙的化石层。运用层序地层学原理优化了岩石地层单元，建立了二连达布苏组等时地层格架，认为努和廷泥岩型铀矿化均产出于湖泊扩展体系域中（图7-5）。

（二）成矿作用受同沉积环境条件约束

研究发现，成矿作用与层序地层、沉积体系、特殊岩性组合（暗色泥岩）等环境条件关系密切。

在湖泊扩展体系域中，铀成矿以小层序为单位表现出了明显的周期性。在一个小层序内部，湖泊扩展事件的中期成矿作用比较活跃，而在湖泊扩展事件的早期和晚期则不成矿或弱成矿（图7-6）。所以，在研究区铀成矿的载体是湖泊成因的富含有机质和黄铁矿的暗色泥岩或粉砂岩（图7-7）。因此也就具有良好的统计学规律，即代表湖泊沉积物厚度的暗色泥岩厚度或者地层厚度与矿化程度就呈现出良好的正相关性。沉积体系分析则充分揭示了铀矿化的空间分布规律与成因机制，通过对沉积体系域重建发现铀矿化主要与湖泊沉积体系的半深湖和深湖相，以及辫状河三角洲沉积体系的三角洲前缘相关系密切（图7-8）。

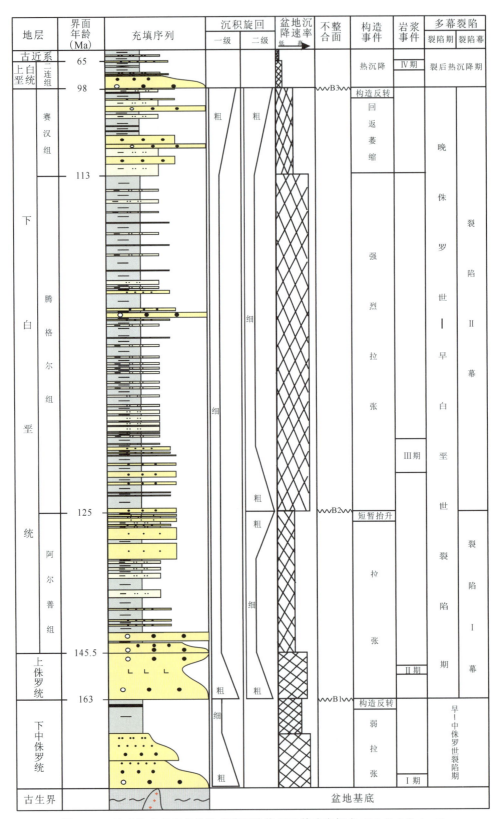

图 7-3 二连盆地乌兰察布坳陷多幕裂陷作用及其响应标志(据焦养泉等,2009)

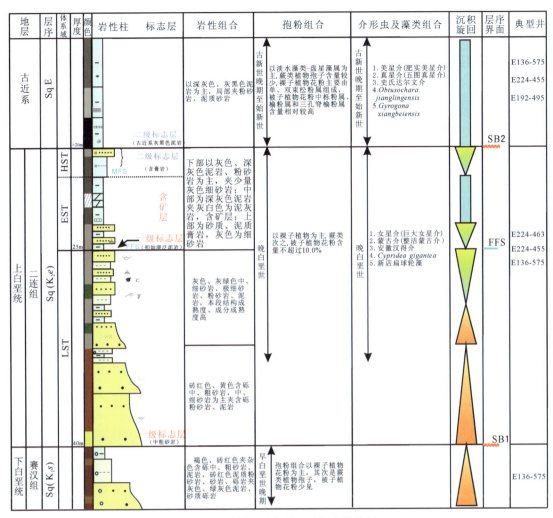

图 7-4 二连达布苏组地层结构、层序界面及标志层特征(据焦养泉等,2009)

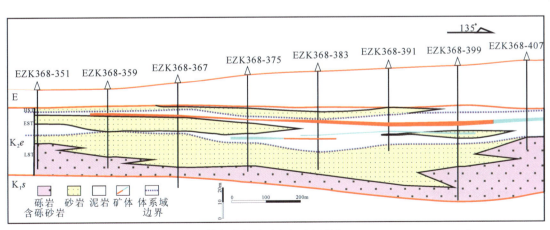

图 7-5 努和廷铀矿床主要铀矿体与含铀岩系空间配置格架(据焦养泉等,2009;彭云彪等,2015)

LST.低位体系域;EST.湖泊扩展体系域;HST.高位体系域

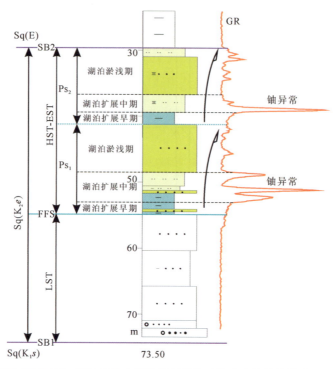

图 7-6 典型钻孔(EZK368-375)显示出湖泊扩展事件对铀成矿的制约关系(据焦养泉等,2009)

图 7-7 湖泊相的暗色细粒含黄铁矿沉积物为铀矿的主要载体(据焦养泉等,2009)
(a.黑色含膏泥岩矿石,EZK136-575,81.5m;b.灰绿色粉砂质泥岩矿石,EZK152-495,61.7m)

(三)矿床地质特征、成矿机理与模式

1.铀矿床地质特征

努和廷铀矿床以规模巨大、矿体形态简单为特色。主矿体较薄但是分布面积较大(平均厚度1.41m,长8.50km,宽1.00~3.50km,水平投影总面积14 868 981m^2),单矿体的资源量就可以达到超大型的规模(超过3万t)。从地层研究的角度看,矿体本身就构成了严格意义上的地层对比标志层。

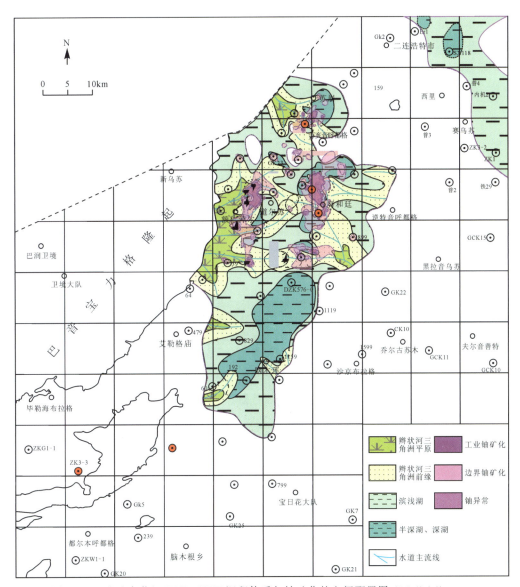

图 7-8 二连达布苏组 EST-HST 沉积体系与铀矿化的空间配置图(据焦养泉等,2009)
(注:编图区南部无矿化信息资料)

努和廷铀矿床各个矿体产状平缓,整体呈现略向下凹的弧形,矿体西北端和东南端微微上翘,倾角1°~2°。矿体埋深0~100m。主矿体矿石品位0.050 1%~0.314 3%,均值为0.085 2%。矿石工业类型以富含黏土矿物的铀矿石为主,富含碳酸盐的铀矿石次之。矿石自然类型主要有泥岩型、粉砂岩型、砂岩型、泥质(粉砂质)石膏岩型。

化学分析发现,矿石中 SiO_2 含量较低,平均55.30%,低于围岩;而 FeO、Fe_2O_3、CaO 含量高于围岩,表明矿石中黄铁矿、碳酸盐含量高;矿石的烧失量大大高于围岩,表明矿石中挥发组分高(可能为烃类气体)。

统计发现,矿石密度变化范围从 $(1.991\sim2.158)\times10^3 kg/m^3$,平均 $2.01\times10^3 kg/m^3$。矿石湿度2.519%~7.391%,平均6.930%。

矿石中铀的存在形式有两种,即吸附状态和铀矿物。比较而言,吸附态占优势,黏土矿物(绿泥石、水云母、高岭石)、有机质及黄铁矿是主要的载体(图 7-9)。铀矿物以沥青铀矿单矿物形式为主(图 7-10),少量为铀石。

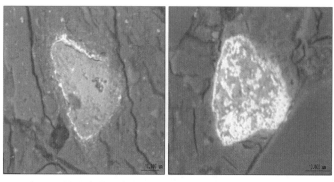

图 7-9　努和廷铀矿床铀矿物与黄铁矿背散射电子图像(据彭云彪等,2015)
(注:亮白色为铀矿物,灰色为黄铁矿,暗灰色为围岩)

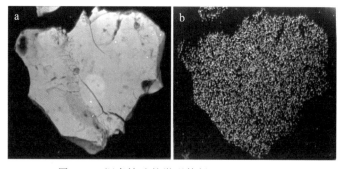

图 7-10　沥青铀矿的微观特征(据牛林等,1994)
a. 沥青铀矿背散射成分像,具龟裂纹,H-110,×1240;b. 沥青铀矿铀的 X 射线分布像,×240

矿石中主要存在 3 种与铀矿化有关的矿物组合:①铀-石膏-天青石;②铀-黄铁矿-有机质;③铀-黄铁矿、白铁矿及其他金属硫化物。由矿物组合①向矿物组合③演化,铀的存在形式主要由吸附态向矿物态演化,而组合的矿物粒度及晶形则由细粒向粗粒、由结晶不好向结晶好发展,硫化物矿物的种类也由简单型向复杂型演化。

矿床总矿段铀镭平衡系数偏铀,铀品位与铀镭平衡系数呈负相关关系。牛林等(1994)对沥青铀矿单矿物进行了 U-Pb 同位素年龄测定,测得铀成矿年龄主要为 85Ma、40Ma 和 10Ma。85Ma 的成矿年龄与晚白垩世二连期沉积成矿阶段相对应,40Ma 和 10Ma 的年龄可能与喜马拉雅期构造运动对铀矿床的破坏作用相对应。

总体来看,努和廷铀矿床具有以下显著特征:
(1)铀矿石以泥岩、粉砂岩等细粒沉积物为主,属于泥岩型铀矿床。
(2)成矿年龄记录下了晚白垩世(85Ma)的同沉积年龄。
(3)含矿层总体为不透水层,局部为零星的透镜体或薄层状的弱含水层,水文地质特征支持泥岩型铀矿的认识。
(4)矿体为席状,形态简单,厚度超级稳定,是严格意义上的地层对比标志层,说明成矿环境开阔、构造稳定。

(5)矿石品位总体变化不大,同样说明成矿环境稳定,而且成矿介质均一。

(6)铀矿体与湖泊泥岩关系密切,显示了晚白垩世的湖泊是关键的铀成矿环境。

(7)铀矿体所经历的埋藏历史简单,埋藏较浅,并未受到高古地温场的影响。

(8)除了受到喜马拉雅期构造掀斜作用的剥蚀改造外,其他构造破坏作用极其微弱。

上述特征说明,努和廷铀矿床为同沉积泥岩型铀矿床,成矿环境开阔、构造稳定,而且成矿介质均一,沉积体系分析认为湖泊是关键成矿环境,矿床形成之后未经历明显的热改造和构造破坏。

2. 成矿机理和模式

成矿模式是对关键控矿要素及其制矿机理的高度概括,虽然模式是基于对典型矿床研究的总结,具有明显的地域性色彩,但其应对同类型铀矿研究具有普适性。

综合分析认为,裂后热沉降是控制晚白垩世二连达布苏组(K_2e)稳定湖泊-辫状河沉积体系发育的主要地质因素。特别是裂后热沉降在时间尺度上,为铀源的持续供给、湖泊的稳定发育、高容量吸附还原介质的形成和持续的铀矿化提供了至关重要的古构造背景(图7-11)。大规模的溶解铀汇集与铀矿化始终伴随着湖泊沉积事件的发生而进行,后期的热改造和构造作用却微不足道,因此努和廷铀矿床属于典型的同沉积泥岩型成因铀矿床。

(1)在二连达布苏组三级层序的低位体系域(LST)发育期,额仁淖尔地区以辫状河流体系和辫状河三角洲体系发育为特色,湖泊体系规模较小,湖水储铀能力有限,铀成矿规模也较小(图7-11a)。

(2)而在湖泊扩展体系域(EST)发育期,稳定深水湖泊持续发育。由于蚀源区诸如卫境花岗岩体充足的铀源供给,地表水系将U^{6+}源源不断地迁移输送到湖盆中。大规模的湖泊水体成为U^{6+}的间接载体,为铀预富集提供了充足的空间(图7-11b)。

深水湖泊的稳定发育,同时也为富有机质和黄铁矿的淤泥以及铀被充分吸附提供了充足的时间。研究认为,努和廷铀矿床矿石中丰富的有机质主要有两种来源:一种主要来自于沉积时期湖相水生生物,这已被铀矿石中干酪根类型和生物标记化合物的研究所证实;另一种来源则与二连恐龙化石群及生态组合密切相关,研究发现二连达布苏组沉积期,成矿湖泊的湖浅滨地带繁衍着数量众多的、以植食类似鸟龙为特征的恐龙动物群,因此有理由推测该时期为恐龙繁衍提供食物的植被及其动物群的衍生物,也是湖盆丰富有机质的主要来源,盆地周缘的水系是主要的输导通道。

湖泊淤泥中有机质的高效保存,则要依赖于当时的干旱古气候背景。推测认为,干旱的古气候有利于湖泊水体的密度分层,密度分层大大地限制了湖泊水体的流动。这样一来,在湖泊底部,随着有机质的大量聚集而又缺乏扰动力,介质逐渐演变为强还原环境,同时也促使了大量黄铁矿的形成。因此,湖泊淤泥中的有机质和黄铁矿成为铀的主要吸附还原剂,它们源源不断地从湖泊水体中将U^{6+}吸附并富集成矿。

由此来看,稳定发育的湖泊中心或者三角洲前缘地区,富有机质和黄铁矿淤泥是铀被吸附成矿的最佳还原剂。

(3)高位体系域(HST),湖泊开始淤浅,由于缺乏富铀的湖泊水体,成矿作用终结。但是干旱的古气候条件促使湖水迅速盐化并形成膏盐层或者含膏泥岩沉积物,它们为铀矿的后期保存起到了重要的封盖作用(图 7-11c)。

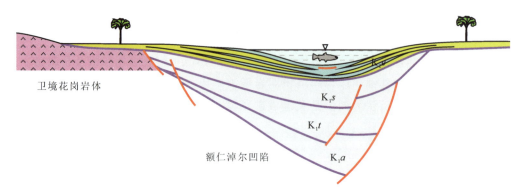

a.低位体系域(LST)——以辫状河流体系和辫状河三角洲体系发育为特色,湖泊体系规模较小

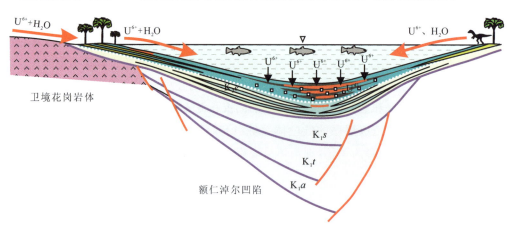

b.湖泊扩展体系域(EST)——稳定深水湖泊发育,蚀源区 U^{6+} 充分供给,湖水成为 U^{6+} 的间接载体,湖泊中心富有机质和黄铁矿淤泥通过吸附 U^{6+} 富集成矿

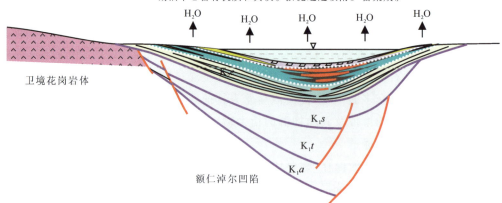

c.高位体系域(HST)——湖盆消亡期,碎屑沉积物供给量增加。气候干旱,水体持续蒸发,湖盆中心形成石膏层和含膏泥岩,铀矿体得以保护

图 7-11 努和廷铀矿床同沉积泥岩型铀成矿模式(据焦养泉等,2009;彭云彪等,2015,2019)

二、大红山泥灰岩-泥岩型铀矿床

大红山铀矿床位于潮水盆地西北缘,发现于1958年,后被勘查确认为是一个小型铀矿床。该矿床赋存于大红山背斜构造轴部(图7-12),赋矿层为下白垩统,其中庙沟组(K_1m)仅有少数矿化体,而主要铀矿体赋存于金刚泉组(K_2j)。

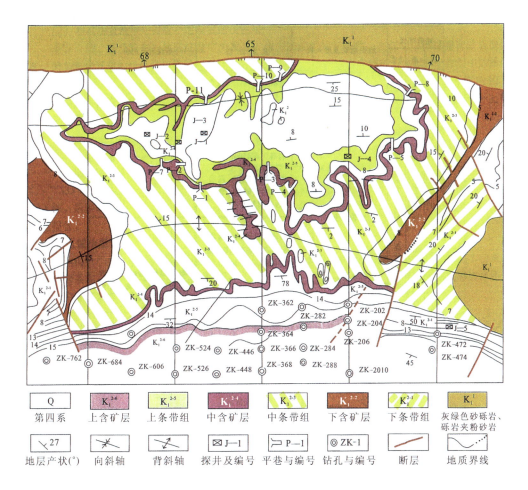

图7-12 大红山铀矿床地质图(据孙圭和赵致和,1998;陈祖伊等,2011)

1. 含铀岩系特征

早白垩世潮水盆地以干旱的古气候背景为特色,由此形成了一个完整的由陆相湖盆碎屑岩到蒸发盐岩演化的充填序列。在干旱古气候作用下,早白垩世蒸发盐岩段首先沉积了泥岩和粉砂岩,随后沉积了贫生物化石的大量薄层泥灰岩,最后接受了普遍的石膏沉积。这代表了湖泊干涸过程中,由碎屑岩→碳酸盐→硫酸盐的典型沉积序列。铀矿化定位于蒸发盐岩段下部的泥岩和泥灰岩中,呈现为标准的地层对比标志层(图7-13)。与努和廷铀矿床相似,在湖泊扩展事件的中期铀矿化活跃。

2. 矿床地质特征

该矿床已查明的矿化有16层,其中铀含量大于0.05%的共3层。矿化最好的矿体长

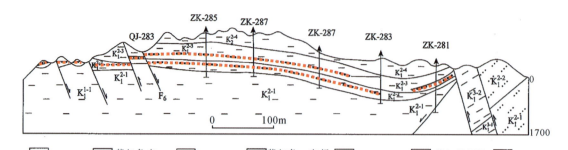

图 7-13　大红山铀矿床北区典型的勘探线剖面(据孙圭和赵致和,1998;陈祖伊等,2011)

100~720m,宽80~400m,厚0.7~2.4m。品位均在0.037%~0.097%之间,平均0.051%~0.071%。埋深0~60m,最大110m。

矿石岩性为灰绿色、灰色、灰紫色、紫红色的钙质泥岩、粉砂质泥岩、泥灰岩。矿石中主要矿物为黏土矿物,含量达70%~90%;也常含有5%~10%的碳酸盐矿物,如白云石、方解石等;还有石英、长石、磁铁矿、碳质碎屑、黄铁矿、磷灰石等。矿石化学成分见表7-1,属低硅、铝,富碱、镁、钙、磷等的矿石。

表7-1　大红山铀矿床矿石化学成分表(%)(据孙圭和赵致和,1998)

化学成分	北区第十三矿层	南区第十三矿层	东区第八矿层
SiO_2	44.13	39.28	23.55
Al_2O_3	16.76	14.76	7.00
Fe_2O_3	7.18	6.01	4.46
CaO	5.07	9.77	15.72
MgO	4.01	2.35	8.57
TiO_2	0.48	0.68	0.26
V	痕量	/	0.00
Mo	痕量	/	痕量
P_2O_5	4.72	1.05	9.68
CO_2	4.47	12.39	8.87
K_2O	3.47	2.39	2.10
Na_2O	4.60	3.70	2.60
MnO	0.10	0.10	0.09
FeO	0.51	2.43	1.55
H_2O	0.13	1.01	1.40
S	0.09	/	0.16
F	0.37	/	0.93
烧失量	7.63	17.82	18.68

铀在矿石中的存在形式以分散吸附状铀为主,偶见单铀矿物和含铀矿物。呈分散吸附状态的铀与黏土矿物、磷(灰石)、有机质等有关。单矿物呈超显微状态存在于碳酸盐和铁质中,

含铀矿物有锆石。

矿石总体上是铀镭平衡的,平衡系数为 98.4%。这一特征表明,铀矿形成后没有经历明显改造,基本保留了沉积阶段的原始状态。

全岩等时线年龄测定,矿床成矿年龄为 105.2 ± 0.4 Ma(涂江汉,1986),相当于早白垩世晚期,也就是庙沟组和金刚泉组的沉积期。

3.矿床类型与铀成矿机理

(1)铀矿床类型。大红山矿床具有明显的同沉积层控性,铀镭基本平衡,地层发育与成矿年龄基本吻合,所以属于同沉积泥灰岩-泥岩型铀矿床。

(2)铀成矿机理。众所周知,地表水系中铀最重要的存在形式是二碳酸铀酰$[UO_2(CO_3)_2]^{2-}$ 和三碳酸铀酰$[UO_2(CO_3)_3]^{4-}$络离子。这类离子在中性、弱酸和弱碱性的水溶液中是很稳定的。它们的稳定性很大程度上取决于水溶液中 CO_3^{2-} 的浓度,因为 CO_3^{2-} 围绕在 UO_2^{2+} 周围使其免受其他离子的影响而发生沉淀。在湖泊鼎盛期细粒碎屑物质大量沉淀,而在干涸阶段湖水中各种离子浓度急剧升高,最早达到饱和浓度的碳酸盐便与少量的泥质碎屑一起沉淀形成泥灰岩。这一过程导致湖水中 CO_3^{2-} 浓度急剧降低,从而引发碳酸铀酰离子的解体。没有 CO_3^{2-} 保护的铀酰离子或者被同沉积的黏土矿物吸附,或者被与其伴生的有机质、动物化石(磷灰石)等还原发生沉淀,形成同沉积的泥灰岩-泥岩铀矿化。

三、富铀烃源岩

一个类似于努和廷铀矿床成因的例子,是鄂尔多斯盆地晚三叠世延长组长 7 油层组的富铀烃源岩。该富铀烃源岩发育形成于晚三叠世鄂尔多斯湖盆演化的鼎盛时期,沉积成因属于湖泊和三角洲沉积体系,是一套具有半深湖—深湖性质的优质烃源岩,岩性为黑色泥岩、油页岩夹凝灰岩。富铀的烃源岩在盆地西南部,主要产出于长 7 油层组的底部,其分布面积达 5×10^4 km^2(图 7-14)(杨华和张文正,2005;李琼,2007;宋雯等,2015)。

大量的伽马测井资料显示,长 7 油层组底部具有放射性的烃源岩在定边—镇原一带均有分布,伽马异常最高幅值分布区呈南东向展布,一般为 $200\sim600$ API,最大幅值 800 API,厚度一般为 $1\sim25$ m,最高异常对应于盆地沉积中心,异常埋深 $1600\sim2300$ m。根据张文正等(2008,2016)的测试资料,烃源岩铀含量一般为 $(10\sim50)\times10^{-6}$,最高达 140×10^{-6},平均含量为 51.1×10^{-6}。岩石富含有机质(13.75%)、黄铁矿(7.37%)和胶磷矿($0.17\%\sim0.55\%$),除铀外岩石中钒、铜和钼含量增高(表7-2,图7-15)。该岩层与国内外的富铀黑色页岩建造特征一致。

张文正等(2008,2016)、秦艳等(2009)的测试发现,鄂尔多斯盆地延长组长 7 油层组烃源岩具有富草莓状黄铁矿、有机质纹层、胶磷矿等显著特征。其中,有机质、黄铁矿和胶磷矿几种组分的含量,分别为 13.75%、7.37%、$0.17\%\sim0.55\%$。对烃源岩中铀赋存状态研究发现,胶磷矿与铀的关系十分密切(图7-16)。大约 50% 以上的铀赋存于胶磷矿中,而以吸附形式赋存于有机质中的铀为 20% 以上。α 径迹蚀刻分析也显示,径迹形态、大小与胶磷矿一致。因此,胶磷矿在铀的富集过程中起了重要作用。

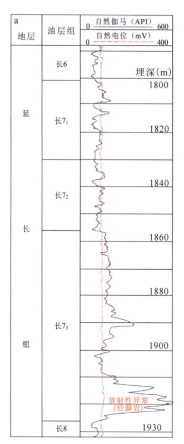
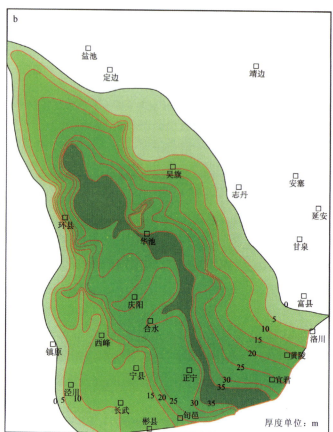

图7-14 鄂尔多斯盆地延长组长7油层组富铀烃源岩分布规律

a.庄25井富铀烃源岩产出层位(据谭成仟,2016);b.富铀烃源岩厚度分布图(据张文正等,2016)

表7-2 鄂尔多斯盆地延长组暗色泥岩和烃源岩中铀元素及相关地球化学参数表(据张文正等,2016)

层位	岩性	沉积相	样品(个)	U (×10⁻⁶)	P₂O₅ (%)	Fe (%)	V (×10⁻⁶)	Mn (×10⁻⁶)	Cu (×10⁻⁶)	Mo (×10⁻⁶)
长6	暗色泥岩	浅湖—半深湖	9	6.2	0.18	4.34	115.1	414.9	58.7	5.73
长7	暗色泥岩	半深湖	12	5.2	0.17	4.53	123.1	597.9	219.9	5.92
长7	油页岩	深湖—半深湖	68	51.1	0.55	7.18	235.2	859.5	228.6	86.43
长8	暗色泥岩	浅湖	8	4.8	0.12	5.05	166.4	761.0	191.1	1.72
长9	暗色泥岩	浅湖—半深湖	10	4.9	0.30	4.43	99.3	450.4	101.1	2.49
层位	岩性	沉积相	样品(个)	Th (×10⁻⁶)	V/(V+Ni)	U/Th	V/Cr	V/Se	ΣREE (×10⁻⁶)	Al₂O₃ (%)	SiO₂ (%)
长6	暗色泥岩	浅湖—半深湖	9	16.8	0.77	0.62	1.43	8.86	191.05	18.67	56.44
长7	暗色泥岩	半深湖	12	15.7	0.77	0.34	1.32	7.23	214.43	17.32	57.70
长7	油页岩	深湖—半深湖	68	11.8	0.84	5.98	5.61	22.88	168.14	12.48	46.17
长8	暗色泥岩	浅湖	8	14.4	0.73	0.35	1.70	8.37	226.40	18.14	54.52
长9	暗色泥岩	浅湖—半深湖	10	16.2	0.73	0.31	1.23	6.02	226.43	16.92	57.47

注:表中数据均为算术均值。

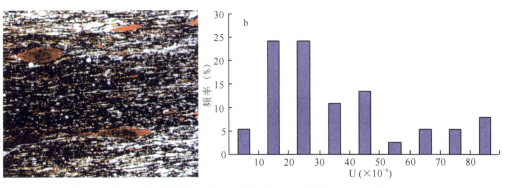

图7-15 鄂尔多斯盆地长7油层组烃源岩及铀含量(据张文正等,2008,2016)
a.烃源岩薄片照片,里57井,2 345.95m,×25;b.铀含量频率分布图

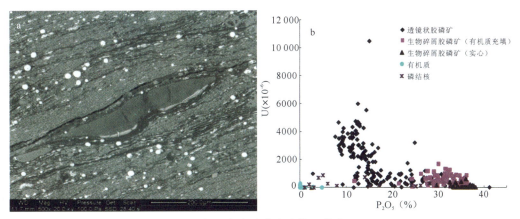

图7-16 鄂尔多斯盆地长7油层组烃源岩中胶磷矿及其U分布(据秦艳等,2009;张文正等,2016)
a.胶磷矿,白240井,2 262.2m,SEM;b.烃源岩各种结构组分与U含量关系

长7油层组烃源岩的岩石学、岩石化学组成特征反映其形成于淡水—微咸水湖泊的富营养环境。湖盆的初级生产力高,陆源碎屑补给速度慢。高初级生产力促进了缺氧环境的形成。因此,缺氧的沉积环境、丰富的铀源、高含量的有机质及胶磷矿共同促进了铀在延长组长7油层组烃源岩中的富集(张文正等,2008;秦艳等;2009)。

四、鱼骨-磷酸盐型铀矿床

该铀矿床还有一种同沉积型铀矿比较特色,铀的富集成矿与古近系浅海相富鱼骨化石的磷酸盐密切相关,人们将其称之为含铀鱼骨碎屑化石黏土岩型铀矿床。

相关的矿床包括麦洛沃耶矿床、托马克矿床、塔伊巴加尔矿床、塔斯穆龙-阿希萨伊矿床和萨斗尔能矿床,它们位于哈萨克斯坦西部里海东北的曼格什拉克半岛,构成了著名的滨里海成矿区(赵凤民,2015)。

该区的沉积盖层主要由侏罗系、古近系和新近系组成,是一套海陆交互相的含煤、碎屑岩、黑色黏土和碳酸盐建造。含矿岩层为马伊科普岩系的卡拉吉英组(E_3^3),是一套黑色黏土岩,富黄铁矿、有机质和鱼骨化石(图7-17)。

麦洛沃耶矿床是典型代表,铀储量超过4万t。该矿床的主要矿化段表现为富含鱼骨碎

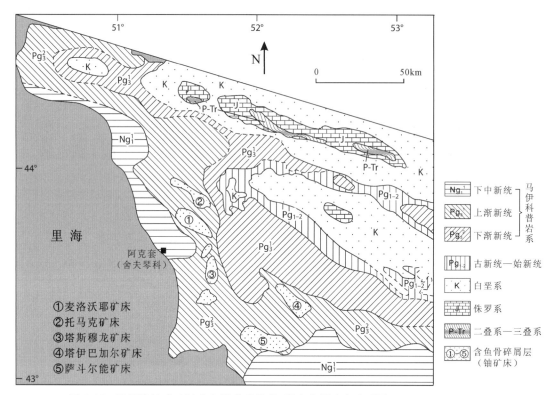

图 7-17 滨里海铀成矿区含鱼骨磷酸盐铀-稀有金属矿床地质图(转引自赵凤民,2015)

片和黄铁矿的铀矿层与无矿黏土层的频繁交替互层,总体具有向东南方向"爬升"的特点(图7-18)。铀矿石几乎都为富含细小鱼骨化石和硫化物的黑色黏土,两者的体积分别占矿石体积的 30%~40%、40%。此外,还含有海洋哺乳动物、鸟和鱼的脊椎骨以及磷灰石、碳质碎屑,总量占 10%~20%。鱼骨碎屑的粒径一般为 0.05~1.0cm,个别达 10cm。骨架内充满了黄铁矿、方解石、天青石和重晶石等自生矿物。有机质形成了磷酸盐的覆膜。磷酸盐为细晶磷灰石。鱼骨碎片中,铀品位为万分之几到 0.5% 或更高,平均为 0.185%。铀品位随鱼骨碎屑粒度减小、胞腔(疏松性)增多而增高。铀与磷、钪、稀土呈正相关性(表 7-3,图 7-19)。矿石矿物主要为黏土矿物、铁的硫化物及由磷酸钙组成的鱼骨和鱼鳞化石,含少量有机碳和碳酸钙、碳酸镁。另外,还有小于 1% 的锶和钡的硫化物、玉髓及碳质碎屑。其中,有机质对金属的聚集作用不大,重要的是它作为还原剂决定介质的地球化学特征。硫化物主要是黄铁矿,其次是白铁矿。测试发现,矿石的铀镭平衡系数为 0.96~0.98。铀资源量为 43 800t(赵凤民,2015)。

与麦洛沃耶矿床相比,其他 4 个矿床存在明显的差异。其中,托马克矿床由于靠近海底凸起,矿体中出现了沉积角砾;塔伊巴加尔矿床的各矿层呈现独立存在(未合并),矿石中碳酸盐含量增加而硫化物含量特低,矿石成分的变化表明沉积环境不稳定;塔斯穆龙-阿希萨伊矿床的含矿层较薄,矿石碳酸盐含量高达 25%,硫化物含量也高(15.39%);萨斗尔能矿床,矿石的鱼骨碎片较少,磷酸盐中金属含量不高。

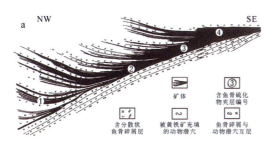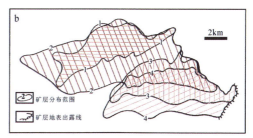

图 7-18 麦洛沃耶鱼骨-硫酸盐型铀矿床几何形态(据赵凤民,2015)
a. 显示"马尾"状结构的矿体剖面图；b. 显示向东南方向迁移的矿体平面图

表 7-3 麦洛沃耶铀矿床各矿层化学成分一览表(据赵凤民,2015)

层位	成分平均含量(%)								
	P_2O_5	S_{FeS_2}	Al_2O_3	U	ΣREE_2O_3	Ni	Co	Mo	U/P_2O_5
顶板泥岩	1.13	4.75	18.2	0.009	/	/	/	/	0.008
第4矿层	4.47	14.40	11.5	0.047	0.210	0.064	0.017	0.024	0.010
第3矿层	4.00	14.60	11.0	0.036	0.130	0.064	0.023	0.026	0.009
第2矿层	5.15	9.10	13.0	0.059	0.220	0.036	0.014	0.020	0.011
第1矿层	3.20	8.40	14.0	0.036	0.140	0.102	0.011	0.017	0.011
底板黏土	/	2.35	18.5	0.007	/	/	/	/	/
全矿床平均	4.32	11.10	12.5	0.042	0.178	0.060	0.015	0.022	0.0105

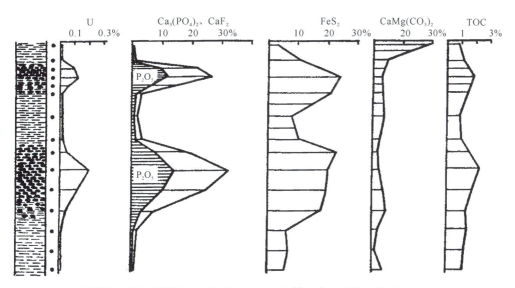

图 7-19 麦洛沃耶含鱼骨碎屑黏土中 U、P_2O_5、FeS_2 等元素和成分相关关系图(据赵凤民,2015)

研究者都认为此类铀矿床属于同生沉积成因,但在具体成矿细节上还存在不同观点(赵凤民,2015)。大多数人认为,由于鱼的大量周期性死亡及其残骸的堆积,使矿质组分发生聚集,是磷酸盐吸附和聚集了铀和稀有元素的高度富集,而铀主要来自于海水。关于鱼大量死亡的原因,有人认为是由于单细胞海藻爆炸性繁衍导致有毒水体造成的,也有人认为与火山活动造成的水温上升有关,还有的人甚至认为,鱼骨化石来自于毗邻陆地上含鱼骨化石的黏土再搬运,在堆积后再吸附海水中的铀而成矿。然而,需要特别指出的是,含铀的鱼骨化石碎屑都强烈地发生了磷灰石化,铀又和磷灰石紧密相关。因此,鱼骨的磷灰石化过程是铀矿化最重要的过程。

第三节　成因上与之相关的其他铀矿

　　沉积学重要的一种研究思路就是舍本求源。泥岩型铀矿形成于湖泊之中,同沉积期富铀的湖泊水体与之关系密切,而现今的湖水型铀矿可能是地史时期泥岩型铀矿形成的前奏,如果地史时期湖泊性质发生了变化,出现了深水浊积岩,但是铀源供给等条件未变,那么就有可能形成同沉积期浊积岩型铀矿。所以湖水型铀矿和浊积岩型铀矿,是与泥岩型铀矿具有成因联系的两种矿床,本节简要介绍如下。

一、湖水型铀矿

　　在塔吉克斯坦,萨瑟库里湖是帕米尔铀成矿区内罕见的咸水湖铀成矿的典型代表(图7-20)。该矿床的矿体为液态湖水,水体铀品位平均含量为33.8mg/L,达到了工业级别。湖水及淤泥的铀资源量约为510t,是一个小型铀矿床。铀矿化年龄为13.6Ma(Горбаток В Т,1967;姚振凯等,2013;赵凤民,2013)。

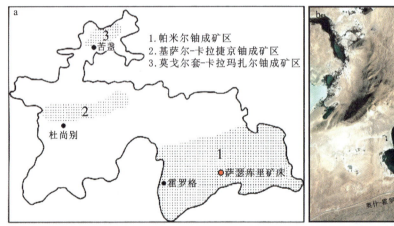

图 7-20　塔吉克斯坦萨瑟库里湖水型铀矿
a.塔吉克斯坦铀成矿区(据姚振凯等,2013);b.萨瑟库里湖

　　萨瑟库里湖面积为7km²,平均水深约2m,最深处为3.7m。该湖泊规模有限,但是水质分层明显,以水深2.0m为界可以分为上、下两个水化学层,其矿化度和盐类成分各不相同。Горбаток В Т(1957,1967)研究发现,随水体深度增加,矿化度增高、弱碱性略有增强。Фоменко В Д(1964)的研究还发现,盐湖水体深部存在硫化物聚集。在湖底及湖岸,还分布着数十个直径为0.5～5.0m、高达3m的钙华柱。萨瑟库里湖水体中除铀外,同时还伴生有硼、锂、钨、铷、铯等近30种微量元素(表7-4)。

　　关于萨瑟库里湖湖水型铀矿的成因具有多种观点(姚振凯等,2013),第1种是蒸发成因观点,认为该区长期处于强干旱和寒冷气候带,湖水中铀浓缩与水体蒸发和冻结作用有关。

第 2 种是热水成矿观点,认为在滨湖大断裂带的泉水中有氡-氦异常,以及流经钙华柱的泉水中含铀,推测在湖区附近有隐伏内生或热液铀成矿作用,铀及其伴生组分从中溶解、迁移和富集所成。第 3 种是火山后热液成因观点,认为与第四纪中更新世—晚更新世的火山后热液活动有关,只是目前还缺乏必要的地质依据。姚振凯等(2013)基于该矿床表生水和深成热水成矿作用并存,以及蒸发浓缩作用为主、其他成矿作用为次的认识,提出了复成因成矿模式。

表 7-4 萨瑟库里湖水铀及其伴生组分的含量(据姚振凯等,2013)

铀及伴生组分	湖水(g/L)	湖底淤泥(g/m^3)
铀	33.80	19.0
硼氧化物	674.00	310.0
锂氧化物	0.49	290.0
钨	9.75	100.0

我国中西部拥有众多盐湖,其中一些湖泊水体铀浓度是海水的几倍甚至上百倍(郑绵平,1989),深入研究湖水型铀矿的成矿物质来源、铀的赋存方式,不仅对理解同沉积型铀矿成因机理具有科学意义,而且对铀资源储备也具有战略意义。目前,一批学者已经开始对国内的富铀盐湖进行了调查和研究,研究内容聚焦于铀成矿物质来源与迁移、含铀盐湖水化学类型、铀赋存状态与分布规律等方面(郑绵平,2006;韩军,2011;黄大友,2015;郝伟林,2018)。

二、同沉积浊积岩型铀矿

在新疆塔里木盆地库车坳陷西北缘,有一个比较特色的同沉积期浊积岩型铀矿床,人们称之为卡拉布拉克铀矿床。该矿床产出于古近系渐新统的苏维依组中,岩性为大套红色泥岩夹灰色浊积岩,显示为一种干旱古气候背景下的较深水湖泊沉积(图 7-21)。

在露头剖面上,大套红色泥岩的发育,预示着湖泊具有干旱的盐湖沉积特征(图 7-21a)。浊积岩所占比例仅 10% 左右,岩性主要为灰色的席状极细砂岩,厚度通常小于 1m,十几厘米多见,而且通常是由多次浊积事件叠合组成(图 7-21b、c)。在垂向上,浊积岩完整的鲍马序列罕见,作为"A 段"的块状构造层较为发育。在浊积岩层面上,波痕、水流线理、槽模、重荷模、生物扰动构造较为发育(图 7-21d、e),显示了一种深水湖泊的沉积特征。

在野外沿同一层位追踪发现,湖泊沉积体系具有明显的相变特征,即由深水湖泊可以相变为浅水湖泊,构成滨浅水湖泊的泥岩和所夹的薄层砂岩,还有所夹小型透镜状水道砂岩均为红色,同时发育有粗大的垂直动物潜穴。

在该地区,具有深水性质的灰色浊积岩是铀的载体。所以,卡拉布拉克铀矿床的矿体呈现为薄层席状,矿石为极细砂岩(图 7-22a)。由于地表氧化的原因,在浊积岩表面可以见到次生铀矿物,一种呈黄绿色的、鲜亮结晶状的钙铀云母(图 7-22b)。野外测量发现,浊积岩铀矿石的放射性强度通常超过 400×10^{-6},最大的可以达到 1408×10^{-6}。但是,无论是红色的泥岩还是红色的砂岩,放射性背景值通常低于 250×10^{-6}。

上述所有特征均显示,卡拉布拉克铀矿床属于同沉积期浊积岩型铀矿床,是一种发育于渐新世同沉积时期,深水湖泊中的浊积岩通过持续吸附湖水溶解铀而形成的铀矿床,当时的古气候为干旱背景,而古湖泊水体介质可能具有咸水性质。初步分析认为,卡拉布拉克铀矿床形成发育的有利地质条件有如下4个。

图 7-21　卡拉布拉克铀矿床苏维依组沉积物特征
a.红色泥岩夹灰色极细砂岩沉积剖面；b、c.浊积岩（极细砂岩）；d.浊流底部的槽模；e.动物遗迹构造

（1）具有丰富的铀源。该矿床位于天山造山带南麓，造山带内富铀花岗岩等母岩既可以通过风化作用释放大量溶解铀（U^{6+}），也可以为盆地提供丰富的碎屑铀矿物，这可以从浊积砂岩中存在丰富的长英质砾石得到佐证（图 7-22c）。

（2）沉积时期湖泊水体相对富铀。这种推测，首先是基于苏维依组本身具备较高的铀背景值；其次取决于沉积期干旱的古气候背景，干旱气候有利于溶解铀高效率地向湖泊迁移和富集。

（3）深水浊积岩具有较强的还原能力。虽然在野外，并未发现颜色相对较深的浊积岩具有丰富的分散有机质和黄铁矿等，但是与红色砂泥岩相比其还原能力已足够。在强氧化环境中，弱还原地质体也具备形成矿床的能力，所以呈灰色的深水浊积岩就能够源源不断地吸附干旱湖泊水体中的溶解铀而成矿。另外，干旱的古气候条件也容易导致湖泊水体的盐度分层,因此处于深水区的浊积岩具有相对较强的还原能力也就不难理解。

(4)沉积期相对稳定的构造环境。在深水湖泊发育期,缓慢而稳定的构造运动,能为灰色浊积岩充分地、持续地吸附溶解铀提供时间窗口。

图 7-22　卡拉布拉克铀矿床矿体和矿石特征
a.薄层席状铀矿体;b.浊积岩表面的次生铀矿物;c.含丰富中酸性花岗岩砾石的浊积岩

第八章　碳硅泥岩型铀矿

碳硅泥岩型铀矿床是我国铀矿地质工作者建立的铀矿类型,是指产于未变质或弱变质海相碳酸盐岩、硅质岩、泥岩及其过渡型岩类中的铀矿床(刘兴忠等,1997;赵凤民,2009)。该矿床是产于富含有机质、磷质及金属硫化物的海相硅质、泥质、碳酸盐质岩石及其相应变质岩系中铀矿床的总称(钟福军等,2015)(图2-1)。杜乐天(1993)指出这是一种特殊的沉积岩亚类矿床。涂光炽提出它是一种沉积再造型矿床。目前,国内有些学者仍将碳硅泥岩型铀矿床划为与黑色岩系有关的矿床类型。周维勋等(2000)和赵凤民(2009)指出,国外的铀矿床分类中只有"黑色页岩型铀矿床",特指海相含碳质页岩中的铀矿化,U和Mo、V、Cu等金属元素为同生富集。显然,我国的定义涵盖了更多的矿床类型。

碳硅泥岩型铀矿床是世界上发现最早的工业铀矿床类型之一,1893年在瑞典发现了世界上第一个黑色页岩型(同生-沉积型)铀矿床。20世纪40年代后,在铀矿勘查高潮中,黑色页岩型铀矿一度作为一种重要的铀矿工业类型进行勘探,相继在瑞典、美国、挪威、德国、俄罗斯、哈萨克斯坦、乌兹别克斯坦、德国、韩国和中国等国家中,探明了一批不同成因类型的碳硅泥岩型铀矿床(赵凤民,2009)。在我国,碳硅泥岩型铀矿床是重要的工业铀矿床类型之一,其铀资源量曾占到全国铀资源总量的16%(赵凤民,2012)。

第一节　基本地质特征

从沉积矿产的角度看,矿床的分类及其特征对比、矿床的赋矿层位与成矿年代、矿床区域分布规律等,是最为基本的地质特征。

一、矿床分类及矿化地质特征

我国铀矿地质工作者根据碳硅泥岩型铀矿的主导成矿作用,将其划分出风化壳型、沉积-成岩型、淋积型和热液叠加改造型4大类,并根据赋矿岩性划分出9个亚类(李顺初,2001)。赵凤民(2009)又根据新的发现,对原有分类进行了修改,组合归纳为沉积-成岩型、沉积-外生改造(淋积型)型、热液型、沉积-热液叠加型、沉积-热液-淋积型5种亚型(表8-1)。

中国碳硅泥岩型铀矿床的地质和矿化特征十分复杂,新构造运动强烈,表生氧化改造作用普遍发育,使矿床多具有复成因特征,但大多数矿床的主导成矿作用往往只有一个。为突出不同成因类型之间的差异,赵凤民(2009)对主要成因类型矿床的地质和矿化特征进行了总结和比较(表8-2)。

表 8-1　中国碳硅泥岩型铀矿床分类方案（据赵凤民，2009）

型	亚型	典型矿床
碳硅泥岩型	沉积-成岩亚型	麻池寨矿床
	沉积-外生改造（淋积型）亚型	坑口、下围矿床；那渠矿床；岔头矿床；黄材矿床；老卧龙、泗里河矿床；永丰矿床；尖山矿床
	热液亚型	金银寨矿床；马鞍肚矿床；白马洞矿床；广子田矿床
	沉积-热液叠加亚型	占洼、降扎矿床；大新矿床；铲子坪矿床
	沉积-热液-淋积亚型	董坑、保峰源矿床

表 8-2　我国碳硅泥岩型铀矿地质和矿化特征对比表（据赵凤民，2009）

特征	成因类型		
	沉积-成岩亚型	沉积-外生改造（淋积）亚型	热液亚型
主要成矿作用	沉积-成岩成矿作用	外生-后成渗入成矿作用	热液成矿作用
产出大地构造环境	古地台周边浅海洼地	弱构造活化区富铀地层出露区	构造-岩浆活化区或构造活化区
赋矿地层特征	在缺氧环境下形成的碳硅泥岩建造，富含有机质、黄铁矿和磷	富含有机质、黄铁矿的碳硅泥岩建造，或产于其间的顺层脉岩	岩层由具不同机械物理性质的分层组成，富含有机质和黄铁矿
赋矿地层含铀性	含量达异常值（$>20\times10^{-6}$），局部达矿化指标（0.01%）	一般达异常值（20×10^{-6}），局部达矿化指标（0.01%）	围岩含铀性变化大，由一般含量到异常含量
控矿和赋矿构造	古岛弧附近封闭半封闭浅海盆内的洼地、河谷；现代背斜或向斜翼部	背斜或向斜翼部，富铀地层内层间破碎带和裂隙带	区域深大断裂通过区，切层或层间断裂破碎带
水文地质环境	海洋盆地陆棚水文区	渗入水汇集和径流区	深循环热水或深源热液活动区，多有温泉出露
古气候	潮湿-炎热的气候期	半干旱—半潮湿的气候期	无关
矿体特征	矿体呈层状、透镜状，品位低（$<0.1\%$），资源量小至大型	矿体呈不规则状、漏斗状，品位变化大，一般不高，资源量小至中型	矿体呈脉状、透镜状，品位较富（$>0.1\%$），资源量小至大型
铀赋存状态	以分散吸附态为主，部分呈微细颗粒沥青铀矿，部分铀进入磷酸盐矿物	铀呈吸附态存在于表生含铀矿物中，部分呈铀酰矿物，在深部见沥青铀矿	以铀矿物为主（沥青铀矿），部分呈吸附态
围岩蚀变	见轻微的浅变质现象	岩石发生褪色、褐铁矿化等	碳酸盐化、硅化、绿泥石化、赤铁矿化、褪色化
伴生元素	与围岩相同，其中 V、Mo、Ni、Co 等可达到综合利用指标	与围岩基本相同，其中 V、Cd 等可达到综合利用指标	有时含 Hg、Mo、W、Cu 等热液成矿元素，并形成工业矿体
形成温度	常温到低温	常温	低温到中温
成矿时代	与主岩沉积-成岩时代相同	发生于沉积-成岩期后构造活化期	发生于沉积-成岩期后的中低温热液活动期

碳硅泥岩型铀矿床矿体多呈层状、似层状、透镜状等形态，矿体产状与地层产状基本一致，经常与石煤或多金属、非金属相伴生。矿石类型以碳硅泥岩为主，有机碳丰富（幕府山组大部分大于2%，最高达到12.02%），同时含黄铁矿等（图8-1）。热液型矿石品位通常高于原生沉积-成岩型。铀的赋存形态非常复杂，左天明等（2016）将其分为可交换态、铁锰结合态、碳酸盐结合态、有机态和残渣态，其中前4种铀为活性铀，残渣态为惰性铀。

图 8-1　苏北地区下寒武统富铀碳硅泥岩的宏观特征与微观结构（据张玉玺，2019）
a.幕府山荷塘组剖面；b.有机质及有机微孔隙（充填了方解石）；c.草莓状黄铁矿

一些碳硅泥岩型铀矿床矿石的物质成分与围岩相近似，元素组分与围岩仅有量的差别，充分表现出继承性的特点（陈友良，2008）。而在另一些热流成因的矿床中，围岩蚀变明显，主要为赤铁矿化、硅化和褪色化（张志强，2018）。

总体来看，碳硅泥岩型铀矿床由于致密且含有丰富的有机质和黄铁矿，因而矿石的经济性较差，但仍然是可利用的铀资源。

二、赋矿层位与成矿时代

中国碳硅泥岩型铀矿床的赋矿层形成发育较早，但是获取的成矿年龄却相对较新。

（一）赋矿层位

从新元古界直到二叠系的碳硅泥岩层位中都有铀矿床产出，但在不同层位中矿床类型不完全相同，而且产出数量也有很大差别。沉积-成岩型与外生渗入型主要产于上震旦统—下寒武统内，而热液型则对层位的专属性较差，产于多个层位内（表8-3）。赵凤民（2012）认为，中国碳硅泥岩型铀矿的地质作用和成矿作用与我国大陆长期演化相关。

1. 晋宁期—加里东期

晚震旦世到寒武纪是全球大气与地质构造演化的转折时期。全球性的古陆块裂解、大气中氧含量增加、海平面上升和生物大繁殖等因素的耦合导致了全球性富铀碳硅泥岩层的形成，在一些最佳的耦合地段形成沉积-成岩型铀矿床。在中国古陆块区，特别是扬子陆块区周边被动陆缘带上形成了大范围的富铀层与铀矿化层。

2. 海西期—印支期

该期是中国地壳由离散拼贴发展成为大陆的时期，到印支期海水已基本退出中国大陆。这期间形成了大量普通碳酸盐岩建造，不具备形成沉积-成岩型铀矿的条件，但在构造作用下，扬子陆块区多次隆升，地层发生褶皱，并产生层间破碎带，出现长时间的沉积间断，这样便有利于外生渗入铀成矿作用的发生。另外，在陆块拼贴时，由于各陆块碰撞造山作用，伴随有构造-岩浆活动，因而为热液铀成矿作用创造了条件，但由于强度弱而发育有限。

3. 燕山期

在太平洋板块挤压下，发生强烈的构造-岩浆活动，中国东部隆升，富铀地层大面积出露地表，古气候进入干旱—半干旱—潮湿周期，为外生渗入铀成矿作用创造了良好条件，形成了一批外生渗入型铀矿床；与此同时，内生热液铀矿化作用大爆发，亦形成了大量热液型碳硅泥岩型铀矿床，也成为中国碳硅泥岩型铀矿的主成矿期。

4. 喜马拉雅期

喜马拉雅构造运动造成了中国西部大幅度抬升和剥蚀；中国东部发生垂向差异运动，古气候经历了一个半干旱—潮湿时期，使外生渗入铀成矿作用持续发展，但构造-岩浆活动有所减弱，热液铀成矿作用只在个别地段发生。

5. 新构造运动期

新构造运动期持续喜马拉雅期的格局，但以构造活动为主，铀成矿也以外生渗入成矿作用为主。所以，赵凤民（2009）认为中国碳硅泥岩型铀矿床的形成时代基本可分为两期：①晚震旦世至早寒武世形成沉积-成岩亚型时期；②侏罗纪后形成其他类亚型时期，这些铀矿床都具有后生成矿的特点（表8-3）。

表8-3　中国碳硅泥岩型铀矿床在地层中的分布表（据赵凤民，2012）

地层	赋矿围岩	矿化类型与产出矿床数量		
		沉积-成岩亚型	外生渗入亚型	热液亚型
元古界	叶片状泥质硅岩、含泥硅岩、灰黑色薄层状硅质岩		1	
上震旦统—下寒武统	碳板岩、碳质硅板岩、含磷结核碳板岩、白云岩、白云质灰岩等	3	27	1
奥陶系	中厚层—厚层泥质瘤状灰岩			1
志留系	硅岩、灰岩、硅钙质岩、灰质板岩			5
泥盆系	白云岩、生物碎屑灰岩、白云质页岩、碳质泥岩夹黑色薄层硅岩	3		6
石炭系—二叠系	生物碎屑灰岩、碳质岩和有机质灰岩、白云岩等	3		2

(二)铀成矿时代

张待时(1994)对后生成矿的形成时代特点进行了系统总结,指出沥青铀矿的铀-铅同位素年龄和矿石全岩样品的铀-铅同位素等时线数据表明铀矿化从 140Ma 一直延续到 7Ma。其中,140Ma、120Ma、75Ma、67～55Ma、48～35Ma、30～22Ma、14～7Ma 是主要铀成矿期。铀成矿时代主要集中于白垩纪—新近纪(图 8-2)。在若尔盖铀矿田,金有忠和田文浩(2011)对矿石 U-Pb 同位素年龄测定的结果表明,矿床具有多达近 10 组的铀成矿期,而且均较新。

中国碳硅泥岩型铀矿床的赋矿层形成发育较早,而获取的成矿年龄却相对较新规律的合理解释是,后期构造运动对已形成的铀矿体或赋矿层分别起到了改造、破坏或局部富集的作用。张待时(1994)认为,碳硅泥中铀成矿的时空分布规律与中国有关地区地壳演化及地壳运动有关,特别是与燕山期—喜马拉雅期所发生的构造(构造-岩浆)活化改造密切相关。

三、铀成矿区域分布规律

中国典型的海相碳硅泥岩主要形成于晚震旦世至早二叠世。晚震旦世—早寒武世碳硅泥岩分布最广,在滇、黔、桂、川、湘、鄂、赣、浙、苏、豫、陕、甘、宁、新等地都有分布,其铀丰度值较高,一般为 $(10\sim40)\times10^{-6}$,最高超过 100×10^{-6},是最主要的含矿主岩(赵凤民,2012)。奥陶纪碳硅泥岩的分布与寒武纪的相似。志留纪碳硅泥岩主要分布在秦岭地区,晚古生代碳硅泥岩主要分布在华南、秦岭、塔里木北缘地区。

赵凤民(2012)根据成矿地质条件、成矿潜力与已探明铀矿床的情况,在全国共划分出 4 条成矿带(上扬子、下扬子、湘中-桂东南、南秦岭)、2 条潜在铀成矿带(塔北缘-南天山-北山、扬子陆块西缘)与 2 个独立的成矿区(豫中、信丰)(图 8-3)。

第二节 成矿机理与铀循环

铀矿地质学家一直致力于各种类型铀矿床的成矿机理探索,主要目的在于通过成矿规律和模式的总结给予勘查生产以指导。一些远古宙和显生宙形成的同生沉积碳硅泥岩型铀矿床,由于是较早构成地壳岩石圈的岩石组分,所以更频繁地遭遇后期板块构造运动的影响,铀完全有可能在地壳尺度上形成较大规模的循环,了解这一点有助于建立宏观的铀成矿系统。

一、成矿规律与成矿机理

成矿机理和模式的总结需要通过对成矿作用特征、成矿规律和关键控矿要素的综合研究。系统梳理中国碳硅泥岩型铀矿床的基本地质特征,主要具有以下 4 个重要特点和规律。

(1)矿床主要分布于晚古生代及其之前的古陆、古岛、古水下隆起带的边缘部位。那里海水相对较浅,由各种因素导致的还原沉积环境不仅有利于分散有机质的富集和黄铁矿的形成,也有利于 U^{6+} 的富集,矿体层控性明显。

(2)含矿岩系主要为富含有机质、黄铁矿、黏土矿物、磷质等的碳硅泥岩组合,常含有石煤,矿石相对致密(孔隙度较低、渗透性较差)。这一特征决定了原生的赋矿岩系较难以接收盆地流体的改造,物质交换相对困难。

第八章 碳硅泥岩型铀矿

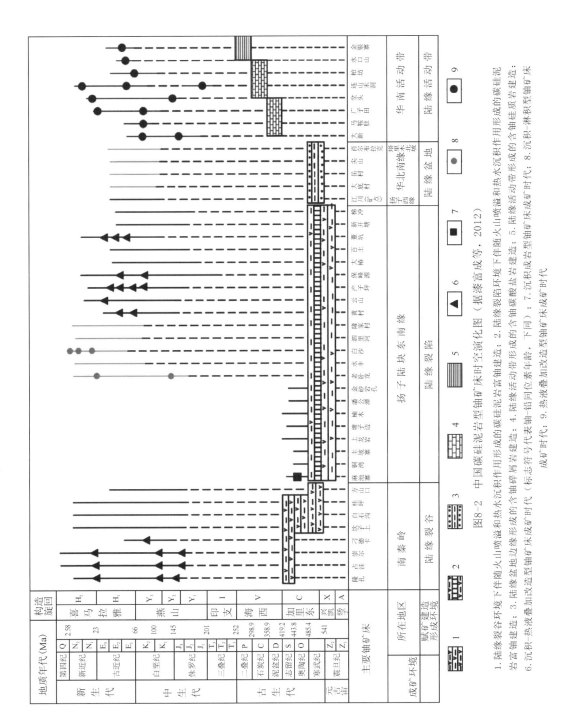

图8-2 中国碳硅泥岩型铀矿床时空演化图（据漆富成等，2012）

1. 陆缘裂谷环境下伴随火山喷溢和热水沉积作用形成的碳硅泥岩富铀建造；2. 陆缘裂陷环境下伴随火山喷溢和热水沉积作用形成的含铀硅质岩建造；3. 陆缘活动带形成的含铀碳酸盐岩建造；4. 陆缘活动带形成的含铀碎屑岩建造；5. 陆缘活动带形成年代（标志符号代表铀-铅同位素年龄，下同）；7. 沉积成岩型铀矿床成矿时代；8. 沉积-淋积型铀矿床成矿时代；9. 热液叠加改造型铀矿床成矿时代

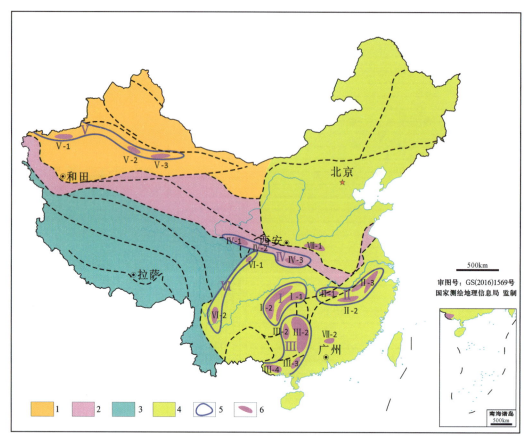

图 8-3 中国碳硅泥岩型铀矿化区带分布示意图(据赵凤民,2012)

1.古亚洲成矿域;2.秦祁昆成矿域;3.特提斯成矿域;4.滨太平洋成矿域;5.碳硅泥岩型铀成矿带;6.碳硅泥岩型铀成矿区。成矿带与潜在铀成矿带:Ⅰ.上扬子铀成矿带;Ⅱ.下扬子铀成矿带;Ⅲ.湘中-桂东南铀成矿带;Ⅳ.秦岭铀成矿带;Ⅴ.塔里木北缘-天山-北山潜在铀成矿带;Ⅵ.扬子陆块区西缘潜在成矿远景区。成矿区:Ⅰ-1.雪峰山;Ⅰ-2.黔中-川东南;Ⅱ-1.幕阜山-修水;Ⅱ-2.丰城-上饶;Ⅲ-1.湘中;Ⅲ-2.越城岭-苗儿山;Ⅲ-3.大容山;Ⅲ-4.西大明山;Ⅳ-1.若尔盖;Ⅳ-2.洛阳;Ⅳ-3.安康-桂平;Ⅶ-1.豫中成矿区;Ⅶ-2.信丰。潜在成矿远景区:Ⅱ-3.皖南-浙西北;Ⅴ-1.柯坪;Ⅴ-2.库鲁克塔格;Ⅴ-3.马鬃山;Ⅵ-1.龙门山;Ⅵ-2.康滇地块

(3)含矿岩系形成早,主要对应于地球早期低等植物在滨浅海环境的演化阶段,即主要形成于大规模植物登陆之前。与赋矿层位的形成相比,获取的成矿年龄却普遍较新、时代较晚。

(4)由于赋矿层形成较早,难免经历浅变质和后期构造的破坏。一个不争的事实是,绝大多数赋矿层(矿床)受到了构造作用和流体作用的强烈改造(图 8-4)。一些层间破碎带和切层断裂构造表现出与矿体关系密切,从而被认为是铀矿床的"控矿构造"和"储矿构造"。

鉴于以上矿床特征,我国主要碳硅泥岩型铀矿床的最初铀富集应该是同沉积期的,铀作为碳硅泥岩的一种重要成分同时沉积,而后期的构造和流体改造作用可能促使碳硅泥岩中的铀再次分配和再次富集。而目前所测到的"成矿"年龄未必就是最初的成矿年龄,应该是后期构造作用和流体事件对富铀层或古老矿体再改造再富集的年龄。在此,"成矿年龄"可能还具有其他的地质意义。因此,我国更多的碳硅泥岩型铀矿床可能为"同生沉积-后生改造"的叠加富集型成因。这就能对碳硅泥岩型铀矿具有明显层控和构造控矿、赋矿层形成早而成矿年龄新等地质特征作出科学的解释。

图 8-4 碳硅泥岩型铀矿围岩的"S"形揉皱变质现象(焦养泉摄,2017)
湖北崇阳东山地区下寒武统牛蹄塘组

关于富铀碳硅泥岩的成因,过去人们主要强调区域地壳活动条件和古气候环境(赵凤民,2009),近年来随着对黑色岩系研究的深入,发现铀矿化与地层中有机质、磷及钒等关系密切,李靖辉(2008)提出了一些新的观点,其中涉及上升洋流、缺氧环境、原始有机质生产率及其与有机质堆积之间的关系,以及该类岩石形成的动力学机制等问题(赵凤民,2009;张玉玺,2019)。

有学者研究发现埃迪卡拉纪—早寒武世之交,古海洋存在强烈分层现象:表层氧化、中间硫化、底部缺氧(Wang et al,2016)。U、Mo、V 等微量元素因对氧化还原环境较为敏感,在水体氧化状态下,以高价态离子形式溶解在水中(U^{6+}、Mo^{6+}、V^{5+}),在水体缺氧或硫化状态下发生沉淀(Calvert et al,1993;Dean et al,1997;Tribovillard et al,2006;Algeo and Tribovillard,2009)。海洋底部缺氧对于黑色泥页岩形成及多种金属元素富集具有直接作用。张玉玺(2019)对下扬子幕府山组的研究表明,早寒武世早期富有机质和高放射性的黑色碳质泥页岩(夹石煤)是缺氧硫化事件的产物,该环境同样有利于铀的富集。

蔡郁文等(2017)讨论了铀在海相烃源岩中的富集条件及主控因素,提出古大气和古海洋的氧化程度是烃源岩中铀富集的主要控制因素,陆地含氧风化和海底热液可能是海相沉积铀的两个主要来源,含铁矿物组成、有机质、磷酸盐矿物、黏土矿物及一些微生物等均可导致铀价态转化,并作为载体通过吸附或络合作用使铀在沉积物中富集。

涂光炽(1988)在《西秦岭硅灰泥岩型铀矿》序中写到,硅灰泥岩型铀矿(主要由硅岩、灰岩和碳质板岩构成)常常是多阶段成矿的产物。早期沉积时有铀的一定富集,但常未能成矿。晚期在一次或多次地壳运动中,铀被活化转移富集而成矿,主要成矿期略晚于最后一幕的地壳运动。他认为这只是硅灰泥岩中最常见的铀成矿方式,还有其他方式。毛裕年和闵永明(1988)指出,矿床形成经历了 3 个演化阶段:前寒武纪铀在地壳重熔型岩浆中产生初始富集,早古生代后期由同生沉积作用富集形成硅灰泥岩型铀源层,中新生代矿源层被改造进而形成工业铀矿床。

针对偏重于热液改造的碳硅泥岩型铀矿床,钟福军等(2015)的综合调研认为,铀成矿元素主要来源于铀含量较高的碳硅泥岩组合及其附近的含铀地质体(中酸性岩浆岩),少数铀来源于深部。成矿流体中的铀通过热液在区域上的循环获得,即下降气液对富铀碳硅泥岩系和含铀岩浆岩体的萃取与上升气液带入的深源铀。铀在成矿流体中以 $UO_2F_4^{2-}$、$UO_2(CO_3)_2^{2-}$、

$UO_2(CO_3)_2^{4-}$ 3 种形式运移。成矿流体的水来源于变质水、构造热液水、岩浆热液水和大气降水的混合溶液体系。矿化剂 ΣCO_2 具有幔源特征。成矿流体在氧化还原界面附近,因空间增加、压力减小、流体减压去气、CO_2 逸出,动态地球化学平衡遭到破坏,导致流体中 U^{6+} 被还原成 U^{4+},从而沉淀成矿。

二、铀的大尺度循环

众所周知,铀成矿与地壳演化密切相关,是地壳演化到一定阶段的产物。铀的亲氧性决定铀在岩石圈构造活动中朝向富硅、富钾的硅铝壳(陆壳)中富集,酸性岩浆岩、酸性火山岩是常见的铀的载体;而铀的变价性又决定铀在沉积建造中富存于富还原剂的含碳、含硫化物的黑色岩系中。地史早期黑色岩系和酸性岩浆岩、火山岩又可能受构造运动影响而卷入晚期形成的褶皱带中,成为晚期构造-岩浆带的铀源,提高了晚期构造-岩浆带的铀含量(黄净白和黄世杰,2005)。因此,多旋回区域构造运动可以驱动铀的大尺度循环,还可以在循环过程中于适宜的环境中形成富铀地质体或铀矿床。

由于碳硅泥岩型铀矿床形成较早,而且赋矿岩层柔软,容易受到构造作用的影响和流体改造,其中古气候变迁对铀的循环影响较大(表 8-4)。加之含铀岩系大面积地分布于华南构造活动带,显生宙及其以来几次大规模构造事件诱发了多期次的岩浆活动,从而促使了铀的大尺度循环——富铀碳硅泥岩和碳硅泥岩型铀矿被岩浆熔融→形成富铀岩浆→有选择性地形成岩浆岩型铀矿床或火山岩型铀矿床→构造活动导致岩浆岩型铀矿等暴露地表接受氧化作用改造→水系搬运促使铀在沉积盆地中汇集并形成泥岩型或者砂岩型铀矿(图 8-5)。其中,图 8-5a 为富铀的碳硅泥岩和碳硅泥岩型铀矿形成;图 8-5b 为岩浆侵位并远程波及影响到碳硅泥岩型铀矿床;图 8-5c 为岩浆继续侵位,吞食碳硅泥岩型铀矿和富铀碳硅泥岩,导致富 P 铀岩浆形成,并在有利的构造和环境中形成花岗岩型铀矿;图 8-5d 为区域构造变革,花岗岩体及围岩地层遭受抬升剥蚀沦为蚀源区,各种铀被氧化为 U^{6+},同时新的沉积盆地形成;图 8-5e 为借助水系 U^{6+} 被输送到湖盆,在湖泊底部 U^{6+} 被富有机质泥岩(潜在烃源岩)吸附还原成 U^{4+} 而形成泥岩型铀矿,与此同时在盆缘形成潜在的储层砂岩,并在适当的古气候条件配合下发育泥炭沼泽;图 8-5f 为盆地进一步埋深和演化,有机质成熟形成煤层、煤层气,烃源岩排烃形成油藏,盆缘发生表生成岩作用(层间氧化作用)而形成砂岩型铀矿,从而构成多种能源矿产同盆共存富集的基本格局。

表 8-4 古气候的变迁与铀循环的关系(据毛裕年和闵永明,1989)

气候类型	铀的活化与浸出	铀的近移与沉淀
炎热潮湿	风化强烈,铀易被大量浸出,形成很厚的风化壳	水量充沛,铀被带至海区;气温高,有机质和硫化物易氧化,铀以吸附或还原方式固定
干旱	化学风化微弱,以物理风化为主;环境氧化,水分不足,使铀的浸出受到影响	整体氧化背景中存在局部还原场,易造成铀的富集;碱性地球化学环境易形成铀黑
温和潮湿	热量不足,化学风化受到限制而影响铀的浸出	风化壳为酸性,易形成次生铀矿物;水量充沛,铀在介质中矿化度降低
干冷	以物理风化为主,铀难以被淋出	气温低,有机质氧化缓慢,易呈铀酰络合物稳定迁移,使铀沉淀受到影响

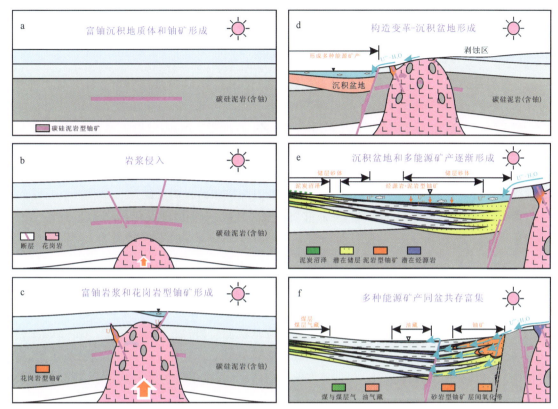

图 8-5　地壳演化过程中各种类型铀矿床的理性演化系列

（碳硅泥岩型铀矿作为铀源向花岗岩型、泥岩型和砂岩型铀矿转化及其他伴生能源矿产资源的形成机理示意模式）

这种理想的推理是有据可循的。一方面，有来自于华南地区火山岩型铀矿、花岗岩型铀矿或富铀花岗岩体的母岩追踪研究的有力支撑，如邵飞（2007）的研究发现下寒武统是一些典型矿床（如相山矿田）的区域铀源层，凌洪飞（2011）的研究认为华南地区一些富铀花岗岩的母岩（铀源）与寒武系暗色岩系有关；另一方面，也有来自于铀矿类型区域分布规律的重要支撑，如张万良（2011）对华南铀矿类型、特点及其空间分布的研究发现，从华南西部向东部铀矿类型有从碳硅泥岩型→花岗岩型→斑岩型→火山岩型变化的趋势。

第三节　典型铀矿实例

碳硅泥岩型铀矿床由于赋矿层位形成较早，矿床或多或少会受到后期构造和流体事件的叠加改造，为了便于比较笔者在该节中特意选择了偏重于同生沉积作用和偏重于热液改造作用的两个矿床实例，它们分别是广西笔架山地区石煤-钒银铀矿床和若尔盖碳硅泥岩型铀矿田。

一、广西笔架山地区石煤-钒银铀矿床

张振贤和周怀玲（1992）通过对广西笔架山地区泥盆纪早埃姆斯期盆地相沉积剖面的研究，认为风暴事件和缺氧事件的兴衰交替在盆地中形成了一套呈黑色的含碳质角砾状泥岩、

碳质泥岩、硅质岩互层的岩石组合,其中形成了重要的石煤和钒银铀矿床,这是一个很好的偏重同生沉积的碳硅泥岩型矿床。

1. 含矿岩系特征

含矿岩系为黑色泥岩、硅质岩组合。生物以竹节石为主,含少量放射虫。自下而上可分为 3 个岩性段(图 8-6)。

第 1 段　黑色角砾状泥岩段:泥岩角砾大小不一,大于 10mm,一般上部稍大,形态不规则,多呈棱角状,无搬运痕迹,其成分与胶结物一样,由水云母组成。中、下部为角砾状泥岩与黑色碳质泥岩及薄层硅质岩组成系列小旋回,分析其成因与风暴作用有关。泥岩中局部具揉曲构造。岩石含有机质 14.9%,是钒、银(铀)矿及石煤矿床的含矿层位。

第 2 段　深灰色竹节石硅质岩、泥质硅质岩夹泥岩段:水平层理发育,含石煤。

第 3 段　黑色碳质泥岩夹竹节石泥岩、泥质硅质岩段:水平层理发育,有机质含量 >15%,是沥青煤矿床及石煤的主要层位。

2. 矿床特征

该矿床主要为大型钒银铀矿床,另有石煤和沥青煤矿(张振贤和周怀玲,1992)。

钒银铀矿床的含矿层位于塘丁组下部黑色角砾状泥岩段,属 *Nowakia cf. barrandei* 带(图 8-6)。矿层层位稳定,走向延伸长 >33km,包括 7 个工业矿体。矿体呈层状、似层状、透镜状,长 0.413~14.34km,厚 1.06~28.29m(图 8-7)。含矿围岩为角砾状泥岩、碳质泥岩及含碳硅质岩。

矿石结构主要为泥质结构、隐晶-泥质结构、显微鳞片-泥质结构。矿石构造有角砾状构造、皱纹构造、显微皱纹构造。矿石的主要矿物成分为伊利石水云母(66%),有机碳(14.9%),次要矿物为石英(8%)、黄铁矿(5%)、绢云母、高岭石,以及微量的赤铁矿、褐铁矿、方解石、柘榴石、金红石等。

矿石含铀、钒和银。其中,地表含铀量为 0.009 5%~0.071%,最高 0.100 3%~0.335 1%;V_2O_5 0.712%~1.804%,平均为 1%±;银含量一般为 5~10g/t,最高 5.2g/t。钒在矿石中未发现独立矿物。但是在伊利石水云母中含 V_2O_5 达 2.16%,为钒矿石含量的两倍,说明它是矿石中钒的主要载体。在钒矿石中伴生银和铀,银的富集部位与钒矿一致,富铀矿物为含铀水云母。因此,此矿床类型应属沉积-成岩型钒银铀矿床。

3. 控矿因素与成矿机理

富有机质碳硅泥岩的形成与缺氧事件有关,而成矿作用与沉积事件存在密切联系。在早期,由于盆地受风暴作用影响,洋流上翻,在盆地边缘局部地区形成闭塞还原环境,构成金属硫化物矿源层,并受成岩作用影响形成沉积-成岩型钒银铀矿床(张振贤和周怀玲,1992)。

二、若尔盖碳硅泥岩型铀矿田

若尔盖铀矿田位于秦岭褶皱带南亚带,矿田东西长约 50km、南北宽约 6km,现已探明铀矿床 10 余个、矿(化)点 20 余处。铀矿床的空间分布具有东疏西密的特点,矿床的规模大小和矿石品位的贫富情况也都具有东小西大、东贫西富的特点。铀矿体产于志留系羊肠沟组、塔尔组和拉垅组一套浅变质硅-灰岩系中(图 8-8),并严格受岩性、构造和地球化学环境控制。

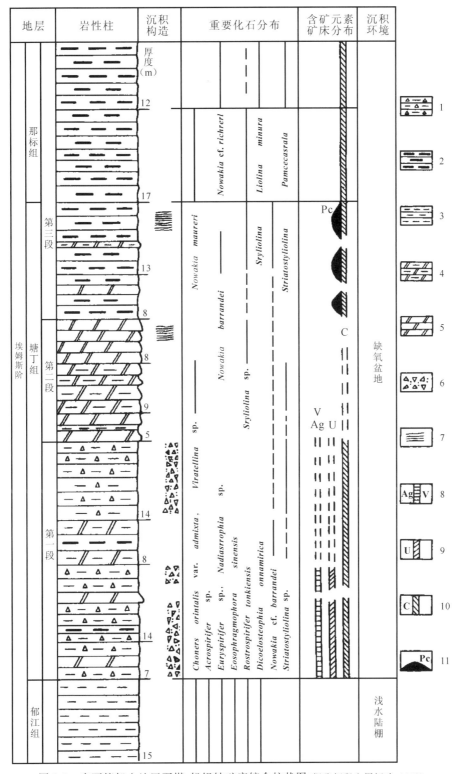

图 8-6 广西笔架山地区石煤-钒银铀矿床综合柱状图(据张振贤和周怀玲,1992)
1.黑色角砾状泥岩;2.黑色碳质泥岩;3.灰绿色泥岩;4.泥质硅质岩;5.硅质岩;6.角砾状结构;
7.水平纹层;8.钒银矿床;9.铀矿;10.石煤;11.沥青煤

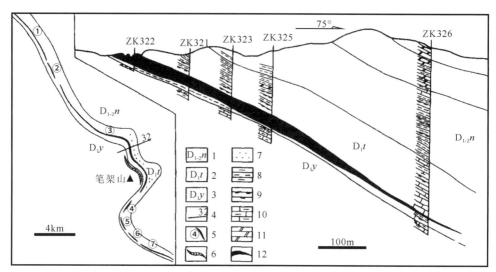

图 8-7 广西笔架山地区石煤-钒银铀矿床地质及剖面图(据张振贤和周怀玲,1992)

1.那标组($D_{1-2}n$);2.塘丁组(D_1t);3.郁江组(D_1y);4.勘探线位置及编号;5.钒银矿体及编号;6.水晶矿;7.铀矿;8.泥岩;9.碳质泥岩;10.泥灰岩;11.硅质岩;12.钒银矿体

若尔盖铀矿田不仅矿石铀品位较富,而且有多种伴生金属元素可供综合利用,是中国具有较好发展前景的碳硅泥岩型铀矿田。通常人们认为若尔盖铀矿田是碳硅泥岩型,但毛裕年和闵永明(1989)依据赋矿层为硅质、灰质和碳质板岩而将其命名为硅灰岩型铀矿。

(一)含铀岩系沉积环境与岩石类型

在早古生代,若尔盖地区总体处于大陆地壳与大洋地壳过渡的构造部位,其南紧邻若尔盖古陆,其北连接秦祁昆大洋(图 8-9),含铀岩系形成发育于陆缘海(陆棚)沉积环境。毛裕年和闵永明(1989)研究认为,志留纪西秦岭海湾总体呈现西浅东深的格局,海湾的西端可能迄止于玛曲一带,北为障壁、南为古陆,往东则逐渐过渡为开阔陆棚。若尔盖铀矿田所处的环境较为封闭还原,属于海湾(潟湖)-礁后潮坪(障壁潮坪)-礁滩相环境,最富铀的沉积物形成于礁后潮坪(障壁潮坪)和礁滩坪环境。大陆边缘海盆之所以适宜于富铀碳硅泥岩的发育,一方面在于古海湾中的海水相对平静,生物大量繁衍,沉积物中富含有机质、Al_2O_3 和 P_2O_5,从而有利于吸附铀;另一方面是该区域既有古陆长期风化剥蚀提供的细碎屑和 U、Au、Ba、Mo 等大陆地壳标型元素,又有海水从远源火山活动携带而来的大量 SiO_2 和 Ni、Cr、Co、V、Ti 等过渡性地壳标型元素,它们局部聚集就可以形成多元素的含矿岩系(图 8-10)。志留纪的近岸浅水条件,既有丰富的陆源碎屑,同时存在局部还原的沉积环境,这是形成富铀沉积物的基本前提。

在若尔盖微古陆北缘的陆缘海环境中,陆续形成了铀矿田的含矿岩系——志留系的羊肠沟组、塔尔组和拉垅组(图 8-10),岩石类型主要有硅质岩、灰岩、板岩三大类(陈友良,2008)。

羊肠沟组的下段主要为深灰至灰黑色薄—中层状粉砂质板岩夹有薄层状硅岩,并见有较多的花岗斑岩脉近于顺层贯入和少量辉绿岩侵入体。羊肠沟组上段的下部为主要的赋矿层

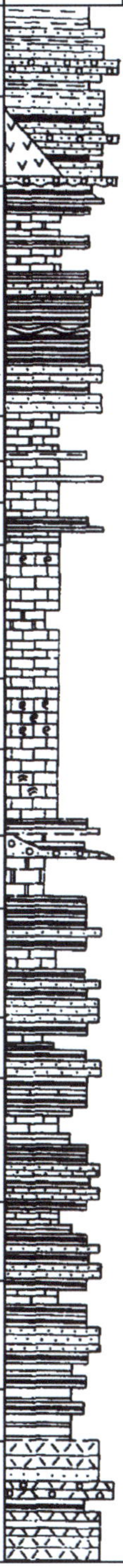

地层单位			厚度(m)	柱状图	岩性简述	主要化石	沉积环境	重要矿产	备注
系	群	组							
白垩系			1700		砾岩、砂岩、泥质岩，夹少量薄层淡水灰岩		河湖相		未变质
侏罗系			1500		砾岩、砂岩、火山岩，夹数层煤		湖、沼泽、河流相	煤矿	
三叠系			大于1000		砂岩、板岩、灰岩、白云岩		海相		局部浅变质
二叠系			600		灰岩、泥质岩、白云岩	蜓	海相		
			500		灰岩，上部夹粉砂岩				
石炭系			700		灰岩夹泥质岩、粉砂岩薄层	珊瑚、腕足	海陆交互相		
			360		灰岩、生物灰岩				
			1800		灰岩夹少量白云岩				
泥盆系			1200		灰岩、泥灰岩、生物灰岩	珊瑚、双壳、腕足	海陆交互相	铁矿	
			1600		灰岩、礁灰岩，仅底部为砂板岩				
			1200		白云岩夹板岩，仅白依背斜南翼上部为河流三角洲相砂砾岩				
志留系	白龙江群	折乌阔组	1900		砂岩、板岩夹灰岩透镜体（含铀岩组）	腕足、珊瑚	海湾(潟湖)—潮坪—礁滩组合相	铀矿	浅变质
		拉垅组	1000		砂岩、板岩夹硅岩、灰岩透镜体（含铀岩组）				
		塔尔组	2400		上部为板岩夹硅岩、灰岩透镜体；下部为砂岩夹板岩(含铀岩组)	笔石			
		羊肠沟组	1300		上部为板岩夹硅岩、灰岩透镜体；下部为砂岩夹板岩(含铀岩组)				
		尖尼沟组—安子沟组	2600		中上部为粉砂岩、板岩夹硅岩透镜体；下部为板岩、硅岩互层（含铀岩组）				
寒武—奥陶系	太阳顶群		150		巨厚层状硅质岩		海相	金矿	
震旦系	白依沟群		大于2000		晶屑凝灰岩、熔结凝灰岩、含花岗岩砾石沉凝灰岩及少量板岩、砂岩层		陆相	金矿	

图 8-8 西秦岭南亚带(含若尔盖地区)地层序列图(据毛裕年和闵永明,1989)

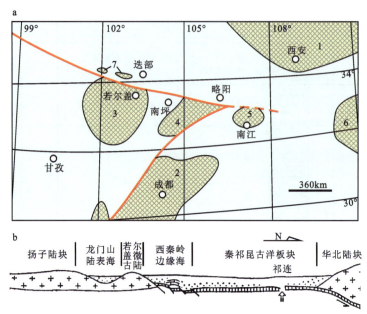

图 8-9 若尔盖铀矿田含铀岩系形成发育的古构造地理背景(据毛裕年和闵永明,1989)
a.西秦岭及邻近地区志留纪构造古地理图;1.华北古陆;2.川中古陆;3.若尔盖微古陆;4.碧口古陆;
5.汉南古陆;6.两娜古陆;7.白依水下隆起;b.寒武纪—志留纪板块构造格架图

位(图 8-10),510-1、510-2 和 511 矿床即产于该层位中,其岩性主要为深灰至灰黑色中厚层状灰岩、硅化灰岩及重结晶硅化灰岩。羊肠沟组上段的上部为硅岩层。

塔尔组下段由黄灰色至暗灰色中薄层状细至粉砂岩夹粉砂质含碳质板岩,过渡为黑灰色至深灰色中薄层状绢云母粉砂质板岩夹变泥质粉砂岩,再向上过渡为深灰色薄层状千枚状粉砂质板岩和绢云母板岩偶夹黑色薄层状硅岩。塔尔组上段为主要的含矿层位(图 8-10),512-3 矿床即产于该段地层中,岩性自下而上为具有由深灰至灰黑色薄中层状含碳泥质微晶硅质岩偶夹灰黑色板岩,过渡为灰至深灰色中厚层微晶灰岩、硅化灰岩及中—细晶重结晶灰岩,再向上过渡为灰至深灰色厚层微—细晶硅岩夹有硅质灰岩及透镜状白云质硅岩。

拉垅组下段岩性为灰色—深灰色中厚层状绢云母石英粉砂岩及深灰色薄层状绢云母板岩,夹有粉砂质绢云母板岩。拉垅组上段也为含矿层位(图 8-10),512-1 矿床即产于该段地层中,下部岩性为灰黑色薄—中厚层状微晶硅岩及含碳泥晶硅岩,向上演化为灰色中厚层微晶灰岩、硅质灰岩及硅化球粒结晶灰岩,再向上演化为深灰色灰岩、球粒状硅化岩夹薄层状微晶硅岩。

陈友良(2008)认为若尔盖铀成矿区由于志留纪海平面的升降,使成矿区沉积环境在内陆棚-外陆棚之间频繁变换,从而形成了一套砂质板岩-粉砂质板岩-泥板岩(泥晶灰岩)-页岩-硅质岩的韵律叠置,脆性与塑性的岩石互层为铀成矿提供了十分有利的地质环境和赋存空间。

(二)地层-构造格架中的铀成矿规律

志留系各个地层并非都有铀矿产出,矿体主要产于羊肠沟组、塔尔组及拉拢组中。陈友

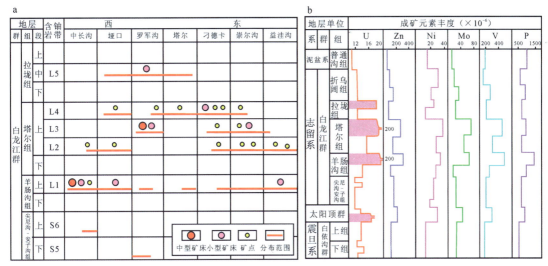

图 8-10 若尔盖地区含矿岩系成矿层位与主要元素变化特征(据毛裕年和闵永明,1989)
a. 含矿层位及矿化分布规律;b. 地层成矿元素丰度变化

良(2008)的研究表明,这 3 个组岩性组合大体相似,具有"砂岩+板岩"-"硅质岩+灰岩"-板岩-砂岩这样的岩性组合规律。每个组的岩性,上部与下部均为砂岩和板岩,中部为硅质岩及灰岩,也就是说两套砂岩和板岩夹一套硅质岩和灰岩,构成了特定的"塑性+脆性+塑性"岩性组合。勘查结果表明,若尔盖铀矿田多数矿体产于上述岩性组合的断裂构造带中,其两侧被板岩夹持,硅灰岩为主要的赋矿围岩。由此看来,成矿环境首先需要塑性岩层(板岩)夹脆性岩层(硅灰岩)的岩性组合,其次需要有断层切割,而断层的交叉部位是有利的成矿部位(图 8-11)。毛裕年和闵永明(1989)指出,矿床的空间位置通常和层间破碎带与北东向横断裂的交切部位有关,即矿体多在北东向横断裂与含矿岩带交切部位集结,尤以在横断裂上盘的层间破碎带中更为多见(图 8-12)。

若尔盖铀矿田矿石平均品位一般都在 0.3% 以上,510 矿区主矿体品位都在 0.3% 以上。研究发现,矿石铀品位高低主要与断裂的强烈程度即岩石的破碎程度有关,特别是受到了含矿硅灰岩带的层间破碎带控制。断裂角砾岩与碎裂岩发育地段,铀主要沿断裂面破碎糜棱岩或断层泥充填和交代形成不规则铀矿细脉,构成普通矿石至富矿石。而远离断层面铀品位总体逐渐变贫,完整的岩石中基本无矿或贫矿。因此构造破碎程度的高低是矿床矿石品级的决定因素(陈友良,2008)。

(三)矿体矿石类型

含铀硅灰岩带的硅岩、灰岩、硅钙质过渡岩、碳质板岩以及由它们构成的碎裂岩、角砾岩等各类构造岩,都具有不同程度的铀矿化,通常以硅钙质过渡岩的铀矿化程度最高,角砾岩和碎裂岩次之;铀矿化的分布则以碳质板岩、碳泥质纹层最为广泛;硅岩的铀矿化程度居中;质纯的灰岩一般不具矿化现象(毛裕年和闵永明,1989)。以 510-1 矿床为例,矿化最好的地段是在砂质灰岩向碳质硅岩过渡的破碎带中,品位高、矿体大,矿体多呈似层状、带状及脉状。其特征是碳质增高,岩石破碎、脱碳、黄铁矿化和褐铁矿化等极为明显,而向外围完整的灰岩

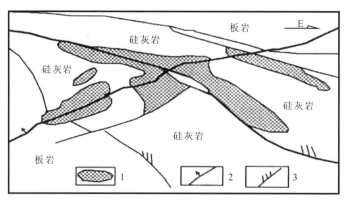

图 8-11 若尔盖铀矿田产于交叉断裂部位的铀矿体(据金景福等,1994;转引自陈友良,2008)
1.张扭性断裂带;2.压扭性断裂带;3.铀矿体

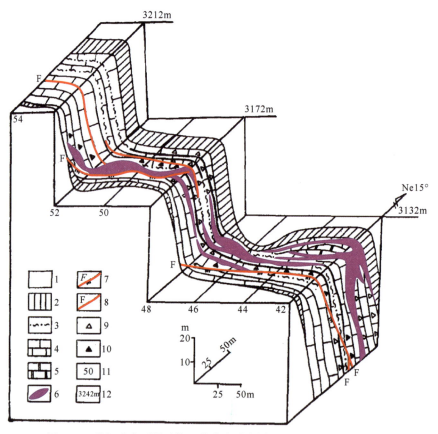

图 8-12 铀钼矿床西段矿体立体分布示意图(据毛裕年和闵永明,1989)
1.含铀硅灰泥岩段顶底板砂板岩类;2.硅岩类;3.碳质板岩类;4.灰岩(包括硅钙质过渡岩);5.白云岩类;
6.工业铀矿体;7.斜断层;8.层间断裂;9.碎裂岩化;10.角砾岩化;11.剖面线编号;12.中段高程(m)

或硅岩过渡,矿体一般较小,多呈定向性矿体群出现(陈友良,2008)。

毛裕年和闵永明(1989)将铀矿田自然铀矿体划分为 4 种类型,即硅钙质过渡岩(包括少量不纯灰岩)型铀矿体、破碎硅岩型铀矿体、碳质板岩型铀矿体和构造岩(包括角砾岩和碎裂岩)型铀矿体。

1. 硅钙质过渡岩型铀矿体

该类型铀矿体通常主要产于含矿硅灰岩带的中上部，矿体中岩溶现象显著，多呈疏松多孔状。铀矿化以充填形式为主，局部地段的有机碳被氧化引起岩石退色，并以产有沥青铀矿或再生铀黑等铀矿物为标志。矿体形态与产状主要受岩相、岩性的影响。

2. 破碎硅岩型铀矿体

该矿体多数产于地表及浅部。地表的硅岩型铀矿石中的铀均以次生矿物的形式存在；浅部的硅岩型铀矿石中铀的矿化形式则主要以裂隙充填形式出现。铀的矿化程度与有机碳和泥质的含量密切相关。矿体形态变化多端，主要受控于岩石的破碎程度。

3. 碳质板岩型铀矿体

该矿体分布较广但品位较贫，常以厚度不等的夹层产于含矿硅灰岩带之中。铀主要呈分散吸附状态存在。矿体沿走向或倾向相对较稳定，但一般厚度不大，其形态与产状均较简单。

4. 构造岩型铀矿体

该矿体是构造性质不同及破碎程度相异的各类构造岩，其中主要成矿元素的含量较之未破碎岩石均有一定程度的增长，其增长幅度一般可达数倍至数十倍（表 8-5）。U、Mo、Zn、Ni 等成矿元素的聚集，与张性或张扭性的碎裂岩和角砾岩关系密切，在压性或压扭性的糜棱岩和断层泥中其聚集程度较差。由此可见，成矿元素的聚集与构造裂隙性质及其发育程度有联系。构造岩型铀矿体有角砾岩型和碎裂岩型两个亚类。角砾岩的破碎程度较强，有被破碎物质充填和胶结的现象，而且还具有一定的位移，铀矿化沿张性裂隙充填和以胶结物形式出现。碎裂岩的破碎程度较差且基本不具位移，铀矿化只沿张裂隙充填。构造岩型铀矿体中多或少会出现沥青铀矿或再生铀黑，矿体的形态、产状主要受控于断裂性质及其强度。

表 8-5 各类构造岩成矿元素含量（据毛裕年和闵永明，1989）

岩石名称	样品数	元素及含量（$\times 10^{-5}$）					
		U	Mo	V	Zn	Cu	Ni
块状岩石	14	1.60	3.09	45.71	27.14	8.71	5.00
破碎岩	72	2.10	9.50	68.21	36.99	12.48	7.22
碎裂岩	36	4.25	9.58	72.19	69.75	20.25	14.08
角砾岩	26	3.69	13.33	182.88	105.88	43.42	15.31
糜棱岩	20	2.40	10.15	60.25	71.70	16.60	12.35
构造泥	9	2.56	11.44	122.33	22.00	12.11	9.00

（四）近矿围岩蚀变特征

若尔盖地区热液活动强烈，石英、方解石和黄铁矿矿脉大量产出。靠近矿围，除硅化、碳酸盐化和黄铁矿化外，其他蚀变现象不易识别。硅化在矿区内沿断裂构造发育，硅化产生的微晶石英既有充填方式形成的，也有交代方式形成的。硅化作用主要表现为微晶石英沿碎裂灰岩碎裂面及构造岩中岩屑边缘对灰岩进行溶蚀交代。发育有硅化的构造破碎带及碎裂岩带与铀矿体或断裂构造的部位基本一致。因此，硅化是该矿区典型的与成矿同时形成的热液活动产物。此外,碳酸盐化也是该矿区与铀成矿密切相关的热液活动产物(陈友良,2008)。

(五)矿石矿物与铀赋存形式

若尔盖铀矿田矿石中的主要矿物成分为沥青铀矿、闪锌矿、硫铁镍矿、针镍矿、辉镍矿、辉铜矿、黄铜矿、斑铜矿、黄铁矿、白铁矿、褐铁矿、石英、方解石、重晶石、石膏等。铀的次生矿物有残余铀黑、钙铀云母、铜铀云母、含铀玻璃蛋白石等。

矿石中铀主要呈铀矿物形式和分散吸附状态存在(表8-6),铀矿物主要有沥青铀矿、铀黑及次生铀矿物,呈分散吸附状态的铀赋存在碳泥质集合体和表生矿物中。沥青铀矿呈细微脉状、网脉状、显微浸染状以及胶状产出,常与黄铁矿、镍的硫化物共生。铀黑有残余铀黑和再生铀黑两种,前者系沥青铀矿氧化的产物,而后者分布较广,常产于构造裂隙密集、岩石强烈破碎的地段。次生铀矿物有钙铀云母、铜铀云母、铜砷铀云母、钒钙铀矿、钒钾铀矿等,仅见于少数矿体的地表露头和露天采场中。除铀矿物外,矿石中大量的铀赋存于碳泥质集合体等含铀物质中。矿石类型在垂向上具有明显分带:在较深部位主要为原生矿带(沥青铀矿),向上变为不完全氧化带(氧化矿石残余铀黑与原生矿石沥青铀矿共存),再向上演化为氧化带,矿石为六价铀氧化矿石(陈友良,2008)。

表 8-6　铀赋存状态及分布特征(据毛裕年和闵永明,1989)

铀的赋存状态		分布特征	占总铀量比例(%)		
			一般	个别	范围
矿物状	氧化物	粒状沥青铀矿、胶状沥青铀矿、再生铀黑、残余铀黑	含量少,颗粒细小,分布不均匀,多在深部或浅部产出	30	40	20~50
	铀酰盐	铜铀云母、钙铀云母、钒钙铀矿、翠砷铜铀矿	多分布在地表的破碎裂隙中或沿浅部裂隙分布	30~40	60	
分散吸附状	碳泥质集合体	碳泥质集合体、微石英碳质集合体	分布较广泛,但多在浅部或深部	60	>70	50~80
	含铀次生矿物	褐铁矿、菱铁矿、石膏、水铝英石、铝水方解石	多分布在地表的破碎裂隙中,沿裂隙延至浅部	30	50	

在若尔盖整个铀矿田范围内,陈友良(2008)发现自下而上矿化类型和矿石矿物组合可大体划分出 3 个带。

(1)闪锌矿-少铁镍硫化物-铀矿化带:其特点是闪锌矿的出现频率较高,铁镍硫化物少见。沥青铀矿的含氧系数较低($x=2.55\sim2.56$),且杂质含量明显偏高。在矿石化学成分上,Zn、Mo 含量较高,而 V 含量较低。

(2)少硫化物-铀矿化带:硫化物主要是呈细脉状及浸染状的黄铁矿、闪锌矿、铁镍硫化物组合出现。

(3)铁镍硫化物-铀矿化带:特点是出现大量黄铁矿及硫铁镍矿、针镍矿、辉镍矿等铁镍硫化物。沥青铀矿的含氧系数较高,达 2.61。Zn、Mo 含量低。沥青铀矿的含氧系数变化规律具有"下还原上氧化"的分带规律。

矿石类型和矿物的垂向分带规律,可能是成矿环境和成矿作用特征的具体体现,也有可能是后期构造氧化作用的产物。

(六)成因机理

毛裕年和闵永明(1989)通过对若尔盖铀矿田与沥青铀矿密切共生的脉石矿物——方解石和石英中包裹体进行的氢氧同位素研究,证实后生成矿溶液主要由大气降水所补给。铅、硫和碳等稳定同位素以及其他方面的成果均证实,后生成矿的物质主要来自含铀岩系本身,因此若尔盖应属于"自生自储"性质的层控铀矿床。对成矿物理化学条件的研究表明,铀的工业富集过程,实质就是活化的铀随地下水热液迁移至氧化还原过渡部位引起沉淀富集的过程。铀的后生成矿,受层间破碎带构成的承压水文地质体系所控制。也就是说,地下水含铀热液的重力渗透,总体导致愈往深部,成矿时代愈新而且成矿的年龄变化范围愈小。北东向扭动断裂的构造圈闭又致使含铀热液在侧向流动过程中产生环流。因而,构造和岩性的双重圈闭是导致成矿溶液滞留停积和矿床空间定位的重要机制。在矿源层的基础上,铀产生成百上千倍的增长,从而形成工业铀矿床的成矿过程,可概括为塔式累积成矿概念模式。后生成矿的地质条件主要包括古构造、古地貌、古水文和古气候4个方面。稳中略动的断块活动,基本准平原化的地貌景观,承压的汇水盆地和干旱炎热的古气候背景等"四古"条件适时而又恰当的配合,是矿源层中的铀被活化并最终聚集形成工业铀矿床的重要外部条件。

若尔盖铀矿田的形成发育与西秦岭的地质构造发展阶段相适应,铀矿床的形成过程分为3个时期(毛裕年和闵永明,1989)。前寒武纪时期,铀在地壳重熔型岩浆中产生初始富集;早古生代后期,由同生沉积作用富集形成硅灰泥岩型铀源层;中新生代时期,矿源层被改造而成工业铀矿床(表8-7)。毛裕年和闵永明(1989)对其演化过程做了进一步的解释:西秦岭南亚带3个转定的地质历史阶段,显然受地壳运动的发生、发展规律所支配。大陆地壳重熔的阶段,铀产生初始富集;继而大陆地壳长期遭受风化剥蚀,在具有障壁和还原环境的被动大陆边缘,沉积形成铀源层,为铀的后生成矿奠定了丰富的物质基础。同生沉积形成矿源层阶段,铀既有陆源又有基本同时的海相火山来源,因而沉积富集属于外叠式累积。中生代初期,该区开始受青藏板块活动影响,在最终结束海相沉积和铀源层裸露地表之后,矿源层中的铀产生广泛的活化迁移,并在适宜的部位和恰当的条件下引起局部富集,形成工业铀矿床(表8-7)。显然,后生富集作用是成矿的关键所在。后生改造成矿阶段,铀主要是在矿源层内部进行调整而富集,因而后生改造富集应属于内叠式累积。

基于此,毛裕年和闵永明(1989)指出铀源层的存在是成矿的物质基础,是后生改造富集的前提;铀的后生改造和叠加累积是达到工业富集的关键。铀的地球化学性质活泼,已成的铀矿床极易遭受新构造影响下的淋滤破坏。铀的预测评价应该遵循铀源层、后生成矿和矿床保存3个基本准则,这一准则也适合于其他类型铀矿床的勘查预测。

最近10多年,我国一批学者对若尔盖铀矿田的成矿机理进行了深入探讨,获取了一批新数据,其中最重要的是对后生工业铀矿化机理进行了补充,提出了热液型成因的观点。

陈友良(2008)通过对若尔盖地区成矿流体成因的研究,确定矿化剂ΣCO_2热源主要来源于地幔;铀主要来源于壳幔混熔形成的壳幔混合流体和流体上升途经的围岩;H_2O主要来自地幔流体和地幔流体上升途经的围岩,在成矿晚期有部分来源于大气降水。对成矿物理化学条件的研究表明,501、512矿区铀成矿溶液的pH值为4.78~8.01,Eh值为-0.002~0.514,成矿压力为$(100\sim 200)\times 10^5 Pa$。与沥青铀矿共生的石英、方解石包裹体均一温度为130~

264℃,说明若尔盖铀矿田形成于中—低温环境。这些都表明若尔盖地区的铀矿为热液型碳硅泥岩型矿床。

表 8-7 区域构造演化与铀成矿过程(据毛裕年和闵永明,1989)

时代		旋回		地质构造环境及主要事件		铀的矿化活动	
代	纪(世)	主	亚	总体	西秦岭		
新生代	上新世—全新世	喜马拉雅		印度次大陆与华夏大陆相碰撞	随青藏高原总体抬升,抬升300m,具不均衡性;白龙江溯源侵蚀至该区段	矿床主要遭受风化淋滤而被破坏,局部有次生富集	
	晚白垩世—中新世		阿尔卑斯	特提斯及滨太平洋强烈活动期	长期被剥蚀夷平,形成内陆准平原;缓慢而又不均衡上升隆起;伴有多次轻微的构造破碎,氧化淋滤速度大于被剥蚀速度	铀的后生成矿期	工业富集	形成沥青铀矿、铀黑等独立铀矿物;以再度重新吸附为主
中生代	早白垩世		燕山		以断块运动为主的时期	断块活动		工业预富集	以再度重新吸附为主;可能有超显微粒状铀矿物形成
	早—中侏罗世				形成断陷带性质的红色磨拉石堆积,被剥蚀的速度较大		
			印支		断块活动		
	早—中三叠世			褶皱变质	在坳断盆地中有陆相火山喷溢及煤系的沉积		
					最终结束海相沉积并成陆		
					白龙江复背斜呈半岛状隆起;北侧洮河形成张裂海槽并接受沉积	伴随动力重结晶,颗粒中的铀得到释放	
古生代	二叠纪—泥盆纪	海西		华夏古大陆逐步形成和发展期	华夏古大陆最终形成	铀源质量调整期	
				次稳定碳酸盐沉积为主	主要为碳酸盐沉积。但局部有酸性岩浆的侵入活动;在海陆交互地段有煤系形成,并局部在假整合。矿源层附近有辉绿岩床贯入,矿源层南侧中晚泥盆世曾一度成陆		深埋成岩及硅化
					假整合		
	志留纪		加里东	次活动型沉积	在海湾-潟湖内的水下岛隆起带形成以礁滩和潮坪为主的铀源层。可能存在远源的海底火山喷发	铀源层形成期	形成硅灰泥岩铀源层
							形成含碳硅岩铀源层
	寒武纪—奥陶纪			局部有沉积,部分遭到剥蚀	在奥陶系(?)至寒武系细碎屑沉积(太阳顶群),由于厚度不大和被剥蚀破坏,仅局部残存或呈构造透镜体出现		形成含碳硅岩铀源层
元古宙	震旦纪	兴凯		古中国地块形成期	浅海盖层沉积	古中国地台分离与解体,扩张裂陷槽成为陆缘海	
					有陆缘山弧型英安质或流纹质晶屑凝灰岩和洪积、冲积相沉积		
	青白口纪	扬子			扬子台地大陆边缘活动带	晋宁运动	随岩石重熔,铀初始富集
					重熔酸性岩浆活动形成钾长花岗岩、花岗斑岩等,为若尔盖古陆主体岩石		
	蓟县纪	?					

陈友良(2008)、张成江等(2010)、叶永钦(2014)指出若尔盖铀矿田 510-1 矿床的脉石矿物(石英、方解石)、微量元素、稀土元素等均具有"上酸下碱"的垂直分带规律,铀成矿作用主

要发生在"酸碱分离"的地球化学界面部位,同时 Pb、Zr、Hf、Sb、W、Sc 及稀土元素也高度富集。这种规律性与华南地区花岗岩型铀矿极其相似,暗示了若尔盖铀矿田可能属于典型的热液矿床。

金有忠和田文浩(2011)也对铀矿石的常量元素、微量元素、稀土元素、铀-钍配分和矿物硫、氢、氧同位素特征进行了研究,认为与铀矿化密切相关的硅质岩生成于热水沉积环境,成矿早期的沉积、变质作用形成了相对广泛的初始铀富集,成矿中、晚期在特定的物理-化学环境下,以大气降水为主源的中低温成矿流体对围岩和初始铀富集体进行了强烈改造,最终形成了以热液改造型为主的工业铀矿化。成矿物质主要来自围岩和初始铀富集体,而部分壳幔含矿物质的介入和岩浆岩的热贡献对铀的后期富集成矿及加大成矿深度起到了一定的作用。

第九章　石英砾岩型铀矿和冰碛岩型铀矿

> 石英砾岩型铀矿和冰碛岩型铀矿均形成于较为特殊的地质时期，前者与地球形成早期缺氧条件下的含铀-金砾质水道沉积有关，后者与冰川作用改造不整合面型铀矿床有关，属于冰川漂砾沉积。从理论上讲，这两者均属于同沉积型铀矿。

第一节　石英砾岩型铀矿

已知的石英砾岩型铀矿床局限在一个特定的地质时期内（在距今 28～22 亿年前的元古代），赋存于太古代花岗岩基底和变质岩基底之上的下元古界上部岩层中，与下伏岩层呈不整合接触，代表性的实例有南非的维特沃特斯兰德陆相克拉通盆地和加拿大的布兰德河-艾利奥特湖边缘海盆地，其中以前者最为著名（周维勋，2010）。

一、铀矿形成背景

南非的维特沃特斯兰德陆相克拉通盆地发育在卡阿普瓦尔古陆块（固结于 2800Ma）之上，含矿岩系为冲积扇扇面水道充填物，其沉积始于 2800Ma 而结束于 2200Ma，有益组分以金为主，金-铀共生；而加拿大布兰德河-艾利奥特湖边缘海盆地发育在苏必利尔古陆块（固结于 2500Ma）之上，含矿岩系位于盆地边缘，是充填于下切河谷内的辫状河沉积物，其沉积始于 2500Ma 而结束于 2200Ma，有益组分以铀为主，铀-REE 共生（周维勋，2010）。

因此，石英砾岩型铀矿床形成的背景是：基底为稳定的古陆块，其克拉通化发生在 2500Ma 之前，含矿岩系很快于 2200Ma 之前结束沉积。这个时期，正处于地球演化早期的极度贫氧期（图 2-1），当时大气圈中氧含量非常低，铀不能被氧化，以致于铀呈现为晶质铀矿碎屑与其他矿物碎屑一起随着水系被搬运，并在机械沉积分异作用下铀和金有选择地沉积富集而成矿。石英砾岩型铀矿床的形成受 3 个关键的因素控制：①硅铝质陆壳的演化和上升陆核的形成，后来在其上曾发育河流沉积体系；②富铀花岗岩的发育，它提供了粗粒沉积物和铀的来源；③存在一个早期缺氧大气圈，从而使还原铀矿物在地球表面上长期的强烈机械改造作用期间能够幸存下来（Button and Adams，1981）。

二、典型矿床分析

(一)兰德盆地德里霍特恩金-铀矿床

德里霍特恩金-铀矿床位于南非豪登省西南部的卡勒顿维累附近,距首都约翰内斯堡70km,是世界上超大型砾岩型金矿床的典型代表,曾经被认为是世界上最富的金矿床(王杰等,2013;图9-1)。该矿床有益组分以金为主,金-铀共生,铀为可回收的副产品。

1. 矿床地质特征

(1) 矿体分布形态。矿体主要受地层控制,呈层状、似层状,局部呈不连续透镜状产出(Jolley et al,2004)。中兰德群沉积地层为盆地中的主要含金岩系,其被分为 Johannesburg 亚群和 Turffontein 亚群。Turffontein 亚群分为 Kimberley 组、埃尔斯伯格组和 Mondeor 组,埃尔斯伯格组进一步分为 Elsburg Individuals 和 Elsburg Massives(图9-2;Manzi et al,2013)。以绍斯迪普金矿为例,矿体分布如图9-3所示,主要受楔状分布的埃尔斯伯格组和文特斯多普砾岩地层控制,含 Au 品位高的 Elsburg Individuals 中的 EC 矿层是主要的开采层位,文特斯多普砾岩矿层次之(图9-3;Manzi et al,2013)。

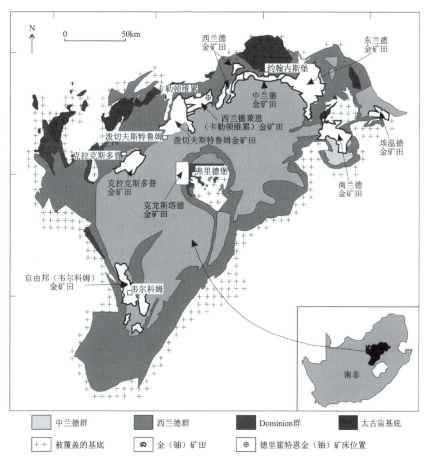

图9-1 维特沃特斯兰德盆地内金矿田分布示意图(据 Bjinse et al,2010)

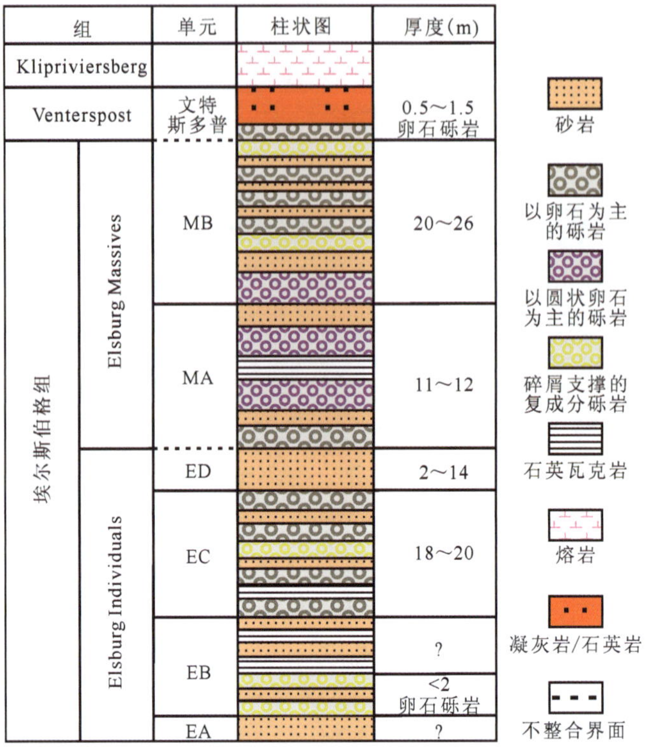

图 9-2 兰德盆地绍斯迪普金矿区地层柱状图(转引自任军平等,2015)

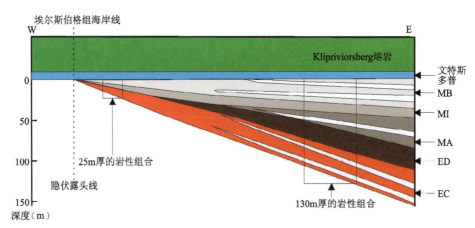

图 9-3 绍斯迪普金矿床剖面示意图(转引自任军平等,2015)
注：图中 EC、ED、MA、MI、MB 为不同矿层

(2)矿石结构及矿物组合。矿床中主要矿物有金、沥青铀矿、碳铀钍矿、黄铁矿,其中碎屑金颗粒呈浑圆状,重结晶金颗粒为不规则的鳞片状、板状、线状,沥青铀矿颗粒在 0.1mm 左右,黄铁矿呈圆状、自形、半自形、他形等,矿石构造主要为浸染状、细脉状、网脉状等(章振根,1990;陈毓川等,1995)。

含矿岩石以砾岩为主,少量为石英岩,其中矿化砾岩按伴生的金属矿物可分 2 类:①含黄铁矿和磁黄铁矿的砾岩;②含赤铁矿和钛铁矿的砾岩(左立波等,2017)。含矿砾岩层中可回收利用的金属及矿物有金、银、铀、锇、铱和黄铁矿等,主要铀矿物为晶质铀矿及铀钍碳氢矿,其次为沥青铀矿、钛铀矿,含铀矿物有锆石和独居石(章振根,1990;陈毓川等,1995;左立波等,2017)。

2.矿床成因

国内外对兰德砾岩型金-铀矿床的成因主要有2种观点:一种认为金和铀是在砾岩沉积以后由岩浆热液带来的;另一种认为金、铀是以碎屑颗粒的形式和砾岩中的其他碎屑成分一起沉积的(章振根,1990)。后者逐渐被多数矿床学家所接受,认为金-铀最初是以细碎屑沉积于广阔的三角洲中,矿体分布受沉积相的控制(陈毓川等,1995;Manzi et al,2013;图9-4)。

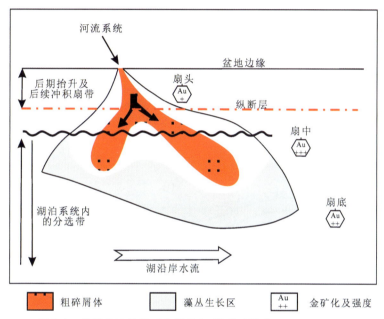

图9-4 兰德盆地单扇三角洲砂金-铀成矿模式(据王杰等,2014)

作为沉积型矿床的主要证据如下。

(1)金-铀砾岩主要富集在每个沉积旋回的底部或者靠近底部,受地层控制明显,Catuneanu(2006)认为基准面旋回下降期的界面形成过程对金-铀矿床的形成是有利的(图9-5)。

(2)金-铀矿化主要赋存于石英砾岩及与其有关的石英岩沉积岩内。

(3)含矿砾岩一般产在冲积扇扇面水道中。

(4)金、沥青铀矿和黄铁矿没有重结晶,呈滚圆状碎屑颗粒。

(5)金、沥青铀矿、黄铁矿和其他的碎屑重矿物独居石、锡石和铬铁矿等共生。

(6)金-铀矿物一般富集在岩层底部灰色岩石(富碳质)中。

(7)沉积界面控制了铀的富集:铀最高的富集出现在碎屑支撑砾岩的基质中、砾岩内的砂质夹层和透镜体一线,以及富含黄铁矿的层面和交错层面上或在侵蚀面上的砾岩或滞留沉积中,最高的铀品位平行于砾岩分布或侵蚀形态所确立的带(Galloway and Hobday,1983;王杰等,2013;任军平等,2015;左立波等,2017)(图9-6)。

此外,该矿床基底为稳定的古陆块,其克拉通化发生在2500Ma之前,而含矿岩系沉积结束于2200Ma之前,当时的大气圈内部的氧含量极低,铀可呈晶质铀矿碎屑与其他岩石碎屑一起随河流搬运(周维勋等,2010)。

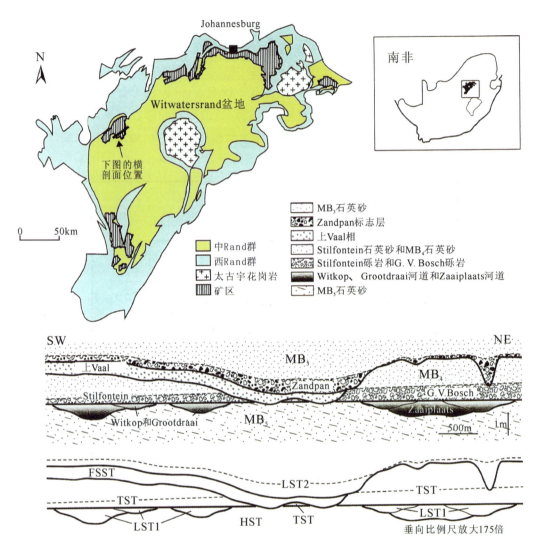

图 9-5 南非 Witwatersrand 盆地的金矿床在层序格架中的位置(据 Catuneanu,2006)

注:产金层位有 Zandpan、上 Vaal、Bosch 和 Stilfontein 底。沉积环境:三角洲(MB_3、Vaal 上部),河流(Witkop、Grootdraai、Zaaiplaats、Zandpan)和海侵浅海(Stilfontein、Bosch、MB_4)。LST. 低位体系域;TST. 海侵体系域;HST. 高位体系域;FSST. 下降期体系域

3.找矿标志

该类矿床找矿标志可归纳为:①金-铀搬运沉积距离短,多产于盆地边缘冲积扇或扇形三角洲地区;②容矿岩石主要为太古宙砾岩;③金-铀产于不同沉积旋回之间砂层中的不整合面上砾岩的填隙物中;④金-铀产在碳质层中或泥层上的不整合面上(王杰等,2013;任军平等,2015;左立波等,2017)。

(二)布兰德河-埃利奥特湖铀矿床

埃利奥特湖铀矿区分布在加拿大安大略省南部休伦湖沿岸(图 9-7),由 12 个铀矿组成,铀矿平均品位为 0.093%,共生产近 2 亿 t 铀矿石(贾润幸等,2013)。

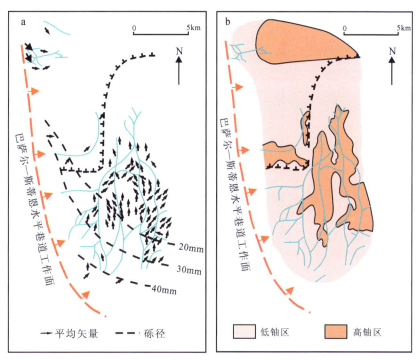

图 9-6 中兰德群巴萨尔-斯蒂恩(Basal-Steyn)砂矿分布图(据 Minter,1978 修改)

a.古水流矢量的平均值和最大砾径向下游减小(据 Galloway and Hobday,1983);b.砂矿中铀的分布;
1.金-铀联合矿化带;2.巴萨尔砂矿和斯蒂恩砂矿结合带的轮廓

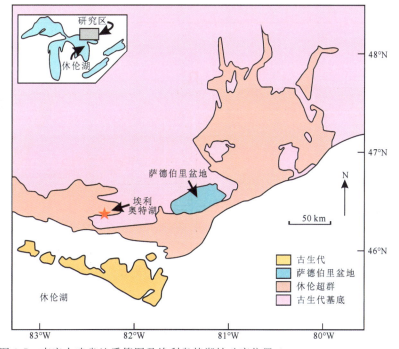

图 9-7 南安大略省地质简图及埃利奥特湖铀矿床位置(据 Bergen and Fayek,2012)

1.矿床地质特征

埃利奥特湖地区属太古代造山区,主要有两大套岩层:太古代结晶基底及早元古代陆相沉积盖层。铀矿赋存于下元古界底部休伦系布鲁斯组马提南达建造的石英砾岩中(张待时，1980；图9-8、图9-9)。

时代			造山运动	年龄(Ma)	埃利奥特湖地区		矿化情况
宙	代	亚代			系、组、建造和岩石		
元古宙	哈德林		格伦维尔	—935—			
	赫利肯	新赫利肯	埃尔孙	—1390—			
		老赫利肯	哈德孙	—1735—			
	阿菲比亚				休伦系布鲁斯组	科博尔特组：砾岩、长石砂岩、石英岩、硬砂岩	
						塞彭特建造：长石砂岩、石英岩、砾岩	
						埃斯帕诺拉建造：灰岩、含灰质粉砂岩、硬砂岩、白云岩夹层	
						布鲁斯建造：复矿砂岩、粗碎屑硬砂岩	
						米西萨基建造：长石砂岩	
						帕科斯建造：板岩、粉砂岩、杂砂岩	
						维斯基建造：泥板岩、粉砂岩、硬砂岩	
						诺迪克建造：泥板岩、粉砂岩、硬砂岩	
						马提南达建造：石英砂岩、长石砂岩、含矿石英卵石砾岩	最重要的铀矿化
			基诺宙	—2480—			
太古宙					花岗岩、花岗闪长岩、花岗片麻岩、基性火山岩、酸性火山岩、杂砂岩、砾岩、铁质建造		

图9-8 埃利奥特湖铀矿区地层结构(据张待时，1980)

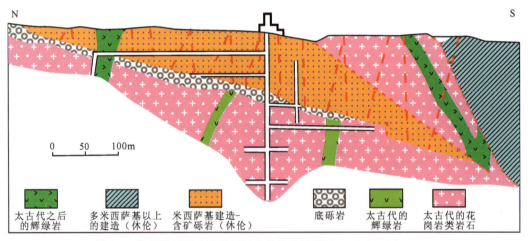

图9-9 埃利奥特湖矿床丹尼森矿井的地质剖面(据别列夫采夫，1973)

埃利奥特湖铀矿床矿化砾岩通常比德里霍特恩铀矿床的厚2～10m不等，延伸长度达3.2～6.4km；铀矿带与长石石英砂岩互层，砾石直径一般为1～5cm，局部有大砾—巨砾；砾岩的基质为颗粒较小的石英、长石以及绢云母和绿泥石，可见有交错层理(刘艳平和付友忠，1980)。基底(太古代岩层)上广泛发育着河谷构造，砾岩主要局限在这些河谷构造中(刘艳平和付友忠,1980)。河谷构造在绿岩层中最为发育,但也见于花岗岩中。以矿区地质剖面为例,可见两层含矿砾岩厚2~3m,产状陡,被厚达10~15m的砂岩、细砾岩和粉砂岩分层分隔开;下层的含矿砾岩直接产于花岗岩类岩石上;整个含矿碎屑岩层被火山岩复盖(图9-10)。

矿带中通常含有各种铀、钍和稀土的矿物组合,如沥青铀矿、独居石、钍石、钛铀矿和方钍石(刘艳平和付友忠,1980),铀矿物是晶质铀矿、钛铀矿和铀钍石,它们主要分布在岩层下部砾岩的石英-绢云母-硫化物胶结物中(图9-11)。铀矿物常富集在与硫化物(黄铁矿和少量黄铜矿)一起的石英卵石周围。铀矿物的富集与碎屑物的密度及硫化物的含量直接有关(别列夫采夫,1973)。

2. 矿床成因

大多数学者认为埃利奥特湖区砾岩型矿床属于同生碎屑成因,证据如下。

(1)矿带发育在阿非比亚早期马提南达建造的古河道中,矿体顺层分布,受沉积作用控制明显,矿石品位、铀钍比值、卵石粒度以及重矿物富集之间的关系密切。

图9-10 埃利奥特湖矿床普朗托矿井的地质剖面
(据别列夫采夫,1973)

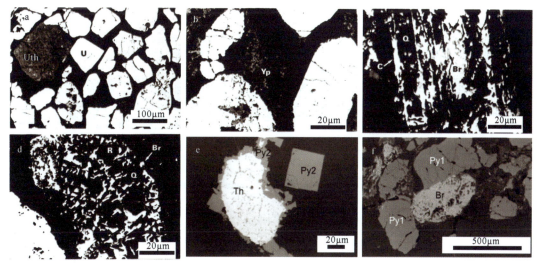

图9-11 埃利奥特湖矿床矿石矿物学特征(据Robinson and Spooner,1984;Bergen and Fayek,2012)
a.重矿物集中分布带中的碎屑晶质铀矿(U)和铀钍石(UTh)颗粒;b.磷酸钇(Yp)以杂基的形式存在于碎屑晶质铀矿颗粒之间;c.棱柱状碎屑重矿物被钛铀矿(Br)、铀石(C)和石英(Q)所交代;d.金红石(R)-钛铀矿-石英(Q)组成的碎屑颗粒;e.石英砾岩中破碎钍矿被黄铁矿(Py2)包裹;f.石英砾岩中具针状结构的钛铀矿(Br)及与之伴生的黄铁矿(Py1)

(2) 以碎屑成因来指导铀矿勘探是成功的。

(3) 砾岩填隙物中的许多矿物属于重矿物或者耐磨蚀矿物类型,砾石磨圆特征明显,呈次圆—圆状。

(4) 矿床产于不整合面之上,侵蚀面之下铀钍含量不高。

(5) 基底岩层和上覆砾岩层样品中的 ThO_2/U_3O_8 比值基本一致,低于地壳比值,意味着基底岩层同砾岩之间有一定的成因联系。

(6) 晶质铀矿是花岗岩和伟晶岩矿床中典型的高钍和高稀土矿物,而热液矿床中典型的沥青铀矿变种就不是这样。

(7) 矿床中没有找到由石英或金属矿物形成的宏观矿脉或交代矿体的现象。

(8) 典型红色蚀变不明显(Roscoe,1969;麦克米林,1978)。

第二节 冰碛岩型铀矿

冰碛岩型铀矿与冰川作用改造不整合面型铀矿床有关,赋存于冰川漂砾沉积中,是一种同沉积型铀矿。

一、铀矿形成背景

目前,国内外尚无关于成规模的冰碛岩型铀矿床的报道,但是冰碛岩中铀矿富集现象却屡见不鲜,例如,阿萨巴斯卡盆地帕特森湖南 3R 不整合面型铀矿床上覆白垩纪冰碛岩中发现大量铀矿物(图 9-12、图 9-13c),它们所引起的物探异常是该地区铀矿勘探突破的重要线索。不整合面型铀矿床形成之后,遭受后期冰川的改造作用,一部分原生的铀矿石发生搬运,并在不整合面型铀矿床附近沉积。因此,这类铀矿的发现可作为寻找原生铀矿床的找矿标志。

图 9-12 冰碛岩中的铀矿物(据 Ainsworth et al,2012;Bingham,2016)

a.含大量沥青铀矿的冰碛砾石;b.冰碛岩中大量沥青铀矿

二、典型矿床分析

裂变铀公司帕特森湖南 3R 铀矿位于加拿大阿萨巴斯卡盆地(图 9-13),是世界上最富铀矿床(Ross,2015;Bingham,2016)。其是该地区唯一的大型高品位铀矿床,具有潜在的可开采性。该矿床铀资源量估计为 220×10^4 t,其中 U_3O_8 平均品位为 1.58%,Au 为 0.51g/t

第九章 石英砾岩型铀矿和冰碛岩型铀矿 199

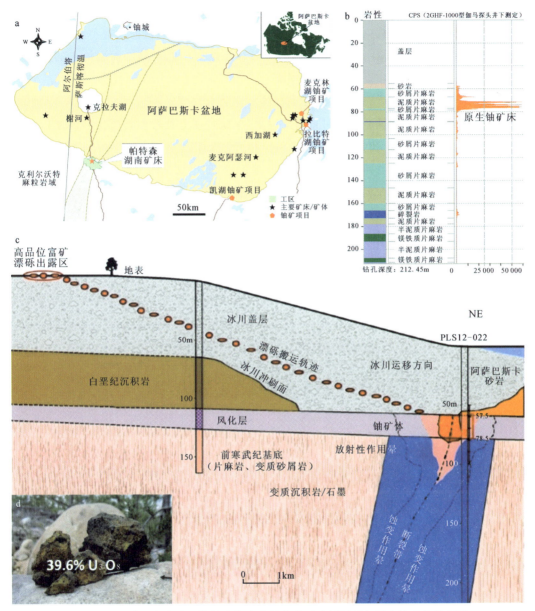

图 9-13 阿萨巴斯卡盆地帕特森湖南高品位富矿冰川漂砾与原生铀矿床关系图

a. 裂变铀公司帕特森湖南 3R 铀矿地理位置图(据 Bingham,2016);b. 钻孔中揭露的铀矿,矿体产于基底岩石中(据 Ainsworth et al,2012);c. PLS 矿床上的概念第四纪和基岩地质剖面图(据 Ainsworth et al,2012);d. 冰碛岩中大量沥青铀矿(据 Ainsworth et al,2012)

(Ross,2015)。萨斯喀彻温省北部阿萨巴斯卡地区的铀矿床属于不整合类型,其基本特征是:①复活基底断裂;②两种类型的热液(氧化性质和还原性质)(Ross,2015)。不整合型铀矿床有两种类型:赋存在砂岩中的类型(如西加湖铀矿)和赋存在基底岩石中的类型(如柯林斯湾铀矿),但两个类型之间也存在变体(Ross,2015)。3R 铀矿是一个赋存于基底岩石中受构造控制的高品位阿萨巴斯卡不整合型铀矿床。

阿萨巴斯卡盆地东侧几乎拥有所有主要的高品位矿床,除了克拉夫湖和榭河矿床,现在还有帕特森湖走廊的新矿床(图 9-13)。克拉夫湖铀矿是一个异常现象,位于卡斯韦尔穹隆上,不在阿萨巴斯卡盆地内。盆地边缘外的勘探有点非常规,因为目前没有不整合面,但可能在地质历史上有过不整合面(Bingham,2016)。赋存于基底中的不整合面型铀矿的发现表明这类型矿床不容忽视。

不整合铀矿床一般靠近石墨导体(还原环境),伴随着蚀变晕,通常是电阻低的,但也可以硅化(电阻率高)。砂岩环境通常具有很高的电阻,这使得在深处对弱石墨化导体进行电磁探测成为理想选择(Bingham,2016)。早期的勘探和研究发现了该矿床。以往评估报告(20 世纪 70 年代末)显示强烈的氡异常与矿床以西 3~4km 处的电磁导体一致。随后的航空放射性和磁法勘探实施主要集中在地面放射性冰川漂砾(图 9-12)。利用第四纪地质分析进行后续勘探和探槽,形成了潜在铀矿化的概念剖面(图 9-13b)。这个概念剖面在后续勘探和目标靶区选择方面起了非常重要的作用。航空和地面地球物理调查确定了一些潜在的目标区域,2012 年 11 月钻探测试在冰川漂砾中发现了大量沥青铀矿(图 9-12)。后续进一步勘探发现了该矿床。

第二篇
含煤岩系不整合型矿产资源

　　沉积间断是含煤岩系的重要特征,通常是区域构造作用的响应并以不整合界面出现。其形成过程通常伴随着强烈的风化作用和物质再分配,形成以后则是盆地流体运移的通道和自生矿物储存的空间。因此与其相关的 6 种矿产资源可以分为同生型和(准)成岩型两大类,前者主要包含石英砂矿、高岭土矿和铝土矿,后者主要包括不整合型金-银矿和铀矿,含铁矿床则介于两者之间。

第十章 石英砂矿

石英砂(岩)以极高的成分成熟度为特色,是重要的玻璃等工业原料。在陆相盆地中,石英砂岩的形成较为罕见,但是却可以产出于沉积间断时期的风化壳中,鄂尔多斯盆地北部三叠纪瓦窑堡煤系—侏罗纪煤系就蕴藏着一个典型实例(图10-1)。在那里,石英砂矿以及与之关系密切的砂岩型高岭土矿床,严格受控于风化壳的发育而存在,那些未经(弱)改造的风化壳是重要的砂岩型高岭土矿床,而经水流彻底改造的风化壳却构成了罕见的石英砂矿床。鉴于前述章节已经详细介绍了高岭石矿,所以本章将以论述鄂尔多斯盆地北部的石英砂矿为重点。

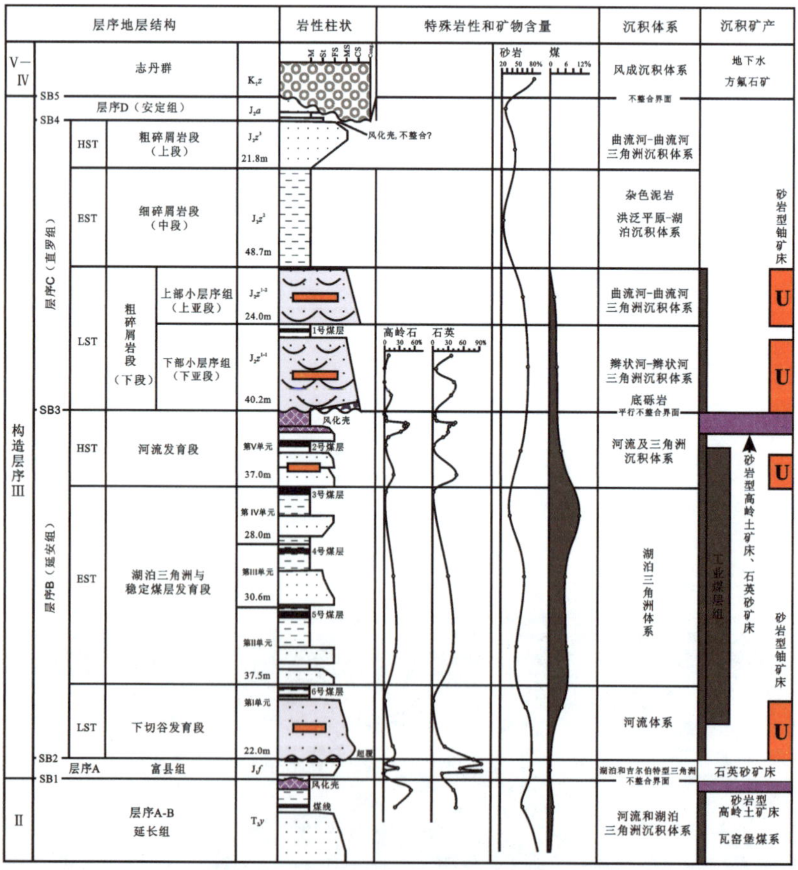

图10-1 鄂尔多斯盆地北部中生界层序地层结构与沉积矿产配置关系(据焦养泉等,2006;Jiao et al,2016)

第一节 沉积间断地球动力学背景

鄂尔多斯盆地中生代的印支期和燕山期构造运动演化过程是制约含煤岩系及其沉积间断作用、盆地北部风化壳形成发育的地球动力学背景。多年的野外调查发现,该背景不仅造就了盆地北部三叠纪瓦窑堡煤系—侏罗纪煤系中两个风化壳的形成发育,而且将北部物源区两个风化壳合二为一(图10-2、图10-3)。鄂尔多斯盆地北部良好的野外露头剖面详细记录了风化壳形成发育的一些细节过程和沉积规律(陕西煤田地质勘探公司一八五队,1989;李思田等,1992;焦养泉等,1995;黄焱球和程守田,1999;焦养泉等,2015)。

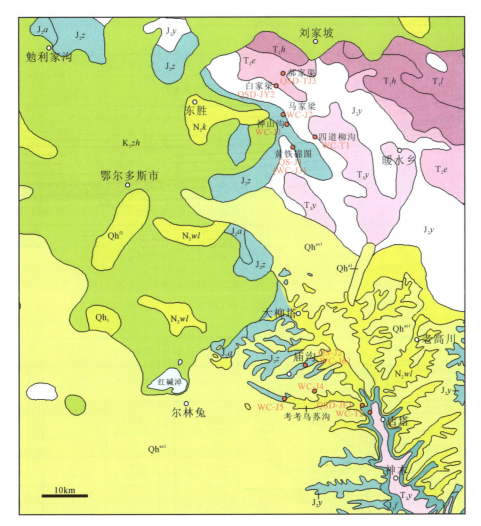

图10-2 鄂尔多斯盆地北部三叠纪—侏罗纪含煤岩系风化壳典型剖面位置图

延长组顶部风化壳剖面:WC-T1.神木考考乌苏沟下游;WC-T2.东胜四道柳沟。富县组石英砂岩矿床剖面:QSD-JF1.神木考考乌苏沟下游(吉尔伯特型三角洲)。延安组顶部风化壳剖面:WC-J1.东胜神山沟;WC-J2.东胜马家梁;WC-J3.东胜黄铁棉图;WC-J4.神木考考乌苏沟中游;WC-J5.神木考考乌苏沟上游;WC-J6.神木庙沟。延安组顶部(含物源区)石英砂矿床剖面:QSD-JY2.东胜白家梁(大型河道+吉尔伯特型三角洲);QSD-TJ3.东胜郝家渠(物源区特大型复合河道)。延安组顶部石英砂岩河道剖面:QS-J1.东胜黄铁棉图;QS-J2.神木庙沟

一、构造演化与矿产空间配置

三叠纪到侏罗纪,鄂尔多斯盆地总体处于由构造作用相对活动到逐渐平静的演化过程中。晚三叠世,由于秦岭碰撞造山作用(印支构造运动)形成了类前陆鄂尔多斯盆地的形成和发育(图10-4)。碰撞造山活动在秦岭造山带以北形成了东西—北西向延伸的、呈弧形的盆地逆冲前渊(沉降中心),在邻近造山带一侧的盆地边缘发育了特征的陡坡三角洲,而在被动沉降盆地东北缘发育了大型冲积河流-三角洲沉积体系(李思田,1996;焦养泉等,1996;Jiao et al,1996;Jiao et al,1997)。该构造背景奠定了延长组(T_3y)具有丰富的石油资源,同时也发育了相对晚期的位于盆地东北部的瓦窑堡含煤岩系(王双明,1996)。

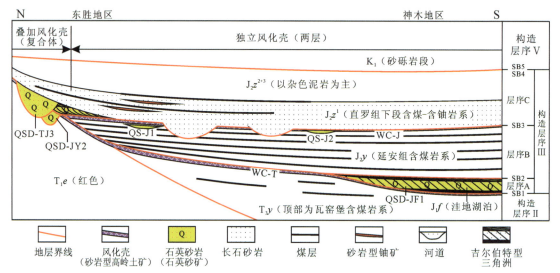

图10-3 鄂尔多斯盆地北部三叠纪瓦窑堡煤系—侏罗纪煤系中沉积间断及主要矿产时空配置模式
(风化壳、砂岩型高岭土矿床、石英砂岩河道、石英砂矿床的编号与剖面位置见图10-2,下同)

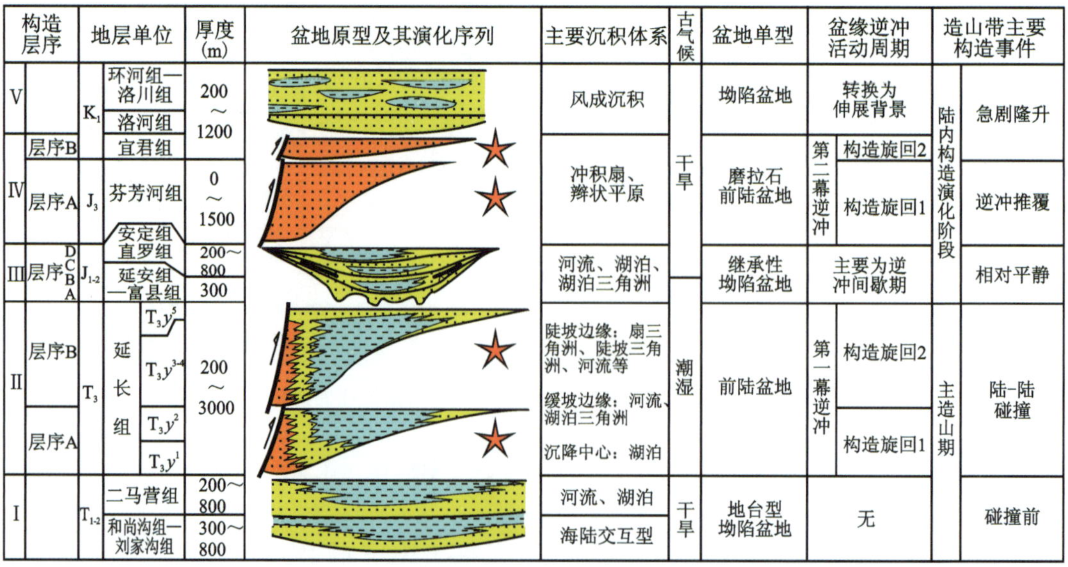

图10-4 鄂尔多斯盆地中生代充填演化序列图(据焦养泉等,1996;Jiao et al,1997修改)

秦岭碰撞造山活动的结束是以晚三叠世末期盆地南部延长组的褶皱变形-剥蚀作用,以及盆地北部延长组抬升-风化作用作为区域性标志,这是晚印支运动在鄂尔多斯盆地中的沉积记录。由其形成的不整合界面(J_1f—J_2y/T_3y)在盆地南部和北部具有不同的性质。在盆地南部麟游一带,延长组褶皱变形后其中上部地层的剥蚀最厚达到1350m(Li et al,1995;焦养泉等,1996;Jiao et al,1997)(图10-5)。而在盆地北部,延长组顶部的瓦窑堡煤系却表现为抬升背景下的风化作用,比如在东胜四道柳沟、神木考考乌苏沟下游,均发育了富高岭土的白色风化壳,而且自南向北风化壳发育程度逐渐增强(图10-6)。

随着秦岭碰撞造山活动的结束,盆缘逆冲活动处于间歇期,早—中侏罗世的鄂尔多斯盆地进入坳陷沉降充填阶段(图10-4、图10-5)。期间,先后形成了富县组(J_2f)、延安组(J_2y)、直罗组(J_2z)和安定组(J_2a),但是由于早燕山构造运动的影响,其沉积过程却有明显的沉积间断(J_2z/J_2y)。由早燕山构造运动形成的不整合界面,在盆地南部和北部也具有类似于晚三叠世末期不整合的发育特征,具有明显的区域不均衡性。其在盆地南部表现为角度不整合,而在盆地北部表现为平行不整合。这种现象可从前直罗组古地质图中得到反映,在盆地北部延安组基本完整,但是自北向南特别是跨过吴起—延安一线后延安组上部地层逐渐缺失,至焦坪—彬县一带缺失最为严重(图10-7)。在鄂尔多斯盆地北部,无论是在东胜地区还是在神木地区,白色的风化壳是平行不整合界面的典型标志(图10-8)。在上三叠统基础上,早—中侏罗世的沉积→间断→再沉积的演化过程,为富县组石英砂矿床、延安组含煤岩系、延安组顶部与风化壳有关的砂岩型高岭土矿床和石英砂矿床、直罗组(弱)含煤岩系,及其后期在表生成岩阶段大规模砂岩型铀矿床的形成发育奠定了基础。

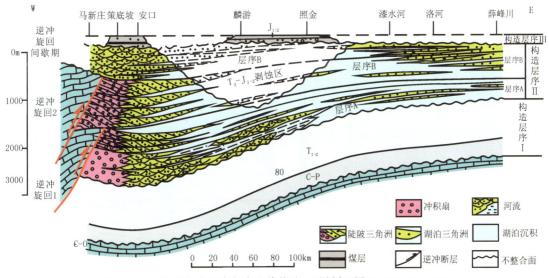

图10-5 鄂尔多斯盆地南部中生代构造-地层剖面图(据焦养泉等,1996)

比较来看,鄂尔多斯盆地J_{1-2}/T_3y和J_2z/J_2y两个不整合界面具有相似的地质属性,它们在盆地南部均表现为角度不整合,在盆地北部均表现为平行不整合,这反映晚印支运动和早燕山运动鄂尔多斯盆地具有两个相似的由不均衡沉降到不均衡抬升的周期性演化过程。其特点总体表现为:①在延长组和延安组沉积末期,沉积盆地分别由沉降转换为缓慢抬升;②在盆地南部和北部,缓慢抬升的幅度不均衡,表现为南大北小;③在鄂尔多斯盆地北部,上述两

图10-6　鄂尔多斯盆地北部三叠纪瓦窑堡含煤岩系顶部的风化壳剖面(焦养泉摄,2009,2010)
a. 东胜四道柳沟的砂岩型高岭土风化壳(WC-T1);b. 神木考考乌苏沟下游白色砂岩风化壳(WC-T2)

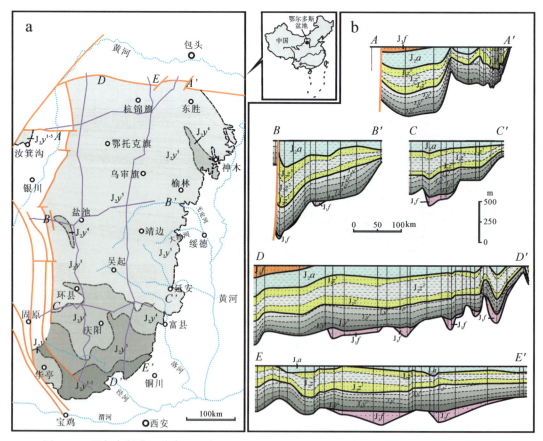

图10-7　鄂尔多斯盆地前直罗组古地质图(a)及侏罗系区域骨干剖面图(b)(据Jiao et al,2016)

个沉降阶段的沉积速率似乎也具有南大北小的趋势和规律,这可从延长组和延安组分别向盆地北部边缘先后尖灭的地质现象得以证明(图10-7)。

鄂尔多斯盆地这种特殊的构造-充填演化背景,造就了两个不整合界面在盆地北部边缘具有特殊的时空配置和组合。在那里,两个不整合界面合二为一,两个风化壳也合二为一。因为此处相对靠近物源,河流作用更为显著,大规模的石英砂岩河道和吉尔伯特型三角洲也更具特色(图10-3)。

由此可见,沉积盆地的发展演化是区域大地构造作用的具体响应(Jiao et al,1997)。鄂尔多斯盆地与秦岭造山带在中生代的同步耦合性,不仅导致了石油-煤-高岭土-石英砂系列沉积矿产的形成,也为后期表生成岩阶段砂岩型铀矿的形成发育奠定了基础(焦养泉等,2015;Jiao et al,2016;彭云彪等,2019)。

二、风化作用过程的沉积记录

野外露头的精细调查发现,无论是延长组顶部的风化壳,还是延安组顶部的风化壳,风化作用总是和聚煤作用呈现多周期层偶交替发育的型式,而且随着时间推移,呈现出风化作用渐强、聚煤作用渐弱的演化过程(图10-9)。

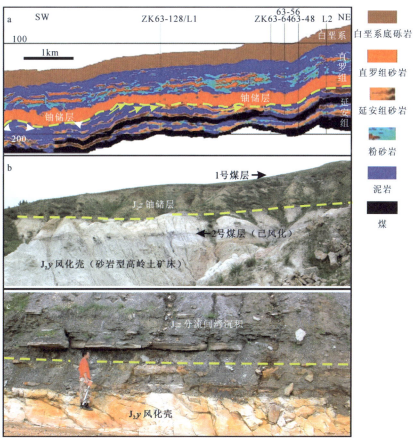

图10-8 鄂尔多斯盆地北部直罗组/延安组不整合界面(据Jiao et al,2016)
a.地震剖面显示的不整合界面(局部具有削截关系);b.东胜神山沟延安组顶部风化壳,白色砂岩型高岭土矿床(WC-J1);c.神木考考乌苏沟中游延安组顶部风化壳,风化白砂岩(WC-J4)

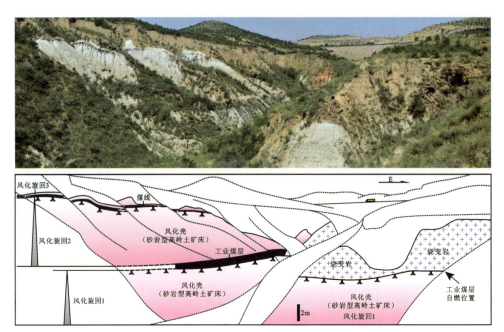

图 10-9 东胜马家梁一带延安组顶部风化作用-聚煤作用的多周期层偶交替发育关系(WC-J2)(焦养泉摄, 2015)

同样有趣的现象出露于东胜黄铁棉图一带。在延安组顶部,一些石英砂岩河道产出于灰色含煤地层中,它们距上覆风化壳还有 5m 的间隔(图 10-10)。这种空间配置关系说明,当盆地内部还在接受沉积并形成煤层时,远在数十千米外的盆地边缘已经处于风化期。可以想象,此时只有那些流经风化壳的河道,才能在盆地内部形成石英砂岩河道型堆积。

在野外,仔细观察风化壳能够发现众多的沉积标志。在含煤岩系特别是泥炭沼泽废弃后,直接的风化作用导致有机质严重缺失,例如在神木考考乌苏沟上游,延安组顶部的厚煤层被风化演变为黏土状"灰烬",局部还有残留煤层(图 10-11a);在黄铁棉图一带,风化壳中植物茎秆的有机质被铁质取代(图 10-11b)。在由砂岩型高岭土构成的风化壳中,包含碳质碎屑和黄铁矿,虽然数量不多但特征明显(图 10-11c)。由弱风化带到强风化带,风化作用和聚煤作用的多周期层偶交替发育现象具有普遍性,经历一定的风化作用之后,泥炭沼泽可以在其背景上直接发育,例如在黄天棉图一带,石英砂岩河道废弃后,泥炭沼泽再次发育从而在石英砂岩河道顶部记录了典型的根土岩(图 10-11d)。

尽管风化壳的发育具有风化-聚煤作用的多周期性层偶交替的普遍性(图 10-12a),但是由于研究区位置不同,或者风化-聚煤作用层偶关系的失衡,研究区的风化壳通常表现为 3 种型式:①典型层偶交替发育型式,特指风化事件与聚煤事件具有相对较好的发育周期,厚层砂岩型高岭土夹薄层风化煤层(图 10-12b),马家梁剖面是典型的代表(图 10-9);②水流彻底改造型式,是指风化壳彻底被河道作用或者三角洲作用改造,残留的沉积物主要为石英砂或部分硅质砾石(图 10-12c),考考乌苏沟和白家梁是典型的代表;③石英砂岩河道独立悬停型式,特指在风化壳下伏的灰色含煤岩系中夹有相对独立的石英砂岩河道,该型式的出现预示着此刻在研究区靠近物源一侧已经开始了风化作用,并有风化壳的形成,流经风化壳的河道水流将石英砂带进了含煤岩系(图 10-12d),该型式中的石英砂岩河道与风化壳之间为厚度有限的灰色含煤岩系,例如黄天棉图的石英砂岩河道(图 10-10)。

第十章 石英砂矿

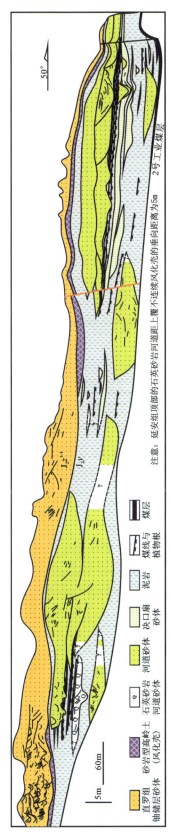

图 10-10 东胜黄铁棉图大型沉积剖面写实图（WC-J3）（据焦养泉，2009，2015）

图 10-11 鄂尔多斯盆地东北部延安组顶部风化壳沉积标志（焦养泉摄，2008，2009，2015）

a. 纹层状风化黏土"灰根"及其残留煤（神木考考乌苏沟上游，WC-J5）；b. 风化壳中的铁质黄铁植物茎秆（东胜黄铁棉图，WC-J3）；
c. 风化壳中的碳质碎屑和黄铁矿（东胜马家梁，WC-J2）；d. 石英砂岩河道顶部的根土岩（东胜黄铁棉图，WC-J3）

无论哪种型式,鄂尔多斯盆地北部的实例告诉我们,风化壳并非人们想象的是一次形成的,而是经历了漫长的、迂回的发育演化过程。在此过程中,由于聚煤作用的参与,风化壳也并非人们想象的隶属于高度氧化的岩石地球化学类型,而实际上风化壳总体处于还原状态(图 10-11c,d)。准确地诠释研究区风化壳发育的普遍规律,需要关注以下两条成因机理:

(1)沉积间断的风化作用,导致含煤岩系中长石和岩屑的高岭石化,以及煤层等有机质的大量丧失,从而形成风化壳。流经风化壳的水流可以导致石英和高岭石的超常富集。

(2)风化阶段交替发生的聚煤作用,以生物扰动方式改造先前形成的风化壳,或者通过沉积作用为风化壳提供一定的碳质碎屑。煤层和碳质碎屑的存在又为风化壳中黄铁矿的形成奠定了基础,所以产出于含煤岩系中的风化壳总体处于还原状态。

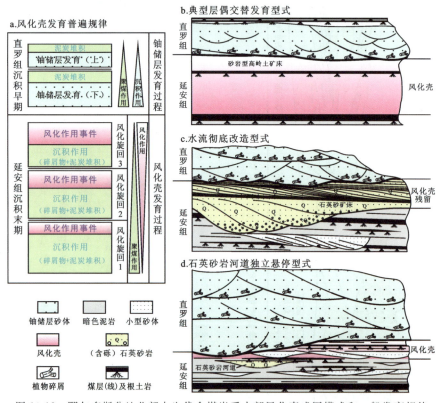

图 10-12　鄂尔多斯盆地北部中生代含煤岩系内部风化壳成因模式和一般发育规律

第二节　富县组石英砂矿床

富县组是在经历了延长组长期沉积间断之后于侏罗纪早期形成的沉积产物,在鄂尔多斯盆地具有明显的填平补齐的特色(李思田等,1992)。由于下侏罗统富县组直接与下伏上三叠统延长组(瓦窑堡煤系)接触,延长组本身包括先期形成的风化壳就自然构成了富县组的沉积物源。在盆地北部富县组沉积早期的一些规模有限的负地貌单元中,由于水流对风化壳的侵蚀与搬运作用,在具有洼地性质的湖泊边缘形成了高效率的石英砂堆积,局部石英砂岩厚度超过 8m。从沉积学的角度看,神木考考乌苏沟下游的富县组石英砂岩矿床属于最典型的具有短源搬运性质的吉尔伯特型三角洲沉积记录(李思田等,1992;焦养泉等,1995;焦养泉等,2015)(图10-13)。

图 10-13　神木考考乌苏沟下游中生界沉积间断-风化壳-石英砂矿典型露头剖面
(据焦养泉等,1995;焦养泉等,2015;焦养泉摄,2010)
a.延长组顶部风化砂岩与上覆富县组石英砂岩空间配置关系(WC-T2);b.富县组吉尔伯特型三角洲
完整剖面(QSD-JF1);BDB.底积层;FDB.前积层;TDB.顶积层

一、沉积体系分析

在神木考考乌苏沟下游,构成石英砂岩矿床的富县组吉尔伯特型三角洲,具有典型的三层结构:底积层、前积层和顶积层(图10-13)(焦养泉等,2015)。

1.底积层(BDB)

底积层呈现为水平状纹层或者砂泥互层,由薄的灰白色细砂岩、粉砂岩和灰色泥岩组成。如图10-13所示,露头上的底积层可以分为上、下两个亚层。下亚层为不规则层状极细砂岩,被丰富的动物潜穴所改造而总体上显示为块状构造(图10-14a、b),其底部具有起伏不平的冲刷面。上亚层表现为水平状的砂泥互层,可以向侧方追踪发现且逐渐演变为前积层。该亚层层面上发育有特征的直线型对称浪成波痕以及丰富的黑色分散有机质(图10-14c),同时还发育有垂直动物潜穴,这些都是特征的洼地湖泊沉积记录标志。

2.前积层(FDB)

前积层是吉尔伯特型三角洲的特征标志,不仅沉积厚度大,而且前积结构明显(前积倾角高达26°),易于与水平状的顶积层和底积层相区别。前积层由一系列呈"S"形前积的增生单

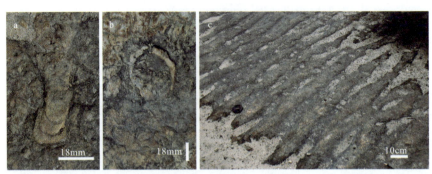

图 10-14　富县组吉尔伯特型三角洲底积层沉积记录(QSD－JF1)(据焦养泉等,2015)
a、b.生物扰动构造;c.对称浪成波痕

元构成(图 10-15a),每个增生单元的单层厚度一般小于 1m,可能代表了一次由洪泛事件驱动的三角洲生长周期。增生单元的岩性以灰白色中粒和细粒石英砂岩为主,两者之间局部夹有灰色泥岩(图 10-15b)。在垂向上,总体显示了向上变粗的倒粒序(图 10-15c)。

在研究区,吉尔伯特型三角洲的前积方向总体向东,指示了洼地湖泊中心在研究区的东部(焦养泉等,1995)。由于湖滨地带营养丰富,所以在前积层中还保存有罕见的鸟足遗迹化石(图 10-16)。

图 10-15　富县组吉尔伯特型三角洲前积层沉积记录(QSD－JF1)(据焦养泉等,2015)
a.高角度的前积层结构;b.垂直古水流剖面上的前积层增生单元结构(夹泥岩);c.平行古水流剖面上的前积层增生单元结构(倒粒序);TDB.顶积层;FDB.前积层
注意:b 和 c 为前积层增生单元的周期性沉积记录,洪泛期为白色中粒和细粒石英砂沉积,间洪期为灰色粉砂-粗粉砂沉积

3.顶积层(TDB)

顶积层也总体显示为水平层状结构,以灰白色和土黄色砂岩为主,底部具有明显的冲刷界面(图 10-17a)。最典型的内部构成单元是规模有限的透镜状分流河道(图 10-17b),沉积物主要为具交错层理的粗粒石英砂岩,正粒序清晰。在顶积层的底部,局部地段见有黑色碳质

图 10-16　富县组吉尔伯特型三角洲前积层中的鸟足化石(QSD-JF1)

(据焦养泉等,2015;焦养泉摄,2010)

a. 记录了鸟行走方向的 4 步足迹；b. 石英砂岩层面上的足迹特写

泥岩；而在顶部废弃分流河道砂岩中也偶尔可见植物根系(图 10-17c),这些都是滨岸带泥炭沼泽发育的痕迹,是典型的暴露标志。

图 10-17　富县组吉尔伯特型三角洲的顶积层沉积记录(QSD-JF1)(据焦养泉等,2015)

a. 顶积层结构,注意底部的冲刷面及其废弃后的泥炭沼泽沉积；b. 对下伏前积层有明显冲刷作用的分流河道沉积；

c. 顶积层中的两丛植物根系分别位于照片的左右两侧；TDB. 顶积层；FDB. 前积层

二、岩石矿物学特征

在野外,富县组石英砂矿体产状总体呈现为水平状态,矿体显示为灰白色,矿石新鲜面为白色,而裂隙表面通常被黄色的 Fe^{3+} 污染(图 10-18),矿石局部具有黄色斑点(图 10-16)。

图 10-18　神木考考乌苏沟下游富县组石英砂矿采场(QSD-JF1)(焦养泉摄,2008)

岩石样品的 X 衍射分析发现,构成富县组吉尔伯特型三角洲砂岩的成分以石英为主,其中前积层砂岩的石英含量均达到 80% 以上,最高达到了 95%,其余主要为高岭石(表 10-1)。石英砂岩的全岩分析很好地佐证了上述分析结果,其 SiO_2 含量高达 78.24%~95.65%(计波等,2020)。

表 10-1　考考乌苏沟下游延长组风化壳与富县组石英砂矿的矿物组合特征(%)

层位	样品产状与编号		石英	长石	高岭石	伊利石	蒙脱石	绿泥石	非晶态
富县组	顶积层	J_1f-5	55	0	30	5	10	0	0
	前积层	J_1f-4	95	0	5	0	0	0	0
		J_1f-3	95	0	5	0	0	0	0
		J_1f-2	80	0	20	0	0	0	0
	底积层	J_1f-1	20	0	0	0	0	0	80
延长组	风化壳	T_3y-2	43	2	55	0	0	0	0
	正常砂岩	T_3y-1	45	15	25	5	0	10	0

无论是野外观察,还是光学和电子显微镜分析,富县组吉尔伯特型三角洲砂岩,不仅石英含量高而且还具有中等—较好的分选、次棱角状的磨圆(图 10-19),指示其结构成熟度与成分成熟度均极高,为纯石英砂岩。一些石英碎屑颗粒表面上的自生石英表明,该砂岩曾经历了较弱的硅质胶结作用(图 10-19d)。

阴极发光测试表明,无论是富县组还是延长组,砂岩中的石英均不发光,而长石发蓝光(图 10-20)。

图 10-19　富县组吉尔伯特型三角洲砂岩的岩石和矿物学特征（WC–T2、QSD–JF1）

a. 石英砂岩微观结构；b. 石英碎屑颗粒（正交偏光）；c. 石英碎屑颗粒（扫描电镜）；

d. 石英自生加大（扫描电镜）；b、c 和 d 的样号为 J_1f-3

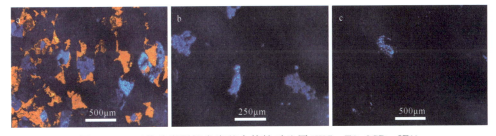

图 10-20　三种砂岩阴极发光基本特性对比图（WC–T2、QSD–JF1）

a. 上三叠统延长组砂岩，T_3y-1；b. 上三叠统延长组顶部风化壳砂岩，T_3y-2；c. 下侏罗统富县组顶积层中石英砂岩，J_1f-5

注：石英不发光，蓝色为长石颗粒，红色为方解石胶结物

三、石英砂岩成因分析

仔细比较 X 衍射和阴极发光测试结果发现（表 10-1，图 10-20），富县组石英砂岩与下伏延长组风化壳及延长组砂岩的矿物学特征具有明显的亲缘关系。再加上，上覆石英砂岩与下伏风化壳的空间配置关系（图 10-13），均指示了石英砂岩是一种来源于三叠系顶部风化壳物源的沉积特色（图 14-4a）。计波等（2020）通过石英砂岩碎屑组分、岩石地球化学与 Dickson 图解等分析，认为富县组石英砂岩的物源为盆地内部隆起提供的经历强风化作用的长英质沉积岩。

富县组石英砂矿是盆地构造演化特殊事件——沉积间断风化作用及其再搬运和堆积的产物。研究区曾经历了晚印支构造运动的抬升，延长组顶部瓦窑堡煤系暴露地表并在沉积间断期内遭受风化剥蚀，形成石英与高岭石相对富集的风化壳；构造抬升造成的凹凸不平的古侵蚀面（洼地）为石英砂堆积提供了良好的储存场所；当富县组接受沉积时，温暖潮湿的古气候使洼地演化为规模有限的湖泊，流经风化壳的水流携带丰富的石英和高岭石进入洼地湖泊，受机械分异作用影响便在湖滨地区形成由石英砂岩构成的吉尔伯特型三角洲。

具有沉积性质的富县组石英砂矿的形成，一方面说明矿体物源来自于延长组顶部的风化壳，另一方面也指示洼地湖泊及其物源范围仅限于风化壳中，即延长组顶部风化壳的规模远大于富县组洼地湖泊的范围。按照这种思路，在富县组洼地湖泊中心还应该发育有相应的高岭土矿床。

第三节　延安组石英砂岩河道及矿床

在鄂尔多斯盆地北部，无论是野外露头还是钻孔岩芯，延安组含煤岩系顶部普遍发育了一层白色的风化壳，构成风化壳的岩石性质和组合随地域分布而不同。在靠近南部的神木地区，受后期冲刷影响，风化壳保留有限，以薄层的白色风化砂岩和局部风化残留煤为特色；向北至神木-东胜过渡带，特别是东胜神山沟一带，风化壳较为发育和完整，以砂岩型高岭土为主，有些构成了砂岩型高岭土矿床，并且伴生发育了一些小型的石英砂岩河道；至北部的沉积边界附近，即东胜郝家渠—白家梁一带，风化壳被完全改造，而以大型石英砂岩河道或者吉尔伯特型三角洲石英砂岩沉积为特色，并构成了石英砂岩矿床（图10-3）。

一、近物源区石英砂矿床

在东胜北部的白家梁，有新旧两个石英砂矿的采场，统称白家梁矿床（图10-21）。

在旧采石场，石英砂岩河道既与中三叠统二马营组的红层接触（图10-21a），也与工业煤层相接触（图10-21b），说明石英砂岩应该归属于延安组，而且接近于地层尖灭部位，即靠近物源区。该矿体规模较大，厚度超过10m。从沉积结构来看，其中下部和上部具有明显差异，属于一个由不同沉积体系构成的复合叠加矿体。其中下部被大型石英砂岩河道充填，上部为具有三层结构的吉尔伯特型三角洲石英砂岩沉积（图10-21c）。两者之间为规模较大的沉积相转化界面。露头显示吉尔伯特型三角洲的底积层由砂泥互层构成，沉积界面上生物扰动构造相对发育，记录了湖泊的沉积环境；前积层具有明显的"S"形进积结构；顶积层为近水平状的石英砂岩（图10-21c）。

在新采石场，埋藏相对较深的石英砂岩为灰白色，但是靠近地表的石英砂岩被Fe^{3+}污染严重。该剖面石英砂岩厚度达7.5m，大型交错层理发育，其右上部还发育有多层煤线（图10-22）。

比较而言，白家梁石英砂矿床的矿体产出特征以及矿石的矿物学特征与富县组石英砂矿床相似，但是其发育时间较晚，发育规模更大，粒度相对更粗（含有砾石），而且沉积环境更为复杂。

二、盆地内部石英砂岩河道

在相对靠近盆地腹地的神木—东胜地区，特别是在东胜神山沟一带，延安组含煤岩系顶

图 10-21 白家梁石英砂岩矿床旧采石场(QSD-JY2)(焦养泉摄,2010)
a.石英砂岩河道与红层接触;b.石英砂岩河道发育于工业煤层之上;c.复合型石英砂矿床,下部为
大型河道砂体,上部为吉尔伯特型三角洲砂体;d.含砾石英砂岩和细砾岩;e.石英粗砂岩

部的风化壳较为发育且保存较为完整(图 10-23),风化壳岩性以砂岩型高岭土为主,有些构成了砂岩型高岭土矿床,同时还伴生发育了一些小型的石英砂岩河道(图 10-24)。虽然这些石英砂岩河道规模有限而达不到矿床级别,但是对其研究有助于理解区域上相同层位风化壳和石英砂矿的成因机理。

野外露头调查发现,延安组顶部与风化壳伴生的小型石英砂岩河道,至少在东胜黄铁棉图和神木庙沟具有沉积记录。在东胜黄天棉图剖面上,石英砂岩河道由两个同期发育的小型透镜体构成,厚 2.0m 左右(图 10-24a),岩性主要为细粒、粗粒和含砾石英砂岩,砂岩中包含有泥砾和碳质碎屑,石英含量达 80%~95%(图 10-24b、c)。该河道上覆含煤岩系发育(图 10-10,图 10-24a),属于前述的石英砂岩河道独立悬停型式的风化壳类型。

在庙沟剖面上,呈透镜状的石英砂岩河道厚度 1.5m 左右,推测其宽度不超过 80m,其规模有限,但地质意义重大。在这里,透镜状石英砂岩河道与席状风化壳具有显著的共生关系,前者表现出了对后者明显的、直接的冲刷作用(图 10-24d)。这种典型的空间配置关系,能很好地解释两者的成因联系,即石英砂岩河道是流经风化壳的河道水流,对石英砂和高岭土再搬运,并在重力分异作用下石英首先大量沉积、充填河道而成。在距该剖面 1km 左右的另一剖

图 10-22 白家梁石英砂岩矿床新采石场(QSD-JY2)(焦养泉摄,2010)

a.新采石场大剖面;b.石英砂岩中的大型交错层理;c.石英砂岩中的风化煤线

图 10-23 神木—东胜地区延安组顶部的风化壳剖面(焦养泉摄,2003,2010,2015)

a.东胜马家梁砂岩型高岭土(WC-J2);b、c.东胜神山沟砂岩型高岭土矿床(WC-J1);d.神木庙沟风化白砂岩(WC-J6)

面上,与之相对应的风化壳表现为由风化作用形成的白砂岩(图10-23d)。在风化壳之上的不整合界面上,发育有5~30cm磨圆程度不等的直罗组底砾岩,这说明延安组顶部与直罗组之间确实存在沉积间断,石英砂岩成因与之相关。

图10-24 延安组顶部与风化壳关系密切的小型石英砂岩河道(焦养泉摄,2009,2010)
a.东胜黄铁棉图剖面(QS-J1);b、c.东胜黄铁棉图石英砂岩(QS-J1);d.神木庙沟剖面(QS-J2)

第四节 物源区石英砂岩矿床及研究启示

在东胜更靠北部的郝家渠一带,石英砂岩更为发育。大范围地质追踪对比认为,郝家渠一带巨厚的石英砂岩,是晚三叠世末期至中侏罗世直罗组沉积之前由沉积间断形成的大型复合沉积体。严格意义上讲,该区已处于鄂尔多斯盆地晚三叠世末—中侏罗世早期的外围蚀源区(李思田等,1992;葛玉辉等,2007),长达53Ma的风化作用不仅形成了该区巨厚的石英砂矿床,还为沉积盆地石英砂和高岭土的富集提供了充足的物源。

一、物源区石英砂叠置复合矿床

在东胜郝家渠一带,石英砂岩最大的产出特征是介于中三叠统二马营组(T_2e)红层与中侏罗统直罗组(J_2z)之间(图10-25a)。野外露头显示,二马营组的红层向上逐渐过渡为白色风化壳,表明二马营组顶部就遭受了风化作用的改造。该沉积间断,经历了晚印支运动和早燕山运动,其间缺失了上三叠统、下侏罗统和中侏罗统下部的延安组,时间长达53Ma。

东胜郝家渠的风化壳由两部分构成,局部厚度超过25m。其下部主要为白色砂岩型高岭土,而中上部为灰白色大型透镜状砾质河道和石英砂岩河道,具有典型的河道充填性质。分析认为,这是由长期沉积间断期的多次、多个河道单元叠置构成的石英砂砾岩复合沉积体(图10-25a)。

在该剖面的旁侧(东侧),大约1000m处是石英砂矿的采石场(图10-25b)。此处,沉积物粒度相对较细,以白色石英砂岩为主,厚度接近10m。从沉积物粒度看,该采石场显然远离了主要的石英砂砾岩复合河道的中心,但是石英砂的良好产区。

图10-25 东胜郝家渠一带物源区石英砂叠置复合矿床(QSD-TJ3)(焦养泉摄,2010)
a. 大型复合石英砂砾岩河道充填剖面;b. 郝家渠石英砂矿床采石场

二、石英砂叠置复合矿床研究启示

郝家渠一带的石英砂叠置复合矿床,完全处于瓦窑堡含煤岩系和侏罗纪含煤岩系的物源区。从时间尺度上看,该矿床的形成发育涵盖了两个含煤岩系的形成发育过程,沉积间断时间超过了53Ma。虽然说,在整个沉积间断期,物源区的风化壳可能并非持续发育,但毕竟与两个含煤岩系的发育时期有重叠。流经物源区风化壳的河道水流可以把粗粒的石英砂砾堆积于河床中形成矿床,那么河道水流携带的另一部分悬移质——富高岭石黏土被搬运到了哪里?是否构成了含煤岩系中"夹矸"形式高岭土的物源?这些直接涉及到含煤岩系沉积型高岭土矿床的成因,值得进一步研究。

在鄂尔多斯盆地,相对于延长组的石油、延安组的煤炭以及直罗组的铀矿而言,显然对具有风化壳性质的石英砂矿床和砂岩型高岭土矿床的科学研究和综合开发的重视程度不够。一方面,对其成因认识和成矿系统研究不足,一些宏观地质规律与实验室地球化学测试解释之间还存在矛盾。特别是长期沉积间断的地质过程本身,对延长组—直罗组的煤-油-铀-高岭土-石英砂等沉积矿产的成因机制尚缺少系统性研究。另一方面,尚缺少对含煤岩系多矿种资源协调勘查开发的统一部署,这不仅表现在缺乏对诸如石英砂、砂岩型高岭土等矿床的勘查开发投入,而且在东胜地区有关煤-铀资源的开发时序等矛盾已经显现,亟待科学规划。

第十一章　高岭土矿

高岭土是一种非金属矿产,是一种以高岭石族黏土矿物为主的黏土或黏土岩,因江西省的景德镇高岭村而得名。煤系高岭土(岩)是指在煤系地层中,以高岭石为主要矿物成分的黏土岩,包括块状的硬质高岭岩和土状软质高岭土。我国是世界高岭土资源大国,高岭土资源十分丰富,探明储量为 $31\times10^8 t$,其中煤系高岭土 $16.7\times10^8 t$(孔德顺,2014)。

煤系高岭土的成矿时代主要有晚石炭世、二叠纪、晚三叠世、侏罗世—早白垩世、古近纪和新近纪,其中最重要的是石炭纪—二叠纪,主要分布在我国内蒙古准格尔、乌海和包头,陕西神府、渭北,山西大同和平朔,山东兖州、淄博,河北唐山,江苏徐州,安徽的淮北和淮南,甘肃酒泉,河南焦作、平顶山等地(孙升林等,2014)(图11-1)。

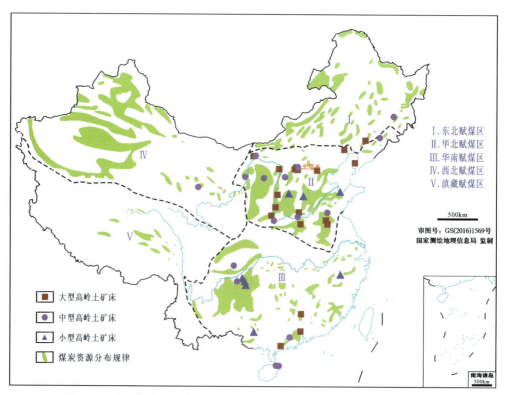

图 11-1　中国高岭土矿床分布简图(据中国煤系共伴生矿产资源调查报告,2013)

第一节 基本特征

品质较纯的高岭土洁白细腻、松软土状,具有良好的可塑性和耐火性等物理、化学性质,其矿物成分主要由高岭石、埃洛石、水云母、伊利石、蒙脱石以及石英、长石等矿物组成。高岭土用途十分广泛,主要用于造纸、陶瓷和耐火材料,其次用于涂料、橡胶填料、搪瓷釉料和白水泥原料,少量用于塑料、油漆、颜料、砂轮、铅笔、日用化妆品、肥皂、农药、医药、纺织、石油、化工、建材、国防等工业部门。

一、物理和化学性质

高岭石族黏土矿物主要包括高岭石、迪开石、珍珠陶石、埃洛石(图 11-2、图 11-3)。高岭石的理想化学式为 $Al_2Si_2O_5(OH)_4$。高岭石为白色,因含杂质可染成其他不同颜色。高岭石集合体呈土状(称为高岭土),具粗糙感,干燥时具吸水性,湿态具可塑性,加水不膨胀。其光泽暗淡或呈蜡状光泽,硬度为 2.0~3.5,密度为 2.60~2.63g/cm³。高岭石组成的致密块状硬质岩石(高岭岩),具贝壳状、粗糙状断口,遇水不散开,无可塑性(图 11-2、图 11-4a)。显微镜下呈书页状、手风琴状、自形六角板状、块状和蠕虫状(图 11-4b、图 11-5)。

图 11-2 高岭土中高岭石类矿物的宏观特征(据 Dill,2010,2016)

a.德国哈雷普遍蚀变的斑岩中大量处于坑洞潮湿状态的新鲜高岭土,除高岭石外仅存六边形石英晶体;b.迪开石(白色)与叶蜡石(浅粉红色)交替并被灰色明矾石覆盖;c.具贝壳状断口的迪开石;d.德国利茨镇的珍珠陶石,被地质学家称为"密高岭土";e.埃洛石,德国;f.由火成碎屑岩风化形成的棕色水铝英石表层

二、结晶矿物学特征

高岭石为三斜晶系,具典型的层状结构(图 11-6)。结构单元层由硅氧四面体片与"氢氧铝石"八面体片连结形成的结构层沿 c 轴堆垛而成。层间没有阳离子或水分子存在,强氢键(O-OH=0.289nm)加强了结构层之间的联结。

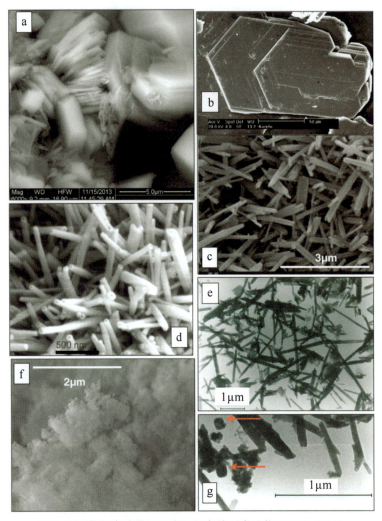

图 11-3 扫描电镜微观尺度下的高岭石类矿物（据 Dill，2016）

a. 阿根廷 Mina Blanquita-Patagonia 的大型迪开石聚集体形成手风琴结构；b. 来自法国洛德夫盆地的珍珠石（Macaulay Collection/Daniel Beaufort）；c. 来自中国的埃洛石（Evelyne Delbos，James Hutton Institute）；d. 土耳其巴利克西尔的图普鲁矿的空心管状的含水埃洛石形态（Ömer Işik Ece，Istanbul Technical University）；e. 智利 Mina Blanchita 透射电镜下的管状偏多水高岭石与他形的片状白云母；f. 偏多水高岭石在透射电镜下与明矾石的伪晶共存；g. 厄瓜多尔圣多明各的由几个到数以百万计的水铝英石初级粒子（0.1～1μm）形成的云雾状聚合物

图 11-4 高岭土手标本（a）及显微镜下（b）特征

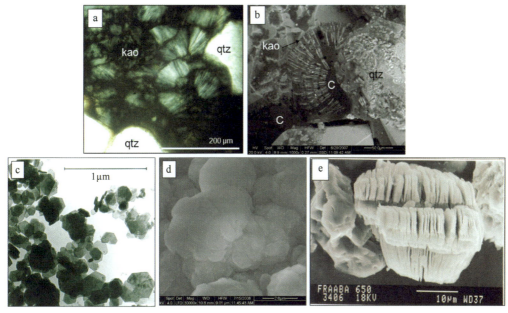

图 11-5　不同类型显微镜观察下的高岭石微观特征（据 Dill，2016）

a. 约旦 Wadi Isal 砂岩的书页状高岭石，正交光；b. 约旦 Wadi Isal 中的手风琴状高岭石，烃类在高岭石中迁移并进入其孔隙，背散射图像；c. 印度尼西亚苏拉威西岛高岭石化凝灰岩中以孪晶形式存在的自形六角板状高岭石，透射电镜；d. 伊朗拉卡迈杜克表生蚀变带中块状高岭土，二次电子图像；e. 秘鲁 Angullaco 具有高岭石溢岸细粒物的混合河流环境中的成岩蠕虫状高岭土聚集体，背散射图像；kao. 高岭石；qtz. 石英

三、矿石工业分类

根据高岭石的质地、可塑性和砂质含量分为 3 种类型：①硬质高岭土，质硬，无可塑性，粉碎细磨后具可塑性；②软质高岭土，质软，可塑性较强，砂质含量＜50％；③砂质高岭土，质松软，可塑性较弱，砂质含量＞50％。

四、煤系伴生高岭土的赋存方式

根据高岭石矿体与煤层的关系，划分为以下 3 种赋存方式。

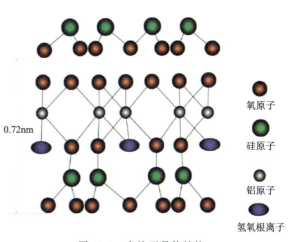

图 11-6　高岭石晶体结构

（1）煤层夹矸及顶、底板型：赋存于煤层中作为煤层中的夹石层、煤层顶板和底板，分布较为稳定，作为标志层（Dill and Wehner，1999；Dill，2016）（图 11-7、图 11-8）。

（2）与煤层不相邻型：作为一个独立的矿层出现，与煤层有一定的距离（Thomas，2002；Dill，2016）。

（3）软质型高岭岩：在地表露头或地下浅处与风化煤伴生，富含有机质，具有高可塑性，质软（李晋等，1989）。

图 11-7　蒙古 Baganuur 煤矿中与煤层伴生的优质高岭土（据 Dill，2016）

a.煤层（CS）呈槽状，下伏亮灰色富含高岭土的长石砂岩和黏土岩；b.煤层与富高岭土底板岩（aa）接触的特写图，这两个地层之间的接触是过渡性的，在煤层与底板岩石之间发育一层灰色黏土岩，菱铁矿（Fe）穿过煤层，与下接触带呈锐角接触；
c. 煤层底板岩石中的植物茎干

图 11-8　乌兹别克斯坦安格伦河谷早—中侏罗世含煤岩系及其中的高岭土

a. 安格伦露天煤矿灰色高岭土过渡到顶部褐煤层；b. 阿帕塔克露天高岭土（白）-煤层（黑）

第二节 关键成矿要素与矿床成因分类

高岭石矿物的成因是多种多样的,其本质是由铝硅酸盐矿物(如长石)及火山玻璃物质在酸性水(碳酸水或硫酸水)、热液水、腐殖酸水的淋蚀下,通过水解作用使上述物质等演变成高岭石(图 11-9),也可由这些矿物水解形成的 $AlOOH \cdot nH_2O$ 和 $Si(OH)_4(SiO_2 \cdot H_2O)$ 溶胶凝聚形成。高岭石在组成地壳的大部分岩浆岩和部分沉积岩及变质岩中均有分布(Dill,2010,2016)。白云母经过水解作用后,也会经过一系列中间产物(伊利石-蒙脱石),最后转变为高岭石,但是这一过程通常较为困难。其他铝硅酸盐矿物,如碱性岩类霞石正长岩中的霞石也能经风化作用形成高岭石。

成矿母岩经风化作用形成的高岭石,部分残留在原地,形成风化残积型的高岭土矿床;一部分高岭石碎屑及 $AlOOH \cdot nH_2O$ 和 $Si(OH)_4(SiO_2 \cdot H_2O)$ 溶胶经流水(风力)搬运,在湖泊沼泽、泥炭沼泽、湖泊、潟湖及滨岸等沉积环境中再沉积和凝聚,形成了沉积型的高岭土矿床;另一部分高岭岩可以是降落于泥炭沼泽或沼泽盆地火山灰,经腐殖酸水淋滤蚀变改造可原地形成高岭石矿床。

一、关键控矿要素

成矿原岩、构造条件和古气候条件是高岭土形成的 3 个最基本的关键控矿要素。

1. 成矿原岩

成矿原岩的共同特征是:矿物组成上,以含长石类矿物较多、含暗色矿物较少为特征;富含 Al_2O_3,且 TiO_2、Fe_2O_3 等含量低。高岭石成矿原岩主要包括花岗岩、伟晶岩、酸性岩脉、变质岩、火山凝灰岩、碎屑沉积岩等。

(1)花岗岩蚀变类:以中粒白云母花岗岩对成矿最为有利,尤其是原岩经过伊利石化、绢云母化、高岭石化等热液蚀变,更易风化形成优质高岭土矿床。其次,细粒白云母或二云母花岗亦有良好的成矿条件。

(2)伟晶岩蚀变类:以微斜长石伟晶岩成矿条件最好,此类伟晶岩一般规模较大,且长英矿物含量高。如星子县温泉、遂川县罗文等矿区伟晶岩中长石含量达 70%~90%,长石晶体 1~2cm,大者 20~40cm,风化后成为优质高岭土。

(3)酸性岩脉蚀变类:目前已知有花岗斑岩、石英斑岩、长英质(斑)岩、霏细岩、细晶岩等成矿脉岩。其中细晶岩脉常受区域性断裂控制而成带状出现,规模较大,岩中 Al_2O_3 含量多在 16%~20% 之间,TiO_2、Fe_2O_3 等含量低,且常有伊利石化、高岭石化等热液蚀变现象,故易于风化成高岭土矿床。

(4)变质岩蚀变类:能风化形成高岭土矿床的变质岩以富含长石类矿物为特征,如震旦系南沱组变质长石砂岩、长石质粉砂岩或长石云母片岩,可成为良好的成矿原岩。

(5)火山凝灰岩蚀变类:主要产于火山喷发沉积地层之中,例如江西上饶上侏罗统鹅湖岭组凝灰岩。成矿原岩以粒度较细、火山灰含量高凝灰岩为佳。

(6)碎屑沉积岩蚀变类:通常含有大量长石碎屑和岩屑,它们在沉积间断期受风化作用影

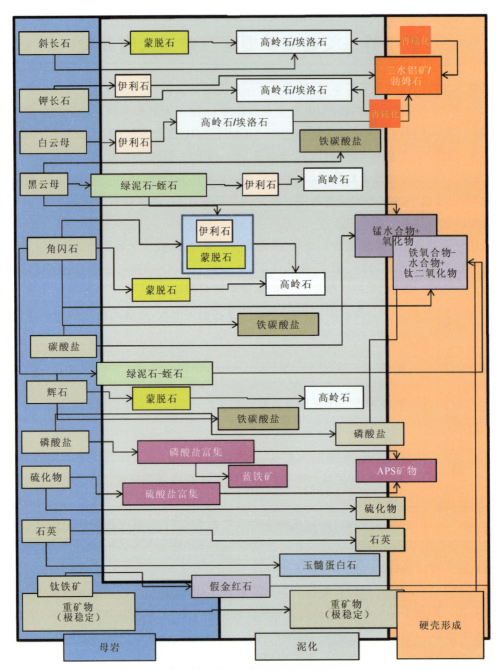

图 11-9 造岩矿物的风化及高岭石的形成(据 Dill,2016)

含有伊利石和蒙脱石的蓝色组合框表示混层层状硅酸盐的形成。该流程图是基于 Pickering(1989)和 Krumb(1998)的数据及作者未发表的数据设计的。那些以相同的灰度显示两次的矿物,如石英,表明这些矿物生成了两次,在母岩左侧的矿物再一次出现是作为高岭土的遗留矿物或一种硬土

响会逐渐演化为高岭石,从而构成良好的矿源层。

2.构造条件

对基岩而言,断裂和裂隙的发育程度直接影响到原岩的风化程度与成矿深度,不少矿区资料表明,裂隙发育地段,风化成矿深度可达 35m 以上,在构造裂隙不发育的地段,风化成矿

深度仅在数米以内。然而在沉积盆地中,区域的构造隆升事件是诱发风化作用的重要机制,长期的隆升状态有利于长石向高岭土的持续转化,如果再配合以适当的水流搬运则能形成有规模的矿床。

3.古气候条件

高岭石是长石最常见的风化产物。酸性介质条件有利于长石、云母类矿物水解形成高岭土矿床(Dill,2010,2016)。温暖潮湿气候易于酸性介质发育,这种背景下,母岩风化容易形成高岭土矿床(图 11-10)。

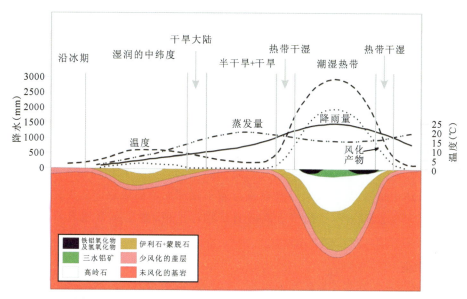

图 11-10　不同气候背景下母岩风化及产物(据 Summerfield,1991)

(从极点到赤道,与气候及生物变量有关的风化壳深度和成分的变化,主要表生矿物和岩石与高岭土有关)

古气候是通过相关参数及其相关的环境条件制约风化作用,从而决定风化的最终产物。Brownlow(1979)对夏威夷岛年均降雨量与土壤中黏土矿物类型的研究发现,不同降雨量背景下所形成的风化黏土矿物类型是不同的,降雨量较小时以蒙脱石的形成为主,随着降雨量的增加而转变为以高岭石的形成为主,降雨量相对较高时大量的铝土矿形成(图 11-11)。水是风化过程中最为活跃的因素,没有水,化学风化作用就无法进行,陈骏等(2004)研究了水流流速对长石风化作用的制约关系,认为随着流速的增加黏土矿物依次形成蒙脱石、高岭土、三水铝矿。

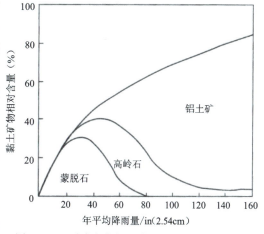

图 11-11　夏威夷岛年均降雨量与土壤中黏土矿物关系曲线(据 Brownlow,1979)

(1)高速水流:

$3NaAlSi_3O_8$(钠长石) $+ Mg^{2+} + 4H_2O = 2Na_{0.5}Al_{1.5}Mg_{0.5}Si_4O_{10}(OH)_2$(蒙脱石) $+ 2Na^+ + H_4SiO_4$

(2) 中速水流：

$4NaAlSi_3O_8$（钠长石）$+4H_2CO_3+18H_2O = 4Na^+ + 8H_4SiO_4 + Al_2Si_2O_5(OH)_4$（高岭石）$+4HCO_3^-$

(3) 低速水流：

$NaAlSi_3O_8$（钠长石）$+H_2CO_3+7H_2O = Na^+ + 3H_4SiO_4 + Al(OH)_3$（三水铝矿）$+HCO_3^-$

一些学者还注意到了降雨量和地形的联合作用控制风化黏土矿物的产物。在降雨量少、地形平缓的条件下，主要形成蒙脱石；而在降雨量大、地势高的条件下，主要形成铝土矿；高岭石的形成则介于上述两种条件之间。

二、矿床成因分类

含煤岩系的高岭土成因类型主要包括碎屑沉积型、胶体凝聚型、表生风化型和火山物质蚀变型（陈杨杰，1988；刘钦甫等，1995，1997，2002；Dill et al，2008）。

1. 碎屑沉积型

母岩风化形成的高岭石碎屑，被水流搬运到湖沼中沉积下来。以紧密堆积的高岭石小碎片和细碎屑为特征，其含量超过90%，可见到定向排列的石英碎屑和绿泥石或菱铁矿。矿体厚度大，最厚可达十余米，常形成煤层底板或与煤不相邻而单独成层。此类矿床规模一般巨大。其 Al_2O_3/SiO_2 比值较高，一般接近高岭石矿物理论值，如淮南B层高岭岩（刘钦甫等，2002）。

2. 胶体凝聚型

由母岩风化所形成的胶体在湖沼的酸性环境下凝聚而沉淀，高岭石由雏晶向微晶、粗晶转化。颜色为灰色—灰黑色，矿石成分极纯，高岭石占绝对优势（95%以上），矿石从隐晶至蠕虫状高岭石都可见到，宏观上有时可见由于沼泽水体周期性变化而形成的韵律性层理；化学成分表现为 SiO_2 含量偏低，Al_2O_3 含量偏高（40%以上）；可呈夹层或夹矸形式出现，分布稳定，厚度不大（一般数厘米至数十厘米），如山西大同、内蒙古大青山等（刘钦甫等，2002）。

3. 表生风化型

在表生带，煤层及其顶底板（页岩、泥岩）遭受分解，在风化煤附近形成软质高岭岩，俗称木节土。矿石成分以高岭石为主，但常含有白云母、伊利石和一水软铝石等，常见高岭石充填于植物细胞腔中，形成保存完好的管状高岭石。化学成分中 Al_2O_3 含量高，达40%左右，TiO_2 含量一般在1%左右，有机质含量可高达15%以上，Fe_2O_3 含量一般0.5%~1%，如山西平朔太原组木节土（刘钦甫等，2002）。

4. 火山物质蚀变型

由火山喷发而降落下来或由陆地搬运来的火山物质，在泥炭沼泽的酸性介质条件下蚀变为高岭石，在碱性条件下则形成蒙脱石。以煤系夹矸形式出现，厚度较小（数厘米至数十厘米），横向分布稳定。高岭石含量一般85%~90%或更高。一般有机质含量高，高岭石含量也高，多为玻屑状高岭石，而有机质含量少则蒙脱石、火山灰、伊利石含量增加。化学成分 SiO_2 含量偏高，Al_2O_3 含量偏低，由基性火山灰蚀变而来的高岭岩 TiO_2 含量偏高，如华南二叠纪煤系煤层夹矸和大同石炭纪黑砂石(刘钦甫等,2002)。

在自然界,表生风化型和碎屑沉积型是含煤岩系最常见的两种矿床类型,魏俊峰(2000)从矿石颜色、化学成分、矿物组成和高岭石结晶度等几个方面进行了对比(表11-1),以便掌握其主要地质特征。

表 11-1 表生风化型和沉积型高岭土的对比(据魏俊峰,2000)

类　　型	风化型高岭土	沉积型高岭土
矿石颜色	白色、浅褐色	灰色、灰黑色
化学成分	硅高铝低型,钾含量偏高,钛含量低,铁含量变化较大	铝高硅低型,钾含量低,钛含量明显偏高
矿物组成	高岭石、水云母和石英,以及极少量的管状埃洛石	矿物组成简单,高岭石含量>95%
高岭石结晶度	结晶度较低	结晶度较好

第三节 典型矿床分析

我国高岭土矿床类型以表生风化型最为常见,其次为碎屑沉积型。本章选取东胜煤系高岭土和老石旦煤系高岭土矿为典型案例,分别介绍两种类型高岭土矿的特征及成矿地质条件。

一、东胜煤系高岭土矿

1.沉积环境特征

东胜煤系高岭土矿床位于鄂尔多斯盆地东北缘(图10-1、图10-9、图10-23),含矿层位为延安组的顶部和底部(图10-3),矿体呈层状、似层状产出,横向分布较稳定,厚度一般10～20m,局部达30m以上,横向上常出现砂岩型矿体向粉砂岩型高岭土和泥岩型高岭土薄层过渡现象(黄焱球和程守田,1999)(图11-12)。

从古地理背景来看,在延安组沉积期东胜地区处于沉积盆地的边缘。沉积学研究表明:含矿砂岩的沉积环境属辫状河环境;砂岩为河道沉积产物,泥质砾岩为决口扇沉积的产物;河道间发育沼泽相,但因河道的反复迁移,沼泽相不稳定,以煤线及不稳定煤层发育为特征(李思田等,1992;黄焱球和程守田,1999)。

图 11-12 鄂尔多斯盆地东胜神山沟煤系高岭土矿床特征(焦养泉摄,2002)

2.古介质特征

在整个延安组成煤期,伴随着大量植物的生长和死亡,形成了大量的有机质、有机酸和无机酸,这些物质的产生必然影响着介质的酸碱度以及介质的物理、化学活性(黄焱球和程守田,1999)。从该区的沉积环境特征及沼泽发育情况来看,结合延安期雨水充足,水流通畅,推测古水介质应呈弱酸性,pH 值为 5.5~7.0(黄焱球和程守田,1999)。

在弱氧化条件下,死亡后的植物在微生物及氧的作用下发生分解和转化,产生芳香酸、脂肪酸、氨基酸以及腐殖酸等物质:一部分溶于水,成为水介质的组成部分;另一部分如腐殖酸虽不溶于水,但具有亲水性。这些有机质混入水中之后随水一起迁移,在源区、搬运沉积区广泛分布,为高岭石的形成奠定了良好的条件(黄焱球和程守田,1999)。

3.有机酸与矿物颗粒的相互作用

高岭石是由硅氧四面体层和铝氧八面体组成的 1∶1 型层状硅酸盐矿物,具有双电性特征。一方面,由于结构中的硅氧四面体的部分 Si^{4+} 被 Al^{3+} 替代,其端面一般具永久负电性;另一方面,由于有大量断键的离子存在,使端面电荷不平衡,因而具有吸附质子的能力。本区水介质的 pH 值在 5.5~7.0 之间,因此高岭石表面呈现负电性特征(黄焱球和程守田,1999)。

由于腐殖酸分子巨大、活性基团众多,它的一些基团在与高岭石吸附的同时,另一些基团还可以直接或通过金属阳离子与石英等碎屑颗粒相吸附,形成高岭石-腐殖质-石英复合体。在腐殖质的强烈吸附下,高岭石与石英牢固地联结在一起,即使在剥蚀和搬运过程中也不容易被破坏,成为一个整体搬运沉积(Aiken,1985)(图 11-13)。

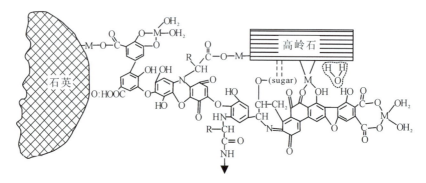

图 11-13　高岭石-腐殖质-石英复合体示意图(据 Aiken,1985)

总体来说,东胜延安组砂岩型高岭土的富集与源区及搬运过程中高岭石-腐殖质-石英复合体的形成有关。高岭石-腐殖质-石英复合体的形成,取决于高岭石的表面负电荷密度以及腐殖质和可溶性多价阳离子的存在。在适当的酸碱度(pH>5.5)、适量的多价阳离子以及充足腐殖质的条件下,高岭石通过多价阳离子和腐殖质与石英相互紧密连接在一起,形成大量稳定结合的复合体。当石英搬运沉积时,高岭石也随之搬运堆积,从而在河道砂岩中富集成矿。在这一过程中,某些具有疏水性质的有机质与矿物颗粒的吸附,对高岭石的富集起促进作用。

二、老石旦煤系高岭土矿

老石旦矿区位于内蒙古乌海之南 40km 处。矿区为一长 7km,呈北北东向展布的不对称向斜(图11-14)。向斜南端扬起、北端倾没,向斜两翼煤层出露地表(李晋等,1989)。软质高岭土矿床分布于老石旦向料东南边缘地带,也呈北北东向展布,长约3km、宽约0.4km,地层向北西西倾斜,倾角由北向南逐渐变缓。主要可采煤层有上石炭统太原组 C_3^1 的煤17、煤16, C_3^2 的煤12,下二叠统山西组 P_1^1 的煤9和煤7。在该区,由于高岭土是煤层经过风化作用形成的,所以高岭土的层位与煤层是一致的,对应矿层的编号为LS1、LS2、LS3、LS4和LS5。最厚煤层为煤16,与其相当的LS2是主要开采的高岭土矿层(陈扬杰,1991)。

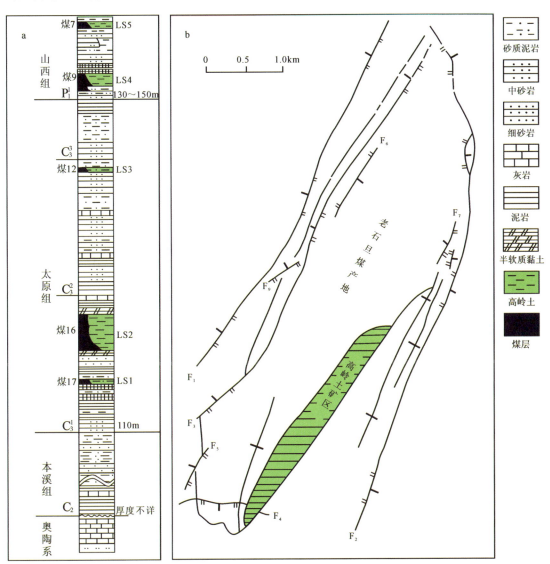

图 11-14　老石旦煤系高岭土矿地质背景(据李晋等,1989)

a. 含煤岩系地层结构;b. 矿区地质简图

(一)矿石的基本特征

1.宏观特征

高岭土按照颜色不同分为白色、紫色和黑色3种基本类型,其宏观矿石特征见表11-2。高岭土在倾向上的变化十分明显，从深部至露头，其颜色由灰黑变至灰白，结构由疏松土状变为较致密块状，纹理构造愈加清楚，厚度、孔隙度及有机质含量等均逐渐降低，比重增大（图 11-15）。

表 11-2 高岭土矿石的宏现特征（李晋等，1989）

类型	颜色	结构	纹理构造	硬度	比重	孔隙度	赋存位置
白色高岭土	浅灰到灰白	较致密块状	较发育	较小	较大(1.91)	较小(15%±)	靠近露头一侧
紫色高岭土	灰紫到棕色	较致密块状	十分发育	小	较小(1.57)	中等(30%±)	介于白色与黑色高岭土之间
黑色高岭土	灰黑	土状	不明显	较小	小(1.33)	很大(45%±)	靠近煤层一侧

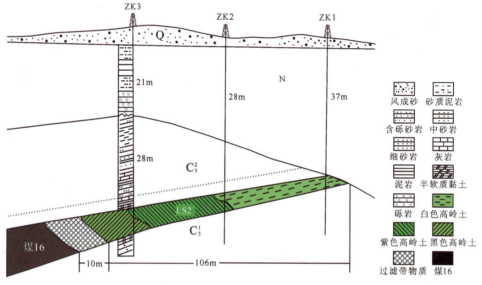

图 11-15 老石旦煤系高岭土矿床（据李晋等，1989）

2.化学成分特征

高岭土主要由 SiO_2、Al_2O_3 和烧失量 3 部分组成，其总和在 90%～97%之间，杂质以 Fe_2O_3 和 CaO 为主（表 11-3）。在走向上，高岭土的化学成分比较稳定，但在倾向上变化较大。它们具有两个主要特点：

（1）SiO_2 和 Al_2O_3 含量随烧失量的变化而变化，但二者的摩尔比基本不变(1.87～2.01)，且接近于高岭石的理论比值 2.00，说明高岭土主要由高岭石类矿物组成。

（2）Fe_2O_3 及 CaO 含量，在靠近露头一侧的白色高岭土和靠近煤层一侧的黑色高岭土中较高，致使部分高岭土失去工业意义。

3.矿物特征

高岭土主要由高岭石组成，其次有埃洛石、勃姆石、三水铝石、一水铝石、石英、明矾石和褐铁矿等。高岭石呈隐晶质集合体状，因含有机质而显条纹状构造。从黑色高岭土至白色高岭土，高岭石的有序度是逐渐升高的。明矾石在高岭土中的分布相当广泛，呈浅灰色、灰白色，晶体正方形和菱形。以条带状或透镜状产出，也有少量呈星散状分布。褐铁矿则主要富集在黑色高岭土与煤层的过渡地带，呈黄色土状。

表 11-3　高岭土的化学组成(%)(据李晋等,1989)

样品号	类型	SiO_2	Al_2O_3	Fe_2O_3	TiO_2	MgO	CaO	Na_2O	K_2O	烧失量
S1	白色高岭土	42.64	36.03	2.50	0.94	0.33	2.29	0.13	0.46	15.08
S2		42.28	36.01	1.85	1.19	0.37	1.21	0.08	0.71	15.80
S3	紫色高岭土	39.91	35.94	1.88	1.24	0.40	0.66	0.17	0.48	17.89
S4		36.27	33.78	1.05	0.80	0.21	0.68	0.18	0.27	24.44
S5	黑色高岭土	32.07	28.84	2.55	1.40	0.54	2.62	0.25	0.31	33.82
S6		29.86	26.80	2.83	0.68	0.65	3.02	0.09	0.23	35.92

(二)剖面分带特征

在 LS3 高岭土及其对应的 12 煤层剖面上,$P_3 \sim P_6$ 之间是各种参数变化最强烈的部位。P_3 为黑色高岭土,结构疏松,呈土状,纹理不清楚。P_4 上部为灰黑色土状物,下部为黄色土状物,既非高岭土,也非风化煤,故称之为过渡带物质。P_5 和 P_6 分别为土状和粉末状风化煤(图11-16)。

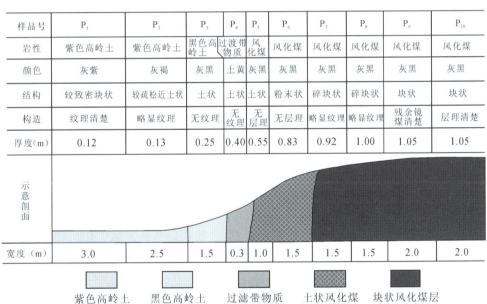

图 11-16　高岭土(LS3)与煤层(12)过渡带实测剖面(据李晋等,1989)

从 P_{10} 至 P_1,腐殖酸、水分及氧含量都是先升高,然后再降低,并均在 P_5 点达到最大值(表11-4)。从 P_5 至 P_4,虽然间隔距离不足 1m,但变化幅度却很大,三者分别降低了 56.7%、7.67% 和 2.91%(表 11-4)。相应地,灰分增加了 42.88%。

(三)高岭土成因

老石旦煤系高岭土是由煤层风化残积形成的(图11-17)。煤层经构造抬升到地表以后,受到强烈的风化淋滤作用,使其有机组分分解、流失和逸散,铝硅矿物相对富集,在表生条件下形成高岭土(李晋等,1989)。

表 11-4 有机元素含量及工业分析指标(%)

样品	Cf	Hf	Of	Nf	S_tf	Af	Wf	腐殖酸	Of/Cf
P_1	4.25	1.10	9.79	0.17	0.14	81.37	3.18	13.1	2.30
P_2	9.91	1.21	11.55	0.24	0.75	70.23	5.95	17.7	1.65
P_4	14.24	1.20	13.70	0.32	0.07	63.23	7.24	19.5	0.96
P_5	44.89	1.92	16.61	0.88	0.44	20.35	14.91	76.2	0.37
P_8	57.29	2.44	12.15	0.78	0.64	17.56	9.14	65.1	0.21
P_{10}	63.85	3.31	9.46	0.90	1.07	16.42	4.99	59.8	0.15

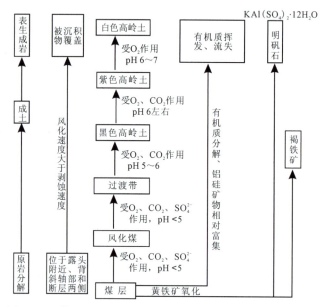

图 11-17 煤层风化残积型高岭土矿床成矿机理(据李晋等,1989)

煤层风化残积高岭土的主要证据如下。

(1)从煤层到高岭土,Of/Cf 比值逐渐增大,也表明它们所受的风化作用程度依次增强。煤中碳受到氧的作用后,以气体形式挥发或以液体形式流失,必然导致 Of/Cf 比值增大。据此可把煤的风化作用看作是退煤化作用,高岭土则是退煤化作用的最终产物。

(2)煤中的无机矿物质除了黏土以外,还有长石、云母及黄铁矿等。在风化过程中,这些矿物也要发生相应的变化。长石和云母是煤中常见的碎屑矿物。在风化煤中的长石和云母表面附生着细小的皱晶高岭石。经过进一步风化淋滤以后,皱晶高岭石便转化为埃洛石和高岭石,使长石及云母完全解体。煤风化过程中黄铁矿被氧化,产生硫酸及 Fe^{2+}、Fe^{3+} 离子,在有 CO_2 存在的条件下,硫酸与黏土矿物反应生成明矾石[$KAl(SO_4)_2·12H_2O$],因此明矾石是高岭土中的一种特征矿物。Fe^{2+}、Fe^{3+} 离子则随地下水迁移,直至风化作用结束时,才在过渡带沉淀下来并富集成为褐铁矿(李晋等,1989)。

第十二章 铝土矿

> 铝土矿一词最早由法国人贝尔蒂埃(Berthier)于1821年提出,原指法国阿尔卑斯山莱·保尔斯(Lex Baux)附近的富含氧化铝的沉积物,后被广泛采用,泛指富铝且低硅、低碱、低碱土金属的地壳风化产物。现今铝土矿主要是指当前经济技术条件下,工业上能够提取利用的,以三水铝石($Al_2O_3 \cdot 3H_2O$)、一水软铝石或一水硬铝石($Al_2O_3 \cdot H_2O$)为主要矿物组成的矿石(朱东晖等,2012)。
>
> 铝土矿主要分为金属和非金属两方面的用途。金属用途主要是提炼金属铝,用量占世界铝土矿总量的90%以上,是铝土矿最主要的应用领域(黄智龙等,2014)。非金属用途主要是铝土矿的加工运用和铝的化合物,被广泛用在制造高铝水泥、耐火材料、磨料磨具、陶瓷及化工、医药等工业领域(蔡贤德等,2016)。

第一节 矿床类型

由于铝土矿与风化作用关系密切、成矿过程复杂,且缺乏典型的沉积构造及古生物化石,对其成矿物源、成矿环境、成矿年代、成矿模式等方面的研究难度较大。随着国内外研究者对铝土矿认识的逐步深入,铝土矿矿床的分类体系也在逐步发展、完善,但到目前为止,国内外仍然没有一个完全统一的分类方案。

最早区分不同类型的铝土矿的主要依据是矿石的矿物组成和化学组成,但是由于铝土矿的矿物和化学成分较为复杂,因而该分类的方案适用性有限(王庆飞等,2012)。苏联学者Peive(1947)认识到矿体所在大地构造位置的重要性,根据大地构造位置和沉积相将铝土矿划分为地槽型(海相)及地台型(陆相)。但大地构造过程仅是间接地影响铝土矿矿化过程,不是铝土矿直接关键的控矿因素,不能作为标准区分各类铝土矿(王庆飞等,2012)。根据成因差异,Vadasz(1951)将铝土矿划分为红土型、喀斯特型和机械碎屑沉积型3种类型。刘长龄(1987)根据中国铝土矿的成因将中国铝土矿划分出11个大类、18个类型和29个准类型。成因分类的一个共同缺点即一些标准都是演绎和理论化的,野外实际的应用性较差。此外,廖士范(1959)按照铝土矿的成矿时代将铝土矿按时代划分为石炭纪、二叠纪。1984年国家矿产储量委员会编制了我国铝土矿规范,将铝土矿分为沉积型、堆积型和红土型3类,其下又划分为一些亚类。然而,这些分类方案在区分度上仍然存在不足。

目前,国外普遍采用Bordassy et al(1990)提出的铝土矿分类方案,该分类方案以铝土的基底岩石为依据,将铝土矿划分为红土型、碳酸盐岩(喀斯特)岩溶型和季赫温型3类。此方案中红土型铝土矿仅指由下伏铝硅酸盐岩演变而成的(红土风化)残余矿床。岩溶型铝土矿矿床指在不同岩溶程度的碳酸盐岩表面上形成的铝土矿,季赫温型是覆盖在铝硅酸盐岩剥蚀面上的碎屑(沉积)铝土矿矿床(高兰等,2014)。

铝土矿的成矿与碳酸盐岩或基性岩基底有关,受岩相古地理条件、古气候条件、古地貌等条件控制,所以较为全面的分类应该结合下伏基岩类型和成矿过程。对这一分类方案的基本认识是:基岩是铝土矿成矿的基础,基岩及其风化产物直接影响铝土矿的物质组成及矿体特征,而基岩及其风化产物是否经历搬运、沉积,且在此过程中铝土矿的物质组成所经历的变化及其影响主要受控于成矿过程。因此,孙莉等(2018)、高兰等(2014,2015)将中国铝土矿分为沉积型(古风化壳型)、红土型和堆积型3类,沉积型主要成矿时代为石炭纪和二叠纪,堆积型和红土型成矿时代主要为第四纪(表12-1)。

表12-1　中国铝土矿床划分方案及其与国外的对比(据高兰等,2014,2015)

中国矿床分类	亚类(基底背景)	比例(%)	矿床式	典型矿床	主要分布区	国外矿床分类	比例(%)
沉积型	铝硅酸盐基底	5	王村式	王村	扬子陆块、华北陆块	季赫温型	0.5
	碳酸盐基底	74	孝义(修文)式	克俄、小山坝		岩溶型	11.5
堆积型	/	20	平果式	平果那豆			
红土型	碳酸盐基底	<1	贵港式	王灵	华南陆块	红土型	88.0
	铝硅酸盐基底	<1	蓬莱式	蓬莱、漳浦			

1.红土型铝土矿

红土型铝土矿,是由下伏铝硅酸盐岩(如玄武岩、花岗岩、粒玄岩、长石砂岩、麻粒岩等)或碳酸盐岩在热带和亚热带气候条件下,经深度化学风化(即红土化)作用而形成的与基岩呈渐变过渡关系的残积矿床(包括就近搬移沉积的铝土矿)(刘平,1996;高兰,2015;孙莉等,2018)。

翟裕生等(2011)认为红土型铝土矿形成具有3个阶段:①造岩硅酸盐矿物分解阶段,部分碱金属和碱土金属以及氧化硅从黏土矿物中迁出;②继续去硅阶段,游离的氧化铝呈二水铝矿和一水铝矿聚集;③铝土矿复杂阶段,碳酸盐、硫酸盐、黏土矿物等使铝土矿成分复杂化。

红土型铝土矿储量占世界总储量的88%左右,其矿石产量占世界铝土矿产量的65%。在地理上,主要赋存于南北纬30°(热带亚热带)范围内的大陆边缘的近海平原、中低高地、台地和岛屿上。全世界红土型铝土矿床可划分为8个成矿省(Ⅰ级成矿单元):南美地台成矿省、巴西东南部成矿省、西非成矿省、东南非成矿省、印度成矿省、东南亚成矿省、西澳及北澳成矿省和东南澳成矿省。储量规模大于10亿t的六大红土型铝土矿区分布于澳大利亚、几内亚、巴西、喀麦隆、越南和印度(刘中凡,2001)。我国红土型铝土矿在海南岛、广东雷州半岛、福建漳浦和金门、台湾、云南及广西等地广为分布(刘长龄,1987)。

2.沉积型铝土矿(古风化壳沉积型)

沉积型铝土矿和红土型铝土矿的形成环境、成矿条件大致相同,区别是红土型铝土矿没有被比之较新的地层覆盖,而沉积型铝土矿之上有新的地层覆盖(廖士范,1989)。

沉积型铝土矿多产于碳酸盐岩古风化壳侵蚀面上，少数产于砂岩、页岩或玄武岩等硅酸盐岩的侵蚀面上或其组成的岩系中，是红土型铝土矿经地表水系搬运、迁移、沉积在附近的滨海、潟湖、沼泽、泥炭沼泽等环境中的矿床，是以机械碎屑为主并含有少量胶体的沉积矿床，它已没有红土型铝土矿的特征（高兰，2015），其矿体形态、规模及矿石物质组分等均受含矿岩系基底岩性和古地形的控制（王恩孚，1984）。矿石中铝矿物主要为一水硬铝石，成矿时代主要为晚古生代（以石炭纪为主），少量为中生代。

沉积型铝土矿又根据基底的不同划分为沉积于碳酸盐岩古风化壳上的铝土矿和沉积于铝硅酸盐古风化壳上的铝土矿 2 个亚类（高兰等，2015）。碳酸盐岩古风化壳沉积型铝土矿是覆盖在灰岩、白云岩等碳酸盐岩凹凸不平岩溶面上的铝土矿床，是古红土风化壳被剥蚀、长距离搬运（30~40km）、沉积于岩溶地形中的产物，此类矿床与基岩呈不整合或假整合关系，占世界总储量的 11.5% 左右（Wang et al，2010；高兰，2014）。它主要赋存于北纬 30°~60° 及附近的温带地区。我国的大部分铝土矿床属于此类，矿石储量约占中国总储量的 73%，广泛分布于扬子陆块、华北陆块，主体分部在山西、河南、贵州和广西等地区（高兰，2014）。若下伏基岩是细碎屑岩或基性火山岩，则称为铝硅酸盐古风化壳沉积型铝土矿（高兰，2015）。

3.堆积型铝土矿

堆积型铝土矿是指原生的沉积铝土矿由于构造运动暴露于地表，经过剥蚀、搬运，堆积在附近的岩溶洼地、坡地中，是在适宜的构造条件下经风化淋滤，在岩溶洼地（或坡地）中重新堆积而成的矿床（刘平，1996）。其特征是含矿层（矿体）由铝土矿块砾、碎屑与红土混杂的疏松堆积层构成，矿体上覆盖松散红土或无覆盖，基底为碳酸盐岩。主要分布在气候适宜的北回归线附近，如广西、云南等地，成矿时代为第四纪。矿物成分以一水硬铝石为主（刘平，1996；高兰，2015）。

第二节　我国铝土矿时空分布规律

一、含矿层位

我国铝土矿及高铝黏土最早形成于前寒武纪，主要形成于石炭纪，最晚形成于第四纪。其中前寒武纪铝土矿、高铝黏土由于经过了强烈的变质作用，矿物组成发生根本性变化，不仅全部脱水，而且形成了新的变质矿物。我国铝土矿绝大部分产于石炭系—二叠系。刘长龄和王双彬（1990）将我国铝土矿划分为 9 个成矿时代、11 个含矿层位（不包括前寒武系）（表 12-2）。

二、成矿区带

孙莉等（2018）结合各类型铝土矿床（点）分布特征及成矿规律，将我国铝土矿划分为 18 个成矿区带（图 12-1）。

1. 山西（断隆）成矿区

山西（断隆）成矿区是我国铝土矿最集中，分布范围最大的成矿区，包括山西、陕西东北部府谷、内蒙古鄂尔多斯、河南北部济源及河北省邯郸和石家庄地区(孙莉等,2018),是中国最大的古风化壳沉积型铝土矿成矿区(李俊建等,2016a)。该区铝土矿赋存于中石炭统本溪组(孙莉等,2018)。

表 12-2　中国铝土矿的成矿时代、含矿层位、构造位置及矿床特征(据刘长龄和王双彬,1990)

成矿时代	含矿层位	所占比例(%)	构造单元	矿床特征				主要产区
				成因类型	矿物类型	主要矿物	结构构造	
石炭纪	大塘组	17.90	扬子地块	沉积型	硬水铝石	硬水铝石、高岭石、水云母、绿泥石、针铁矿、黄铁矿、锐钛矿、叶蜡石、软水铝石等	粗糙状、豆鲕状、碎屑状、致密状、多孔状、层纹状	山西、河南、贵州、山东、河北、陕西
	本溪组	52.20	中朝地块	沉积型	硬水铝石			
	太原组	2.30	中朝地块	沉积型	硬水铝石			
二叠纪	山西组、下石盒子组	3.10	扬子地块、中朝地块	沉积型	硬水铝石	硬水铝石、高岭石、水云母、绿泥石、菱铁矿、锐钛矿、软水铝石等	豆鲕状、碎屑状、致密状、粗糙状	云南、辽宁、四川、广西、河北、山东
	上石盒子组、龙潭组	13.70	扬子地块、中朝地块、华夏地块	沉积型	硬水铝石			
三叠纪	中窝组	0.03	印支地块、华夏地块	沉积型及残余型	硬水铝石	硬水铝石、高岭石、水云母、锐钛矿、针铁矿	豆鲕状、致密状	云南
	安源群	0.02	华夏地块	沉积型	硬水铝石	硬水铝石、高岭石、地开石、锆石、金红石等	豆鲕状、碎屑状、致密状	江西
侏罗纪	延安群		中朝地块	河漫滩湖沼相	硬水铝石高岭石	硬水铝石、高岭石、水云母、绿泥石、软水铝石等	豆鲕状、致密状	宁夏
古近纪+新近纪	佛潭群	1.11	华夏地块	红土型	三水铝石	三水铝石、高岭石、针铁矿、赤铁矿、锐钛矿、软水铝石	环带状、杏仁状、气孔状、交代残余	福建、海南、广东
第四纪	更新统	9.64	印支地块、华夏地块	红土型	三水铝石	三水铝石、硬水铝石、高岭石、水云母、绿泥石等	粗糙状、豆鲕状、碎屑状、致密状、多孔状	广西、云南
	全新统		扬子地块、印支地块、华夏地块	红土型堆积型	三水铝石硬水铝石			

2. 华北陆块南缘成矿区

华北陆块南缘成矿区位于河南西部荥阳、巩义、登封、新安、平陆、渑池及陕县一带,大地构造位置属于华北陆块南缘(李俊建等,2016b),是我国仅次于山西断隆铝成矿区的古风化壳沉积型铝土矿成矿区。本区铝土矿赋存在中石炭统本溪组中下段,产于寒武系、奥陶系碳酸盐岩地层之上(孙莉等,2018)。

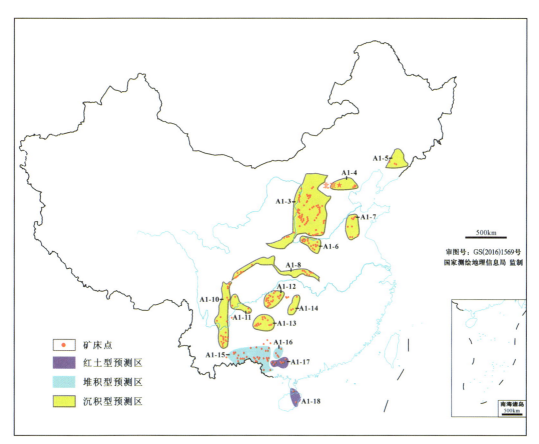

图 12-1 中国铝土矿矿床点与成矿区带分布示意图(据孙莉等,2018 修改)

A1-1.塔里木板块北缘成矿带;A1-2.鄂尔多斯西缘南段成矿带;A1-3.山西(断隆)成矿区;A1-4.华北盆地(断坳)成矿带;A1-5.辽东成矿带;A1-6.华北陆块南缘成矿带;A1-7.鲁西(含淮北)成矿区;A1-8.龙门山-大巴山成矿带;A1-9.盐源-丽江-金平成矿带;A1-10.康滇隆起成矿带;A1-11.上扬子中东部成矿带;A1-12.渝南-黔北成矿区;A1-13.黔中成矿区;A1-14.江南隆起西段成矿区;A1-15.滇东南-桂西成矿区;A1-16.湘中-桂中北(坳陷)成矿区;A1-17.桂中成矿区;A1-18.雷州半岛-琼北成矿区

3.滇东南-桂西成矿区

滇东南-桂西成矿区位于广西西南部和云南东南部,大地构造位置处于华夏板块华南褶皱带,发育有中二叠统和第四系岩溶风化壳等含铝地层,形成沉积型、堆积型两种矿床类型铝土矿,具有经济意义的主要为堆积型铝土矿。

4.黔中成矿区

黔中成矿区是中国南方重要的铝土矿集中分布区,主要位于贵州中南部,大地构造位置属于上扬子陆块东南缘黔中隆起。南起贵阳至清镇一线及凯里—黄平,向北经修文、息烽、开阳、遵义等地,构成北北东向长约200km的成矿区(陶平等,2010;刘平等,2014)。

5.渝南-黔北成矿区

渝南-黔北成矿区包括重庆武隆—南川一带和贵州北部务正道地区(刘平等,1987,2007)。位于扬子陆块南部和川东南一带,含矿地层为下二叠统大竹园组,下伏地层为下志留统韩家店组和上石炭统黄龙组。该成矿区带的主要成矿类型为古风化壳沉积型。代表性矿床有贵州大竹园、重庆大佛岩等。

6.其他成矿带

其他成矿区带内所发现的矿床数量较少,资源储量仅占全国的8.6%。大部分成矿带的主要矿床类型为古风化壳沉积型,如江南隆起西段成矿区、湘中-桂中北(坳陷)成矿区等;雷州半岛-琼北成矿区、桂中成矿区的主要成矿类型为红土型。

第三节 铝土矿的矿物组成

按岩石学定义,铝土矿是铝矿物和铝硅酸盐矿物(黏土矿物)复合的岩石(高振昕等,2014)。铝土矿的矿物颗粒很小(一般1~10μm),是众多细小矿物的混合体,它们经常与铁的氧化物和氢氧化物如赤铁矿、针铁矿等伴生,另外还伴有锐钛矿、高岭石、多水高岭土、绿泥石、伊利石等矿物。在铝土矿中还时常见到铁、钙、镁、铝的碳酸盐及铁的硫化物、铝的硫酸盐及刚玉、金红石、板钛矿、榍石以及一些少见的氢氧化物(王恩孚,1984)。

铝土矿中最重要的矿物是铝的氢氧化物,包括一水硬铝石(硬水铝石)、一水软铝石(勃姆石)和三水铝石。

一、一水硬铝石(硬水铝石)

一水硬铝石,化学式为 AlO(OH) 或 $Al_2O_3 \cdot H_2O$,含有85%的 Al_2O_3 和15%的 H_2O,斜方晶系双锥体类,晶体结构类似于针铁矿,结晶完好者平行于c轴发育成柱状、针状,或平行于b轴沿(010)面发育成板状、鳞片状(张文婷,2012)。在光学显微镜下,可观察到粒状、片状晶形,但因晶体细小且折射率高通常呈微晶(隐晶质)结构(图12-2;高振昕等,2014)。

一水硬铝石晶粒大小一般集中在1~50μm之间,理论密度3.48g/cm³,晶体形状取决于沉积环境(高振昕,1957)。单偏光镜下多色性明显,N_g=黄绿、蓝绿,N_p=浅红色,N_m=无色,正中突起。正交偏光下干涉色Ⅲ级蓝绿,二轴晶正光性,光轴面平行(010),斜消光(张文婷,2012)。

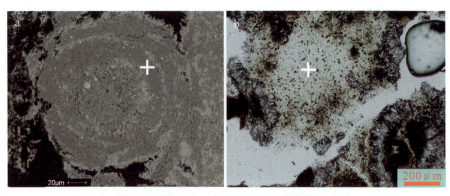

图12-2 黔北地区铝土矿一水硬铝石的显微特征(据崔滔,2013)

a. 隐晶质的一水硬铝石(黑色核心及同心层),浅灰色同心层为绿泥石,SEM,ZK14504-2,取样深度469.6m;b. 结晶的一水硬铝石,单偏光,ZK802-3,取样深度151.1m

一水硬铝石常见的颜色有 4 种：无色、灰色（图 12-2）、棕黑色、褐色。色调浅，透明度高，折射率低。不同色调的一水硬铝石与其所含的铁钛杂质含量及其成因环境密切相关（图 12-3）。一水硬铝石物理光学性质与杂质含量的关系见表 12-3。

图 12-3　一水硬铝石颜色变化的制约要素

表 12-3　一水硬铝石物理光学性质与杂质含量的关系（据廖士范等，1991）

颜色	折射率 N	电子探针分析	
		Ti(%)	Fe(%)
红褐色	1.745 0	4.27	0.84
淡褐色	1.723 0	0.85	0.37
浅灰色	1.710 0	0	0.60
无色透明	1.703 4	0	0

一水硬铝石按其结晶形态可分为胶状一水硬铝石、晶粒状一水硬铝石、自形针柱状一水硬铝石 3 种类型。

1.胶状一水硬铝石

在薄片中几乎难以辨认出独立的矿物颗粒，呈暗灰或深灰色，内部结构均一，粒径<1μm，呈胶状集合体产出，其表面可见胶体陈化脱水的龟裂纹（廖士范等，1991）。因混杂有较多黏土质、有机碳等杂质，其光学性质难以测定（王恩孚等，1984）。据电子探针分析，胶状一水硬铝石的化学成分变化较大，Al_2O_3 含量 70%～80%，SiO_2 含量 9%～15%，FeO 和 TiO_2 含量仅 1%～3%。经成岩及后生作用，胶状一水硬铝石可重结晶形成隐晶—微晶集合体，为豆（鲕）粒及碎屑铝土矿的主要成分，或呈基质及胶结物产出（廖士范等，1991）。

2.晶粒状一水硬铝石

晶粒状一水硬铝石由于所含杂质不等，具有多种色调，透明度差，常见灰色、黄灰色。粒径 0.005～0.025mm，高突起看不到解理纹，折射率 N_m＝1.712～1.743，干涉色 Ⅱ—Ⅲ 级，二轴晶正光性（刘克云，1989）。

晶粒状一水硬铝石按粒度又可分为：隐晶粒状，粒径为 1～5μm；微晶粒状，粒径为 5～100μm；细晶粒状，粒径＞100μm，呈半自形—他形粒状、板柱状、叶片状。晶粒状一水硬铝石被认为是重结晶作用的产物，其粒度变化较大。结晶粒度受多种因素控制，例如地质构造稳定地区比断裂、褶皱发育地区的粒度细（廖士范等，1991）。

3.自形针柱状一水硬铝石

自形针柱状一水硬铝石呈无色、浅灰色，纯净无杂质或含较少的杂质，常为无色透明的晶体,呈柱状、针状、板形自形晶(图12-4)。柱状体长宽比为3~3.5,板状体的长宽比约为2,晶面常有解理纹,粒径0.01~0.05mm,板状晶体粒度较大,少数可达0.25mm,高突起,平行消光,无延性,折射率$N_m=1.705$,干涉色为Ⅲ级绿、Ⅲ级蓝—Ⅲ级红,二轴晶,正光性。主要组成土状铝土矿石,在矿石的晶洞、裂隙中常有其充填(刘克云,1989)。常与次生高岭石、绿泥石伴生,有的充填于黄铁矿假象晶形中,个别呈自形晶包含于重晶石、叶蜡石、菱铁矿中。自形针柱状一水硬铝石在矿石中含量甚微,仅具次要意义(廖士范等,1991)。

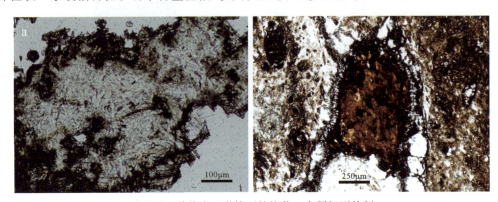

图12-4 单偏光显微镜下针柱状一水硬铝石特征

a.一水硬铝石在孔隙中重结晶,呈柱状,正交偏光下呈淡蓝偏红色,糙面显著,正高突起;b.一水硬铝石在孔隙中以良好的结晶形态出现,呈长柱状,孔隙中的一水硬铝石为成岩期重结晶形成

二、一水软铝石(勃姆石)

一水软铝石是德国物理学家勃姆用伦琴射线研究铝和铁的氢氧化物时发现的,为纪念该矿物的最早发现者将其改名为勃姆石。

一水软铝石的化学式和相对分子质量与一水硬铝石相同,即化学式为AlO(OH)或$Al_2O_3 \cdot H_2O$。一水软铝石是一水硬铝石的同质异相体,其晶体形态多种多样,有菱面体、梭状、柱状、针状、微纤维状和六角板状,属于斜方晶系,斜方双锥晶类(王恩孚,1984)。其晶胞体积比一水硬铝石大些,理论密度为$3.07g/cm^3$,小于一水硬铝石。当晶体很大时,可根据折射率和双折射率差异区别一水软铝石与一水硬铝石,前者的折射率$N_m=1.661~1.646$,$N_g-N_p=0.015$,后者的折射率为$N_m=1.712~1.743$,$N_g-N_p=0.052$。一水软铝石微细,当与高岭石均匀地混生在一起时,两者很难分辨(高振昕,2014)。

一水软铝石矿物常为无色或白色,当有混合物时为浅黄色、粉红色或浅绿色(王恩孚,1984)。原生勃姆石常含Fe、Ti、Cr、Ga等类质同象而呈浅黄、粉红、棕黑色。在铝土矿中,一水软铝石常与赤铁矿、针铁矿、三水铝石、一水硬铝石、绿泥石伴生。显微镜下无色,干涉色可达二级中。矿石中一水软铝石呈隐晶状、显微鳞片状等(图12-5),集合体多呈线纹状、条纹状等与铁质条纹相间排列,常与含量较多的高岭石伴生,分布在鲕粒之间或混杂于一水硬铝石粒间,由于不同程度地被铁质浸染,表面呈褐色的云雾状。多见于致密铝土矿、黏土岩、豆鲕粒状铝土矿中。一水软铝石集合体粒径大小为0.01~0.03mm。一般在矿石中含量较少或不含(张文婷,2012)。一水软铝石在我国古风化壳型铝土矿中分布普遍,并具有多种产出状态。如碎屑状、豆状、鲕粒状、胶状集合体等(廖士范等,1991)。

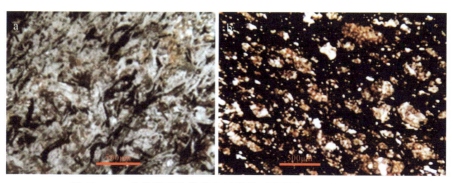

图12-5 一水软铝石在单偏光显微镜下的特征(据张文婷,2012)

a.一水软铝石呈隐晶—显微鳞片状,无色,集合体多呈不均匀堆状、片状等零散分布,局部见集合体呈团块状;b.一水软铝石集合体呈似透镜状

三、三水铝石

三水铝石,化学式为$Al_2O_3·3H_2O$,又名水铝氧石或氢氧铝石,是以矿物收藏家吉布斯(Gibbs)的姓氏命名的,于1822年在耶鲁大学公布。

三水铝石属于单斜晶系(高振昕,2014),柱状晶体,常沿(100)和(110)形成双晶,多呈假六方形板柱状,(001)解理完全,常有Ti、Si、Fe、Ga等类质同象混入,理论密度为$2.44g/cm^3$。矿石中三水铝石呈浅褐黄色、灰白色,呈细鳞片状的集合体产出,多分布在一水硬铝石团粒的粒间、间隙,或沿矿石孔洞、裂隙分布。三水铝石一般为隐晶—微晶粒状,部分呈<$1\mu m$的胶状集合体。三水铝石集合体粒径在0.04mm左右,单体粒径在0.001~0.005mm之间(张文婷,2012)。

三水铝石是组成红土型铝土矿以及红土-沉积型铝土矿的主要物质。它常与赤铁矿、针铁矿、白钛矿、高岭石、多水高岭石以及一水软铝石共生(图12-6)。它是由硅酸盐岩在炎热潮湿气候条件下风化形成。自然界中,三水铝石常常被高岭石、菱铁矿、黄铁矿、方解石及绿泥石交代(王恩孚,1984)。

图12-6 三水铝石的显微照片(据刘长龄,1992)

a.三水铝石呈蠕状晶体(正交偏光,×100),广西,堆积型铝土矿;b.三水铝石(浅色)与针铁矿(暗色)呈分凝结构(单偏光,×40)广西,堆积型铝土矿;c.次生三水铝石在裂隙中呈脉状充填,晶体垂直脉壁(正交偏光,×40)广西,堆积型铝土矿

第四节 铝土矿的结构和自然类型

铝土矿的结构和自然类型不仅反映了矿石的基本地质特征,而且还具有重要的沉积成因信息,同时地质学者们对铝土矿品质评价也具有重要意义。

一、铝土矿的结构

铝土矿的结构是指铝土矿矿物与岩石颗粒的形态和大小,以及它们的聚集方式、相对位置和排列形式等特征(杜远生等,2015)。铝土矿矿石的结构构造与铝土矿成因有着重要的联系,对结构构造的分析是铝土矿成因与沉积环境研究的基础。

铝土矿的结构极其复杂,常见的结构有泥状结构、碎屑结构、豆鲕结构、隐晶质结构、假隐晶质结构、凝胶状结构、残余结构、丸子状结构、熔渣状结构、粉砂状结构、砂粒状结构、细砾状结构、卵石状结构、豆状-碎屑状结构、角砾状结构、管状结构等(杜远生等,2015)。以下对最为常见的泥状结构、碎屑结构、豆鲕结构和隐晶结构进行简要介绍。

1.泥状结构

泥状结构是铝土矿中的常见结构,多出现于致密状与半土状铝土矿中,碎屑与豆鲕状铝土矿基质中亦常见。泥状结构是半土状铝土矿最重要的结构,半土状铝土矿手标本中一般难见其他结构。致密状铝土矿中除含少量杂质外,其余多为泥状高岭石或绿泥石基质(图12-7a),镜下可见高岭石与绿泥石混合基质(图12-7b)(崔滔,2013)。

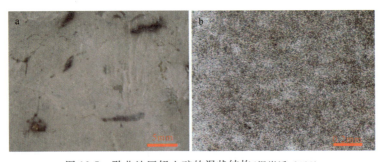

图12-7 黔北地区铝土矿的泥状结构(据崔滔,2013)
a.岩心手标本,ZK2112-1;b.泥状结构,单偏光,ZK14504-1

2.碎屑结构

碎屑结构包括角砾、砾屑、砂屑。粗碎屑结构是沉积型铝土矿的固有特征。铝土矿的碎屑通常缺乏分选性,粗碎屑颗粒与细碎屑混合堆积在一起(图12-8)。碎屑颗粒成分多样,常见的有高岭石、绿泥石、伊利石、锆石、锐钛矿颗粒、自生的黄铁矿颗粒(崔滔,2013)。

3.豆鲕结构

鲕状结构为豆粒、鲕粒的核心与同心层状结构的总称,这类结构含有团粒、豆石或鲕石(图12-9),其分布可能是致密的、稀疏的、均匀的、密集的、不规则的和成层的。这种结构为红土所特有,但在沉积铝土矿中也可见到(王恩孚,1994)。

4.隐晶结构

由粒径为$(0.1\sim4)\times10^{-3}$mm的矿物组成,由于同时晶出或由胶体重结晶,故晶形不太规则(图12-10)。该结构在铝土矿中分布最为广泛,主要矿物为有机质浸染的一水硬铝石,多呈浅棕黄色,也有因铁质浸染呈暗绿色或褐黄色(刘长龄,1992)。

图 12-8　黔北地区铝土矿的碎屑结构(据崔滔,2013)

a.泥砾,边缘较柔和,ZK111-7-8;b.碎屑边缘次棱角状—次圆状,颜色杂乱,分选较差,ZK29-1-4;
c.泥砾,形状不规则,ZK43-2-8;d.多种碎屑混合,并含少量豆鲕,分选较差,基质含量低,ZK6208-8

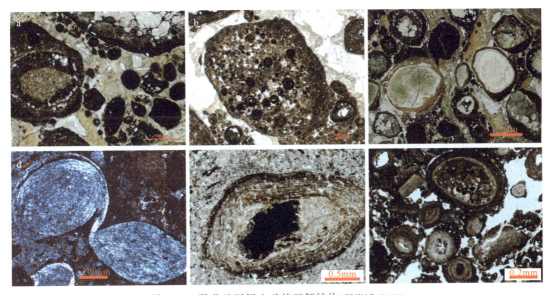

图 12-9　黔北地区铝土矿的豆鲕结构(据崔滔,2013)

a.各种粒径鲕粒混杂;b.复鲕,单偏光,ZK14504-2,530.8m;c.表皮鲕,外部为一薄的圈层,内部为粗大碎屑;
d.连生鲕,鲕粒同心层相连,鲕粒成分为高岭石,单偏光,ZK2104-1-9,520.1m;e.鲕粒圈层发育、核心成分不
均一,有被压实的痕迹,ZK15304-11;f.正常鲕、鲕粒碎片、以破碎鲕为核心重新成鲕三者共存,ZK14504-2

5.其他结构

除上述常见的 4 种结构外,铝土矿中还存在铝凝胶结构、管状结构、似叠层石结构等。
铝土矿是一种胶体系统,所以凝胶结构较为普遍,胶体凝结可形成鲕粒,但亦可形成类似

图 12-10　铝土矿的隐晶结构(据孙思磊,2011)

叠层石的形状,凝胶成分不仅有铝的氢氧化物与黏土矿物,还常夹有赤铁矿(图 12-11a、b),典型的铝凝胶具有带状构造(王恩孚,1994)。

管状结构是垂直的和倾斜的不规则小管,向下分枝和变窄(图 12-11c、d)。管中空,但常为黏土或铝土矿所充填。这种结构可能是在红土化条件向气候更湿润的方向变化时形成的(王恩孚,1994),或者是铝土矿床就位后继续在潜水面以上渗流带中红土化所致(廖士范等,1991)。

铝土矿可见类似叠层石的结构(图 12-11e),其形成亦与胶体作用有关。

此外,在铝土矿中亦可见垂向淋滤形成倒喇叭形孔(图 12-11f),孔隙内部被一水硬铝石充填。

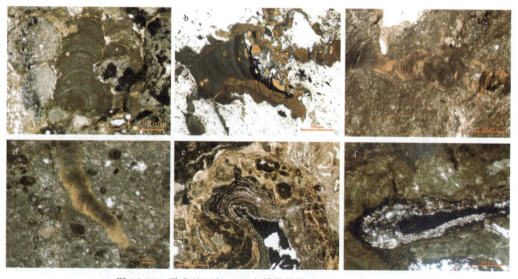

图 12-11　黔北地区铝土矿中其他结构类型(据崔滔,2013)

a.铝凝胶结构,褐色物质为赤铁矿,ZK5604-2;b.铝凝胶结构,ZK3402-15;c.管状结构,是淋滤渗流作用的证据,管中为赤铁矿铝土矿,ZK7-2-8;d.管状结构,ZK7-2-8;e.似叠层石结构,ZK14504-1;f.垂向淋滤孔,亮色部分为一水硬铝石充填,ZK3402-9

二、铝土矿的自然类型

铝土矿中普遍缺乏沉积构造与古生物化石,且铝土矿多由铝土矿物与黏土矿物组成,缺乏石英与长石等矿物,常规沉积学方法难以对铝土矿形成环境等问题进行研究,而铝土矿的自然类型能反映其形成环境,同时反映矿石品质与矿石类型,因此对铝土矿自然类型的划分是铝土矿研究的基础。

铝土矿的自然类型是在自然状态下,依据铝土矿矿石的结构、构造等肉眼可见的宏观特征以及铝土矿矿物组成的差异,不同学者对相同或不同地区的铝土矿自然类型有多种划分方法。吴国炎和姚松一(1998)将河南铝土矿石分为10类:层纹状、致密块状、粗糙状、鲕状、豆状、细碎屑状、粗碎屑状、斑块状、多孔状、土状岩(矿)石。金中国(2009)将务正道地区铝土矿分为土状、半土状、块状、碎屑状、豆状岩(矿)石。殷科华(2009)将务正道铝土矿分为碎屑状、半土状、致密状、豆鲕状岩(矿)石。Karadag(2008)将土耳其Mortas铝土矿亦分为致密状、半土状、碎屑状、豆鲕状4种类型。

铝土矿在结构上有一些共同点:豆鲕粒是铝土矿中十分常见的结构;光滑致密的块状岩石是铝土矿的重要类型;许多铝土矿中,尤其是沉积型铝土矿中可见大量的粗碎屑颗粒;结构疏松粗糙的半土状、土状、粗糙状铝土矿是铝土矿中品位较高的类型。铝土矿岩(矿)石的分类虽然不完全统一,但一般不脱离上述4种类型,只是名称说法有差异或某类型岩(矿)石内部再细分。以下将对致密状、半土状、碎屑状、豆鲕状4种自然类型进行详细介绍。

1. 致密状铝土矿

致密状铝土矿具泥质结构,坚硬光滑,孔隙度小,反映其未经过后期强烈的改造作用。致密状铝土矿的成矿物质为红土化后的成矿物质以悬浮方式搬运再机械沉积,指示低能的沉积环境。颜色上主要以灰色、浅灰色、灰绿色、灰黑色、褐灰色为主(图12-12a、b),部分致密状结构的铝土矿(岩)中可见少量碎屑及鲕粒存在(图12-12c、d)。

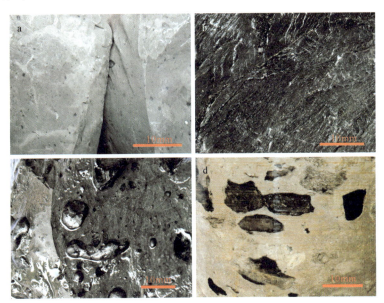

图12-12　黔北地区致密状铝土岩(矿)自然类型(据崔滔,2013)

a.浅灰色致密状铝土岩,光滑致密,ZK6504;b.灰绿色致密状铝土岩,光滑致密,ZK602-1;c.灰色含碎屑致密状铝土岩,含多种类型碎屑,ZK14904-23;d.土黄色含碎屑致密状铝土矿,含多种类型碎屑,ZK7-2-8,198m

2. 半土状铝土矿

半土状铝土矿性质比较接近,颜色为浅灰色偏白色(图12-13),有时偏土黄色,半土状铝土矿的结构与其余3种类型的铝土矿差异十分明显,结构疏松粗糙,孔隙度大,可用手直接掰散,有时可见残余的豆鲕、碎屑等结构。

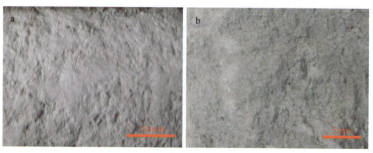

图 12-13　黔北地区半土状铝土岩(矿)自然类型(据崔滔,2013)
a.ZK288-16;b.ZK402

3.碎屑状铝土矿

碎屑状铝土矿以具明显的粗碎屑为特征,依据碎屑颗粒的磨圆、粒径可将碎屑状铝土矿分为角砾状(图12-14a)、砾屑状(图12-14b、c)、砂屑状(图12-14d)三大类铝土矿。其颜色多以灰色、浅灰色、灰绿色、深灰色为主。部分碎屑状铝土矿也含有少量的豆鲕。

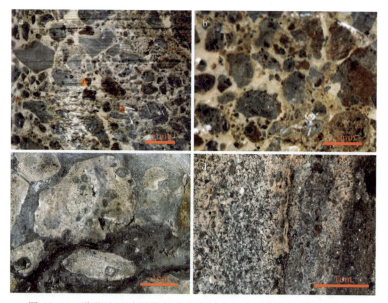

图 12-14　黔北地区碎屑状铝土岩(矿)自然类型划分(据崔滔,2013)
a.角砾状,ZK13712-1-4;b.砾屑状,ZK13712-1-4;c.砾屑状,ZK29-1-4;d.砂屑状,ZK7-2-12

4.豆鲕状铝土矿

豆鲕结构是铝土矿中的常见结构。鲕粒成分以一水硬铝石与黏土矿物(绿泥石、高岭石、伊利石等)为主,并有部分为黄铁矿、褐铁矿、赤铁矿、碳质、硅质。据此,可将鲕粒分为铝土质鲕粒与非铝土质鲕粒。

铝土质鲕粒岩一般为灰色,部分鲕粒因含有赤铁矿而呈褐红色—褐黄色(图12-15a、b),有的鲕粒因后期风化而呈土黄色(图12-15c)。部分铝土矿(岩)的鲕粒存在明显的粒径差异,且粒径较大的鲕粒多为表皮鲕,圈层不发育,部分只具有鲕粒雏形。而粒径较小的鲕粒则常发育较为完整的圈层结构,由核心往外,形状逐渐变圆滑(图 12-15d)。

非铝土质的鲕粒有赤铁矿鲕粒与黄铁矿鲕粒等类型。赤铁矿鲕粒形成模式应当与铝土质鲕粒成因相似,只因赤铁矿为其主要成分而显暗红色(图 12-16a~c)。黄铁矿鲕粒的形成则是成岩过程中黄铁矿对铝土质鲕粒交代的结果(图 12-16d)。

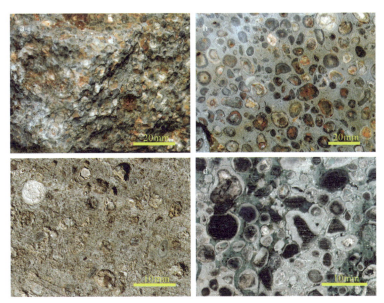

图 12-15 黔北地区豆鲕状铝土岩(矿)自然类型(据崔滔,2013)

a.褐灰色鲕状铝土岩(矿),因含铁质而局部显红色,TC204;b.样品 a 的抛光面特征,TC204;c.土黄色鲕状铝土岩(矿),品位较高,后期改造强烈,鲕粒仅剩残余结构,ZK288-16-2;d.浅灰绿色鲕状铝土岩,ZK2429-3

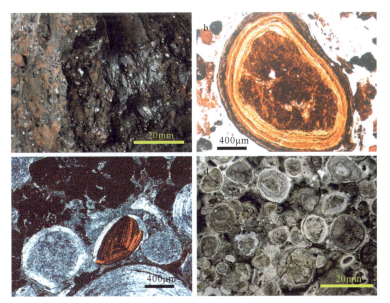

图 12-16 黔北地区含矿层中的非铝土质的鲕粒(据崔滔,2013)

a.鲕状赤铁矿,ZK2104-1-5;b.发育较完整的赤铁矿鲕粒,核心较大,同心层薄,单偏光,ZK2104-1-5,517.3m;c.破碎的赤铁矿鲕粒重新成鲕,正交偏光,ZK2104-1-9,520.1m;d.鲕状铝土岩,部分鲕粒被黄铁矿交代,ZK8104-1

第五节　典型矿床实例

我国最典型的铝土矿床有两处：一处发育于华北克拉通的碳酸盐岩背景上，即本溪组铝土矿，其发现和利用较早，研究较为充分；另一处则位于华南，是新近发现的黔北务川—正安—道真（简称务正道）地区铝土矿成矿带，具有巨大的资源量（杜远生等，2015）。

一、黔北务正道铝土矿

黔北务正道铝土矿成矿带位于黔中古陆北缘、上扬子地块东南部，是西南地区的一个重要铝土矿成矿带（杜远生等，2015）。务正道地区铝土矿成矿带褶皱发育，常以复式背向斜形式出现，以北北东向和北东向构造为主，西部发育有南北向构造。铝土矿的分布受道真、大塘、鹿池-栗园、桃源、安场、浣溪、新模、张家院 8 个向斜控制（崔滔，2013；杜远生等，2015）（图 12-17）。

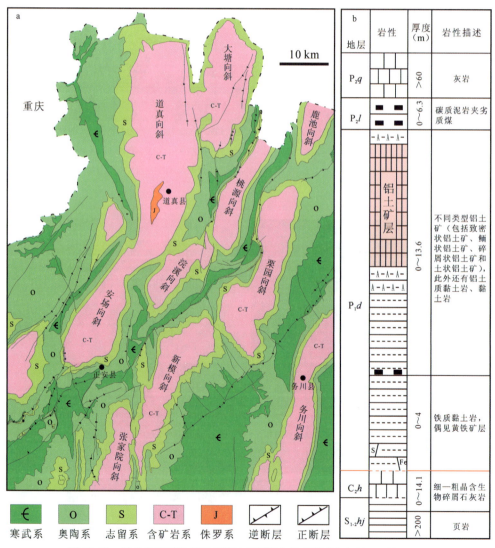

图 12-17　黔北务正道地区地质图（a）和综合柱状图（b）（据杜远生等，2015）

务正道地区铝土矿成矿带内全为沉积岩。区域内除缺失泥盆系及下石炭统以外,自寒武系至侏罗系均有分布,沉积厚度最大达8951m(张雄华等,2013),其中以下古生界出露最广(图12-18)。铝土矿的成矿时代为早二叠世,赋矿层位为大竹园组(P_1d),呈层状产出,产状与围岩一致,矿体连续性好(杜远生等,2015),铝土矿上覆地层为中二叠统梁山组(P_2l)和栖霞组(P_2q),下伏地层为中下志留统韩家店组($S_{1-2}hj$)及断续分布的上石炭统黄龙组(C_2h)(金中国等,2013)。含矿岩系底部可见不超过1m的铁质风化壳,含矿岩系由黏土岩与铝土矿组成,黏土岩为块状构造、缺乏层理与古生物化石(图12-18),局部有黑色碳质泥岩或劣质煤夹层。

图12-18 黔北务正道地区安场向斜铝土矿露头TC413剖面(据崔滔,2013)

P_1d-1.杂色致密块状铝土岩(未见底);P_1d-2.浅灰色夹砖红色致密块状含碎屑与少量豆鲕铝土矿;

P_1d-3.浅灰色夹砖红色致密块状含碎屑铝土岩;P_2l.黑色碳质黏土岩(未见顶)

(一)矿床地质特征

黔北务正道地区铝土矿的形成发育与湿热古气候条件下的风化作用以及沉积环境密切相关,所以无论是铝土矿的矿石类型与分布规律,还是矿石矿物和地球化学等矿床地质特征,均与成矿环境密切相关。

1.矿石空间分布规律与环境信息

黔北务正道地区铝土矿(岩)可分成4种自然类型:致密状、半土状、碎屑状、豆鲕状。系列的统计和编图发现,4种矿石类型在以向斜为单位的较小范围内是可以对比的,但是在整个研究区却表现出了明显的分异性和互补性。其中,致密状铝土矿(岩)厚度为0~6m,分布范围最广,可对比性较强,总体呈"U"形、具有由南向北逐渐变厚的分布特点(图12-19a)。碎屑状铝土矿(岩)、豆鲕状铝土矿(岩)和半土状铝土矿(岩)的厚度分别为>4.5m、0~2m、0~3m。它们最为显著的特征是其分布规律恰恰与致密状铝土矿(岩)相反,均呈现出零星的串珠状、半环带状、不规则地分布于致密状铝土矿(岩)"U"形的外围,从而形成了良好的镶嵌互补关系(图12-19b~d)。

在含矿岩系剖面上,黔北务正道地区铝土矿赋存于志留系泥页岩或石炭系黄龙组灰岩之上。含矿岩系底部多为致密状铝土岩,往上随一水硬铝石矿物的增多逐渐变为达工业品位的铝土矿,顶部铝土矿品位有所下降,但通常仍高于下部。由底部至顶部,铝的含量呈低—高—次高的变化,具半土、碎屑、豆鲕状结构的铝土矿(岩)多位于中上部(图12-20)。

铝土矿不同类型矿石的空间分布规律与相互配置关系特征表明,黔北务正道地区铝土矿为沉积型成因矿床,这可能与晚石炭世至早二叠世上扬子古陆边缘的局限潟湖、海湾(半封闭海湾)相关。

2.矿石矿物地球化学特征

黔北务正道地区铝土矿的主要成分为一水硬铝石与高岭石、绿泥石、伊利石等黏土矿物,可见少量锐钛矿、锆石、金红石、黄铁矿等重矿物,含极少量石英与长石。铝土矿层的垂向二元结构明显,通常下部以黏土矿物为主,一水硬铝石含量5%~40%,黏土矿物含量最高可达95%;中上部一水硬铝石含量40%~95%,其余主要为高岭石、绿泥石、伊利石等黏土矿物,达到工业品位的铝土矿多集中于此段。

铝土矿常量元素主要为 Al_2O_3(26.13%~75.16%)、SiO_2(4.52%~44.46%)、Fe_2O_3(0.77%~27.67%)、TiO_2(1.05%~5.24%),这些元素分布范围较宽,碱性元素含量较低且变化较大(0.01%~4.77%)。Al_2O_3与SiO_2、Fe_2O_3呈负相关,Al_2O_3与TiO_2呈正相关,表明铝土矿的成矿过程是一个Al、Ti富集而Si、Fe流失的过程。

铝土矿中Zr、Cr、V、Li等微量元素富集,Zr、Hf、Nb、Ta、Cr具有相似的变化规律,平面上由北往南含量逐步增加,垂向上自下而上含量逐步增高。Zr、Cr、Nb含量相对较高,Zr值最高达1835×10^{-6},Cr、V、Li值几乎全都在150×10^{-6}之上,Hf与Ta含量相对较低,Ni较为独特(平面与垂向上含量变化规律与其余元素相反,且各样品中Ni含量差异极大)。

铝土矿的LREE、HREE、ΣREE范围分别为$(18.49\sim993.6)\times10^{-6}$、$(12.7\sim47.3)\times10^{-6}$和$(38\sim1040.9)\times10^{-6}$,平均值分别为$198.82\times10^{-6}$、$26.3\times10^{-6}$和$225.1\times10^{-6}$,垂向上自下而上LREE、HREE、ΣREE整体均呈降低的趋势,LREE变化幅度较大,HREE变化幅度较小,样品中Ce的正异常明显(崔涛,2013)。

3.矿石的环境地球化学特征

对黔北务正道地区铝土矿样品的系统测试发现,含矿层B元素为$(41\sim230)\times10^{-6}$,在垂向上具有两个规律性增高的演化趋势(图12-21)。大部分致密状铝土矿(岩)样品的Sr/Ba介于1~2之间。铝土矿(岩)V/Zr比值多在0.3~0.7之间。

上述参数均反映了黔北务正道地区铝土矿的沉积环境受到了海水影响,但是各项指标又没有出现异常的超高盐度,因此研究区铝土矿总体的沉积环境应该为过渡相-海相环境。

4.铝土矿形成环境恢复

针对铝土矿的特点,主要根据铝土矿矿石类型的空间分布规律及其相互配置关系、矿石矿物组合、元素地球化学等特征,结合研究区早二叠世古地理背景,杜远生研究团队对研究区铝土矿形成发育的沉积体系域进行了恢复,认为黔北务正道铝土矿形成于一种较为特殊的海陆交互相环境,此期的铝土矿沉积盆地可分为半封闭海湾、高能浅滩-滨岸湿地、近岸平原3部分,半封闭海湾为长期受海水淹没的地区,难以形成高品位的铝土矿,滨岸湿地受海平面变化影响明显,时而暴露时而淹没,是形成高品位铝土矿的有利地区(图12-22)。

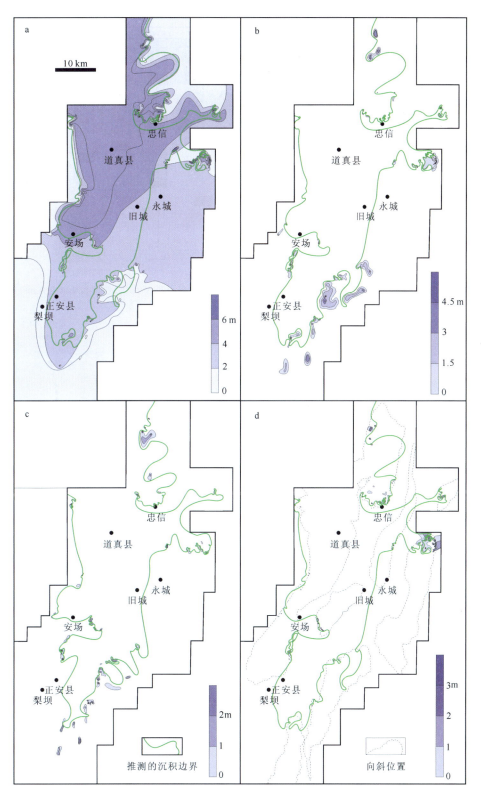

图 12-19 黔北务正道地区 4 种不同自然类型的铝土矿(岩)厚度空间分布规律(据杜远生等,2015)
a.致密状铝土岩;b.碎屑状铝土岩;c.豆鲕状铝土岩;d.半土状铝土岩

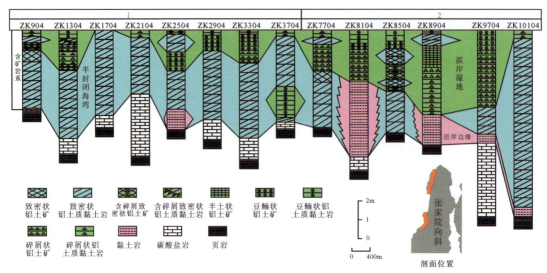

图 12-20　黔北务正道地区张家院向斜含矿岩系及铝土矿矿石类型对比剖面(据杜远生等,2015)

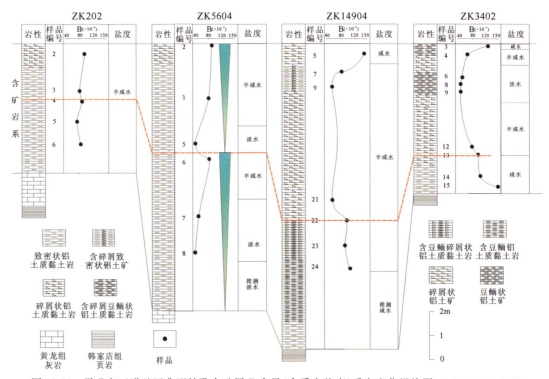

图 12-21　黔北务正道地区典型钻孔含矿层 B 含量(介质古盐度)垂向变化规律图(据崔滔,2013 修改)

(二)矿床形成条件

1.有利的成矿背景

区域构造及地史演化研究表明(贵州省地质矿产局,1987),黔北地区在寒武纪—中志留世为长期接受沉积物的沉降区,沉积了分布范围广、厚度大的富铝硅酸盐岩。志留纪末加里东运动的强烈隆升作用使该区乃至贵州整体隆升为陆,遭受剥蚀。之后,泥盆纪与石炭纪之

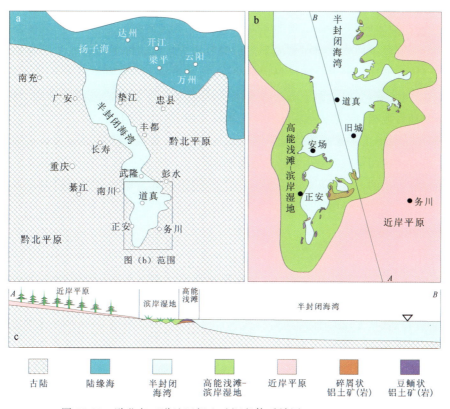

图 12-22 黔北务正道地区铝土矿沉积体系域图(据杜远生等,2015)
a. 早二叠世紫松期—隆林期古地理图;b. 铝土矿沉积体系域图;c. 沉积体系域剖面图

间的紫云运动(海西早期)、石炭纪与二叠纪之间的黔桂运动(海西晚期)加速了研究区的隆起速率,使研究区中志留世晚期—石炭纪为长期的风化剥蚀、夷平期,为铝土矿成矿准备了充足的时间和丰富的物源(杜远生等,2015)。

2.有利的气候条件

气候是控制铝土矿矿化强度和深度的主要因素之一,全球的铝土矿大都分布在气候炎热、潮湿多雨的亚热带—热带气候条件下,是风化作用的产物。贵州遵义、道真铝土矿位于北纬 8.2°(廖士范等,1989),刘巽锋等(1990)根据该区一水硬铝石及高岭石的氧同位素地质计温,铝土矿风化成矿的年平均气温为 33.4~40.1℃,属赤道附近低纬度的古海洋热带。在炎热潮湿、雨量充沛、植物发育的气候条件下,大量的微生物和有机质分解而产生的 CO_2、H_2S 和有机酸,使水介质的 pH 与 Eh 受到很大的变动,从而使岩石遭受强烈的风化,加之研究区地壳相对稳定,适宜风化作用的进行,有利于岩溶作用的发生和发展,促使富铝质的风化物在适宜的环境中重新迁移富集,有利于铝土矿的形成(黄智龙等,2014)。

3.有利的岩相古地理环境和岩相组合

由于研究区隆起相对黔中古陆晚,在黔北—渝南地区形成东、西、南三面环山的古地貌和南高、北低,向北开口的古侵蚀斜坡地势。其雨量充沛、水系发育,有利于地表水通过径流、冲刷作用,从而将风化残积物从高处向低洼处搬运、迁移至沉积盆地,在还原、弱酸的水体条件下再沉积分异成矿(杜远生等,2015)。

岩相特征研究表明,在石炭系黄龙组灰岩或志留系韩家店组泥岩、页岩不整合面之上形成的含矿岩系,首先以冲积平原相形成下部绿泥石岩含矿层。绿泥石岩在填平补齐侵蚀面上的溶蚀洼地后,在低洼的汇水盆地区形成滨浅湖,沉积形成了中部的铝土矿或铝土岩含矿层。中二叠世梁山组晚期,区内全面下降被海水淹没,广泛形成了顶部的滨海沼泽相(梁山组碳质页岩)及中晚期台地相(栖霞组—茅口组碳酸盐岩)沉积物(杜远生等,2015)。

古地形地貌与铝土矿成矿及矿层厚度变化关系密切,在相对低洼地段含矿岩系地层及矿体厚度大,矿石质量相对较好,在凸起的地段相对较差。研究区常见在岩溶起伏面凹陷的部位,铝土矿含矿岩系的厚度是正常层位的4~7倍,说明岩溶古地貌对铝土矿含矿岩系的地层厚度有明显的控制作用(金中国等,2013)。

4.丰富的成矿物源

黔北务正道铝土矿中的锆石年龄谱与韩家店群页岩中的锆石年龄谱基本一致,证明韩家店群页岩是铝土矿的物源之一。Cr-Ni图解指示含矿层主要由铝硅酸盐岩及碳酸盐岩提供物源,还含有部分可能来自盆地边缘的玄武岩等岩浆岩物源。Zr-Hf与Nb-Ta图解上铝土矿与韩家店群页岩、黄龙组灰岩样品均呈线性相关,进一步佐证了上述的矿质来源(杜远生等,2015)。

黄龙组灰岩含铝低且厚度小,难以提供大量成矿物质。韩家店群页岩含铝高且厚度大,可提供大量成矿物质。Zr、Hf与Nb、Ta相关性图解,也表明韩家店群页岩与铝土矿亲缘关系较黄龙组灰岩更接近,玄武岩等岩浆岩仅提供少量成矿物质,所以韩家店群页岩为铝土矿的主要物源(杜远生等,2015)。

(三)成矿模式

黔北务正道地区早二叠世铝土矿的控矿地质作用,表现为沉积古地理控制了含矿岩系的分布和厚度,决定了暴露淋滤区的范围,准同生及后生的淋滤作用控制了铝土矿的品质和分布,在此基础上建立了动态的铝土矿成矿模式(图12-23)。

晚石炭世后期,黔北准平原受大规模海退影响而暴露,形成上石炭统黄龙组和下二叠统大竹园组之间的平行不整合,部分地区黄龙组被剥蚀殆尽形成大竹园组与志留系韩家店组之间的平行不整合。由于该区处于热带干湿相间的气候条件,长期的风化作用形成黄龙组风化的钙红土和韩家店组的红土,为早二叠世的铝土矿准备了充足的物源。

早二叠世冰期—间冰期引起研究区大规模的海侵海退。在间冰期海侵期,全区红土、钙红土被淹没。在冰期海退期,滨岸平原乃至黔北平原的红土、钙红土向半封闭海湾方向搬运,形成含矿岩系。冰期的气候变化(小冰期)也引起高水位和低水位的差别。在高水位期,滨岸湿地被淹没,滨岸平原红土、钙红土继续向海湾方向搬运。在低水位期,滨岸湿地形成,并出现准同生期的淋滤作用,导致土状、半土状优质铝土矿的形成(杜远生等,2015)。

早二叠世末期到中二叠世早期,黔北乃至中扬子地区又一次大规模暴露,形成大区域的平行不整合。已经形成的铝土矿和含矿岩系经历了又一次淋滤,但是之后中二叠世海侵形成了梁山组泥质岩和栖霞组灰岩沉积,中断了含矿岩系的发育(杜远生等,2015)。

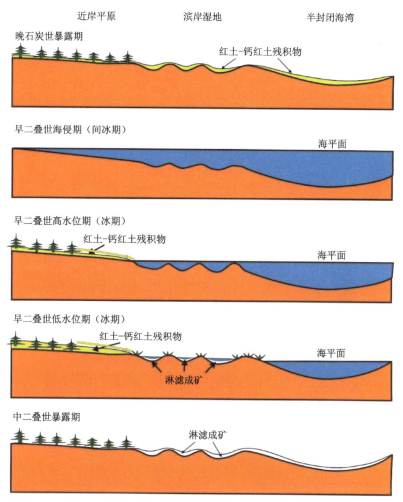

图 12-23 黔北务正道地区早二叠世铝土矿的动态成矿模式（据杜远生等，2015）

二、河南陕县支建铝土矿

华北地区铝土矿资源量巨大，根据中国铝土矿资源潜力评价统计结果，山西、广西和河南铝土矿预测资源量合计约占全国预测总量的90%，其中山西和河南古风化壳沉积型铝土矿资源潜力较大，特别是煤下铝资源丰富（孙莉等，2018；李宛霖等，2019）。现以河南陕县支建铝土矿为例，简要介绍华北地区铝土矿的基本地质特征。

陕县支建铝土矿区是河南省最早发现的大型富铝矿床之一，探明储量达2357多万吨，是华北地区铝土矿的重要组成之一。矿区位于河南省陕县境内，矿区范围东西向从刘家山起，止于庙前后窑，南北向从张上断层起，止于鹿马断层，呈北东-南西向展布。

含矿岩系为本溪组，一般厚20~30m，可分为下、中、上3个岩段，具有铁-铝-煤-铝-黏土层结构。下段主要为铁质页岩，为矿层底板，与下伏地层假整合接触；中段主要由铝土矿和黏土矿组成，局部夹有黏土矿和黏土页岩，铝土矿层在该段的中上部，铝土矿主要为灰色，局部稍带白色、黄色、褐色，呈层状或似层状产出，铝土矿和黏土矿的厚度变化互为消长关系，相变明显；上段主要为黏土页岩，常为灰白色、灰黄色，局部相变为碳质页岩或煤线（河南省陕县支建铝土矿区勘探地质报告,1991;朱东晖等,2012)。

1.矿石类型

河南支建铝土矿的矿石自然类型可划分为致密状、碎屑状、豆鲕状、蜂窝状铝土矿(图12-24),主要含铝矿物为一水硬铝石(黄超勇等,2009)。

(1)致密状铝土矿:为支建铝土矿的主要自然类型,矿石呈灰色、深灰色,个别呈灰白色,致密状结构,块状构造(图12-24a)。

矿物成分主要为一水硬铝石,含量为 40%～90%,其次为高岭石、绿泥石,含量为 10%～50%。

图 12-24　铝土矿的结构构造自然类型(据陈旺,2009)

a.致密状铝土矿(抛光面);b.豆鲕状铝土矿;c.蜂窝状铝土矿;d.碎屑状铝土矿

(2)豆鲕状铝土矿:呈灰色、灰绿色、紫灰色等,豆鲕状结构,块状构造(图12-24b),有的具定向构造。

豆鲕含量10%～15%,最多可达80%,含量比例变化较大,有时以豆为主,构成豆状结构,豆粒大小一般在 2～4mm 之间;有时以鲕粒为主,构成鲕状结构,鲕粒大小为 0.1～2.0mm。常见豆、鲕共存,往往鲕多于豆,构成豆鲕状结构。豆鲕形态主要为椭圆形,少量近圆形,有时强烈挤压后鲕粒为长透镜状,呈平行排列,豆粒的重要特征是龟背石发育,其颗粒粗大,成分复杂,一般由一水硬铝石和少量高岭石及褐铁矿等组成;鲕粒的显著特征为同心层状构造发育,鲕粒的另一特征为大部分鲕粒看不到明显的核心,或根本无核心,仅部分鲕粒可见水铝石、高岭石、绿泥石、褐铁矿等核心。另外还见有少量的复鲕、空心鲕及薄皮鲕等。

(3)碎屑状铝土矿:呈灰色、浅灰色、深灰色,碎屑状结构,块状构造(图12-24d)。碎屑含量30%～50%,最高可达75%。碎屑粒径一般为5～10mm,最大者可达30mm,分选较差。矿石中碎屑的种类多样,形态复杂。

矿石中碎屑可分为刚性碎屑和塑性碎屑两种。刚性碎屑的颗粒轮廓和界线清晰,呈棱角状、次棱角状、次圆状和浑圆状等形态,常由结晶较好的微晶状—水硬铝石组成;塑性碎屑,分布不均匀,形态不规则,边缘不整齐,常呈伸长状、条带状,有的呈脉状、扭曲状等形态,往往呈定向排列,由隐晶状水铝石组成,并含有较多的铁质、有机质,其中经常发育褐色有机质、铁质与隐晶状水铝石相间组成的同心环带状和层带状构造。

2. 矿石结构

矿石主要结构类型有豆鲕状结构、碎屑状结构、致密状结构、蜂窝状结构。

(1)豆鲕状结构:豆鲕颗粒由一水硬铝石组成,以鲕粒为主,鲕粒含量30%以上,豆粒含量一般较少。豆鲕粒呈浑圆、椭圆及扁平状,见有复豆鲕或变形豆鲕。豆鲕中除了一水硬铝石外,尚见有部分铁质、黏土矿物。豆鲕间充填物主要为一水硬铝石,其次为泥质及黏土矿物等。

(2)碎屑状结构:由一水硬铝石构成的各异形状、大小不一的碎屑组成,碎屑含量不等,粒径为0.2~5mm。碎屑可分为砂屑及砾屑两种,砾屑含量极少。碎屑成分为黏土矿物及铝土矿,碎屑间填隙物为黏土矿物高岭石及泥质、铁质等。

(3)致密状结构:矿石中一水硬铝石呈粒状、鳞片状、微晶形式,晶粒间由于重结晶作用而使其边界不十分清楚。其次为黏土矿物、铁和泥质等。铁、泥质含量5%~10%。

(4)蜂窝状结构:由于风化淋滤作用使部分豆鲕或砾屑被淋滤掉,矿石呈现蜂窝状孔洞及针状孔隙(图12-24c)。蜂窝状结构矿石主要分布在铝土矿层的中下部。

3. 成矿模式

加里东运动对石炭纪形成的铁-铝-煤-黏土矿床具有明显的控制作用。中奥陶世末,整个华北地台上升隆起后,经过长期的风化剥蚀,使整个地台区夷为准平原状态,与此同时,也形成了丰富的铝土矿风化壳物质。豫西处于华北板块南部,属华北中—晚古生代巨型聚铝-煤盆地南带的主要组成部分。风化淋滤使得奥陶系和寒武系灰岩表面遭受溶蚀,形成星罗棋布的浅而小的岩溶凹地,风化基面很不平整。自石炭纪至二叠纪,由于地壳分异运动,地台逐渐下降,接受沉积。晚石炭世,豫西的沉积岩相由西南向东北依次可划分为3个岩相区,即滨海-潟湖-沼泽相区、潟湖-海湾-沼泽相区和潟湖-沙坝-海湾相区。晚石炭世生成的含铝岩和铝土矿主要受滨海-潟湖-沼泽相区沉积环境控制。铝土矿分布在古岛周围及靠近古陆的滨海地带,黏土矿则形成于远离海岸的平静海湾环境(李建民等,2008)。

该区古风化壳型铝土矿的形成受三门峡-渑池-新安海盆的控制,早古生代碳酸盐岩经长期风化侵蚀形成黏土风化壳,晚石炭世地壳小幅度的震荡运动致海水时进时退,海侵平静而缓慢,形成海湾潟湖环境(李建民等,2008)。在晚石炭世湿热气候的红土化作用下形成初始铝土矿,在各种外力作用下,搬运至邻近的潟湖中沉积,此后经历了成岩后生和表生作用改造,最终形成了优质富铝矿石(朱东晖,2010)。

第十三章 含铁矿床

含煤岩系中常见的含铁矿物包括赤铁矿、褐铁矿、菱铁矿和黄铁矿,其中前三者是金属矿产铁矿的主要组分,而后者为非金属矿产硫铁矿的主要组成。由于它们均与铁元素相关,而且在自然界可以相互转化:菱铁矿和黄铁矿多形成于还原环境下,在氧化环境下可以转化成赤铁矿和褐铁矿。所以将煤系地层中金属矿产铁矿和非金属矿产硫铁矿统统归纳入含铁矿床,分别介绍它们的特征及成因。

第一节 铁 矿

铁矿是含煤岩系重要的共伴生金属矿产资源,主要用于钢铁工业,还可用作合成氨的催化剂,天然矿物颜料、饲料添加剂和药石,是现代人类社会生存和可持续发展的物质基础。

一、资源现状

全球铁矿资源分布不均,总体特征是南半球富铁矿居多,北半球以贫铁矿为主(侯宗林,2005)。世界铁矿资源总量超过 1×10^{12} t,主要分布在俄罗斯、澳大利亚、巴西、乌克兰、中国、美国及加拿大等国,拥有全球铁矿资源储量的 80%。我国查明铁矿资源储量 624×10^8 t,未探明资源量超过 2000×10^8 t,资源总量居全球第五位(赵震宇,2005),但大而富的铁矿少,小而贫的铁矿多,需要不断进口国外铁矿石来保障国内的钢铁生产,由此造成对国外铁矿依存度过高(李厚民等,2012;阴江宁等,2018)。截至 2013 年底,中国已开采的铁矿区共计 4406 个,铁矿累计查明资源量 1927×10^8 t,保有资源储量 768×10^8 t,其中多数为贫铁矿[全铁品位平均为 30%],富铁矿(全铁品位大于 50%)仅有 10.33×10^8 t,占 1.35%。中国已知铁矿资源查明资源量大于 0.1×10^8 t 的铁矿有 727 个,其中超大型铁矿($>5\times10^8$ t)共 32 个,大型铁矿[$(1\sim5)\times10^8$ t]共 121 个,中型铁矿[$(0.1\sim1)\times10^8$ t]共 574 个,国内铁矿可划分为九大资源开发基地:辽宁鞍本、冀东、河北邯郸、安徽马鞍山、湖北大冶、四川攀枝花、晋东北、新疆阿吾拉勒、海南石碌,提供了全国铁矿九成以上的产量(阴江宁等,2018)(图 13-1)。

二、基本特征

1. 矿物组成

铁矿物种类繁多,目前已发现的铁矿物和含铁矿物约 300 余种,其中常见的有 170 余种。

但在当前技术条件下,具有工业利用价值的主要是磁铁矿、赤铁矿、磁赤铁矿、钛铁矿、褐铁矿和菱铁矿等(表13-1)。

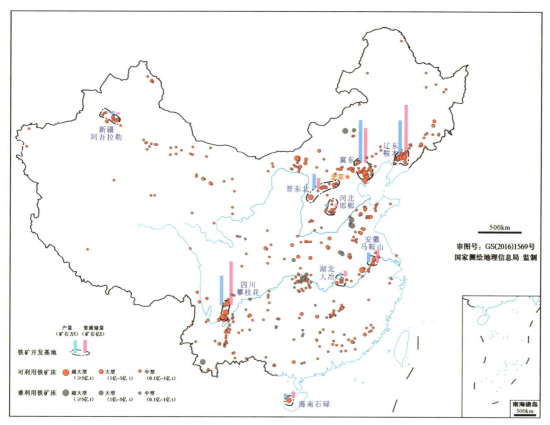

图 13-1　中国铁矿床分布示意图(据阴江宁等,2018)

表 13-1　主要铁矿物的化学式及含铁量

矿物名称	分子式	Fe(%)
磁铁矿	$FeO \cdot Fe_2O_3$	72.20
赤铁矿	Fe_2O_3	69.94
钛铁矿	$FeTiO_3$	36.80
褐铁矿	$FeO(OH)$	约 63
菱铁矿	$FeCO_3$	48.20

2. 矿床类型

根据铁矿成因,铁矿可划分为沉积变质型、岩浆岩型、矽卡岩型、火山岩型、沉积型和风化淋滤型 6 种类型(李厚民等,2012)。沉积变质型铁矿在我国铁矿类型中最为重要,其累计查明资源储量占 55%,其次岩浆型铁矿占 15%,矽卡岩型铁矿占 12%,火山岩型铁矿占 7%,沉积型铁矿占 8%,其余的是风化淋滤型以及共伴生的铁矿资源,占比很小(肖克炎等,2014)。其中,煤系伴生的铁矿属于沉积型铁矿,具有规模小而分布广的特点,当其呈层状、透镜状或结核状产出时,是一种易采、易选、易熔的富铁矿石。

三、典型矿床分析

我国北方含煤岩系中的铁矿主要为山西式铁矿,产于石炭纪—二叠纪煤系地层的最底部,以褐铁矿为主,包含少量赤铁矿,矿体形态往往极不规则,或呈扁豆状、似层状产于G层铝土层位中,或呈洞穴状、裂隙状产于奥陶纪灰岩中,主要分布于河南、山西等地(孙升林等,2014)。我国南方含煤岩系中的铁矿主要为綦江式铁矿,产于侏罗纪煤系地层中,以菱铁矿为主,赤铁矿次之,矿层薄、层数多、品位较高,主要分布在四川綦江一带及贵州北部(孙升林等,2014)。

(一)山西式铁矿

山西式铁矿是华北一个重要的铁矿类型,它分布广泛,品位较富,其附近有煤,还有熔剂灰岩和耐火黏土,对发展中小型钢铁工业十分有利(张建云和陈伟,2015)。山西式铁矿赋存在本溪组底部,中奥陶统灰岩风化侵蚀面上,是构成华北典型的铁-铝-煤-黏土建造的重要组成部分(图13-2),在中朝准地台上分布普遍(图13-3)。山西式铁矿以赤铁矿为主,部分受氧化变为褐色的褐铁矿,与黏土混生。

1.矿体形态和矿石特征

矿体呈透镜状、层状或似层状,厚0.5~10m,平均为2.3m,形态及厚度变化完全受奥陶系灰岩侵蚀面古地形控制(刘礼,2013)。矿石以红色色调为主,具蜂窝状、致密状结构,结核状、团块状构造,矿物成分主要由褐铁矿和赤铁矿组成,其次为高岭石、方解石或水铝石等矿物(刘礼,2013)。矿体形态归纳起来有以下两类。

(1)产于页岩中:这类铁矿呈层状,顶板为杂色页岩,底板为铝土页岩,一般在侵蚀面之上3~5m(图13-2b),矿层厚0.43~1.51m,延长数百米;矿物成分主要为赤铁矿,矿石呈块状、粉末状(张建云和陈伟,2015)。

(2)产于灰岩和页岩侵蚀面附近:这类铁矿主要产于侵蚀面之上,分布广泛,形态复杂,有层状、似层状、窝状(图13-4),是开采的主要对象。

2.矿床成因

目前,普遍认为山西式铁矿主要是沉积形成的,铁主要来源于周围隆起区岩石风化后所析出的铁质。在本溪组沉积期,源区铁质沿着盆地边缘沉积形成铁矿(刘礼,2013;张建云和陈伟,2015)。主要证据为:①铁矿石具有鲕状结构,多产于铝土质岩石中;②铁矿与奥陶系灰岩界线清楚,不存在风化残余的过渡岩石类型;③赤铁矿、黄铁矿、菱铁矿层的出现受沉积环境的控制,浅水区富氧环境沉积赤铁矿、褐铁矿,而深水区域缺氧环境中沉积黄铁矿、菱铁矿,这种呈带状的分布规律已被许多沉积铁矿床所证明(刘礼,2013;张建云和陈伟,2015)。

(二)綦江式铁矿

1.矿床分布

綦江式铁矿赋矿层位为下侏罗统珍珠冲组(J_1z)下段(綦江段),分布在四川东南部及黔北、鄂西一带,区内中型矿床4处、小型矿床6处、矿点38处(徐兴国,1985)(图13-5)。

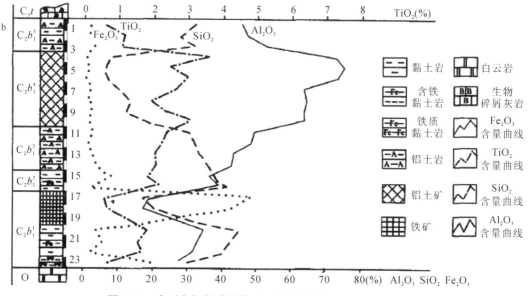

图 13-2 豫西含铝岩系的铁-铝-黏土岩组合(据杨振军等,2005)

a.豫西铝土矿含矿岩系柱状图;b.石寺矿区含铝岩系主要化学成分曲线图

2.矿体形态和矿石特征

矿体呈层状或透镜状,厚 0.5~5.5m(图 13-6),以块状构造、砾状构造和条带状构造最为常见,矿物成分主要为菱铁矿、赤铁矿、磁铁矿及石英,其次为铁叶绿泥石、鲕绿泥石、胶磷矿和玉髓等(徐兴国,1985)。

3.矿床成因

綦江地区位于江南古陆与半深水湖泊之间的河流-滨湖平原上的泥炭湖沼,綦江段沉积期古气候温暖潮湿,铁质来源丰富,利于成煤、聚铁(徐兴国,1985;陈龙,2009;席振铢等,2012)(图 13-5)。江南古陆风化淋滤带入的重碳酸铁随着水系补给到泥炭湖沼及半深水湖泊中。成煤期,植物繁盛,利于铁质分解搬运,泥炭湖沼中铁质来源丰富,在成煤期后转入菱铁

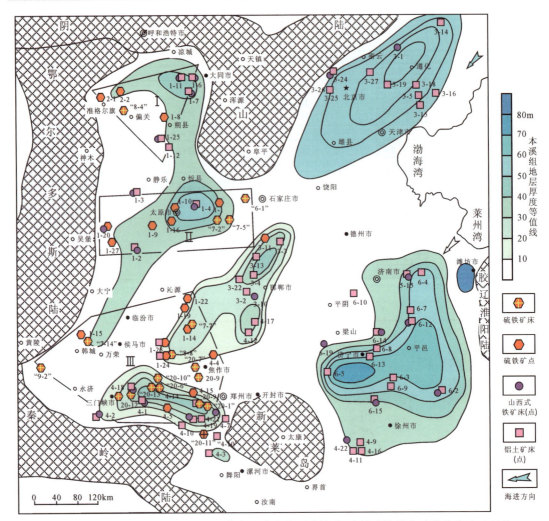

图 13-3　中朝准地台中石炭统本溪组地层分布及其中山西式铁矿、硫铁矿及铝土矿床分布（据李钟模，1994）

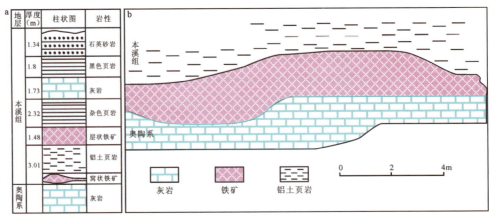

图 13-4　山西式铁矿的产状（据张建云和陈伟，2015 修改）
a. 桃坪铁矿柱状图；b. 郭村似层状铁矿素描图

矿沉积期。当菱铁矿堆积较厚，下伏泥炭水对氢氧化铁的还原能力减弱，开始形成含赤铁矿、磁铁矿的菱铁矿。这样形成了纵向上菱铁矿夹赤铁矿的产出特色和横向上的铁矿物相的分带现象(图 13-6)。

綦江段(J_1z^1)具有 3 分的特点:下层为浅灰色石英砂岩、粉砂岩、灰色泥岩、煤及菱铁矿透镜体,厚 1~10m;中层为灰色、暗紫色菱铁矿层夹紫红色赤铁矿层,厚 0.5~6m;上层为灰色石英砂岩及深灰色泥岩,厚 1~15m(徐兴国,1985)(图 13-6)。

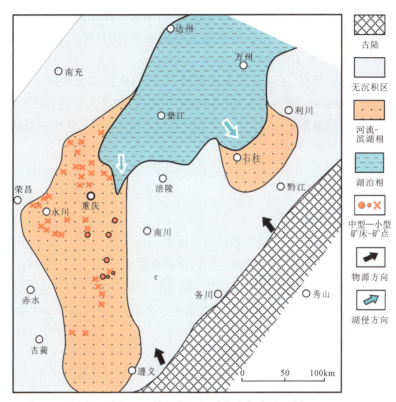

图 13-5 川东—黔北地区綦江段沉积时期岩相古地理图(据徐兴国,1985)

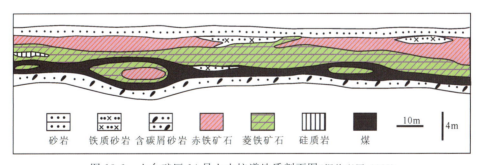

图 13-6 土台矿区 14 号上山坑道地质剖面图(据徐兴国,1985)

第二节 硫铁矿

硫铁矿床分布广泛,成矿控制因素多样,成因类型复杂,从岩浆矿床到沉积矿床均有产出,常与有色、黑色、稀有、贵金属等金属矿和黏土、铝土、煤炭、火山岩等燃料非金属矿共伴生(曹烨等,2013)。

一、资源现状

我国硫资源储量居世界第五位,工业开发利用的主要为硫铁矿。已探明硫矿矿产地达 750 处,资源储量(硫)约为 14.87×10^8 t。其中,硫铁矿(硫) 8.5×10^8 t,伴生硫铁矿(硫) 3.16×10^8 t,自然硫 3.21×10^8 t。硫铁矿资源产地多、分布广,但资源储量相对集中在华东、中南、西南三大区,以及山西、内蒙古等省(区)。我国硫铁矿以低品位、贫矿石为主,含量>35%的富矿石较少,主要集中在广东和安徽等省(曹烨等,2013)。

根据矿床的资源储量规模、工业意义及成因特点,我国硫铁矿床可划分为 7 个主要工业类型:沉积变质型硫铁矿矿床、海相火山岩型硫铁矿矿床、陆相火山岩型硫铁矿矿床、沉积(改造)型硫铁矿矿床、岩浆热液型硫铁矿矿床、煤系沉积型硫铁矿矿床、自然硫型铁矿矿床(陈毓川和王登红,2010;熊先孝等,2010)(表 13-2)。

二、矿床基本特征与工业用途

1.矿石矿物组成及物理性质

硫铁矿是硫源的主要组成部分,通常指的是黄铁矿、白铁矿和磁黄铁矿 3 种矿物,黄铁矿是硫化物类的典型矿物,由 Fe^{2+} 和 S^{2-} 离子组成。白铁矿在煤系地层及含钙质砂页岩中有广泛分布,化学成分与黄铁矿相同。磁黄铁矿是磁黄铁矿族的典型矿物,属 AX 型化合物。磁黄铁矿新鲜面为古黄铜色,表面常呈暗褐、暗棕色所构成的青色。条痕为灰黑色,金属光泽,不透明,硬度 4,密度 $4.58\sim4.70$ g/cm^3,性脆,解理不完全。断口呈参差状至贝壳状。具弱—强磁性。

表 13-2 中国硫矿床类型及矿床式划分(据曹烨等,2013)

矿床类型	矿床亚类型	典型矿床	主要分布地区
沉积变质型硫铁矿矿床	碳酸盐岩型	内蒙古东升庙、炭窑口	华北陆块区
	碎屑岩型	广东云浮大降坪、湖南董家河	/
	火山沉积变质型	辽宁本溪云盘、吉林清源县大荒沟、黑龙江红旗林场	武夷云开造山系
沉积(改造)型硫铁矿矿床	海相沉积型	河北兴隆高板河、湖南城步铺头、湖北磺厂坪	华北陆块区、上扬子陆块区
	同生沉积再造型	广东英德梨树下、英德红岩	武夷-云开造山系
煤系沉积型硫铁矿矿床	/	四川大树、贵州三岔河、山西阳泉河下、山西长治刘家山	上扬子陆块区、华北陆块区
岩浆热液型硫铁矿矿床	矽卡岩型	安徽铜陵新桥、江苏南京岔路口、黑龙江伊春翠红山	下扬子陆块区、伊春-延寿岩浆弧
	热液脉型	河南灵宝银家沟、山东乳山唐家沟	华北陆块区
海相火山岩型硫铁矿矿床	/	甘肃白银厂、内蒙古"六一"、吉林伊通县放牛沟、新疆彩华沟	秦祁昆造山系、天山兴蒙造山系
陆相火山岩型硫铁矿矿床	/	安徽向山、马山、浙江仙岩、岩山	下扬子陆块区
自然硫型铁矿矿床	沉积型	山东泰安大汶口、朱家庄、浙江玉力群	华北陆块区、塔里木
	热液型	西藏羊八井、甘肃硫磺山	秦祁昆造山系、冈底斯岩浆弧带

2.工业用途

硫铁矿主要用于提炼硫和制造硫酸,是发展农业、工业及国防工业的重要矿产资源之一。

硫铁矿的用途是制取硫酸和烧炼硫磺,硫铁矿石焙烧后的灰渣含铁较多,可用于制作水泥的添加剂,灰渣中含铁达到45%以上时可作为炼铁原料,还可以生产磷酸钙和硫铵化肥。硫铁矿可以应用于冶金工业、石油工业、生产化学纤维,也可用于染料和医药工业、塑料生产、日用品生产及国防和原子能工业等。它还有许多新用途,如硫泡沫保温材料、硫混凝土硫-沥青铺路材料、交通画线用漆、表面喷涂材料、彩色显像管用的硫磺粉、音像带所用的磁粉、用黄铁矿制造太阳能电池等。

三、典型矿床分析

我国含煤岩系中的硫铁矿主要赋存于北方的太原组和南方的龙潭组(乐平组),以及南方的下二叠统、下石炭统等煤系地层中,以山东、贵州、四川和陕西四省的资源量最多(图13-7)。

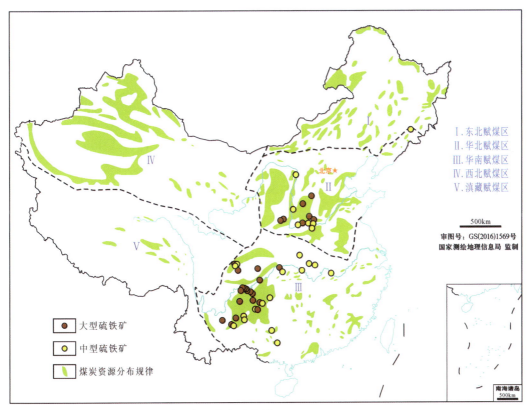

图13-7 中国煤系硫铁矿资源分布示意图(据中国煤系共伴生矿产资源调查报告,2013)

南方上二叠统煤系底部普遍发育硫铁矿,常见厚度1~2.5m,含硫量一般为16%~20%,高者达30%~40%;北方石炭纪—二叠纪煤田,在石炭纪和奥陶纪地层不整合面上也大范围发育硫铁矿,矿层厚度一般为0.9~2m,含硫量为18%~21%,高者达40%左右(孙升林等,2014)。

煤系硫铁矿按地质时代划分,以南方晚二叠世资源量最多,其次为北方中石炭世,二者为我国煤系硫铁矿最重要的成矿期,其资源总量占各时代总量的99%。据以往统计资料分析,我国煤系共伴生硫铁矿资源以伴生资源为主,共生硫铁矿次之,两者的比例大致为5∶1(孙升林等,2014)。

(一)华北煤系硫铁矿矿床

1.矿床分布

硫铁矿主要分布在内蒙古南部、山西中南部和北部,以及河南的西北部,其他地区零星分布。从图13-3上可以看出,该区东北方向本溪组沉积厚度大,灰岩层数多的地区,即辽宁、河北、山东境内硫铁矿十分贫乏;反之,该区西南方向本溪组沉积厚度小,海相灰岩层数少或无沉积的山西、河南、内蒙古地区硫铁矿发育,这也成为确定硫铁矿陆相沉积环境的有力佐证。硫铁矿与铝土矿的空间关系十分密切(图13-2),虽然铝土黏土岩在全区都有分布,但能形成优质铝土矿矿床的80%以上都集中分布在山西的中南部(柳林—中阳—交城—太原—阳泉—长治—晋城—阳城—河津一带)和河南的西北部(焦作—济源—渑池—三门峡—孟县—荥阳—禹县一带)(李钟模,1994)。

2.赋矿层位及矿体特征

赋存在华北本溪组的硫铁矿有两个层位。①位于中奥陶统顶部风化侵蚀面之上,本溪组下段底部,其底板为奥陶系灰岩,顶板为铁铝质黏土岩,称下层矿。本层硫铁矿层位稳定,在该区分布较普遍。矿层与围岩产状基本一致,多为层状、似层状或透镜状。矿层厚度受控于中奥陶统顶部风化侵蚀面的古地形,凹处矿层厚,矿石品位亦高;凸处矿层薄乃至消失,品位亦相对较低(李钟模,1994)(图13-8)。②位于本溪组上段中下部,其顶、底板均为黏土岩,矿层层位不稳定,以似层状和透镜状为主(李钟模,1994)。

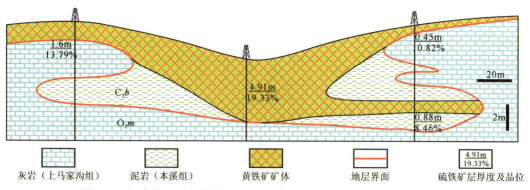

图13-8 河南荥阳冯庄黄铁矿区1号矿体"溶斗状"剖面图(据李钟模,1994)

3.矿石特征

硫铁矿均属黄铁矿型,矿石结构有紧密镶嵌状、不等粒他形粒状、自形晶粒状、细粒砂状、碎裂状、筛孔状、束状、放射状、网状、树枝状、鲕状、细脉状、草莓状、碎屑状等结构;矿石构造以块状、团块状、稠密浸染状、星散状构造为主,其次为条带状、结核状、蜂窝状构造(李钟模,1994)。矿石矿物为黄铁矿及少量白铁矿,脉石矿物为高岭石和水云母,其次有硬水铝石、方解石及少量褐铁矿、赤铁矿、菱铁矿、玉髓、石膏和极少量绿泥石等(李钟模,1994)。

4.矿床成因讨论

区内硫铁矿均为黄铁矿类型,一般认为其成因为沉积型或生物沉积型,证据如下:①在山西、河南等地区都发现了黄铁矿中存在大量细菌化石,例如 *Thiobacteria*;②硫铁矿床中含有丰富的有机碳对揭示黄铁矿的成因起着重要作用,例如在河南冯封矿区含量为 0.32%~1.82%。生物的大量存在形成了还原环境,使水中硫酸盐被还原成 H_2S,与 Fe 离子结合便形成黄铁矿(李钟模,1994)。

(二)华南叙永式硫铁矿

在川、黔、滇边界的数万平方千米范围内,上二叠统龙潭组底部广泛发育一层硫铁矿铝质黏土岩,矿层层位稳定(图 13-9)。该层硫铁矿以四川泸州叙永境内发育最好,储量丰富,被称为叙永式硫铁矿(李瑞玉,1983;程军等,2011)。

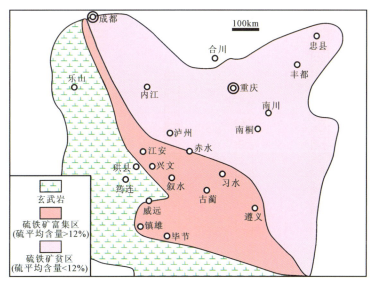

图 13-9 西南地区龙潭组底部硫铁矿与峨眉山玄武岩分布图(据李瑞玉,1983)

1.赋矿层位

在研究区,吴家坪组与龙潭组为同时异相沉积,两者沉积环境差别较大(甘朝勋,1985;1988;徐兴国等,1989;卓君贤,1991)(图 13-10),但是在各自底部均发育有硫铁矿床。

在龙潭组底部,硫铁矿体形态及规模受下伏茅口组侵蚀间断面和古岩溶面的控制,凹处矿体厚度大,凸起部位矿体厚度薄。含矿岩系为高岭石化基性凝灰岩、高岭石黏土岩、粉砂岩及细砂岩、煤层等(刘兴兵等,2013)(图 13-11a)。在吴家坪组第一段下部,硫铁矿体层位稳定,分布广泛。含矿岩系由砂岩、黏土岩、煤等组成(甘朝勋,1985,1988;卓君贤,1991)(图 13-11b)。

2.矿体空间分布与品质

綦江—南川地区普遍发育硫铁矿层,在綦江—万盛地区常发育 1~3 层硫铁矿。在綦江梨园坝、石壕、观音桥地区硫铁矿层厚度在 1.2m 以上,在羊叉最大厚度 2.66m,品位在 13%以上,最大达 22.47%;在万盛南桐煤矿区、南川东胜井田-红星井田-联合井田-水溪井田矿体厚度 1.7~2.2m,平均品位在 14%以上(刘兴兵等,2013)(图 13-12)。

刘兴兵等(2013)的编图发现,渝东北硫铁矿层富集区呈串珠状分布,在云阳牛角洞、城口高燕火石坪和城口沿河乡-坪坝镇聚马坪厚度较大,最大厚度均在2m左右;东北部厚度等值线呈近北西-南东向展布,在城口沿河、聚马坪一带矿层厚度大于2m,开县楠木园段矿层厚度大于1.5m,向南和向北方向逐渐降低至0.4m左右,在开县楠木园段呈近东西向展布(图13-12a)。

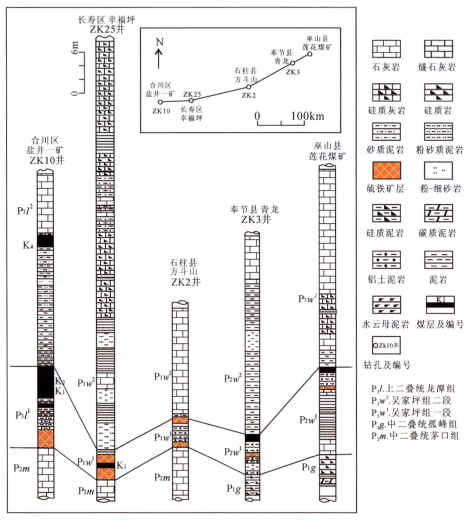

图13-10　重庆市叙永式沉积型硫铁矿含矿层对比图(据刘兴兵等,2013)

硫铁矿厚度大的地区,品位也较高,硫铁矿品位高值区大体呈北东-南西向零星展布于巫山猫子山、奉节青龙、石柱方斗山、涪陵、南川、万盛,品位25%～30%,向外围逐渐降低至10%～12%;在开县一带有一近东西向展布的高值区(25%～35%)。在璧山、重庆主城区、渝北有一近南北向展布的高值区(14%～16%);大体沿七曜山基底断裂带附近分布着4个呈北东-南西向展布的高值区(20%～30%),分别为奉节青龙、石柱方斗山、涪陵东部和万盛。在开县—云阳一带有一近东西向展布的高值区(>30%);在华蓥山观音峡背斜、沥鼻峡背斜零星分布一些高值区(16%～20%)(刘兴兵等,2013)(图13-12b)。

3.矿石矿物与类型

矿石矿物以自形、半自形的黄铁矿为主,含少量白铁矿。脉石矿物主要是多水高岭石,有

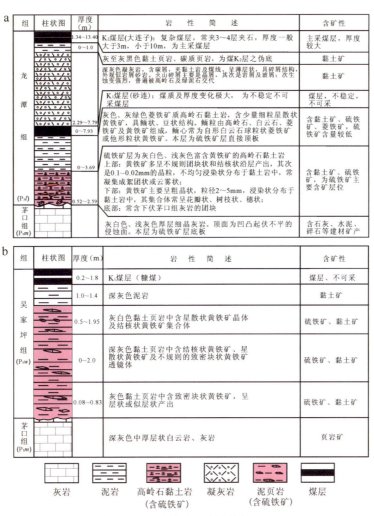

图 13-11 重庆地区重要硫铁矿层岩性特征(据刘兴兵等,2013)
a.龙潭组;b.吴家坪组

少量水云母。矿石类型有 3 类：①粗粒浸染状、花瓣状黄铁矿石；②结核状、团块状黄铁矿石；③细粒密集浸染状、细粒不均匀浸染状黄铁矿石(高德政等,2001)。

4. 矿床成因

重庆地区硫铁矿产于上扬子台褶带,含矿层位于上二叠统龙潭组/吴家坪组底部,同时也与茅口组(P_2m)顶部古侵蚀界面关系密切。

晚二叠世初期,四川乐山—资阳—遂宁—南充—达州一线往北,重庆梁平—忠县—武隆—南川一线以东,至贵州正安—湄潭—遵义—贵阳一线东部及南部地区,是吴家坪组海相和海陆过渡相沉积(贵州省地层古生物工作队,1977)。吴家坪组硫铁矿主要发育在石柱、万州地区、渝东北城口、巫溪、云阳、开县、巫山的滨海沼泽环境,以及奉节、巫山地区的海湾沉积环境中(刘兴兵等,2013)(图 13-7)。西部地区为陆相沉积的龙潭组地层,硫铁矿主要发育在北碚、合川、綦江、万盛、南川、武隆、涪陵、渝北、长寿等地区,属低地残积环境(刘兴兵等,2013)(图 13-12c)。

中二叠世末期的东吴运动使上扬子盆地整体抬升为陆,风化剥蚀作用使茅口组产生不同程度的缺失(刘兴兵等,2013)。中、晚二叠世之间淹没全区的大规模海侵后便开始海退,全区逐渐由海相过渡为陆相,并沼泽化堆积了煤层,区域规模的硫铁矿层就是在该过程中因生物沉积作用而发育形成(刘兴兵等,2013)(图13-13)。

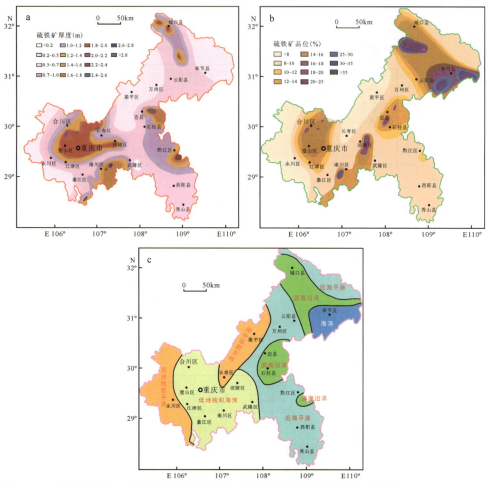

图13-12 重庆地区上二叠统龙潭组/吴家坪组硫铁矿空间分布规律与沉积相图(据刘兴兵等,2013)
a.矿体厚度等值线图;b.矿石品位等值线图;c.成矿期沉积相图

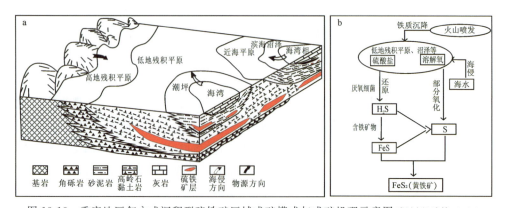

图13-13 重庆地区叙永式沉积型硫铁矿区域成矿模式与成矿机理示意图(据刘兴兵等,2013)
a.叙永式硫铁矿成矿模式;b.叙永式硫铁矿成矿机理

第十四章 不整合型金-银矿床

在含煤岩系顶部或底部的不整合界面上,往往会形成一些与含烃热流体相关的金属矿床,由于它们的存在大大增加了含煤岩系的经济附加值,有的经济价值甚至超过含煤岩系本身,产出于广东高要—高明地区的长坑大型金矿-富湾超大型银矿就是典型的一例,它的发现填补了西环太平洋银成矿带超大型银矿床的空白,曾获国家科技进步一等奖。

广东长坑金矿-富湾银矿位于华南褶皱系粤中坳陷内,广东三大断裂交会处,三洲上古断陷盆地北侧(图14-1)。矿区内存在上、下两个构造层,下构造层为晚古生代海西期构造层,是一套硅泥质碳酸盐岩建造,厚达2000m以上。上构造层为中生代印支期构造层,是含煤桩屑岩建造,与下伏石炭统呈不整合接触,沿不整合面叠加层间滑脱断裂,并成为金、银矿的赋矿构造(图14-2)。

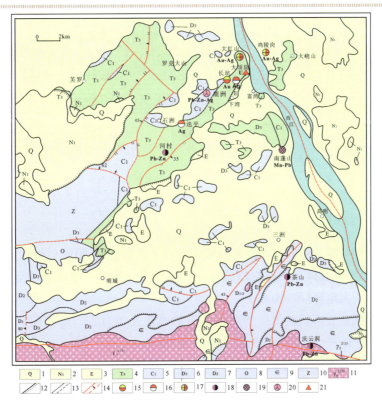

图14-1 长坑金矿-富湾银矿区域地质图(据广东地质勘查开发局七五七地质大队,1995)
1.第四系;2.新近系;3.古近系;4.上三叠统;5.下石炭统;6.上泥盆统;7.中泥盆统;8.奥陶系;9.寒武系;10.震旦系;11.燕山三期黑云母花岗岩;12.实测、推测沉积不整合线;13.实测、推测地质界线;14.实测、推测断裂;15.金矿;16.银矿;17.金银矿;18.铅锌矿;19.锰铅矿;20.铅锌银矿;21.铀矿

第一节　盆地演化与地层格架

长坑金矿-富湾银矿产出于典型的叠合盆地背景中,从盆地构造演化的角度来看,该区共经历了4次大的构造变革,并由此而形成了3个盆地单型——晚古生代碳酸盐岩残留盆地、晚三叠世受限制海湾盆地和白垩纪—古近纪裂陷盆地(三水盆地)。从成矿的角度来看,可以将3个盆地单型归纳为两个构造层序,下部构造层序主要为一套硅泥质碳酸盐岩沉积,上部构造层序主要为一套陆相含煤碎屑岩沉积和含油碎屑岩沉积。与成矿作用密切相关的是两个构造层序间岩性迥异的区域不整合界面——一级构造层序边界,是两个盆地原型之间具有近84Ma(中石炭世—中三叠世)的沉积间断面(图14-2)。

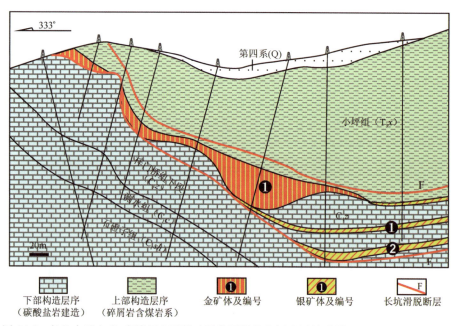

图14-2　长坑大型金矿-富湾超大型银矿及其围岩的空间配置关系图(据杜均恩等,1993简化)

一、晚古生代碳酸盐岩残留盆地

华南晚古生代碳酸盐岩沉积盆地具有极为广泛的发育规模,但经过海西运动及印支运动的强烈改造,盆地支离破碎。所以它以残留盆地的性质分布于从肇庆到清远、花县、广州、佛山和高明一带的广大地区(图14-3)。

晚古生代碳酸盐岩沉积盆地主要由泥盆系的老虎头组(D_2l)、春湾组(D_2ch)、天子岭组(D_3t)和帽子峰组(D_3m),以及石炭系的大赛坝组(C_1d)、石磴子组(C_1sh)、测水组(C_1c)和梓门桥组(C_1z)构成,总厚度大于2000m。

早泥盆世研究区处于隆起剥蚀阶段,直至中泥盆世才开始下沉并沉积了一套河流、滨海相沉积。老虎头组(D_2l)出露于孔堂水库等地,下部为粗中粒岩屑石英杂砂岩、石英砂岩、石英粉砂岩等;中部为含铁、锰质结核的石英砂岩夹泥质绢云母板岩;上部为石英砂岩、石英粉砂岩。厚度大于241m。春湾组(D_2ch)出露于区内银坑等地,岩性为泥岩、泥质粉砂岩、含砾砂岩,顶部夹灰岩透镜体,厚度大于339.4m。天子岭组(D_3t)出露于区内南蓬山西部和南部,岩性为纹层状微晶灰岩、砾屑微晶灰岩、泥质灰岩夹该质泥岩、粉砂岩等,厚度115～334m。帽子峰组(D_3m)出露于区内南蓬山、凤官山、新圩等地,岩性为紫红色、青灰色泥岩、泥质粉砂岩、中细粒长石石英砂岩,厚度大于100m。

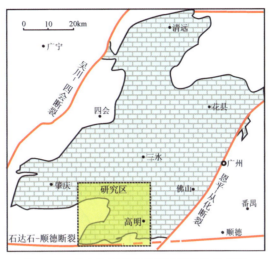

图14-3 晚古生代碳酸盐岩残留盆地分布图

至早石炭世,该区演化为以浅海台地相的碳酸盐岩沉积及海陆交互相沉积为特色的沉积环境。大赛坝组(C_1d)为一套浅海相沉积,出露于区内横江、宅江、展旗、九龙、榴村、南蓬山、东坑、茅岗、三洲南侧、高明西侧等地,岩性以杂色泥岩为主(推测原岩泥灰岩),夹灰色含锰矿层,偶夹粉砂岩、泥质粉砂岩,厚度大于360m。石磴子组(C_1sh)为浅海台地相碳酸盐岩沉积,出露于区内长坑、展旗等地,岩性为灰色、灰黑色含泥质生物碎屑灰岩,偶夹含碳粉砂质页岩、角砾状灰岩夹泥质灰岩,产丰富的珊瑚、腕足类、海百合茎及牙形刺等化石,厚度200m左右。测水组(C_1c)为海陆交互相沉积,出露于区内长坑、西安、孔堂水库等地,岩性为浅灰色细砂岩夹页岩、棕红色石英砂岩、灰色粉砂岩夹粉砂质泥岩、薄层灰岩及煤线、含铁质砂岩等,含植物及腕足类、海百合茎化石,厚度200m左右。梓门桥组(C_1z)为浅海潟湖相沉积,仅出露于长坑一带,岩性为硅化粉砂岩、砂岩、角砾状灰岩、泥质灰岩,产珊瑚、腕足类、牙形刺及海百合茎化石(图14-4),厚度30～110m。

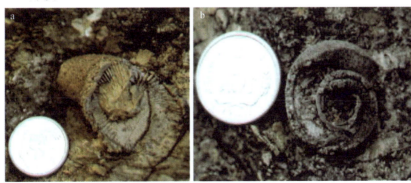

图14-4 梓门桥组灰岩中的动物化石(焦养泉摄,1999)
a.单体珊瑚化石;b.腕足类化石

二、晚三叠世受限制海湾盆地

经过长期的剥蚀间断之后,至晚三叠世沿广州—赣州—新余一线形成了一个以海陆交互相沉积为主的、具有较大规模的受限制海湾盆地(图14-5)。由于研究区位于"海湾盆地"的西南边缘,而且气候相对湿润,因此记录了一套海陆交互含煤岩系——小坪组(T_3x)。

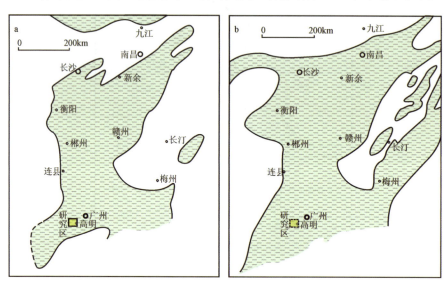

图14-5 晚三叠世受限制海湾盆地分布图(据刘宝珺等,1995资料改编)
a.卡尼期;b.诺利期—瑞替期

上三叠统小坪组(T_3x)主要出露于罗客、金洲塔、长坑、九龙、松柏、凌云等地。小坪组在垂向上具有一个相对完整的由粗到细再到粗的演化序列,可将其分为4段,自下而上分别为大迳段、风岗段、凌云段和松柏坑段。

大迳段为河流沉积体系,主要为巨厚层复成分砾岩、砂砾岩、厚层细砂岩,夹粉砂质泥岩、碳质页岩和夹薄层煤,含丰富的植物化石,厚度大于300m。

风岗段为滨-浅海相沉积体系。主要由灰黑色泥岩、碳质泥岩、粉砂质页岩构成,含丰富的植物及双壳类动物化石,厚度大于60~100m。

凌云段为三角洲沉积体系。下部的三角洲前缘为灰白色细砂岩、砂砾岩、砾岩,夹薄层泥岩和粉砂岩。中部的三角洲平原为灰白色砂岩、深灰色粉砂岩、灰色砾岩,夹薄层砾岩、泥岩及1~2层煤线或煤层。上部的废弃三角洲平原为灰黑色泥岩、粉砂岩、浅灰色砂岩(图14-6),厚度47~209m。

松柏坑段为河流沉积体系。主要为灰色、灰白色中厚层状石英细砂岩、粉砂岩,夹多层浅灰、白色含砾砂岩及细砾岩,厚度12~107m。

在小坪组之上还发育了分布范围十分有限的下侏罗统金鸡组和桥源组。下侏罗统金鸡组(J_1j)形成一套含有香港菊石等海相化石的砂砾岩、细砂岩沉积,主要出露于龙池等地,厚度大于170m。下侏罗统桥源组(J_1q)海水逐渐退出,形成了具有海退序列的灰白色、灰黑色砂岩、粉砂岩夹砂砾岩、页岩及煤线等沉积建造,出露于区内周村、龙池等地,厚度大于140m。

图 14-6　上三叠统小坪组三角洲含煤岩系沉积(焦养泉摄,1999)
a.三角洲平原分流河道及泥炭沼泽(煤线)沉积；b.三角洲前缘河口坝沉积；c.暗色泥岩沉积

三、白垩纪—古近纪裂陷盆地(三水盆地)

白垩纪—古近纪裂陷盆地(三水盆地)沉降中心位于西江断裂以东的三水与广州之间,主要由累积厚度大于 1953m 的白垩系和 3875m 厚的古近系构成(图 14-7)。三水盆地的直接基底是前述两个盆地单型的相应地层——三叠系小坪组、二叠系阳新群和龙潭组煤系地层(累积厚度约 1040m)及石炭系构成。

位于西江断裂以西的研究区由于沉降速率低、加之后期的严重剥蚀,仅保留了较薄的地层。

白垩系三水组(K_2s)出露于茶山、新村、荷村、长坑、高明等地。下部为砾岩、砂砾岩夹细砂岩等；中部为紫红色含砾泥质砂岩、粉砂岩、泥岩等；上部为泥岩夹细砂岩、粉砂岩、及泥质砾岩、英安质灰岩等,最大厚度 171m。

古近系宝月组(Eby)出露于展旗、九岗头等地。岩性为紫红色砂砾岩、泥岩等,最大厚度 150m。

第四系灯笼沙组(Qdl)各地均有出露。岩性为灰褐、黄褐、土黄色粉砂质淤泥、泥质粉砂岩等,厚度小于 9m。

第二节　矿床地质特征

长坑金矿-富湾银矿是产于沉积岩建造中的大型和超大型矿床。勘查表明,该矿床矿体厚度大、品位较高且稳定。金、银矿体在空间上赋存于同一被滑脱断裂改造的不整合界面内,但金、银矿体彼此互不包容,各自形成独立的矿床,两者具有截然不同的矿物组合,是一种新颖的矿床组合。

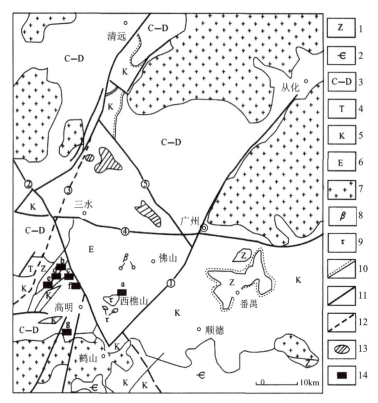

图14-7 广东三水盆地及邻区地质矿产略图(据真允庆等,2008修改)

1.震旦系;2.寒武系;3.石炭系—泥盆系;4.三叠系;5.白垩系;6.古近系;7.燕山期花岗岩;8.玄武岩;9.粗面岩;10.不整合带;11.断裂;12.推断断裂;13.气田;14.矿床。a.西樵山银矿床;b.长坑金矿床;c.富湾银矿床;d.鹿洲银矿床;e.迳平银矿床;f.横江铅锌矿床;g.茶山铅锌矿床;①恩从断裂带;②西江断裂带;③北江断裂带;④瘦狗岭断裂带

一、矿体形态与产状

长坑金矿-富湾银矿仅有部分氧化矿露头(图14-8),绝大部分为隐伏矿体。金矿和银矿均为独立的矿体,两者共存于同一不整合界面——滑脱破碎蚀变带内,彼此不重叠、不包容。矿体与顶、底板围岩界限较清楚,其间常间隔厚数十厘米的糜棱岩化带。金矿体和银矿体均呈似层状、长透镜状(银矿化除层状外尚有脉状矿化)。在平面上,矿区北部是金矿,南部是银矿,即金矿体位于浅部,银矿体位于深部;沿倾向,上部是金矿,下部是银矿(杜均恩等,1993)(图14-2)。

长坑金矿主要有两个矿体,自下而上分别为①号和②号矿体,其中①号为主矿体,②号为次要矿体。富湾银矿从规模和厚度上均大于长坑金矿,具有5个银矿体,各矿体彼此平行产出,其中①号和②号为主矿体(图14-2)。

二、矿石类型及成因分析

1.矿石类型

长坑金矿存在原生矿石和氧化矿石两大类,但以原生矿石为主(图14-9),而富湾银矿只有原生矿石。金矿与银矿的原生矿石大致可分为3种：硅质矿石（硅化岩）、钙硅质矿石（硅化灰岩）、铝硅质矿石（硅化砂砾岩）。其中，以硅质矿石为主，占全区60%以上，含金性也最高；铝硅质矿石占20%～30%；钙硅质矿石占10%～20%（张文淮等，2000）。

图 14-8　富湾超大型银矿及长坑大型金矿地面露头（焦养泉摄，1999）

[注意：碳酸盐岩系（浅色）与含煤岩系（暗色）地球化学性质的迥然差异]

图 14-9　长坑露头金矿矿石（焦养泉摄，1999）

a、b.原生矿石；c、d.氧化矿石

(1) 硅质矿石（角砾状硅化岩型矿石）：浅灰色—深灰色，块状构造，十分坚硬，主要由硅化次生石英、其次为伊利石及黄铁矿等矿物组成。矿石普遍发育微裂隙及孔洞，具角砾状构造。较晚期的黄铁矿、雄黄、重晶石、辉锑矿及次生的黏土矿物沿裂隙、空洞充填。该类型是①号金矿和①号银矿体的主要矿石类型（图 14-10a）。

(2) 钙质矿石（硅化灰岩型矿石）：灰色—深灰色，岩石由硅化的石英和交代残留的灰岩以及方解石、黄铁矿组成，原岩被石英交代，残留的灰岩呈参差不齐的树枝状、孤岛状和斑点状。

后期方解石脉穿插其中,方解石脉一般1~5mm(图14-10b)。发育在硅化岩的顶底面或下部平行的次一级滑脱带内,地表风化后富含泥质。该类型是①号金矿体的次要矿石类型,但却是②号和③号银矿体的主要矿石类型。

(3)铝硅质矿石(硅化砂砾岩型矿石):深灰色—灰黑色,块状,由石英砂砾岩或硅质岩屑、泥质胶结物和黄铁矿等组成,硅化作用较明显。矿石裂隙发育,后期雄黄、辉锑矿、重晶石等沿裂隙分布,呈不规则断续出露的脉状。该类型是①号金矿体和①号银矿体的次要矿石类型。

统计研究表明,高品级金矿化主要出现于硅质岩(角砾状硅质岩)矿石中;中低品级金矿化在各类矿石中均有出现;高品级银矿化主要出现于硅化灰岩类矿石、薄层和厚层硅质岩矿石中;中低品级银矿化在硅化灰岩型矿石、薄层硅质岩和厚层角砾状硅质岩矿石中较多,不同岩性的银矿石最高值和最低值差距较小。

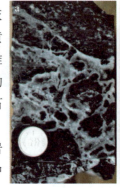

图14-10　原生矿石类型(焦养泉摄,1999)
a.硅化角砾岩;b.硅化灰岩(后期方解石脉穿插)

2.成因分析

梁华英等(2009)针对长坑赋金硅质岩的成因研究发现,厚度1~50m的硅质岩主要由层状、块状及角砾状岩石组成。硅质岩层具纹层状构造特征,在其中发现了放射虫、微体古生物化石,角砾长轴与硅质纹层平行分布,含有草莓状黄铁矿,这些特征加之多期成矿年龄等资料都表明长坑金矿赋金硅质岩不是简单热水沉积或热液蚀变作用形成的,而是多次硅化作用的产物,至少经历了热水沉积硅化、成岩硅化、金矿成矿热液蚀变硅化及银矿成矿热液蚀变硅化作用的叠加。梁华英等(2009)研究指出,热水沉积硅质岩形成富金矿源层,为成矿提供了物质基础。

三、矿石物质组成

长坑金矿-富湾银矿共计有3种矿石类型:金的氧化矿石、原生金矿石和原生银矿石。

1.金的氧化矿石

金的氧化矿石矿物组成比较简单,主要以石英为主,其次为黏土类矿物,含少量的褐铁矿、臭葱石、磁铁矿、锆石、黄铁矿及其他硫化物,偶见明金(自然金)(表14-1)。

表14-1　氧化矿石的表生矿物含量及金含量(据陈毓川等,1993资料简化)

矿物	矿物含量(%)	金含量(%)	占有率(%)
石英	71.00	2.50	13.36
臭葱石	7.40	23.50	20.50
黏土矿物	18.60	59.98	48.30
褐铁矿	2.18	14.02	0.37
其他	0.50		
合计	99.68	100.00	82.53

在金的氧化矿石中,自然金含量很少,大部分金是以次显微状态存在于其他矿物之中。黏土矿物(伊利石)是金的主要载体矿物,臭葱石和褐铁矿是次要的载金矿物,石英的含金量较低(表14-1)。

经透射电镜和X射线能谱分析,氧化矿石中金在载体矿物中呈游离自然金形式存在。

2. 原生金矿石

在原生金矿石中,金属矿物主要有自然金,与金共生的金属矿物主要是黄铁矿、白铁矿、辉锑矿、雄黄、雌黄,其次为含量极少的闪锌矿、方铅矿、毒砂、辰砂等。非金属矿物主要有石英、玉髓、方解石及伊利石等黏土矿物,少量重晶石和石膏。

金以次显微金(少量自然金)分布于黄铁矿、石英微裂隙或者它们的边缘或吸附于伊利石的边缘。统计表明金在石英中占有率为38%、伊利石等黏土矿物中占有31%、黄铁矿中占8%左右。相比而言,氧化矿石中金粒有加大现象(张文淮等,2000)。

3. 原生银矿石

银矿石中共发现26种矿物,其中银矿物10种,以复杂的银硫锑盐类为主(占银矿物总量的99%),其次是银的简单硫化物和自然元素(即自然银)。其他金属矿物9种,非金属矿物7种(表14-2)。

银矿以含硫盐和单硫化物产出,并见少量的自然银。主要的含银矿物包括深红银矿、淡红银矿、硫锑铅银矿、辉锑银矿、银黝铜矿、辉银矿、螺状硫银矿,其次还有脆硫锑银矿、硫锑铜银矿。矿石中银矿物往往充填于石英、方解石颗粒的粒间或熔蚀、交代方铅矿、黄铁矿、闪锌矿、石英及方解石等矿物,形成较晚(张文淮等,2000)。

王登红等(1999)通过矿物组合研究指出,长坑金矿和富湾银矿具有截然不同矿物组合。其中前者主要为黄铁矿、雄黄、雌黄、辉锑矿、石英和重晶石组合,后者则是闪锌矿、方铅矿、黄铁矿、深红银矿、锑银黝铜矿、石英和方解石组合(与外围其他喜马拉雅期矿床相似,如茶山)。

表14-2 银矿石矿物组分表(据广东地矿局七五七地质大队,1995年资料)

矿物	主要矿物	次要矿物	少量—微量矿物
银矿物	银黝铜矿、深红银矿、黝锑银矿、硫锑铅银矿、辉银矿	脆硫锑银铅矿	硫锑铜银矿、脆银矿、罗状硫银矿、自然银
其他金属矿物	闪锌矿、方铅矿	黄铁矿	毒砂、黄铜矿、车轮矿、蓝辉铜矿、辰砂、辉锑矿
非金属矿物	石英、方解石	伊利石、云母类	萤石、黏土矿物(高岭石)、重晶石

四、围岩蚀变

伴随金矿化和银矿化的围岩蚀变以硅化最为重要,其次有黏土化、硫化物化、碳酸盐化、重晶石化和萤石化(表14-3)。它们主要分布于T_3x/C_1z不整合界面上以及后期被叠加改造的滑脱拆离断裂带内(张文淮等,2000;毛晓冬,2003)。

硅化岩主要由两种岩石蚀变而来:一种是由灰岩硅化而成(图14-9a);另一种是由砂岩或砂砾岩硅化而成,形成了多期的石英和玉髓,金银矿化与硅化作用关系极为密切。

表 14-3 长坑金矿-富湾银矿的蚀变类型

蚀变类型		生成矿物
硅化		石英、玉髓
黏土化		伊利石、迪开石、少量高岭石
硫化物化	金矿化期	黄铁矿、雄黄、雌黄、辉锑矿
	银矿化期	闪锌矿、方铅矿、黄铁矿、黄铜矿、黝铜矿
重晶石化		重晶石
碳酸盐化		方解石
萤石化		萤石

黏土化主要表现为蚀变产生的伊利石,以及少量的水白云母和迪开石。黏土矿物呈极细微的鳞片状,杂乱分布在其他矿物之间。黏土矿物尽管含量少,但在一些矿石中伊利石是金的主要载体矿物。

硫化物则表现为黄铁矿化、方铅矿化、闪锌矿化、辉锑矿化、雄黄化和雌黄化。其中,方铅矿化和闪锌矿化与银矿关系密切,并且至少可见两期:一期呈浸染状分布于硅化岩中,方铅矿和闪锌矿晶体细小;另一期呈脉状与方解石脉及细脉状硅化体相伴出现,方铅矿与闪锌矿晶体较粗大。黄铁矿化区内比较普遍,而且期次较多,至少可见 3 期,即草莓状黄铁矿、微细粒黄铁矿和中—粗粒黄铁矿。雄黄化呈粒状和团块状分布于矿石中,颜色呈橘红色,极为鲜亮(图 14-11)。

碳酸盐化主要表现为方解石脉穿插于硅化岩(硅化灰岩、硅化砂砾岩)中(图 14-9b)。方解石有时与脉状硅化体(石英脉)相伴出现。

图 14-11 长坑金矿硅化矿石中与石英共生的雄黄(焦养泉摄,1999)

五、成矿时代

人们依据区域成矿系列、矿床野外产状,特别是长坑金矿-富湾银矿同位素年代学等方法对成矿时代进行了研究,虽然由于同位素年代学的方法不同年龄测试存在误差(表 14-4),但是在大的成矿阶段划分和成矿顺序研究上基本取得了一致,即长坑金矿成矿在先、富湾银矿成矿在后,成矿时代为燕山运动晚期至古近纪。

表 14-4 长坑金矿-富湾银矿成矿年龄

矿石类型与测定对象	测年方法	成矿年龄(Ma)	资料来源
银矿,硅化全岩	K-Ar 法同位素年龄	136.8±11.3	杜均恩等,1996
金矿,硅化全岩		132.2±2.5	郭新生,杜均恩,1996
金矿石,全岩	Rb-Sr	147.8±83.3	王登红等,1999
银矿石,石英包裹体	Rb-Sr 等时线年龄	70.4±2.5 65±2.5 68±8.5	梁华英等,1998a 梁华英等,1998b 梁华英等,2000
金矿石,石英包裹体	Rb-Sr	128±3	毛晓冬等,2003a
银矿石,石英包裹体		66±12	
银矿床,矿化石英	$^{40}Ar-^{39}Ar$法	64.3±0.1	梁华英等,2006
金矿床,激光微区	$^{40}Ar-^{39}Ar$法	109.9±1.4～110.1±1.3	孙晓明等,1999
金矿床,石英	$^{40}Ar-^{39}Ar$法	61.58±5.99	石光耀,2016
银矿床,石英		64.57±13.40	

1.矿床形成及矿物生成序列

通过对矿石矿物组构,即成岩矿物的时空分布与相互产出关系研究表明,金矿床的成矿作用要早于银矿床,典型矿物生成序列如图 14-12 所示。

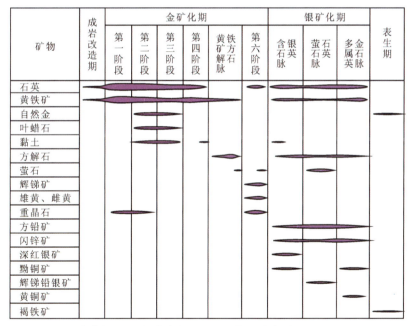

图 14-12 广东长坑金矿-富湾银矿矿石矿物生成序列(转引自毛晓冬,2003)

在岩心上,晚期银矿化多为不规则状矿脉、网状脉或分叉状矿脉,切割早期形成的蚀变硅化岩,从而很好地区分出了矿床的形成序列(图 14-13)。

2.同位素年代学研究

杜均恩等(1996)首先对长坑金矿-富湾银矿矿石进行了全岩 K-Ar 成矿年龄测定,结果分别为 136.8±11.3Ma 和 132.2±2.5Ma,这一年龄值相当于区域燕山运动三期岩浆活动的时间。

图 14-13　广东长坑金矿-富湾银矿矿石中脉体的穿插关系（据石光耀，2016）
a. 金矿矿石中雄黄脉切穿脉状黄铁矿；b. 银矿矿石中的脉状方铅矿

随后，梁华英等（1998a,1998b）针对银矿石中的石英包裹体，分别进行了 Rb-Sr 等时线年龄测定，结果为 70.4±2.5Ma、65±2.5Ma 和 64.5±8.5Ma，即富湾银矿的成矿年龄为 74～57Ma，也主要为燕山运动晚期的产物。毛晓冬等（2003a）对金矿石和银矿石的石英包裹体 Rb-Sr 等时线年龄进行了研究（表 14-4），认为两个矿床是两次不同成矿作用的产物，金矿形成在先、银矿形成在后并叠加改造了金矿。金矿形成于早白垩世晚期（燕山晚期早阶段），银矿形成于晚白垩世末期到早古新世（燕山晚期晚阶段—喜马拉雅早期早阶段）。他的研究还明确指出，金、银矿床非早石炭世与晚三叠世之间沉积作用的产物。

孙晓明等（1999）、梁华英等（2006）、石光耀（2016）应用金矿石和银矿石石英 ^{40}Ar-^{39}Ar 法分析了矿床的矿化年龄（表 14-4），也分别得到了相似的结论。同时指出，金-银矿床石英 ^{40}Ar-^{39}Ar 年龄和三水盆地火山活动时代（61.7～41.8Ma）接近，而与该区燕山期岩浆活动时代明显不同，说明矿床形成可能与三水盆地古新世喜马拉雅期火山活动有关。

第三节　关键控矿因素

矿床与围岩的空间配置关系表明，不整合界面（被断层改造）首先为矿床储存提供了物理空间，区域深大断裂构成了成矿流体的运移通道，不整合界面上下迥然不同的地层岩石地球化学性质提供了良好的成矿环境。当然，盆地基底与围岩地层中丰富的矿质及充分的热力萃取过程和驱动作用，也是重要的物源条件和含矿流体驱动力。

一、矿质来源

长坑金矿-富湾银矿虽然具有"上金下银""北金南银"紧密相伴的空间配置关系，但它们毕竟属于两个相对独立的矿床（图 14-2），这意味着其矿质来源可能有所不同。研究表明，长坑金矿和富湾银矿除在铅硫同位素、成矿流体氢氧同位素组成上存在差异外，其微量元素、稀土元素、C 和 He 同位素等方面都存在很大的差异。人们通过与矿床围岩及区域基底岩性的微量元素和同位素地球化学分析认为，金、银矿床成矿物质来源不同：金可能来源于矿区周围的下石炭统梓门桥组地层，而银则来源于粤西地区广泛分布的中—古元古代地层（云开杂岩）。

(一) 金矿床矿质来源

关康等(1997)对长坑金矿围岩地层金含量进行了系统测定,发现与金矿关系最为密切的下石炭统梓门桥组金含量达到 11.20×10^{-9},是所有地层单元中含量最高的,可视为长坑金矿的矿源层。同时,关康等(1997)分别对矿区下石炭统梓门桥组灰岩、上三叠统小坪组碳质泥岩、金矿石及外围西樵山古近纪—新近纪含银粗面岩的稀土元素进行了研究,发现无论是稀土总量还是稀土配分模式,金矿床与梓门桥组灰岩相一致,进一步证实梓门桥组灰岩是长坑金矿的矿源层。梁华英等(1997)对长坑金矿床铅同位素进行了研究,发现金矿与矿区围岩地层铅同位素组成基本一致,指出金矿成矿物质主要来自于下伏地层。也有研究发现,长坑金矿床铅同位素 μ 值与三水盆地西南缘奥陶系至石炭系接近(图14-14),显示金矿床的成矿物质来自于奥陶纪至石炭纪的碳酸盐岩(梁华英等,2006)。

(二) 银矿床矿质来源

1.围岩和区域地层银含量

粤西地区中新元古代地层普遍富银,银平均含量为 349×10^{-9}(潘家永等,1996)。除此以外,寒武系银平均含量也较高(320×10^{-9})。所以,粤西地区元古宇和寒武系可能为富湾超大型银矿床的形成提供了丰富的矿源物质。然而,粤西地区泥盆系至石炭系的银含量较低,仅在 $(47.2\sim67.4)\times10^{-9}$ 之间(潘家永等,1996),矿床围岩地层的银含量也仅为 $(34\sim40)\times10^{-9}$(杜均恩等,1996),均低于地壳克拉克值。因此,银矿床成矿物质来自寒武系—石炭系的可能性不大。

2.铅同位素特征

富湾超大型银矿床铅同位素 μ 值($10.67\sim10.95$)与赋矿地层的 μ 值($9.79\sim10.33$)不同(梁华英等,1998,2006)(图14-14),而与粤西地区中新元古代地层中矿床(茶洞银矿床)的 μ 值($10.62\sim10.66$)相似(张乾等,1993;梁华英等,2006)。这从铅同位素的角度说明富湾超大型银矿床成矿物质主要来自中上元古宇的变质基底。

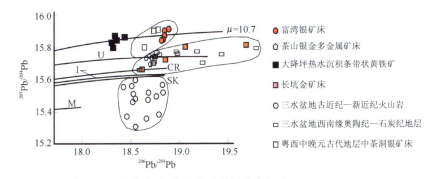

图14-14 长坑金矿-富湾银矿铅同位素组成(据梁华英等,2006)

U. 上地壳演化线;I. 造山带演化线;M. 地幔演化线(Zartman and Doe);CR. Cuming and Richard 上地壳演化线;SK. Stacey and Krames 上地壳演化线

虽然在区域上和矿区内泥盆系—石炭系存在银的亏损,但是银矿床铅同位素组成和寒武系—石炭系铅同位素组成明显不同,显示矿区下伏地层银的亏损不是银被活化所致。成矿物质主要不是来自下伏寒武系—石炭系(梁华英等,1998)。

毛晓冬和黄思静(2003)研究认为,长坑金矿石铅是普通和放射成因两阶段混合而成的异常铅,具有壳源性质;而富湾银矿石铅是三阶段演化的异常铅,具有壳幔混合源特点。

3. He 同位素特征

富湾银矿的 He 同位素组成与长坑金矿截然不同,前者属于幔源流体成矿,$^3He/^4He$ 比值为$(0.083 \sim 1.17) \times 10^{-6}$;后者属于壳源流体成矿,$^3He/^4He$ 比值为$(0.007\,6 \sim 0.024) \times 10^{-6}$,两者相差达两个数量级(王登红等,1999),显示两者具有不同的物质来源。

4. 硫同位素特征

富湾超大型银矿床脉状矿体方铅矿和闪锌矿硫同位素组成为 0.3‰~5.2‰,均一,极差小。结合蚀变及矿物组合特征,梁华英等(1998)认为银矿体主要是在还原硫优势场的环境中形成的。但是,其与长坑金矿的硫同位素组成明显不同,后者多为负值,变化大,方差大,显示两者的形成环境及成矿物质来源都有差异。毛晓冬等(2003)认为,金矿硫源以深源硫为主,并有有机还原硫加入,银矿则为无机还原成因硫,显示金、银矿床成矿物质硫来源存在一定的差异。

结合区域构造和成矿年代学研究,梁华英等(2006)认为富湾超大型银矿床成矿物质发生过多次活化迁移:元古宙的沉积作用形成了矿源层,加里东期区域变质作用使基底中的银从难活化状态转变为变质后的易活化状态,燕山期成矿使银发生活化迁移富集,并在基底中形成矿床或矿化点,喜马拉雅早期成矿热事件使基底中富集的银再次活化及迁移至盖层聚矿构造中最终形成矿床。

二、成矿流体性质

流体包裹体是成岩、成矿过程中,由于溶液浓度、物理化学条件、温度、压力等条件的变化,致使正在结晶的矿物形成了各种缺陷,这些随机形成的缺陷捕获了成岩、成矿流体,并将这些流体封存其中,形成了今天人们能够看到的包裹体。所以,流体包裹体分析结合同位素地球化学研究,是揭示成矿流体性质最为直接和有效的分析方法。人们对该矿床的流体地质特征进行了大量的研究,发现该矿床的成矿热流体不是源于岩浆热液,而是源于大气降水(杜均恩等,1996;梁华英等,1998)或建造水(孙晓明等,1999),是一种富含有机质的盆地热流体(张文淮等,2000)。

关康等(1997)对长坑金矿矿石矿物(以石英为主)流体包裹体进行了研究,发现以纯液相和液相包裹体为主,含有少量有机质(烃类)包裹体。流体包裹体中阳离子富集顺序为$Ca^{2+} > K^+ > Na^+ > Mg^{2+}$,阴离子主要是$SO_4^{2-}$,其次是$Cl^-$。

张文淮等(2000)对矿床的 3 类原生矿石以及矿化蚀变岩中含金矿物(硅化石英、方解石、雄黄等)包裹体进行了研究,发现该矿床矿石中流体包裹体种类较多,以富气态烃包裹体与盐水溶液包裹体为主(图 14-15),表明成矿流体为富含气态烃的水溶液。对金、银矿石流体包裹体均一温度和盐度的测试表明,显示两种矿床均形成于低温阶段(分别为 130~289℃和 176~280℃),相对而言银矿形成温度略偏高(图 14-16),但是盐度的情况则相反(以 NaCl 计,分别为 1.6%~7.3%和 1.6%~2.6%),表明金矿与银矿的成矿流体有区别,不是同期形成的产物。单个流体包裹体的拉曼光谱分析结果证明,金、银矿石中无机成分主要为盐水溶液,金矿石中有机包裹体的成分主要为甲烷、乙烷等烷烃类物质、水和碳质,银矿石除上述烷烃类和碳质以外,还有 H_2S 等物质(图14-17)。分析认为,成矿流体成分与赋矿围岩密切相关,成矿流体主要为盆地富含有机质的热流体。

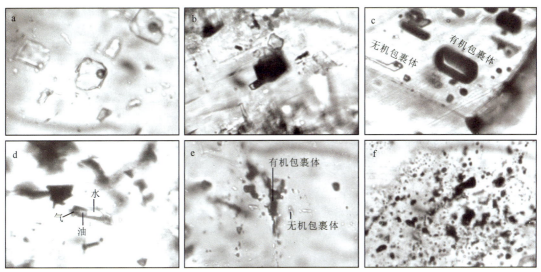

图14-15 长坑金矿-富湾银矿矿石矿物流体包裹体显微特征(据张文淮等,2000)

a.无机包裹体,$H_2O+NaCl(Ca、Mg、K)$;b.富气态烃包裹体,载体为方解石,样品C-6;c.纯气态烃包裹体,载体为雄黄,样品C-5;d.油、气、水三相包裹体,载体为石英,ZK3201;e.有机与无机包裹体共存;f.有机包裹体占相对优势,载体为方解石(方解石雄黄脉),样品T-1

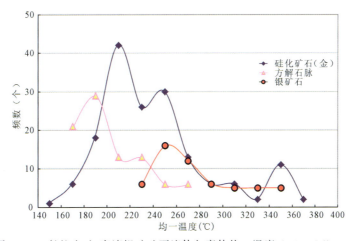

图14-16 长坑金矿-富湾银矿矿石流体包裹体均一温度(据张文淮等,2000)

张生等(1998)和毛晓冬等(2003b)对流体包裹体的研究认为,较早形成的长坑金矿的成矿流体为 K-Na-Cl 型,流体介质水为大气降水或建造水;后期形成的富湾银矿的成矿流体为 Na-Ga-Cl 型,是大气降水与火山-岩浆水的混合水。成矿流体属亚临界、中—低温、中—低盐度的高密度流体(弱酸-弱碱性热液),是一种开放的具有热液环流机制的成矿系统。

关康等(1997)对金矿石5个石英和1个重晶石样品的氢氧同位素测定发现,长坑金矿床成矿流体是以大气降水为主(图14-18)。梁华英等(1998a,2000)通过氢氧同位素研究发现,

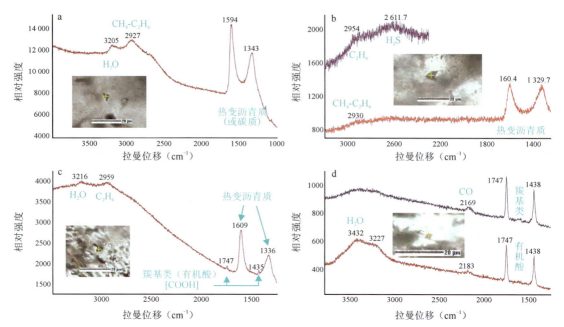

图 14-17 长坑金矿-富湾银矿矿石流体包裹体激光拉曼测试结果(据张文淮等,2000)
a. 金矿石;b. 银和多金属矿石;c. 矿体底板蚀变围岩;d. 矿体顶板蚀变围岩

长坑金矿床和富湾银矿床成矿流体特征有明显差异,金矿床成矿流体氢氧同位素组成变化都比较大,造成这种现象的原因可能有两个:①成矿流体主要来自中生代以前的地层水或大气降水;②由于大量有机质参与成矿而使成矿流体的氢同位素组成发生了变化(图14-18)。银矿床成矿流体以氢同位素组成相对稳定,氧同位素组成变化较大为特征,表明成矿流体主要为中生代循环大气降水或建造水(图14-18)。

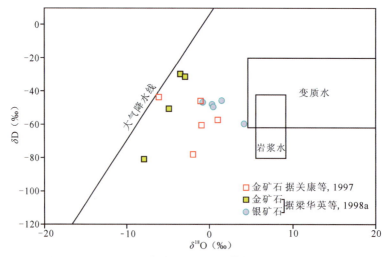

图 14-18 长坑金矿-富湾银矿成矿流体氢氧同位素组成图解

三、热力要素

热力要素是促使矿质析出和运移的主要驱动力。矿床所在区域及外围岩浆活动频繁,矿床下伏存在西安隐伏花岗岩体,由岩浆活动派生的热流体在矿体附近留下了记录。

1. 岩浆活动频繁

矿区及其外围岩浆活动频繁,计有加里东期和海西期的混合花岗岩、晚侏罗世花岗斑岩(次火山岩)、燕山运动二期的花岗闪长岩和二长花岗岩、燕山运动三期和四期的黑云母花岗岩、燕山运动五期的石英斑岩、古近纪的粗面岩和玄武岩(图14-19)。

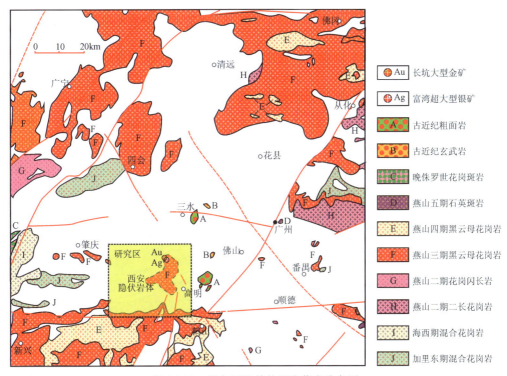

图14-19 研究区及其外围岩浆岩分布图

比较而言,岩浆侵入活动远远活跃于火山喷出活动,而侵入岩中以燕山运动三期和四期的黑云母花岗岩分布最为广泛。火山活动主要发生于三水盆地,地表所见主要为古近纪的粗面岩和玄武岩喷发,如西樵山粗面岩等(图14-7、图14-19)。事实上,油气勘探揭示出三水盆地共存在4个火山喷发旋回,可进一步划分为13个喷发期和近百次的喷发活动。其中旋回Ⅰ形成于白垩纪,旋回Ⅱ、Ⅲ和Ⅳ形成于古近纪。火山喷发多沿断裂分布,尤以断裂交叉部位常见,表明其活动受断裂控制。

2. 西安隐伏花岗岩体

在研究区内部尚未发现岩浆岩出露,但深部存在隐伏岩体。重磁异常显示深部隐伏岩体位于高明县西安一带(刘培森,1994),故命名为"西安隐伏岩体"(图14-19)。刘培森(1994)通过模拟计算认为该岩体埋藏较浅,局部地区(岩凸)上界面最浅埋深仅20m。南蓬山浅井揭露其为燕山运动三期的黑云母花岗岩$[\gamma_5^{2(3)}]$。

3. 热史记录

在富湾—凌云山一带的地表露头和钻孔岩心中采取了6块三叠纪小坪组的泥岩和煤层

样品,对其进行了镜质体反射率测试。结果表明,在远离矿体的围岩中,R_o相对较低,平均为2.13%。而发育于不整合面上矿体附近的 R_o 相对较高,矿体顶板最高达5.2%,底板为3.11%(图14-20)。这说明矿床形成过程的盆地热流体(含矿热液)确实是沿着构造不整合界面运移和成矿的。

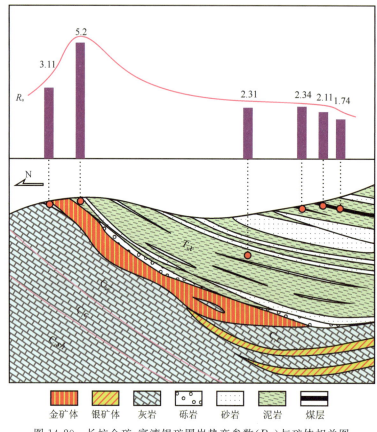

图14-20　长坑金矿-富湾银矿围岩热变参数(R_o)与矿体相关图

4.岩浆活动与成矿关系

在粤西北地区,金属矿床大多数分布于岩体与围岩的内外接触带附近。然而,从长坑金矿与富湾银矿的空间配置关系、矿床形成年龄,以及元素地球化学所揭示的成矿流体性质和矿质来源等特征,均显示它们在形成过程中可能经受了不同构造期次的岩浆热力作用。

长坑金矿床的形成可能与西安隐伏岩体的热力因素有关。西安隐伏岩体具有多个向外侧围岩突出的"鼓凸","鼓凸"部位通常断裂发育,构造复杂,是热和流体集中交换的重要场所,因而是成矿的有利地段,长坑金矿-富湾银矿就位于其西北部"鼓凸"部位(图14-19),显示了良好的空间叠置关系。然而,结合成矿流体性质特别是矿质来源研究,燕山运动三期的岩浆侵入作用仅对长坑金矿的形成具有影响。岩浆侵入作用不仅促使了深部碳酸盐岩有机质的演化,同时也为地层中金的溶解、流体迁移、水-岩交换的进行,以及金矿床的形成提供了良好的热动力。除长坑金矿以外,矿床外围南蓬山和富湾—凌云山一带的地球化学异常浓集区段可能也与隐伏岩体的岩浆活动有关。

富湾银矿床形成于76.5～59.5Ma，晚于燕山期岩浆的活动时代，所以银的成矿作用与燕山期岩浆侵入活动没有直接关系。然而，成矿流体性质和矿质来源信息等都将富湾银矿的成矿热源驱动指向了晚白垩世至古近纪火山岩浆活动。矿区所在的三水盆地自晚白垩世开始至古近纪末火山活动强烈，火山岩的总厚度大于1000m，分布面积大于320km^2（广东省地质矿产局，1984）。在三水盆地、西樵山、走马营及钻孔中见到玄武岩及粗面岩（同位素年龄为64～47Ma），形成时代和银矿床形成时代部分重叠，特别是在西樵山发现了古近纪—新近纪火山岩型银矿床。因此，晚白垩世至古近纪火山岩岩浆活动形成的高地热环境可为富湾超大型银矿床的形成提供充足的驱动热源（梁华英等，1998，2002，2006）。此期火山活动主要位于研究区外围，而提供银矿矿质来源的中—古元古代地层也位于研究区外围，这种远程的空间配置关系也间接地佐证了上述推理。

四、成矿流体运移与储矿空间

区域深大断裂网络系统以及被叠加改造的不整合界面，是提供长坑金矿-富湾银矿成矿流体运移与矿体储存的必要物理空间，其形成发育取决于叠合盆地演化过程中的4次重大构造变革。

第一次变革即加里东运动。经过长期隆起剥蚀之后，至中泥盆世华南地区开始区域沉降并接受了一套由河流相→滨-浅海碳酸盐岩→含煤岩系的沉积演化序列，这标志着盆地基底自中泥盆世到晚二叠世的长期持续下沉过程。其残余地层的分布受到北东向断裂（恩平-从化、吴川-四会）和东西向断裂（礔石-顺德）的明显控制（图14-1、图14-3、图14-7、图14-19）。

第二次变革为印支运动。首先使晚古生代碳酸盐岩盆地遭受了强烈的褶皱变形和剥蚀改造，大部分碳酸盐岩直接隆升暴露地表，部分残留于三水盆地之下，并形成了一级古构造不整合界面（T_3/C_1）（图14-2）。在长期沉积间断之后，至晚三叠世研究区再次沉降，接受了一套陆相含煤碎屑岩系沉积，它构成了矿床的直接顶板——重要的成矿"盖层"（图14-2）。

第三次变革为燕山运动。使研究区总体处于南东-北西方向的挤压背景中，形成了一系列具有北东向展布特点的褶皱带，从而奠定了该区北东向山脉的雏形。随后，在南东-北西向挤压剪切作用下，沿着北东向褶皱隆起带形成了一系列与之平行的压扭性脆性断裂带及相配套的北西向张性断裂，于早侏罗世有短暂的海水入侵与海退旋回。主要的沉积物为白垩系，发育于由北东向盆缘断裂控制的三水盆地中（图14-7）。

第四次变革为喜马拉雅运动。基本上继承了燕山运动的构造格局，研究区总体处于隆起剥蚀状态，仅在三水盆地接受了古近纪沉积。主要的变化在于古近纪受北西向盆缘断裂控制，如北西向的西江正断层控制。第二个变化则是形成了诸如西樵山的火山喷发事件（图14-7）。

构造变革过程中断裂网络及其贯通的一级古构造不整合界面（T_3/C_1）是长坑金矿-富湾银矿成矿流体运移与矿体储存的必要物理空间。梁华英等（2006）总结为相应的两个有利的地质条件：①深大断裂构造交会及盆地边缘同生断裂构造组成的连通网；②不整合界面（T_3/C_1）附近特殊岩性组合形成的聚矿-圈闭环境。

从区域角度来看，长坑金矿-富湾银矿位于广州-从化、高要-惠来和西江3组深大断裂带的交会部位(图 14-1)。形成于加里东期的广州-从化断裂,在古近纪以后活动强烈,东西向高要-惠来深断裂在中新生代构成了微型扩张的陆内裂谷。沿此断裂带发育了很多断陷盆地、大规模的火山喷发,地热异常集中。贯穿整个矿区并被认为是主要控矿及导矿通道的下湾断裂在古近纪—新近纪时发生活动(梁华英等,2006)。断裂网络为深部含矿流体运移输导提供了理想的物理通道。

从矿区角度来看,由印支运动形成的一级古构造不整合界面(T_3/C_1)充当了含矿流体运移、会聚和矿体储存的重要物理空间。在 T_3/C_1 古构造运动面形成期间,早石炭世的碳酸盐岩遭受了强烈剥蚀和溶蚀,加之后期多次滑脱断裂(剥离断层)的叠加改造,不整合面便成为破碎、多孔的脆弱带(图 14-21),溶洞能见率达 38.5%[①]。沿不整合界面具有灰岩-硅质岩-泥岩构成的聚矿-圈闭环境。矿床的直接顶板为晚古生代的热水沉积富金硅质岩及上三叠统小坪组碳质泥岩、粉砂岩等,它们均为不透水的隔水层,对成矿流体具有圈闭作用,控制了矿体的上限;矿床的直接底板为下石炭统梓门桥组下部

图 14-21　印支古构造运动面(不整合面)及其附近的岩性特征(焦养泉摄,1999)

a. 裂隙晶洞;b. 角砾

泥质灰岩及测水组泥质灰岩、薄层碳质泥岩,岩石致密,不透水,控制了矿体的下限。成矿流体通过区域断裂网络进入被剥离断层改造了的不整合界面后,由于顶、底板都有阻隔成矿流体分散的隔水层,形成良好的成矿圈闭条件,因此有利于形成大型—超大型矿床(梁华英等,2006)。

五、岩石地球化学环境条件

以金银矿体就位的、被滑脱断裂(剥离断层)叠加改造的古构造不整合面(T_3/C_1)为界,其底板为大规模的碳酸盐岩建造,顶板为含煤碎屑岩建造,两者截然不同的岩石地球化学类型可能是促成长坑金矿-富湾银矿形成发育的有利环境条件。目前,关于岩石地球化学环境突变与成矿作用相关性的研究尚不充分,但是此类科学问题在其他矿床中似乎也有表现,因此是今后值得探索的新领域。

第四节　成矿模式

尽管长坑金矿和富湾银矿共存于同一个构造不整合界面中,但是属于两个相对独立的矿床,是一种新颖的矿床组合。两个矿床形成年龄存在差异,长坑金矿形成相对较早,而富湾银

---

① 广东地质勘察开发局七五七地质大队一分队. 广东省高明市富湾银矿区普查报告,1992.

矿形成相对较晚。两个矿床的铅硫同位素、氢氧同位素、C 和 He 同位素、微量元素及稀土元素等方面都存在着很大的差异，这预示着金、银矿床成矿物质来源和成矿流体性质完全不同。其中，长坑金矿的成矿物质来自于矿床下伏的碳酸盐岩建造，而富湾银矿的成矿物质则来源于矿床外围的元古宇。长坑金矿成矿流体为大气降水和沉积建造水的混合流体，银矿的成矿流体水是大气降水与火山-岩浆水的混合产物，但两者均为盆地富含有机质的热流体。研究认为，燕山期的岩浆侵入活动驱动了金的萃取溶解和成矿流体的垂向运移，而晚白垩世—古近纪的火山活动则促成了银的萃取和溶解、含矿流体的远程侧向运移和驱动（图14-22）。区域深大断裂网络系统以及被叠加改造的不整合界面为长坑金矿-富湾银矿成矿流体运移与矿体储存提供了必要的物理空间。不整合界面顶底板截然不同的岩石地球化学类型可能是促使成矿的有利环境条件。

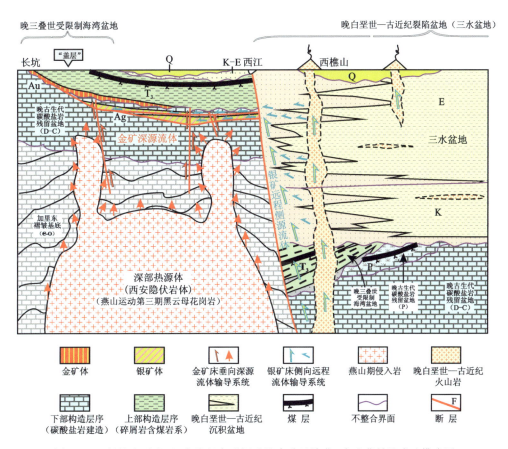

图 14-22 长坑大型金矿-富湾超大型银矿叠合盆地演化、成矿背景及成矿模式图

王登红等（1999）从伴生矿床的角度总结了长坑金矿与富湾银矿的成因机制，认为它们是两种起源不同的成矿流体利用了同一构造体系所形成的两个独立矿床，属于伴生矿床。长坑金矿可能是在隐伏岩体侵位过程中加热围岩中的地下水和封存水，并使之活化、演变成热流体，热流体萃取围岩中的成矿元素，并在有利的构造部位卸载、成矿，不排除隐伏岩体本身提供流体与成矿物质的可能性；富湾银矿则与火山岩岩浆作用具有更密切的联系，成矿流体和成矿元素可能直接来自于火山热液和/或次火山热液。它们之所以长在一起，是因为它们利

用了相同的有利的控矿构造(也是容矿构造),即下石炭统梓门桥组与上三叠统小坪组之间的构造滑动面。长坑金矿形成于燕山期,富湾银矿形成于喜马拉雅期之初(图 14-23)。

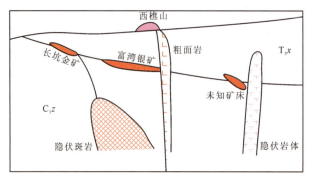

图 14-23　长坑金矿与富湾银矿伴生及可能存在其他伴生矿床示意图(据王登红等,1999)

第十五章 不整合面型铀矿

> 国际原子能机构对不整合面型铀矿的定义是：在空间上与不整合面关系密切的铀矿床，可分为"与元古宙不整合有关"和"与显生宙不整合有关"两个亚类，前者以加拿大北萨斯喀彻温阿萨巴斯卡（Athabasca）盆地和澳大利亚北部阿利盖特河地区铀矿床为代表，而后者以法国"与后海西期不整合有关"和中国东南部"与中、新生代不整合有关"的铀矿床为代表，其中，世界著名的不整合面型铀矿主要与元古宙不整合有关（陈祖伊和黄世杰，1990；Cuney and Kyser，2009；周维勋，2010；OECD/NEA－IAEA，2017）。之所以将此类矿床纳入，主要是其成矿过程与地球演化早期低等植物形成的碳硅泥岩有关，特别是经变质作用形成的石墨是此类矿床形成的重要还原介质。

第一节 矿床分布及特点

一、矿床分布规律

不整合面型铀矿床以"富、大"著称，是世界上最为重要的铀矿床类型，加拿大和澳大利亚古元古代沉积盆地中发育的不整合面型铀矿产量在2016年占全球总量的30%以上（彭新建，2003；Cuney and Kyser，2009；刘悦和丛卫克，2017；李增华等，2019）。主要分布在加拿大北萨斯喀彻温铀矿省和澳大利亚北部派因-克里克铀矿省，其他地区如加拿大西北地区塞隆（Thelon）盆地的基加维克（Kiggavik）矿区，西澳大利亚州的拉克（Rudall）变质杂岩带附近金都赫（Kintyre）矿田，圭亚那-委内瑞拉交界处的罗莱玛地区（Roraima Region），俄罗斯于西北利亚陆块的阿尔丹地盾和东欧陆块的波罗的海地盾区也有此类矿化发育，中国于华北地块的南缘晋南—豫西地区也进行过一定的勘查工作和探索，但未获得突破（周维勋，2010；OECD/NEA－IAEA，2017）。

二、矿床基本特点

该矿体位于风化的沉积变质基底与上覆厚的砂岩地层之间的不整合面上或附近，矿体形态与赋矿构造有关，一般呈似层状、透镜状、盆状、锲状、脉状、浸染状产出，其中定位于不整合面上的矿体呈似层状和透镜状，在上覆岩层和下伏岩层中的矿体则以脉状为主（彭新建，2003；李增华等，2019）（图15-1）。矿床品位高，最高达12%（质量百分比）；矿石物质成分比较复杂,矿石矿物主要为沥青铀矿以及少量晶质铀矿、钛铀矿、铀石等(图15-2);伴生的金属矿物多为金属硫化物、砷化物、硒化物及部分自然金、铜、银;脉石矿物多为绿泥石、石英、高岭石、方解石、白云石等(彭新建,2003;周维勋,2010)。

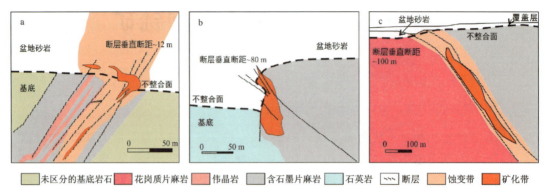

图 15-1　加拿大阿萨巴斯卡盆地不整合面型铀矿剖面产出特征(据 Li et al,2015,2017 修改)
a. Key Lake 铀矿床;b. McArthur River 铀矿床;c. Eagle Point 铀矿床

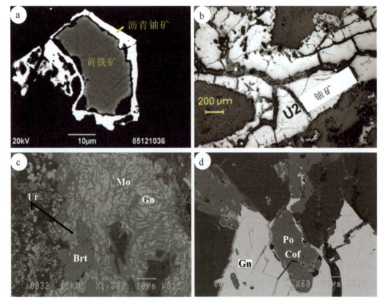

图 15-2　不整合面型铀矿床中矿石微观特征
a. 沥青铀矿围绕黄铁矿产出,澳大利亚 Ranger 铀矿(据 Skirrow et al,2016);b. 胶状沥青铀矿脉(U2 铀矿),澳大利亚 Ranger 铀矿(据 Skirrow et al,2016);c. 沥青铀矿(Ur)、钛铀矿(Brt)、辉钼矿(Mo)、闪锌矿(Gn)共生(据 Lesbros-Piat-Desvial,2017);d. 白云石(Dol)脉体裂隙中充填的雌黄铁矿(Po)和闪锌矿(Gn),铀石(Cof)呈脉状充填于雌黄铁矿和闪锌矿裂隙中(据 Lesbros-Piat-Desvial,2017)

第二节　成矿地质条件

一、构造条件

周维勋(2010)对世界主要不整合面型铀矿进行了系统调研和分析,认为矿床产出的构造背景具有以下共性特征。

(1) 太古宇—古元古界发育与固结时间≥2200Ma的古陆块/陆块所在地域,太古宇呈独立的花岗岩-片麻岩穹隆或在太古宇—古元古界共同构成的基底中呈内露层产出。

(2) 古元古代晚期(2200~1900Ma)出现克拉通边缘式的活动带,产生局部含有机质的泥质、砂屑质、钙质沉积物,而后经发生在古、中元古代之交的构造运动,这套含铀有机质和富铀泥质或半泥质层的沉积物遭受从绿片岩相到麻粒岩相的变质作用,有机质演变为石墨并构成各类变质岩的重要组分,与太古宇共同构成基底,所在地区则分别称为北美和北澳陆块(地台)的组成部分。

(3) 中元古代早期(1700~1450Ma)在经剥蚀夷平之后而产生的内克拉通盆地内部接受以红色碎屑岩为主的盖层沉积,有时夹有侵入的镁铁质岩浆岩,从而形成元古宙不整合面型铀矿产区所特有的双层结构格局。

(4) 中元古代末发生切割基底和盖层的剪切带及辉绿岩/粒玄岩墙的充填,中元古代之后,一些前元古代糜棱岩带和断裂带等线性构造还会复活并切割中元古代盖层。

(5) 当时大气圈中有相当于现今大气圈含量2%~4%的氧,铀呈可溶性离子状态迁移,但在岩石圈不深处便出现还原环境,有利于铀的高度富集,而随老断裂等再次复活,铀出现一些次要的成矿活动和已形成的矿化再分配。由此可见,不整合面型铀矿床成矿作用发生在陆壳演化的特定阶段,具有不可逆性(图15-3)。

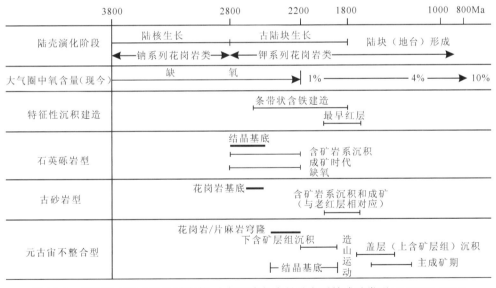

图15-3　前新元古代主要地质事件、大气圈中氧含量及主要铀成矿类型(据周维勋,2010)

(6) 该类矿床的成矿时代与成岩时代存在较大的时差,且成矿具多时代特点,时间延伸范围较大,有两个主要成矿期:①与不整合面的发育期;②与主要造陆期及断块运动期相接近。例如,加拿大铀矿化通常集中在1400~1200Ma,澳大利亚铀矿化集中在1900~1700Ma(周维勋,2010)。

此外,李增华等(2019)的研究认为断裂构造是不整合面型铀矿床的主要控矿构造,它可分为贯通基底切层断裂和顺层断裂。切层断裂切穿不同的岩性层位,形成复杂的矿体形态,但以脉状为主；顺层断裂沿层间发育，或沿不整合的界面发育，受其控制的矿体产状较稳定，一般呈层状、似层状产出，矿体规模较大。矿化的赋存大都在断裂的上下盘岩石内，多组断裂交会处是成矿的有利地段（图15-1）。

二、含矿层位及岩性条件

矿化产于不整合面上、下的早、中元古代地层中，以不整合面之下的古元古代地层为主，例如，加拿大该类铀矿床的层位为古元古代的阿菲比亚系和太古代基底以及中元古代阿萨巴斯卡（Athabasca）群；澳大利亚该类矿床其矿化层位为古元古代的卡希尔建造（周维勋，2010）。矿化的原岩为下元古界复理石建造中的碳酸盐岩、硅岩、泥岩系，富含碳质、泥质和黄铁矿，变质后形成一套富含黄铁矿的绿泥石石墨片岩、绿泥石片岩、石英绿泥石角砾岩及燧石等。有些矿化产于白云质大理岩类绿泥石片岩或产于白云岩或产于钙硅质岩中。岩性对矿化的作用在于其具较高的含铀性和大量的还原组分，如碳质、黄铁矿和绿泥石等，为铀的成矿提供了物质来源和还原富集的条件（图15-1a，图15-4）。例如，贾比卢卡矿床的4个含矿层位中最利于成矿的岩性是石墨片岩、绿泥石及其角砾岩。

三、还原介质条件

通常认为不整合面型铀矿的形成与基底富石墨断层有关，原因是铀成矿所需的还原介质可能是从破碎的石墨风化层释放的CH_4、H_2和H_2S等（Alexandre et al，2005）。

在不整合面型铀矿床附近酸性卤水对石墨化变质沉积物的蚀变十分普遍，导致其部分完全溶解，并伴有腐蚀坑和沿断层的石墨再活化，在石墨消耗过程中伴随UO_2出现，因此，石墨已经被作为是直接的还原剂（Kyser et al，1989；Alexandre et al，2005；Dargent et al，2015）（图15-4）。

四、区域不整合面及水文地质条件

不整合面型铀矿床的最大特点是严格受特定的区域不整合面控制（周维勋，2010）。澳大利亚和加拿大的不整合面型铀矿床都具有这一明显的特点，矿化多产于中、下元古界的不整合面附近。区域不整合面是铀活化、迁移、聚集成矿特别有利的场所（图15-5，图15-6）。周维勋（2010）认为主要原因有如下3个。

(1)沿不整合面流动的地下水可以将在风化剥蚀过程中活化转移出来的铀会聚起来。

(2)区域不整合面是一个地球化学变化带，界面之下的变质岩系为含石墨的片岩，或强烈黄铁矿化、绿泥石化岩石，而界面之上为中元古代红色碎屑岩建造，二者接触界面附近形成反差明显的氧化-还原界面，故是促使铀沉淀的化学界面。

(3)区域不整合面是一个水动力条件转制面，界面之上是高渗透性的阿萨巴斯卡群砂岩，界面之下是渗透性差的变质岩（除了有断裂沟通的热液循环之外）。

以加拿大阿萨巴斯卡盆地为例，铀成矿区内的不整合面都是向矿体赋存区倾斜的，尤其是矿体顶部的不整合面倾斜更为明显，使成矿区成为区内流体的主要汇集区（图15-5）。阿萨巴斯卡盆地东南部的一些大型富铀矿床（如 McArthur River、Key Lake、Sue 等）都形成在不整合面谷地、矿床附近不整合面起伏大的地区以及在不整合面有很高石英山脊（200～300m）

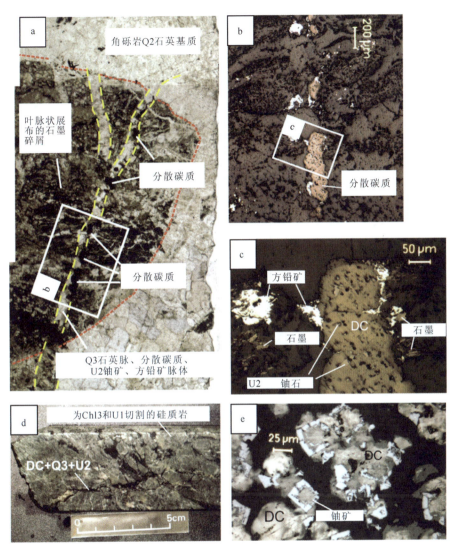

图 15-4 澳大利亚 Ranger 铀矿床中晶质铀矿与石墨、分散碳质的关系(据 Skirrow et al,2016)
a.硅化角砾(Q2 石英填隙物)中含石墨片岩的碎屑,被石英(Q3)、分散碳质(DC)、晶质铀矿(U2)、闪锌矿脉切穿;b.细脉中分散碳质、闪锌矿和石英;c.浸染的晶质铀矿(U2)与分散碳质、闪锌矿共生,与成排分布的石墨相邻;d.岩心中所观察到的硅质岩被绿泥石(Chl3)和早期晶质铀矿(U1)网脉切割,而这些脉体又被分散碳质、晚期晶质铀矿(U2)和石英(Q3)脉体所切穿;e.分散的碳质于环带结构的晶质铀矿(U2)交织生长

的地区,说明铀成矿地区为汇水区或对成矿流体形成阻挡滞留的地区。汇水区内,穿切砂岩和不整合面的强烈断裂构造作用为成矿流体的向下渗滤和还原性流体上涌提供了通道,尤其是上盘基底岩块中断裂构造的大量形成为盆地中大规模流体的混合提供了一个天然的场所,也为大规模富铀矿体的形成提供了极为良好的成矿赋矿空间(舒孝敬,2007)(图 15-5)。

五、中基性岩浆活动和其他火山岩条件

在成矿前后区域上存在有明显的火山活动和基性岩侵入事件,具体表现为在地层中出现的火山岩及各种脉岩体的产出。这些岩脉与铀矿体空间分布关系非常密切,也有研究认为岩浆

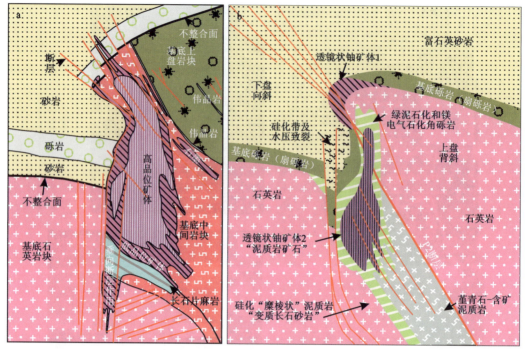

图 15-5 加拿大阿萨巴斯卡盆地 McArthur River 铀矿体地质断面略图(据张甲民等,2006)
a. McArthur River 1 号铀矿体;b. McArthur River 2 号铀矿体

活动及伴随的热流体活动对铀矿化的形成与富集具有极为重要的意义(周维勋,2010;Lesbros‒Piat‒Desvial,2017)(图 15-6)。

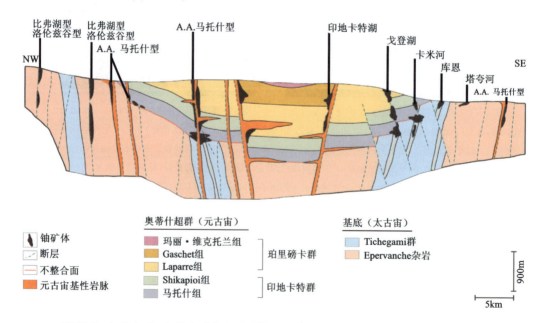

图 15-6 加拿大 Otish 盆地不整合面型铀矿地质剖面图(据 Lesbros‒Piat‒Desvial,2017)

第三节 典型矿床分析

加拿大不整合面型铀矿床主要分布在萨斯喀彻温(Sakatchewen)省西部地区纽芬兰,萨斯喀彻温省北部阿萨巴斯卡盆地及其附近,它是世界上不整合面型铀矿的主要产出区(图 15-7)。

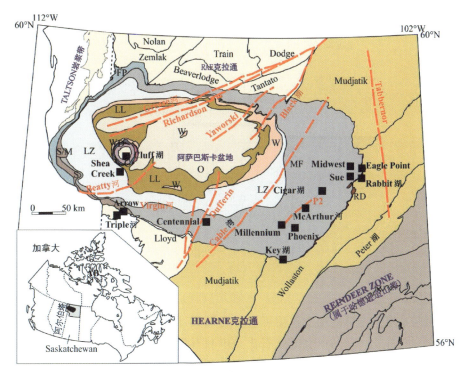

图 15-7 加拿大阿萨巴斯卡盆地不整合面型铀矿分布图(据李增华等,2019 修改)

阿萨巴斯卡群各组地层:FP. Fair Point 组;S. Smart 组;RD. Read 组;MF. Manitou Falls 组;LZ. Lazenby Lake 组;W. Wolverine Point 组;LL. Locker Lake 组;O. Otherside 组;D. Douglas 组;C. Carswell 组。黑色方块代表主要的铀矿床,粗虚线代表主要的活化区域断层。

阿萨巴斯卡盆地属加拿大地盾丘吉尔构造省的一部分,基底主要由太古宇花岗岩和绿岩带组成。2500Ma 之前的基诺兰造山运动在基底上形成一北东—南西向的深槽,深槽中充填了阿菲比亚系的沉积岩和火山岩(>1800Ma 的古元古代中晚期),在 1800~1700Ma 期间遭受赫德森造山运动,岩石发生变质和褶皱,形成一系列北东-南西向的活动带(周维勋,2010)。

工业铀矿化大都产在古元古代阿菲比亚系层位底部的沉积变质岩和变质火山岩互层中。主要铀矿床有:盆地西部的克拉夫湖(Cluff Lake)矿床,东部的科林斯湾(Collins Bay)、西加湖、中西湖(Midwest Lake)、拉比特湖(Rabbit Lake)、道恩湖(Dawn Lake)和南部的凯湖(Key Lake)铀矿床,Sue 矿床和麦克阿瑟河(McArthur River)铀矿床(图 15-7)。

阿萨巴斯卡盆地 U_3O_8 资源总量超过 $44×10^4$t,平均品位 $0.14\%\sim14.4\%$,但多数矿床的品位在 1% 以上(周维勋,2010)。

阿萨巴斯卡盆地的不整合面型铀矿床可分为两个主要的亚类:产于阿萨巴斯卡群底部的多金属黏土化控制的矿化和产于基底内的单铀裂隙控制的矿化(张甲民等,2006)(图 15-8)。

二者差异表现为：①多金属矿化形成在不整合面之上的泥质带内，单铀矿化形成在不整合面之下的结晶基底；②单铀矿化蚀变晕通常比较狭窄，平均品位属中—高品位（0.3%～1.5%），多金属矿化的蚀变晕则较广泛而弥漫，平均品位很高，可达 14% 以上（张甲民等，2006）。二者相同点表现为：都与中海利克不整合面关系密切，与断裂系统相伴，常与老糜棱岩带有关；与蚀变晕的矿物成分相似并具有相同的矿化年龄（张甲民等，2006）。

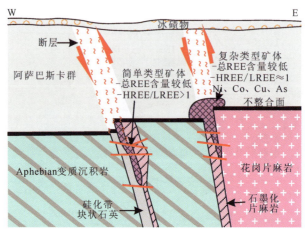

图 15-8　阿萨巴斯卡盆地 McArthur 河铀成矿类型地质剖面示意图（据张甲民等，2006）

一、矿床蚀变特征

含铀岩系阿萨巴斯卡群的蚀变作用可以分为两类：同沉积期或成岩期蚀变作用、热液蚀变作用。前者包括硅化、高岭石化、电气石化和伊利石化，与铀矿化无直接联系；后者以发育有若干个以层状硅酸盐矿物、碳酸盐矿物、金属硫化物、电气石、磁铁矿和广泛的褪色蚀变为特征的蚀变组合，造成了石英溶解和石墨的破坏，控制铀矿化的形成。伊利石化分布广泛，绿泥石化常见，但分布范围局限，在有些矿区还见菱铁矿化。大范围褪色常与晚期泥化（伊利石化+绿泥石化）相伴生，且泥化发生在大范围褪色之前。

在有些矿床中矿床蚀变呈现明显的分带性（周维勋，2010）：(a) 为粉红色正常砂岩的分布范围，砂岩的泥质成分中伊利石与高岭石各半；(b) 是泥化蚀变晕，其中伊利石多于高岭石；(c) 是易破裂的砂岩，局部沿断裂可见褪色现象及金属硫化物、绿泥石、镁电气石和黏土，伴有受断裂控制的弱矿化，含量小于 100×10^{-6}，即零散矿化(pU)；(d) 是硅化范围，见有石英增生和沿裂隙发育的自生石英；(e) 是黏土充填裂隙，充填物主要为伊利石，其次为高岭石、镁绿泥石、铁绿泥石，局部有次生赤铁矿和浸染状碳质星团；(f) 是环绕矿体展布的致密坚硬黏土；(g) 是基底中的石墨亏损带；(h) 是基底中的泥化蚀变带；(i) 是风化基底，其中 i_1 为红色（赤铁矿）带，i_2 为绿色（绿泥石质）带，i_3 为热液蚀变褪色带（图 15-9）。

Cigar 河矿床具有一定的代表性，低品位矿化（U 含量>0.03%）分布不广泛，呈现为高品位矿化（U 含量>1.25%）的外壳，但在大多数情况下高品位矿体边界截然，矿化局限于灰色蚀变砂岩内，仅低品位矿化中偶见残留的原生红色砂岩。再生赤铁矿化与铀矿化与铀矿化存在某种联系，但次生赤铁矿化带内并不总是有铀矿体（周维勋，2010）（图 15-10）。

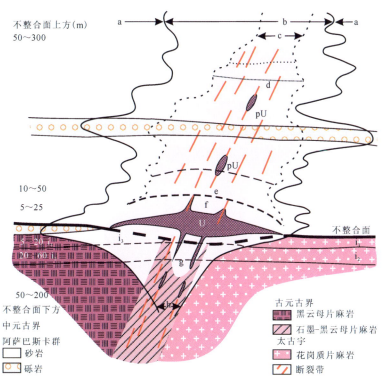

图 15-9　阿萨巴斯卡盆地泥化控制亚型铀矿床蚀变分带示意图（据 Dahlkamp, 1991）

U. 铀矿化；pU. 零散铀矿化；a, b, c, …, i. 蚀变分带（蚀变类型见正文）

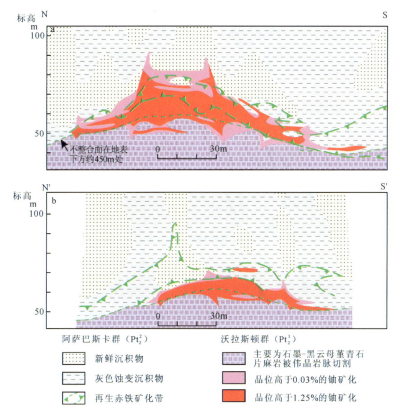

图 15-10　阿萨巴斯卡盆地 Cigar 河铀矿床剖面蚀变分带示意图（据 Dahlkamp, 1991）

二、矿床成因分析

长期稳定的加拿大地盾和相对平缓的地层结构及不整合面,能使盆地中大范围内的地下渗滤水往汇水区聚集,在地下水的运移过程中,同时将大范围的盆地砂岩和太古代基底花岗岩类中的铀浸出形成成矿流体(舒孝敬,2007)。

Dargent et al(2015)通过实验证实 H_2、CH_4 和石墨在酸性氯化物卤水中还原 U^{6+} 生成沥青铀矿的效率高于溶解态 Fe^{2+},尤其 H_2 和 CH_4 对 U^{6+} 沉淀具有反应活性且效率高。许多根植于基底富石墨变质泥岩中的断裂可作为疏导热液、还原气体的通道及铀矿存储的有效空间,基底沿断裂上涌的还原性流体与沿不整合运移的含 U^{6+} 的卤水混合导致不整合面型铀矿床形成(图 15-11)。

单金属成矿是指阿萨巴斯卡群中的含氧、含铀流体沿着裂隙下渗进入基底,与围岩发生作用形成铀矿化;多金属成矿是基底的还原性流体上涌,在邻近不整合面处与砂岩中含水层混合,形成一种动态的氧化还原前锋线。从基底析出的物质中可能含有 CH_4、H_2S、Fe^{2+} 等,而上覆砂岩中的含水层含有 U、Ni 等金属离子,二者在不整合面附近混合,富集形成多金属矿化(张甲民等,2006)。

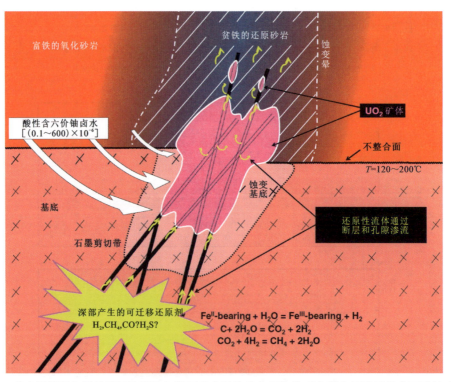

图 15-11 基底沿断裂上涌的还原性流体与沿不整合运移的含 U^{6+} 的卤水混合导致不整合面型铀矿床形成
(据 Dargent et al,2015 修改)

第三篇
含煤岩系成岩变质型矿产资源

在组成含煤岩系的沉积物被埋藏以后，成岩作用和变质作用将陆续登场。其中，有机质的热演化作用最为显著，并由此形成新的煤系衍生物矿床，而适当的构造抬升和掀斜能够驱动含煤岩系表生成岩作用的发生而形成新的矿床。前者最典型的代表当属煤系气（煤层气、煤系页岩气、致密砂岩气）、煤成油、煤型天然气和石墨，而后者的典型代表非砂岩型铀矿莫属。

第十六章 煤成油气

大量勘查实践证实煤与油气关系密切,煤和含煤岩系是潜在的烃源岩,当烃源岩成熟后,通过自生自储一方面可以形成煤系气(煤层气、煤系页岩气、致密砂岩气),另一方面还可以形成煤成油(其中富油煤是最重要的母质,也是煤制油的物质基础),当具备远程输导条件时则可以构成煤型天然气(常规天然气藏)。鄂尔多斯盆地是煤成烃最典型的实例,盆地东缘具有丰富的石炭系—二叠系煤层气,盆地中部已发现了上古生界高产煤型天然气田,盆地南部侏罗纪含煤岩系含油现象普遍。

第一节 煤系气

煤系气(coal measure gas)是指煤系中煤、碳质泥岩和暗色泥岩生成的天然气(戚厚发,1986;戴金星等,1992;戴金星等,2018),即由整个煤系的烃源岩母质在生物化学、物理化学及煤化作用过程中演化生成并赋存于煤系地层中的全部天然气,即包括吸附态为主的煤层气,游离态为主的致密砂岩气和碳酸盐岩气,还有混合态赋存的页岩气(图 16-1)。特殊条件下,煤系气可与水分子相结合,形成笼形晶体包络的水合物(曹代勇等,2012)。煤系气特指与含煤岩系密切相关的属于非常规性质的煤系"三气",包括煤层气、煤附近碳质泥岩和暗色泥岩中的页岩气及从煤系源岩中运移出来存储在煤附近致密砂岩储层中的致密砂岩气(王佟等,2014;李俊等,2018;欧阳永林等,2018;秦勇,2018;秦勇等,2018;邹才能等,2019)。煤系"三气"既相互独立又具有不同程度的成因联系与耦合关系,如果地质条件配置有利则能够形成具有工业开发价值的煤系气藏(曹代勇等,2016;秦勇等,2016)。

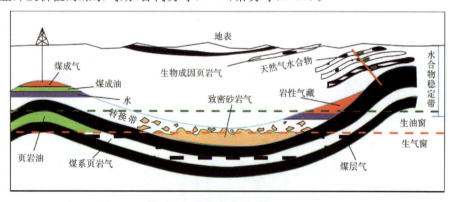

图 16-1 煤系油气系统成藏模式图(据王佟等,2014)

一、中国煤系气特征及资源分布

1.中国煤系气特征

煤系中的煤为集中型有机质,有机碳含量高达60%以上,且随煤的变质程度加深而增大,煤系中的暗色泥岩和碳质页岩的有机碳丰度也远比一般生油气岩系高,其含量在2%~5%以上(戚厚发,1986)。煤系成烃以气为主,以油为辅(Ro=0.5%~1.5%),有机质类型以腐殖型为主,热成熟度处于成气高峰阶段,有利于生成气态烃,其原始物质组分中H/C值低的木质素和纤维素含量超过60%;腐殖型有机质的化学结构组成中以甲基和缩合芳环为主,利于生气;煤以及煤系泥岩成烃模拟实验中,以生气为主(戚厚发,1986;曹代勇等,2014b;戴金星,2018)。天然气乙烷碳同位素组成具有较强的母质继承性(Dai,2005),煤系气乙烷碳同位素组成一般重于28‰(图16-2)(戴金星,1992,2011;Xu et al,1996;梁狄刚等,2002;刘全有等,2007;戴金星等,2014;Dai et al,2014)。

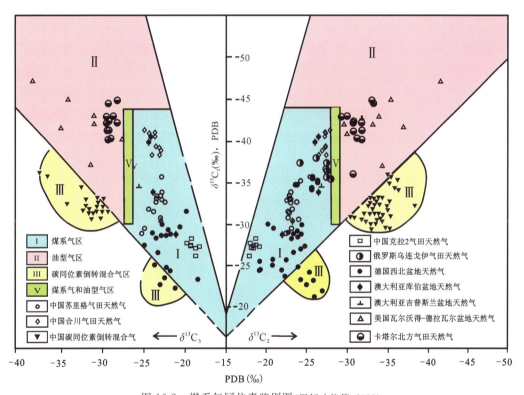

图16-2 煤系气同位素鉴别图(据邹才能等,2019)

邹才能等(2019)将煤系气藏划分为两类,即大面积近源"连续型"致密气和高丰度的局部远源"圈闭型"气藏(图16-3)。"连续型"致密气通常位于构造较为稳定的低部位,沉积分异较弱,生气强度相对较低,致密储集层大面积连续分布,通常近源聚集,圈闭界线模糊不清,往往无统一的气水界面或气水倒置,储量规模大但储量丰度低、单井产量低。煤系烃源岩与致密砂岩呈"三明治"结构,煤系源岩呈层状蒸发式排烃、多物源三角洲砂体广覆式分布、源储紧密接触规模成藏,具有大面积连续分布的标志性特征。"圈闭型"气藏往往聚集在构造活跃区高部位的有利圈闭,生气强度较大,气水关系正常,上气下水,储量丰度高,单井产量高。

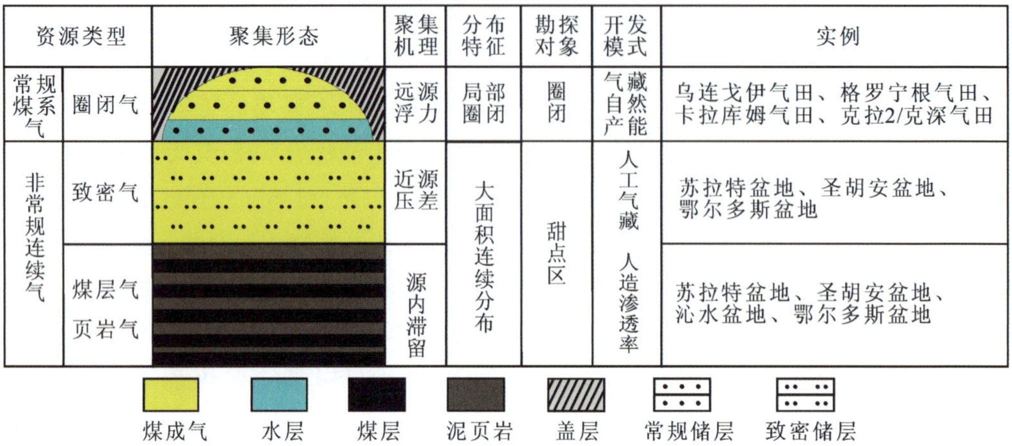

资源类型		聚集形态	聚集机理	分布特征	勘探对象	开发模式	实例
常规煤系气	圈闭气		远源浮力	局部圈闭	圈闭	气藏自然产能	乌连戈伊气田、格罗宁根气田、卡拉库姆气田、克拉2/克深气田
非常规连续气	致密气		近源压差	大面积连续分布	甜点区	人工气藏 人造渗透率	苏拉特盆地、圣胡安盆地、鄂尔多斯盆地
	煤层气 页岩气		源内滞留				苏拉特盆地、圣胡安盆地、沁水盆地、鄂尔多斯盆地

图例:煤成气 水层 煤层 泥页岩 盖层 常规储层 致密储层

图 16-3 煤系气藏分类(据邹才能等,2019)

煤系气具有较高有机质丰度、以腐殖型有机质为主、烃源岩分布广泛、生烃强度高、煤层与砂岩组合配置关系多样、持续运聚成藏、气藏赋存态多样的特点(李建忠等,2012;张金亮等,2005)。欧阳永林等(2018)根据含煤岩系中煤层与砂岩的组合关系,将其分为4类组合。

(1)Ⅰ类组合——多层煤+多层砂岩组合。该组合类型反映聚煤环境周期式演变,形成多套煤与多套砂岩纵向旋回性互层叠置,煤层既可作为气源岩,又可作为煤层气储层,煤生成的烃类气体直接在附近砂岩中储存,加之配合有良好的区域盖层,形成源储互动式煤系气成藏组合(图 16-4a)。

(2)Ⅱ类组合——多层煤+少层或无砂岩组合。该组合类型煤岩发育,砂岩欠发育或不发育,反映沉积环境长期处于沼泽化环境,陆源碎屑供给不充分,往往泥岩较发育,具备良好的封盖条件,利于煤层气的保存(图 16-4b)。

(3)Ⅲ类组合——单层或较少煤层+多层砂岩组合。该组合类型煤层层数少,煤层上下多套砂岩发育,反映陆源碎屑供给充分,煤层分布局限,煤岩生成的烃类气体可直接在附近砂岩中储存,由于砂体发育,煤系是否存在良好的区域盖层决定了该区煤系气能否富集成藏(图 16-4c)。

(4)Ⅳ类组合——单层、少层或无煤层与少层砂岩或无砂组合。该组合类型总体反映水体较深,封盖条件好,砂体不发育,如有煤层,利于形成单一煤层气藏,如无煤层或煤层较薄,则不利于煤层气富集,但若页岩发育则可形成页岩气藏(图 16-4d)。

2.中国煤系气资源分布特征

中国煤系气具有储层类型多样、分布规模广、资源潜力大的特点。截至 2016 年底,中国共发现煤系大气田 39 个,占全国大气田总数的 66%。目前,煤系气资源量较大的盆地主要有沁水、鄂尔多斯、准噶尔、海拉尔、鸡西等盆地(表 16-1)。2017 年底,中国煤系气储量、年产量分别为 92 538.51×10^8 m^3、902.14×10^8 m^3(戴金星,2018;欧阳永林等,2018),分别占全国天然气的 58.7% 和 61.5%(邹才能等,2019)。

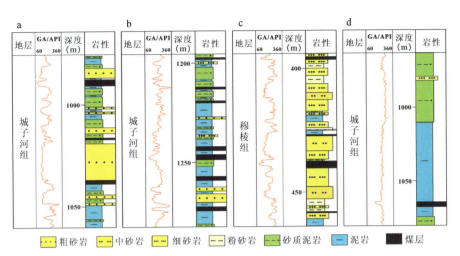

图 16-4 鸡西盆地煤系地层岩性组合类型图(据欧阳永林等,2018)
a.Ⅰ类组合(JQ2 井);b.Ⅱ类组合(JQ2 井);c.Ⅲ类组合(JX86-19 井);d.Ⅳ类组合(JD4 井)

二、煤层气

煤层气是一种在成煤作用过程中形成并赋存在煤层中的以甲烷为主的混合气体,在煤矿称瓦斯(苏现波等,2001)。

(一)地球化学特征

1.组分特征

煤层气是一种多组分混合气体,除甲烷外,还有重烃(如乙烷、丙烷、丁烷、戊烷)、二氧化碳、氮气、氢气、一氧化碳、硫化氢以及稀有气体氦、氩等。其中,甲烷、二氧化碳、氮气是其主要成分,尤以甲烷含量最高(95%以上),二氧化碳和氮气含量较低,一氧化碳和稀有气体含量甚微(Scott,1993)。

2.煤层甲烷的同位素特征

Rice(1993)研究认为,世界各地煤层气的同位素组成差异较大,甲烷 $\delta^{13}C_1$ 值介于 $-80‰\sim-16.8‰$ 之间;乙烷 $\delta^{13}C_2$ 值介于 $-3.29‰\sim-2.28‰$ 之间;甲烷 δD 值分布在 $-33.3‰\sim-11.7‰$ 之间;二氧化碳 $\delta^{13}C$ 值 $-2.66‰\sim+18.6‰$。

我国煤层混合气 $\delta^{13}C_1$ 变化于 $-78‰\sim-13‰$ 之间,同位素组成总体上偏轻,而且不同地区、不同地质时代和不同煤级煤中的 $\delta^{13}C_1$ 分布特征也有所不同。华北和华南的煤层主要形成于晚古生代,经历了多阶段的构造演化,煤化作用的地质背景较为复杂,煤级跨度大,生气历程长, $\delta^{13}C_1$ 变化大,其中华北煤层气 $\delta^{13}C_1$ 为 $-78‰\sim-28‰$,华南煤层气 $\delta^{13}C_1$ 为 $-68‰\sim-25‰$;东北煤层主要形成于中—新生代,热演化历程及其控制因素相对简单,煤级普遍较低,煤层气 $\delta^{13}C_1$ 分布较为集中,为 $-68‰\sim-49‰$(秦勇,2000)(图 16-5a)。不同成因的煤层甲烷,其碳同位素不同,通常生物成因甲烷 $\delta^{13}C_1$ 值为 $-90‰\sim-55‰$;热成因甲烷 $\delta^{13}C_1$ 一般 $>-50‰$(Scott,1993)(图 16-5b)。

表 16-1　中国重点盆地煤系气分布、类型及勘探领域（据欧阳永林等，2018）

盆地	层系	气藏类型	有利勘探领域或方向
沁水	C-P	自生自储型煤层气藏	煤系地表浅层
		煤成砂岩型气藏	深部煤系地层
		煤层气-砂岩气共生气藏	深部煤系地层
鄂尔多斯	C-P、J	自生自储型煤层气藏	东缘浅层、南缘侏罗系浅层
		煤成砂岩型气藏	深部煤系地层
		煤层气-砂岩气共生气藏	深部煤系地层
准格尔	J	自生自储型煤层气藏	南缘浅层
		煤成砂岩型气藏	准东斜坡带三工河组、头屯河组
		煤层气-砂岩气共生气藏	准东斜坡带煤系地层
海拉尔	K	自生自储型煤层气藏	浅部富煤区
		煤层气-砂岩气共生气藏	深部煤系地层
鸡西	K	自生自储型煤层气藏	浅部富煤区
		煤层气-砂岩气共生气藏	深部煤系地层

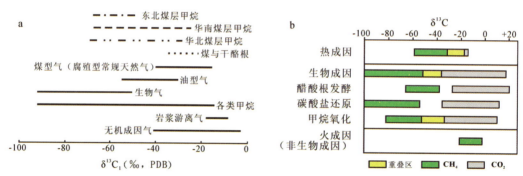

图 16-5　煤层气碳同位素地球化学特征
a. 我国煤层甲烷稳定碳同位素的地域分布特征（据秦勇等，2000）；
b. 煤层气中甲烷和二氧化碳的碳同位素特征（据 Scott，1993）

3.成因特征

植物遗体埋藏后，经过微生物的生物化学作用转化为泥炭，泥炭又经历以物理化学作用为主的地质作用，向褐煤、烟煤和无烟煤转化。在这个阶段，通过两个过程产生了以甲烷为主的气体，即生物成因过程和热成因过程，生成的气体分别称为生物成因气和热成因气及两者混合成因的混合成因气。从烃源岩的角度，将煤级演化阶段分为未成熟阶段（泥炭-褐煤 $Ro<0.5\%$），以生物气形成为主；成熟阶段（长焰煤-瘦煤，$0.5\%<Ro<2.0\%$），以热降解气生成为主；高成熟阶段（贫煤-无烟煤，$Ro>2.0\%$），以热裂解气形成为主（图 16-6），不同成因的煤层气产生阶段见表 16-2。

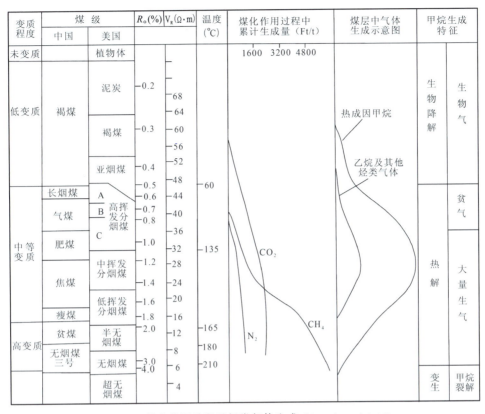

图 16-6 煤化作用阶段及烃类气体生成(据 Stach et al,1982)

表 16-2 生物成因和热成因煤层气产生的阶段(据 Scott,1994)

煤层气产生阶段	$R_o(\%)$	煤层气产生阶段	$R_o(\%)$
原生生物成因甲烷	<0.3	早期热成因	0.50~0.80
大量湿气生成	0.60~0.80	强热成因甲烷开始产生	0.80~1.00
凝析油开始裂解成甲烷	1.00~1.35	最大量的热成因甲烷生成	1.20~2.00
大量湿气生成的最后阶段	1.8	次生生物成因甲烷	0.30~1.50
大量热成因甲烷生成的最后阶段			3.00

(二)储集特征

与常规天然气储层不同,煤层具有自生自储的特征,即煤层既是煤层气的源岩,又是其储集层。作为储集层,它由 3 相物质组成:①固相物质,即煤基质,由煤岩和矿物质组成,以有机质为主;②液相物质,即煤层水/液态烃,包括大孔隙和裂隙中的自由水、显微裂隙、微孔隙和芳香层缺陷内的束缚水、与煤中矿物质结合的化学水;煤基质内表面与显微裂隙、微孔隙内表面、芳香层缺陷内的"准液态"物质;③气相物质,即煤层气(图 16-7)。煤层气通常以

图 16-7 煤层气储集示意图

3种状态储集在煤层中,固相煤基质块孔隙内表面上的吸附态、储集于煤孔隙裂隙中的游离态、溶解于煤层地下水中的溶解态。由于煤是一种多孔介质,比表面积大,对气体分子产生很大的表面吸引力,具有很强的储气能力,因此吸附气占煤中气体总量的80%~95%以上。在含气饱和的情况下,煤的孔隙和裂隙中充满着处于游离状态的气体。水对甲烷有一定的溶解能力。与其他气体相比,甲烷在水中的溶解度是较小的。但煤层常为含水层,甲烷会因地下水的运动而从煤层中运移出去(傅雪海等,2007)。

(三)孔隙裂隙特征

煤储层是由孔隙与裂隙组成的双重结构系统,两者构成了煤层气的储存场所和运移通道(图16-8)。孔隙是煤层气的主要储集场所,大裂隙系统是煤层气运移的主要通道,而显微裂隙则是沟通孔隙与大裂隙系统的桥梁(Close,1993)。煤储层中大裂隙系统是指不包括断层在内的,在自然条件下肉眼可以识别的裂隙系统。主要包括内生裂隙系统、气胀节理系统和外生节理系统三部分组成。内生裂隙系统通常指普遍发育于镜煤与亮煤中的天然裂隙系统,一般局限在一个煤岩类型分层内,在整个分层内连续分布的割理称为面割理,中止于面割理或与面割理交叉的不连续割理称为端割理,面割理与端割理通常是相互垂直或近似直交。气胀节理可切穿几个煤岩石类型分层。外生节理可切穿整个煤层甚至顶板,或切穿几个煤的自然分层或光泽岩石类型分层,包括夹矸(王生维等,2005)。裂隙系统把煤体切割成一系列形态各异的基质单元,称基质块,基质块中所含的微孔隙称基质孔隙,它对煤层气的储存有重要的意义。基质孔隙可定义为煤的基质块体单元中未被固态物质充填的空间,由孔隙和喉道组成。一般将较大空间称孔隙,其间连通的狭窄部分称喉道(傅雪海,2007)。

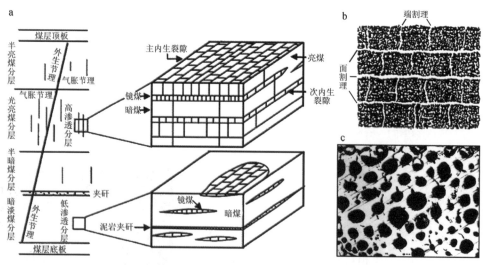

图16-8 煤的孔隙裂隙结构示意图(据Close,1993;王生维等,2005)
a.煤分层中大裂隙发育特征;b.煤层中内生裂隙特征;c.煤基质孔(油镜反光)

(四)运移产出特征

煤层气的运移产出受解吸、扩散和气水两相渗流的控制。由于煤层气主要被吸附在煤基

质微孔隙中,在一定压力下处于动态平衡状态,所以储层压力必须降低到临界解吸压力以下才可使煤层气解吸,降压往往由排水开始,排水压力降低使气体从煤基质孔隙的内表面上发生解吸;然后穿过基质和微孔扩散到裂隙系统中,此过程受基质与裂隙间浓度梯度的驱使;一旦煤层气扩散到割理裂隙中,就与可动水一起以达西流形式向井筒运移。这种运移是沿压力梯度方向以气水两相流形式进行的,如果割理裂隙内被气饱和,则以气单相流形式运移。解吸、扩散、运移这3种作用是一个互为前提并且连续进行的统一过程(Harpalani et al,1990)(图 16-9a)。而从煤层气产出的角度看,在排水降压作用下煤层气的渗流可分为 3 个亚阶段,即单相流阶段、非饱和流阶段和两相流阶段(图 16-9b)。随着井筒附近压力下降,首先只有水产出,这时压力下降有限,井筒附近只有单相流动。当储层压力进一步下降,井筒附近开始进入第二阶段,这时有一定数量的甲烷从煤的表面解吸,开始形成气泡,阻碍水的流动,但气也不能流动,无论在基质孔隙中还是在割理中,气泡都是孤立的,没有互相连接,这一阶段叫做非饱和单相流阶段。随着储层压力进一步下降,有更多的气解吸出来,则井筒附近进入了气水两相流阶段,水中含气已达到饱和,气泡互相连接形成连续的流线,气产量逐渐增加(秦勇等,1996)。

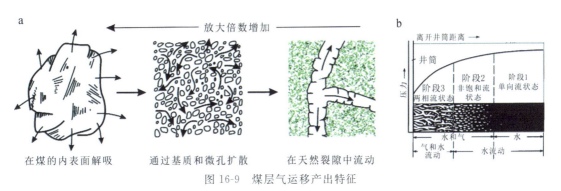

图 16-9 煤层气运移产出特征

a. 煤层甲烷解吸流动示意图(据 Harpalani et al,1990);b. 煤层气产出的 3 个渗流阶段(据秦勇等,1996)

三、煤系页岩气

煤系页岩气是指富有机质的煤系泥页岩经过生排烃后残留在泥页岩层段内的天然气(Montgomery et al,2005;Jarvie et al,2007),即储集在富含有机质的煤系泥页岩中以吸附或游离状态为主要存在方式的天然气。

(一)煤系页岩储层基本特征

中国煤系泥页岩发育,是一种特殊的页岩类型,具有不同于海相页岩的典型特征(曹代勇等,2014;Zhang et al,2017)。煤系地层的沉积旋回性显著,使得煤系页岩地层单层厚度通常较薄(<20m),但累积厚度通常较大(30~1200m),平面及纵向厚度变化较大(郭少斌等,2015;梁冰等,2016;邹才能等,2016)。煤系页岩具有复杂的矿物组分,其中黏土矿物含量显著高于海相页岩(平均可达 50%以上),主要以伊利石、伊-蒙混层为主,而石英等脆性矿物含量则较低(多低于40%),煤系页岩孔隙度多为 2.0%~8.0%(吴浩等,2013;郭少斌等,2015;Zhang et al,2018)(图 16-10)。

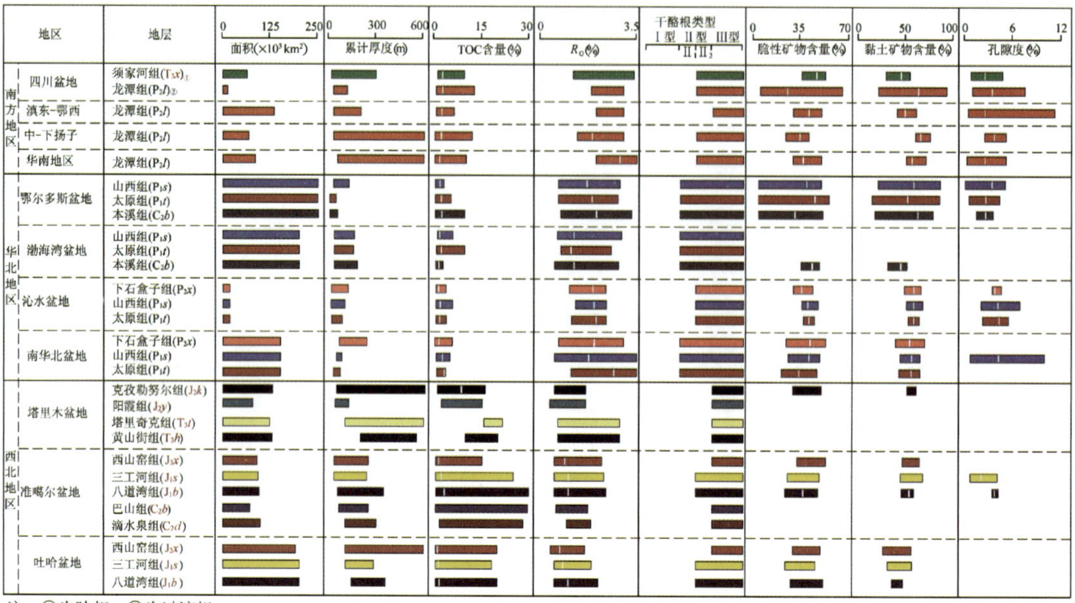

图 16-10 中国主要煤系页岩储层基本特征（据张吉振等，2019）

（二）煤系页岩地球化学特征

煤系页岩总有机碳含量变化较大，一般 0.5%～30%，其中沼泽相碳质页岩总有机碳含量普遍较高，多大于 10%。煤系页岩有机质成熟度变化较大，R_o 多数介于 0.5%～2.5%之间，部分超过 3.0%。不同地区、不同时代的煤系页岩成熟度差异明显，有机质进入成熟阶段以后，虽然所产的液态烃量总体较少，但是气态烃总量高。海陆交互相煤系页岩母源输入多为混合型，陆相煤系以陆源高等植物为主要母质来源，煤系页岩有机质类型以腐殖型为主，干酪根以相对贫氢的Ⅲ型为主，其次为Ⅱ/Ⅲ混合型（王庭斌，2004；吴浩等，2013；郭少斌等，2015；包书景等，2016；Zhang et al, 2018）（图 16-11）。

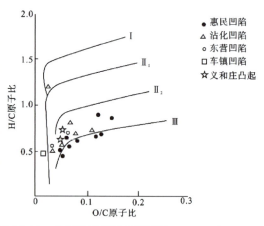

图 16-11 含煤岩系有机质类型图（据王惠勇等，2015）

1.族组分特征

通过对我国华北、鄂尔多斯、四川、琼东南等地区的煤系页岩气族组分进行统计，发现煤系烃源岩与一般烃源岩的氯仿沥青 A 族组分具有完全不同的特点：①煤系页岩气饱和烃含量低，一般为 16.89%～39.0%；②芳香烃含量相对较高，一般为 20.04%～22.0%，饱和烃/芳香烃为 0.83%～1.77%，而一般生油岩的饱和烃/芳香烃大于 4，与煤系差别明显；③沥青质含量高，一般为 17.0%～42.58%（戴金星等，2001）。

2. 气相色谱特征

气相色谱分析结果表明,煤系泥页岩与其他类型烃源岩的正烷烃分布曲线主峰碳位置是不尽相同的,主要原因是形成有机质的原始物质不同。非煤系烃源岩主要来自藻类、水生动物,其主峰碳一般位于 C_{15}—C_{21};煤系泥页岩有机质大部分来源于陆生高等植物,还有一部分来源于藻类等低等植物或水生动物,其一般有两个碳高峰,一个位于高碳数,而另一个位于低碳数,分别为 C_{19}—C_{21} 和 C_{25}(图 16-12)。

类型	地区	层位	岩性	$\sum C_{21}$前/$\sum C_{22}$后	正烷烃碳数分布曲线	饱和烃气相色谱图
含煤岩系	鱼田堡4煤夹层	龙潭县	泥岩	0.35	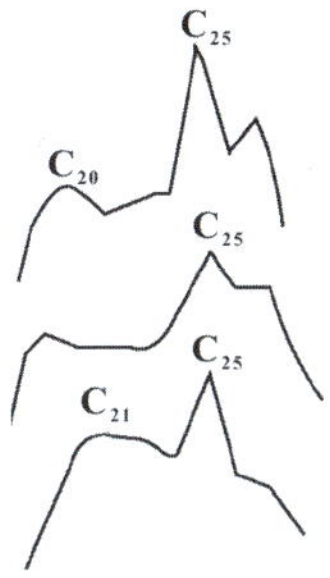	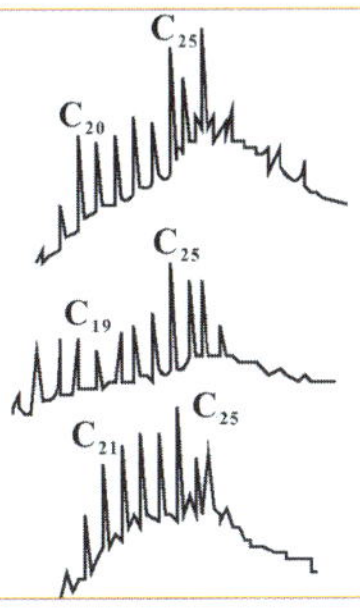
	鹤壁32021	山西组	碳质泥岩	0.46		
	中梁山K1煤夹层	龙潭县	泥岩	0.40		

图 16-12 煤系泥岩饱和烃气相色谱特征(据戴金星等,2001)

3. 碳同位素特征

煤系页岩气普遍具有碳同位素组成偏重的特点。煤系暗色泥页岩中,氯仿沥青"A" $\delta^{13}C$ 值范围为 $-40.24‰ \sim -23.172‰$,平均为 $-27.38‰$;而一般烃源岩的氯仿沥青"A"及其族组分碳同位素组成则相对偏轻。这与形成煤系和非煤系的烃源岩有机质的原始物质密切相关,陆相环境淡水湖泊水生生物具有较轻的碳同位素组成,而陆相沼泽或海陆过渡相环境下形成的高等植物则 $\delta^{13}C$ 相对富集(曹代勇等,2014)。

(三) 储集特征

煤系页岩气与煤层气相似,具有典型的"自生自储自封盖"成藏特点。煤系页岩气赋存状态包括吸附态、游离态和溶解态。吸附态占主导地位,介于 50%~85% 之间(Yan et al,2017),存储空间主要由微孔提供,而游离态由中孔、大孔和微裂缝提供赋存空间,溶解态含量极少,主要溶解于页岩有机质、沥青质和孔隙水中(张金川等,2008)。另外,煤系泥页岩中多有薄层粉砂岩夹层,这将大大提高煤系页岩气的储集性能,为微异地运移的页岩气聚集提供储集空间(曹代勇等,2014)。煤系泥页岩以Ⅲ型干酪根为主,主产气态烃,TOC 值普遍高于海相泥页岩。TOC 对页岩含气量的影响主要通过两种形式:一是烃源岩有机质生烃后产生了大量微孔隙,为页岩气的聚集提供了储存空间;二是通过吸附作用影响含气量的变化。TOC 含量越大,其容纳及吸附能力就越强,因此煤系页岩的高 TOC 值决定了其较高的聚集页岩气能力(Bowker,2007;Robert,2007)。

(四) 孔隙裂隙特征

孔隙作为页岩气的储集场所直接影响页岩储层含气性(Roger et al,2011)。依据 Loucks

等(2012)的分类,发现泥页岩样品中广泛发育微、纳米尺度的有机质孔、粒内孔、粒间孔和微裂隙及各亚类孔隙,它们相互组合形成复杂的孔裂隙结构系统。

1. 有机质孔

有机质孔主要为纳米尺度孔隙,包括椭圆形、凹坑形和月牙形等不定形孔隙。有机质孔的形成与有机质生烃、排烃、运移和重烃二次裂解过程密切相关,即有机质热演化过程中固体干酪根转化为烃类流体时,在其内部形成的孔隙;在此过程中烃类液体和气体的形成与运移会对周围岩石产生作用力,进而岩石开裂,于内部形成孔隙,且孔隙形态多样。此外有机质内古生物遗体和遗迹中孔隙发育,此类孔隙孔径范围跨度大,微、纳米级孔隙皆有发育(图16-13)。

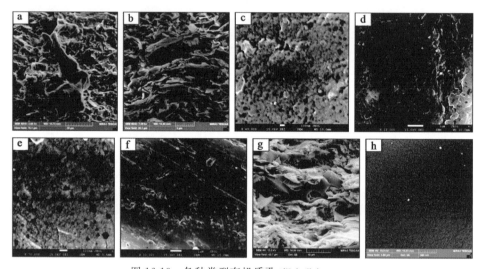

图16-13 各种类型有机质孔(据李琨杰,2019)

a.片状有机质;b.碎屑有机质及粒间隙;c.纳米级孔隙及大量短裂纹;d.微米级有机质孔;e.富有机质页岩样品中排烃孔(ZQ-09);f.中低TOC样品中排烃孔(TL-23);g.有机质(丝质体)结构孔隙;h.无孔隙,大量微裂缝

2. 粒内孔

粒内孔主要为椭圆形纳米尺度孔隙,包括黏土矿物层间粒内孔、脆性矿物溶蚀孔和黄铁矿铸模孔等(图16-14)。粒内孔多为独立发育,孔隙连通性较差,其形成过程受成岩作用后期构造运动及水文地质条件影响,与矿物溶蚀、淋滤和重结晶等作用密切相关。

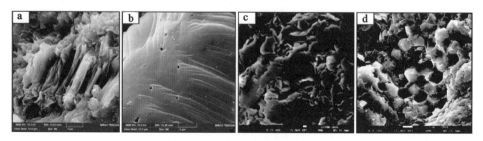

图16-14 粒内孔(据李琨杰,2019)

a.黏土矿物层间粒内孔;b.石英矿物溶蚀孔;c.纳米级黏土层间粒内孔;d.蜂窝状黄铁矿铸模孔

3.粒间孔

粒间孔多发育于矿物颗粒接触位置,主要为原生孔隙。孔隙形态多样,孔径范围跨度大,微、纳米级孔隙皆有发育。发育位置集中,包括黏土矿物成岩粒间孔、黏土矿物堆叠孔和草莓状黄铁矿晶间孔等(图 16-15),排列无明显规律性,连通性较好。其形成与成岩作用期间压实、胶结作用和元素迁移、分异作用相关。

图 16-15 粒间孔(据李琨杰,2019)

a.黏土矿物间粒间孔隙;b.碎屑矿物与黏土矿物粒间孔;c.各种形态的粒间孔;
d.碎屑矿物粒间孔(有机质、石英、黏土矿物)

4.微裂隙

煤系页岩石、可发育大量不同类型微裂隙,裂隙长度多为微米级,宽度为纳米级,主要分布于有机质内部及有机质和矿物颗粒边缘处,包括脆性矿物内生裂隙和边缘成岩裂隙、有机质内生裂隙和边缘裂隙以及黏土矿物层间裂隙等(图 16-16)。裂隙形态多为长条形和 Y 形,延伸情况较好,且受成岩后期构造运动影响的内生裂隙具一定的定向性,可作为沟通宏观裂隙与微观孔隙的通道,同时其在页岩气渗流过程中发挥至关重要的作用。

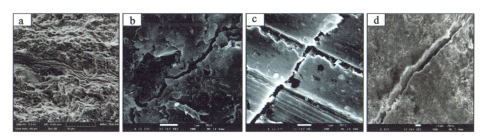

图 16-16 微裂缝(据李琨杰,2019)

a.黏土之间微裂缝;b.石英中微裂缝;c.有机质之间裂缝;d.页岩样品中发育几百微米级裂缝

(五)生烃排烃特征

1.生烃母质特征

煤系泥页岩有机质类型以Ⅲ型为主,与Ⅰ、Ⅱ型干酪根生烃模式有明显不同。即没有明显的液态烃裂解形成的生气高峰,其母质决定生烃特征为长期持续生成气态烃(干酪根直接生成小分子团气态烃)。煤系页岩气比海相页岩气更早进入富集页岩气窗(图 16-17),随着有机质演化程度的提高,不断有气体生成,因此煤系页岩气富集窗范围显然更大(曹代勇等,

2014)。

2.生烃机制

煤系有机质的基本结构单元主要是带侧链和杂原子官能团如羧基(—COOH)、羟基(—OH)、甲氧基(—OCH$_3$)的缩合芳香核体系,其碳元素主要集中在芳香族稠环中,由于稠环芳核有牢固的键能结合而具有较高的热稳定性,侧链基团与稠环之间结合力相对较弱。因此,在煤化过程中煤系有机质成烃主要是在温度作用下有机质的热降解作用来完成,表现为其杂原子官能团和烃类侧链的不断减少,断裂下来的官能团和侧链形成烃类及二氧化碳、水等挥发性物质。由于煤系有机质芳核上的侧链较短,因而主要生成分子较小的烃类物质,如甲烷及其同系物。同时,伴随芳核的进一步缩合,碳元素则进一步富集(傅家谟等,1992;曹代勇等,2014)。

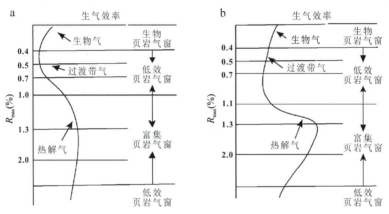

图 16-17 不同类型有机质页岩生烃特征对比(据曹代勇等,2014)

a.Ⅲ型干酪根;b.Ⅰ型和Ⅱ型干酪根

3.排烃特征

排烃门限是指烃源岩在埋藏演化过程中,生烃量满足了自身吸附、孔隙水溶、油溶(气)和毛细管等多种形式的残留需要并开始以游离相大量排出的临界点,该点亦是烃源岩在演化过程中从欠饱和烃到过饱和烃,从只能以水溶、扩散相排烃到能以游离相等多种形式排烃,从少量排烃到大量排烃的转折点(庞雄奇等,2001)。对于常规油气藏来说,排烃系数越高越好;而对于自生自储的页岩气聚集来说,排烃系数越小,烃源岩内残留烃量越大,越易聚集成藏。煤系页岩排烃晚,排烃系数较小,这对成藏较为有利(曹代勇等,2014)。

四、煤系致密砂岩气

致密砂岩气具有孔隙度低(<10%)、渗透率低(<0.5×10^{-3} μm^2)、含气饱和度低(<60%)、含水饱和度高(>40%)的特点,其在煤系砂岩中的流动速度较为缓慢(Holditch,2006;戴金星等,2012;贾承造等,2012)。所以,煤系致密砂岩气是指以煤层或煤系页岩为烃源岩,储存于与煤系烃源岩密切相连的致密砂岩储层中的非常规天然气。

1.含气特征

煤系致密砂岩气甲烷及二氧化碳碳同位素特征居于煤层气与页岩气之间,可能是由于致密砂岩气藏中甲烷与二氧化碳来源于泥页岩与煤层,致密砂岩气藏与页岩气藏和煤层气藏具有同源性,表明致密砂岩气藏气源主要为邻近煤层或富有机质泥页岩烃源岩生成烃类气体的充注。

2.储集特征

煤系致密砂岩气主要是以游离态形式存在于低孔低渗致密砂岩储层中,属于非自生自储型气藏。在含煤岩系中,普遍发育粒度较细的沉积岩类,储集条件相比于常规天然气储集条件差,但含煤岩系地层旋回性强,当条件满足时可发育多套"生储盖组合"的非常规天然气藏,致密砂岩气的储集模式主要分为近生近储型和自生自储型两大类。

(1)近生近储型。在煤系地层中,致密砂砾(岩)直接覆盖在泥炭或煤层上,煤层气便可以比较容易地注入到砂岩中,形成这种"近生近储"型的致密砂岩气藏(图16-18a)。

(2)自生自储型。当存在突发性的密度较高的决口事件时,将会对泥炭造成冲刷而形成一种碎屑颗粒与泥炭碎屑混合的特殊沉积体(富碳质砂岩)。这种特殊混合体中的泥炭碎屑在成岩过程中受到温压作用发生煤化作用转变成碳质碎屑,此过程生成的甲烷气直接聚集于富碳质砂岩中,形成类似于页岩气的"自生自储"致密砂岩气藏(图16-18b)。

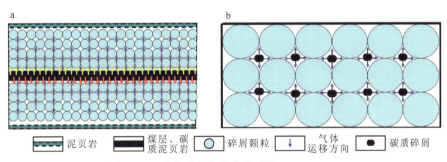

图16-18 致密砂岩气储集模式图(据刘选,2014)
a.近生近储型;b.自生自储型

3.孔渗特征

煤系致密砂岩的最大特点是砂岩中含有机质,包括各种形式的碳质碎屑、碳质泥砾和泥砾(图16-19a)。杨玉平等(2014)研究认为,较高的碳质碎屑含量有利于改善中—粗砂岩储层的物性。钟建华等(2019)的研究却认为,碳质碎屑(有机质)的不定形充填通常使孔隙急剧减少(图16-19b、c),混合了有机质的黏土在强烈成岩作用下重新混合形成了极易变形的有机黏土,与颗粒紧密结合充填了孔隙,使孔隙丧失殆尽,成岩过程中几乎没有形成新的溶蚀次生孔隙,因此岩性致密。

煤系致密砂岩储层主要发育原生孔隙和次生孔隙两种类型(孙泽飞等,2018)。其中,次生溶蚀孔隙通常是最主要的孔隙类型,而原生孔隙经历了一系列成岩作用后仅保留了部分残留粒间孔。渗流通道以片状喉道和缩颈型喉道居多(图16-20a、b),孔隙缩小型喉道、管束状喉道相对较少,当溶蚀作用沿碎屑颗粒和胶结物边缘发生时,将原来的喉道扩宽或形成新的宽片状喉道,大幅度提高了储层渗流能力。各主要类型孔隙的具体特征如下:

(1)粒间溶蚀孔。主要为碎屑颗粒中的中酸性岩浆岩岩屑、长石和云母及碳酸盐、泥质胶结物发生溶蚀形成的孔隙。其往往沿着这些易溶成分的边缘分布,镜下表现参差不齐,并且

图 16-19 富碳质碎屑的致密砂岩气储层(据杨玉平等,2014;钟建华等,2019)

a.含碳质碎屑的砂岩岩心,吉深一井,J_2x,3792m;b.有机质充填粒间孔;c.粒间有机质纹层

残留较多未溶物质。多发育于岩屑砂岩、长石岩屑砂岩中。此类孔隙大小不均,连通性好(图16-20c)。

图 16-20 致密储层孔隙类型(据孙泽飞等,2018)

a.片状喉道,含泥粗粒长石岩屑砂岩;b.缩颈型喉道,砂砾岩;c.粒间溶蚀孔,粗粒岩屑砂岩;d.粒内溶蚀孔,粗粒长石岩屑砂岩;e.残留粒间孔,粗粒石英岩屑砂岩;f.溶蚀裂隙,粗粒岩屑砂岩

(2)粒内溶蚀孔。主要为岩屑粒内溶蚀孔和少量的长石粒内溶蚀孔。镜下表现为岩屑内部易溶成分溶蚀形成蜂窝状或极不规则状,长石沿着解理缝溶蚀形成珠串状;若溶蚀完全,则形成铸模孔。其与粒间溶蚀孔共同发育时,相互连通,形成优质储集和渗流空间。多发育于岩屑砂岩、长石岩屑砂岩中(图 16-20d)。

(3)残留粒间孔。原生孔隙在经受了后期机械压实作用后保留的孔隙,且未被填隙物充填。镜下一般表现为较为规则的形状,多发育于粗粒石英岩屑砂岩、砂砾岩中(图 16-20e)。

(4)裂隙。煤系致密砂岩储层中也发育有微裂缝。一类是因构造挤压作用使碎屑颗粒破裂形成的,长度一般小于 $50\mu m$;另一类是因酸性介质沿着碎屑颗粒与胶结物边缘溶蚀形成的,溶蚀边缘呈锯齿状,通常被后期胶结物充填(图 16-20f),规模不及构造裂缝。

4.运移特征

在煤系非常规气系统中,致密砂岩气为煤层与页岩的混合来源。砂岩中气体运移最为顺畅,煤层中气体需要先进行解吸,而泥页岩渗透率极小需要进行压裂造缝(姚海鹏等,2018)。含煤岩系地层的旋回性使得垂向沉积组合决定着煤系致密砂岩气的运移路径和保存条件。一种为致密砂岩与煤直接接触型,这种类型的煤系地层,有机酸利于溶蚀致密砂岩中矿物,形成次生孔隙,改善致密砂岩的物性,煤系天然气可以很好地突破薄层泥岩的封堵直接运移至致密砂体储层中。另一种为砂泥韵律组合,这种类型仅与煤层较近的有利致密砂岩层能够突破泥岩的封盖直接运移到砂体,而随着砂体与煤层间隔距离的增大,地层封盖能力增大,煤系天然气则需通过断层或者微裂缝才能运移到致密砂岩层(谢英刚等,2016)。

五、煤系气共生成藏模式

我国含煤系气沉积盆地的显著特点是经历了多期构造-热事件的影响,后期改造显著(王桂梁等,2007;曹代勇等,2018),构造运动破坏了煤系原有的完整性和连续性,形成各类构造样式,控制煤系非常规气藏的成藏样式;构造热、岩浆热等叠加热场促使煤系有机质进入成熟至过成熟演化阶段,有利于形成产气高峰;构造变形导致构造裂隙发育,改善了煤系储层物性,有利于烃类气体的富集赋存;构造作用对地下水等流体运移也有重要控制,影响煤系气的保存条件(曹代勇等,2018)。

1.沁水盆地中南部煤系气成藏实例

沁水盆地煤系泥页岩有机碳含量高、Ⅲ型干酪根生气潜力大,有机质热演化程度大多处于生气高峰,具有良好的煤系气成藏条件(戴金星,1981;秦勇等,2014)。

盆地中南部煤系气藏的形成受"沉积-热事件-构造-水动力"控制:①石炭纪—二叠纪有利的沉积环境决定了煤系的物质组成、生烃潜力、储集性能和孔渗特征等,奠定了煤系气"生-储-盖"的物质基础;②晚侏罗世—早白垩世构造热事件,决定了煤系烃源岩的成熟度演化和生、排烃过程,从而形成原生煤系气藏;③构造演化是控制煤系气保存的主要因素,燕山晚期—喜马拉雅构造运动导致煤系抬升卸压,使煤层中吸附气解吸为游离气向顶/底板扩散运移,构造运动的改造强度决定了原生煤系气藏的调整/改造程度;④地下水动力条件奠定现今煤系气藏的分布特征。新近纪早期的张性构造应力场和构造冷却事件导致煤系裂隙相对拉张,地表水渗入煤系,一方面水力运移作用导致早期形成的煤系气藏遭受破坏,另一方面煤水系统又为调整后的煤系气藏提供水力封闭,原生煤系气藏经调整/改造形成现今煤系气藏分布格局。

沁水盆地中南部现今煤系气藏可归结为"源储共层紧邻型",优势发育层位主要集中在上部和下部主力煤层及其顶底板,以上部主煤层"泥夹煤"和下部主煤层"水封气"叠置组合类型为主(图16-21)。上部主煤层"泥夹煤"储层组合类型为底板泥页岩-煤层-顶板泥页岩,为页岩气与煤层气叠置组合气藏,该类气藏以自生自储的煤层气为主体气藏,并作为烃源岩为上覆/下伏泥页岩提供气源;顶/底板泥页岩为辅助气层,除自身生成部分烃类外,大部分接受临近煤层扩散气形成辅助气藏,并作为封闭层为煤层气提供良好的封闭条件。下部主煤层"水封气"储层组合类型为底板泥岩-煤层-顶板灰岩,气层为煤层和底板泥页岩,仍为页岩气与煤层气叠置组合气藏。该类气藏同样以自生自储的煤层气为主体气藏,气藏上覆灰岩层作为含水层为煤系气提供了良好的封闭条件,煤层底板泥页岩自身生烃且接受煤层气补给成为辅助气藏,并为煤层气提供良好的封闭条件。

2.鄂尔多斯盆地东缘临兴地区煤系气成藏模式

在鄂尔多斯盆地东缘,石炭系—二叠系含煤岩系具有多煤层和暗色泥页岩互层叠加特征,有机质类型以腐殖型为主,有机质含量高、热成熟度处在成气高峰阶段,为煤系气成藏提供了丰富的气源。煤储层、页岩储层、致密砂岩储层复合连片,源储紧邻、互层叠置,构成了优质的生储盖组合模式。气体聚集在源岩内部或者附近,构成短距运移、就近储集的煤系气藏(戴金星等,1996,2000;张金川等,2006;杨华等,2014;甘云燕等,2018)。

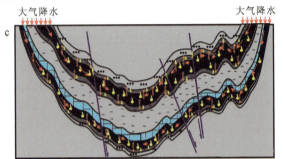
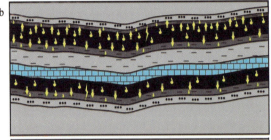
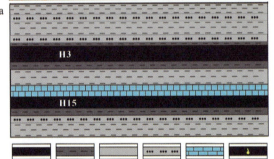
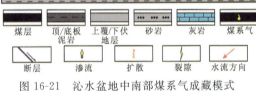

图 16-21 沁水盆地中南部煤系气成藏模式
(据王海超等,2017修改)
a.含煤岩系形成,二叠纪末;b.一期成藏,晚侏罗世—早白垩世;c.二期成藏,晚白垩世—新生代

鄂尔多斯盆地东缘临兴地区是我国煤系"三气"勘探开发的重点地区之一(曹代勇等,2018),含煤岩系发育有致密砂岩气、页岩气和煤层气,4+5号和8+9号煤层为主要烃源岩,暗色泥岩也具有一定的生烃能力,砂岩类型以岩屑砂岩为主,致密砂岩层、泥页岩层和煤层可以互为盖层(钟建华等,2018)。受紫金山岩体侵入影响,区域构造格局可以划分为中央隆起带、环形褶皱带和单斜构造带3个次级构造单元,各个次级构造单元的差异构造变形特征决定了煤系气共生组合类型和煤系气富集规律,从而总结了相应的"岩浆侵入型→向斜与水力封堵型→缓倾单斜与岩性封堵型"的煤系气富集成藏模式(曹代勇等,2018)(图16-22)。

(1)岩浆侵入型煤系气成藏模式。中央隆起带对煤系气富集的影响主要是岩浆热入侵与构造隆升,表现为岩浆侵入型煤系气成藏模式。岩浆活动加速了煤系有机质热演化,增大了烃源岩产气能力,使得该构造单元中煤层气、泥/页岩气(吸附气)含量明显高于其他两个构造单元。岩体侵入产生部分正断层并直接连通地表,形成游离气逸散的通道,因此中央隆起带中的致密砂岩气含量较少,该构造单元主要是煤层气与泥/页岩气共生成藏。此外,由于大气降水等原因,地下水由中央隆起带顺地层向外侧流动,靠近紫金山岩体处地下水动力条件相对略强,对煤系气的保存较为不利。

(2)向斜与水力封堵型煤系气成藏模式。环形褶皱带作为紫金山岩体与单斜构造之间的过渡带,以整体向斜构造形态为特征,地下水径流较弱,有利于煤系气保存,归纳为向斜与水力封堵型煤系气成藏模式。比较而言,环形褶皱带内受到的岩浆热和侧向挤压作用减小,总体上烃源岩成熟度和储层压力梯度低于中央隆起带,煤层气和泥/页岩气含气量也略低于中央隆起带,但由于受构造扰动程度相对较低,致密砂岩气保存较好,表现为煤层气、泥/页岩气及致密砂岩气共生成藏。较为发育的小断层主要以封堵性质的逆断层为主,断距不大、切割层位极为有限,基本上可等同于"割理",因此渗透率相对于其他次级构造单元略高。

(3)缓倾单斜与岩性封堵型煤系气成藏模式。单斜构造带分布在研究区东北部,基本不受紫金山岩体的影响,构造形态为向西缓倾的单斜,形成缓倾单斜与岩性封堵成藏模式。此构造单元内烃源岩成熟度最低,生气量也最低。虽然其煤层气、页岩气含量不及其他两个构造单元,但由于后期构造破坏微弱,地层平缓,泥/页岩气作为盖层封堵游离气,致密砂岩气的含量比其他两个次级构造单元高,是煤系砂岩气有利成藏区。

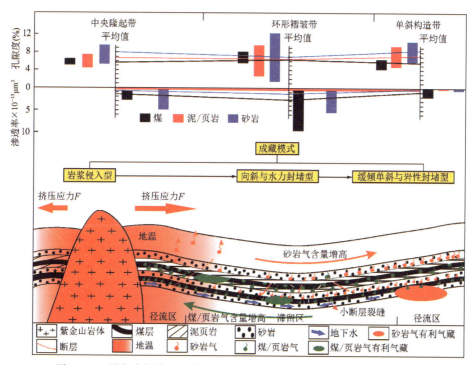

图16-22 鄂尔多斯盆地东缘临兴地区煤系气富集模式(据曹代勇等,2018)

3. 木里煤田煤系气成藏模式

木里煤田木里组上段和江仓组下段发育中低阶煤,煤层厚度巨大且连续性好,烃类气体生成量大,主要为煤层气资源。江仓组下段和上段富集煤系页岩气。煤层、暗色泥页岩、油页岩层作为烃源岩层,生成的气体除自生自储外可短距离运移到木里组和江仓组的粉砂岩等极低渗透性的岩性中,形成致密砂岩气等(图16-23)。冻土盖层和江仓组上段油页岩层可以作为煤田范围内的2个区域性盖层,可以有效阻止气体的逸散,对于煤系非常规气的保存起到了重要作用。由于构造作用的影响,泥页岩和砂岩的储集物性可以得到改善,甚至裂隙等可以作为储集空间,有利于气体的富集(李靖等,2012,2017)。

4. 准噶尔盆地东部白家海凸起煤系气成藏模式

准噶尔盆地东部白家海凸起的煤系气,由于含煤岩系岩性结构和层位的不同而各有特色。西山窑组埋藏较浅,煤系气以煤层气为主,在煤层最厚且横向展布稳定的区域,气藏规模通常较大。由于煤层顶底板泥岩封盖层广覆式分布,所以形成浅部典型的自生自储型煤层气藏;八道湾组煤层和致密砂岩互层叠置,气体赋存状态既有煤层中的吸附气,又有砂岩层中的游离气,游离气气源来自煤系烃源岩,兼有自生自储型煤层气藏与煤系致密砂岩气藏的特点,吸附气、游离气具有同源共生性、伴生性、转换性和叠置性,可叠加成煤层-致密砂岩共生型气藏;三工河组煤层不发育,砂岩气气源主要来自附近煤层以及深部二叠系、三叠系烃源岩,在合适的构造圈闭条件下,砂岩分布范围有限,形成规模较小的圈闭型致密砂岩气藏(图16-24)。

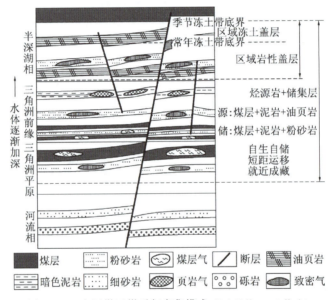

图 16-23 木里煤田煤系气富集模式(据李靖等,2017修改)

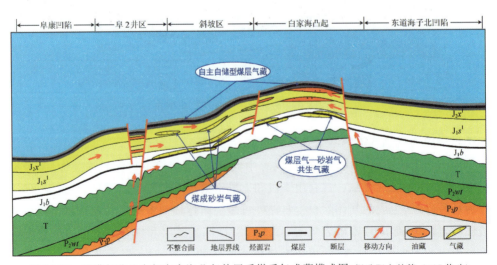

图 16-24 准噶尔盆地东部白家海凸起侏罗系煤系气成藏模式图(据欧阳永林等,2017修改)

第二节 富油煤与煤成（制）油

富油煤是最近几年被煤地质学家和煤化工学家高度重视的一种特殊煤炭资源。一方面，是由于富油煤在加工转化方面展现出了替代油、气和无烟煤、焦煤的巨大潜力，在现代煤化工中富油煤是煤制油的重要物质基础；另一方面，在油气成藏作用研究方面，越来越多的研究和勘查成果都支持富油煤是重要的生油气母质（Ⅲ型干酪根）。

一、富油煤

1. 定义

富油煤是焦油产率较高的一种特殊煤炭资源。焦油产率（$T_{ar,d}$）是煤在低温干馏试验中形成焦油的质量占煤样质量的百分率。在《矿产资源工业要求手册（2014 修订版）》中根据焦油产率（$T_{ar,d}$）将煤划分为含油煤（$T_{ar,d} \leqslant 7.00\%$）、富油煤（$T_{ar,d} > 7.00\% \sim 12.00\%$）和高油煤（$T_{ar,d} > 12.00\%$）；在《稀缺、特殊煤炭资源的划分与利用（GB/T 26128—2010）》中将焦油产率（$T_{ar,d}$）大于 12% 的煤称为特高含油量煤。近年来，在煤炭资源评价中把焦油产率（$T_{ar,d}$）大于 7% 的煤炭统称为富油煤。

据胡社荣（1999）考证，富油煤最早于 1850 年发现于苏格兰的托班山附近，人们称为托班煤。这是一种极富油组分的煤，人们很快发现能从这种煤中提炼出"石蜡油"，煤油也就由此而得名。同时，用煤造石油也成了当时欧美的主要工业（Thiessen，1925）。这些早期的发现，无疑启发和引导了煤制油和煤成油的研究与工业体系的构建。

2. 基本特点

富油煤是根据焦油产率的高低所定义和划分的。煤的焦油产率与煤化作用程度、煤岩显微组分、分子结构、元素组成（H/C 原子比）、挥发分产率等密切相关。其中，煤化作用最为重要。

（1）煤化作用程度是影响焦油产率的首要因素。随着煤化作用程度的提高，煤的分子结构和元素组成（H/C 原子比）发生变化，逐渐由褐煤转变为高挥发分烟煤、低挥发分烟煤、无烟煤。其主要特点是煤分子结构逐渐脱去不稳定羟基（—OH）和羧基（—COOH）等支链官能团，有机分子缩合成更大的芳香结构（芳构化程度增高）的过程，也是煤组成元素脱氧、去氢的过程。因此，具有较高经济价值和较大加工利用潜力的富油煤主要是煤化程度较低的长焰煤、不黏煤等。

（2）煤的分子结构和元素组成（H/C 原子比）是影响焦油产率的重要因素。由于成煤物质和煤化程度的差异，富油煤分子结构中拥有更多的链状结构，元素组成中含有更多的氢，这有利于低温热解过程中焦油的产生。

（3）煤的显微组分构成是影响焦油产率的主要原因。在煤化程度接近的情况下，煤的显微组分构成是影响煤炭分子结构和氢含量的重要因素。在煤化作用过程中，不同显微组分表现出不同的活性特征。煤分子的链状结构和氢元素含量呈现从壳质组、镜质组、惰质组依次降低的特点，因此，富油煤一般具有较高的壳质组和镜质组含量。

(4)挥发分产率是受煤化作用程度控制的煤质指标。挥发分产率与焦油产量呈正相关关系,富油煤一般具有中高—高挥发分产率。

3.资源时空分布规律

富油煤广泛分布于我国的华北和西北赋煤区,东北、华南和滇藏赋煤区也有零星分布(图16-25)。从成煤时代来看,富油煤的分布跨越石炭纪—二叠纪(晚二叠世)、晚三叠世、早—中侏罗世、早白垩世和新近纪等多个成煤时代。但以早—中侏罗世富油煤分布范围最广,资源总量最大。

在华北赋煤区,富油煤主要赋存在鄂尔多斯盆地,包括陕北、黄陇、陇东、宁东和东胜侏罗纪煤田,内蒙古准格尔、陕西府一带石炭纪—二叠纪的长焰煤和气煤,陕西省子长至横山一带的晚三叠世气煤,是我国富油煤连续分布最广、地质勘查程度最高的地区(秦建强,杨占盈,2010;王双明等,2019)。此外,山东黄县地区小型古近纪盆地中也有少量长焰煤。

西北赋煤区的富油煤主要是赋存在新疆准噶尔盆地、吐哈盆地、伊犁盆地、三塘湖盆地等的早—中侏罗世长焰煤和不黏煤,资源量大,是我国富油煤资源的主分布区。

华南赋煤区的富油煤有江西乐萍晚二叠世龙潭组树皮煤,煤中壳质组含量高,煤类为气煤和气肥煤;广东茂名等小型盆地中的古近纪长焰煤。

东北赋煤区的富油煤有内蒙古自治区东部的二连盆地、海拉尔盆地和黑龙江鹤岗等盆地内的早白垩世长焰煤,惰质组含量很低,氢含量高。

上述富油煤分布区内,三塘湖盆地和鄂尔多斯盆地陕西区域已开展富油煤专项调查评价工作,调查结果表明两者范围内的侏罗纪煤主体都是富油煤。

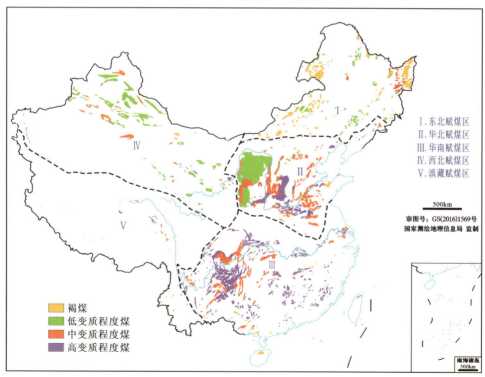

图 16-25　中国煤类分布略图(据中国煤炭地质总局,2015)

4.资源量潜力

目前我国尚未开展过全面的富油煤资源调查评价工作。根据第四次煤炭资源潜力调查评价的结果,截至 2008 年底我国累计探明煤炭资源储量 2.02×10^{12} t,褐煤和低阶煤占 68%,约 1.37×10^{12} t;预测煤炭资源量 3.88×10^{12} t,其中褐煤和低阶煤 2.87×10^{12} t,其中低煤化程度煤很可能均为潜在的富油煤。2019 年,陕西省煤田地质局开展的富油煤调查评价结果显示,陕西省境内晚古生代、晚三叠世和早—中侏罗世富油煤资源量达 1500×10^8 t。新疆调查结果显示,仅三塘湖盆地早—中侏罗世富油煤资源量就超过 500×10^8 t。

上述估算与调查结果显示,我国富油煤具有巨大的资源潜力和规模化利用前景。

二、煤制油

煤制油以其优良的高热值而颇受航空工业的青睐,是我国合理利用煤炭资源的重要发展方向。中—低温热解是当前低阶煤利用的主要途径。通过中—低温煤炭热解技术,将煤炭热解为 80% 左右的固体(块状或粉状半焦或兰炭)、10% 左右液体(中—低温煤焦油)和少量气体(热解气),再根据需求对热解产品进行分质转化利用。由于半焦(兰炭)在铁合金、电石、化肥等行业可以代替焦炭,当前陕北榆林地区对低阶煤的利用主要是低温干馏生产兰炭,副产品是煤焦油和焦炉煤气。通过产品工艺的调整和延伸,可以从焦炉煤气中提取氢气用于煤焦油加氢产出石脑油、柴油、液化气等产品;焦炉煤气中的甲烷可分离用于生产压缩天然气或液化天然气,焦炉煤气中剩余的一氧化碳用于生产甲醇或其他化工产品(图 16-26)。低温干馏生产油气等燃料产品是富油煤利用的重大进展,是实现富油煤清洁高效利用、实现煤炭消费革命的重要途径。

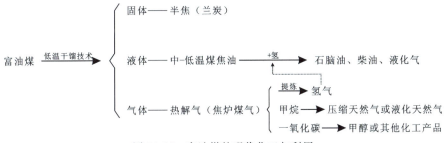

图 16-26　富油煤的现代化工与利用

以往对煤焦油产率的测试主要按照《煤的葛金低温干馏试验方法》(GB 1341-1987)执行。根据唐跃刚等的研究,陕西省煤的焦油产率均值在 2.16%~12.50%,储量加权平均值为 9.95%。西安科技大学在对陕西的低阶煤进行低温干馏实验研究时,采用固定床热解反应装置来收集焦油,测得的焦油产率可达 10%~13%,高于实验样品葛金低温干馏试验方法得到的焦油产率。

榆林市统计局数据显示,2018 年榆林原煤产量 4.56×10^8 t,如果这些煤炭全部进行中—低温热解,首先进行低温干馏提取焦油,按照平均 10% 的焦油产出率,每年可产出液体燃料约 4500×10^4 t,相当于在榆林地区再造一个大庆油田(马丽和拓宝生,2020)。陕西省内 1500×10^8 t 的富油煤资源量则相当于 150×10^8 t 的石油可采储量,是全国石油剩余技术可采储量(37×

10^8 t)的 4.05 倍。

全国低变质煤已探明储量的 95% 以上分布在西北地区,实现西部煤炭资源的规模化中—低温热解制取油气,能够降低中国油气资源的对外依存度,保障国家能源战略安全。西北地区富油煤科学开发和高效利用,将深刻影响我国能源结构和战略调整方向。

煤制油对煤成油形成机理的认识有很大的启发和实际意义,譬如有利生油的煤种类型、煤级和显微组分组成、丝质体的液化难易、还有催化剂对煤造石油的影响等。这些影响煤制油的因素被今天的煤成油研究实践进一步证实,它们是影响煤成油田形成的重要因素(胡社荣,1999)。

三、煤成油

煤成油系指煤及煤系地层中集中的和分散的陆源有机质,在煤化作用的同时所生成的液态烃类(石油),部分从源岩中排驱出来并聚集成藏(黄第藩等,1992)。

关于煤成油的研究,主要始于 20 世纪 60 年代相继在国内外发现的一批与古生代、中生代和新生代含煤岩系有关的重要油气田。例如,澳大利亚吉普斯兰盆地白垩系—新近系油气田(Brooks and Smith,1969)和库珀盆地石炭系—二叠系油田(Fleet and Scort,1994);印度尼西亚马哈坎三角洲库太盆地的白垩系—新近系油田(Thompson et al,1985)。在我国也先后发现了鄂尔多斯盆地西缘的鸳鸯湖油田(石炭系—二叠系)、四川盆地西部的中坝凝析油气田(上三叠统),及以侏罗系为主的柴达木盆地冷湖油田、吐哈盆地台北凹陷各油田、三塘湖盆地、焉耆盆地、准噶尔盆地等一批与含煤岩系有关的油田(黄第藩和卢双舫,1992;黄第藩,1996;黄第藩和熊传武,1996)(表 16-3)。煤成油田的发现,极大地激发了煤田地质学家、石油地质学家和有机地球化学家的研究兴趣,虽然迄今所发现的煤成油田数量和规模有限,特别是人们对以"煤"作为煤成油的唯一源岩尚存在争论,但是在重点围绕含煤岩系的生烃能力、成烃机制与物质运移、烃源对比等方面构建的煤成油理论仍然具有实用性,它对于深化煤系统分析(Warwick,2005;吴立群等,2010)、煤成油田勘查评价(黄第藩等,1992;程克明,1994;黄第藩等,1995)、煤系相关矿产资源(铀)形成机理(焦养泉等,2006;彭云彪等,2019),乃至现代新兴工业——煤制油等均具有理论指导意义。

表 16-3 中国煤油共生实例一览表(据郭黔杰,1992)

盆地	矿区	时代	地层	含油性	Ro(%)
渤海湾	文 23 井	E	Es^4	油井	
四川	大参 1 井等	T	Th - Tx	油气井	
鄂尔多斯	任 4 井等	P	山西组	油气井	
鄂尔多斯	焦坪店头等	J	延安组	油气突出	0.5~0.7
吐哈盆地	台参 1 井等	J	$J_1 - J_2$	油井	0.8~1.7
煤山	牛头山等	P	龙潭组	油流	0.67~1.3
乐平	鸣山	P	老山段	油苗	0.8~0.9
安庆、广德	燕子岭	P	龙潭组	油苗、油流	
浙江	千井弯等	P	龙潭组	油苗、油流	
准格尔		J		油苗、油流	

续表 16-3

盆地	矿区	时代	地层	含油性	Ro(%)
塔里木		J		油苗、油流	
琼东南	岩 13-1-1 井		陵水组	油气	
苏北	东台	R	阜宁组	油苗	
句容	东风	P	龙潭组	油流	0.57~1.0
珠江口		R	恩平组		
古潜山	苏 13 井等	C-P	山西太原	油气	0.57~0.7
黄县煤田	龙口	R	黄县组	油苗	0.5~0.7
海拉尔	伊敏等	J	大磨拐河	生油迹象	0.4~0.55

注：资料来源于刘德汉和戴金星等，1985；史继阳等，1985；尚慧云等，1986；戴金星和宋岩，1987；吴士清等，1988；马作春，1989；许云秋等，1989；郭黔杰和王洁，1990；黄第藩等，1990；张爱云等，1990。

(一) 煤成油的源岩（母质）

煤的物质成分特点决定了煤在地质演化过程中易于形成天然气，然而国内外煤岩学家和石油地球化学家，经过几十年的潜心研究，发现含煤岩系中的煤和泥岩均可作为母岩而生油，煤成油田通常是"双重油源（母质）"的产物。

1.煤源岩

煤的生油能力，从根本上讲取决于煤的物质组分。煤作为源岩研究的最直接证据来自组分鉴定的结果，壳质组是主要的生油物质（图 16-27），某些镜质组分也具有一定的生油能力，惰性组基本不能生油（图 16-28）。Tissot and Welte（1984）指出，煤中壳质组的热演化途径和 II 型干酪根很相似，而煤中镜质组和 III 型干酪根的热演化途径基本一致。

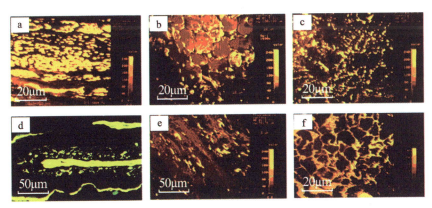

图 16-27　共聚焦激光扫描显微镜观察照片（据刘德汉等，2005）

a、b. 结构镜质体和基质镜质体中的微树脂体；c、d. 分布在结构镜质体边缘的微荧光质体；
e. 微渗出体；f. 结构镜质体中分布有网络状荧光沥青体

煤中壳质组由于其富氢特征而被公认为是煤成油的主要生烃组分。但是，郭黔杰（1992）的深入研究发现，富氢特征不是生油组分的唯一特征，还应当包括：①生油组分应当是富氢的，在合适的条件下可以产生烃类物质；②生油组分应当具有较大的微孔空间和孔隙连通性，以使其产生的烃类能够发生运移，形成游离烃；③生油组分能够在游离烃最合适发生初次运移的期间产生和排出游离烃。据此特征,他将壳质组化分为3种类型:①强生油壳质组组分,包括树脂体、沥青质体、菇烯体、藻类体;②弱生油壳质组组分,包括角质体、孢粉体、木栓体;③不生油的壳质组组分,包括那些发生了某种程度原生氧化的稳定组分、遭受菌类破坏的壳质组组分、已经生成过烃类物质而成为弱富氢或非富氢的壳质组组分。

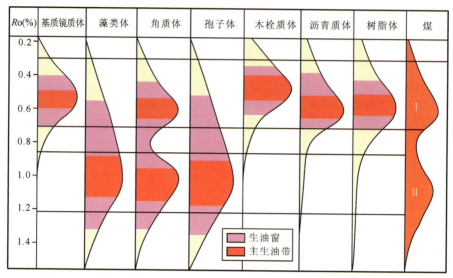

图 16-28　煤中不同显微组分在 R_o 不同阶段的生烃模式(据刘德汉等,2005)

随着有机岩石学和其他实验技术的发展,煤岩中显微组分的生烃性评价也日趋精细。已知亚显微组分的生油潜量优劣次序大致是:树脂体(尤其是琥珀树脂体)→花粉→角质体→木栓质体→沥青质体→孢子体→基质镜质体(郭春清,2005)。

刘德汉等(2005)据吐哈盆地样品共聚焦激光扫描显微镜观察(CLSM)发现,除了煤中有壳质组含量相对较高的分层以外,另一个重要因素是煤中广泛存在多种类型的微米级—亚微米级微壳质体和发棕褐色荧光的基质镜质体,它们都是煤成液态烃的重要物源(图16-28)。

在德国北部,Ralk lutke et al(1989)发现 Westphalian B 层的煤中有 20% 氢含量的损失,研究认为是由于大量沥青物质在成熟过程中从所研究的煤中被排出。Bertrand(1984)非常支持这一论点,是因为他在侏罗纪—新近纪的盆地中都见到了与油藏伴生的富油煤层组。这在早期从实践的角度证实煤是煤成油的源岩(母岩)。

2.泥源岩

含煤岩系内形成油田的主要油源贡献者是煤层还是泥岩?国内外学者一般认为含煤岩系能够形成油田,但是母岩不限于煤层,还包括含煤岩系中富有机质的泥岩,如碳质泥岩和暗色泥岩等。煤层和泥岩对煤成油都有贡献。

一些学者认为吉普斯兰盆地的煤层是主要烃源岩,然而另一些学者却指出人们并不清楚形成油田的油是来自煤层还是来自与煤有关的碳质页岩,很可能两者都有贡献。从发育油田的含煤岩系中煤层最大厚度和泥岩最大厚度相比可知,泥岩明显大于煤层,其实这个规律同样适合于大部分煤田(表16-4)。在吉普斯兰盆地,陆上部分煤层厚度达700多米,但油田却都发育在海上煤层较薄的部位。在印度尼西亚马哈坎三角洲,最大煤层厚度为195m,而泥岩厚度却高达 1795m。胡社荣等(2003)分析指出,无论是吉普斯兰盆地,还是马哈坎三角洲库太盆地,都是白垩纪—新近纪盆地。从植物演化的角度,煤的物质组成是另外一个制约要素,因为在白垩纪前后形成的煤层其显微组分存在很大区别。白垩纪—新近纪盆地煤中树脂体等壳质组含量丰富(最大可高达 45%),显然是理想的生油母质。另外,两个盆地都由海相地层或是夹有海相层的地层所组成,原油色谱分析表明石油来自海藻和固态有机质。在吉普斯兰盆地,油田发育于烃源岩镜质体反射率大于 0.7%的地区,或者发育于煤中壳质组最大含量为 15%、镜质体反射率为 1.2%的海上部分。在印度尼西亚,最具生烃潜力的油源岩是古近纪—新近纪沉积在受潮汐控制的沿海平原环境中的异地生成煤和与之相关的页岩(Thompson et al,1985)。

在我国西北地区的侏罗系,例如吐哈盆地等,源岩地球化学分析证实中侏罗统西山窑组的煤和上二叠统塔尔郎组泥岩对油田的形成都有贡献(黄第藩等,1995;程克明等,1995;程克明等,1999)。胡社荣等(2003)认为煤虽能生油,但难以形成有商业意义的油田,含煤岩系中泥岩是煤成油田形成的主要贡献者。黄第藩和卢双舫(1999)更倾向于认为煤岩是煤成油的主要贡献者,但他们也同时指出对这一问题的令人信服的回答,将不仅依赖油源对比的认识,更有赖于对煤、碳质泥岩、暗色泥岩各自生烃和排油量的定量评价。

表 16-4 一些发育油田的含煤盆地基本参数统计表(据胡社荣等,2003)

沉积盆地	最大地层厚度① (m)	最大煤层厚度(m)	最大泥岩厚度(m)	成熟度 R_o(%)
准噶尔	>4000	>203	>950	0.4~1.2
吐哈	>4000	>194	>800	0.5~1.1
焉耆	>2400	>60	600~1200	0.7~1.3
喀什凹陷	>2000	0.67~1.4	>300	0.26~4.17
库车坳陷	>2000	>30	>600	0.7~1.3
伊犁②	>2000	>200	>558	0.5~0.7
柴达木	>2000	>35	>1000	0.6~>1.3
潮水②	>3400	>15	>480	0.73~1.19
雅布赖②	>3400		>1020	0.5~1.3
吉普斯兰	>3000	>700		0.4~1.2
印尼库太	>3000	>195	1795	低—很高
卡拉库姆	>3000	局部夹煤层	>1000	低—很高

注:①残留地层厚度;②迄今未发现有商业意义煤成油田的侏罗纪盆地。

(二)煤的成烃机理

煤岩学家是从煤的显微组成对成烃和排烃机制进行了深入讨论。傅家谟等(1990)指出,煤岩显微组分或煤成烃母质在相同成熟度时,H/C 原子比是决定煤成气和煤成油潜力的基本因素,研究认为壳质组的成油潜力最大,而镜质组生气的能力较强,惰性组的渗透性较好。

煤成油主要取决于煤中壳质组分的含量。亮煤和半亮煤富氢,显微组分主要为无定形体、藻质体和壳质体,它们相当于生油母质的Ⅰ型Ⅱ型干酪根,生成液态烃的能力强。李小彦的研究结果表明,不同煤岩组分的产油率壳质组最高、镜质组次之、惰性组最低。不同煤化程度的煤产油率也不同,他对褐煤、长焰煤和气煤3个牌号的煤进行了热模拟实验,其在400℃时均达到产油率的高峰,分别为5.1kg/t、3.3kg/t和13.8kg/t,表明气煤的生油性能好、产油率高、产油范围宽。他还对不同沉积环境形成煤的产油率也进行了探讨,认为近海型煤产油率高于内陆型煤产油率,这是由于近海型煤还原性强、富氢镜质体含量高的缘故。

煤成油的液态窗比腐泥型生油岩的液态窗范围宽而情况复杂。煤成烃的演化特征为:①煤成油范围较宽,产物种类复杂,在 R_o 低于 0.6% 未成熟期,就已产生了一定数量的凝析油,这是煤中的某些壳质组分如树脂体在 $R_o<0.5\%$ 阶段形成的凝析油,而油页岩只在晚期阶段存在热降解凝析油。壳质组形成高蜡油的门限一般为 $R_o=0.7\%$,晚于油页岩成油门限。但在 $R_o<0.5\%$ 时,如泥炭褐煤等特种煤亦可成烃,$R_o<0.3\%$ 时已含有较多的褐煤蜡(陆杰等,1988)。②煤成气范围较宽,不存在明显的生气高峰。而油页岩在热演化早期阶段以生油为主,在晚期阶段出现生气高峰。

黄第藩和卢双舫(1999)认为,虽然倾油的(易于生油的)煤系源岩能够生成、排出液态石油,并可导致相当规模的煤成油气聚集,但并非所有的煤系地层都是倾油的。与倾油的煤有关的石油储量很少。MaCgregor(1994)对世界范围内有一定规模煤成油聚集盆地中煤的统计表明,倾油的煤相对来说较少,因此,煤主要是气源岩。

倾油的煤应是富氢的,但煤富氢与否,往往不能由干酪根的 H/C 原子个数比明显体现出来,黄第藩等(1995)的研究表明,腐殖煤中的可溶有机质对成烃有重要贡献。黄第藩和熊传武(1996)基于对我国西北地区含煤地层总生烃潜量(S_1+S_2)、氯仿沥青 A 和总烃含量与有机碳关系相关性研究,提出了一个将煤[$\omega(C_{有机})>40\%$]与煤系泥岩[$\omega(C_{有机})<60\%$]、高碳泥岩[$\omega(C_{有机})=6\%\sim40\%$]的评价标准统一起来,作为判别其生油气能力的比较实用的评价方案。由于煤系原岩的生烃潜量与有机碳之间存在较好的线性正比关系,煤系地层的生烃量主要取决于有机质丰度。总的来说,高碳泥岩和煤一般都属于好的和很好的生油岩。由于含煤地层有机质类型差、单位生烃潜力低,潜力评价时其各项丰度指标的界限值都高于一般湖相生油岩。

源岩中有机大分子的化学和物理结构是决定成烃潜力和成烃反应过程的首要因素,秦匡宗等(1998)的研究修订了以化学共价键结合力为基础的煤的两相结构概念,认为在煤有机大分子结构中同时包含有丰富的非共价键物理作用力,包括氢键力、电荷转移力和 $\pi-\pi$ 键力等缔合力,在煤的结构单元之间起着重要的结合作用。煤的复合结构新概念的提出能很好地解释煤在不同溶剂作用下的溶解现象和实验结果,可以诠释煤成油过程中生油门限明显提前的现象,该研究进一步深化了煤成油机理的再认识。

(三)煤成油的排驱和初次运移

大量的研究资料表明,一些陆源有机显微组分能够生油,但对煤的排油能力存有较大争议,姚素平(1996)认为可能与煤的微孔隙、强吸附性和可塑性等因素有关:①煤的微孔隙直径太小,阻碍液态烃类分子的通过,使形成的石油难以排出。②煤系有机质特别是镜质组具有很强的吸附能力,其吸附性要远远高于泥岩。即使煤有高的生油能力,其产生的液态烃类也由于被大量吸附而无法排出。③由于煤的可塑性大,会影响其渗透性,而使得石油不能排出。

关于煤成油的排驱机理与效率是目前没有完善解决的课题,但澳大利亚和我国吐哈盆地等煤系地层中发现工业性油气田的事实,说明煤层缺乏排烃作用的根据是不足的。大量的有机岩石学的观察结果提供了煤成油初次运移的显微岩石学证据,例如荧光显示液态烃类在煤层内可以扩散和运移(图16-27)。许多石油地质学家从有机地球化学的角度剖析了煤成油排驱的可能性。到目前为止,可以认为煤层和煤系地层在一定的条件下(如温度、压力、含油饱和度等)是可以排油的,需要进一步讨论的是煤层的排驱机理和排驱条件(姚素平,1996)。

成烃演化过程中有机岩的物理性质变化可以印证排烃行为。有机岩(尤其是煤)是复杂的多孔固体,其显微组分组成中占绝大多数的镜质组分,还具有复杂的凝胶性质。从某种意义上说,成烃演化(煤化作用)过程中有机岩物理性质变化最直观的表现就是镜质组胶体属性的改变,由未成熟阶段的水凝胶转变为成熟阶段的沥青凝胶(Stach et al,1982;Cook et al,1986)。值得注意的是,与上述胶体属性转变过程相应的是有机岩的脱水作用、视孔隙度的转折性变化,张卫彪等(2000)对三塘湖盆地侏罗系煤成烃演化过程中有机岩物理性质变化的研究发现,其转折性变化大致以镜质组反射率R_o为$0.6\%\sim0.7\%$为界,此前,内在水分含量和视孔隙度的降低极为迅速,内在水分含量由13%以上锐减至2.5%左右,视孔隙度由16%以上锐减至5.5%左右;此后,内在水分含量和视孔隙度平稳降低(图16-29)。他们通过与吐哈盆地的比较发现,三塘湖盆地侏罗系煤成油的运移具有特殊性:有机岩的脱水作用与煤成油的排驱不存在较佳的时间耦合,因此依靠内在水分排出携带的水溶形式运移是不现实的;在过压作用下有机岩中连续的"沥青网络"形成机制和较早的初次运移历史可能是产生三塘湖盆地侏罗系煤成油的必要条件。

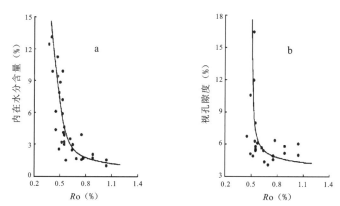

图16-29 三塘湖盆地侏罗系有机岩内在水分(a)和视孔隙度(b)随成熟度的变化趋势

(据张卫彪等,2000)

基于吐哈盆地煤的成烃演化和自然排烃剖面特征,黄第藩(1996)根据煤的孔隙、微裂隙的分布特征和内在水份含量的变化,结合煤的吸附性对成烃产物排驱的影响和不同演化阶段烃类相态变化,设计了煤成油初次运移模式,将其划分为压实排驱、连续整体油相运移和气溶方式运移3个阶段(图16-30)。并指出,煤源岩中饱和烃含量几乎始终低于芳烃含量并不是它们源于腐殖型母质的结果,因为几乎任何类型的成烃母质中的有效成烃组分都主要是类脂组,产物自然是以饱和烃为主的。因此,烃源煤中芳烃含量高于饱和烃的现象只能是一种运移效应的反映。由于饱和烃的极性弱,大部分已由煤中排出了。正是由于烃源煤初次运移和排驱的上述特点,导致聚集成藏的煤成油以轻质油为主,饱和烃质量分数达80%以上,其次为三环以下的轻芳烃。而非烃、沥青质和四环以上重芳烃则很少做出实际的贡献。

有一种观点值得我们重视,戴卿林等(1996)通过吐哈盆地煤的低温排烃模拟实验及源岩与原油之间组分分析,发现煤与泥岩的排烃作用存在明显差异。煤成油在排驱过程中,由于地质色层作用使组分分布特征产生了明显变化而难以与母源对比。煤成油的油源对比不适宜引用以往"油-源必然相似"的原则。

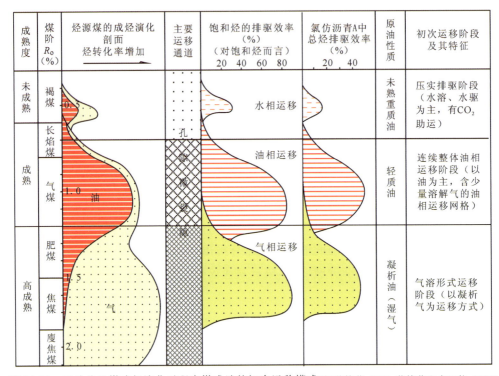

图 16-30　吐哈盆地煤成烃演化过程中煤成油的初次运移模式(据黄第藩,1996;黄第藩和卢双舫,1999)

(四)煤成油的特征

煤成油具有饱和烃含量高(可达50%~80%),而非烃和沥青质含量低的特点。与油页岩生成的原油比较,煤成油组分中芳烃含量相对较高,多大于16%,有的高达40%以上,非烃与沥青质质量分数一般为4%。另外,有时煤成油可具较高的含蜡量。煤成油富含芳烃组分和含蜡量高可能是由于继承了成烃母质特征的结果。煤成油正烷烃奇偶优势,主峰碳数和数量分布范围与陆相石油基本相似,但往往煤成油的高碳数峰群更为突出(蒲静和秦启荣,2007)。煤成油富重碳同位素,$\delta^{13}C$的分布范围 $-27.6‰ \sim -21.5‰$。

所以,煤成油的典型生物标志物组成特征可以归纳如下:

(1)由于煤一般形成于弱氧化的酸性环境,有利于叶绿素侧链植醇向姥蛟烷转化,因而煤成油具明显的姥蛟烷优势,Pr/Pn的比值在0.68~7.0范围,绝大多数大于2.8。

(2)煤一般形成于淡水沼泽环境,伽马蜡烷不发育,伽马蜡烷/C_{30}-藿烷<0.5,煤系泥岩虽也处于泥沼环境,但介质咸度比泥高,其值一般大于0.1。

(3)由于煤系中菌藻不发育,因而主要来源于菌藻的降新藿烷以及C_{30}-重排藿烷在煤中不发育,而在煤系泥岩中相对较发育。

(4)煤成油中三环萜以 C_{19} 为主峰,$C_{19}>C_{20}>C_{21}$,富含降异海松烷,C_{14}-四环烷发育。煤成油富含高等植物生源的环烷烃及其衍生物,如各类菇烷和甾烷。

(五)煤成油制约因素与评价

与其他任何矿产的形成相似,关键控矿要素需要最佳的耦合匹配。具有工业意义的煤成油田的形成先决条件是非常苛刻的,这首先取决于煤中壳质组的含量而非煤层厚度,壳质组含量与成煤环境、成煤植物、成煤物质关系密切,显然富油煤的研究将会促进此领域的研究;其次要有含煤岩系中富有机质泥岩的联合生烃贡献,当然煤系中如果存在油页岩等是最好的;同时在客观认识煤的生排烃特殊性基础上,还需要遵循石油形成的普遍规律,如构造背景、热演化程度、排驱-聚集-保存等。

从煤地质学的角度审视煤成油的制约条件和远景评价,以下几种认识和观点值得借鉴和重视:

(1)沉积环境条件决定了适生的植被群落种属,如果匹配以适当的古构造和古气候条件,则有利于富油煤及其富有机质泥岩的发育。郭春清(2005)认为,湖湾沼泽相或三角洲间湾沼泽相是发育生油煤的最有利的相带。李小彦(2008)认为近海型煤产油率高于内陆型煤产油率,因为近海型煤的还原性强、富氢镜质体含量高。胡社荣和吴因业(1997)指出,西北侏罗系煤成油藏形成的有利环境是水进序列的含煤建造。

(2)在煤成油的关键制约要素中,惰性组虽然生油能力差,但却具有良好的物性特征,可以充当煤成油的运移或储存空间,从而是煤成油成藏不可或缺的关键要素。

陈中凯和胡社荣(1996)通过对世界上煤成油田及其煤岩显微组分的对比研究发现,煤成油田往往形成于煤中惰性组分含量较高的地区。例如,澳大利亚的吉普斯兰盆地,煤成油的煤岩显微组分平均组成为镜质组61%、壳质组5%、惰性组32%,最大壳质组含量15%。澳大利亚的库帕盆地,镜质组6%~23%、壳质组2%~10%、惰性组74%~84%。吐哈盆地七克台油田,煤岩显微组分组成为镜质组61.4%、壳质组2.96%、惰性组34.88%。准噶尔盆地的齐古油田,镜质组26%、壳质组18%、惰性组55%;彩南油田镜质组56%、壳质组8%、惰性组36%。他们结合对煤中惰性组的物性分析,认为惰性组较之于镜质组具有更小的吸附性和更大的孔隙直径,这为煤中形成烃类的富集和运移提供了良好条件。煤中具有较高生烃能力的富氢组分与大量惰性组的配合,对煤成油的运移和富集具有促进作用。

陈中凯和胡社荣(1996)指出,与泥岩生油岩相比,煤的吸附性要高得多。影响煤吸附性的主要因素有4个方面,即煤的孔隙度、变质程度、被吸附物质的性质以及煤中矿物含量。其中煤的孔隙度对煤的吸附性影响最大。根据对镜质组和丝质体的孔隙测定,镜质组的总比表面积比丝质体大一倍左右,而总孔容却比丝质体小3~4倍(马雪梅,1991)。其原因在于镜质组中有大量的微孔存在,而丝质体中的孔隙却相对较大。由此可见,煤的吸附性大小依次为镜质组、半镜质组和丝质体。这也佐证了吴俊(1994)的认识,即煤的吸附性与煤中镜质组含量成正比,与惰性组含量成反比。

(3)单从煤岩学角度,陈中凯和胡社荣(1996)认为对煤成油进行评价时应注意以下几个方面的因素:

煤中能生成大量液态烃的组分可以是显微的(如孢子体、角质体、木栓质体、树脂体等),

也可以是超微的（如煤中分散分布的超微壳质组分），有时超微的壳质组分对煤成油的形成可能更具意义。这些富氢的壳质组分是煤成油的物质基础，离开这些组分，煤成油将无从谈起。

煤中惰性组分的含量。一般认为，由于惰性组生烃能力很弱或基本不能生油，是煤成油的不利因素。但惰性组比镜质组的吸附性小，并能提供较大的孔隙通道，对煤成油运移可以起促进作用。这一点往往被忽视，多数只强调壳质组的多少和氢指数的高低。

煤显微组分的结构特征。煤的显微组分以较破碎的粒状形式出现时，其粒间的孔隙直径往往较大，从而对煤成油的运移有利。另外，煤中的内生裂隙也是煤成油运移的通道之一。

煤的成熟度。按照蒂索的理论模式，烃源岩中干酪根埋藏成熟达到"生烃门限"的 R_o 为 0.5%。而事实上，"生烃门限"的值还要低，有人提出最低限是 R_o 为 0.2%，有人将 R_o 为 0.2%～0.7%区间生成的油称为"低熟油"（王铁冠等，1995）。煤不同显微组分最佳生油时期是不一样的（程克明，1994；赵长毅和金奎励，1994），一般认为煤的最佳生油时期是 R_o 为 0.5%～1.1%，一般生油区间 R_o 可在 0.3%～1.3%。

第三节 煤型天然气

煤及含煤岩系作为重要气源岩的事实已被国内外一些气田的发现所证实。但是，如果按照"气"的"运移规模"来界定"气藏"的话，则可以将煤及含煤岩系形成的煤型气划分为两大类：一类属于"自生自储"式，如煤层气、页岩气、致密砂岩气等，"气"的运移距离有限，尚未脱离含煤岩系，属于本章第一节阐述的"煤系气"，人们常常称之为非常规天然气；另一类煤型气，虽然也以煤及含煤岩系为气源岩，但是形成的煤型气却经过了长距离运移，已经远离含煤岩系并聚集储存于其他储层（如砂岩、砾岩、灰岩）中，具有"他生他储"特征，更类似于常规天然气藏的形成机制，编者将此类煤型气用"煤型天然气"一词来表征，以区别于煤系气。在我国，典型的煤型天然气藏以琼东南盆地崖13-1气田和鄂尔多斯盆地苏里格气田为代表。

一、气藏主要特点

煤型天然气兼具煤系气（非常规天然气）和常规天然气两者的地质特征。

1.物质组成

从物质成分的角度看，煤型天然气更接近于煤系气，继承了煤层或者含煤岩系气源岩的"基因"，自然而然亲近煤系气的物质组成特点。但是，由于具有长距离运移的过程，其物质成分难免具有"混源"或"多源"的特征，成分相对复杂，产出时含无机杂质。

2.成藏要素

从成藏要素出发，煤型天然气藏无异于常规天然气藏，源-运-储-聚-保——从烃源到聚集均遵从于常规天然气藏的形成过程和成因模式。但是，气源岩往往位于天然气藏下方的煤及含煤岩系，而储层多数为煤系地层之外的碎屑岩（砂砾岩）。

从煤层或含煤岩系中形成的煤型气，经过一定距离的二次运移或多次运移至储层中聚集成藏，运移方向受流体动力场控制，即天然气主要是在浮力和流体压力的驱使下运移。

储集机理是天然气以游离状态储集于多孔介质之中，在气源充足的条件下储量规模主要依赖于孔隙的体积。

3. 流体状态与气藏特征

与煤层气不同,煤型天然气藏一般以气相为主(储集空间被游离的气相所占据),存在少量束缚水,水主要以底水和边水形式存在于气藏的底部和边部,具有统一的气—水边界。煤型天然气藏有明显的气藏边界,边界内外存在"有"与"无"质的差别。

4. 开采方式

由于煤型天然气以游离赋存为主,其开采方式类似常规天然气藏,开采技术较为简单,一般采用自喷式采气、排水式采气。

二、主要鉴别方式

人们通常运用天然气的成分和碳、氢同位素判别天然气田的成因类型。

1. 天然气成分判别标志

煤热成因气与原油热解裂解气的组分特征是判识煤型天然气的重要依据,人们通常运用热模拟实验来获取必要的判别参数。煤热成因气具有高酸烷比、高干燥系数、低正异构比(nC_4/iC_4)的特点(表16-5)。煤热成因气酸烷比普遍大于0.2,干燥系数在0.6~1之间,而正异构比(nC_4/iC_4)在0.2~6之间;而油热成因气酸烷比均小于0.2,干燥系数处于0.3~0.9之间,而nC_4/iC_4分布于0.05~6之间。其次不同热成因气在不同热演化阶段的参数指标也存在一定的变化趋势(表16-6)。

表16-5 煤热成因气与油热成因气的判别标志(据傅家谟等,1990)

指标	酸烷比	干燥系数	nC_4/iC_4
煤热成因气	>0.2	0.6~1	0.2~6
油热成因气	<0.2	0.3~0.9	0.05~6

表16-6 煤热成因气在不同演化阶段的参数值(据傅家谟等,1990)

相当煤阶	褐煤—气煤			肥煤—瘦煤			贫煤—半无烟煤			无烟煤	
指标	酸烷比	干燥系数	nC_4/iC_4	酸烷比	干燥系数	nC_4/iC_4	酸烷比	干燥系数	nC_4/iC_4	酸烷比	干燥系数
煤热成因气	2~100	0.9~0.6	0.2~5	0.5~2	0.6~0.8	0.2~2	0.2~1	0.7~1	—	<0.5	0.9~1
油热成因气	<1	0.6~0.76	1.7	<0.2	0.3~0.6	1~6	<0.02	0.6~0.9	0.05~1	0	0.8~1

2. 天然气碳氢同位素判别标志

由于煤成烃的碳、氢同位素组成与其母质类型和成熟度密切相关,因此在世界各国的石油和天然气研究中,对碳、氢同位素分布特征给予了极大的关注,碳、氢同位素值也可以用来鉴别煤型天然气。我国煤成气的甲烷同位素区间为$-66.4‰\sim-24.9‰$。气油兼生期和后干气期煤成气的$\delta^{13}C_1$主值区间为$-41.779‰\sim-24.9‰$;$\delta^{13}C_2$的主值区间为$-27.1‰\sim-23.4‰$;$\delta^{13}C_3$为$-25.8‰\sim-19.1‰$,$\delta D>-190‰$(戴金星等,2001)。

烃类组分碳同位素组成的变化也被用来进行天然气成因类型、成熟度等方面的研究。烃类绝大部分都是烃源岩在埋藏期间通过干酪根的热转化生成的。在有机质未成熟阶段细菌

成因的甲烷 $\delta^{13}C_1<-55‰$，在生油门限的深度和温度范围内（65～150℃），生成的天然气 C_2 以上的重烃含量高。在生烃高峰期，腐泥型和腐殖型干酪根生成的甲烷 $\delta^{13}C_1$ 分别为 $-45‰$ 和 $-30‰$ 左右；在过成熟阶段，腐泥型和腐殖型干酪根生成的 CH_4 的 $\delta^{13}C_1$ 分别为 $-35‰$ 和 $-25‰$ 左右，有关烃类的生成与甲烷同位素 $\delta^{13}C_1$ 值的变化关系见图 16-31。

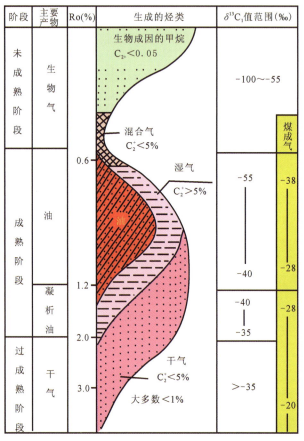

图 16-31　烃类组成与 $\delta^{13}C_1$ 值标志范围（据傅家谟等，1990）

在具体的研究过程中，由于氢同位素受影响的因素较多，如源岩有机质初始氢同位素、源岩所在的环境、地下水的氢同位素等影响，因而氢同位素一般需要结合碳同位素来综合使用。傅家谟等（1990）通过测量不同气源的碳、氢同位素，利用 $\delta^{13}C_1-\delta D$ 关系图成功地将煤型气、油型气和混合气进行了区分，取得了较好的应用效果（图 16-32）。

三、典型实例分析

自 20 世纪 90 年代以来，我国天然气藏勘查获得了系列重大突破，其中琼东南盆地

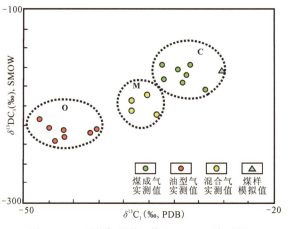

图 16-32　天然气甲烷 $\delta^{13}C_1 - \delta D_{C_1}$ 关系图

（据傅家谟等，1990）

崖13-1气田和鄂尔多斯盆地苏里格气田属于煤型天然气藏的典型代表。

(一)琼东南盆地崖13-1气田

1.气田基本地质特征

琼东南盆地崖13-1气田是中国近海开发的最大气田,位于琼东南盆地西部崖南凹陷西北角崖13-1低凸起上(图16-33)。该气田由3个气藏纵向叠置形成,主要气藏的储层是陵水组三段砂岩,厚达100m左右,属海陆过渡-浅海相扇三角洲组成的复合沉积体。两个次要的气藏为地层-岩性气藏,其产层分别为陵水组二段和三亚组。下伏崖城组煤系地层是其主力烃源岩,该套烃源岩以生成天然气为主,兼生少量石油。

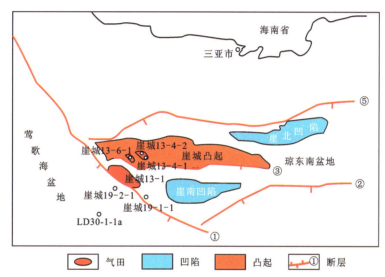

图16-33 琼东南盆地崖13-1气田地理位置及井位分布图(据童传新,2011)

王华等(2011)对崖城组的地球化学分析表明,崖城组由于产有煤层和碳质泥岩,其有机质丰度变化较大,煤的有机碳含量达19.9%～95.9%,平均55.4%,生烃潜量为14.3～142.8mg/g,平均87.4mg/g,为优质的烃源岩,具有很好的生气潜力;碳质泥岩的有机碳丰度平均为8.22%;泥岩有机碳丰度为0.41%～1.96%,也接近于一般—好烃源岩的指标。

在琼东南盆地深水区,崖城组三段、二段和一段均发育含煤岩系。王华等(2011)对不同层位含煤岩系的发育规模进行了系统统计,发现除松南和宝岛外,长昌、陵水、北礁和乐东的含煤岩系发育规模较大,构成了研究区重要的烃源岩(图16-34)。目前研究认为,崖南凹陷崖城组含煤岩系烃源岩存在两种发育模式:一是辫状河三角洲或扇三角洲平原分流间湾泥炭沼泽的还原环境起到了主导作用,这使得含量较少的动植物遗体被较好地保存下来形成了煤系烃源岩;二是潮坪的潮上带-潮间带泥炭沼泽环境,以较高的生物生产力为特征,尽管水体呈弱氧化性,但是较高的生产力仍促进了煤系烃源岩的形成发育(图16-35)。

潘贤庄等(2001)对崖13-1气田天然气组分研究表明,其具有甲烷浓度高(83%～89%)、重烃气含量低(一般小于7%)、干燥系数大(0.91～0.99)的特点(表16-7);C_6、C_7轻烃组成中富含苯和甲苯(一般为25%～50%),环烷烃含量亦相对较高,而正构烷烃的浓度却相对较低(10%～18%),明显地反映出以高等植物的木质纤维和糖类物质为主的腐殖型母质所

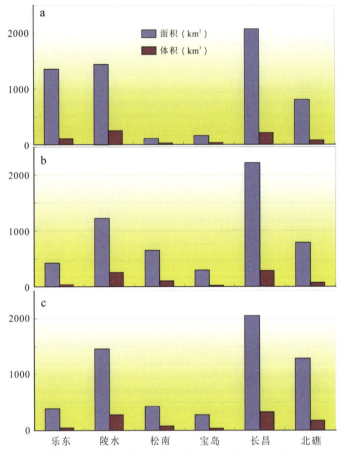

图 16-34 崖城组含煤岩系发育面积与体积参数统计对比图(据王华,2011)

a.崖一段；b.崖二段；c.崖三段

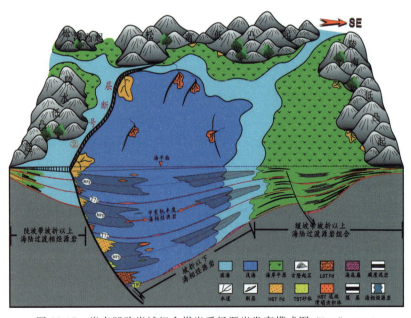

图 16-35 崖南凹陷崖城组含煤岩系烃源岩发育模式图(据王华,2011)

生天然气的特点。甲烷和乙烷的碳同位组成偏重,其 $\delta^{13}C_1$ 值主要为 $-40‰\sim-35‰$,$\delta^{13}C_2$ 值主要为 $-27‰\sim-24‰$,表明崖 13-1 气田天然气是典型的煤型天然气。

此外,根据崖 13-1 气田天然气中汞蒸气含量高[$(4.3\sim4.5)\times10^4\,\text{ng/m}^3$]、同源凝析油是典型的煤成油,并结合气田下伏有含煤岩系烃源岩的地质背景,可将崖 13-1 气田天然气划分为煤型天然气。

2.成藏要素与机理

崖 13-1 气田构造发育在崖南断陷西南侧断棱带上,是较为典型的基岩生长背斜。陈伟煌(1987)研究认为,在古近纪渐新世崖城期末其构造隆起辐度已为今构造的 68%,至陵水期末达到 78%,已基本定形。其形成时间早,处在构造带的高部位上,有利于油气的聚集。

崖 13-1 气田主力产气层为崖城组煤系烃源岩,其厚度大,覆盖范围广,生烃能力强;陵水组储气层为一套河流-三角洲-滨浅海相海进式沉积的含砾岩屑砂岩、长石砂岩砾岩夹泥质粉砂岩及砂质页岩,不同沉积相带在垂向上相互叠置,形成了多套优质的区域性储盖组合。其上覆梅山组、莺歌海组—黄流组和第四系平均累积厚约 3000m,盖层主要为梅山组碳酸盐岩、含钙质泥岩和细粉砂岩,其泥岩排替压力为 $7\sim10$MPa、单层厚 $2.5\sim10$m。在梅山组内部,为一封闭的异常超压系统($49\sim66$MPa),因而具有排替和超压双重封闭能力。再加上上覆莺歌海组—黄流组累积厚 $300\sim1400$m 的泥岩,从而对崖 13-1 气田圈闭构成了一个十分有效的封闭系统(陈红汉,1997)。

表 16-7 崖 13-1 气田天然气地化特征简表(据潘贤庄,2001)

井区	层位(气层单元)	气组成(%)					干燥系数	芳烃(%)		$\delta^{13}C_1$(‰)	凝析油含量(g/m³)
		C_1	C_2-C_5	C_5^+	CO_2	N_2		苯*	甲苯*		
1、2	陵水组三段(D,$B1-A$)	84.18~88.95 (86.94)	0.98~3.74 (2.57)	0.06~0.91 (0.37)	8.00~11.5 (10.0)	0.10~1.04 (0.54)	0.958~0.989 (0.971)	44.86~51.89 (48.08)	26.86~40.43 (35.6)	-34.75~-35.99 (-35.43)	2.2~9.3 (4.9)
4	三亚组,陵水组二、三段(D,$C-B2$)	84.1~86.32 (85.18)	4.21~6.62 (5.4)	0.26~0.28 (0.27)	6.53~9.17 (7.78)	0.25~1.76 (1.08)	0.929~0.952 (0.941)	25.85~46.67 (34.05)	20.8~33.33 (25.45)	-36.89~-37.78 (-37.25)	20.6~27.4 (25)
3、6	陵水组三段($C-D$,$B1-A$)	82.96~85.5 (83.89)	6.98~8.34 (7.73)	0.22~0.59 (0.35)	4.99~8.54 (7.29)	0.26~1.04 (0.74)	0.911~0.923 (0.916)	10.79~20.76 (16.83)	7.89~13.1 (10.87)	-39.36~-39.99 (-39.47)	59~83.7 (74.6)

新近纪以来,崖 13-1 气田构造沉降速率快、沉积厚度大,潜在气源岩在短时间内大面积进入了生、排烃高峰期,(超压诱发)活动断裂/裂隙和均质展布的砂体构成了流体主运移通道,普遍发育的动态型超压系统为含气流体初次排放和在三维输导体系中二次垂/侧向运移提供了动力保障,生-储-盖压力状态构成了"黄金"配置。史建南(2006)认为,崖 13-1 气田同时具备了高效的气源灶、高效的成藏过程和高效的储盖配置,是一种晚期超压环境下快速充注、立体输导型高效天然气藏(图 16-36)。

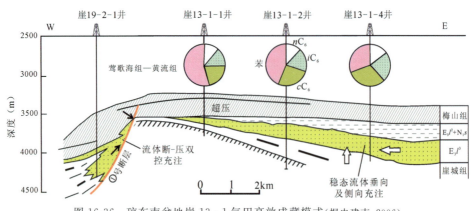

图 16-36　琼东南盆地崖 13-1 气田高效成藏模式(据史建南,2006)

(二)鄂尔多斯盆地苏里格气田

1.苏里格气田基本地质特征

苏里格气田位于鄂尔多斯盆地伊陕斜坡北部中段,行政区划隶属内蒙古自治区乌审旗和鄂托克旗(图 16-37),有利勘探面积为 $5.5\times10^4\,km^2$,天然气总资源量近 $6.0\times10^{12}\,m^3$,已探明(含基本探明)储量为 $4.77\times10^{12}\,m^3$,已建成产能为 $230\times10^8\,m^3/a$ 的天然气生产规模,是中国陆上发现的储量最大的天然气田。苏里格气田主力含气层段为二叠系石盒子组盒八段和山西组山一段,具有含气层系多、单层厚度薄、储层物性差、非均质性强、地层压力系数低、储量丰度低的特点,为典型的低渗、低压、低丰度致密气藏。

刘全有等(2007)对苏里格气田的研究表明,盒八段天然气化学组成如表 16-8、表 16-9 所示,天然气化学组分主要以烃类气体为主,主要非烃组分为二氧化碳和氮气(含量一般小于 3%)。烃类组分主要以甲烷为主,平均含量为 89% 左右,C_2^+ 含量相对较高,烃类气体丰度随着分子量的增加而降低,干燥系数 $[C_1/(C_1-C_5)]$ 介于 92%～95% 之间,以湿气为主。气体化学组分和干燥系数 C_1/C_2^+ 值表明该气田天然气主要为热解气。天然气的稳定碳同位素分析结果显示,烷烃气体具有较重的碳同位素组成($\delta^{13}C_1$ 主要分布在 -40‰～-30‰ 之间,$\delta^{13}C_2$ 值基本大于 -28‰,$\delta^{13}C_3$ 值主要分布在 -30‰～-20‰ 之间),$\delta^{13}C_{CO_2}<-8$‰,属于典型热成因气,且母质类型以Ⅲ型干酪根为主,显示了该区天然气来源于下伏石炭系—二叠系煤系源岩。

2.成藏要素与机理

苏里格气田处于伊陕斜坡西部,整体上表现为东高西低、北高南低的构造特征,构造形态为一宽缓的西倾单斜构造,坡降为 3～10m/km。在宽缓的单斜上,发育多排北东向的低缓鼻隆,鼻隆幅度为 10～20m,南北宽为 5～15m、东西长为 10～20km,这种平缓稳定的构造背景为油气聚集提供了良好的条件。

苏里格气田的气源岩为鄂尔多斯盆地石炭系—二叠系的本溪组、太原组和山西组,主要包括煤层和暗色泥岩。煤层厚度大,有机质丰度高,它们在晚侏罗世—早白垩世受构造热事件的影响,烃源岩有机质演化已普遍进入成熟—高成熟阶段,处于生/排烃高峰期,生气强度为 $(5\sim50)\times10^8\,m^3/km^2$,总生烃量为 $601.34\times10^{12}\,m^3$,具有广覆式生烃的特征,为天然气大面积成藏提供了充足的气源条件;主要储层盒八段及山西组一段属于缓坡沉积背景下的河流—三角洲形成的砂岩储集体,分布范围广、延伸距离远。主要储层段石英砂岩大面积分布,

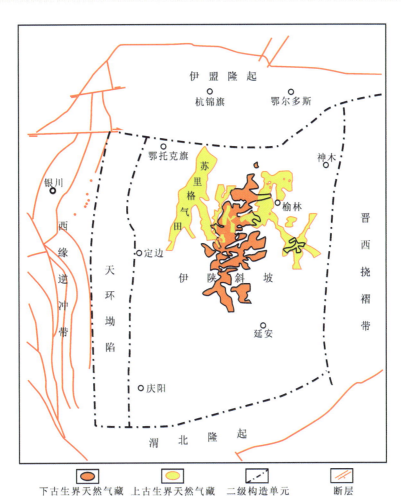

图 16-37　鄂尔多斯盆地苏里格气田与盆地构造单元空间配置关系(据窦伟坦,2010)

表 16-8　鄂尔多斯盆地苏里格气田盒八段天然气化学组分数据(据刘全有,2007)

钻孔	深度(m)	C_1 (%)	C_2 (%)	C_3 (%)	iC_4 (%)	nC_4 (%)	C_5^+ (%)	N_2 (%)	CO_2 (%)	H_2 (%)	He (%)	Ar (%)
苏 38-16	3 313.5	89.96	4.64	0.96	0.16	0.17	0.235	1.27	2.01	0.38	0.016	0.016
苏 25	3 225.8	89.56	5.47	0.94	0.14	0.14	0.208	0.94	1.91	0.45	0.031	0.007
苏 35-17	3313	90.44	4.6	0.79	0.11	0.15	0.253	1.94	1.14	0.39	0.021	0.003
苏 33-18	3290~3296	72.72	3.11	0.5	0.07	0.12	0.204	16.94	0.75	0.42	0.018	4.92
苏 22-15	3304	82.66	3.12	0.72	0.12	0.15	0.209	5.04	1.03	0.36	0.025	0.26
苏 16	3343	90.61	5.28	1.03	0.17	0.18	0.326	0.92	0.86	0.41	0.017	0.011
苏 19-18	3332	89.16	3.82	0.82	0.12	0.17	0.25	3.89	1.13	0.35	0.029	0.062
苏 38-14	3322~3373	89.33	5.87	1.23	0.19	0.21	0.299	1.18	1.03	0.38	0.018	0.058
苏 13-16		89.9	4.67	0.87	0.14	0.15	0.245	1.92	1.43	0.41	0.035	0.01
苏 41-8		89.84	5.31	1.1	0.19	0.22	0.31	1.29	1.08	0.39	0.019	0.016
苏 6	3320~3329	88.81	5.83	1.26	0.2	0.22	/	0.8	2.64	/	0.034	/
苏 40-16	3276~3295	90.31	5.29	1.17	0.21	0.25	0.14	1.88	0.65	/	/	/

表 16-9　鄂尔多斯盆地苏里格气田天然气同位素变化数据（据刘全有，2007）

钻孔	$\delta^{13}C_{CH_4}$ (‰)	$\delta^{13}C_{C_2H_6}$ (‰)	$\delta^{13}C_{C_3H_8}$ (‰)	$\delta^{13}C_{iC_4H_{10}}$ (‰)	$\delta^{13}C_{nC_4H_{10}}$ (‰)	$\delta^{13}C_{CO_2}$ (‰)	δD_1 (‰)	δD_2 (‰)
苏38-16	-35.6	-25.8	-25.5	-24.7	-23.9	-13.5	-188	-164
苏25	-33.3	-23.8	-23.8	/	/	/	/	/
苏35-17	-35.1	-24.4	-25.2	/	-25	-17.5	-187	-159
苏33-18	-34.9	-24.5	-25.9	/	/	/	-185	-164
苏22-15	-32.5	-24.5	-26.4	/	/	-16.1	-182	-164
苏16	-34.7	-24.7	-23.9	/	/	/	/	/
苏19-18	-32.8	-24.7	-26.6	/	/	-15.9	/	/
苏38-14	-35.6	-25.2	-25.3	-23.6	-23.9	-8.4	-190	-169
苏13-16	-32.6	-25.6	-23.5	-22.4	-22.7	-14	-186	-156
苏41-8	-34.7	-25.1	-24.6	-21.6	-23.7	-17.8	/	/
苏6	-34.8	-25.4	-25.8	-24.3	-23.9	-8.6	/	/
苏40-16	-35.9	-24.7	-24.9	-24.3	-24.2	/	/	/

显示物性整体较差。但是，各类河道砂体的粒度粗、分选好，可以构成相对高渗储层；气藏上覆地层以大面积湖泊相沉积为主，发育一套以泥岩为主的碎屑岩沉积。泥质岩约占地层总厚度的 80% 以上，泥岩累计厚度为 50～120m，呈区域性大面积稳定分布，构成了苏里格气田的区域性封盖层。同时，南北向展布的带状砂体与侧向（上倾方向）分流间湾、河漫、滨浅湖沉积泥岩相配置，构成了大型岩性圈闭（付金华，2019）。

鄂尔多斯盆地长期处于稳定平缓的构造背景下，烃源岩和储层分布广泛，形成多层叠置的透镜状含气层。由于地层平缓，而且储层在生烃高峰期的中侏罗世之前已经致密化，天然气依靠浮力和水动力等驱动难以克服毛细管阻力进行长距离运移。晚侏罗世—早白垩世，源岩有机质成熟度快速演化，烃类大量生成。由生烃增压产生的气体膨胀力使天然气进入到邻近的致密储层内聚集，由于浮力和水动力等驱动不足以克服毛细管阻力，天然气滞留形成局部异常高压，随着异常高压的不断增加岩石产生微裂缝，天然气沿着微裂缝向外膨胀扩散。随着含煤岩系气源岩生烃和排烃的不断增强，致密砂岩在整体超压背景下，天然气膨胀和微裂缝的形成不断交替进行，异常高压区在纵向和横向上不断扩大，含气范围也逐渐扩大，从而形成连片呈带分布的"大面积富集"（乔博，2018）（图 16-38）。

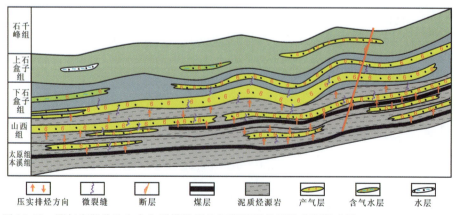

图 16-38　鄂尔多斯盆地上古生界煤型天然气藏近距离运聚成藏模式图（据杨华等，2016 修改）

第十七章 砂岩型铀矿

砂岩型铀矿是世界上最早发现的铀矿类型之一,美国人于1871年在科罗拉多高原发现了砂岩型铀矿,并于1895年正式开采。砂岩型铀矿也是世界上分布最多的铀矿类型,据统计砂岩型铀矿的资源占比居世界铀资源总量的首位(陈祖伊等,2011;IAEA,2016)。主要资源大国有哈萨克斯坦、美国、尼日尔、乌兹别克斯坦和俄罗斯。我国自20世纪90年代开始了大规模的砂岩型铀矿勘查与研究,先后在伊犁、吐哈、鄂尔多斯、松辽、二连和巴音戈壁6个大型沉积盆地中实现了重大找矿突破,如今砂岩型铀矿已经成为我国铀矿资源量持续增长的最重要铀矿类型之一,这足以证明中国北方具有巨大的砂岩型铀矿资源潜力。在我国,多数的产铀盆地同时也是重要的含煤盆地,煤层(线)和含煤岩系作为还原剂为铀的沉淀富集创造了良好的条件,一些砂岩型铀矿是含煤岩系的重要伴生矿产资源。

第一节 基本概念及地质特征

铀是一种金属,最重要的地球化学特征是在氧化还原环境中存在两种价态。U^{6+}在氧化的地表水和地下水中是易溶的,通常与CO_3^{2-}、HPO_4^{2-}和SO_4^{2-}结合形成稳定的络合物。相反,U^{6+}在还原地下水中是高度不溶的,而是以U^{4+}矿物身份出现。砂岩型铀矿的形成机理严格遵循了铀的地球化学特征。

砂岩型铀矿(sandstone-type uranium)是一种产出于沉积盆地、储存在砂岩中的铀矿床。它是地表含氧、含铀流体入渗到砂岩中运移并通常发生氧化-还原反应,当富U^{6+}的含矿流体抵达氧化带边缘(地球化学障)时,被还原为U^{4+}而沉淀形成的矿体。所以砂岩型铀矿床是一种典型的后生(外生)矿床,是表生成岩作用的产物(图17-1)。

一、砂岩型铀矿床的基本分类

铀矿地质学家根据砂岩型铀矿床的特点,提出了多种分类方案。常见的有形态分类和成因分类两种。如,人们依据铀矿体形态将美国的砂岩型铀矿床划分为板状、卷头前锋型和构造-岩性型三大类(Dahlkamp,1991)。其中,卷头前锋型具有明显的分带性,位于卷型铀矿体后方的是红色的赤铁矿核,向前方过渡为蚀变砂岩晕(褪色带,含针铁矿和褐铁矿,有零星浸染状或浅黄色黄铁矿晶粒,常见有机质),再向前经氧化-还原界面与卷锋区铀矿体相接(有新生的黄铁矿与铀共生),再向前渐变为新生黄铁矿生成区(陈祖伊等,2011)。

苏联铀矿地质学家依据中亚若干典型实例研究,对卷型砂岩铀矿床进行了重要的补充和

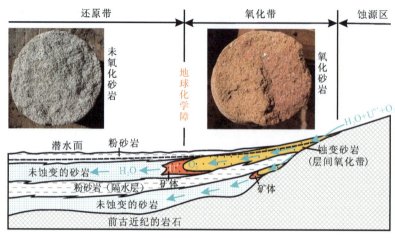

图 17-1　层间氧化带型砂岩铀矿成矿模式（据 Harshman,1972 修改）

发展，并将其准确命名为层间渗入型砂岩铀矿床（什马列奥维奇和马克西莫娃，1993），也有人称为水成渗入型砂岩型铀矿（水成铀矿），也就是层间氧化带砂岩铀矿床。与此同时，苏联铀矿地质学家在西西伯利亚等地台区发现了另一类重要的古河谷型砂岩铀矿床，它们产于由河流形成的线状或枝状侵蚀下切槽中，其中最具特色的是基底型，即古河谷直接形成于地台基底之上（马什科夫切夫和谢多奇科，2000）。

实际上，无论是经典的卷头前锋型，还是层间渗入型以及古河谷型，水是砂岩型铀矿形成不可或缺的介质和载体，称其为"水成铀矿"非常贴切（图 17-2）。因此，人们还依据沉积盆地中水力学性质，将砂岩铀矿床分为潜水氧化型和层间渗入氧化型两大类，前者主要呈板状发育于地表潜水面附近，而后者则主要形成于一端埋深地下的承压含水砂岩中。从水力学成因的角度看，古河谷型砂岩铀矿床应该归属于潜水氧化型。

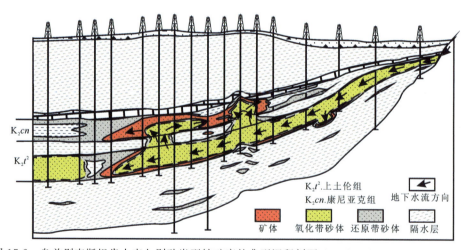

图 17-2　乌兹别克斯坦肯太克久别砂岩型铀矿床的典型沉积剖面（据红色丘陵地质企业联合体，2002）

二、氧化作用类型与层间氧化分带

氧化作用是砂岩中氧化-还原地球化学障的主要驱动力，因此在砂岩型铀成矿过程中最具特色,充分认识氧化作用类型及其对砂岩的后生蚀变作用有助于深刻理解铀成矿的机理。

1.氧化作用类型

苏联铀矿地质学家将导致岩石发生后生变化的含氧水溶液活动划分为4种类型:地表水氧化作用、孔隙潜水氧化作用、孔隙层间水氧化作用和裂隙水氧化作用(马克西莫娃和什马列奥维奇,1993)。地表水氧化是由地下水位以上充气带内的雨水和雪融水造成的氧化作用;孔隙潜水氧化是自由水交替层内的含氧水(非承压或局部承压)活动导致的氧化作用;孔隙层间水氧化是在自流盆地的含氧承压含水层中发育的氧化作用;裂隙水氧化则是在水文地质单元内的岩石(沉积岩、变质岩或岩浆岩)裂隙中含氧水导致的氧化作用(图17-3)。

尽管这4种氧化作用都可以导致铀的矿化,但真正能形成具有工业价值铀矿床的只有潜水氧化作用和层间氧化作用,而那些规模巨大的砂岩型铀矿床多半都与层间氧化作用有关。

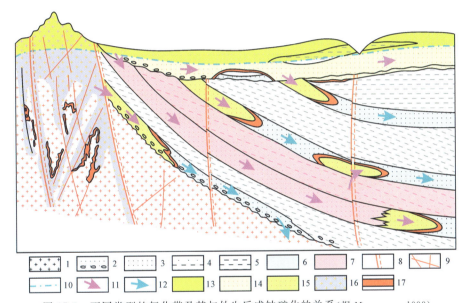

图17-3　不同类型的氧化带及其与外生后成铀矿化的关系(据 Максимова,1993)

1.基底岩石;2.细砾石;3.砂岩;4.粉砂岩;5.黏土;6.含碳质碎屑的原生灰色岩石;7.原生红色岩石;8.断裂;9.多裂隙带;10.地下水位;11.含氧含铀地下水运动方向;12.无氧、不含铀地下水运动方向;13.地表氧化带;14.孔隙潜水氧化带;15.孔隙层间水氧化带;16.裂隙水氧化带;17.铀矿化

为了更准确地理解潜水氧化作用和孔隙层间水氧化作用,以及与这两种氧化作用有成因联系的铀矿化,陈祖伊等(2011)列举了它们之间的主要区别(表17-1)。

2.层间氧化带基本特征

在砂岩中,水中的溶解氧通常大量地消耗于对硫化铁矿物、有机质和其他含 Fe^{2+} 矿物(如菱铁矿)、含 Fe^{2+} 铝硅酸盐的氧化而逐渐消失殆尽。氧化作用是以 Fe^{2+} 被氧化生成褐铁矿和赤铁矿,以及有机质被氧化所表现出来的,其结果通常使砂岩由原生灰色蚀变为黄色、红色,有时为白色(图17-1)。针铁矿、水针铁矿和赤铁矿是层间氧化带的标型矿物,比较而言,赤铁矿化可能代表了更老(古)的层间氧化,而褐铁矿化则可能是近代氧化作用的产物。沿着层间地下水运移的方向,氧化-还原反应必然导致 Eh 和 pH 的规律性变化,通常伴随有水中氧含量的降低和 Eh 值的下降(图17-4)。由氧化的地球化学环境转变为还原的地球化学环境,其转换界线就是一种地球化学障。由于地球化学障的存在,造成了水中很多变价元素(U、Mo、Ro、Se、V)运移能力的急剧降低,这里当然是最好的成矿作用发生的空间(图17-1)。

表17-1 潜水氧化作用与孔隙层间水氧化作用特征对比(据陈祖伊等,2011)

特征	潜水氧化	孔隙层间水氧化
空间位置	区域第一隔水层之上	区域第一隔水层之下
地下水性质	非承压	承压
地下水运动方向	通过不同透水岩性层向下运动	沿上覆和下伏隔水层之间的、成分和岩性大致相同的透水层向倾向下方运动
地下水运动的驱动力	重力	水力梯度
地下水补-径-排体系	一般无排泄,不发育补-径-排体系	必须有排泄区,补-径-排体系发育良好
氧化带形态	平面上呈面状,剖面上呈似层状、透镜状	平面上呈蜿蜒蛇曲状,剖面上呈舌状、新月状
氧化还原前锋区	潜水面,大体在同一标高	承压层间水中自由氧耗层的前锋区

水中溶解氧对二价铁硫化物以及有机质氧化的反应式如下:

$$2FeS_2 + 7.5O_2 + 6H_2O \rightarrow FeOOH + Fe(OH)_3 + 4SO_4^{2-} + 8H^+$$

$$2FeCO_3 + 0.5O_2 + 4H_2O \rightarrow FeOOH + Fe(OH)_3 + 3HCO_3^- + 2H^+$$

$$C_{135}H_{96}O_9NS + 0.25O_2 + 1.5H_2O \rightarrow C_{135}H_{96}O_9NS(OH) + H^+$$

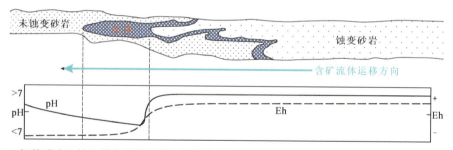

图17-4 怀俄明盆地铀和其他元素运移和沉淀期间假想的地下水Eh和pH环境图(据Harshman,1970)

在砂岩中,沿着层间承压水流动方向,层间氧化带具明显的地球化学分带现象。根据砂岩中含铁矿物类型、岩石颜色、有机质丰度、氧化程度、ΔEh、$S_全$及Fe^{3+}/Fe^{2+}等地球化学参数,以及铀、钍、镭等元素的分布特征,将层间氧化带划分为氧化带、铀矿化带和原生还原带(图17-5)。

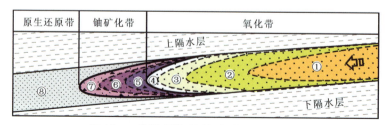

图17-5 砂岩型铀矿层间氧化的分带特征

氧化带:①完全氧化亚带;②不完全氧化亚带;③部分氧化亚带;④褪色亚带。铀矿化带:⑤古铀矿化亚带;⑥贫铀亚带;⑦铀的扩散亚带。原生还原带:⑧未氧化灰色岩石带

(1)氧化带：沿含氧含铀水体的运移方向，可进一步将氧化带划分为完全氧化亚带、不完全氧化亚带、部分氧化亚带和褪色亚带。

完全氧化亚带（或称铁的各种氧化物完全氧化亚带）：岩石中的 Fe^{2+} 全部氧化为 Fe^{3+}，FeS_2、$FeCO_3$、黑云母、绿泥石完全氧化至消失，有机质丧失，岩石呈褐黄色或暗红色。

不完全氧化亚带（或称 FeS_2 完全氧化亚带）：该带内黄铁矿、铁的碳酸盐完全氧化，白铁矿、磷铁矿、方解石已被破坏，黑云母、铁的硅酸盐开始氧化，碳质碎屑失去光泽，砂体呈灰色夹黄色条带。

部分氧化亚带（或称 FeS_2 部分氧化亚带）：该带内成岩矿物无明显变化，微细粒黄铁矿被氧化消失，粗大颗粒的黄铁矿表面被氧化，铁的碳酸盐也开始氧化。黑云母、绿泥石保持不变，碳质碎屑保留光泽和弹性，颜色多为斑点状。

褪色亚带（或称铀的超前带出带）：岩石褪色为灰白色，高岭土化明显。铁矿物未氧化。Fe^{2+} 和铀明显流失，极度偏镭。伽马值可以很高，但无铀。

(2)铀矿化带：根据铀的分布特征，依次可以划分为古铀矿化亚带、贫铀亚带和铀的扩散亚带。

古铀矿化亚带：该带矿体较富，品位达 0.1%～1%。铀矿物充填在孔隙间的颗粒表面上，为肾状结核，或者与黄铁矿、碳质碎屑紧密共生呈黑色粉末状（图17-6）。该带铀的结晶程度高，以 U^{4+} 为主，所以难以浸出，清水浸出率<5%。放射性铀镭平衡偏镭。岩石颜色多为灰色、深灰色。

贫铀亚带：岩石颜色与未蚀变岩石无区别，矿化年龄中等，铀存在方式为吸附铀和沥青铀矿，在电子显微镜下可以看到铀以薄膜方式吸附在黏土或有机质表面。该带一般偏铀，平衡系数为 0.5～0.7，品位为 0.01%～0.1%。用清水易于浸出（>15%±）。

铀的扩散亚带：该带铀矿化品位为 0.01%，放射性铀镭平衡表现为偏镭，偏镭是由镭的扩散引起，岩石为灰色。

(3)原生还原带，主要为未氧化灰色岩石带，矿物新鲜，岩石为灰色。铀含量一般为 $(2\sim 6)\times 10^{-6}$。

层间氧化作用具有规律的分带性，因此能将其作为重要的找矿标志。但是每个矿床可能受制于各自不同的地质背景（构造条件、岩性岩相条件、水文地质条件、地球化学条件、围岩物质成分等），其层间氧化带及后生蚀变作用具有或多或少的特殊性，这些变化可能表现在蚀变类型的矿物学、颜色、序列和规模上，甚至还有可能经历后期不同性质蚀变作用的叠加改造。例如，美国学者将泡德河盆地层间氧化带划分为赤铁矿带-褐铁矿带-铀矿石带-矿胎带-未蚀变砂岩带，此划分对泡德河盆地而言是适宜的，但是在像伊犁盆地南缘氧化带中赤铁矿和褐铁矿却无明显的分带界限（秦明宽等，1999）。如果说伊犁盆地尚可以与泡德河盆地进行对比，那么鄂尔多斯盆地东胜铀矿田就更为特殊了，其铀矿体产出于绿色砂岩与灰色砂岩之间，完全处于还原性质的砂岩中，实际上该矿床是一个古砂岩型铀矿床（图17-6），曾经具有符合经典层间氧化型模式的铀成矿过程（彭云彪，2007；苗爱生，2010；彭云彪等，2019）。因此，我们需要掌握层间氧化作用的基本原理，同时还要依据矿床的地区属性揭示其变异过程。

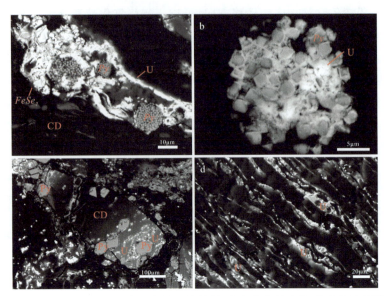

图 17-6 砂岩型铀矿矿石矿物的扫描电镜特征（亮白色为铀矿物，灰白色为黄铁矿）
CD. 碳质碎屑；Py. 黄铁矿；U. 铀矿物

a. 富黄铁矿孔隙中的铀矿物，东胜铀矿田（据 Yue et al,2019）；b. 充填于莓状黄铁矿晶间的铀矿物，东胜铀矿田（据 Yue et al,2020）；c. 碳质碎屑内部及周边的铀矿物，双龙矿床（据 Zhang et al,2019a）；d. 赋存于植物碎屑胞腔中的铀矿物，双龙矿床（据 Zhang et al,2019a）

三、矿床形成主导因素与成矿规律

1. 砂岩型铀矿床形成主导因素

马克西莫娃和什马列奥维奇（1993）对决定层间氧化带含铀程度的因素做了综合分析。他们认为，发育在灰色透水砂岩中的层间氧化带，经常在其尖灭边界伴有铀的沉淀富集，而在发生层间氧化型产矿层的单位截面上富集的铀量取决于以下 4 个因素：①初始氧化水中铀的浓度；②氧化水渗透的速度；③层间渗入作用延续的时间；④还原地球化学障的反差（或有效）程度。

$$Q = C_o \times \varepsilon \times v \times t$$

式中：Q 为单位面积的铀沉淀量；ε 为层间水的铀卸载系数，$1-C_s/C_o=(C_o-C_s)/C_o$；C_s 为未蚀变砂岩层间水中的铀浓度；C_o 为氧化带岩石层间水中的铀浓度；v 为层间水的流动速度。

$$v = K_f \times h$$

式中：K_f 为砂体的渗透系数；h 为水力梯度；t 为层间水成矿作用的持续时间。

此思路和公式的合理性是显而易见的。在砂体内部，单位面积被截留（沉淀）的铀首先取决于氧化水（含铀）的初始铀浓度。初始铀浓度越高，在前锋线上被截留的铀量可能也越大；反之如果氧化带层间水中只有本底铀浓度，前锋线上可能不会有铀的沉淀富集。系数 ε 代表含铀氧化水通过前锋线时铀卸载的程度，也就是前锋线附近地球化学障对铀卸载的有效性。ε 值越大，铀被截留的份额越大，前锋线上累积的铀量就越多，所形成的矿床规模也就越大。层间水的流动速度也是决定前锋线上单位面积铀沉淀量的因素，单位时间里通过前锋线的水量越多（即水流速度越快），前锋线上被截留的铀量也就越大。成矿作用持续的时间显然与前锋线单位面积上的铀沉淀量成正比。流体的流速和持续时间两个因素是互相抑制的,如果流速慢,但持续时间长,也可以达到流速快但时间短同样的效果,因此用通过前锋线的流体总量来量度可能更为简单、直观。另外,上述式中完全没有考虑到砂体的可容纳空间,实际上砂体的规模也是决定能否形成大型砂岩铀矿床的重要因素。如果层间水中溶解的铀主要来源于砂体本身,那么砂体的规模(特别是砂体氧化部分的规模)就格外重要了(陈祖伊等,2011)。

2. 铀成矿作用的几个特点

(1) 持续迁移性体现了影子矿床的特征。在构造作用和其他成矿条件相对稳定的条件下,砂岩中的层间氧化作用和铀成矿作用将沿着地下水运移方向持续推进。一方面,随着时间推移无论是层间氧化带规模还是铀矿体规模均逐渐壮大。另一方面,临近层间氧化带一侧相对较老的铀矿体将不断地被氧化溶解(剥蚀和改造),而铀矿体偏向盆地腹地的另一侧却有新矿体不断生成(新矿物沉淀富集)。层间氧化带及其铀矿体的持续迁移性,犹如月光下的影子随人而动,所以有人形象地称砂岩型铀矿是"影子矿床"。其实,卷型铀矿(roll)的西文原意除了对卷状矿体几何形态的描述外,还有"滚动"迁移的意思。乌兹别克斯坦某矿床在20年间氧化带和铀矿体的迁移就是最好的一例(图17-7)。

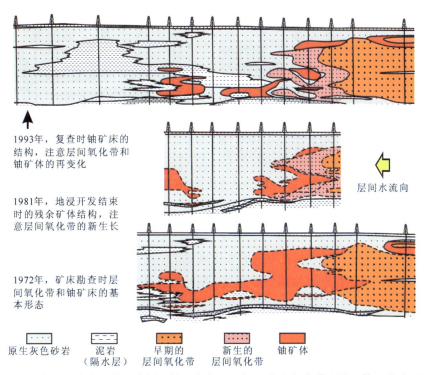

图 17-7　乌兹别克斯坦某矿床同一剖面线位置上在 20 年间氧化带和铀矿体迁移对比图
(据红色丘陵地质企业联合体,2002)

(2) 地球化学障能促使多种元素富集成矿。在层间氧化带前锋区,除了 U、Mo、Se、V 等变价元素具有规律性的分带富集外,还见到典型的不变价元素(Re、Y 和 La 族稀土)的同步富集(图 17-8)。它们的迁移或富集主要取决于介质(地下水)pH 值的变化。因此,前锋区可发育两类地球化学障:一类是单一的还原地球化学障,其上只有变价元素的富集;另一类是还原-

碱性综合障,其上可有变价元素和不变价元素的同时富集。地球化学障的类别和发育程度取决于原始砂岩中硫化物和有机质的多寡。

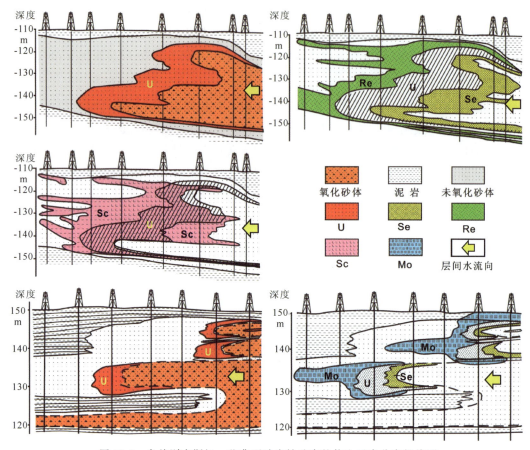

图 17-8　乌兹别克斯坦一些典型砂岩铀矿床的伴生元素分布规律图
(据红色丘陵地质企业联合体,2002)

(3)微生物对铀成矿具有至关重要的作用。

硫化物被氧化生成硫酸并不是单纯的氧化地球化学反应,而是一种有喜氧细菌参与的生物地球化学反应。同样在喜氧细菌的作用下,有机质被氧化分解,提高了地下水中 CO_3^{2-} 和 HCO_3^{2-} 的浓度,有利于铀酰离子 $(UO_2)^{2+}$ 与其结合生成 $UO_2(CO_3)_2^{2-}$ 和 $UO_2(CO_3)_3^{4-}$ 络合离子,部分有机质被喜氧细菌分解后生成可溶铀酰有机络离子而在层间水中进行长距离的迁移。

在层间氧化带的尖灭区,厌氧细菌活跃,硫酸盐还原细菌分解硫酸盐(根)生成 H_2S,降低环境的 Eh 值,生烃和生氢细菌也可分解有机质生成 H_2 和 CH_4,进一步降低介质的 Eh 值。在各种还原细菌的作用下,氧化带前锋区的 Eh 值可降低到 $-350mV$。在这样的强还原环境下,层间水中溶解的铀(U^{6+})被大量地还原成 U^{4+} 而沉淀富集在前锋区(氧化-还原界面)附近形成"卷型"砂岩铀矿。

人们的研究还发现,硫酸盐还原细菌的分布范围最广,生烃菌的范围次之,而生氢菌的分布范围最小,且与铀矿体的空间关系最为密切(陈祖伊,2011)。

(4)砂岩沉积年龄通常要比蕴藏其中的矿体老得多。

较之于砂岩的形成年代，蕴藏其中的铀矿体形成年龄通常要更年轻。在我国，具有工业意义的砂岩型铀矿赋矿层主要为下中侏罗统和白垩系，少数产出于上三叠统、古近系和新近系，但是其中矿体的成矿年龄通常却较新，主要集中于白垩纪、古近纪和新近纪（表17-2）。造成这种现象的直接原因就是含铀岩系中潜在的铀储层砂体需要借助后期构造事件的抬升掀斜剥露地表，才能促成地表含氧含铀水充分补给并驱动成流体场中补-径-排流体系统的正常运转。

表 17-2　我国砂岩型铀矿的赋矿层位与成矿年龄（据陈祖伊等，2011 修改）

矿床/带（产铀盆地）	赋矿层位	成矿年龄（Ma）	
白水矿床（喜集水盆地）	T_3	190	J_1（208~178）
东胜砂岩铀矿带（鄂尔多斯盆地）	J_2	186，177±16，149±16	J_2（178~157）
齐古组矿点（伊犁盆地）	J_3	/	J_3（157~145.6）
范家山铀矿床群（四川盆地）	K_1	107.4±9.4，111.4±7.2，116.5±2.3，124.5±3.5	K_1（145.6~97.0）
屯林（十万大山盆地）	J_3	113	
塔木素（巴音戈壁盆地）	K_1	111.6±8.1	
碱泉（巴丹吉林盆地）	K_1	113	
红沟窑（酒泉盆地）	K_1	106	
东胜铀矿带（鄂尔多斯盆地）	J_2	107±16，120.0±11，124.0±6	
十红滩（吐哈盆地）	J_{1-2}	104	
罕台庙（鄂尔多斯盆地）	J_2	90.0±5.3	
店头（鄂尔多斯盆地）	J_2	98，110	
国家湾（鄂尔多斯盆地）	K_1	98	
钱家店（松辽盆地）	K_2	96±14，67±5	K_2（97.0~65.0）
山市（宁安盆地）	K_2	96±14	
巴什布拉克（塔里木盆地）	K_1	76	
西胡里吐（海拉尔盆地）	K_1	81	
东胜铀矿带（鄂尔多斯盆地）	J_2	85±2，84.0±4，74.0±14	
汪家冲等（衡阳盆地）	K_2-E_1	80	
赛罕高毕（二连盆地）	K_1	63	E_1（65~56.5）
红沟窑（酒泉盆地）	K_1	57	
汪家冲（衡阳盆地）	K_2-E	60	
磁窑堡（鄂尔多斯盆地）	J_2	59.6，5.2±2	
纳岭沟（鄂尔多斯盆地）	J_2	61.7±1.8，56.0±5.2	
麻布岗	E_1	55.4±0.5，57.4±0.9	
库捷尔太（伊犁盆地）	J_{1-2}	38	E_2（56.5~35.4）
十红滩（吐哈盆地）	J_{1-2}	48±2	
萨瓦布齐（塔里木盆地）	J_{1-2}	39	
磁窑堡（鄂尔多斯盆地）	J_2	51±20	
西胡里吐（海拉尔盆地）	K_1	44.2	
钱家店、白兴吐（松辽盆地）	K_2	53±3，40±3	
屯林（十万大山盆地）	J_3	51	
磁窑堡（鄂尔多斯盆地）	J_2	51±20	
巴彦乌拉（二连盆地）	K_1	44±5	

续表 17-2

矿床/带（产铀盆地）	赋矿层位	成矿年龄(Ma)	
白水（喜集水盆地）	$T_3 y$	25	$E_3(35.4\sim23.3)$
库捷尔太（伊犁盆地）	J_{1-2}	25	
十红滩（吐哈盆地）	J_{1-2}	28±4,24	
碱泉（巴丹吉林盆地）	K_1	21.4	
库捷尔太（伊犁盆地）	J_{1-2}	19,12±4	$N_1(23.3\sim5.2)$
国家湾（鄂尔多斯盆地）	K_1	18.6	
乌库尔其（伊犁盆地）	J_{1-2}	7.5±1	
巴什布拉克（塔里木盆地）	K_1	16	
巴彦塔拉（二连盆地）	K_1	7.0±0	
西胡里吐（海拉尔盆地）	K_1	9	
东胜铀矿带（鄂尔多斯盆地）	J_2	20.0±2,8±1	
磁窑堡（鄂尔多斯盆地）	J_2	21.0±9	
惠安堡（鄂尔多斯盆地）	J_2	6.2,6.8	
国家湾（鄂尔多斯盆地）	K_1	18.6	
汪家冲（衡阳盆地）	K_2-E_1	22.5	
扎基斯坦（伊犁盆地）	J_{1-2}	12±4	
蒙其古尔（伊犁盆地）	J_{1-2}	7.0	
十红滩（吐哈盆地）	J_{1-2}	7.0	
城子山（龙川江盆地）	N_2	4.4,3.6,2.2	$N_2(5.2\sim1.64)$
乌库尔其（伊犁盆地）	J_{1-2}	1,0.7	$Q<1.64$

第二节　中国砂岩型铀矿的有利成矿条件

近 20 年的勘查实践表明，横贯中国北方的古亚洲洋造山带及其两侧的中—新生代陆相沉积盆地，是我国最重要的砂岩型铀矿床形成发育的铀成矿构造域（焦养泉等，2015）。研究认为，古亚洲洋造山带是重要的富铀地质体，盆-山耦合机制制约下的地表水系搬运沉积作用是形成铀源供给系统的必要前提。砂岩型铀矿不仅需要同沉积期的稳定构造背景，也需要成矿期具有适当掀斜作用的构造背景，有些矿床对成矿期后的构造环境还非常敏感。调查发现，当成矿期的含矿流场与沉积期的古水流体系基本一致时，铀储层砂体中层间氧化效率最高而且铀搬运通量最大，更加有利于成就大型和超大型矿床。在区域古构造等因素的协同影响下，同沉积期的古气候背景是制约铀储层砂体和成矿期层间氧化带发育方向与规模的极为重要的地质因素。

一、区域大地构造背景

制约砂岩型铀矿的关键控矿要素很多，在一个地区能使这些要素彼此关联并耦合成矿需要具备优越的区域大地构造背景。在铀矿地质领域，黄净白和黄世杰（2005）主要依据区域构造单元与铀成矿分布规律的关系，把中国的铀成矿域划分为滨太平洋、古欧亚大陆和特提斯三大单元。从目前已探明的砂岩型铀矿床来看，我国大型的砂岩型铀矿床主要分布于北纬

40°~44°中纬度带上,自西向东依次为伊犁盆地南缘铀矿田(洪海沟-蒙其古尔-达拉第铀矿床)、吐哈盆地南缘十红滩铀矿床、巴音戈壁盆地塔木素铀矿床、鄂尔多斯盆地北部东胜铀矿田(皂火壕-纳岭沟-大营铀矿床)、赛罕高毕-巴彦乌拉铀矿床和松辽盆地钱家店铀矿田等(图17-9,表17-3)。

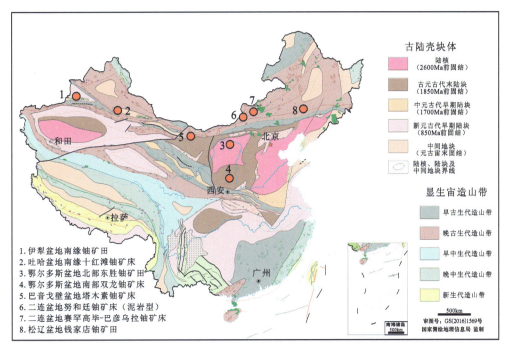

图 17-9　中国主要砂(泥)岩型铀矿床与岩石圈板块构造关系图(据焦养泉等,2015)

(地质图据马丽芳等,2002简化)

表 17-3　中国北方主要沉积型铀矿床的基本特征(据焦养泉等,2015)

矿田或矿床名称		产出位置	矿床类型	矿床规模	成因类型	产出层位
伊犁铀矿田	洪海沟、库捷尔太、乌库尔其、扎基斯坦、蒙其古尔和达拉第铀矿床	伊犁盆地南缘	砂岩型+煤岩型	超大型	层间氧化型	中侏罗统水西沟群、上三叠统小泉沟群
十红滩铀矿床		吐哈盆地南缘	砂岩型	大型	层间氧化型	中侏罗统西山窑组
塔木素铀矿床		巴音戈壁盆地	砂岩型	大型	同沉积+层间氧化型	下白垩统巴音戈壁组
东胜铀矿田	大营铀矿床	鄂尔多斯盆地北缘	砂岩型	超大型	古层间氧化型	中侏罗统直罗组
	皂火壕铀矿床			超大型		
	纳岭沟铀矿床			大型		
努和廷铀矿床		二连盆地	泥岩型	超大型	同沉积泥岩型	上白垩统二连达布苏组
巴彦乌拉铀矿床			砂岩型	中型	古层间氧化型	下白垩统赛汉组
赛罕高毕铀矿床				小型		
钱家店铀矿田		松辽盆地南缘	砂岩型	超大型	同沉积+层间氧化型	上白垩统姚家组

该纬度带总体平行于古亚洲洋造山带——天山-西拉木伦活动带构造单元,隶属于古欧亚大陆构造体系。在该构造体系中,重要的砂岩型铀矿床均赋存于古亚洲洋造山带两侧的中—新生代沉积盆地中,显然该地区特别是东部地区的大规模区域铀成矿过程也受到了滨太平洋构造域的叠加影响。从造山带演化的角度看,古亚洲洋造山带自晚古生代成型(王荃,1986;李双林和欧阳自远,1998;任纪舜等,1999)以来,虽然在随后的印支运动(杨庚和钱祥麟,1995;徐仲元等,2001;陈志勇等,2002;刘正宏等,2003;张旗等,2008)、燕山运动(Davis et al,1998;和政军等,1998;徐仲元等,2001;陈志勇等,2002;刘正宏等,2002;董树文等,2007)和喜马拉雅运动过程中受到了强烈改造,但总体轮廓未变而表现为周期性隆升剥蚀状态,这种构造背景使中—新生代的盆-山耦合作用过程得以充分体现。造山带丰富的铀源供给、沉积盆地潜在含铀岩系的充分发育,以及造山带与沉积盆地间区域缓斜坡背景等有利因素的叠合,造就了我国北方沿古亚洲洋造山带两侧中—新生代含铀沉积盆地群的形成。所以,古亚洲洋造山带及其两侧的中—新生代陆相沉积盆地,是中国最重要的沉积型铀矿床形成发育的铀成矿构造域(焦养泉等,2015)。

该铀成矿构造域相当于陈祖伊等(2011)划分的两个砂岩型铀成矿体系的总和,即天山成矿体系和西太平洋成矿体系总和。有资料显示,该成矿构造域一直向西至少可以延伸到中亚的哈萨克斯坦和乌兹别克斯坦,特别是天山造山带两侧的楚-萨雷苏盆地、锡尔河盆地和中卡兹库姆盆地的铀成矿作用活跃(陈祖伊,2002;王正邦,2002;刘池洋等,2007),有学者将其称之为东土伦砂岩型铀成矿巨省。由此看来,这也是全球最重要的砂岩型铀矿床成矿构造域之一(图17-10)。

图17-10 中亚-东亚主要沉积盆地及其与铀矿床关系(据焦养泉等,2015)

1.松辽盆地钱家店铀矿田;2.二连盆地赛罕高毕-巴彦乌拉铀矿床;3.二连盆地努和廷铀矿床(泥岩型);4.鄂尔多斯盆地北部东胜铀矿田;5.海尔罕铀矿床;6.哈拉特铀矿床;7.巴音戈壁盆地塔木素铀矿床;8.吐哈盆地南缘十红滩铀矿床;9.伊犁盆地南缘铀矿田;10.南巴尔喀什湖铀矿带(煤型);11.玛利苏铀矿田;12.坎茹干-乌瓦纳斯铀矿带;13.英凯-门库杜克铀矿带;14.卡拉克套铀矿田;15.基细尔柯里-卡尼麦赫铀矿田;16.卡木库伦铀矿田;17.克特门奇-萨贝尔萨伊铀矿田;18.布基纳伊-卡尼麦赫铀矿田;19.列夫列亚坎-比什凯克铀矿田;20.苏格拉雷铀矿田;21.乌奇库杜克铀矿田;22.拉扎列夫斯科耶铀矿田;23.曼格什拉克铀矿带(含铀鱼骨泥岩型);未标注说明者均为砂岩型铀矿

二、铀源供给条件

充足的铀源是砂岩型铀矿床形成的必要物质基础,盆-山耦合作用是形成铀源供给系统的必要前提。砂岩型铀矿床的形成在很大程度上依赖于沉积作用过程,地表水系的沉积作用是连接造山带和沉积盆地的纽带,它制约了铀的迁移输送途径。

1. 古亚洲洋造山带是重要的富铀地质体

由于铀的亲氧性和变价性地球化学性质决定了富铀体(层)通常产出于多旋回区域构造活动(黄净白和黄世杰,2005),且中酸性岩浆岩是最好的载体。洪大伟等(2003)指出,中亚造山带的一个显著特点是广泛发育古生代—中生代的花岗岩,其出露面积超过 $500×10^4 km^2$。这使得绵延几千千米的古亚洲洋造山带成为重要的富铀地质体,它为相邻的中—新生代沉积盆地提供了良好的铀源。

在鄂尔多斯盆地以北的阴山造山带中,太古宙乌拉山岩群中的片麻岩组具有较高的铀背景值($2.54×10^{-6}$)。大约在1800Ma,大规模的钾质混合岩化作用使微量铀从片麻岩中得到了初步富集。海西期、印支期和燕山期的酸性岩浆侵入作用及其衍生的高温和低温热流体作用,使铀再次富集(均值可高达 $9.92×10^{-6}$),从而构成了主要的富铀母岩。从前白垩纪阴山造山带地质图的编制及其与鄂尔多斯盆地北部侏罗纪含铀岩系(直罗组)沉积体系域的空间叠加(图17-11),以及含铀岩系沉积物粒度、重矿物分布规律和古水流测量等信息,均证明鄂尔多斯盆地北部砂岩型铀矿田的铀(物)源来自于阴山造山带(焦养泉等,2005,2006,2012,2014,2015)。除此之外,沿阴山造山带向西或者向东延伸,天山造山带和燕山造山带均具有高铀背景值的中酸性侵入岩和火山(碎屑)岩,它们都被证明是优质铀源岩并参与到了伊犁铀矿田(焦养泉等,2013)和钱家店铀矿田(焦养泉等,2009,2013)的成矿作用过程中。

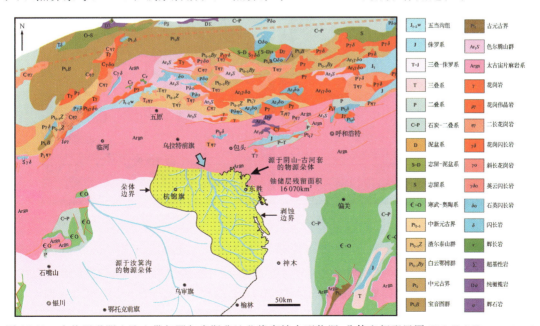

图17-11 中侏罗世阴山造山带与鄂尔多斯盆地北缘富铀大型物源-朵体空间配置图(据焦养泉等,2011,2015)

2. 砂岩型铀矿床的沉积期和成矿期双重铀源供给系统

砂岩型铀矿的形成具有双重铀源供给特征,它们既需要成矿期蚀源区溶解铀(U^{6+})的稳定输入,也需要同沉积期潜在砂岩型铀矿储层砂体(简称铀储层)本身微量铀的贡献。同沉积期铀储层本身的微量铀可以通过成矿阶段的层间氧化作用释放出来而参与铀成矿,这也被称为"再生铀源",有些学者如夏毓亮等(2003)认为此类铀源的贡献更为重要。

在砂岩型铀矿床的双重铀源供给系统中,铀的迁移输送性质在时间和形式上具有明显差别。

在同沉积期,潜在铀储层中的微量铀通过地表水系迁移输送至沉积盆地,微量铀既可以是含铀碎屑颗粒,也可以是溶解铀(U^{6+})。在含铀碎屑被搬运至沉积盆地中时,它们随同其他碎屑颗粒一同沉积并构成潜在铀储层,这一现象在大营铀矿床的铀源研究中得以揭示,潜在铀储层中确实存在同沉积期搬运而来的含铀碎屑(图17-12)。而同沉积期的溶解铀(U^{6+}),在被输送到沉积盆地中时,则可能被潜在含铀岩系中的吸附剂所吸附。由此可见,同沉积期的含铀碎屑的沉积及溶解铀(U^{6+})的吸附造就含铀岩系的自身铀源。例如,钱家店铀矿田铀储层中灰色砂岩的微量铀平均含量为7.17×10^{-6}(焦养泉等,2012),鄂尔多斯北部东胜铀矿田铀储层中灰色砂岩的微量铀平均含量为5.75×10^{-6}(焦养泉等,2012,2014),伊犁盆地铀矿田铀储层中灰色砂岩的微量铀平均含量为7.74×10^{-6}(夏毓亮等,2004;王正其等,2006)。夏毓亮等(2003)在对我国北方盆地铀矿床原生微量铀的地球化学特征研究中也证明了这一点。但是,由Hamilton(2000)提供的资料表明,全球砂岩铀的平均含量仅为0.45×10^{-6}。这说明在沉积过程中铀通常是不富集的,而只有在特定时期和特殊地质条件下,造山带母岩中的微量铀才能通过沉积过程富集于砂岩中,铀背景值较高的砂岩就成为后期砂岩型铀矿发育的充要条件。

图17-12 鄂尔多斯盆地大营铀矿直罗组铀储层中具有搬运磨圆特征的含铀碎屑颗粒(据焦养泉等,2011,2015)

在铀成矿时期,源于蚀源区的铀既可以是含铀碎屑也可以是溶解铀(U^{6+}),但是当其被搬运至沉积盆地后,却仅有溶解铀(U^{6+})作为有效铀源的输送形式参与铀成矿,此时的铀储层多孔介质则限定了含铀碎屑的输入。

但是从铀源的本质上讲,参与砂岩型铀矿成矿过程的铀质——无论是含铀碎屑还是溶解铀(U^{6+}),它们均来自于造山带的富铀地质体,只是在被运移输送的时间和形式上具有差别而已(图17-13)。砂岩型铀矿的双重铀源供给系统进一步地证实铀的富集成矿是铀的多级预富集的结果(黄净白和黄世杰,2005)。

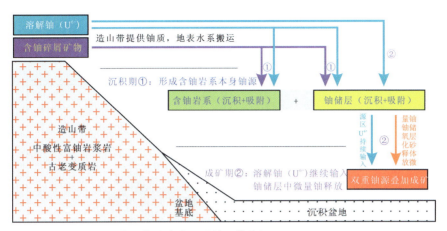

图 17-13　砂岩型铀矿床的双重铀源供给机理(据焦养泉等,2011,2015)

三、构造-沉积-成岩环境

周期性区域构造事件以及盆-山结合部位"宽缓大斜坡"地貌在更大尺度上制约区域铀成矿作用过程。在盆-山耦合作用过程中,相对松弛和稳定的大地构造环境有利于沉积-成矿环境的形成。

对于砂岩型铀矿床而言,铀的富集成矿既取决于含铀岩系形成发育期的古构造背景,也取决于成矿期的古构造背景,对于像鄂尔多斯盆地北部东胜铀矿田而言,成矿期后的构造作用也同等重要。

含铀岩系形成发育期的古构造背景直接控制了潜在铀储层及其隔水层的基本特征——成因类型、分布规律、非均质性、内部和外部还原介质、溶解铀和碎屑铀的预富集等。而成矿期的古构造背景往往充当了形成大型成矿流体系统的角色,适当的构造掀斜作用可以导致潜在铀储层剥蚀暴露地表而沟通了与蚀源区的通道,相对稳定的构造背景促使源区充氧富铀流体源源不断深入铀储层,形成大型区域层间氧化带并成矿。成矿期之后的构造作用则直接决定了铀矿体的命运,或者被改造破坏(强烈构造作用叠加氧化环境),或者被封存保护(微弱构造作用叠加还原环境),东胜铀矿田显然属于后者。下面以东胜铀矿田为例,分析盆-山耦合作用过程中沉积-成矿环境的变迁及其对铀成矿作用的影响。

1. 造山带逆冲间歇期的继承性坳陷为大型潜在铀储层形成奠定了基础

一个含铀盆地的形成是盆-山耦合作用的产物。中生代的鄂尔多斯盆地的形成发育,与秦岭造山作用和阴山造山作用关系密切,实际上它们共处于统一的区域大地构造背景中,只不过是构造作用的表现形式不同而已。前者表现为挤压背景下的挠曲沉降,而后者表现为挤压背景下的隆升造山。鄂尔多斯盆地是一个大型的叠合盆地,它由多个盆地单型构成(孙肇才和谢秋元,1980;孙国凡和谢秋元,1986;李思田等,1992;李思田等,1995),但真正具有陆相盆地特色的盆地单型形成于晚三叠世,是一种挤压背景下形成的前陆盆地,因此具有典型的楔状形态(Li et al,1995;Jiao et al,1997)。演化至早—中侏罗世,秦岭造山带和阴山造山带处于逆冲间歇期,鄂尔多斯盆地随之演变为继承性坳陷,这为大规模的、稳定的潜在铀储层的发育奠定了基础。如图17-14所示,在鄂尔多斯盆地北部,源于阴山山脉的赋存东胜铀矿田的沉积朵体残留面积为16 070km²,沉积朵体根部的铀储层砂砾岩体厚度接近200m,有利成矿区通常位于朵体两侧边缘厚度为20~40m的铀储层砂体或者朵体中的大型分流间湾中(焦养泉等,2006,2015)。

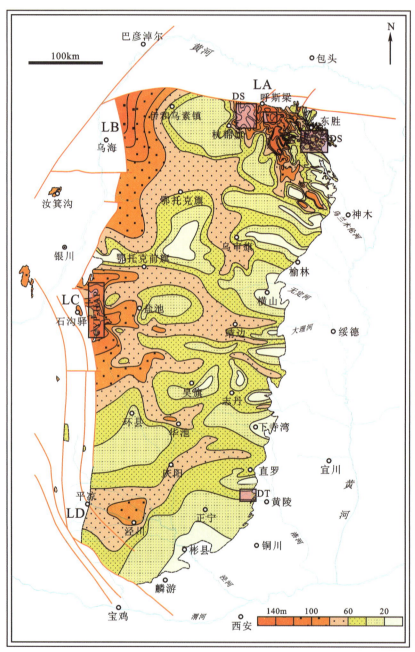

图17-14 鄂尔多斯盆地直罗组潜在铀储层分布规律(据焦养泉等,2011,2015)

LA.北部乌拉山的物源-朵体;LB.西北部狼山弧物源-朵体;LC.西部贺兰山物源-朵体;LD.西南部西秦岭北坡物源-朵体;DS.东胜铀矿田;CYP-HAP.惠安堡-磁窑堡铀矿床;DT.店头铀矿床

在盆地北部及其外围地区,古亚洲洋碰撞造山过程及其之后的印支期陆内挤压褶皱造山变形过程中强烈岩浆活动和剥蚀作用,以及从阴山造山带到鄂尔多斯盆地的南倾"古伊陕大斜坡"和水系,为潜在铀储层砂体的充分发育,特别是含铀碎屑和溶解铀在铀储层中的预富集奠定了良好基础。在直罗组铀储层中,一些磨圆很好且内部铀矿物均匀分布的、各种含铀碎屑颗粒的发现(图17-12),均显示了同沉积期造山带蚀源区(含铀)碎屑物随地表水系机械搬运至沉积盆地中堆积的基本特征。同沉积期碎屑铀和溶解铀在铀储层中的预富集虽然达不到工业性铀矿化的级别,但可以大大地增强铀储层本身的铀源性能,为后期大规模区域层间氧化带发育过程中将铀从储层中释放出来参与成矿作用准备了充分条件。

2. 早燕山运动成就了完整的大规模的补-径-排成矿流体系统

晚侏罗世的早燕山运动,在阴山造山带表现为大规模逆冲推覆造山作用(和政军等,1998;Davis et al,1998;徐仲元等,2001;陈志勇等,2002;刘正宏等,2002;董树文等,2007),这一过程波及了鄂尔多斯盆地北部地区,从而为大规模的铀成矿作用奠定了基础。一方面,早燕山运动将直罗组铀储层剥露地表,使源于阴山造山带的溶解铀(充氧富铀流体)能充分地入渗到铀储层中,形成区域层间氧化带并使铀富集成矿;另一方面,区域地质调查发现,早燕山运动的逆冲推覆体系影响到了研究区,泊尔江海子逆冲断层有可能隶属于阴山逆冲推覆体系(姜华等,2004;刘正宏等,2004;赵国玺,2007;聂海宽等,2009),它可能充当了区域含矿流场的泄水通道。这样一来,就构成了完整的大规模的补-径-排成矿流体系统,于是主要铀成矿作用开始发生(图17-15)。

3. 喜马拉雅运动的河套断陷作用终止了铀成矿作用过程但又保护了铀矿床

河套断陷的形成(郑孟林等,2006;韩鹏等,2008),破坏了"古大型伊陕斜坡"的完整性,切断了阴山造山带铀源向鄂尔多斯盆地输送的途径,导致大规模铀成矿作用被终止。源于造山带的充氧富铀流体缺失必将导致盆地还原流场的增强,而不同时期不同性质的断层可能为流场的重大转换提供了重要疏导通道。在盆地内部,河套断陷南缘的配套正断层系列已经影响到了东胜铀矿田。这些正断层以及少数长期活动的诸如泊尔江海子逆断层,可能为盆地还原介质向铀储层和铀矿体中的运移提供了疏导通道,从而导致大规模二次还原作用的发生,使东胜铀矿田得以完整保存(图17-15)。

4. 盆-山结合部位继承性"宽缓大斜坡"制矿驱动机制

盆-山结合部位的"宽缓大斜坡",是同沉积期地表水系的径流区,通过地表水系将造山带物源区大量的风化剥蚀物搬运至沉积盆地沉积而构成潜在的含铀岩系。同样,在成矿期,盆-山结合部位的"宽缓大斜坡"也成为含氧含铀成矿流体的径流区与补给区。对多个砂岩型铀矿床的比较研究发现,当成矿期的含矿流场与沉积期的古水流场同位、同向且基本一致时,往往更加有利于大型层间氧化带型砂岩铀矿床的形成(焦养泉等,2006),伊犁盆地南缘铀矿田如此,鄂尔多斯盆地北部东胜铀矿田如此,松辽盆地南缘的钱家店铀矿田也同样如此。究其原因,主要在于铀储层砂体的多孔介质具有各向异性特征,其平行古水流的水平渗透率相对最高(Jiao et al,2005),所以当含矿流场具有继承性时铀储层砂体中的层间氧化效率最高而且铀的搬运通量最大,这就是成就大型矿床的根本所在——有利的"宽缓大斜坡"构造驱动背景。而一旦"宽缓大斜坡"被破坏,那么成矿作用就被终止或者形成流场面貌迥异的新成矿系统。

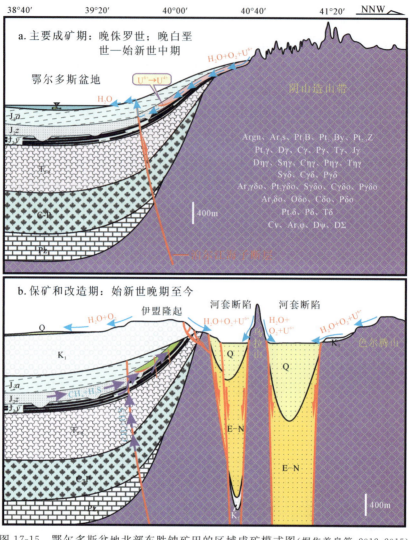

图 17-15　鄂尔多斯盆地北部东胜铀矿田的区域成矿模式图（据焦养泉等，2012，2015）

a. 早燕山运动为区域大规模补-径-排含矿流体系统和铀成矿作用奠定了基础；b. 喜马拉雅期伸展变形构造体制终止了铀成矿作用并通过大规模二次还原作用保护了铀矿田

继承性的流场系统能够保证铀储层砂体的空间分布与其内部区域层间氧化带的发育空间相一致，这样就能形成以物源-朵体为单位的超级成矿系统，在这个系统中成矿作用特别是蚀变作用类型就往往具有良好的一致性。例如，在鄂尔多斯盆地北部东胜铀矿田，虽然由于铀储层的原因或者由于还原介质的原因，造成皂火壕铀矿床、大营铀矿床、纳岭沟铀矿床等在成矿层位和空间位置等方面存在差异，但是蚀变作用类型均表现为具有二次还原性质的"绿色"古层间氧化特征。

四、双重还原介质

还原剂对于砂岩型铀矿的形成发育至关重要，有学者认为砂岩型铀矿的找矿预测实际上是在评价还原介质的分布规律（黄世杰，1994；黄净白和李胜祥，2007；张金带等，2010；张金带等,2013)。还原剂对铀成矿的控制机理,在于其制约层间氧化带的形成发育,而层间氧化带边缘尤其是区域前锋线部位的氧化-还原地球化学障是铀变价成矿的最佳场所(Granger and Warren,1969;赵凤民和沈才卿,1986;余达淦,1989;Franz,1993;李盛富和张蕴,2004;焦养泉等,2006;陈祖伊和郭庆银,2007)。通常情况下,铀储层砂体中还原剂丰度过低,层间氧化作用就相对发育,氧化带可能穿层而过,铀不能富集;而还原介质丰度过高,则层间氧化作用困难,无氧化带自然也就无法成矿;只有那些还原介质丰度适中的目的层,其氧化-还原环境能够处于平衡状态,层间氧化带推进速度缓慢且稳定,才能持续形成工业铀矿化。

以往人们针对还原介质开展了大量的研究工作,但是更偏重于铀储层砂岩内部还原剂的研究(Granger and Warren,1969;陈祖伊和郭庆银,2007;Abzalov and Paulson,2012)。然而,焦养泉等(2018)最新对大营铀矿床和钱家店铀矿床成矿地质规律的研究却发现,产出于铀储层砂体直接顶、底板的煤层(图6-13)、碳质泥岩或暗色泥岩等,即作者称之为铀储层砂体的外部还原介质,对层间氧化作用和铀成矿也具有重要影响,有些还起到了决定性作用(焦养泉等,2015a)。因此,有必要将制约砂岩型铀矿形成发育的还原介质类型依据与铀储层砂体的产出关系划分为内部还原介质和外部还原介质。

(一)铀储层内部还原介质

铀储层内部还原介质是指形成于铀储层砂体内部的还原介质,包括了砂体中的碳质碎屑、黄铁矿、动物化石、分散有机质和烃类等。它们直接对层间氧化具有抑制作用,也就是传统意义上所说的还原剂(焦养泉等,2018)。

1.最常见的铀储层内部还原介质之一——碳质碎屑

碳质碎屑是铀储层砂体中最常见和最重要的还原剂之一(Min et al,2001)。碳质碎屑的形成发育受控于沉积作用和古气候,是同沉积期环境作用的产物(焦养泉等,2006)。以鄂尔多斯盆地为例,铀储层砂体中的碳质碎屑具有四大特征。

(1)碳质碎屑通常呈现条带状,多数具有棱角状,个别具有磨圆性质(图17-16a、b、c),产状及分布与冲刷面有关,反映了一种具有搬运特征的牵引流滞留沉积物(陶振鹏,2020;Tao et al,2020)。

(2)碳质碎屑的粒径是砂岩无机碎屑颗粒粒径的十倍以上,有些(中)粗砂岩中包含有粒径达80~100cm的碳质碎屑,反映有机沉积物的密度远小于无机碎屑颗粒的密度,是沉积过程中重力分异作用的产物。

(3)铀储层砂体中碳质碎屑的含量往往与下伏煤层关系密切,两者的分布距离呈现负相关。显示了某种成因联系,即煤层(抑或是泥炭)是碳质碎屑的母岩(质)。但也有其他成因,譬如砂体中具有植物茎秆和叶片结构的碳质碎屑,显然是沉积物中植物碎屑演化的结果。

(4)与同时代发育的煤层相比,铀储层砂体中碳质碎屑的主要煤岩显微组分是镜质组(90%以上),其热演化程度较弱于煤层,但是当有大规模的铀成矿形成后其放射性裂变会进一步催化碳质碎屑的热演化进程(张帆,2018;Zhang et al,2019a,2019b,2019c,2020;Rong et al,2019)。

2.最常见的铀储层内部还原介质之二——黄铁矿

黄铁矿是铀储层砂体中最常见和最重要的另外一种还原剂(Granger and Warren,1969)。

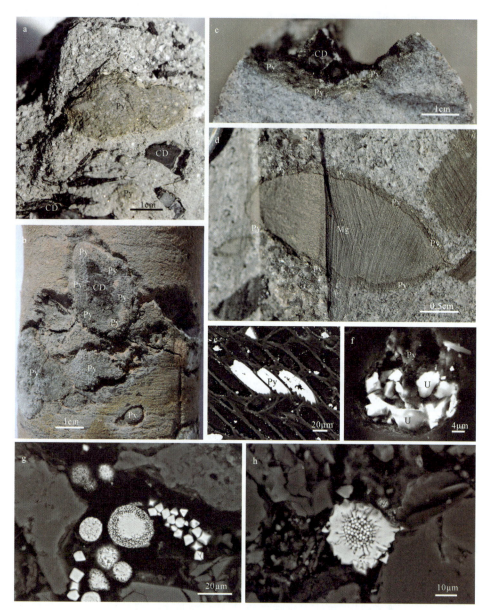

图 17-16　铀储层砂体内部还原介质的典型代表(碳质碎屑和黄铁矿)

CD. 碳质碎屑；Py. 黄铁矿；U. 铀矿物

a. 产出于碳质碎屑周边的结核状黄铁矿，ZKD95-16,714.9m，大营铀矿床；b. 围绕碳质碎屑生长的黄铁矿结核，钱Ⅲ-23-20,430.2m，钱家店铀矿床；c. 围绕碳质碎屑周边发育的黄铁矿镶边结构，ZK323-01,499.6m，双龙铀矿床；d. 围绕泥砾周边发育的黄铁矿镶边结构，ZK1501,248.0m，双龙铀矿床；e. 充填于碳质碎屑细胞腔中的黄铁矿，扫描电镜，钱Ⅳ-09-05,钱家店铀矿床；f. 充填于碳质碎屑细胞腔中的黄铁矿，扫描电镜，ZK159-09,402.1m，双龙铀矿床；g. 粒间草莓状黄铁矿与自形晶黄铁矿，扫描电镜，钱Ⅳ-03-05,313.6m，钱家店铀矿床；h. 草莓状黄铁矿(边缘自生加大)，扫描电镜，钱Ⅳ-09-05,520.0m，钱家店铀矿床

在铀储层砂体中，黄铁矿种类繁多，单矿物形态可以分为草莓状、自形和胶状(Yue et al，2019)。但是，它们中的大部分在铀储层砂体中的产出规律是较为显著的——要么产出于碳质碎屑或煤层附近(图17-16a、b、c)，要么围绕碳质碎屑或泥砾生长(图17-16d)，甚至充填植物碎屑空腔(图17-16e、f)，表现出与碳质碎屑或煤层等还原介质具有密切的亲属性(焦养泉

等,2018a)。进一步的微观分析还发现,这些成岩黄铁矿在铀储层砂体内部往往需要一些特殊的碎屑颗粒作为附着点或者载体而发育壮大,如碳质碎屑、黑云母、钛铁矿、碎屑或草莓状黄铁矿、部分黏土矿物等(Yue et al,2019),充分显示了成岩期选择性胶结产出的基本特征。

在铀储层的原生灰色砂岩中,一些黄铁矿具有有序转化特征,主要表现为:莓状体→复莓状体,莓状体→自形晶,莓状体→胶状体,而复莓状体也可转化为胶状体,胶状体通过交代作用也可最终表现为自形晶,由莓状体到胶状体最终到自形晶,黄铁矿结构有序度增加(Yue et al,2020)(图 17-17)。

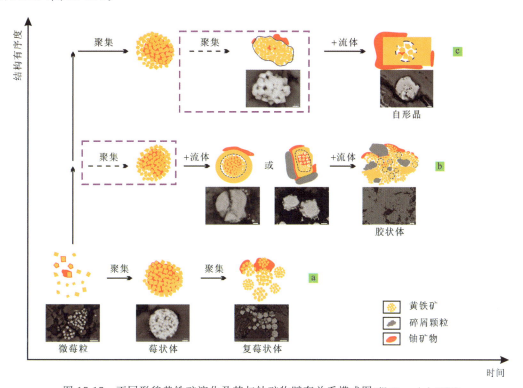

图 17-17 不同形貌黄铁矿演化及其与铀矿物赋存关系模式图(据 Yue et al,2020)

a.由显微黄铁矿颗粒逐渐聚集形成莓状体,莓状体聚集形成复莓状体;b.莓状体或微莓粒在流体加入下逐渐胶结,微粒之间或莓状体颗粒之间间隙被后期黄铁矿胶结,最终形成胶状黄铁矿;c.在流体加入下,微晶间隙被黄铁矿充填,其外部形态逐渐转化为多面体。在黄铁矿的演化过程中,溶解于地下水的 U^{6+} 可被细菌还原硫酸盐形成的溶解硫相(H_2S、HS^-),或黄铁矿还原为不溶的 U^{4+},并被黄铁矿吸附沉淀。虚线框表示此为非必要的阶段

(二)铀储层外部还原介质

铀储层外部还原介质是指直接与铀储层砂体接触或沟通的具有还原性质的地质体,包括铀储层砂体直接顶、底板或者是相变的煤层、碳质泥岩或暗色泥岩,以及一些外来的还原流体(包括烃类)等(焦养泉等,2018a)。

在鄂尔多斯盆地,最为经典的铀储层外部还原介质的实例来自于东胜铀矿田的露头剖面和钻孔岩心。在神山沟张家村露头剖面上,直罗组的含铀岩系地层结构、铀储层砂体结构和沉积特征、古层间氧化带发育规律、铀矿化产出规律等被很好地揭露,是进行砂岩型铀矿储层建模并揭示铀成矿规律研究的最佳天然实验室(焦养泉等,2018b)。在该剖面的下部,直罗组

图 17-18 延安组煤层含烃还原流体向上运移导致直罗组铀储层砂体中大规模成岩黄铁矿的产出(据焦养泉等,2018a)
a. 延安组煤层还原介质向上运移进入直罗组铀储层砂体中导致大规模的黄铁矿胶结作用,剖面上黄色为黄铁矿结核写实,东胜神山沟露头剖面;b、c.分别为东胜神山沟露头剖面单位区间黄铁矿发育个数(密度)和黄铁矿长轴规模统计图(注意统计显示黄铁矿的密度和粒度均向上降低和减小,反映胶结事件与下伏煤层关系密切);d.延安组煤层及其上覆直罗组铀储层砂体中发育的黄铁矿(显示黄铁矿胶结作用与下伏煤层关系密切)ZKD96-55,635.8m,大营铀矿

铀储层砂体直接与下伏延安组工业煤层相接触,煤层在成煤演化过程中释放的大量含烃还原流体在渗入铀储层砂体后,导致了大规模的成岩黄铁矿胶结作用的发生。定量统计分析发

现,这些成岩黄铁矿结核无论是粒径(个体大小)还是发育密度,它们都随距离煤层位置的增加而明显降低(图 17-18),这说明提供成岩黄铁矿的还原场动力来源于下伏煤层,外部还原介质可以直接影响铀储层内部的氧化-还原成岩(矿)环境。

外部还原介质的作用在于增加整个含铀岩系的还原能力,特别是它们在成岩演化过程中能通过不同途径为铀储层砂体直接输入还原剂,如具有还原性质的盆地流体和烃类等。外部还原介质一旦出现,它将与内部还原介质联合构成一道强大的还原障,层间氧化作用在此受到明显抑制,推进速度变缓,极易构成稳定的区域层间氧化带前锋线,当然这个区域将是铀矿化最活跃的空间。

(三)双重还原介质模型及其联合控矿机理

沉积盆地中铀富集成矿是 $U^{6+} \rightarrow U^{4+}$ 变价的产物,砂岩型铀矿的富集成矿需要还原剂才能促使变价行为的发生。研究发现,无论是铀储层的内部还原介质还是外部还原介质,它们对铀成矿的制约作用同等重要。在铀储层砂体内部,层间氧化作用直接与内部还原介质相关,但是如果叠加有外部还原介质,则外部还原介质将通过不同方式大大地增强铀储层砂体的整体还原能力,这种组合的出现有利于稳定的层间氧化带发育和持续的铀成矿(图 17-19)。

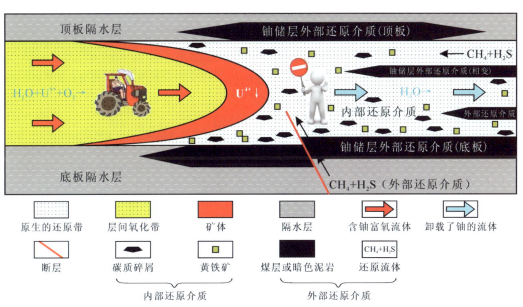

图 17-19　砂岩型铀矿的双重还原介质空间配置及其联合控矿机理的概念模型
(据焦养泉等,2015b,2018b)

五、古气候条件

长期以来,铀矿地质学家在讨论砂岩型铀矿的成矿机理时,都特别强调了成矿时期干旱古气候的重要性,因为干旱的古气候环境可以避免溶解铀从造山带搬运至盆地的途径中被吸附耗散,从而保证造山带溶解铀的高效率疏导,但是,通过对我国沉积型铀成矿构造域中不同地区、不同时代的砂岩型铀矿床的对比研究发现,含铀岩系形成发育的沉积期古气候对铀成矿起到了更为重要的影响(焦养泉等,2015b)。在区域古构造的协同影响下,沉积期古气候不仅制约了潜在铀储层砂体发育的结构和规模,同时更重要的是制约了铀储层内部和外部还原介质的类型及其空间分布。铀储层砂体结构(非均质性)在隔水层的影响下制约着层间氧化带发育的方向和轨迹,而铀储层内部和外部还原介质则控制着古层间氧化带推进的里程及前锋线位置,铀矿化作用则取决于层间氧化带(图17-20)。所以,同沉积期的潮湿型、半潮湿半干旱型和干旱型的古气候背景是制约铀成矿期层间氧化发育方向和规模的极其重要的地质因素(表17-4)。

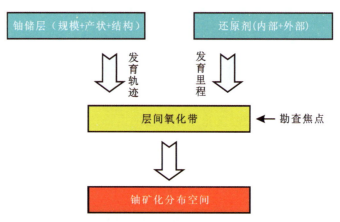

图 17-20 铀储层和还原剂对砂岩型铀矿成矿作用的制约关系
(据焦养泉等,2015b)

表 17-4 沉积期几种古气候背景和沉积环境条件下发育的还原介质组合规律及其对层间氧化带形成发育的制约关系(据焦养泉等,2015b,2018a)

沉积期		还原介质组合规律		典型盆地及层位	典型矿床(田)	氧化带纵向发育规模(km)
古气候类型	沉积环境	内部还原介质类型	外部还原介质类型			
相对干旱	辫状分流河道	碳质碎屑+黄铁矿(贫乏)	/	松辽盆地姚家组	钱家店铀矿床	>250
	分流间湾	/	暗色泥岩(分散有机质+黄铁矿)			
相对潮湿		碳质碎屑+黄铁矿(丰富)	(工业)煤层+碳质泥岩	伊犁盆地	伊犁铀矿田	2~15
				吐哈盆地	十红滩铀矿床	
				水西沟群		
潮湿→干旱转化	辫状河、辫状分流河道、分流河道	碳质碎屑+黄铁矿(介于潮湿与干旱之间)	/	鄂尔多斯盆地直罗组	东胜铀矿田	150
	泛滥平原、分流间湾	/	薄煤层(煤线)+暗色泥岩			

1.沉积期潮湿古气候背景下的铀成矿特征——伊犁-吐哈模式

在潮湿古气候的背景下,相对暴露的水上环境或者极浅水环境易于发育泥炭沼泽,而水下环境则易于形成碳质泥岩。如果其中能够发育潜在的铀储层砂体,则无论是铀储层内部还是外部均富含还原介质,且具有相对固定的还原介质组合规律——内部还原介质主要为丰富的碳质碎屑和黄铁矿,外部还原介质主要为煤层和碳质泥岩(表 17-4)。由于此类含铀岩系本身还原能力较强,铀成矿期的层间氧化作用相对困难,所以层间氧化带规模有限,纵向延伸几千米至十几千米(图 6-15),矿体位于盆地边缘且多为卷状矿体,如伊犁盆地和吐哈盆地的铀矿床(陈祖伊等,2011;张金带等,2013;焦养泉等,2015a)。

2. 沉积期干旱古气候背景下的铀成矿特征——松辽钱家店模式

在相对干旱的古气候背景下,暴露地表的环境缺少植被,当然潜在铀储层砂体内部就相对缺少还原介质。但是,在相对覆水的诸如分流间湾中,分散的有机质容易保存,能够形成暗色泥岩。所以,此类含铀岩系还原介质组合规律完全不同于潮湿气候背景,其内部还原介质由少量的碳质碎屑和黄铁矿组成,外部还原介质则主要为暗色泥岩(表 17-4)。由于此类含铀岩系还原能力有限,所以铀储层砂体中层间氧化作用较为充分,层间氧化带规模较大,如松辽盆地钱家店铀矿床(图 17-21)。

钱家店铀矿床主要形成于上白垩统姚家组中,在松辽盆地,姚家组是典型的红层,这可以从含铀岩系中大量的红色泥岩、红色粉砂岩,以及大量钙质姜结核和微体古生物化石种属得到印证,实际上钱家店铀矿田是一种发育于红层中的砂岩型铀矿床的聚集区,所以可以用"红层相控模式"来阐明该类型铀成矿机理(焦养泉等,2012,2013,2015)。由于姚家组是红层,所以铀储层中缺乏还原介质,成矿时期的含氧富铀成矿流体可以叠加氧化早期的储层砂体,这使得层间氧化带具有巨大规模(图 17-21)。

缺乏还原介质是"红层"制矿的关键问题。研究发现,松辽盆地南部的姚家组系辫状河-辫状河三角洲成因,分流间湾成因的暗色沉积物中包含有大量分散的有机质和硫化物,它们是最好的还原剂———一种铀储层外部还原剂。当富氧含矿流体运移抵达该区时,氧化作用就会受到抑制而形成区域稳定发育的层间氧化带前锋线,所以该区的铀矿化体总体呈现向盆地中心延伸的"U"形(图 17-22)。对姚家组不同层位暗色泥岩厚度分布规律的编图发现,暗色泥岩沉积中心具有继承性且向盆地边缘迁移,这说明分流间湾稳定发育并总体处于湖泊扩展序列中,铀矿化作用主要位于暗色泥岩靠近上游边缘一侧,即迎水面一侧。这进一步说明了,在干旱古气候背景下发育的含铀岩系中,分流间湾相暗色沉积物对层间氧化型的铀矿化具有控制作用(焦养泉等,2012,2013,2015)。

3. 沉积期由潮湿→干旱古气候转换背景下的铀成矿特征——鄂尔多斯东胜模式

在由潮湿向干旱转化的古气候背景下,含铀岩系还原介质组合规律相似于潮湿古气候背景。内部还原介质虽由碳质碎屑和黄铁矿组成,但丰度相对较低。外部还原介质则主要由薄煤层(煤线)和暗色泥岩组成(表 17-4)。当然,在成矿期铀储层砂体内部层间氧化带的发育规模就介于潮湿气候背景和干旱气候背景之间,如鄂尔多斯盆地北部东胜铀矿田(焦养泉等,2015a)。

以鄂尔多斯盆地为代表,砂岩型铀矿主要产出于直罗组底部。该层位介于古气候由潮湿向干旱的转换阶段(焦养泉等,2006),铀储层砂体中的还原介质丰度有限且垂向分布不均匀,层间氧化带的发育和铀矿化还需要借助铀储层外部的还原介质,即铀储层直接顶底板的还原介质能量——薄煤线或碳质泥岩(图17-23),这种沉积背景直接导致了大规模区域层间氧化带的发育。如果粗略恢复鄂尔多斯盆地原型并考虑其与古阴山山脉的关系,则该区古层间氧化带的纵向延伸规模可能为150km,现存于铀储层中的古层间氧化带的面积超过5500km²。另外,处于由潮湿向干旱气候过渡阶段形成的铀储层,其内部还原介质丰度在垂向上具有逐渐减少的趋势,这在还原程度上可能影响了铀矿体的几何形态——少量的卷状矿体和大量的板状矿体。

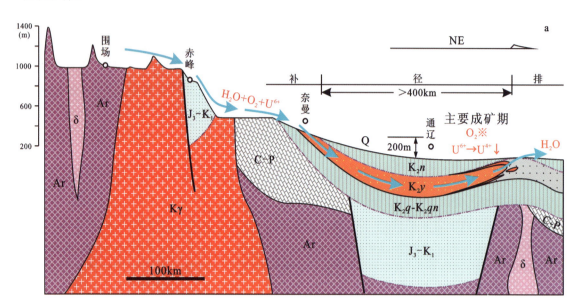

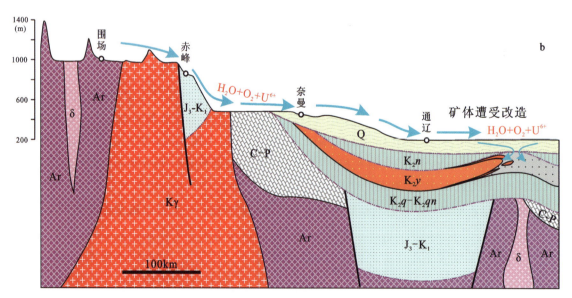

图17-21　松辽盆地南部钱家店铀矿田的区域铀成矿模式(据焦养泉等,2013,2015)

a.嫩江组末期松辽盆地的区域构造反转事件促成了姚家组大规模的含矿流体补-径-排系统,导致了超大型铀矿床的形成,注意铀成矿期的构造天窗为泄水区;b.新生代的沉积超覆事件使成矿系统废弃,矿床总体处于改造破坏阶段

第十七章　砂岩型铀矿　373

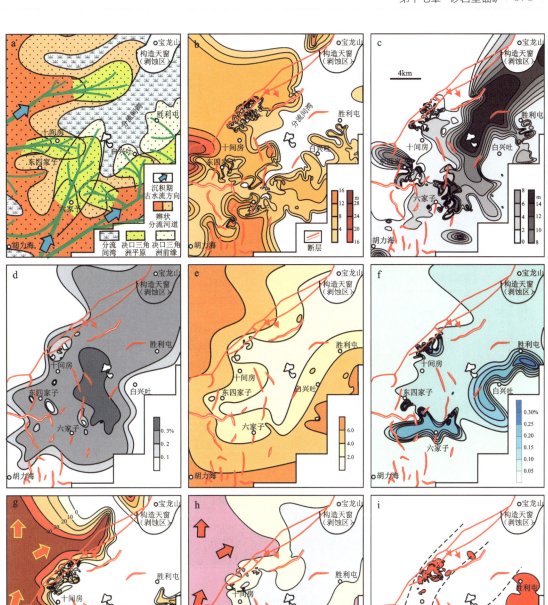

图 17-22　松辽盆地南部钱家店铀矿床姚家组湖泊扩展体系域第 1 小层序主要成矿要素空间配置图

(据焦养泉等,2012,2013)

a.沉积体系图(辫状分流河道朝北东方向分叉,在图幅东北部相变为分流间湾);b.三角洲平原红色泥岩厚度图;c.三角洲平原暗色泥岩厚度图;d.铀储层砂体中 TOC 分布图;e.铀储层砂体中 Fe_2O_3/FeO 分布图;f.铀储层砂体中 $S_{全}$ 分布图;g.铀储层砂体中氧化砂体厚度图;h.铀储层砂体内部层间氧化带分带图;i.铀矿化体分布图(注意铀矿化位于大规模暗色泥岩的迎水面一侧,显示铀储层外部还原介质与铀矿化关系密切)

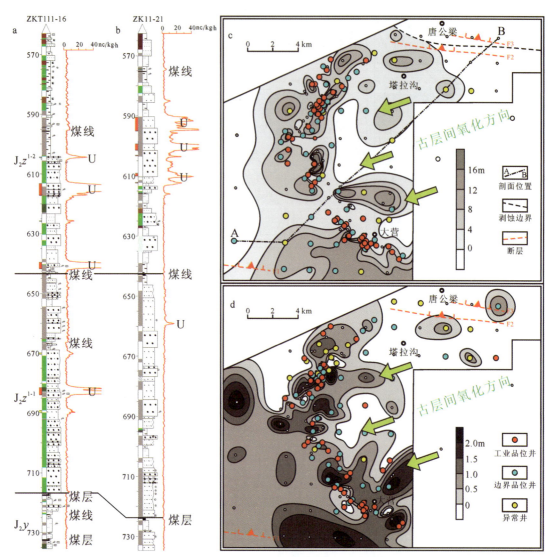

图17-23 大营铀矿床直罗组下段聚煤作用与铀矿化空间配置关系图(据焦养泉等,2012,2018;彭云彪等,2019)
a.ZKT111-16井直罗组下段薄煤层与铀矿化共生关系;b.ZK11-21井直罗组下段薄煤层与铀矿化共生关系;c.上亚段暗色泥岩厚度与铀矿化空间配置关系图;d.下亚段煤层厚度与铀矿化空间配置关系图

第三节 典型矿床分析

虽然制约砂岩型铀矿形成发育的关键要素和成矿机理具有共性,但是在不同地区由于地质背景的差异,成矿作用也不尽相同。在本节中选取美国怀俄明经典的"卷型"铀矿床,我国二连盆地断陷背景中的铀矿床和鄂尔多斯盆地古砂岩型铀矿床,分别介绍其铀矿地质作用及成矿规律,以期了解砂岩型铀成矿的多样性。

一、怀俄明盆地"卷型"铀矿床

美国怀俄明盆地是最早发现和建立"卷型"砂岩铀矿模式的经典地区,"卷型"矿床是指沿砂岩主岩蚀变和未蚀变界面后生成因的还原铀矿和其他各种矿物集合体,矿体横断面为新月形,也有许多呈不规则状(图 17-1)。这里所说的"砂岩主岩"特指铀储层砂体,"蚀变"则相当于成矿作用过程中铀储层砂体内部发生的成岩作用,其结果主要是形成层间氧化带,也有人表述为"氧化蚀变舌"。

1. 区域地质演化背景

铀矿床主要产在怀俄明的 4 个古近纪—新近纪山间盆地中,即温德河盆地、谢利盆地、泡德河盆地和大迪维德盆地,这些盆地周缘为太古代至元古代的含铀花岗岩(图 17-24)。含矿层主要为晚古新世和始新世的尤宁堡组、温德河组、沃萨奇组和巴特尔斯普林组,是一套含碳质碎屑的陆相砂岩含铀岩系。以温德河盆地为例,铀矿化位于氧化蚀变舌内或沿其卷锋一线分布,与两个较大的晚古新世—始新世的河流和冲积扇的轴部吻合(图 17-25)。所有的区域蚀变舌都指示地下水的运动大致平行于排泄方向。

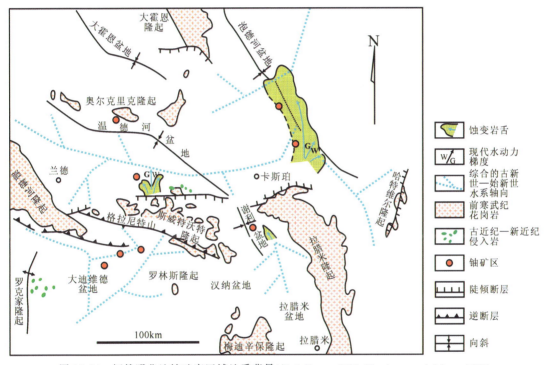

图 17-24　怀俄明盆地铀矿床区域地质背景(据 Galloway,1979;Harshman and Adams,1981)

怀俄明盆地铀成矿具有区域相似性,表明它们具有一个共同的成矿背景:

(1)在古近纪—新近纪盆地的有限地区内,沉积了粗粒的冲积扇和河流,它们因埋藏而成为高导水性的含水层。在晚古新世,处于断裂、隆起和剥蚀的花岗岩高地为活动的河流体系提供了砾级和粗砂级碎屑的主要物源。

(2)在晚始新世期间,区域构造活动破坏了水系,使部分冲积扇和河道充填沉积物位于适合活跃的大气水沿盆地边缘露头带补给的构造和地形位置上。

(3)在渐新世和中新世时期,盆地和其间的隆起被含铀火山碎屑覆盖,导致渗过新沉积物的含氧富铀水补给高导水性的含水层。一些规模较大的蚀变舌的发育表明,这个时期很可能是蚀变和成矿的主要时期。

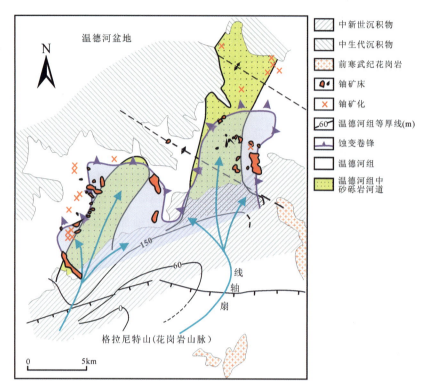

图 17-25　温德河盆地气山地区温德河组冲积扇沉积与铀矿化分布图

（据 Galloway,1979；Harshman and Adams,1981）

（4）新近纪和第四纪的区域性隆起和盆地的剥蚀,使这个原始的矿化作用带开始进入活跃的侵蚀和地表改造时期(表 17-5)。

表 17-5　怀俄明盆地的地质与水文演化历史（据 Galloway and Hobday,1983）

地质时代	构造事件	沉积事件	水文事件
白垩纪—古新世	区域隆起,盆地侧翼倾斜	下尤宁堡组沉积,上尤宁堡组,温德河的瓦萨奇河流体系的沉积	水流穿过高地向盆地轴部排泄(由主要含水层的几何形态和导水率决定)
始新世	沿隆起的冲断作用区域性的沉降和下切	广泛侵蚀	穿过断块的隆起排泄 在构造盆地内形成区域性水流单元
渐新世	西部广泛的火山作用	沉积了白河组	穿过富火山灰的沉积物进行补给
中新世		风成和湖相火山碎屑沉积物的局部沉积	原生铀矿化作用时期
上新世	区域性隆起	盆地被剥蚀	
更新世			现代下切的水系和地下水体系的形成,浅层铀矿的再分布

2.主要控矿因素和成矿机理

Harshman and Adams(1981)分别从铀源供给、含铀岩系铀储层砂岩、蚀变作用、水文条件和还原介质等方面系统总结了美国怀俄明盆地卷型铀矿床形成发育的主要控制因素和成矿作用机理。

(1) 铀源。对怀俄明盆地卷型矿床的铀源分析主要是推测的,虽然我们知道花岗岩和凝灰岩中的铀是可以迁移的,但是我们无法断定一些已知地区的铀是来自哪一个特定的铀源。所有重要的卷型铀矿床都产出于含有异常铀含量的岩石附近,通常不是花岗岩就是凝灰岩。

有人认为,火山碎屑和大气凝灰质沉积物对卷型铀矿床形成具有非常重要的意义。也有人认为,直接靠近卷型铀矿床的下伏异常侵入体同样也可以为矿床提供铀源。

(2) 含铀岩系与铀储层。在怀俄明盆地,有利的铀储层是长石砂岩。这些岩石的物理特性,如孔隙度和渗透率等,都有利于铀矿床的形成;更重要的是,这些沉积岩反映了有利于卷型铀矿床形成的整个大地构造、侵蚀作用和水文动态。

大多数卷型矿床都产在河流相砂岩与火山碎屑沉积物呈互层的地层中,这种地层的沉积不存在重大的时间间断或侵蚀间断,这是怀俄明盆地典型的沉积层序特点。

含铀岩系沉积环境对卷型矿床的形成有很大的影响,沉积环境的许多特征,如沉积物的渗透性、厚度、面积大小、氧化状态以及砂体的形状和砂岩与泥岩之间的互层关系,都是铀矿勘查时的重要观测对象。系列成功勘查的实例表明,尽可能早地鉴别沉积环境并将其作为远景评价的一个重要指南,其获得重大发现的几率将大大增加。正如 Galloway(1986)指出的那样,冲积扇末端或以悬移质方式沉积的沉积物是不利于大型铀矿化形成的。

在小尺度范围内,沉积物非均质性对蚀变舌位置、形状及与其有联系的卷型矿床有着明显的控制作用。如河道的改道或会合处、沉积相的相变处,或者存在巨大有机质碎屑的囊体处,经常使蚀变舌边缘产生变化,并总是伴随着有利于矿床厚度和品位的方向发展。但是,许多对卷型矿床的细节变化有重大影响的沉积地质特征往往具有局部性质,这需要沉积学家给予钻前的预测和指导。

(3) 蚀变作用。典型的赤铁矿化或粉红色的蚀变通常被看作是与怀俄明盆地卷型矿床有关的蚀变,这在保德河盆地和黑山矿床、怀俄明凯西地区最有代表性(图 17-26)。

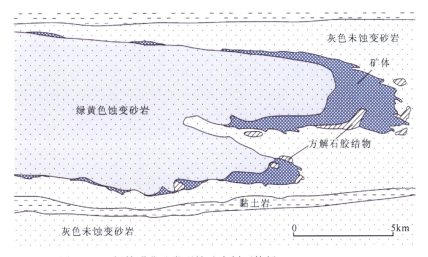

图 17-26　怀俄明盆地卷型铀矿床剖面特征(据 Harshman,1974)

描述为"褪色"的蚀变是气山和克鲁克斯峡谷地区大多数蚀变砂岩的特征。一些地区,如大迪维德盆地,在靠近源区的红色、棕黄色及浅黄色蚀变带与铀矿化之间发育有较大规模的米黄色或浅灰色蚀变褪色带。研究认为,大迪维德盆地蚀变带的宽度与矿床规模和品位的变化有着和谐一致的联系。在谢利盆地,由于存在含铁的黏土或缺少铁的氧化物,故蚀变砂岩为黄绿色至浅黄色。

另外,在泡德河盆地、气山和黑山地区,矿床紧靠蚀变舌卷锋的部位都发现有较窄的、由褐铁矿或针铁矿浸染的砂岩条带发育,这些条带被解释为是近代矿床氧化地下水运动的产物。

(4)水文条件。卷型矿床的形态主要受铀储层中的水文条件控制,而铀储层则受其沉积环境控制。在比较简单的情况下,矿床形态与单个沉积单元的水文条件有关。而在另外的情况下,角度不整合的存在、一个河道进入另一个河道的冲刷作用以及有关的沉积学特征,则使矿床复杂化且通常变富,这些特征可以是区域性的或者是局部性的。

(5)还原介质。还原介质的分布对卷型矿床的形成和性质具有重要影响。大迪维德盆地似乎主要是靠近下伏富含碳质的页岩形成板状矿化,当然该地区也有新月形卷锋。在气山地区的矿床中,靠近富含磷质页岩的部位发育有大量的分支矿化。总之,研究矿化规律应将最大的注意力集中在铀储层内部和外部还原介质的分布特点上。

铀储层砂体内部还原剂的数量和分布对矿石的性质有很大影响。卷型矿体的宽度和品位受未蚀变砂岩的还原性质、地下水流速和地下水氧化能力控制。丰富的有机质和/或黄铁矿,以及缓慢流动的地下水系统(受缓倾斜地层和砂岩渗透力限制的影响),可形成边界明显而狭窄的高品位矿床。相比之下,低含量的还原剂、强的渗透能力和较陡的地层产状,则会造成很宽的弥散卷锋。

二、二连盆地断陷背景中的铀矿床

二连盆地是一个中生代的断陷盆地,主要由马尼特坳陷、乌兰察布坳陷、川井坳陷、腾格尔坳陷和乌尼特坳陷组成,面积约 $11\times 10^4\,\mathrm{km}^2$。该盆地主要经历了 3 个重要的构造演化过程,即早白垩世的裂陷期、早白垩世晚期的断坳转换期和晚白垩世—新近纪的裂后热沉降期,依次充填了阿尔善组(K_1a)、腾格尔组(K_1t)、赛汉组(K_1s)、二连组(K_2e),以及古近系和新近系(图17-27)。其中,形成于断坳转换期的赛汉组下段为含煤岩系,其上段则是主要的砂岩型铀矿发育层位。目前的勘查发现,重要的铀矿床主要集中于马尼特坳陷,由巴彦乌拉铀矿床、赛汉高毕铀矿床和哈达图铀矿床组成。这些铀矿床的特点和成因较为相似,因此彭云彪等(2019)将其命名为巴彦乌拉铀矿田。

(一)含铀岩系基本特征

鲁超(2019)运用层序地层学原理对马尼特坳陷主要含矿目标层进行了系统研究,认为赛汉组(K_1s)的下段和上段各自构成了一个三级层序,并分别由低位体系域(LST)、湖泊扩展体系域(EST)和高位体系域(HST)组成。其中,赛汉组下段三级层序的 LST 主要为三角洲沉积体系形成的次要含煤岩系,EST-HST 主要为湖泊沉积体系形成的含煤岩系;赛汉组上段三级层序的 LST 则主要为辫状河和辫状河三角洲沉积体系形成的优质铀储层,EST-HST 主要为干旱背景下的河流泛滥平原及废弃三角洲平原沉积。研究认为,赛汉组铀储层砂体的主要物源来自于马尼特坳陷以北的巴音宝力格隆起,次要物源位于马尼特坳陷以南的苏尼特隆起。

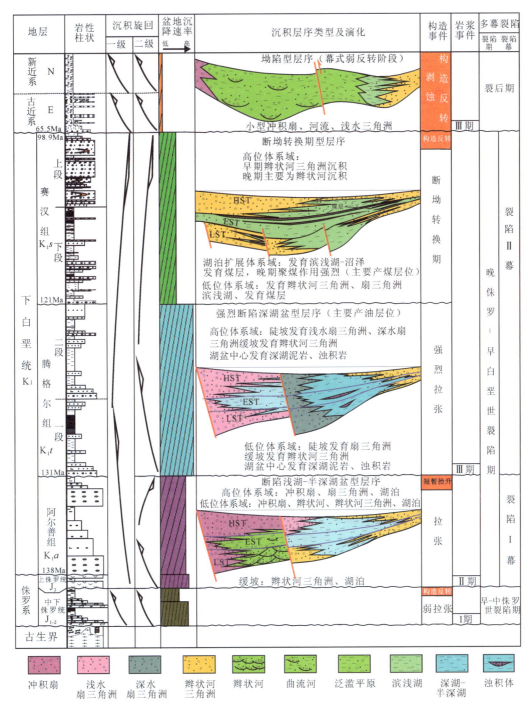

图 17-27 马尼特坳陷幕式裂陷构造背景制约下的沉积充填演化特征(据鲁超等,2016;鲁超,2019)

值得指出的是,赛汉组上段三级层序由于构造剥蚀等原因,主要保留了低位体系域的含矿目的层段,大部分地区缺失上白垩统二连组(图 17-27、图 17-28)。

(二)矿床地质特征

以巴彦乌拉铀矿床为例,赛汉组上段铀储层砂体为辫状河河道充填沉积,砂体松散,厚度

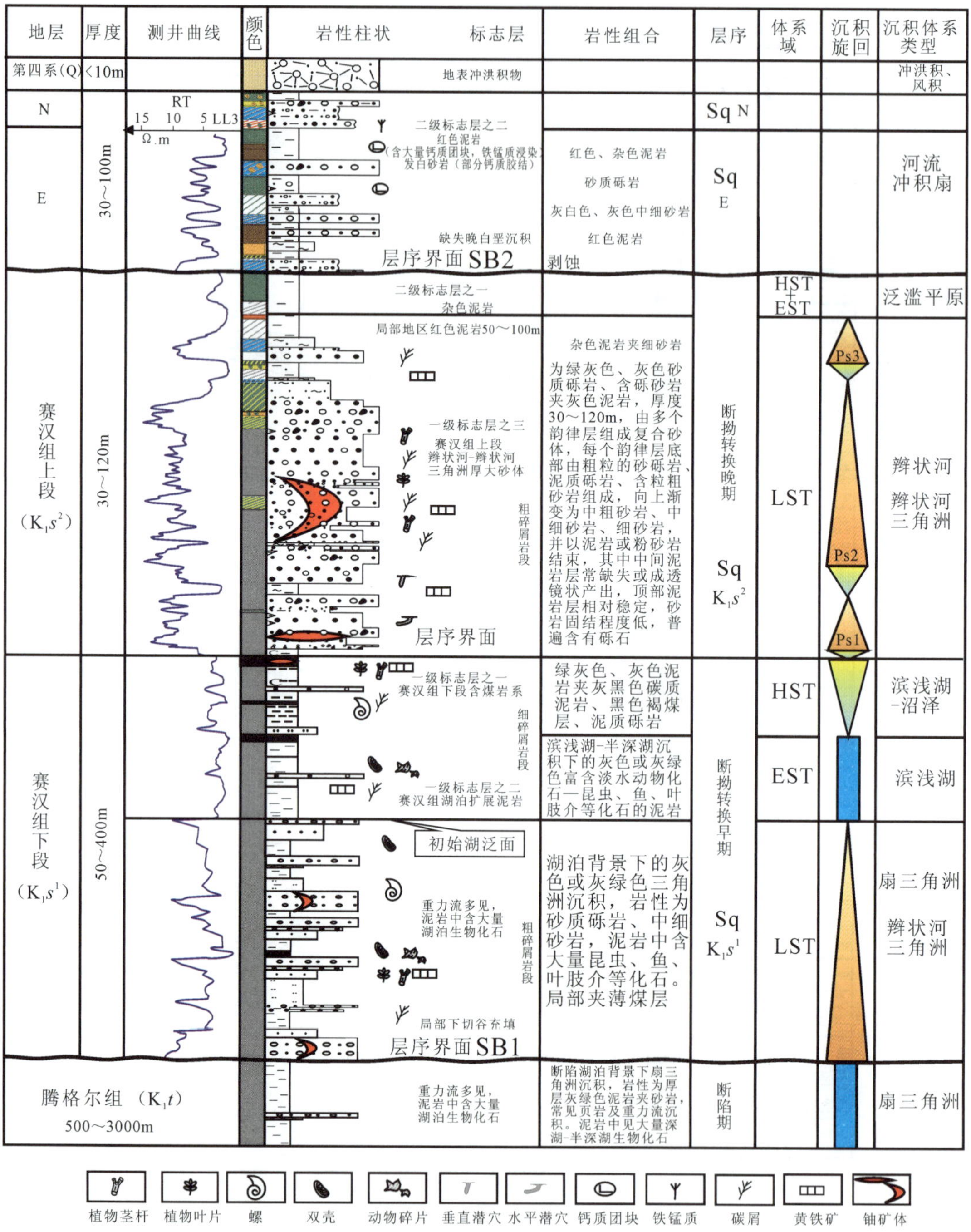

图 17-28 赛汉组地层结构、层序界面及标志层特征(据鲁超, 2019)

大(达 30~130m),含黄铁矿、有机质等还原介质。小比例尺的编图发现,赛汉组上段残留的铀储层砂体是一个沿马尼特坳陷的长轴(南西-北东向)分布的长达近 200km 的复合"砂带",然而精细的大比例尺编图却揭示了复合"砂带"是由系列北西-南东向展布的独立沉积朵体或河道叠置而成,因为无论是铀储层中的砾岩厚度还是砂岩厚度,沿马尼特坳陷的长轴其累积厚度均表现出了"高值带"与"低值带"间互出现的特征,这实际上是一系列沿北西-南东向展布的沉积朵体或河道构成的复合沉积体,指示沉积物源来自于坳陷北缘和南缘(鲁超等,2013;鲁超,2019)。砂岩碎屑物成分以石英和长石为主,岩屑次之,云母极少量。而砾岩碎屑物成分以岩屑为主,石英、长石次之。砂岩类型为长石砂岩、岩屑长石砂岩及岩屑砂岩,反映了较低的成分成熟度的特点。

铀储层砂体中主要发育潜水-层间氧化作用,其形成与晚白垩世—古新世区域构造抬升造成赛汉塔拉组上段暴露地表而接受含氧含铀水的渗入有关(鲁超,2019)。氧化作用主要从马尼特坳陷的西北缘和西南缘向腹地延伸和推进。比较而言,来自坳陷西北缘的氧化作用规模较大。氧化带砂岩呈现为黄色,未蚀变带砂岩呈灰色,并具有一定的分带性。其中,在马尼特坳陷西部表现为"垂直分带"特征,即下部为灰色砂体而上部为黄色砂体(图 17-29a);而在坳陷东部表现为"水平分带"特征,即由北部及西北部向南及东南部,砂体具有由黄色→黄色-灰色间互→灰色的演化趋势(图 17-29b)。

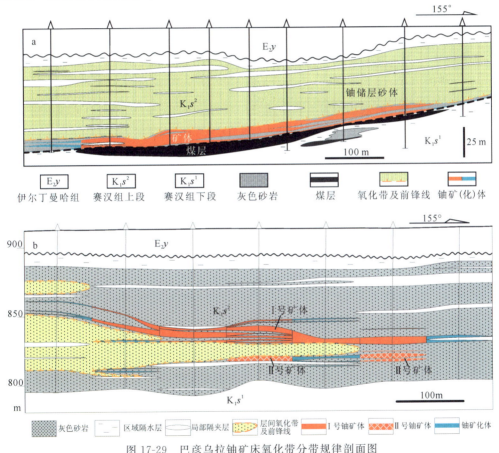

图 17-29　巴彦乌拉铀矿床氧化带分带规律剖面图

a. 矿床中西部"垂直分带"现象,底板煤层作为外部还原介质限制了氧化带的发育并促成了铀成矿(据焦养泉等,2018);
b. 矿床东部"水平分带"现象,层间氧化带由西北向东南逐渐尖灭(据鲁超,2019)

巴彦乌拉铀矿床的主矿体形态简单。平面上,矿体呈带状沿坳陷轴部(北东向)延伸。剖面上,受氧化带分带性控制具有差异性,位于坳陷西北部的巴润—白音芒来地段,矿体主要产出于铀储层砂体的底部,呈板状或透镜体(图 17-29a);而向东至巴彦乌拉、白音塔拉和那仁等地段,矿体主要产出于铀储层砂体的中部,呈板状、卷状或透镜状(图 17-29b)。矿体埋深较浅

(75.86～280.80m),平均128.70m。厚度变化较大(0.50～22.05m),平均6.20m;品位和平米铀量均较低,分别为0.010 2%～0.247 7%(平均0.023 5%)和1.00～7.36kg/m²(平均为2.07kg/m²)。矿石主要为砾岩型和砂岩型,铀存在形式包括吸附态铀、铀矿物及含铀矿物3种类型。吸附态铀的吸附剂主要为黏土矿物,是铀的重要存在形式。铀矿物包括沥青铀矿、铀黑、铀石和铀钍矿等。沥青铀矿为本区最常见铀矿物,它往往围绕黄铁矿、白铁矿边缘产出或充填在裂隙中(图17-30),也常呈薄膜状分布在胶结物中。含铀矿物有含铀钛铁矿、含铀锐钛矿和含铀稀土矿,多以较细小的颗粒零星地分布在孔隙和杂基中(彭云彪等,2019)。

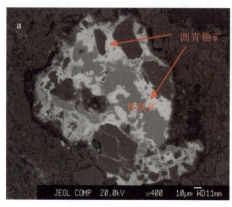 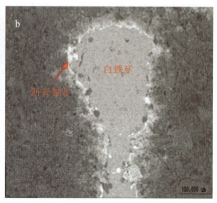

图17-30　巴彦乌拉铀矿床中的沥青铀矿显微照片(据彭云彪等,2019)

a.沥青铀矿沿后生黄铁矿边缘发育并进入裂隙,BZK335-81,111.90m;b.沥青铀矿围绕白铁矿边缘产出,BZK335-75,130.5m

夏毓亮(2008)研究认为,巴彦乌拉铀矿床矿石的成矿年龄为44±5Ma,成矿时代约为古近纪始新世(E_2)。刘武生(2014)则通过铀镭平衡系数修正,计算了残留矿石带、低品位矿石带、矿石带和富矿石带成矿年龄,分别为66.1±4.4Ma、63.4±5.5Ma、51.2±4.3Ma、37.1±1.9Ma,表现为沿含氧含铀水的渗入方向成矿年龄越来越小,说明该矿床的铀成矿作用由盆缘向腹地是持续向前推进的,是典型的"影子"矿床。

(三)铀成矿模式

二连盆地赛汉组的铀成矿作用属于后生成矿作用,是表生成岩作用阶段的产物。来自补给区的含铀含氧水通过侧向渗入到坳陷中,沿着由隔水层限制的铀储层砂体中径流,经与砂岩中的还原物质反应,使铀还原沉淀富集。此过程严格受控于盆地构造演化制约下的含铀岩系结构和还原能力、"补-径-排"水动力条件的控制。

1.含铀岩系特征与铀预富集

含矿目的层赛汉组形成于二连盆地断坳转换期,此时的控盆断裂虽有控制作用但影响力已大大减弱,这从根本上决定了赛汉组的沉积特色——沉积体系受重力流和牵引流联合驱动。此种背景下形成的铀储层砂体,无论是其规模还是物性条件都远远优于断陷期的其他地层单元。辅以温暖潮湿的古气候条件,造就了铀储层具有适当的内部还原介质和必要的外部还原介质(煤层或暗色泥岩)(焦养泉等,2018)。同时,坳陷两侧巴音宝力格隆起和苏尼特隆起提供的丰富铀源,使含铀岩系具备了充足的铀预富集条件(彭云彪等,2019;鲁超,2019)。

2.构造变革事件驱动了成矿流体系统的形成

晚白垩世末期的区域构造抬升和构造反转事件导致赛汉组铀储层砂体暴露地表并接受剥蚀与夷平(鲁超等,2016;鲁超,2019;彭云彪等,2019)。这一重要的构造变革事件,促成了赛汉组补-径-排成矿流体系统的形成。源于坳陷两侧的含铀含氧水在干旱古气候的配合下,从侧方高效地渗入铀储层砂体内部形成潜水-层间氧化带,并向坳陷腹地持续推进,其推进的方向和规模受控于铀储层砂体的结构以及内部和外部还原介质的联合控制(焦养泉等,2018)。由于氧化带的发育,除释放了铀储层砂体中预富集的铀以外,还连同源于蚀源区的溶解铀一并于氧化带边缘富集成矿(图17-31)。

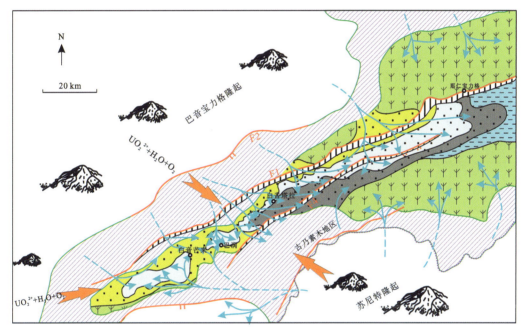

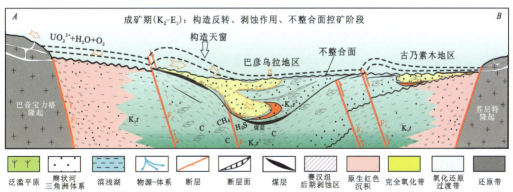

图17-31 二连盆地巴彦乌拉铀矿床成矿模式(据鲁超等,2013;焦养泉等,2018;鲁超,2019)

3.成矿后的改造与保护作用

始新世伊尔丁曼哈期及中新世通古尔期,巴彦乌拉矿区发生了两次沉降,沉积了厚层的低渗透红色泥岩,这一过程隔断了赛汉组铀储层砂体与外界的水力联系,直接终止了铀储层砂体中的氧化作用和成矿作用,在一定程度上对已经形成的铀矿体起到了保护作用。

三、鄂尔多斯盆地古砂岩型铀矿床

鄂尔多斯盆地是迄今我国发现的砂岩型铀矿资源最为丰富的沉积盆地,最具代表性的当属盆地北部的东胜铀矿田,主要包括大营超大型铀矿床、皂火壕特大型铀矿床、纳岭沟特大型铀矿床、柴登壕大型铀矿床和巴音青格利大型铀矿床,累积铀资源量达到了世界级的规模(张金带等,2013;彭云彪等,2019)。

1. 矿床的特殊性——古砂岩型铀矿床

与我国典型的伊犁盆地南缘铀矿床、松辽盆地钱家店铀矿床、二连盆地巴彦乌拉铀矿床相比,鄂尔多斯盆地的东胜铀矿田具有较大的特殊性,研究表明其经历了复杂的演化过程,被铀矿地质学家解释为是一种古老的砂岩型铀矿床(黄静白,2007;彭云彪,2007;焦养泉等,2012,2015;彭云彪等,2019)。

首先,鄂尔多斯盆地北部现今的水动力条件表现为渗出特点(图17-32a),按照经典的砂岩型铀成矿理论这里是不具备铀成矿条件的。但是,该区却发现了以超大型大营铀矿为代表的砂岩型铀矿床。其次,鄂尔多斯盆地北部东胜铀矿田的岩石地球化学类型主要为绿色砂岩和灰色砂岩,而恰恰铀矿体就产于绿色—灰色岩性界面偏灰色砂岩一侧。也就是说铀矿体产出于还原性质的砂岩中,这有悖于经典的层间氧化带控矿的基本原理。

事实上,该区在侏罗纪—白垩纪是一个与阴山山脉毗邻的由造山带向盆地转化的区域古斜坡,其不仅为沉积期含铀岩系及铀预富集提供了充分的地表古水流体系,也为晚侏罗世和晚白垩世两次区域性构造抬升剥蚀期间的"补-径-排"含矿流体系统的形成奠定了基础,该区曾经发生过大规模的类似经典砂岩型铀成矿的铀超常富集过程(图17-32b)。只是到了古近纪,由于河套断陷的发育切断了阴山山脉含氧含铀流体的供给,在铀成矿作用被迫终止的同时铀储层砂体中成矿流场性质也发生了根本性的变化,源于造山带具有氧化性质的含矿流场作用减弱而源于盆地深部的含烃还原流场作用持续增强,还原流场不仅有效地保护了已形成的铀矿体还对成矿期形成的层间氧化带进行了二次还原改造,使其蚀变为绿色砂岩(图17-32c)。所以,如今在铀储层中看到的绿色砂岩实际上是被改造了的古层间氧化带,产业部门在矿床发现伊始就将"绿色与灰色砂岩过渡部位"作为重要找矿标志,率先提出了"二次还原"的理念、建立了"古层间氧化带型"砂岩铀成矿模式,为该区长达20年的持续重大找矿突破作出了重要贡献(彭云彪,2007;苗爱生,2010;焦养泉等,2015,2018;彭云彪等,2019)。

2. 古砂岩型铀矿床的蚀变作用与铀矿化规律

较之于经典的砂岩型铀成矿模式,由于东胜铀矿田属于古砂岩型铀矿床,所以其成矿及成矿后的蚀变作用就相对复杂、蚀变类型也更为丰富多彩,铀成矿规律也随之具有特殊性。

对典型铀矿床和野外露头剖面的精细解剖发现,东胜铀矿田的岩石地球化学类型主要有灰色砂岩、红色砂岩、绿色砂岩和黄色砂岩(图17-33),其中与铀成矿作用相关的后生蚀变作用有3种,即钙质红色蚀变砂岩、绿色蚀变砂岩和黄色蚀变砂岩。

(1)钙质红色蚀变砂岩,呈结核状零星分布于铀储层中(图17-33a)。分析认为,钙质红色蚀变砂岩是古层间氧化带的残留物,是成矿期大规模层间氧化带中局部钙质胶结作用的产物。钙质红色蚀变砂岩在铀储层中的产状和分布规律告诉我们,红色蚀变实际上应该是成矿

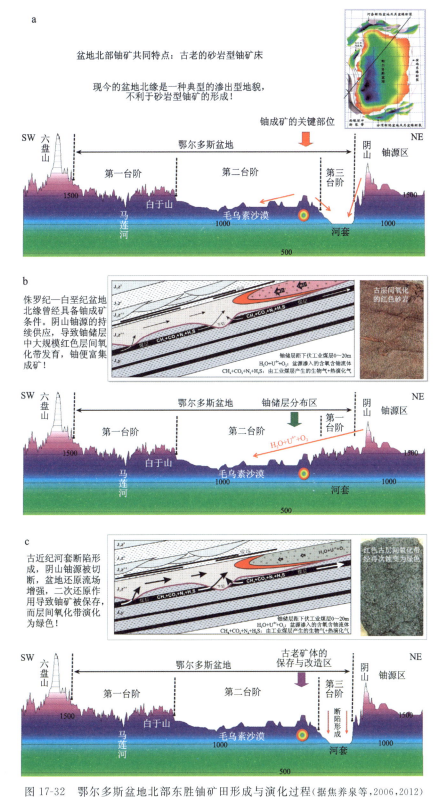

图 17-32　鄂尔多斯盆地北部东胜铀矿田形成与演化过程（据焦养泉等，2006，2012）
a.现今铀矿田所处的地理位置；b.盆山耦合作用驱动下的铀成矿过程；c.成矿后的二次还原改造过程

图 17-33　东胜铀矿田铀储层砂体中古层间氧化带的岩石地球化学类型

a.钙质红色砂岩结核(古层间氧化带残留),神山沟张家村;b.绿色蚀变砂岩(被二次还原的古层间氧化带),ZKT79-7,631.35m;c.黄色蚀变砂岩(现代地表氧化作用),马家梁;d.原生灰色砂岩(含碳质碎屑和黄铁矿),ZKD95-16,714.9m

期层间氧化带的标志。从理论上讲,层间氧化作用可以形成足量的 Fe^{3+},当其污染了岩石的孔隙后就可以促成原生灰色砂岩发生红色蚀变,但如今大部分红色蚀变砂岩已被改造,只有致密的钙质胶结红色砂岩得以保留。

(2)绿色蚀变砂岩,在铀储层中大规模发育,其重要特征是岩石较为疏松(图 17-33b)。分析认为,相对疏松的岩性条件有利于盆地流体的高效率输导和相对彻底的水岩作用,这是在铀成矿期后还原流场占优势的条件下,还原介质对早期疏松红色蚀变砂岩(古层间氧化带)再改造的结果,即大规模二次还原作用的产物。矿物学家的研究证实,二次还原作用能促使 Fe^{3+} 向 Fe^{2+} 转化并导致一些新的成岩矿物形成,如绿泥石大量附着于孔隙壁上产出,这时就犹如给砂岩碎屑换上了绿色时装,于是红色蚀变砂岩就演化成为绿色蚀变砂岩,这记录了一次氧化-还原环境的重要变革事件。

(3)黄色蚀变砂岩,在钻孔中是罕见的,它们主要发育于露头区或者与露头区相关的浅埋藏铀储层砂体中(图 17-33c)。在鄂尔多斯盆地北部,由于后期区域构造抬升和掀斜作用的影响,古老的砂岩型铀矿床被暴露地表并经受风化剥蚀,黄色蚀变砂岩是铀储层砂体遭受现代地表氧化作用改造的结果。黄色蚀变砂岩的岩性都是疏松的,可以是对先前绿色蚀变砂岩(古层间氧化带)的再改造,也可以是对原生灰色砂岩的再改造。由于现代地表氧化作用往往不够彻底,所以可以凭借黄色蚀变砂岩中是否存在碳质碎屑或黄铁矿来判别原岩类型,如果常见则是对还原砂岩的再改造,如果少见则是对古层间氧化带砂岩的再改造。

由于后生蚀变作用在铀储层砂体中的演化是有序的,所以 3 种蚀变砂岩具有规律性的分布特征。后期的蚀变作用总是改造和包容前期的蚀变岩石,即黄色砂岩包裹绿色砂岩、绿色砂岩又包裹(钙质)红色砂岩(图 17-34)。

在铀储层砂体内部,氧化-还原作用制约铀的运移和沉淀,因此层间氧化带的边缘特别是区域层间氧化带的前锋线附近是铀的最有利富集区。对于具有古砂岩型铀矿性质的东胜铀矿田而言,铀储层中绿色与灰色砂岩的岩性边界是铀矿化最活跃的空间,它们代表了古氧化-还原的地球化学障。以大营铀矿床为例,无论是直罗组下段的下亚段还是上亚段,工业铀矿化严格受古层间氧化-还原过渡带控制(图 17-35)。在剖面上,铀矿化体总是随着古层间氧化带前锋线的迁移而迁移,亦步亦趋,两者具有极好的空间配置关系(图 17-36)。

3.聚煤作用制约下的古层间氧化型铀成矿模式

鄂尔多斯盆地北部东胜铀矿田的主要铀矿体产出于直罗组下段。经过岩石地层学和层

图 17-34 反映东胜铀矿田铀储层砂体后生蚀变作用演化过程的典型露头剖面(神山沟张家村)

由早到晚的蚀变顺序依次是:①铀成矿期的紫红色蚀变作用(灰色砂岩→红色砂岩,古层间氧化带标志),后被钙质胶结而残留;②成矿期后经受二次还原绿色蚀变改造的古层间氧化带(红色砂岩→绿色砂岩);③铀储层暴露地表被氧化形成的黄色蚀变现象(灰色+绿色砂岩→黄色砂岩)

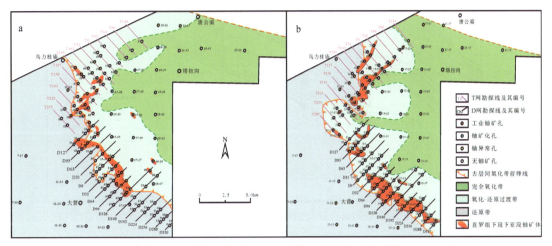

图 17-35 大营铀矿床古层间氧化带与铀成矿关系空间配置关系图(据彭云彪等,2019)
a. 直罗组下段下亚段;b. 直罗组下段上亚段

序地层学的研究发现,直罗组下段不仅是重要的含铀岩系,还是侏罗纪含煤岩系的组成部分,Jiao et al(1996)指出侏罗纪聚煤作用直接制约了直罗组古砂岩型铀矿的形成和保存,从这个意义上讲东胜铀矿田是侏罗纪含煤岩系的伴生矿产资源(图 10-1)。

在大营铀矿勘查区,一种独特的地质事件是侏罗纪的聚煤作用一直持续到了直罗组下段沉积的末期。在大营铀矿被发现之前,鄂尔多斯盆地铀矿勘查的重点层位是直罗组下段的下亚段。大营铀矿的发现使铀矿勘查的层位得以拓展,上亚段发生了重要的铀矿化并成为主力含矿层。研究发现,大营铀矿上亚段微弱的聚煤作用是新的主力含矿层铀富集的主要制矿因素。实际上,系统总结鄂尔多斯盆地北部东胜铀矿田铀成矿规律(无论是下亚段还是上亚段),无一例外均与直罗组沉积早期的微弱聚煤事件有关,铀成矿作用总是与上覆的薄煤层或者煤线相伴而生(图 17-23a、b)。分析认为,与铀储层砂体相邻的聚煤事件——薄煤层或碳质泥岩,不仅可以充当地层对比的重要标志层和铀成矿的隔水层,更重要的是充当了铀储层的外部还原介质。大营铀矿外部还原介质与铀矿化的叠加图清晰地显示出,较为活跃的铀矿化

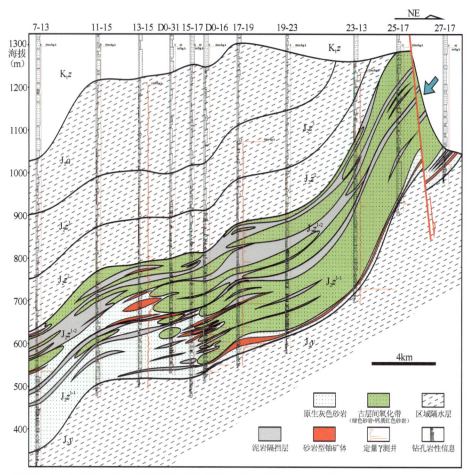

图 17-36　大营铀矿床古层间氧化带与铀矿化分布规律的典型倾向剖面(据焦养泉等,2012)

总体位于煤层或者暗色泥岩边界的迎水面一侧,即层间氧化方向一侧(图 17-23c、d),所以微弱聚煤事件成为鄂尔多斯盆地北部重要的找矿标志,聚煤作用自始至终参与了复杂的铀成矿过程(焦养泉等,2012,2018)。

(1)同沉积期微弱聚煤作用导致铀储层外部还原介质的形成。在鄂尔多斯盆地北部,由较弱泥炭化作用形成的薄煤层和(碳质)暗色泥岩,既可以充当含铀岩系地层对比的重要标志层和铀成矿的隔水层,也可以大大增强含铀岩系的还原能力。尤其是当薄煤线或暗色泥岩同时出现于铀储层砂体的顶、底板时,它们将对层间氧化带的发育起到明显制约作用并进而对铀成矿发育空间产生影响(图 17-23)。

泥炭沼泽本身具有较强的还原能力,这使得有机质得以保存。稳定持续发育的泥炭沼泽可以形成煤层(线),而劣质的泥炭沼泽可以演化为由分散有机质构成的(碳质)暗色泥岩。泥炭沼泽特有的还原环境能够促使同沉积期的诸如黄铁矿等自生矿物的形成。煤层(线)、暗色泥岩和黄铁矿等能够提高含铀岩系本身的还原能力。由直罗组微弱聚煤作用提供的还原能力,恰恰适合鄂尔多斯盆地北部大规模稳定区域层间氧化带的发育和持续的铀矿化作用。

(2)同沉积期微弱聚煤作用为铀储层提供了充足的内部还原介质。在同沉积期,泥炭沼泽通常发育于河流体系的泛滥平原、辫状河三角洲体系的分流间湾,或者是沉积体系的废弃期。泥炭沼泽发育的过程中难免会受到洪泛事件或者河道冲刷作用的影响,即便是微弱的聚煤事件也能为铀储层砂体本身提供丰富的内部还原介质——碳质碎屑和暗色泥砾等。

河道高能沉积事件对先期泥炭沼泽的改造纪录不胜枚举。在鄂尔多斯盆地西部,贺兰山汝箕沟延安组工业煤层中记录有砂质河道透镜体(图17-37)。更直接的是在鄂尔多斯盆地东北部,直罗组铀储层砂体的下切冲刷作用可以直接切穿延安组顶部的1~2个工业煤层组,下切幅度可达10~20m,可以造成长大于60km、宽36~37km的无煤区(图17-38)。

冲刷作用的结果为铀储层砂体带来丰富的富有机质沉积物——碳质碎屑、(暗色)泥砾等。所以,在铀储层砂体内部见到的碳质碎屑一些具有磨圆性质,大部分具有定向排列,个别碳质碎屑粒度可达80~140cm。

图17-37 贺兰山延安组煤层中的砂质水道充填
a. 泥炭沼泽发育末期的河道冲刷现象;b. 泥炭沼泽发育过程中小型河道冲刷现象

(3)成岩期泥炭化-煤化作用为铀储层砂体输入足量的含烃流体。当泥炭沼泽堆积及潜在铀储层砂体沉积下来之后,与有机质相关的复杂生物化学作用和成岩作用即将登场,煤地质学家将这一过程称之为泥炭化作用和煤化作用。泥炭化作用最显著的变化是压实失水,同时随水散失相当数量的低熟天然气(类似于沼气)。这一过程散失的含烃流体体积是惊人的,通常为泥炭沼泽体积的9/10甚至更多。煤化作用阶段即煤的变质作用阶段,热演化的煤层气将大量产生。国内外的大量实例告诉我们,即便是处于褐煤阶段的煤层仍然可以形成大型煤层气藏。也就是说,鄂尔多斯盆地东北部处于褐煤阶段的延安组和直罗组煤层可以形成足量的煤层气。

研究发现,外部还原介质的输入需要合适的输导通道,同时随着输入的持续发展,铀储层砂岩的物理化学条件将会发生改变,一些新的成岩作用也会随之发生:①短距离输导——铀储层砂体顶、底板的煤线或碳质泥岩,通过接触面或者冲刷界面,可以直接向铀储层砂体输送含烃流体;②远距离输导——煤系地层通过断层远距离地向铀储层砂体输送含烃流体;③随着外部还原介质的输入,新的成岩作用——黄铁矿(FeS_2)胶结作用也开始发生,黄铁矿的形成无疑进一步增强了铀储层砂体的还原能力。经过对钻孔和野外露头的研究发现,铀储层砂体中黄铁矿结核的直径和发育密度均表现出与下伏煤层的距离呈反相关(图17-18),黄铁矿成为煤层含烃流体向铀储层砂体输导运移的成岩痕迹和标志。

泥炭化作用和煤化作用阶段形成的含烃流体(煤层气)将会以外部还原介质身份通过各种渠道进入多孔介质的铀储层砂体中,从而大大增强铀储层砂体的还原能力,并直接参与到

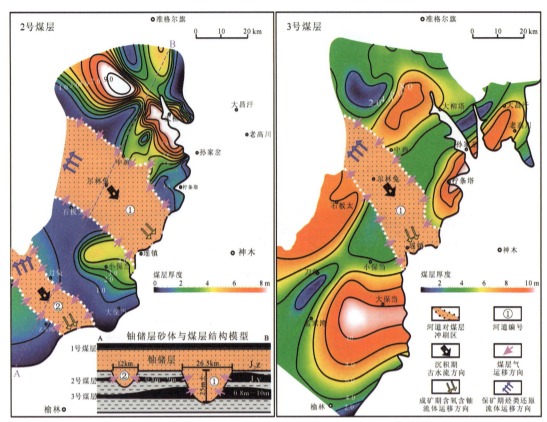

图 17-38　神木地区直罗组铀储层砂体对延安组煤层的区域冲刷及其空间配置概念模型（据 Jiao et al,2016）
（注意：铀储层砂体与工业煤层接触处是煤层气运移的主要通道）

铀成矿过程和成矿后的保矿过程中。一方面，它们在铀成矿期制约了层间氧化带的发育并促进了铀的还原沉淀；另一方面它们在铀成矿期后对矿体进行了有效保护，同时对氧化带进行了二次还原改造（图 17-18、图 17-32、图 17-38）。

第十八章 石 墨

> 石墨是含煤岩系和碳硅泥岩暗色岩系(含碳沉积岩)重要的共伴生非金属矿产资源。由于石墨独特的润滑性、化学稳定性、耐高温、导电、导热性和可塑性等优良性能,被广泛应用于冶金、机械、核工业及航天等领域中。自 2004 年石墨烯被制备出以来,石墨的应用范围再次拓展,已成为当代高技术领域中新型复合材料的重要原料,在国民经济中占有重要地位,与其本身优良的特性相比,特殊的生成条件又使石墨成为一种宝贵的不可再生资源和国家重要的战略资源(崔源声等,2012)。

第一节 石墨基本特征

一、资源概况

中国发现和利用石墨的历史悠久。古籍中曾有不少关于石墨的记载。如《水经注》载"洛水侧有石墨山。山石尽黑,可以书疏,故以石墨名山矣。"从考古挖掘出来的甲骨、玉片、陶片发现,早在 3000 多年前商代就有用石墨书写的文字,一直延续至东汉末年(公元 220 年)石墨作为书墨才被松烟制墨所取代。清朝道光年间(公元 1821—1850 年),湖南郴州农民开采石墨做燃料,称之为"油碳"。20 世纪初期,用石墨制造电池和铅笔的技术传入中国,当时称为"电煤"和"笔铅"的石墨开始用于近代工业,推动了中国石墨采掘业的发展(西部资源,2012)。中华人民共和国成立后,国家实施了大量的地质勘查工作,全面掌握了我国石墨矿产资源特征和分布规律,并形成了资源勘查和开发利用的产业链。

我国的石墨矿产资源非常丰富,主要有晶质石墨和隐晶质石墨两种类型。截至 2014 年,我国共查明石墨矿产地 149 处,其中晶质石墨矿床有 118 处,隐晶质石墨矿有 31 处。矿产地分布既广泛又相对集中(王家昌等,2013),呈现东多西少之势(图 18-1)。大型晶质石墨矿床主要分布在黑龙江、内蒙古、山东、河南、陕西、四川等境内,其中黑龙江和山东石墨矿资源最为集中。大型隐晶质石墨矿床则分布在湖南境内。

我国是石墨资源大国,其储量、产量、出口量均居世界前列。目前,世界上已发现的大中型石墨矿床主要分布在巴西、中国、美国、印度、莫桑比克、坦桑尼亚和加拿大等国家。据美国地质调查局(USGS)数据,2015 年全球查明的天然石墨储量约为 2.3×10^8 t,全球储量的 98%集中分布在土耳其(9000×10^4 t,39.1%)、巴西(7200×10^4 t,31.3%)、中国(5500×10^4 t,

23.9%)、印度(800×10⁴t,3.5%)4个国家,中国位居全球第三。2015 年世界生产天然石墨量为 119×10⁴t,中国、印度、巴西是世界排名前三的国家,占世界石墨总产量的 86.55%。其中,中国生产 78×10⁴t,占世界总量的 66%。中国、巴西和加拿大等 10 多个国家出口天然石墨,2010 年前后中国出口量占世界的比重大于 85%,居世界第一(尹丽文,2011)。

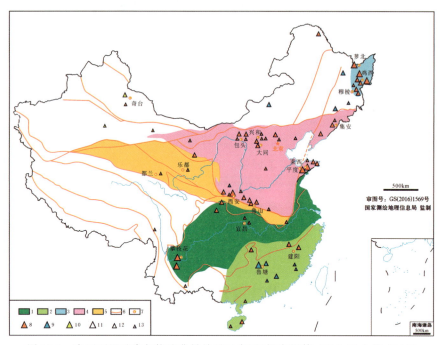

图 18-1　中国石墨矿床与构造背景关系示意图(据李超等,2015;王力等,2017)

1.扬子地台;2.华夏板块;3.佳木斯地块;4.华北地台;5.秦祁昆-大别造山带;6.大型构造线;7.典型石墨矿床产地;
8.区域变质型;9.接触变质型;10.岩浆热液型;11.大型矿床;12.中型矿床;13.小型矿床

二、化学成分

石墨的化学成分为碳(C),是碳元素的一种同素异形体。自然界纯净的石墨很少,常含有 10%~20%的杂质,包含 SiO_2、Al_2O_3、FeO、MgO、CaO、P_2O_5、CuO、V_2O_5、H_2O、S 以及 H、N、CO_2、CH_4、NH_3 等。

三、物理和光学性质

石墨呈铁黑、钢灰色,条痕光亮黑色。强金属光泽,隐晶集合体光泽暗淡,不透明。解理{0001}完全,硬度具异向性,垂直解理面为 3~5,平行解理面为 1~2(图 18-2)。质软,密度为 2.09~2.23g/cm³,有滑腻感,易污染手指(表 18-1)。矿物薄片在透射光下不透明,反射光下浅棕灰色,反射多色性明显,反射色、双反射均显著。

表 18-1　石墨的主要性质(据时虎,2001)

化学成分	密度(g/cm³)	莫氏硬度	形状	晶系	颜色	光泽	条痕
碳(C)	2.1~2.3	1~2	六角板状 鳞片状	六方	铁黑 钢灰	金属光泽	光亮 黑色

图 18-2 石墨标本

a.辽宁省晶质石墨(据中国国土资源报);b.石墨的解理(据中国国家地理)

四、结晶矿物学特征

石墨为六方晶系,具典型的层状结构(图 18-3)。

石墨属复六方双锥晶类,沿{0001}呈六方板状晶体,常见单形有平行双面、六方双锥、六方柱,但完好晶形少见,一般呈鳞片状或板状,集合体呈致密块状、土状或球状。

石墨晶体具典型的层状结构,每个碳原子的周边连结着另外3个碳原子,以共价键结合,排列成蜂巢式的六方网状层,面网结点上的碳原子相对于上下邻层网格的中心。重复层状为 2 的是石墨 2H 多型,属六方晶系,即通常所指的石墨;若重复层状为 3 的则为石墨 3R 多型,属三方晶系,但在天然石墨结构中不能单独分离出来。

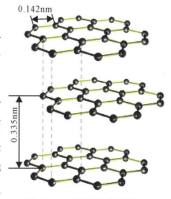

图 18-3 石墨晶体结构

五、矿石矿物学分类

在工业上,将石墨矿石分为晶质鳞片状石墨矿石和隐晶质土状石墨矿石两大类(钱承欣,1993)。

晶质鳞片状矿石,石墨结晶较好,晶体粒径大于 1μm,一般为 0.05~1.5mm,大的可达 5~10mm,多呈集合体呈鳞片状,矿石品位较低,但可选性好。与石墨伴生的矿物常有云母、长石、石英、透闪石、透辉石、石榴石和少量黄铁矿、方解石等,有的还伴生有金红石及钒等有用组分。矿石呈鳞片状、花岗鳞片或粒状变晶结构,片状、片麻状或块状构造。

隐晶质土状矿石,石墨晶体粒径小于 1μm,呈微晶的集合体,在电子显微镜下才能见到晶形。矿石品位高,但可选性差。与石墨伴生的矿物常有石英、伊利石、水云母、绢云母、高岭石、红柱石、黄铁矿、方解石等,变质不彻底时还可包含部分未变质的无烟煤,保留煤岩结构。矿石呈微细鳞片—隐晶质结构,块状或土状构造。

六、工业与工艺性能

石墨特殊的晶体结构和化学键使其具有一些特殊的工业与工艺性能。钱承欣(1993)指出,石墨晶体结构越完整越规则,其特性越明显越突出,具体有如下特征。

(1) 耐高温性。石墨的熔点为 3850±50℃,沸点为 4250℃,即使经超高电弧灼烧,重量的损失很小,热膨胀系数也很小。石墨强度随温度提高而加强,在 2000℃时,石墨强度提高一倍。

(2) 导电、导热性。石墨是一种导电性极强的非金属矿物,比一般非金属材料高 100 倍。常温下,石墨电阻率可达 $(8\sim13)\times10^{-6}\Omega\cdot m$,会在电阻率测井曲线和岩电实验结果中显著体现(图 18-4)。石墨的导电性、导热性超过钢、铁、铅等金属材料。导热系数随温度升高而降低,在极高的温度下,石墨甚至呈绝热状态。

(3) 润滑性。石墨的润滑性能取决于石墨鳞片粒径,鳞片越大摩擦系数越小,润滑性能越好。

(4) 化学稳定性。石墨在常温下具有良好的化学稳定性,不受酸、碱及有机溶剂的侵蚀。

(5) 可塑性。石墨的韧性很好,可碾成很薄的薄片。

(6) 抗热震性。石墨的热膨胀系数小,能经受住温度的急剧变化。温度突变时,石墨的体积变化不大,不会产生裂纹。

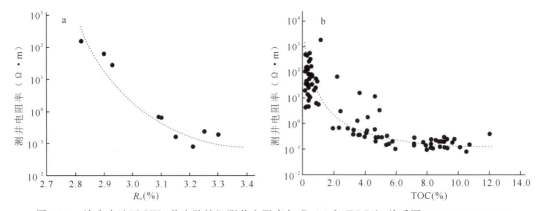

图 18-4　渝东南地区 YY1 井牛蹄塘组测井电阻率与 R_o(a) 和 TOC(b) 关系图(据赵文韬等,2018)

第二节　矿床成因与分类

一、矿床成因机理

石墨是碳的一种同素异形体,是在特殊地质环境中从无定形碳通过结构重排演化而成的,碳的石墨化作用是随着变质程度的增强而增强的。在低变质程度的岩石中,碳实际上是非晶质的。在绿泥石变质带中,碳原子层开始按石墨构造有序堆砌,到十字石变质带时,它们几乎全部转变成了结晶好的石墨(黄伯钧和 Buseek,1986)。因此,石墨矿床的形成,必须具备两个条件,一个是要具备充足而集中的碳源,另一个是要具备一定的热力条件,两者缺一不可。

1. 碳

在地壳上,碳表现为强烈的亲气、亲水、亲生物的特性。在氧化还原电位较高的情况下,碳几乎与氧结合成为 $[CO_3]^{2-}$ 络离子,不能形成石墨。但是,在碳质浓度很高和相当高的温度以及还原环境中,石墨才能形成。

2. 热

在地壳深部区域变质或热力变质的作用下，高温、高压可使富有机质的沉积岩直接变成石墨矿床。在岩浆侵入过程中，当岩浆和含碳质很高的岩石作用时，岩浆中 CO_2 浓度大大增加。当岩浆逐渐冷却结晶时，CO_2 被还原分解形成石墨。岩浆期后热液中的 CO_2 在高温还原条件下同样可以形成石墨。

二、关键控矿要素

"碳"和"热"是石墨形成的两个最基本的关键控矿要素。目前，人们关于石墨"碳源"的研究尚有争论，但对热力条件的研究却相对明了。

1. 碳质来源

关于石墨原始"碳"物质的来源问题，目前存在认识上的分歧。一种观点认为是有机的，即源于生物有机质。另一种认为是无机的，即由碳酸盐分解而来。还有的认为有机和无机二者兼有。

碳同位素是了解石墨矿碳源的重要途径。在自然界中，不同成分的含碳物质，其 $\delta^{13}C$ 有着明显的不同（图 18-5）。地壳中沉积有机碳大约占 27%，其 $\delta^{13}C$ 平均为 $-25‰$，近代沉积物中有机质的 $\delta^{13}C$ 范围为 $-30‰\sim-10‰$，在 $-27‰\sim-20‰$ 之间有一个最大分布区（Eckelmann et al, 1962）。前古近纪沉积岩中有机质 $\delta^{13}C$ 平均为 $-28‰$（Hoefs, 1980）。而沉积碳酸盐约占 73%，其 $\delta^{13}C$ 平均值为 0‰，地幔碳的 $\delta^{13}C$ 为 $-7‰$ 左右（Fuex and Baker, 1973）。

Dissanayake 和张廷芬（1982）研究了斯里兰卡石墨矿床的成因，根据其产区太古宙含碳岩系的地球化学、碳同位素特征等信息，认为石墨碳来自生物有机质，属有机成因。Iii and Hoering（1986）在 New Hampshire 的高级片麻岩中发现热液脉状石墨是由两种流体混合作用形成：一种流体含有生物来源碳，另一种含有碳酸盐碳。Baker（1988）发现 Lvrea 带泥质岩中通常含有生物源的石墨，但是附近大理岩较高的 $\delta^{13}C$ 值说明某些石墨来源于大理岩中的流体。Volkert et al（2000）通过对新泽西高原中元古代石墨矿的成矿地质特征和碳同位素特征研究，认为碳质来源于原始藻类等生物有机质，属有机成因。陈衍景等（2000）对中国北方石墨矿及赋矿孔达岩系的碳同位素进行了大量研究，认为有机成因和无机成因的石墨并存，且存在流体提供大量石墨碳源的信息。Ortega et al（2010）研究了 Borrowdale（UK）火山型石墨矿床，根据碳同位素特征，判定碳来自生物有机碳。

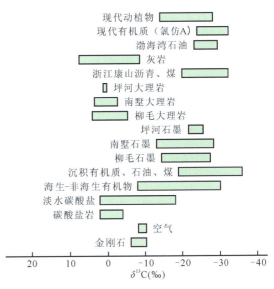

图 18-5　石墨矿与围岩及相关物质碳同位素组成
（据马志鑫等，2018）

但事实上，单纯从我国石墨矿床形成数量和规模的角度看，产出于早前寒武纪碳硅泥岩暗色岩系和古生代—中生代含煤岩系中的石墨矿床占有绝对优势，这支持了石墨的生物有机碳成因说。人们通过元素地球化学研究，认为一些石墨矿床的产出地质背景存在共性，即产于早前寒武系的石墨矿床原岩多数为泥砂质或砂质、黏土质等碎屑岩为主，原岩产出环境多数为滨浅海陆棚环境，这种环境水体较浅、阳光充沛，有利于早期低等植物的繁衍，细菌和蓝藻植物、真核藻类植物、黏菌和真菌植物等为有机碳聚集发挥了重要作用。而产于古生界和中生界的石墨矿床，则多数直接与含煤岩系中的煤层有关，由高等植物构成的泥炭沼泽环境是有机碳富集的重要形式。所以，石墨矿床的形成与植物界演化密切相关，即地球演化早期的低等植物和晚期的高等植物是石墨形成必不可少的重要碳质来源(图18-5)。

2.热力条件

相对于"碳源"的讨论而言，人们对"热力条件"的认识却基本统一。即"热"来源于区域变质作用、岩浆同化混染作用和接触热变质作用。有研究表明，石墨化程度、石墨菱面体多型的含量、放热峰的起始温度与围岩变质程度呈明显线型关系，其实这些都是碳在地质环境中所经历的热力学条件的反映。

石墨中存在着六方形和菱面体多型，菱面体多型的含量随变质程度的加深而减少。石墨结晶程度(石墨化程度)不同，其放热峰起始温度亦各异，放热峰的形状和温度区间可以反映鳞片粒径的分布特征(黄翠蓉，1989)。

三、矿床成因分类

1.中国石墨矿床类型

石墨的形成必须具备充足的碳元素及碳转变成石墨时的热力学条件，由于热力学条件不同，出现了不同类型的石墨矿床(黄翠蓉，1989)。依据热力学条件，从矿床成因的角度可以将我国的石墨矿床划分为三大类，即区域变质型、接触变质型和岩浆热液型(表18-2)。其中，区域变质型晶质石墨矿床最多，占我国已知石墨矿床的84%。隐晶质石墨矿床次之，占已知石墨矿床的14%，且以接触变质型为主，主要分布在煤系地层中。岩浆热液型晶质石墨矿床较少，仅占中国已知石墨矿床的2%。

(1)区域变质矿床。由富含有机质或碳质的沉积岩经区域变质作用而成，是我国最主要的石墨矿床类型，它产于前寒武纪的古老变质杂岩中。成矿时代为新太古代到早寒武世，其中以新元古代最为重要(图2-1)。从地域上讲，我国北方成矿时代早于南方(北方多为新太古代—新元古代，南方多为新元古代—早寒武世)。

含矿岩系为片岩、片麻岩、大理岩、变粒岩等。矿石的自然类型主要是石墨片岩、石墨片麻岩、石墨千枚岩，此外，尚有石墨大理岩、石墨变粒岩等。共生矿物主要是长石、石英、黑(白)云母、透辉石、透闪石、石榴石、夕线石、黄铁矿、金红石等。新疆鄯善玉泉山石墨矿床、山东南墅石墨矿、内蒙古兴和石墨矿、黑龙江柳毛石墨矿、江西金溪峡山石墨矿、四川南江石墨矿、陕西丹凤石墨矿、海南安定石墨矿等均属于此种类型。该类型石墨大部分呈现晶质鳞片状，鳞片大小(长轴)一般为0.05~3.5mm，个别大鳞片达5.0mm，可选性好，经选矿品位可提高到85%以上，具有较好的工业价值。

表18-2 中国石墨矿床的主要类型及特征(据莫如爵等,1989;王家昌等,2013)

矿床类型		含矿岩系	专属围岩	成矿作用	成矿时代	成因系列	石墨结晶性质	实例
区域变质矿床	结晶基底区域变质型(南墅型)	中—深变质岩系	片麻岩片岩透辉岩大理岩麻粒岩	基底(陆核、地盾)古老富碳层高温中—低压区域变质作用重结晶	新太古代—早寒武世	沉积变质系列	浸染状中—粗粒鳞片晶质石墨	南墅柳毛兴和
	活动带区域变质型(坪河型)			活动带(或基底边缘)古老富碳层热动力或动力区域变质作用重结晶			浸染状细鳞片晶质石墨或微晶—隐晶质混合型石墨	坪河金溪骊山
接触变质矿床	变质煤层型(鲁塘型)	含煤岩系	变质砂质岩板岩千枚岩	中酸性或中性岩浆沿构造有利部位侵入到含煤岩系,煤层经岩浆热源接触变质作用重结晶	中生代		致密块状微晶—隐晶石墨	鲁塘磐石加卡
岩浆热液矿床	花岗岩型(苏吉泉型)	花岗岩及岩脉	花岗岩接触带	构造岩浆带内晚期残熔花岗质岩浆的碳水挥发分分解结晶	中生代	岩浆热液系列	浸染状或球状中—细粒鳞片晶质石墨	苏吉泉青谷
	花岗质热液脉型(托克布拉克型)		脉体	岩浆期后含碳氧水热液分解结晶沿构造裂隙充填			浸染状细—中粒鳞片晶质石墨或细晶—隐晶混合型石墨	托克布拉克

一般认为,该类矿床的形成经历了3个重要演化阶段:①沉积成岩阶段,在浅海稳定的沉积环境中形成富泥质、碳质和碳酸盐等沉积物,在成岩过程中有机质发生分解、迁移,使碳质相对富集;②区域变质作用阶段,在中、高区域变质作用过程中,碳质组分发生了自组织作用和重结晶作用,并相对集中,形成含石墨片麻岩、含石墨片岩等;③混合岩化作用阶段,促使再度发生重结晶作用,进一步提高石墨鳞片的片度和矿石的质量(裴荣富,1995)。

(2)接触变质矿床。此类矿床是由于岩浆活动的高温、高压作用,使原生含煤岩系(沉积岩)产生热接触变质而形成的,也称煤系石墨或煤基石墨(曹代勇等,2017)。

该类型矿床产出的必要条件为含煤岩系和岩体同时存在,并且两者呈接触关系。矿体主要赋存于石炭系、二叠系或侏罗系煤系中,含矿岩系为板岩、千枚岩、砂页岩。矿石多数为隐晶质石墨,部分为过渡类型(半石墨),有"土状"石墨之称。共生矿物主要是石英、红柱石、堇青石、绢云母、黏土矿物、黄铁矿。矿石品位一般较高,往往不必经过选矿就可直接应用。湖南郴州鲁塘石墨矿、福建安溪石墨矿和永安石墨矿、吉林磐石仙人洞石墨矿、广东连平石墨矿、陕西凤县石墨矿等属此种类型。

需要强调的是,由煤到石墨的过程是一种热变质的连续过程,石墨化作用是煤化作用的延伸。煤化作用具有不可逆性和非线性两个基本特点,其演化实质在元素变化上表现为富碳、去氢和脱氧,在分子排列上表现为有序化增强,在微观结构变化上表现为石墨结构的逐渐形成(曹代勇等,2017),这一过程可以从H/C元素和挥发分的变化上得到印证(表18-3)。

另一大特色是,煤和石墨都能够记录所经历的最高温度,且不具有可逆性。石墨的结构反映高峰期变质温度，退化变质条件下石墨不发生重结晶作用。矿石中特征矿物的组合与转变，即绿泥石带→黑云母+石榴石带→十字石+蓝晶石+红柱石带→夕线石带的转变，反映了变质程度的有序增加。因此，煤和石墨都是地质体变质程度的指示计（黄伯钧和Buseek，1986）。

表 18-3　煤和石墨的特征参数比较（据曹代勇等，2017）

岩石类型	石墨化程度(U)	H/C
无烟煤	0.60~0.269	>0.20
超无烟煤	0.269~0.450	0.15~0.20
半石墨	0.450~0.567	0.10~0.15
石墨	0.567~1.000	0.005~0.10

（3）岩浆热液矿床。为岩浆同化混染含碳围岩中的碳重新聚集而成。此类矿床较为少见，新疆奇台苏吉泉石墨矿和尉犁托克布拉克石墨矿具有代表性。

石墨赋存于黑云母花岗岩和角闪花岗岩的接触带。矿石类型以球状的团块体为主，石墨组成外圈，向球内穿插，球体常以角闪花岗岩残体为核心。石墨基本上呈显晶质鳞片状集合体，晶体长度一般为0.10~0.50mm，部分为0.01~0.015mm，矿石品位较高，可选性好，但由于规模小，工业价值有限。

2.国外石墨矿床类型

根据资料调研，国外的石墨矿可以分为4种类型，有些与我国矿床有相似的成因。

（1）石墨呈浸染鳞片状分布在火山岩、硅质沉积岩中，此类矿床石墨鳞片大，矿石质量高，如著名的马达加斯加大鳞片晶质石墨矿。

（2）含石墨矿石呈脉状充填在断裂裂隙和洞穴中，此类矿床石墨品位高，典型的矿床是斯里兰卡的脉状石墨矿。

（3）由中酸性、酸性花岗岩侵入大理岩中形成热液交代接触变质矿床，此类矿床矿石质量较好，在俄罗斯和朝鲜等国家有分布。

（4）煤或富碳沉积物中的变质石墨矿床，矿石中的石墨多为隐晶质，墨西哥、印度及澳大利亚的大部分石墨矿床属于此种类型。

第三节　典型矿床分析

我国以区域变质型石墨矿最为重要，不仅矿床规模大、储量多，而且质量好，接触变质型次之，岩浆热液型罕见。石墨产出层位有太古宇、元古宇、古生界和中生界，以元古宇石墨矿为最重要。

一、区域变质矿床

1.胶东南墅片麻岩型石墨矿床

南墅石墨矿床赋存于古元古界荆山群陡崖岩组，由刘家庄和岳石两个矿床组成。其矿区地质概况、矿体特征和矿石特征如表18-4所示。

表 18-4　南墅石墨矿床的地质概况、矿体特征与矿石特征表(据梁帅,2015)

对比要素	刘家庄矿床	岳石矿床
赋矿地层	古元古界荆山群陡崖岩组	
控矿构造	南墅复向斜北翼的次一级刘家庄背斜	
	东段	南翼
岩浆岩	主要为脉岩及辉绿岩、煌斑岩、伟晶岩和石英脉	主要有花岗岩、伟晶岩、辉绿玢岩、云斜煌斑岩
含矿岩石	石榴斜长片麻岩、蛇纹石化大理岩	石榴斜长片麻岩、透辉岩和蛇纹石化大理岩
围岩蚀变	蛇纹石化大理岩(占主要地位)、透辉石岩、石榴斜长片麻岩、斜长角闪岩;蚀变以蛇纹石化为主	石榴斜长片麻岩、透辉石大理岩、斜长角闪片麻岩、花岗片麻岩、变花岗岩脉为矿体围岩;蚀变以长英质混合岩化为主
矿体产状	与围岩产状一致,走向近东西,倾向南或北。地表倾向北,地下向南转弯	与围岩产状一致,走向近东西,倾向南。西部浅部倒转向北陡倾,深部又转向南倾
矿体形态	似层状、透镜状	似层状、透镜状、扁豆状
矿体规模	矿体延长数十米至1600m,厚数米至70m,矿体沿走向和倾向有膨大、缩小(一般幅度不大)和分叉合拢及尖灭现象,Ⅰ、Ⅴ、Ⅶ号矿体规模较大,其次是Ⅱ、Ⅲ、Ⅳ、Ⅵ号矿体	主要有两个矿体,Ⅰ号矿体出露宽度25～50m,矿层厚5～150m,矿层长120～1000m;Ⅱ号矿体地表宽度为90～150m,沿走向厚度基本稳定,由东向西渐薄,延深400m以上
矿石类型	石墨片麻岩型、石墨大理岩型	石墨片麻岩型、石墨透辉岩型、石墨大理石型
矿物成分	斜长石、石英、黑云母、方解石及石墨等	
结构构造	柱粒状变晶结构、粒状变晶结构;条带-条纹状构造	柱粒状变晶结构、粒状变晶结构;片麻状构造及条带-条纹状构造

南墅石墨矿是沉积变质成因的,并在混合岩化作用中受到了改造。原始沉积物为陆源碎屑沉积,反映地表水系发育、气候湿润。在浅海带适宜的水体环境中,繁殖并堆积了大量生物体,成为石墨形成的原始物质。石墨的产出特征和碳同位素研究表明,碳来自于有机物沉积而不是碳酸盐(兰心俨,1981)。分析认为,石墨矿石的形成过程是一种有机质的变质过程。组成低等生物遗体的有机质主要是C-H化合物或C、N、O、H的化合物,有机碳转化为石墨需要一个高温条件,这个条件与本区的区域变质作用相吻合。

2.河南省鲁山县背孜石墨矿床

河南省主要有两个区域变质型石墨成矿带:一个是华北地台南缘灵宝-鲁山-舞阳石墨成矿带,另一个是秦岭-大别山褶皱系北秦岭朱阳关-柳泉铺石墨成矿带(罗佑玖等,2000)。河南省鲁山县背孜石墨矿床产出于灵宝-鲁山-舞阳石墨成矿带的太华群水底沟组(Ar_3s)(李山坡等,2009)。

原岩为含碳泥质岩、铁泥质岩和碳酸盐岩,是一套有连续相序的、沉积环境振荡频繁的浅海陆源碎屑-碳酸盐含碳沉积建造(罗佑玖等,2000)。矿石类型主要为片麻岩型石墨矿,石墨呈晶质鳞片状。成因类型应为沉积岩的区域变质矿床,并具有后期热液叠加富集特征,成矿物质来源主要为有机碳与无机碳两种类型(李山坡等,2009)。

3. 江西金溪地区石墨矿床

石墨矿体产出于下寒武统下部的石墨片岩段(ϵ_1^1),岩性自下而上分别含钒白云母石墨片岩、石墨石英片岩、含钒白云母石墨片岩。分析认为,该矿床属于沉积岩的区域变质型矿床(余仕军,2012)。原始的沉积环境为古陆海湾浅水区,海水宁静期和振荡期以及与之适应的氧化与还原环境交替出现,有利于有机质的聚集堆积和腐烂,从而形成有机碳,再经区域变质作用而成矿。

余仕军(2012)的研究认为,在我国南方的下寒武统是寻找石墨矿的最佳层位。古陆边缘的内海海盆,尤其是海底高地附近的凹地,是有利的古地理环境。同时,要特别注意变质相研究,因为变质程度决定了有机碳转化为石墨的效率以及石墨鳞片的粒度,绿片岩相下界一麻粒岩相有利于石墨的形成。

4. 新疆鄯善玉泉山石墨矿床

该矿体赋存于中下元古宇兴地塔格群辛格尔组的云母石英片岩中,矿床的形成经历了滨浅海相沉积-聚碳和区域变质-结晶两个主要的成矿过程,矿床成因属于区域变质型晶质石墨矿床(陈刚等,2009)。

研究发现,随着变质程度的加强,石墨由细粒浸染状结构逐渐向粗粒鳞片粒状变晶结构演化,最后演变为细粒交代破碎结构(图18-6)。

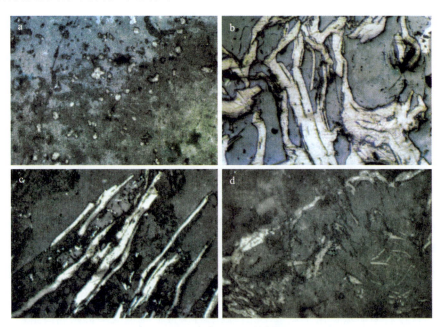

图18-6 玉泉山石墨矿床典型矿石结构图(据陈刚等,2009)

a. 浸染状结构,石墨细粒呈浸染状分布在脉石矿物中,粒度为10~30μm,反光(-),×200;b. 鳞片粒状变晶结构,石墨呈条带状(浅灰色)分布在脉石矿物粒间,反光(-),×100;c. 鳞片粒状变晶结构,石墨呈条带状(浅灰色)分布在脉石矿物粒间,具有定向性,反光(-),×100;d. 交代破碎结构,石墨呈破碎状细粒及细丝状分布在脉石矿物粒间,具有定向性,脉宽仅1~4μm,反光(-),×200

陈刚等(2009)结合控矿要素和地质特征,初步建立了玉泉山矿区的主要找矿标志(表18-5)。

表 18-5 玉泉山石墨矿床综合找矿标志(据陈刚等，2009)

地质标志	地层建造	早元古宙变质岩兴地塔格岩群辛格尔岩组的一套碳酸盐岩-碎屑岩建造组合，为碳酸盐岩建造的白云岩、灰岩夹碎屑岩。其中，云母石英片岩为主要赋矿层位
	构造单元	塔里木古陆块的库鲁克塔格震旦纪—早古生代裂谷带
	变质作用	变质带为黑云母带，最高变质相为角闪岩相变质
	围岩蚀变	白云母化、硅化、透闪石化、绿泥石化、碳酸盐化、高岭土化、蛇纹石化等
	主要矿物组合	石墨、石英、斜长石、黑云母、白云母、透闪石、透辉石、石榴石、夕线石、方解石、磁黄铁矿、黄铁矿等
地球物理标志		航磁异常为负背景磁场区，其上分布为数不多的北西向低值小型负磁异常；重力异常为分布数个规模较大的重力低异常局部梯度带中及附近部位；矿化带表现为高极化、低电阻率场
遥感影像标志		地层岩石标志为：灰色—灰白色中低山山脉中的灰黑色条带状影像

5.华北孔达岩系与石墨矿床

我国北方的石墨矿床广泛发育于华北克拉通周边的孔达岩系内(陈衍景等，2000)。该区石墨矿床的矿石类型基本一致，主要为石墨片麻岩、石墨透辉岩、石墨大理岩和混合岩化石墨片麻岩4种类型。

陈衍景等(2000)对中国北方佳木斯地块、华雄地块、胶东地块、集宁地块和乌拉山地体等多个地区孔达岩系和石墨矿床的碳同位素进行了系统研究(图18-7)，发现具有如下特征：①片麻岩石墨$\delta^{13}C$＜透辉岩石墨$\delta^{13}C$＜大理岩石墨$\delta^{13}C$＜大理岩方解石石墨$\delta^{13}C$＜大理岩方解石$\delta^{13}C$，变化规律与碎屑沉积物的减小和化学沉积物的增多顺序相一致；②片麻岩石墨$\delta^{13}C$和大理岩方解石$\delta^{13}C$分别构成最低和最高两个端元，直方图上呈2个峰，分别代表生物成因的有机碳和化学沉积成因的无机碳；③透辉岩石墨$\delta^{13}C$总是介于片麻岩石墨和大理岩石墨之间，表明其碳源的双重性，既有生物成因的有机碳，亦有化学沉积的无机碳，与原岩恢复为碎屑沉积和化学沉积复合形成的泥质碳酸盐相一致；④大理岩石墨$\delta^{13}C$变化大，有时与透辉岩石墨接近，表明大理岩之石墨碳源的双重性，即有机碳和沉积碳酸盐；⑤大理岩方解石$\delta^{13}C$总是高于大理岩方解石石墨，指示变质过程中存在有机碳与无机碳之间的同位素交换，方解石重结晶时有^{12}C加入或^{13}C放出；⑥混合岩化岩石中石墨$\delta^{13}C$总介于有机碳和无机碳之间，应是有机碳和无机碳甚或多源碳混合的结果，此与混合岩化的机制和地质条件相吻合。陈衍景等(2000)的研究还发现，上述几个地

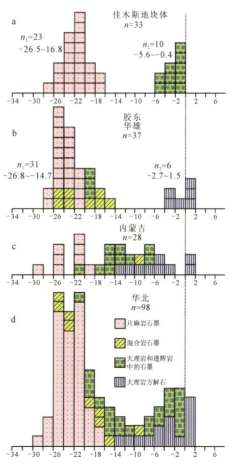

图 18-7 中国北方不同地区孔达岩系和石墨矿床的碳同位素直方图(据陈衍景等，2000)

区片麻岩石墨 $\delta^{13}C$ 具有惊人的一致性,指示了碳源、古生态和形成时代的相似性。这一研究结果显示碳主要来自生物遗体,与古元古代(2330~2050Ma)时全球生物突发事件吻合(图 18-7)。

关于中国北方孔达岩系原岩建造的认识目前已趋于统一,即属于稳定构造背景下生物活动强烈的浅海-滨海相的碳硅泥岩建造(陈衍景和富士谷,1992;卢良兆等,1996;杜乐天,1996)。也就是说,提供孔达岩系石墨矿床形成的区域构造-沉积背景,不仅需要稳定的构造环境,而且更依赖于特定的表生环境,尤其需要浅海环境和生物的大量发育(陈衍景,1990,1996;陈衍景等,2000)。

6. 湖北宜昌三岔垭石墨矿床

三岔垭、二郎庙、谭家河、东冲河等石墨矿床位于黄陵断穹核北部,是中国鳞片状晶质石墨的重要产区,以石墨品位高、石墨片度大、可选性好而闻名。

该区石墨矿产出于古元古代黄凉河岩组(Pt_1h),岩性主要由含石墨、石榴石、夕线石的片岩、片麻岩及大理岩和钙硅质岩组成,是一套较为典型的孔兹岩系。

刘云勇和姚敬敏(2017)对该区黄凉河岩组沉积期的岩相古地理进行了恢复(图 18-8),发现石墨矿主要分布在潮上泥坪和潮间砂泥坪相中,特别是有障壁隔离的潟湖相,石墨矿最好。滨外浅海中几乎无石墨矿分布,深海相区则无石墨矿产出。他们的研究认为,该区石墨矿床的碳质来源于微体生物(藻类)。微体生物在古元古代陆间海陆缘潮坪相和潟湖相中富集、埋藏,在还原环境下沥青化。经区域热动力变质作用,在高角闪岩相温压条件下[$p=(5.5~7.5)\times10^8$Pa,$t=600~700℃$],有机碳转化为(鳞片状)晶质石墨。

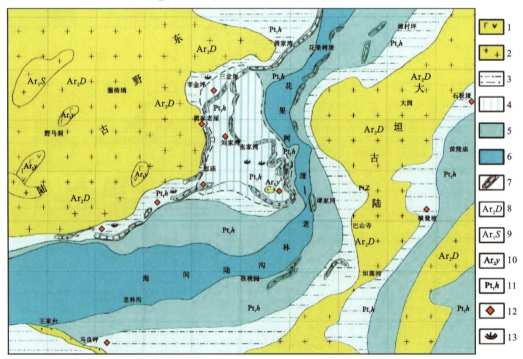

图 18-8 黄凉河期岩相古地理示意图(据刘云勇和姚敬敏,2017)

1. 古陆,由拉斑玄武岩系列玄武岩英安岩组成;2. 古陆,由英云闪长岩、奥长花岗岩、花岗闪长岩组成;3. 潮坪相,由砂岩、粉砂岩、含碳泥岩、白云岩组成;4. 潟湖相,由砂岩、粉砂岩、碳质泥岩、白云岩组成;5. 滨外浅海;6. 海槽;7. 大理岩、透闪石透辉石大理岩;8. 中太古代东冲河片麻杂岩;9. 新太古代晒甲坪片麻岩;10. 中太古界野马洞岩组;11. 古元古界黄凉河岩组;12. 石墨矿;13. 微古生物

二、接触变质矿床

1. 湖南鲁塘石墨矿床

湖南鲁塘石墨矿属于大型矿床,位于湖南省郴州市辖区。含煤(石墨)地层为上二叠统龙潭组,煤与石墨为同层异矿。原始含煤岩系为一套潟湖-潮坪-滨海相的砂岩-粉砂岩-泥岩建造。

该区石墨矿为隐晶质石墨(图18-9),促使煤演变为石墨的主要热源来自于矿区东部骑田岭岩体的侵入作用。根据黑云母 K-Ar 法同位素年龄测试发现岩体侵入年龄为118Ma,所以成矿年龄属于燕山期(安江华等,2016)。

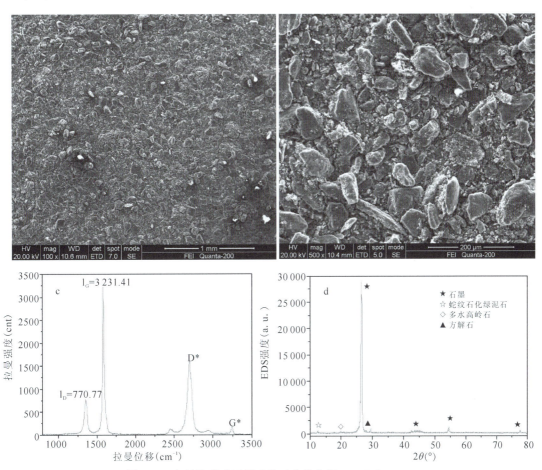

图18-9 鲁塘隐晶质石墨矿的矿物学特征(据王真等,2015)
a、b. SEM 图;c. 拉曼光谱图;d. EDS 能谱图

在该区,煤与石墨矿层围绕岩体呈环带状分布,距离岩体越近,煤的变质程度越高。据此可以将煤的变质程度划分为石墨带、半石墨带和无烟煤带,即距离岩体 400m 以内为石墨带,400~1300m 为半石墨带,1300m 以外则为无烟煤带(王路等,2017)。

另外,研究也表明,原煤固定碳含量越高,煤的质量越好,变质形成的石墨品位越好(安江华等,2016)。

2. 湖南石船石墨矿床

湖南新化是煤系石墨矿的富集区(曹代勇等,2017),该区印支期和燕山期发育的天龙山花岗岩体与石炭系测水组含煤岩系构成了石墨成矿的最佳"热动力"与"碳源"要素空间组合(图 18-10)。

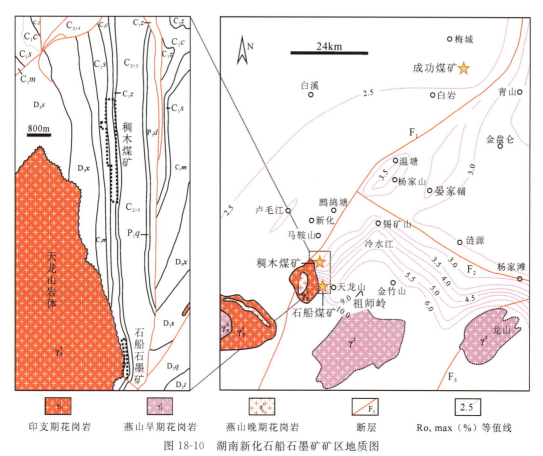

图 18-10　湖南新化石船石墨矿矿区地质图

P_1d.当冲组;P_1q.栖霞组;C_{2+3}.中上石炭统;C_1z.梓门桥组;C_1c.测水组;C_1s.石磴子组;C_1m.孟公坳组;D_3x.锡矿山组;D_3s.佘田桥组;D_2q.棋梓桥组;D_2t.跳马涧组

该区石墨矿体走向与岩体外形近一致。曹代勇等(2017)按照距岩体的空间位置,分别对石船、稠木和成功 3 个煤矿进行了系统取样和研究,发现距离岩体越近煤的石墨化程度越高,其中石船煤矿最好(图 18-10)。通过对 3 个煤矿样品的高分辨率透射电镜(HTEM)晶格图像和 SAD 衍射图之间的差异分析研究表明,随着石墨化进程的加深,煤的 BSU 单元排列及石墨结晶程度发生了规律性的变化(表 18-6、表 18-7)。

3. 福建安溪和永安石墨矿床

福建安溪石墨矿和永安石墨矿均产出于二叠系童子岩组(P_1t),为一套海陆交互相沉积,以灰色、深灰色细粉砂岩为主,夹薄层细砂岩、碳质泥岩及煤层(罗大富等,2005;张蔚语,2010)。

表 18-6　湖南新化地区煤层石墨矿化样品信息(据曹代勇等,2017)

煤矿名称	Ro(%) 平均	Ro(%) 范围	煤宏观变形特征	微观变性特征	煤变质程度
成功煤矿	1.98	1.71~2.14	碎裂状	碎裂煤	贫煤
稠木煤矿	4.97	4.01~6.48	碎裂状	碎裂煤	无烟煤
石船煤矿	5.87	4.90~6.98	鳞片状、碎粒状	碎粉煤、碎斑煤	石墨化

表 18-7　湖南新化地区煤层石墨化过程中煤的微观结构变化规律(据曹代勇等,2017)

煤矿名称	成功煤矿	稠木煤矿	石船煤矿
变质程度与类型	$Ro=1.71\%\sim2.14\%$ 深成变质煤	$Ro=4.01\%\sim6.48\%$ 岩浆热变质煤	$Ro=4.90\%\sim6.98\%$ 构造-热变质煤
HTEM 晶格图像基本结构单元(BSU)	稍有聚团,排列基本不能看出定向性,横向上延展有限,仍显示为煤结构;碳层间距均值 0.39nm,远大于标准石墨的层间距	初具定向,具有"指纹"状圈层,碳层间距平均 0.36nm,部分区域可见碳层上的石墨晶格细纹,说明形成石墨微晶,但微晶间排列的定向性很差且没有形成三维结构	定向性趋于明显,圈层结构变少且逐渐变直;碳层间距平均为 0.34nm,高分辨图像观察石墨层面,偶尔可见石墨层面晶格细纹,已达到一定石墨化程度
SAD 衍射图像	衍射图显示各衍射环分离不明显,呈弥散状,表现为尚未开始石墨化	衍射图显示各衍射环有分离趋势,表现为非晶向多晶过渡且多晶的无规律排列,处于过渡阶段	衍射环清晰见六方晶系衍射点,隐约表现出石墨单晶的良好标志,但距标准石墨仍有一定差距
石墨化程度	未石墨化-芳层石墨	芳层石墨-微柱石墨	揉皱-平直石墨
变化规律	碳层间距逐渐压缩;BSU 排列定向性增强,石墨晶格条纹显现;SAD 衍射环分离,六方晶系形态明显;石墨化程度逐渐加深		

研究认为,燕山期花岗斑岩的侵入作用是主要的热力要素,当岩浆或热液侵入穿插到童子岩组含煤岩系中时,即发生热接触变质作用,接触带附近发育形成隐晶质石墨矿。煤层是石墨的矿源层,而且显示原煤层厚度越大石墨矿的品质越好。显然,这是典型的煤层受岩浆侵入作用而形成的中低温热液接触变质型石墨矿床(图18-11)。

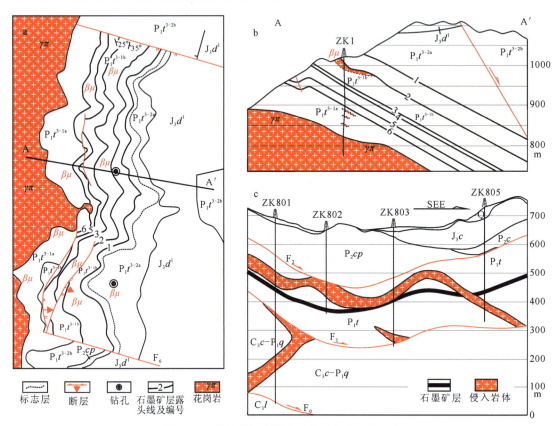

图 18-11 童子岩组含煤岩系接触变质石墨矿床

a.安溪县青洋石墨矿地质图(据罗大富等,2005);b.安溪县青洋石墨矿典型矿体剖面图,剖面位置见图18-11a(据罗大富等,2005);c.永安市老鹰山石墨矿床剖面图(据张蔚语,2010)

三、岩浆热液矿床

新疆奇台苏吉泉石墨矿产于花岗岩中,即黄羊山复式花岗岩体的角闪花岗岩和黑云母花岗岩接触带中(图18-12a)。区域研究表明,黄羊山复式花岗岩体主要形成于海西中期,角闪花岗岩和黑云母花岗岩分别属于第5次和第6次侵入,二者呈明显侵入关系,接触带为含石墨混染花岗岩(图18-12b)。

苏吉泉石墨矿床的矿石具有独特的球状构造(图18-12c、d)。张国新等(1996)和刘松柏等(2011)通过碳同位素研究,认为成矿物质为有机碳——生物成因的碳(植物体),可能来源于岩体外围巴塔玛依内山组(C_2b)和双井子组(C_2sh)的碳质页岩和煤线。通过矿物学研究,认为该矿床属岩浆成因,在岩浆侵入过程中同化混染围岩地层的含碳岩石,在高温条件下有机碳进入含C-O-H流体的长英质岩浆中,当温度降低时C从C-O-H流体中结晶分异形成有序的石墨,作者用岩浆的塑性滚动机制解释了球状石墨的成因。冯有利和于立竟(2007)

通过对该矿床的研究还发现了天然纳米石墨锥（图 18-13），认为该发现将有助于指导人工合成该材料。

由此可见，苏吉泉石墨矿床是典型岩浆矿床，石墨碳源为有机碳，载体为混染花岗岩。在我国与之相类似的矿床，还有西藏江卡加石墨矿床和福建屏南康里垣坑石墨矿床，其成因都与岩浆同化作用有关。

图 18-12　苏吉泉石墨矿床

a.矿区地质简图（据张国新等，1996）；b.矿体与花岗岩空间配置图（据刘松柏等，2011）；c.混染花岗岩中的球状构造（据刘松柏等，2011）；d.单偏光镜下鳞片状石墨（×5）（据白建科等，2017）

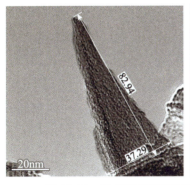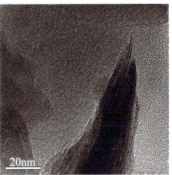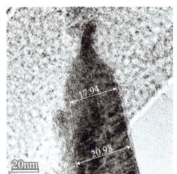

图 18-13　苏吉泉石墨矿典型的纳米石墨锥高分辨电子显微镜图像（据冯有利和于立竟，2007）

主要参考文献

白向飞,李文华,陈亚飞,等,2007.中国煤中微量元素分布基本特征[J].煤质技术(1):1-4.
白向飞,李文华,杨天荣,等,2002.大同侏罗纪10-11号煤中微量元素分布赋存特征[J].煤炭转化,25(4):92-95.
白云生,1983.某新近系盆地含铀的锗矿床的成矿特征及其成因探讨[J].矿床地质,2(1):58-65.
包书景,林拓,聂海宽,等,2016.海陆过渡相页岩气成藏特征初探:以湘中坳陷二叠系为例[J].地学前缘,23(1):44-53.
鲍振襄,1992.湘西北地区镍钼钒多金属矿床及金银矿化的地质特征与成矿条件[J].地质找矿论丛,5(3):49-62.
别列夫采夫,1973.加拿大的铀矿床[J].国外放射性地质:10-19.
蔡贤德,周文龙,2016.贵州省凯里地区铝土矿找矿标志与成矿模式研究[J].资源信息与工程,31(3):9-10.
蔡郁文,王华建,王晓梅,等,2017.铀在海相烃源岩中富集的条件及主控因素[J].地球科学进展,32(2):199-208.
曹代勇,刘亢,刘金城,等,2016a.鄂尔多斯盆地西缘煤系非常规气共生组合特征[J].煤炭学报,41(2):277-285.
曹代勇,聂敬,王安民,等,2018a.鄂尔多斯盆地东缘临兴地区煤系气富集的构造-热作用控制[J].煤炭学报,43(6):1526-1532.
曹代勇,宁树正,郭爱军,等,2018b.中国煤田构造格局和构造控煤作用[M].北京:科学出版社.
曹代勇,秦国红,张岩,等,2016b.含煤岩系矿产资源类型划分及组合关系探讨[J].煤炭学报,41(9):2150-2155.
曹代勇,王崇敬,李靖,等,2014.煤系页岩气的基本特点与聚集规律[J].煤田地质与勘探,42(4):25-30.
曹代勇,王丹,李靖,等,2012.青海祁连山冻土区木里煤田天然气水合物气源分析[J].煤炭学报,37(8):1364-1368.
曹代勇,张鹤,董业绩,等,2017.煤系石墨矿产地质研究现状与重点方向[J].地学前缘,24(5):317-327.
曹烨,熊先孝,李响,等,2013.中国硫矿床特征及资源潜力分析[J].现代化工,33(12):5-10.
陈戴生,王瑞瑛,李胜祥,1997.伊犁盆地层间氧化带砂岩型铀矿成矿模式[J].铀矿地质,13(6):327-335.
陈戴生,王瑞瑛,李胜祥,等,1994.新疆伊犁盆地砂岩型铀矿成矿地质条件及找矿方向研究[J].中国核科技报告:1-13.
陈德潜,1990.实用稀土元素地球化学[M].北京:冶金工业出版社.
陈蕃茂,2017.稀土元素加工过程及其应用[J].中国战略新兴产业(20):70,72.
陈刚,李凤鸣,彭湘萍,2009.新疆玉泉山石墨矿床地质特征及成因研究[J].新疆地质,27(4):325-329.
陈红汉,付新明,杨甲明,1997.莺-琼盆地YA13-1气田成藏过程分析[J].石油学报,18(4):32-37.

陈会军,2010.油页岩资源潜力评价与开发优选方法研究[D].长春:吉林大学.

陈骏,王鹤年,2004.地球化学[M].北京:科学出版社.

陈玲玲,孟庆涛,刘招君,等,2018.柴达木盆地团鱼山地区石门沟组煤与油页岩沉积环境[J].新疆石油地质,39(6):643-652.

陈龙,2009.重庆綦江县篆塘角铁矿地质特征及成因[J].四川地质学报,29(2):149-152+161.

陈明辉,胡祥昭,孙际茂,等,2012.湖南省寒武系黑色岩系页岩型钒矿概论[J].地质找矿论丛,27(4):410-420.

陈伟煌,1987.崖13-1气田煤成气特征及气藏形成条件[M]//《煤成气地质研究》编委会.煤成气地质研究.北京:石油工业出版社,98-102.

陈衍景,1990.23亿年地质环境突变的证据及若干问题讨论[J].地层学杂志,14(3):178-186.

陈衍景,1996.沉积物微量元素示踪地壳成分和环境及其演化的最新进展:绪论[J].地质地球化学(3):1-6.

陈衍景,刘丛强,陈华勇,等,2000.中国北方石墨矿床及赋矿孔达岩系碳同位素特征及有关问题讨论[J].岩石学报,16(2):233-244.

陈杨杰,1988.煤系地层中高岭石矿床的主要成因类型及特征[J].西安矿业学院学报,8(2):21-28.

陈友良,2008.若尔盖地区碳硅泥岩型铀矿床成矿流体成因和成矿模式研究[D].成都:成都理工大学.

陈毓川,王登红,2010.重要矿产预测类型划分方案[M].北京:地质出版社.

陈毓川,沈保丰,蔡文彦,等,1995.南非矿山考察简况[J].国外前寒武纪地质(2):1-18.

陈志勇,李玉玺,王新亮,等,2002.包头—呼和浩特北部地区逆冲推覆构造[J].地质通报,21(4-5):251-258.

陈中凯,胡社荣,1996.煤中的惰性组分与煤成油[J].石油勘探与开发,23(4):25-27.

陈祖伊,2002.亚洲砂岩型铀矿区域分布规律和中国砂岩型铀矿找矿对策[J].铀矿地质,18(3):129-137.

陈祖伊,郭庆银,2007.砂岩型铀矿床硫化物还原富集铀的机制[J].铀矿地质,23(6):321-327+334.

陈祖伊,陈戴生,古抗衡,2011.中国铀矿床研究评价(第三卷砂岩型铀矿床)[R].北京:中国核工业地质局和核工业北京地质研究院.

程军,张丽红,张静,等,2011.重庆市含煤地层叙永式硫铁矿含矿特征及控矿建造研究[J].煤炭技术,30(11):131-132.

程克明,1994.吐哈盆地油气生成[M].北京:石油工业出版社.

程克明,赵长毅,苏艾国,等,1999.吐哈盆地油源研究新认识[J].中国海上油气地质,13(2):109-111.

程利伟,杜清坤,吴建设,等,2012.大营铀矿——"煤铀兼探"的实践与启示[J].中国核工业(S1):1-105.

程鹏林,李守能,陈群,等,2004.从清镇猫场矿区高铁铝土矿的产出特征再探讨黔中铝土矿矿床成因[J].贵州地质,21(4):215-222.

程守田,黄焱球,1994.加强含煤岩系伴生矿产资源的综合研究——煤田地质工作拓宽领域之一[J].中国煤田地质,6(2):35-39.

崔滔,2013.黔北地区铝土矿成矿环境分析[D].武汉:中国地质大学(武汉).

崔源声,李辉,徐德龙,2012.世界天然石墨生产、消费与国际贸易[J].中国非金属矿工业导刊(4):48-51.

代世峰,任德贻,周义平,等,2014.煤型稀有金属矿床:成因类型、赋存状态和利用评价[J].煤炭学报,39(8):1707-1715.

代世峰,任德贻,李生盛,2002.煤及顶板中稀土元素赋存状态及逐级化学提取[J].中国矿业大学学报,31(5):349-353.

代世峰,任德贻,李生盛,2003b.华北若干晚古生代煤中稀土元素赋存特征[J].地球学报,24(3):273-278.

代世峰,任德贻,李生盛,2006.内蒙古准格尔超大型镓矿床的发现[J].科学通报,51(2):177-185.

代世峰,任德贻,李生盛,等,2003a.华北地台晚古生代煤中微量元素及As的分布[J].中国矿业大学学报,32(2):111-114.

代世峰,任德贻,李生盛,等,2007a.内蒙古准格尔黑岱沟主采煤层的煤相演替特征[J].中国科学(D辑:地球科学),37(S1):119-126.

代世峰,任德贻,孙玉壮,等,2004.鄂尔多斯盆地晚古生代煤中铀和钍的含量与逐级化学提取[J].煤炭学报,29(B10):56-60.

代世峰,周义平,任德贻,等,2007b.重庆松藻矿区晚二叠世煤的地球化学和矿物学特征及其成因[J].中国科学(D辑:地球科学),37(3):353-362.

戴金星,2011.天然气中烷烃气碳同位素研究的意义[J].天然气工业,31(2):1-6.

戴金星,2018.煤成气及鉴别理论研究进展[J].科学通报,63(14):1290-1305.

戴金星,戚厚发,1981.从煤成气观点评价沁水盆地含气远景[J].石油勘探与开发,(6):22-36.

戴金星,倪云燕,胡国艺,等,2014.中国致密砂岩大气田的稳定碳氢同位素组成特征[J].中国科学(D辑:地球科学),44(4):563-578.

戴金星,倪云燕,吴小奇,2012.中国致密砂岩气及在勘探开发上的重要意义[J].石油勘探与开发,(3):257-264.

戴金星,裴锡古,戚厚发,1992.中国天然气地质学(第一卷)[M].北京:石油工业出版社.

戴金星,戚厚发,王少昌,2001.我国煤系气油地球化学特征、煤成气藏形成条件及资源评价[M].北京:石油工业出版社.

戴金星,宋岩,张厚福,1996.中国大中型气田形成的主要控制因素[J].中国科学(D辑:地球科学),26(6):481-487.

戴金星,钟宁宁,刘德汉,等,2000.中国煤成大中型气田地质基础和主控因素[M].北京:石油工业出版社.

戴卿林,郝石生,卢双舫,等,1996.煤成油油源对比问题讨论[J].地球化学,25(4):324-330.

邓晋福,苏尚国,刘翠,等,2007.华北太行—燕山—辽西地区燕山期(J—K)造山过程与成矿作用[J].现代地质,21:232-240.

董树文,张岳桥,龙长兴,等,2007.中国侏罗纪构造变革与燕山运动新诠释[J].地质学报,81(11):1449-1461.

董雅洁,2013.几种不同产地琥珀及其仿制品的宝石学和谱学特征研究[D].北京:中国地质大学(北京).

窦伟坦,刘新社,王涛,2010.鄂尔多斯盆地苏里格气田地层水成因及气水分布规律[J].石油学报,31(5):767-773.

窦永昌,岳海东,2007.与煤伴生(共生)可燃有机矿产的开发利用[J].矿产综合利用,(2):31-33.

杜刚,2008.内蒙古胜利煤田锗-煤矿床地质特征[M].北京:煤炭工业出版社.

杜刚,汤达祯,武文,等,2003.内蒙古胜利煤田共生锗矿的成因地球化学初探[J].现代地质,17(4):453-458.

杜刚,汤达祯,武文,等,2004.内蒙古胜利煤田共生锗矿品位纵向变化规律研究[J].煤田地质与勘探,32(1):1-4.

杜均恩,马超槐,魏琳,1996.广东长坑金、银矿地球化学特征[J].广东地质,11(1):49-60.

杜均恩,马超槐,张国恒,1993.广东长坑金、银矿成矿特征[J].广东地质,8(3):1-8.

杜乐天,1993.一种特殊的沉积岩亚类——碳硅泥岩系[J].矿物岩石地球化学通讯,(3):133-135.

杜远生,周琦,金中国,等,2015.黔北务正道地区二叠系铝土矿沉积地质学[M].武汉:中国地质大学出版社.

杜远生,周琦,余文超,等,2015.Rodinia超大陆裂解、Sturtian冰期事件和扬子地块东南缘大规模锰成矿作用[J].地质科技情报,34(6):1-7.

范德廉,1988.含金属黑色岩系及锰矿床[J].矿物岩石地球化学通报,7(2):84-86.

范德廉,杨秀玲,1981.南方几省下寒武统黑色岩系及层状多金属富集层[C]//沉积岩石学研究(论文集).北京:科学出版社.

范德廉,张嘉,叶杰,等,2004.中国的黑色岩系及其有关矿床[M].北京:科学出版社.

范立民,马雄德,2019.保水采煤的理论与实践[M].北京:科学出版社.

范立民,时亚民,段中会,等,1996.陕北延安组的膨润土矿床[J].煤田地质与勘探,24(1):12-15.

方朝刚,李凤杰,孟立娜,等,2012.柴达木盆地北缘红山断陷中侏罗统烃源岩评价[J].天然气地球科学,23(5):856-861.

冯有利,于立竟,2007.新疆苏吉泉石墨矿床中的纳米石墨锥的结构表征[J].硅酸盐通报,26(1):9-12.

付金华,范立勇,刘新社,等,2019.苏里格气田成藏条件及勘探开发关键技术[J].石油学报,40(2):240-256.

傅恒,刘巧红,杨树生,1996.陆相烃源岩的沉积环境及其对生烃潜力的影响——以准噶尔盆地侏罗系烃源岩为例[J].岩相古地理,16(5):31-37.

傅家谟,刘德汉,盛国英,1990.煤成烃地球化学[M].北京:科学出版社.

傅太宇,李葆华,董晓燕,等,2015.我国稀土矿床分布、分类及特征分析[J].河南科技,568(7):124-126.

傅雪海,秦勇,韦重韬,2007.煤层气地质学[M].徐州:中国矿业大学出版社.

甘朝勋,1985.猫场式黄铁矿矿床地质特征及成因探讨[J].矿床地质,4(2):51-57.

甘朝勋,1998.贵州的硫铁矿资源[J].贵州地质,5(2):157-166.

甘云燕,张凯亮,姚海鹏,2018.内蒙古鄂尔多斯地区煤系气资源及其合勘共采潜力探讨[J].煤炭学报,3(6):1661-1668.

高德政,周开灿,冯启明,等,2001.叙永硫铁矿尾矿(高岭石黏土)的成分特征与利用研究[J].矿物岩石,21(2):5-9.

高兰,王登红,熊晓云,等,2014.中国铝矿成矿规律概要[J].地质学报,88(12):2284-2295.

高兰,王登红,熊晓云,等,2015.中国铝土矿资源特征及潜力分析[J].中国地质,42(4):853-863.

高振昕,1957.高岭石-水铝石质梦土在烧结中的变化[J].矽酸盐,1(1):61-65.

高振昕,刘百宽,2014.中国铝土矿显微结构研究[M].北京:冶金工业出版社.

葛玉辉,孙春林,刘茂修,2007.鄂尔多斯盆地东北缘延安组划分与对比[J].地层学杂志,31(2):151-156.

巩志坚,靳瑛,1997.提高煤灰中锗含量的方法与分析[J].煤炭加工与综合利用,(2):36-37.

谷白湮,周义平,1994.云南省寻甸先锋盆地中新世褐煤与硅藻土沉积特征[J].地质论评,40(5):466-475.

关德师,1995.中国非常规油气地质[M].北京:石油工业出版社.

关康,裘有守,颜竹筠,1997.长坑金矿床地质特征与成因探讨[J].贵金属地质,6(1):27-37.

关明久,1990.我国共伴生矿产资源综合利用概况[J].矿产保护与利用,(4):29-32.

贵州省地层古生物工作队,1977.西南地区区域地层表:贵州省分册[M].北京:地质出版社.

郭春清,2005.形成煤成油田的制约条件[J].石油勘探与开发,32(5):69-73.

郭明霞,2017.缅甸琥珀甲虫内含物及学术价值研究[D].南充:西华师范大学.

郭明霞,杨海东,黎刚,等,2016.缅甸琥珀内含物形态结构在X射线下的可辨识性[J].昆虫学报,59(9):

1013-1020.

郭黔杰,1992."煤成油"——能源勘探的一个新领域[J].地质科技情报,11(2):64-68.

郭少斌,付娟娟,高丹,等,2015.中国海陆交互相页岩气研究现状与展望[J].实验地质,37(5):535-540.

郭时清,严小敏,孙尧俊,等,1991.中国琥珀的剖析[J].复旦大学(自然科学版),30(3):271-274.

郭新生,杜均恩,1996.广东长坑金银矿床流体包裹体及同位素地球化学研究[J].矿产与地质,10(3):187-193.

韩丛发,韩雷,侯树成,2005.煤系地层中非金属矿产概述与利用[J].煤炭技术,24(8):4-5.

韩德馨,杨起,1980.中国煤田地质学(下册·中国聚煤规律)[M].北京:煤炭工业出版社.

韩军,王志明,郝伟林,等,2011.中国西北地区典型盐湖铀富集特征初探[J].铀矿地质,27(3):160-165.

韩鹏,高飞,王建强,2008.鄂尔多斯周缘新生代盆地断陷发生时间探讨[J].内蒙古石油化工(5):38-39.

韩延荣,袁庆邦,李永华,等,1994.滇西大寨超大型含铀锗矿床成矿地质条件及远景预测[J].中国核科技报告(S1):1-17.

郝伟林,王志明,林效宾,等,2018.中国含铀盐湖分布特征[J].铀矿地质,34(1):60-64.

何季麟,2003.中国钽铌工业的进步与展望[J].中国工程科学,5(5):40-46.

何靖宇,孟祥化,1987.沉积岩和沉积相模式及建造[M].北京:地质出版社.

何自新,2003.鄂尔多斯盆地演化与油气[M].北京:石油工业出版社.

和政军,李锦铁,牛宝贵,等,1998.燕山—阴山地区晚侏罗世强烈推覆-隆升事件及沉积响应[J].地质论评,44(4):407-418.

洪大卫,王式光,谢锡林,等,2003.试析地幔来源物质成矿域——以中亚造山带为例[J].矿床地质,22(1):41-55.

洪友崇,1980.辽宁抚顺煤田地层及其古生物群研究[M].北京:科学出版社.

洪友崇,1981.琥珀中蜘蛛新属的研究[J].中国科学(12):1510-1515.

侯宗林,2005.中国铁矿资源现状与潜力[J].地质找矿论丛,20(4):242-247.

胡瑞忠,毕献武,苏文超,等,1997.对煤中锗矿化若干问题的思考——以临沧锗矿为例[J].矿物学报,17(4):364-368.

胡瑞忠,毕献武,叶造军,等,1996.临沧锗矿床成因初探[J].矿物学报,16(2):97-102.

胡瑞忠,苏文超,戚华文,等,2000.锗的地球化学、赋存状态和成矿作用[J].矿物岩石地球化学通报,19(4):215-217.

胡社荣,1998.煤成油理论与实践[M].北京:地震出版社.

胡社荣,1999.煤造石油与煤成油理论关系研究进展综述[J].地质科技情报,18(4):71-73.

胡社荣,郎东升,潘景副,等,2003.煤和含煤岩系成油理论研究和演变历史[J].煤田地质与勘探,31(4):19-22.

胡社荣,吴因业,1997.西北侏罗系煤成油藏形成的有利环境是水进序列的含煤建造[J].科学通报,42(5):1.

黄炳香,赵兴龙,张权,2016.煤与煤系伴生资源共采的理论与技术框架[J].中国矿业大学学报,45(4):653-662.

黄伯钧,BUSEEK P R,1986.变质岩中碳质物质的石墨化作用[J].矿物学报,6(4):350-353.

黄成彦,1993.中国硅藻土及其应用[M].北京:科学出版社.

黄翠蓉,1989.石墨的晶体结构与变质作用的关系[J].建材地质(1):9-13.

黄大友,王四利,毛建勋,等,2015.西藏扎布耶盐湖铀源初探[J].铀矿地质,31(3):389-394.

黄第藩,1996.成烃理论的发展(Ⅱ)煤成油及其初次运移模式[J].地球科学进展,11(5):432-438.

黄第藩,华阿新,王铁冠,等,1992.煤成油地球化学新进展[M].北京:石油工业出版社.

黄第藩,卢双舫,1992.煤成油地球化学研究的最新进展[C]//黄第藩.煤成油地球化学新进展.北京:石油工业出版社.

黄第藩,卢双舫,1999.煤成油地球化学研究现状与展望[J].地学前缘,6(S1):183-194.

黄第藩,秦匡宗,王铁冠,等,1995.煤成油的形成和成烃机理[M].北京:石油工业出版社.

黄第藩,熊传武,1996.含煤地层中石油的生成、运移和生油潜力评价[J].勘探家,1(2):6-11.

黄净白,黄世杰,2005.中国铀资源区域成矿特征[J].铀矿地质,21(3):129-138.

黄净白,李胜祥,2007.试论我国古层间氧化带砂岩型铀矿床成矿特点、成矿模式及找矿前景[J].铀矿地质,23(1):7-16.

黄少青,张建强,张恒利,2018.东北赋煤区煤中锗元素分布特征及富集控制因素[J].煤田地质与勘探,46(3):6-10.

黄世杰,1982.碳硅泥岩型铀矿找矿的地质判据[C]//北京铀矿地质研究所.碳硅泥岩型铀矿床文集.北京:原子能出版社.

黄世杰,1994.层间氧化带砂岩型铀矿床的形成条件及找矿判据[J].铀矿地质,10(1):6-13.

黄文彪,卢双舫,江涛,等,2011.长岭断陷深层烃源岩条件及勘探潜力评价[J].科学技术与工程,11(14):3172-3177.

黄文辉,久博,李媛,2019.煤中稀土元素分布特征及其开发利用前景[J].煤炭学报,44(1):287-294.

黄文辉,唐修义,2002.中国煤中铀、钍和放射性核素[J].中国煤炭地质,14(S):55-63.

黄文辉,赵继尧,2002.中国煤中的锗和镓[J].中国煤炭地质,14(S1):64-69.

黄焱球,程守田,1999.东胜煤系砂岩型高岭土的富集机理[J].煤田地质与勘探,27(3):13-16.

黄智龙,金中国,2014.黔北务正道铝土矿成矿理论及预测[M].北京:科学出版社.

计波,焦养泉,刘阳,2020.鄂尔多斯盆地东北部下侏罗统富县组底部石英砂岩成因与物源[J].地质通报.http://kns.cnki.net/kcms/detail/11.4648.p.20200514.1738.004.html.

贾承造,郑民,张永峰,2012.中国非常规油气资源与勘探开发前景[J].石油勘探与开发,39(2):129-136.

贾润幸,方维萱,隗合明,等,2013.加拿大安大略省地质矿产资源概况[J].矿产勘查,4(5):565-571.

姜高珍,李以科,王安建,2017.内蒙古乌拉特中旗大乌淀石墨矿成因特征分析[J].地学前缘,24(5):306-316.

姜华,范久宵,袁卫国,等,2004.泊尔江海子断裂形成演化及控气因素研究[R].郑州:中国石化股份公司华北分公司.

姜萌萌,刘桂建,郑刘根,等,2012.卧龙湖煤矿岩浆侵入区煤中稀土元素的地球化学特征[J].中国科学技术大学学报,42(1):10-16+25.

姜月华,岳文浙,业治铮,1993.中国南方寒武-奥陶纪大陆斜坡的特征、演化和有关矿产[J].火山地质与矿产,14(3):29-45.

姜月华,岳文浙,业治铮,1994.中国南方下寒武统石煤的特征、沉积环境和成因[J].中国煤田地质,6(4):26-31.

蒋红丽,张绍,2011.海拉尔盆地乌东斜坡带南屯组烃源岩评价[J].西部探矿工程(1):98-100.

焦扬,2014.云南文山天生桥矿区晚二叠世铝土矿沉积古地理特征与成矿作用研究[D].北京:中国地质大学(北京).

焦养泉,陈安平,王敏芳,等,2005.鄂尔多斯盆地东北部直罗组底部砂体成因分析——砂岩型铀矿床预测的空间定位基础[J].沉积学报,23(3):371-379.

焦养泉,李思田,李祯,等,1995.曲流河与湖泊三角洲沉积体系及典型骨架砂体内部构成分析——鄂尔多斯盆地东缘精细露头储层研究考察指南[M].武汉:中国地质大学出版社.

焦养泉,李思田,庄新国,1996.前陆式盆地中的陡坡三角洲沉积体系——以鄂尔多斯盆地西南缘延长组中部为例[C]//李思田.含能源盆地沉积体系——中国内陆和近海主要沉积体系类型的典型分析.武汉:中国地质大学出版社.

焦养泉,彭云彪,李建伏,等,2012.内蒙古自治区杭锦旗大营铀矿成矿规律与预测研究[R].武汉:中国地质大学(武汉).

焦养泉,万军伟,朱培民,等,2013.伊犁盆地铀成矿条件分析与选区研究[R].武汉:中国地质大学(武汉).

焦养泉,吴立群,苗爱生,等,2011.鄂尔多斯盆地铀储层预测评价研究[R].武汉:中国地质大学(武汉).

焦养泉,吴立群,彭云彪,等,2015.中国北方古亚洲构造域中沉积型铀矿形成发育的沉积-构造背景综合分析[J].地学前缘,22(1):189-205.

焦养泉,吴立群,荣辉,2015.聚煤盆地沉积学[M].武汉:中国地质大学出版社.

焦养泉,吴立群,荣辉,2018a.砂岩型铀矿的双重还原介质模型及其联合控矿机理:兼论大营和钱家店铀矿床[J].地球科学,43(2):459-474.

焦养泉,吴立群,荣辉,等,2009.二连盆地额仁淖尔凹陷泥岩型铀矿形成发育的沉积学背景研究[R].武汉:中国地质大学(武汉).

焦养泉,吴立群,荣辉,等,2013.钱家店铀矿床铀源及还原介质条件分析[R].武汉:中国地质大学(武汉).

焦养泉,吴立群,荣辉,等,2014.鄂尔多斯盆地东北部阴山物源-沉积体系重建及与铀成矿关系研究[R].武汉:中国地质大学(武汉).

焦养泉,吴立群,荣辉,等,2018b.铀储层地质建模:揭示成矿机理和应对"剩余铀"的地质基础[J].地球科学,43(10):3568-3583.

焦养泉,吴立群,汪小妹,等,2012.松辽盆地铀资源评价及南部地区铀成矿规律与预测研究[R].武汉:中国地质大学(武汉).

焦养泉,吴立群,杨生科,等,2006.铀储层沉积学——砂岩型铀矿勘查与开发的基础[M].北京:地质出版社.

金有忠,田文浩,2011.若尔盖铀矿田成矿地质条件及资源潜力分析[J].中国地质,38(3):681-691.

金中国,2013.黔北务正道地区铝土矿成矿规律研究[M].北京:地质出版社.

金中国,武国辉,黄智龙,等,2009.贵州务川瓦厂坪铝土矿矿床地球化学特征[J].矿物学报,29(4):458-462.

康玉柱,2018.中国非常规油气勘探重大进展和资源潜力[J].石油科技论坛,37(4):1-7.

孔德顺,2014.煤系高岭土及其应用研究进展[J].化工技术与开发,43(7):39-41.

兰心俨,1981.山东南墅前寒武纪含石墨建造的特征及石墨矿床的成因研究[J].长春地质学院学报(3):30-34.

黎家芳,1986.新乐文化的科学价值和历史地位[J].中国历史博物馆馆刊:10-15.

李超,王登红,赵鸿,等,2015.中国石墨矿床成矿规律概要[J].矿床地质,34(6):1223-1236.

李春阳,1991.滕县煤田石炭二叠纪煤系锗镓分布特征[J].中国煤田地质,3(1):31-37.

李大华,唐跃刚,陈坤,等,2005.重庆煤中稀土元素的地球化学特征研究[J].中国矿业大学学报,34(3):312-317.

李厚民,陈毓川,李立兴,等,2012a.中国铁矿成矿规律[M].北京:地质出版社.

李厚民,王登红,李立兴,等,2012b.中国铁矿成矿规律及重点矿集区资源潜力分析[J].中国地质,39(3):559-580.

李继业,1984.吉林省刘房子钠质膨润土矿床地质特征[J].吉林大学学报(3):73-77.

李建威,赵新福,邓晓东,等,2019.新中国成立以来中国矿床学研究若干重要进展[J].中国科学(D辑:地球科学),49(11):1720-1771.

李建忠,郭彬程,郑民,等,2012.中国致密砂岩气主要类型、地质特征与资源潜力[J].天然气地球科学,23(4):607-615.

李晋,任大伟,陈世悦,1989.内蒙老石旦矿区高岭土矿床的成因分析[J].岩石学报(3):76-84.

李靖,曹代勇,豆旭谦,等,2012.木里地区天然气水合物成藏模式[J].辽宁工程技术大学学报(自然科学版),31(4):484-488.

李靖,姚征,陈利敏,等,2017.木里煤田侏罗系煤系非常规气共存规律研究[J].煤炭科学技术,45(7):132-138.

李靖辉,2008.河南省碳硅泥岩型铀矿床地质特征[J].东华理工大学学报(自然科学版),31(2):121-126.

李俊,张定宇,李大华,等,2018.沁水盆地煤系非常规天然气共生聚集机制[J].煤炭学报,43(6):1533-1546.

李俊建,党智财,付超,等,2016a.华北陆块晋冀Al-Fe-Au-Pb-Zn-Ag-Cu-煤成矿带主要地质成矿特征及潜力分析[J].地质学报,90(7):1482-1503.

李俊建,何玉良,付超,等,2016b.豫西Au-Mo-W-Pb-Zn-Ag-Fe-铝土矿-石墨成矿带主要地质成矿特征及潜力分析[J].地质学报,90(7):1504-1524.

李琨杰,2019.沁水盆地中南部太原组煤系页岩孔隙特征研究[D].太原:太原理工大学.

李鹏,2014.琥珀的产地特征鉴定[D].天津:天津大学.

李琼,2007.鄂尔多斯盆地西南地区深部地层放射性异常及其对烃源岩演化的影响[D].西安:西北大学.

李瑞玉,1983.川南硫铁矿特征与富集规律[J].化工矿山技术(S1):5-8.

李山坡,刘宝宏,张丽娜,2009.河南省鲁山县背孜矿区石墨矿床地质特征及其成因探讨[J].化工矿产地质,31(2):207-212.

李胜祥,韩效忠,蔡煜琦,等,2006.伊犁盆地南缘西段中下侏罗统水西沟群沉积体系及其对铀成矿的控制作用[J].中国地质,33(3):582-590.

李盛富,张蕴,2004.砂岩型铀矿床中铀矿物的形成机理[J].铀矿地质,20(2):80-84+90.

李疏芳,李晓帆,2010.迄今最古老琥珀在中国新疆西昆仑山发现——兼谈琥珀文明及琥珀概况[J].新疆有色金属(2):1-5.

李双林,欧阳自远,1998.兴蒙造山带及邻区的构造格局与构造演化[J].海洋地质与第四纪地质,18(3):45-54.

李顺初,2001.碳硅泥岩型铀矿找矿回顾与展望[C].北京:中国核工业地质局,77-85.

李思田,1996.含能源盆地沉积体系——中国内陆和近海主要沉积体系类型的典型分析[M].武汉:中国地质大学出版社.

李思田,1999.沉积盆地中含烃热流体动力学及其在成矿过程中的作用[R].武汉:中国地质大学(武汉).

李思田,程守田,杨士恭,等,1992.鄂尔多斯盆地东北部层序地层及沉积体系分析——侏罗系富煤单元的形成、分布及预测基础[M].北京:地质出版社.

李思田,林畅松,解习农,等,1995.大型陆相盆地层序地层学研究——以鄂尔多斯中生代盆地为例[J].地学前缘(中国地质大学,北京),2(3-4):133-136.

李宛霖,夏举佩,陈正杰,等,2019.我国铝土矿资源储量及分布[J].西部皮革,41(2):74-75.

李小彦,司胜利,2008.鄂尔多斯盆地煤的热解生烃潜力与成烃母质[J].煤田地质与勘探,36(3):1-11.

李星学,1955.煤田勘探中应注意的几种其他矿产[J].地质知识(1):6-9.

李学永,2009.中国油页岩成矿特征分析[J].洁净煤技术,15(6):68-70.

李有禹,1996.湖南下寒武统石煤中的镍钼铂族元素的地球化学特征[J].煤炭学报,21(3):261-264.

李远忠,王煦曾,吴传荣,等,1982.中国南方石煤资源综合考察报告[R].西安:煤炭科学院地质勘探分院地质研究所.

李增华,池国祥,邓腾,等,2019.活化断层对加拿大阿萨巴斯卡盆地不整合型铀矿的控制[J].大地构造与成矿学,43(3):518-527.

李增学,王东东,吕大炜,等,2018.煤系矿产类型及协同勘查研究进展:兼论煤地质学一些概念的规范化问题[J].煤炭科学技术,46(4):164-176+201.

李钟模,1994.中朝准地台本溪组硫铁矿的分布规律及预测兼论铝土矿的分布规律[J].化工矿产地质,16(1):41-48.

梁冰,石迎爽,孙维吉,等,2016.中国煤系"三气"成藏特征及共采可能性[J].煤炭学报,41(1):167-173.

梁狄刚,张水昌,赵孟军,等,2002.库车拗陷的油气成藏期[J].科学通报,47(S1):62-70.

梁华英,王秀璋,程景平,2002.粤中富湾超大型银矿床形成条件讨论[J].矿床地质,21(S1):633-634.

梁华英,王秀璋,程景平,等,2000.广东长坑-富湾超大型独立银矿床Rb-Sr定年及形成分析[J].地质科学,35(1):47-54.

梁华英,夏萍,王秀璋,等,1998a.长坑矿田金、银矿床地球化学特征及形成差异分析[J].地质论评,44(2):194-199.

梁华英,夏萍,王秀璋,等,1998b.广东富湾银矿脉状矿化地球化学特征研究[J].地球化学,27(3):230-235.

梁华英,喻亨祥,夏萍,2009.粤中三水盆地长坑金矿赋金硅质岩特征及形成研究[J].地球化学,38(2):195-201.

梁华英,喻亨祥,曾提,等,2006.富湾超大型银矿床Ar-Ar年龄、铅同位素特征及形成条件分析[J].吉林大学学报(地球科学版),36(5):767-773.

梁修睦,毛顺利,王芳,2000.浙东南主要非金属矿成矿特点与成因[J].浙江国土资源,16(1):25-30.

辽宁省煤田地质勘探公司科学技术研究所,1979.沈阳新乐遗址煤制品产地探讨[J].考古(1):79-81.

廖士范,1959.铝土矿的工业类型及勘探方法[J].中国地质:18-21.

廖士范,1994.论铝土矿床成因及矿床类型[J].华北地质矿产杂志,9(2):153-160.

廖士范,梁同荣,1991.中国铝土矿地质学[M].贵阳:贵州科技出版社.

廖士范,梁同荣,张月恒,1989.论我国铝土矿床类型及其红土化风化壳形成机制问题[J].沉积学报,7(1):1-10.

林小云,陈倩岚,李静,2011.南华北地区二叠系烃源岩分布及地化特征[J].海洋地质前沿,27(4):21-25.

凌洪飞,2011.论花岗岩型铀矿床热液来源——来自氧逸度条件的制约[J].地质评论,57(2):193-206.

刘柏谦,1999.油页岩在国家能源结构中的地位[J].中国能源(2):19-21.

刘帮军,林明月,2015.山西平朔矿区9号煤中锂的富集机理及物源研究[J].煤炭技术,34(8):115-117.

刘长龄,1987.中国铝土矿的成因类型[J].中国科学(B辑)(5):535-554.

刘长龄,1992.中国铝土矿和高铝黏土[M].天津:天津科学技术出版社.

刘长龄,覃志安,1989.中国沉积型铝土矿岩(矿)石结构构造与成因的关系[J].河北地质学院学报,12(3):

263-275.

刘长龄,覃志安,1991.我国铝土矿中微量元素的地球化学特征[J].沉积学报,9(2):25-33.

刘长龄,王双彬,1990.我国铝土矿的含矿层位、成矿区带及其形成机理[J].地质与勘探(5):18-25.

刘池洋,2005.盆地多种能源矿产共存富集成藏(矿)研究进展[M].北京:科学出版社.

刘池洋,邱欣卫,吴柏林,等,2007.中-东亚能源矿产成矿域基本特征及其形成的动力学环境[J].中国科学(D辑:地球科学),37(S1):1-15.

刘池洋,吴柏林,2016.油气煤铀同盆共存成藏(矿)机理与富集分布规律[M].北京:科学出版社.

刘德汉,傅家谟,肖贤明,等,2005.煤成烃的成因与评价[J].石油勘探与开发,32(4):137-141.

刘嘉,2016.煤精的岩矿特征与质量分级[J].中国科技信息(12):27.

刘建强,迟乃杰,从培章,等,2015.煤系共伴生矿产定义内涵及分类[J].山东国土资源,31(9):30-34.

刘金,刘玉亮,陈红汉,等,2002.临南地区煤型气成藏主控条件分析[J].油气地质与采收率,9(4):42-44.

刘克云,1989.黔中铝土矿中铝矿物的矿物学研究[J].贵州地质,6(4):313-320.

刘礼,2013.论山西孝义西河底一带山西式沉积型铁矿地质特征及成矿模式[J].华北国土资源(4):66-67.

刘培森,1994.高明西安隐伏花岗岩体的圈定及意义[J].广东地质,9(2):77-80.

刘平,1987.初论贵州之铝土矿[J].贵州地质,4(1):1-10.

刘平,1996.六论贵州之铝土矿-铝土矿床成因类型划分意见[J].贵州地质,13(1):45-60.

刘平,2007.黔北务-正-道地区铝土矿地质概要[J].地质与勘探,43(5):29-33.

刘平,廖友常,2014.黔中-渝南沉积型铝土矿区域成矿模式及找矿模型[J].中国地质,41(6):2063-2082.

刘钦甫,杨晓杰,张鹏飞,等,2002.中国煤系高岭岩(土)资源成矿机理与开发利用[J].矿物学报,22(4):359-364.

刘钦甫,张鹏飞,1995.煤系高岭岩特征及利用[J].中国煤田地质,7(1):32-35.

刘钦甫,张鹏飞,1997.华北晚古生代煤系高岭岩物质组成和成矿机理研究[M].北京:海洋出版社.

刘全有,戴金星,李剑,等,2007.塔里木盆地天然气氢同位素地球化学与对热成熟度和沉积环境的指示意义[J].中国科学(D辑:地球科学),37(12):1599-1608.

刘全有,刘文汇,徐永昌,等,2007.苏里格气田天然气运移和气源分析[J].天然气地球化学,18(5):697-702.

刘松柏,杨梅珍,吴洪恩,等,2011.新疆苏吉泉球状石墨矿床成矿模式[J].新疆地质,29(2):178-182.

刘兴兵,程军,唐本锋,等,2013.重庆市上二叠统硫铁矿沉积环境及成矿模式[J].地质科技情报,32(1):148-154.

刘兴忠,张待时,罗长本,等,1997.中国铀矿找矿指南[R].北京:中国核工业地质局.

刘选,2014.吐哈盆地水西沟群致密砂岩储层特征及气藏成藏机理研究[D].青岛:中国石油大学(华东).

刘英俊,1982.中国含镓矿床的主要成因类型[J].矿床地质,1(1):51-60.

刘英俊,曹励明,1987.元素地球化学导论[M].北京:地质出版社.

刘英俊,曹励明,李兆麟,等,1984.元素地球化学[M].北京:科学出版社.

刘悦,丛卫克,2017.世界铀资源、生产及需求概况[J].世界核地质科学,34(4):200-206.

刘云勇,姚敬敏,2017.湖北黄陵断穹核北部石墨矿形成机制探讨[J].资源环境与工程,31(5):536-540.

刘招君,董清水,王嗣敏,等,2002.陆相层序地层学导论与应用[M].北京:石油工业出版社.

刘招君,董清水,叶松青,等,2006.中国油页岩资源现状[J].吉林大学学报(地球科学版),36(6):869-876.

刘招君,柳蓉,2005.中国油页岩特征及开发利用前景分析[J].地学前缘,12(3):315-323.

刘招君,杨虎林,董清水,等,2009.中国油页岩[M].北京:石油工业出版社.

刘正宏,徐仲元,杨振升,2002.阴山中生代地壳逆冲推覆与伸展变形作用[J].地质通报,21(4-5):246-250.

刘正宏,徐仲元,杨振升,2003.内蒙古大青山印支运动厘定[J].地质论评,49(5):457-463.

刘正宏,徐仲元,杨振升,等,2004.鄂尔多斯北缘石合拉沟逆冲推覆构造的发现及意义[J].地质调查与研究,27(1):24-27.

刘中凡,2001.世界铝土矿资源综述[J].轻金属(5):7-8+10-12.

柳蓉,2007.东北地区东部新生代断陷盆地油页岩特征及成矿机制研究[D].长春:吉林大学.

柳蓉,刘招君,2006.国内外油页岩资源现状及综合开发潜力分析[J].吉林大学学报(地球科学版),36(6):892-898.

龙涛,2016.黑龙江省鸡西市柳毛石墨矿床地球化学特征及其成因分析[D].北京:中国地质大学(北京).

卢良兆,徐学纯,刘福来,1996.中国北方早前寒武纪孔兹岩系[M].长春:长春出版社.

卢衍豪,1979.中国寒武纪沉积矿产与"生物-环境控制论"[M].北京:地质出版社.

鲁超,2019.二连盆地巴彦乌拉铀矿田构造控矿机制和成矿模式[D].武汉:中国地质大学(武汉).

鲁超,焦养泉,彭云彪,等,2016.二连盆地马尼特坳陷西部幕式裂陷作用对铀成矿的影响[J].地质学报,90(12):3483-3491.

吕惠进,王建,2005.浙西寒武系底部黑色岩系含矿性和有用组分的赋存状态[J].矿床地质,24(5):567-574.

吕育林,2017.黄县盆地李家崖组煤与油页岩共生成矿特征与组合成矿模式研究[J].中国煤炭地质,29(5):1-6+26.

罗大富,刘建安,苏提高,2005.安溪青洋石墨矿床地质特征及其成因探讨[J].中国煤田地质,17(S1):31-33.

罗佑玖,黎世美,卢欣祥,等,2000.河南省主要矿产的成矿作用及矿床成矿系列[M].北京:地质出版社.

马丽,拓宝生,2020.陕西富油煤资源量居全国之首榆林可"再造一个大庆油田"[J].陕西煤炭:220-222.

马萌芽,2017.煤及其燃烧产物中稀土元素地球化学特征[D].徐州:中国矿业大学.

马雪梅,1991.神木煤田主采煤层煤岩组成、煤的结构及成浆性研究[D].北京:中国矿业大学.

马志鑫,罗茂金,刘喜停,等,2018.四川南江坪河石墨矿炭质来源及成矿机制[J].地质科技情报,37(3):134-139.

麦克米林,瞿维珍,1980.加拿大重要铀矿床的分类和成因问题[J].放射性地质,(1):34-41+27.

满建康,周明磊,梁顺,等,2011.科学采矿视角下煤系共伴生矿产资源的开采初探[J].煤矿安全,42(1):142-144.

毛景文,杨宗喜,谢桂青,等,2019.关键矿产——国际动向与思考[J].矿床地质,38(4):689-698.

毛晓冬,2003.广东省长坑-富湾金银矿床成矿作用[D].成都:成都理工大学.

毛晓冬,黄思静,2002.长坑-富湾金、银矿床硫同位素组成特征及其意义[J].华南地质与矿产(1):17-22.

毛晓冬,黄思静,2003b.长坑-富湾金、银矿床铅同位素组成特征及其意义[J].华南地质与矿产(1):27-32.

毛晓冬,黄思静,刘云华,2003c.广东长坑-富湾金、银矿床流体地球化学特征及其意义[J].成都理工大学学报(自然科学版),30(2):11-19.

毛晓冬,刘云华,黄思静,2003a.广东省长坑-富湾金、银矿床成矿时代研究[J].自然科学进展,13(12):1325-1328.

毛裕年,闵永明,1989.西秦岭硅灰泥岩型铀矿[M].北京:地质出版社.

煤炭科学院地质勘探分院,山西煤田地质勘探公司,1987.中国平朔矿区含煤地层沉积环境[M].西安:陕西人民教育出版社.

苗爱生,2010.鄂尔多斯盆地东北部砂岩型铀矿古层间氧化带特征与铀成矿的关系[D].武汉:中国地质大学(武汉).

莫如爵,刘绍斌,黄翠蓉,等,1989.中国石墨矿床[M].北京:中国建筑工业出版社.

木士春,1997.我国硅藻土矿石质量与矿床成因类型的关系及其开发应用[J].矿物岩石地球化学通报,16(S1):95-96.

木士春,2002.中国陆相硅藻土物化特征及对硅藻生长、堆埋环境指示意义[J].湖南科技大学学报(自然科学版),17(3):16-21.

聂海宽,张金川,薛会,等,2009.杭锦旗研究区储层致密化与天然气成藏的关系[J].西安石油大学学报(自然科学版),24(1):1-7.

宁树正,邓小利,李聪聪,等,2017.中国煤中金属元素矿产资源研究现状与展望[J].煤炭学报,42(9):2214-2225.

牛林,黄树桃,杨贵生,1994.额仁淖尔凹陷努和廷矿床铀矿化特征[R].北京:核工业地质研究院.

欧阳永林,2018.中国煤系气成藏特征及勘探对策[J].地质勘探,38(3):15-23.

潘家永,张乾,张宝贵,等,1996.粤西金、银矿床成矿规律探讨[J].矿床地质,15(3):257-265.

潘贤庄,张国华,黄义文,等,2001.崖13-1气田天然气的混源特征[J].中国海上油气,15(2):99-104.

庞雄奇,LERCHEI,王雅春,等,2001.煤系烃源岩排烃门限理论研究与应用[M].北京:石油工业出版社.

裴荣富,1995.中国矿床模式[M].北京:地质出版社.

彭国桢,朱莉,2006.多米尼加琥珀[J].宝石和宝石学杂志,8(3):32-35.

彭家石,廖世贤,陈云中,等,1961.某地侏罗纪煤中铀矿床的成因问题[J].原子能科学技术(12):3-16.

彭苏萍,张博,王佟,等,2015.煤炭资源可持续发展战略研究[M].北京:煤炭工业出版社.

彭新建,2003.不整合面型铀矿床的成矿作用——地下水流和热迁移模型[J].世界核地质科学,20(3):147-152.

彭云彪,2007.鄂尔多斯盆地东北部古砂岩型铀矿的形成与改造条件分析[D].武汉:中国地质大学(武汉).

彭云彪,焦养泉,陈安平,等,2019.内蒙古中西部中生代产铀盆地理论技术创新与重大找矿突破[M].武汉:中国地质大学出版社.

彭云彪,焦养泉,张金带,等,2015.同沉积泥岩型铀矿床——二连盆地超大型努和廷铀矿床典型分析[M].北京:地质出版社.

蒲静,秦启荣,2007.煤成油的研究现状[J].内蒙古石油化工(6):7-9.

戚厚发,1986.含煤地层天然气资源类型[J].天然气工业,6(1):101-104.

戚厚发,1993.华北地区石炭-二叠系天然气资源、成藏特征及勘探策略[J].石油勘探与开发,20(6):23-28.

戚华文,胡瑞忠,苏文超,等,2002.临沧锗矿褐煤的稀土元素地球化学[J].地球化学,31(3):300-308.

漆富成,张字龙,李治兴,等,2012.中国碳硅泥岩型铀矿床时空演化规律[J].铀矿地质,28(2):65-71.

钱承欣,1993.石墨的类型、性能、选矿和使用[J].国外金属矿选矿(12):12-13.

钱家麟,尹亮登,2008.油页岩:石油的补充能源[M].北京:中国石化出版社.

乔博,夏守春,艾庆琳,等,2018.鄂尔多斯盆地上古生界致密砂岩气成藏特征[J].科学技术与工程,18(13):42-49.

乔军伟,李聪聪,范琪,等,2016.青藏高原北部成煤地质背景及煤系矿产资源特征[J].煤炭学报,41(2):294-302.

秦宏,姜秀民,孙键,等,1997. 中国油页岩的能源利用[J]. 节能(12):17-19.

秦建强,杨占盈,2010. 彬长矿区北部的煤质特征[J]. 煤炭技术,29(7):107-110.

秦匡宗,郭绍辉,李术元,1998. 煤结构的新概念与煤成油机理的再认识[J]. 科学通报,43(18):1912-1981.

秦明宽,赵瑞全,王正邦,1999. 伊犁盆地可地浸砂岩铀矿床层间氧化带的分带性及后生蚀变[J]. 地球学报,20(S0):644-650.

秦身钧,高康,陆青锋,等,2015. 煤中锂的研究进展[J]. 吉林大学学报(地球科学版),45(S1):48-49.

秦胜利,2001. 内蒙古胜利煤田锗矿床赋存规律及找矿方向[J]. 中国煤田地质,13(3):18-19.

秦艳,张文正,彭平安,等,2009. 鄂尔多斯盆地延长组长7段富铀烃源岩的铀赋存状态与富集机理[J]. 岩石学报,25(10):2469-2476.

秦勇,2018. 中国煤系气共生成藏作用研究进展[J]. 天然气工业,38(4):26-36.

秦勇,梁建设,申建,等,2014. 沁水盆地南部致密砂岩和页岩的气测显示与气藏类型田[J]. 煤炭学报,39(8):1559-1565.

秦勇,申建,沈玉林,2016. 叠置含气系统共采兼容性——煤系"三气"及深部煤层气开采中的共性地质问题[J]. 煤炭学报,41(1):14-23.

秦勇,唐修义,叶建平,等,2000. 中国煤层甲烷稳定碳同位素分布与成因探讨[J]. 中国矿业大学学报,29(2):113-119.

秦勇,吴建光,申建,等,2018. 煤系气合采地质技术前缘性探索[J]. 煤炭学报,43(6):1504-1516.

秦勇,曾勇,1996. 煤层甲烷储层评价及生产技术[M]. 徐州:中国矿业大学出版社.

全国矿产储量委员会,1986. 煤炭资源地质勘探规范[S].

饶雪峰,范德廉,1990. 湘中桃江中奥陶统黑色岩系岩石地球化学及成因[J]. 岩石学报(3):78-86.

任德贻,1999. 沈北煤田煤中伴生元素分布特征化[J]. 中国矿业大学学报,28(1):5-8.

任德贻,代世峰,2009. 煤和含煤岩系中潜在的共伴生矿产资源——一个值得重视的问题[J]. 中国煤炭地质,21(10):1-4.

任德贻,赵峰华,代世峰,等,2006. 煤的微量元素地球化学[M]. 北京:科学出版社.

任纪舜,牛宝贵,刘志刚,1999. 软碰撞、叠覆造山和多旋回缝合作用[J]. 地学前缘,6(3):85-93.

任军平,许康康,相振群,等,2015. 南非维特沃特斯兰德盆地绍斯迪普金矿床地质特征、成矿模式和找矿模型[J]. 地质通报,34(6):1217-1226.

任明,张生奇,程文厚,等,2012. 鄂西北下寒武统黑色岩系中的钒矿床[J]. 矿产与地质,26(4):271-278+304.

陕西煤田地质勘探公司185队,1989. 陕西早中侏罗世含煤岩系沉积环境[M]. 西安:陕西科学出版社.

陕西省一八五煤田地质勘探队,1993. 陕西省陕北侏罗纪煤田神木北部矿区前石畔井田勘探(精查)地质报告[R].

邵飞,2007. 水-岩相互作用及其与铀成矿关系研究以相山铀矿田为例[D]. 武汉:中国地质大学(武汉).

沈阳市文物管理办公室,1978. 沈阳新乐遗址试掘报告[J]. 考古学报(4):449-466.

石光耀,2016. 广东高要县长坑-富湾金-银矿床地质与成矿流体地球化学[D]. 北京:中国地质大学(北京).

时虎,2001. 石墨的开发及其应用[J]. 发展论坛(12):24-27.

史建南,郝芳,邹华耀,2006. 琼东南盆地崖13-1高效天然气藏成藏机理研究[J]. 天然气地球科学,17(6):807-811.

舒孝敬,2007. 加拿大 McArthur River 铀矿床成矿特点及在我国寻找相同类型铀矿床的几点认识[J]. 铀矿地质,23(3):150-155.

宋霁,焦养泉,吴立群,等,2015.湖相泥岩型铀矿有利成矿条件分析[J].地质科技情报,34(5):120-126.

宋明义,2009.浙西地区下寒武统黑色岩系中硒与重金属的表生地球化学及环境效应[D].安徽:合肥工业大学.

苏现波,陈江峰,孙俊民,2001.煤层气地质学与勘探开发[M].北京:科学出版社.

孙蓓蕾,曾凡桂,李美芬,等,2010.西山煤田马兰矿区8号煤及其夹矸的微量与稀土元素地球化学特征[J].煤炭学报,35(1):110-116.

孙圭,赵致和,1998.中国北西部铀矿地质[R].西安:核工业西北地质局.

孙国凡,谢秋元,1986.鄂尔多斯盆地的演化叠加与含油气性——中国大陆板块内部一个大型盆地的原型分析[J].石油与天然气地质,7(4):357-367.

孙建之,2009.锂的测定方法的进展[J].理化检验(化学分册),45(10):1240-1244.

孙莉,肖克炎,王全明,等,2011.中国铝土矿资源现状和潜力分析[J].地质通报,30(5):722-728.

孙升林,吴国强,曹代勇,等,2014.煤系矿产资源及其发展趋势[J].中国煤炭地质,26(11):1-11.

孙思磊,2011.山西宁武县宽草坪铝土矿床地质与地球化学特征研究[D].北京:中国地质大学(北京).

孙晓明,NORMAN D I,孙凯,等,1999.粤中长坑金银矿成矿流体 N_2-Ar-He 示踪体系及来源[J].中国科学(D辑:地球科学),29(3):240-246.

孙玉壮,赵存良,李彦恒,等,2014.煤中某些伴生金属元素的综合利用指标探讨[J].煤炭学报,39(4):744-748.

孙泽飞,连碧鹏,史建儒,等,2018.鄂尔多斯盆地东北缘煤系致密砂岩孔喉结构特征及储层评价[J].地质科技情报,37(6):136-143.

孙肇才,谢秋元,1980.叠合盆地的发展特征及其含油气性——以鄂尔多斯盆地为例[J].石油实验地质,2(1):13-21.

孙中良,王芙蓉,侯宇光,等,2020.盐湖页岩有机质富集主控因素及模式[J].地球科学,45(4):1375-1387.

谭东,1990.稀土元素的特性和用途(上)[J].广西化工(1):2-7.

汤明章,刘香玲,1996.山西宁武铝土矿地质特征及沉积环境分析[J].华北地质矿产杂志,11(4):95-100.

唐超,邵龙义,2016.云南勐撒煤矿区伴生锗的赋存特征及成因分析[J].中国矿业大学学报,25(S2):212-216.

唐景忠,2018.桂东侏罗煤系伴生矿产成矿规律分析及找矿方向[J].中国煤炭地质,30(2):6-13.

唐修义,黄文辉,2004.中国煤中微量元素[M].北京:商务印书馆.

陶平,许启松,刘坤,2010.沉积型铝土矿预测方法及其影响因素——以贵州省铝土矿为例[J].地质通报,29(10):1533-1538.

陶树,2013.全球油页岩资源分布及开发利用现状[C]//中国地质学会.中国地质学会2013年学术年会论文摘要汇编——S13石油天然气、非常规能源勘探开发理论与技术分会场.

陶振鹏,2020.鄂尔多斯盆地东缘直罗组铀储层砂体内部结构及碳质碎屑空间分布地质建模[D].武汉:中国地质大学(武汉).

涂光炽,1994.成煤、成油、成气、成盐和成金属矿之间的关系[J].有色金属矿产与勘查,3(1):1-3.

万桂梅,金文正,2006.关于煤成油与煤制油的思考[J].新疆石油天然气,2(4):30-34.

汪毓煌,1992.滇西褐煤伴生元素锗的富集及评价[J].煤田地质与勘探,20(3):24-31.

王保群,2002.伊犁盆地南缘地浸砂岩型铀矿勘察的重大突破[C]//中国地质学会80周年学术文集.北京:地质出版社.

王登红,陈毓川,徐珏,等,1999.试论伴生矿床——以长坑金矿与富湾银矿为例[J].地球学报,20(S1):346-350.

王东东,李增学,吕大炜,等,2016.陆相断陷盆地煤与油页岩共生组合及其层序地层特征[J].地球科学,41(3):508-522.

王东东,李增学,王真奉,等,2013.黑龙江依兰盆地古近系煤与油页岩共生特点及层序地层格架[J].中国煤炭地质,25(12):1-7.

王恩孚,张汉英,1984.铝土矿地质学[M].北京:地质出版社.

王峰,冯聪,杜雪明,2020.共伴生矿产的概念辨析及其矿业权管理[J].中国国土资源经济,33(2):30-33+38.

王桂梁,琚宜文,郑孟林,等,2007.中国北部能源盆地构造[M].徐州:中国矿业大学出版社.

王国坤,金中国,刘开坤,2018.贵州碳酸盐岩型铀矿找矿前景分析[J].铀矿地质,34(1):9-14.

王海超,2017.沁水盆地中南部煤系气储层物性及叠置成藏模式[D].徐州:中国矿业大学.

王和中,1985.赣北早古生代石煤岩系及其找矿前景[J].江西地质(3-4).

王宏伟,刘焕杰,1989.内蒙准格尔煤田太原组地层中火山事件沉积研究[J].中国矿业大学学报,18(2):53-61.

王华,甘华军,任金锋,等,2011.南海西北部深水区古近系沉积相及烃源岩识别和储层评价[R].武汉:中国地质大学(武汉).

王徽枢,1989.河南西峡琥珀的矿物学研究[J].矿物学报,9(4):338-344.

王惠勇,陈世悦,李红梅,等,2015.济阳坳陷石炭-二叠系煤系页岩气生烃潜力评价[J].煤田地质与勘探,43(3):38-44.

王家昌,张家英,朱艳,2013.我国石墨成矿特征及找矿标志[J].中国非金属矿工业导刊(3):49-51.

王杰,任军平,何胜飞,等,2014.南非主要金矿集区研究现状及存在问题[J].地质论评,60(5):997-1008.

王杰,任军平,刘晓阳,等,2013.南非维特沃特斯兰德德里霍特恩(Driefontein)超大型金(铀)矿床[J].矿床地质,32(6):1308-1311.

王利,郭兆熊,张卫峰,等,2007.世界硫资源供需形势分析与中国的应对策略[J].化肥工业,34(2):5-9.

王嘹亮,胡善亭,1993.刘房子盆地沉积环境及煤和膨润土赋存规律[J].长春地质学院学报,23(3):306-311.

王路,曹代勇,董业绩,等,2017.湖南鲁塘矿区煤成石墨的构造——热条件控制作用研究[R].中国地球科学联合学术年会.

王起超,康淑莲,陈春,等,1996.东北、内蒙古东部地区煤炭中微量元素含量及分布规律[J].环境化学,15(1):27-35.

王庆飞,邓军,刘学飞,等,2012.铝土矿地质与成因研究进展[J].地质与勘探,48(3):430-448.

王荃,1986.内蒙古中部中朝与西伯利亚古板块间缝合线的确定[J].地质学报(1):31-43.

王三才,1994.川南硫铁矿及硅质岩的沉积环境[J].川煤地勘(11):22-25.

王生维,侯光久,张明,等,2005.晋城成庄矿煤层大裂隙系统研究[J].科学通报,50(SI):38-44.

王双明,1996.鄂尔多斯盆地聚煤规律及煤炭资源评价[M].北京:煤炭工业出版社.

王双明,段中会,马丽,等,2019.西部煤炭绿色开发地质保障技术研究现状与发展趋势[J].煤炭科学技术,47(2):1-6.

王双明,黄庆享,范立民,等,2010.生态脆弱区煤炭开发与生态水位保护[M].北京:科学出版社.

王铁冠,钟宁宁,侯读街,等,1995.低熟油气形成机理与分布[M].北京:石油工业出版社.

王庭斌,2004.中国含煤-含气(油)盆地的地质条件[J].中国科学(D辑:地球科学),34(2):117-124.

王婷灏,黄文辉,闫德宇,等,2016.中国大型煤-锗矿床成矿模式研究进展:以云南临沧和内蒙古乌兰图嘎煤-锗矿床为例[J].地学前缘,23(3):113-123.

王佟,王庆伟,傅雪海,2014.煤系非常规气的系统研究及意义[J].煤田地质与勘探,42(1):24-27.

王文峰,秦勇,刘新花,等,2011.内蒙古准格尔煤田煤中镓的分布赋存与富集成因[J].中国科学(D辑:地球科学),41(2):181-196.

王文峰,秦勇,宋党育,等,2002.晋北中高硫煤中稀土元素的地球化学特征[J].地球化学,31(6):564-570.

王文利,1993.抚顺始新统琥珀中蚜类化石的发现及其意义[J].中国地质科学院院报,27-28:175-182.

王文颖,苏克,高桂梅,等,2006.吉林省油页岩中铂族元素的化学特征及分配规律研究[J].吉林大学学报(地球科学版),36(6):969-973.

王煦曾,朱椰如,王杰,1992.中国煤田的形成与分布[M].北京:科学出版社.

王雅玫,牛盼,谢璐华,2013.应用稳定同位素示踪琥珀的产地[J].宝石和宝石学杂志,15(3):9-17.

王雅玫,杨明星,牛盼,2014.不同产地琥珀有机元素组成及变化规律研究[J].宝石和宝石学杂志,16(2):10-16.

王妍,施光海,师伟,等,2015.三大产地(波罗的海、多米尼加和缅甸)琥珀红外光谱鉴别特征[J].光谱学与光谱分析,35(8):2164-2169.

王真乐,1980.浙西石煤的矿物组成[J].煤田地质与勘探:28-32.

王正邦,2002.国外地浸砂岩型铀矿地质发展现状与展望[J].铀矿地质,18(1):9-21.

王中刚,余学元,赵振华,等,1989.稀土元素地球化学[M].北京:科学出版社.

卫宏,陆昌后,窦随兵,1990.太原西山煤田煤层中的镓元素及其工业意义[J].山西矿业学院学报,4(8):382-386.

魏俊峰,2000.风化型和含煤建造沉积型高岭土的物质组成对比研究[J].华东地质学院学报,23(3):184-187.

魏强,2018.煤型锗矿床中异常富集微量元素的亲和性研究[D].北京:中国矿业大学.

吴朝东,陈其英,杨承运,1999.湘西黑色岩系沉积演化与含矿序列[J].沉积学报,17(2):167-175.

吴道蓉,吴殿虎,1994.我国煤系非金属矿产资源开发利用雏议[J].煤炭科学技术,22(1):48-49.

吴盾,孙若愚,刘桂建,2013.淮南朱集井田二叠纪煤中稀土元素地球化学特征及其地质解释[J].地质学报,87(8):1158-1166.

吴国代,王文峰,秦勇,等,2009.准格尔煤中镓的分布特征和富集机理分析[J].煤炭科学技术,37(4):117-120.

吴浩,姚素平,焦堃,等,2013.下扬子区上二叠统龙潭组页岩气勘探前景[J].煤炭学报,38(5):870-876.

吴俊,1994.中国煤成烃基本理论与实践[M].北京:煤炭工业出版社.

吴强,彭同江,孙红娟,等,2018.四川广元石煤提钒工艺矿物学特征及含钒矿物分析[J].矿物学报,38(3):329-335.

吴文杰,王雅玫,2014.琥珀的激光拉曼光谱特征研究[J].宝石和宝石学杂志,16(1):40-45.

武汉地质学院煤田教研室,1979.煤田地质学(上册)[M].北京:地质出版社.

武汉地质学院煤田教研室,1981.煤田地质学(下册)[M].北京:地质出版社.

西安煤炭科学研究所地质室煤中伴生元素课题组,1973.煤中锗的分布及其成因的初步探讨[J].煤田地质与勘探:66-75.

席振铢,朱伟国,张道军,等,2012.采用音频大地电磁法间接探测深埋富集铁矿床[J].中国有色金属学报,22(3):928-933.

夏毓亮,林锦荣,刘汉彬,等,2003.中国北方主要产铀盆地砂岩型铀矿成矿年代学的研究[J].铀矿地质,19(3):129-136.

肖克炎,孙莉,李思远,等,2016.我国石墨矿产地质特征及资源潜力分析[J].地球学报,37(5):607-614.

肖克炎,孙莉,阴江宁,等,2014.全国重要矿产预测评价[J].地球学报,35(5):543-551.

谢英刚,秦勇,叶建平,等,2016.临兴地区上古生界煤系致密砂岩气成藏条件分析[J].煤炭学报,41(1):181-191.

邢秋雨,2014.不同产地琥珀的宝石学特征研究[D].昆明:昆明理工大学.

邢莹莹,2009.辽宁抚顺煤雕工艺品的组分及分类研究[J].超硬材料工程,21(5):55-58.

邢莹莹,朱莉,2007.辽宁抚顺煤精的宝石学特征研究[J].宝石和宝石学杂志,9(4):21-24+36.

熊先孝,薛天星,商朋强,等,2010.重要化工矿产资源潜力评价技术要求[M].北京:地质出版社.

徐锭明,2006.积极推进我国替代能源发展[J].中国建设动态:阳光能源(2):3-4.

徐浩,2017.鄂尔多斯盆地煤系矿产资源赋存规律的构造控制研究[D].北京:中国矿业大学.

徐红奕,杨如增,李敏捷,等,2007.琥珀的有机元素分析[J].宝石和宝石学杂志,9(1):12-14.

徐论勋,李建民,李景义,2004.吐哈盆地台北凹陷侏罗系烃源岩特征[J].江汉石油学院学报,26(2):13-14.

徐兴国,1985.川东及邻近地区早侏罗世铁岩的沉积环境及形成过程探讨[J].沉积学报,3(2):119-128.

徐兴国,钱桂华,蒲显成,1989.上扬子区上二叠统底部硫、锰、铁、铝矿产系列及含矿岩段的成因探讨[J].四川地质学报,9(2):32-39.

徐仲元,刘正宏,杨振升,2001.内蒙古大青山地区中生代造山运动及构造演化[J].长春科技大学学报,31(4):317-322.

许国镇,王云龙,黄素媛,1982.从杨家堡石煤提钒的中间产物中提取银的试验[J].地球科学(1):207-217.

许圣传,刘招君,董清水,等,2012.陆相盆地含煤、油页岩和蒸发盐地层单元沉积演化[J].吉林大学学报(地球科学版),42(2):296-303.

许霞,2013.山西平朔矿区9号煤中锂的分布特征及富集因素分析[C]//中国地质学会青年工作委员会.中国地质学会青年工作委员会第一届全国青年地质大会论文集:828-831.

晏达宇,2004a.煤系共伴生矿产资源开发利用技术发展趋势与对策[J].煤炭企业管理:46-47.

晏达宇,2004b.我国煤系共伴生矿产资源概况及开发利用的意义[J].煤炭加工与综合利用(6):44-47.

杨庚,钱祥麟,1995.中新生代天山板内造山带隆升证据:锆石、磷灰石裂变径迹年龄测定[J].北京大学学报(自然科学版),31(4):473-478.

杨华,刘新社,2014.鄂尔多斯盆地古生界煤成气勘探进展[J].石油勘探与开发,41(2):129-137.

杨华,席胜利,魏新善,等,2016.鄂尔多斯盆地大面积致密砂岩气成藏理论[M].北京:科学出版社.

杨华,张文正,2005.论鄂尔多斯盆地长7段优质油源岩在低渗透油气成藏富集中的主导作用:地质地球化学特征[J].地球化学,34(2):147-154.

杨建业,2008.内蒙古准格尔黑岱沟6号煤层中微量元素的相分异作用[J].燃料化学学报,36(6):646-652.

杨建业,2009.煤可溶烃中一种特殊的稀土元素地球化学现象——以渭北中熟煤为例[J].燃料化学学报,37(5):527-532.

杨建业,2015.从红外光谱处理的数据看镧系元素与煤有机质的关系——以太原西山矿区8号煤层为例[J].煤炭学报,40(5):1109-1116.

杨建业,狄永强,张卫国,2011.伊犁盆地 ZK0161 井褐煤中铀及其他元素的地球化学研究[J].煤炭学报,36(6):945-952.

杨晶晶,秦身钧,张健雅,等,2012.锂提取方法研究进展与展望[J].化工矿物与加工,41(6):44-46.

杨明慧,刘池洋,2006.鄂尔多斯中生代陆相盆地层序地层格架及多种能源矿产聚集[J].石油与天然气地质,27(4):563-570.

杨起,韩德馨,1979.中国煤田地质学(上册·煤田地质基础理论)[M].北京:煤炭工业出版社.

杨锡禄,周国铨,1996.中国煤炭工业百科全书:地质测量卷[M].北京:煤炭工业出版社.

杨一萍,王雅玫,2010.琥珀与柯巴树脂的有机成分及其谱学特征综述[J].宝石和宝石学杂志,12(1):16-22.

杨玉平,钟建华,孙玉凯,等,2014.吐哈盆地水西沟群"近生近储"型致密砂岩气藏特征及其成藏机制[J].中国石油大学学报(自然科学版)(38):41.

杨振军,刘国范,马庚,等,2005.豫西铝土矿成矿地质条件及找矿前景[J].矿产与地质,19(3):280-285.

杨振强,蒋德和,赵时久,1993.湘中地区奥陶系和震旦系含锰层中稳定同位素组成的沉积学新解释[J].岩相古地理,13(2):25-36.

姚德贤,曹建劲,1995.中国玉石矿床类型[J].矿山与地质,9(1):49-55.

姚海鹏,2017.鄂尔多斯盆地北部晚古生代煤系非常规天然气耦合成藏机理研究[D].徐州:中国矿业大学.

姚海鹏,朱炎铭,刘宇,等,2018.鄂尔多斯盆地伊陕斜坡北部煤系非常规天然气成藏特征[J].科学技术与工程,18(3):160-167.

姚素平,1996.煤成油有机岩石学研究进展[J].地球科学进展,11(5):439-444.

姚素平,丁海,胡凯,等,2010.我国南方早古生代聚煤过程中硫的生物地球化学行为及成矿效应[J].地球科学进展,25(2):174-183.

姚振凯,1988.中国成煤大地构造演化与煤中铀的成矿作用[J].大地构造与成矿学,12(3):185-196.

姚振凯,马亮,陈为义,2013.萨瑟库里湖水型铀矿床成矿学特征[J].世界核地质科学,30(1):17-21.

叶霖,潘自平,程增涛,2008.贵州修文小山坝铝土矿中镓等伴生元素分布规律研究[J].矿物学,28(2):105-111.

叶永钦,2014.若尔盖铀矿田 510-1 铀矿床垂直分带特征研究[D].成都:成都理工大学.

衣姝,王金喜,2014.安家岭矿 9 号煤中锂的赋存状态和富集因素分析[J].煤炭与化工,37(9):7-10.

易同生,秦勇,吴艳艳,等,2007.黔东凯里梁山组煤层及其底板中镓的富集与地质成因[J].中国矿业大学学报,36(3):330-334.

阴江宁,肖克炎,娄德波,2018.中国铁矿预测模型与资源潜力分析[J].地学前缘,25(3):107-117.

殷科华,2009.黔北务正道铝土矿的成矿作用及成矿模式[J].沉积学报,27(3):452-457.

尹金双,向伟东,欧光习,等,2005.微生物、有机质、油气与砂岩型铀矿[J].铀矿地质,21(5):287-295.

尹磊明,2006.中国疑源类化石[M].北京:科学出版社.

尹丽文,2011.世界石墨资源开发利用现状[J].国土资源情报(6):29-32+23.

尹善春,2005.要重视与煤共生伴生矿产的利用[J].国土资源通讯,(12):42.

于晓波,2013.地域性传统手工艺的传承与创新研究——抚顺煤精雕刻[D].沈阳:沈阳大学.

余达淦,1989.还原体(体系)与富铀矿的形成[J].铀矿地质,5(6):343-336.

余仕军,2012.江西金溪地区石墨矿床地质特征及找矿方向[J].非金属矿,35(3):74-77.

袁国泰,黄凯芬,1998.试论煤系共伴生矿产资源的分类及其它[J].中国煤田地质,10(1):24-26+32.

袁亮,2010.瓦斯治理理念和煤与瓦斯共采技术[J].中国煤炭,36(6):5-12.

袁亮,张通,赵毅鑫,等,2017.煤与共伴生资源精准协调开采——以鄂尔多斯盆地煤与伴生特种稀有金属精准协调开采为例[J].中国矿业大学学报,46(3),449-459.

翟润田,1963.锗在煤中分布的某些规律和聚集途径[J].贵州工学院学报(0):51-62.

翟裕生,姚书振,蔡克勤,等,2011.矿床学[M].3版.北京:地质出版社.

张爱云,1987.海相黑色页岩建造地球化学与成矿意义[M].北京:科学出版社.

张爱云,潘治贵,翁成敏,等,1982.杨家堡含钒石煤的物质成分和钒的赋存状态及配分的研究[J].地球科学(1):193-206.

张本筠,1992.海相沉积物中的铀及其成矿[J].世界核地质科学,4(4):13-14.

张晨,2017.波罗的海琥珀的宝石学特征及热处理研究[D].北京:中国地质大学(北京).

张待时,1980.浅谈前寒武纪地层中的铀矿及其找矿的地质依据[J].世界核地质科学:300-311.

张待时,1994.中国碳硅泥岩型铀矿床成矿规律探讨[J].铀矿地质,10(4):207-211+219.

张帆,2018.鄂尔多斯盆地砂岩型铀矿衰变生热对碳质碎屑成熟度的催化影响[D].武汉:中国地质大学(武汉).

张福强,廖家隆,赵冠华,等,2019.广西煤系共伴生矿产资源特征及开发现状研究[J].中国煤炭地质,31(5):1-5+11.

张复新,王立社,2009.内蒙古准格尔黑岱沟超大型煤型镓矿床的形成与物质来源[J].中国地质,36(2):417-423.

张国斌,2001.大高庄井田煤系稀有元素赋存特征与开发利用前景[J].中国煤田地质,13(2):19-21.

张国新,胡霭琴,张鸿斌,等,1996.新疆苏吉泉石墨矿床成因的碳同位素证据[J].地球化学,25(4):379-386.

张海龙,2008.东北北部区油页岩资源评价及评价方法研究[D].长春:吉林大学.

张吉振,李贤庆,张学庆,等,2019.煤系页岩储层孔隙结构特征和演化[J].煤炭学报,44(S1):195-204.

张建云,陈伟,2015.关于山西式铁矿的形态及成因的探讨[J].山西冶金,38(4):111-113.

张健雅,2013.官板乌素矿煤中锂铝赋存状态及提取工艺研究[D].邯郸:河北工程大学.

张金川,聂海宽,徐波,等,2008.四川盆地页岩气成藏地质条件[J].天然气工业,28(2):150-155.

张金川,薛会,卞昌蓉,等,2006.中国非常规天然气勘探雏议[J].天然气工业,26(12):53-56.

张金带,简晓飞,郭庆银,等,2013.中国北方中新生代沉积盆地铀矿资源调查评价(2000—2010)[J].北京:地质出版社.

张金带,徐高中,林锦荣,等,2010.中国北方6种新的砂岩型铀矿对铀资源潜力的提示[J].中国地质,37(5):1434-1449.

张金亮,张金功,洪峰,等,2005.鄂尔多斯盆地下二叠统深盆气藏形成的地质条件[J].天然气地球科学,16(4):526-534.

张军营,任德贻,赵峰华,等,1998.煤中微量元素赋存状态研究方法[J].煤炭转化,21(4):12-17.

张丽霞,姜呈馥,郭超,2012.鄂尔多斯盆地东部上古生界页岩气勘探潜力分析[J].西安石油大学学报:自然科学版,27(1):23-33.

张孟然,2017.柴北缘侏罗系多种能源矿产富集共生与成藏(矿)系统研究[D].北京:中国地质大学(北京).

张琦,戚华文,胡瑞忠,等,2008.乌兰图嘎超大型锗矿床含锗煤的矿物学[J].矿物学报,28(4):426-438.

张旗,王焰,金惟俊,等,2008.早中生代的华北北部山脉:来自花岗岩的证据[J].地质通报,27(9):1391-1403.

张起钻,2011.桂西铝土矿成矿模式与勘查技术[D].北京:中国地质大学(北京).

张仁里,1984.铀-煤共生矿的成因及矿石加工类型划分的探讨[J].地质论评,30(1):73-76.

张仁里,1988.从煤中提取铀[M].北京:原子能出版社.

张如良,丁万烈,1994.努和廷铀矿床地质特征及其油气水与铀成矿作用探讨[J].铀矿地质,10(5):257-265.

张生,李统锦,王联魁,1998.广东长坑金银矿床的成矿流体地球化学[J].矿物学报,18(1):38-42.

张淑苓,陈功,唐玉衡,1984.我国含铀煤矿床的某些地球化学特征[J].沉积学报,2(4):77-87.

张淑苓,王淑英,尹金双,1987.云南临沧地区邦卖盆地含铀煤中锗矿的研究[J].铀矿地质,3(5):267-275.

张淑苓,尹金双,王淑英,1988.云南邦卖盆地煤中锗存在形式的研究[J].沉积学报,6(3):32-43.

张万良,2011.华南铀矿类型、特点及其空间分布[J].矿产与地质,25(4):265-272.

张卫彪,钟宁宁,任德贻,2000.三塘湖盆地侏罗系煤成油初次运移[J].中国矿业大学学报,29(6):623-627.

张蔚语,2010.福建老鹰山矿区石墨矿床特征及成因[J].地质学刊,34(4):377-381.

张文淮,吕万军,焦养泉,等,2000.广东长坑金银矿床成矿流体成分及来源[J].岩石学报,16(4):521-527.

张文婷,2012.滇东南丘北地区铝土矿地球化学特征及成矿物质来源研究[D].北京:中国地质大学(北京).

张文正,秦艳,吴凯,等,2016.鄂尔多斯盆地延长组长7段烃源岩铀元素分布、赋存状态即富集机理[M]//刘池洋,吴柏林.油气煤铀同盆共存成藏(矿)机理与富集分布规律[M].北京:科学出版社:415-445.

张文正,杨华,杨奕华,等,2008.鄂尔多斯盆地长7优质烃源岩的岩石学、元素地球化学特征及发育环境[J].地球化学,37(1):59-64.

张小东,赵飞燕,2018.金属锗在高新技术领域中的应用[J].煤炭与化工,41(2):32-34.

张以诚,2002.精彩萌芽惜未长成参天树——漫话我国古代地质思想萌芽[J].国土资源(10):48-49.

张玉玺,2019.苏北及周缘下寒武统碳质页岩沉积模式及页岩气地质意义[D].武汉:中国地质大学(武汉).

张振贤,周怀玲,1992.广西泥盆纪早埃姆斯期沉积事件与矿产关系的探讨[J].广西地质,5(2):67-75.

张致伟,2018.吉林省长白地区硅藻土成矿特征及找矿方向[D].长春:吉林大学.

章少华,王美琴,杜鹏,2018.国外膨润土矿床地质特征概述[J].中国非金属矿工业导刊(2):25-27.

章振根,1990.南非维特瓦特斯兰德金矿床[J].黄金科学技术(2):29-31.

赵长毅,1999.煤成油生成、运移与油气藏形成[J].中国矿业大学学报,28(1):65-68.

赵长毅,金奎励,1994.吐-哈盆地煤中基质镜质体生烃潜力与特征[J].科学通报,39(21):1989-1991.

赵存良,2015.鄂尔多斯盆地与煤伴生多金属元素的分布规律和富集机理[D].北京:中国矿业大学(北京).

赵峰华,任德贻,郑宝山,等,1998.高砷煤中砷赋存状态的扩展X射线吸收精细结构谱研究[J].科学通报,43(14):1549-1551.

赵凤民,2009.中国碳硅泥岩型铀矿地质工作回顾与发展对策[J].铀矿地质,25(2):91-97.

赵凤民,2011.中国铀矿床研究评价(第四卷·碳硅泥岩型铀矿床)[R].北京:中国核工业地质局和核工业北京地质研究院.

赵凤民,2012.中国碳硅泥岩型铀矿特征与勘查问题[J].世界核地质科学,29(4):192-198.

赵凤民,2013.中亚铀矿地质[R].北京:核工业北京地质研究院.

赵凤民,沈才卿,1986.黄铁矿与沥青铀矿的共生条件及在沥青铀矿形成过程中所起作用的实验研究[J].铀矿地质,2(4):193-199.

赵国玺,2007.泊尔江海子断裂带岩性特征及封闭性演化史研究[D].西安:西北大学.

赵恒勤,赵新奋,胡四春,等,2008.我国三水铝石铝土矿的矿物学特征研究[J].矿产保护与利用(6):40-44.

赵继尧,唐修义,黄文辉,等,2002.中国煤中微量元素的丰度[J].中国煤田地质,14(S1):5-13.

赵俊兴,李凤杰,刘淇,等,2008.四川盆地东北部二叠系沉积相及其演化分析[J].天然气地球科学,19(4):444-451.

赵隆业,陈基娘,王天顺,1990.中国油页岩物质成分及工业成因类型[R].北京:中国地质大学(北京).

赵隆业,陈基娘,王天顺,1991.油页岩定义和煤、油页岩界线的讨论[J].煤田地质与勘探(1):15-16.

赵省民,郑浚茂,1997.山西大同晚古生代含煤地层的沉积特征及其层序地层意义[J].地质论评,43(1):85-90.

赵汀,秦鹏珍,王安建,等,2017.镓矿资源需求趋势分析与中国镓产业发展思考[J].地球学报,38(1):77-84.

赵文韬,荆铁亚,熊鑫,等,2018.海相页岩有机质石墨化特征研究:以渝东南地区牛蹄塘组为例[J].地质科技情报,37(2):183-191.

赵晓东,胡昌松,凌小明,等,2015.重庆南川-武隆铝土矿含矿岩系稀土元素特征及其地质意义[J].吉林大学学报(地球科学版),45(6):1691-1701.

赵远由,苏书灿,2012.贵州务正道铝土矿区矿体地表品位及厚度变化对矿体延深的指示意义[J].西部探矿工程,24(4):129-131.

赵运发,亓小卫,王智勇,等,2004.山西铝土矿稀有稀土元素综合利用评价[J].世界有色金属(6):35-37.

赵震宇,2005.中国铁矿床成矿远景区综合信息潜力预测[D].长春:吉林大学.

赵志根,2002.含煤岩系稀土元素地球化学研究[M].北京:煤炭工业出版社.

赵志根,冯士安,唐修义,1998.微山湖地区石炭-二叠纪煤的稀土元素沉积地球化学[J].地质地球化学,26(4):64-67.

赵志根,唐修义,李宝芳,2000a.淮南矿区煤的稀土元素地球化学[J].沉积学报,18(3):453-459.

赵志根,唐修义,李宝芳,2000b.淮北煤田煤的稀土元素地球化学[J].地球化学,29(6):578-583.

浙江省煤炭工业局,1980.石煤的综合利用[M].北京:煤炭工业出版社.

郑锦平,1989.全球盐湖地质研究与展望[J].国外矿床地质(国外盐湖地质专辑)(3-4):1-34.

郑锦平,2006.盐湖学的研究与展望[J].地质论评,52(6):737-746.

郑刘根,刘桂建,张浩原,等,2006.淮北煤田二叠纪煤中稀土元素地球化学研究[J].高校地质学报,12(1):41-52.

郑孟林,金之钧,王毅,等,2006.鄂尔多斯盆地北部中新生代构造特征及其演化[J].地球科学与环境学报,28(3):31-36.

郑水林,孙志明,胡志波,等,2014.中国硅藻土资源及加工利用现状与发展趋势[J].地学前缘,21(5):274-280.

中华人民共和国国家质量监督检验检疫总局,中国国家标准化管理委员会,2010.矿产资源综合勘查评价规范:GB/T 25283-2010[S].

中华人民共和国自然资源部,2019.中国矿产资源报告[M].北京:地质出版社.

钟大赉,1998.滇川西部古特提斯造山带[M].北京:科学出版社.

钟福军,潘家永,王凯兴,等,2015.我国碳硅泥岩型铀矿床找矿预测模型[J].矿物学报,35(S1):372-373.

钟建华,刘闯,吴建光,等,2018.鄂尔多斯盆地东缘临兴地区煤系气共生成藏特征[J].煤炭学报.43(6):1517-1525.

钟建华,倪良田,郝兵,等,2019.延长晚古生界煤系致密砂岩气藏的一种成藏模式——自生自储[J].中国科技论文,14(9):1029-1037.

周浩达,1990.下扬子区早寒武世"石煤"沉积特征与成因机理探讨——兼论与含油气性关系[J].石油实验地质,12(1):36-43.

周立君,侯贵卿,2002.深水黑色页岩的沉积过程[J].海洋石油(3):75-80.

周琦,杜远生,2012.古天然气渗漏与锰矿成矿——以黔东地区南华纪"大塘坡式"锰矿为例[M].北京:地质出版社.

周琦,杜远生,覃英,2013.古天然气渗漏沉积型锰矿床成矿系统与成矿模式——以黔湘渝毗邻区南华纪"大塘坡式"锰矿为例[J].矿床地质,32(3):457-466.

周世全,赵树林,2005.河南西峡内乡琥珀矿床的初步研究[J].矿产与地质,19(1):57-59.

周太郎,严冰,魏文凤,2015.若尔盖地区碳硅泥岩型铀矿床成矿机理研究[J].矿物学报,35(S1):750.

周维勋,2010.铀成矿理论与成矿作用探索[M].北京:原子能出版社.

周维勋,郭福生(译),2000.世界铀矿床录[M].北京:原子能出版社.

周义平,1974.试论锗在煤层中分布的两种类型[J].地质科学(2):182-188.

周义平,1992.用TONSTEIN的锆石形态和微量元素标志厘定层位[J].煤田地质与勘探,20(4):18-23.

周义平,1999.中国西南龙潭早期碱性火山灰蚀变的TONSTEINS[J].煤田地质与勘探,27(6):5-9.

周义平,任友谅,1982.西南晚二叠世煤田煤中镓的分布和煤层氧化带内镓的地球化学特征[J].地质论评,28(1):47-59.

周义平,任友谅,1994.滇东黔西晚二叠世煤系中火山灰蚀变黏土岩的元素地球化学特征[J].沉积学报,12(2):123-132.

朱东晖,李国平,2012.河南铝土矿[M].北京:地质出版社.

朱丽英,1983.早古生代高变质藻煤的煤岩特征及其地质意义[J].地质论评,29(3):245-261.

朱士飞,秦云虎,2013.煤中共(伴)生矿产资源的研究进展[J].高校地质学报,19(S1):605.

朱雪莉,2009.煤中锗的成矿地质条件及分布规律[J].图书情报导刊,19(32):153-154.

庄汉平,刘金钟,傅家谟,等,1997.临沧超大型锗矿床有机质与锗矿化的地球化学特征[J].地球化学,26(4):44-52.

庄汉平,卢家烂,傅家谟,等,1998.临沧超大型锗矿床锗赋存状态研究[J].中国科学,28(S2):37-42.

庄新国,龚家强,王占岐,等,2001.贵州六枝、水城煤田晚二叠世煤的微量元素特征[J].地质科技情报,20(3):53-58.

庄新国,杨生科,曾荣树,等,1999.中国几个主要煤产地煤中微量元素特征[J].地质科技情报,18(3):63-66.

庄新国,曾荣树,徐文东,1998.山西平朔安太堡露天矿9号煤层中的微量元素[J].地球科学,23(6):583-588.

庄志贤,陶泳昌,周安乐,2016.贵州猫场超大型铝土矿床成因浅析[J].贵州地质,33(4):272-277+283.

卓君贤,1991.川南地区晚二叠世硫铁矿矿床成因初探[J].四川地质学报(4):276-278.

宗普,薛进庄,唐宾,2014.追溯最古老的琥珀——树脂植物的起源与演化[J].岩石矿物学杂志,33(S2):111-116.

邹才能,董大忠,王玉满,等,2016.中国页岩气特征、挑战及前景(二)[J].石油勘探与开发,43:166-178.

邹才能,董大忠,杨桦,等,2011.中国页岩气形成条件及勘探实践[J].天然气工业,31(12):26-39.

邹才能,杨智,黄士鹏,等,2019.煤系天然气的资源类型、形成分布与发展前景[J].石油勘探与开发,46(3):433-442.

邹才能,杨智,朱如凯,等,2015.中国非常规油气勘探开发与理论技术进展[J].地质学报,89(6):979-1007.

左立波,任军平,王杰,等,2017.非洲中南部铀矿床研究现状及资源潜力分析[J].地质科技情报,36(1):

128-139.

左天明,张耀奎,王庆玲,2016.四川某地碳硅泥岩型铀矿中铀的赋存形态研究[J].四川地质学报,36(4):582-584.

CATUNEANU O(2006),2009.层序地层学原理[M].吴因业,等,译.北京:石油工业出版社.

HUGH R R,2000.岩石地球化学[M].杨学明,杨晓勇,等,译.安徽:中国科学技术大学出版社.

MAGOON L B, DOW W G,1994.含油气系统——从烃源岩到圈闭[M].张刚,等,译.北京:石油工业出版社.

WARWICK P D(2005),2010.煤系统分析[M].吴立群,等,译.北京:地质出版社.

ГОРБАТОК В Т,1957. Очёт об оценке перспектив ураноносности озера Сасык-Куль на Восточном Ламире по работам [M]. Душанбе Фонды "Таджикглавгеологии".

ГОРБАТОК В Т, 1967. Перспективы ураноноснсти Таджикистана [M]. Душанбе Фонды "Таджикглавгеологии".

ДАНЧЕВ В И, СТРЕЛЯНОВ Н П,1979. Экзогенные месторождения урана: Условия образования и методы изуч [M]. Атомиздат.

ФОМЕНКО В Д, И ДР,1964. Озера Восточного Ламира (отчёт Озерного отряда за 1963) [M]. Душанбе Фонды "Таджикглавгеологии".

ABZALOV M Z, PAULSON O,2012. Sandstone Hosted Uranium Deposits of the Great Divide Basin, Wyoming, USA [J]. Applied Earth Science,121(2):76-83.

AIKEN G R, MCKNIGHT D M, WERSHAW R L,et al,1985. Humic Substances in Soil, Sediments and Water: Geochemistry, Isolation, and Characterization [M]. New York: Wiley.

AINSWORTH G P, MCELROY R, ASHLEY R,et al,2012. A convenient joint venture-Patterson Lake South [C]. Saskatchewan Geological Open House 2012, Saskatchewan Ministry of the Economy. Saskatoon.

ALEXANDRE P, KYSER K, POLITO P,et al,2005. Alteration mineralogy and stable isotope geochemistry of Paleoproterozoic basement-hosted unconformity-type uranium deposits in the Athabasca Basin, Canada [J]. Economic Geology,100(0):1547-1563.

ALGEO T J, TRIBOVILLARD N,2009. Environmental analysis of paleoceanographic systems based on molybdenum-uranium covariation [J]. Chemical Geology, 268(3-4):211-225.

ARBUZOV S I, MEZHIBOR A M, SPEARS D A,et al,2016. Nature of tonsteins in the Azeisk deposit of the Irkutsk Coal Basin (Siberia, Russia) [J]. International Journal of Coal Geology,153(0):99-111.

ARNOLD E N, AZAR D, INEICH I,et al,2002. The oldest reptile in amber:a 120-million-year-old lizard from Lebanon [J]. Journal of Zoology, 258:7-10.

ARTHUR M A, SAGEMAN B B,1994. Marine black shales: depositional mechanisms and environments of ancient deposits [J]. Annual Review of Earth and Planetary Sciences,22:499-551.

ARTHUR M A,1979. Stratigraphy,geochemistry and paleogeography of organic carbon rich Cretaceous sequences [C]//GINSBURG, BERNARD. Cretaceous Resources Eventsand Rhythms. Kluwer: Kluwer Academic Publishers.

BAI Y Y, LIU Z J, SUN P C,et al,2015. Rare earth and major element geochemistry of Eocene fine-grained sediments in oil shale- and coal-bearing layers of the Meihe Basin, Northeast China [J]. Journal of Asian

Earth Sciences,97: 89-101.

BAKER A J,1988. Stable isotope evidence for limited fluid infiltration of deep crustal rocks from the Ivrea Zone, Italy [J]. Geology,16(6): 492-495.

BARDOSSY G,1982. Karst bauxites: bauxite deposits on carbonate rocks [M]. Hungary: Akademiai Kiado Budapest.

BAU M,DULSKI P,1996. Distribution of yttrium and rare-earth elements in the Penge and Kuruman iron-formations, Transvaal Supergroup, South Africa [J]. Precambrian Research,79: 37-55.

BAU M,1996. Controls on the fractionation of isovalent trace elements in magmatic and aqueous systems: evidence from Y/Ho, Zr/Hf, and lanthanide tetrad effect [J]. Contributions to Mineralogy and Petrology,123: 323-333.

BAU M,1991. Rare-earth element mobility during hydrothermal and metamorphic fluid rock interaction and the significance of the oxidation state of europium [J]. Chemical Geology,93: 219-230.

BELL K G, GOODMAN C D, WHITEHEAD W L,1940. Radioactivity of sedimentary rocks and associated petroleum [J]. AAPG Bulletin,24(9): 1529-1547.

BERGEN L, FAYEK M,2012. Actinides in geology, energy, and the environment, petrography and geochronology of the Pele Mountain quartz-pebble conglomerate uranium deposit, Elliot Lake District, Canada [J]. American Mineralogist,97(8-9): 1274-1283.

BERRY W B N, WILDE P,1978. Progressive ventilation of the oceans-an explanation for the distribution of the lower Paleozoic black shales [J]. American Journal of Science,278(3): 257-275.

BINGHAM D,2016. Geophysics on Fission's Patterson Lake South Uranium deposit [C]//B C Geophysics Society, BCGS, Fall 2016 symposium[C]. Vancouver,B C.

BONNETT R,1996. Porphyrins in coal [J]. International Journal of Coal Geology,32:137-149.

BOUŠKA V, PEŠEK J, SYKOROVA I,2000. Probable modes of occurrence of chemical elements in coal [J]. Acta Montana Series B,117(10): 53-90.

BOUŠKA V, PEŠEK J,1999. Distribution of elements in the world lignite average and its comparison with lignite seams of the North Bohemian and Sokolov Basins [M]. Plzeň:Západoč eské muzeum. Folia Musei Rerum Naturalium Bohemiae Occidentalis. Sv. 42.

BOUŠKA V,1981. Geochemistry of Coal [M]. Praha: Elsevier press.

BOWKER K A,2007. Barnett shale gas production, Fort Worth Basin: Issues and discussion [J]. AAPG Bulletin,91(4): 523-533.

BRAUN J J, PAGEL M, MULLER J P,et al,1990. Cerium anomalies in lateritic profiles [J]. Geochimica Et Cosmochimica Acta,54(3): 781-795.

BRAY P S, ANDERSON K B,2009. Identification of Carboniferous (320 million years old) Class Ic amber [J]. Science,326(5949): 132-134.

BROOKS J D,SMITH J W,1969. The diagenesis of plant lipids during the formation of coal, petroleum and natural gas-II. Coalification and the formation of oil and gas in the Gippsland Basin [J]. Geochimica et Cosmochimica Acta,33(10):1183-1194.

BROWNLOW,1979. Geochemistry [M]. New Jersey: Prentice-Hall, Inc.

CAI C Y, CLARKE D J, YIN Z W,et al,2019b. A specialized prey-capture apparatus in mid-Cretaceous rove beetles [J]. Current Biology, 29(4):116-117.

CAI C Y, HUANG D Y,2014. The oldest micropepline beetle from Cretaceous Burmese amber and its phylogenetic implications (Coleoptera: Staphylinidae) [J]. Naturwissenschaften,101(10): 813-817.

CAI C Y, LAWRENCE J F, YAMAMOTO S,et al,2019a. Basal polyphagan beetles in mid-Cretaceous amber from Myanmar: Biogeographic implications and long-term morphological stasis [J]. Proceedings of the Royal Society B-Biological Sciences,286(1894):1-9.

CALVERT S E, FAN D, YE J,et al,1996. Sedimentarygeochemist try of manganese: Implications for theenvironment of formation of black shales [J]. Economic Geology,91(1):36-47.

CALVERT S E, PEDERSEN T F, PARKES R J,et al,1993. Geochemistry of Recent oxic and anoxic marine sediments: implications for the geological record [J]. Marine Geology,113(1-2):67-88.

CEBULAK S, MATUSZEWSKA A, LANGIER-KUZNIAROWA A,2003. Diversification of natural resins of variousorigin: Oxyreactive thermal analysis and infrared spectroscopy [J]. Journal of Thermal Analysis and Calorimetry,71(3):905-914.

CERMEÑO P,2016. The geological story of marine diatoms and the last generation of fossil fuels [J]. Perspectives in Psychiatric Care, 3 (2):53-60.

CHOU C L,2012. Sulfur in coals: A review of geochemistry and origins[J]. International Journal of Coal Geology,100(0):1-13.

CLOSE J C,1993. Natural fractures in Coal[C]//LAW B E, RICE D D. Hydrocarbons from Coal. Houston: AAPG studies in Geology No.38.

COOK A C, STRUCKMEYER H,1986. The role of coal as a source rock for oil[C]//GLENIE R C. Second south-eastern Australia oil exploration symposium. Melbourne: Petroleum Exploration Society of Australia Limited.

COOKE J, LEISHMAN M R,2011. Is plant ecology more siliceous than we realise? [J]. Trends in Plant Science,16 (2):61-68.

CROWLEY S S, RUPPERT L F,BELKIN H E,et al,1993. Factors affecting the Geochemistry of a thick, subbituminous coal bed in the Powder River Basin: volcanic, detrital and peat-forming processes [J]. Organic Geochemistry,20:843-853.

CUNEY M, KYSER K,2009. Recent and not-so-recent developments in uranium deposits and implications for exploration [J]. Mineralogical Association of Canada, Short Course Series,39:1-257.

DAHLKAMP F J,1993. Uranium Ore Deposits [M]. Berlin Heidelberg: Springer-Verlag.

DAHLKAMP F J,2009. Uranium Deposits of the World: Asia [M]. Heidelberg: Springer-Verlag.

DAI J X, GONG D Y, NI Y Y,et al,2014. Stable carbon isotopes of coal-derived gases sourced from the Mesozoic coal measures in China [J]. Organic Geochemistry,74:123-142.

DAI J X,LI J,LUO X,et al,2005. Stable carbon isotope compositions andsource rock geochemistry of the giant gas accumulations in the Ordos Basin, China [J]. Organic Geochemistry,36(12):1617-1635.

DAI S F, CHEKRYZHOV I Y, SEREDIN V V,et al,2016b. Metalliferous coal deposits in East Asia (Primorye of Russia and South China): a review of geodynamic controls and styles of mineralization [J]. Gondwana Research,29 (1):60-82.

DAI S F, FINKELMAN R B,2018. Coal as a promising source of critical elements: Progress and future prospects [J]. International Journal of Coal Geology,186: 155-164.

DAI S F, GRAHAM I T, WARD C R,2016a. A review of anomalous rare earth elements and yttrium in coal [J]. International Journal of Coal Geology,159:82-95.

DAI S F, JIANG Y F, WARD C R,et al,2012d. Mineralogical and geochemical compositions of the coal in the Guanbanwusu Mine, Inner Mongolia, China: Further evidence for the existence of an Al (Ga and REE) ore deposit in the Jungar Coalfield [J]. International Journal of Coal Geology,98: 10-40.

DAI S F, LI D, CHOU C L,et al,2008a. Mineralogy and geochemistry of boehmite-rich coals: New insights from the Haerwusu Surface Mine, Jungar Coalfield, Inner Mongolia, China [J]. International Journal of Coal Geology,74(3): 185-202.

DAI S F, LIU J J, WARD C R,et al,2016c. Mineralogical and geochemical compositions of Late Permian coals and host rocks from the Guxu Coalfield, Sichuan Province, China, with emphasis on enrichment of rare metals [J]. International Journal of Coal Geology,166: 71-95.

DAI S F, LUO Y B, SEREDIN V V,et al,2014b. Revisiting the late Permian coal from the Huayingshan, Sichuan, southwestern China: Enrichment and occurrence modes of minerals and trace elements [J]. International Journal of Coal Geology,122: 110-128.

DAI S F, REN D Y, CHOU C L,et al,2012b. Geochemistry of trace elements in Chinese coals: A review of abundances, genetic types, impacts on human health, and industrial utilization [J]. International Journal of Coal Geology,94: 3-21.

DAI S F, REN D Y, CHOU C L,et al,2006b. Mineralogy and geochemistry of the No. 6 coal (Pennsylvanian) in the Jungar Coalfield, Ordos Basin, China [J]. International Journal of Coal Geology,66 (4): 253-270.

DAI S F, REN D Y, HOU X Q,et al,2003. Geochemical and mineralogicalanomalies of the late Permian coal in the Zhijin coalfield of southwest China and their volcanic origin [J]. International Journal of Coal Geology,55 (2-4): 117-138.

DAI S F, REN D Y, LI S S,2006a. Discovery of the superlarge gallium ore deposit in Jungar, Inner Mongolia, North China [J]. Chinese Science Bulletin,51(18):2243-2252.

DAI S F, REN D Y, TANG Y G,et al,2005. Concentration and distribution of elements in Late Permian coals from western Guizhou Province, China [J]. International Journal of Coal Geology,61 (1-2):119-137.

DAI S F, REN D Y, ZHOU Y P,et al,2008b. Mineralogy and geochemistry of a super high-organic sulfur coal, Yanshan Coalfield, Yunnan, China: Evidence for a volcanic ash component and influence by submarine exhalation [J]. Chemical Geology,255(1-2):182-194.

DAI S F, SEREDIN V V, WARD C R,et al,2014a. Composition and modes of occurrence of minerals and elements in coal combustion products derived from high-Ge coals [J]. International Journal of Coal Geology,121(0):79-97.

DAI S F, SEREDIN V V, WARD C R,et al,2015c. Enrichment of U-Se-Mo-Re-V in coals preserved within marine carbonate successions: geochemical and mineralogical data from the Late Permian Guiding Coalfield, Guizhou, China [J]. Mineralium Deposita, 50(2): 159-186.

DAI S F, WANG P P, WARD C R,et al,2015a. Elemental and mineralogical anomalies in the coal-hosted Ge ore deposit of Lincang, Yunnan, southwestern China: Key role of N_2-CO_2-mixed hydrothermal solutions

[J]. International Journal of Coal Geology,152 (part A):19-46.

DAI S F, WANG X B, SEREDIN V V,et al,2012a. Petrology, mineralogy, and geochemistry of the Ge-rich coal from the Wulantuga Ge ore deposit, Inner Mongolia, China: New data and genetic implications [J]. International Journal of Coal Geology,90-91:72-99.

DAI S F, XIE P P, JIA S H,et al,2017. Enrichment of U-Re-V-Cr-Se and rare earth elements in the Late Permian coals of the Moxinpo Coalfield, Chongqing, China: Genetic implications from geochemical and mineralogical data [J]. Ore Geology Reviews,80:1-17.

DAI S F, YAN X Y, WARD C R,et al,2018. Valuable elements in Chinese coals: a review [J]. International Geology Review,60(5-6):590-620.

DAI S F, YANG J Y, WARD C R,et al,2015b. Geochemical and mineralogical evidence for a coal-hosted uranium deposit in the Yili Basin, Xinjiang, northwestern China [J]. Ore Geology Reviews,70:1-30.

DAI S F, ZHANG W G, SEREDIN V V,et al,2013a. Factors controlling geochemical and mineralogical compositions of coals preserved within marine carbonate successions: A case study from the Heshan coalfield, Southern China [J]. International Journal of Coal Geology,109-110:77-100.

DAI S F, ZHANG W G, WARD C R,et al,2013b. Mineralogical and geochemical anomalies of late Permian coals from the Fusui Coalfield, Guangxi Province, Southern China: Influences of terrigenous materials and hydrothermal fluids [J]. International Journal of Coal Geology,105:60-84.

DAI S F, ZHAO L, PENG S P,et al,2010a. Abundances and distribution of minerals and elements in high-alumina coal fly ash from the Jungar Power Plant, Inner Mongolia, China [J]. International Journal of Coal Geology,81 (4):320-332.

DAI S F, ZHOU Y P, ZHANG M Q,et al,2010b. A new type of Nb (Ta)-Zr(Hf)-REE-Ga poly metallic deposit in the late Permian coal-bearing strata, eastern Yunnan, southwestern China: Possible economic significance and genetic implications [J]. International Journal of Coal Geology,83 (1):55-63.

DAI S F, ZOU J H, JIANG Y F,et al,2012c. Mineralogical and geochemical compositions of the Pennsylvanian coal in the Adaohai Mine, Daqingshan Coalfield, Inner Mongolia, China: Modes of occurrence and origin of diaspore, gorceixite, and ammonian illite [J]. International Journal of Coal Geology,94:250-270.

DARGENT M, TRUCHE L, DUBESSY J,et al,2015. Reduction kinetics of aqueous U (VI) in acidic chloride brines to uraninite by methane, hydrogen or C-graphite under hydrothermal conditions: Implications for the genesis of unconformity-related uranium ore deposits [J]. Geochimica et Cosmochimica Acta,167: 11-26.

DAVIS G A, WANG C, ZHENG Y D,et al,1998. The enigmatic Yinshan fold and thrust belt of northern China: New views on its intraplate contractional styles [J]. Geology,26(1):43-46.

DEAN W E, GARDNER J V, PIPER D Z,1997. Inorganic geochemical indicators of glacial-interglacial changes in productivity and anoxia on the California continental margin [J]. Geochimica cosmochimica acta, 61 (21):4507-4518.

DESCOSTES M, SCHLEGEL M L, EGLIZAUD N,et al,2010. Uptake of uranium and trace elements in pyrite (FeS_2) suspensions [J]. Geochimica et Cosmochimica Acta,74 (5):1551-1562.

DILL H G, KUS J, DOHRMANN R,et al,2008. Supergene and hypogene alteration in the dual-use kaolin-bearing coal deposit Angren, Seuzbekistan [J]. International Journal of Coal Geology,75(4):225-240.

DILL H G,WEHNER H,1999. The depositional environment and mineralogical and chemical compositions of high ash brown coal resting on early Tertiary saprock (Schirnding Coal Basin, SE Germany) [J]. International Journal of Coal Geology,39(4): 301-328.

DILL H G,2016. Kaolin: Soil, rock and ore - from the mineral to the magmatic, sedimentary and metamorphic environments [J]. Earth-Science Reviews,161:16-129.

DILL H G,2010. The "chessboard" classification scheme of mineral deposits: mineralogy and geology from aluminum to zirconium [J]. Earth-Science Reviews,100(1-4): 1-420.

DOBOR J, PERÉNYI K, VARGA I,et al,2015. A new carbon-diatomite earth composite adsorbent for removal of heavy metals from aqueous solutions and a novel application idea [J]. Microporous and Mesoporous Materials,217: 63-70.

DU G, ZHUANG X G, QUEROL X,et al,2009. Ge distribution in the Wulantuga high-germanium coal deposit in the Shengli coalfield, Inner Mongolia, northeastern China [J]. International Journal of Coal Geology,78(1):16-26.

ECKELMANN W R, BROECKER W S,WHITLOCK D W,et al,1962. Implications of carbon isotopic composition of total organic carbon of some recent sediments and ancient oils [J]. AAPG Bulletin,46(5):699-704.

EKWEOZOR C M, OKOGUN J I, EKONG O E,et al,1979. Preliminary organic geochemical studies of samples from the Neger delta (Nigiria) II. Analyses of shales for triterpanoid derivatives [J]. Chemical Geology,27:29-37.

ELDERFIELD H, WHITFIELD M, BURTON J D,et al,1988. The oceanic chemistry of the rare-earth elements:iscussion [J]. Philosophical Transactions of the Royal Society B Biological Sciences,325(1583): 124-126.

ESKENAZY G M,1967. Adsorption of gallium on peat and humic Acids [J]. Fuel,46: 187-191.

ESKENAZY G M,1999. Aspects of the geochemistry of rare earth elements in coal: an experimental approach [J]. International Journal of Coal Geology,38(3-4):285-295.

ESKENAZY G M,1987. Rare earth elements and yttrium in lithotypes of Bulgarian coals [J]. Organic Geochemistry,11(2):83-89.

ETSCHMANN B, LIU W H, LI K,et al,2017. Enrichment of germanium and associated arsenic and tungsten in coal and roll-front uranium deposits [J]. Chemical Geology,463:29-49.

FALKOWSKI P G, KATZ M E, KNOLL A H,et al,2004. The evolution of modern eukaryotic phytoplankton [J]. Science,305: 354-360.

FANG Z, GESSER H D,1996. Recovery of gallium from coal fly ash [J]. Hydrometallurgy,41(2-3): 187-200.

FINKELMAN R B,1993. Trace and Minor Elements in Coal [C]//ENGEL M H, MACKO S A. Organic Geochemistry. New York: Plenum.

FINKELMAN R B,1999. Trace elements in coal: environmental and health significance [J]. Biological Trace Element Research,67(3): 197-204.

FISCHER C,GAUPP R,2005. Change of black shale organic material surface area during oxidative weathering: Implications for rock-water surface evolution [J]. Geochimica et Cosmochimica Acta,69(5):

1213 - 1224.

FISHER Q J, WIGNALL P B,2001. Palaeoenvironmental controls on the uranium distribution in an Upper Carboniferous black shale (Gastrioceras listeria Marine Band) and associated strata, England [J]. Chemical Geology,175 (3 - 4): 605 - 621.

FLEET A J, SCORT A C,1994. Coal and coal - beaning strata as oil - prone source rocks: an overview[M]// FLEET A J. Coal and Coal - Beaning Strata as Oil - Prone Source Rocks? London: Geological Society Special Publication No. 77.

FUEX A N, BAKER D R,1973. Stable carbon isotopes in selected granitic, mafic, and ultramafic igneous rocks [J]. Geochimica et Cosmochimica Acta,37(11): 2509 - 2521.

GALINDO C, MOUGIN L, FAKHI S,et al,2007. Distribution of naturally occurring radionuclides (U, Th) in Timahdit black shale (Morocco) [J]. Journal of environmental Radioactivity,92(1): 41 - 54.

GALLOWAY W E, HOBDAY D K,1983. Terrigenous clastic depositional systems - applications to petroleum, coal, and uranium exploration[M]. New York: Springer - Verlag.

GLUSKOTER H J, RUCH R R, MILLER W G,et al,1977. Trace elements in Coal: Occurrence and Distribution [M]. Illinois State Geological Survey Circularno.

GOLDSCHMIDT V M, PETERS C,1933. Über die Anreicherung seltener Elemente in Steinkohlen [J]. Nachr Ges Wiss Göttingen,4: 371 - 386.

GOLDSCHMIDT V M,1935. Rare elements in coal ashes [J]. Industrial and Engineering Chemistry,27(9): 1100 - 1102.

GRANGER H C, WARREN C G,1969. Unstable Sulfur Compound and the Origin of Roll - type Uranium Deposits [J]. Economic Geology,64(2): 160 - 171.

GRIEVE D A, GOODARZI F,1993. Trace elements in coal samples from active mines in the Foreland Belt, British Columbia, Canada [J]. International Journal of Coal Geology,24(1 - 4):259 - 280.

GRIM R E,1962. Applied Clay Mineralogy [M]. New York: Mc Graw - Hill.

GRIMALDI D,2009. Pushing back amber production [J]. Science,326(5949):51 - 52.

GUILIANO M, LAURENCE A, GÉRARD O, et al,2007. Applications of diamond crystal ATR FTIR spectroscopy to the characterization of ambers [J]. Spectrochimica Acta Part A: Molecular and Biomolecular Spectroscopy,67(5):1407 - 1411.

GUTIÉRREZ B, PAZOS C,COCA J,1997. Recovery of gallium from coal fly ash by a dual reactive extraction process [J]. Waste Management & Research,15:371 - 382.

HAMILTON E I,2000. Environmental variables in a holistic evaluation of land contaminated by historic mine wastes: a study of multi - element mine wastes in West Devon, England using arsenic as an element of potential concern to human health [J]. The Science of the Total Environment,249(1 - 3): 171 - 221.

HARPALANI S, SCHRAUFNAGEL R A,1990. Shrinkage of coal matrix with release of gas and its impact on permeability of coal [J]. Fuel,69(5): 551 - 556.

HARSHMAN E N, ADAMS S S,1981. Geology and recognition criteria for roll - type uranium deposits in continental sandstones [R]. USA: Adams (Samuel S.) and Associates, Boulder, CO.

HARSHMAN E N,1972. Geology and uranium deposits, Shirley Basin area, Wyoming [M]. Washington, D. C.: U. S. Geological Survey.

HARSHMAN E N,1970. Uranium ore rolls in the United States[M]//Uranium exploration geology. Vienna: IAEA.

HERRON S L,1987. In situ determination of total carbon and evaluation of source rock therefrom [C]. United States Patent,4686364 A.

HOEFS M C J,1980. Stable isotope geochemistry (2nd edition) [M]. New York: Springer – Verlag.

HOLDITCH S A,2006. Tight Gas Sands [J]. Journal of Petroleum Technology,58(6):86 – 93.

HU R Z, QI H W, ZHOU M F,et al,2009. Geological and geochemical constraints on the origin of the giant Lincang coal seam – hosted germanium deposit, Yunnan, SW China: A review [J]. Ore Geology Reviews,36(1 – 3):221 – 234.

III D R, HOERING T C,1986. Carbon isotope geochemistry of graphite vein deposits from New Hampshire, U. S. A. [J]. Geochemica et Cosmochemica Acta,50(6):1239 – 1247.

JARVIE D M, HILL R J, RUBLE T E,et al,2007. Unconventional shale – gas systems: The Mississippian Barnett Shale of north – central Texas as one model for thermogenic shale – gas assessment [J]. AAPG bulletin,91(4):475 – 499.

JENKYNS H C,1980. Cretaceous anoxice vents: From continents to oceans [J]. Journal of the Geological Society,137(2):171 – 188.

JIAO Y Q, LU Z S, ZHUANG X G,et al,1997. Dynamical process and genesis of Late triassic sediment filling in Ordos basin [J]. Journal of China University of Geosciences, 8 (1):45 – 48.

JIAO Y Q, LU Z S, ZHUANG X G,et al,1996. Sedimentation responst to Late Triassic Qinling collision in Ordos basin [C]. 30th IGC Abstracts. Beijing.

JIAO Y Q, WU L Q, RONG H,et al,2016. The relationship between Jurassic coal measures and sandstone – type uranium deposits in the northeastern Ordos basin,China [J]. Acta Geologica Sinica (English Edition),90(6):2117 – 2132.

JIAO Y Q, YAN J X, LI S T,et al,2005. Architectural units and heterogeneity of channel reservoirs in the Karamay Formation, outcrop area of Karamay oil field,Junggar basin, northwest China [J]. AAPG Bulletin,89(4):529 – 545.

JIN Y G, WANG Y, WANG W,et al,2000. Pattern of marine mass extinction near the Permian – Triassic boundary in South China [J]. Science,289(5478):432 – 436.

JOLLEY S J, FREEMAN S R, BARNICOAT A C,et al,2004. Structural controls on Witwatersrand gold mineralization [J]. Journal of Structural Geology,26(6):1067 – 1086.

KARAYIGIT A I,BULUT Y, KARAYIGIT G,et al,2006. Mass balance of major and trace elements in a coal – fired power plant [J]. Energy Sources Part A Recovery Utilization & Environmental Effects,28(14):1311 – 1320.

KETRIS M P, YUDOVICH Y E,2009. Estimations of Clarkes for Carbonaceous biolithes:World averages for trace element contents in black shales and coals [J]. International Journal of Coal Geology, 78 (2):135 – 148.

KOCHENOV A V, ZINEV'YEV V V, LOVALEVA S A,1965. Some features of the accumulation of uranium in peat bogs [J]. Geochemistry International,2(1):65 – 70.

KOLKER A, SCOTT C, HOWER J C,et al,2017. Distribution of rare earth elements in coal combustion fly ash, determined by SHRIMP-RG ion microprobe [J]. International Journal of Coal Geology, 184: 1-10.

KULINENKO O R, 1977. Relationship between germanium content and seam thickness in Paleozoic paralic coal basins of Ukraine [J]. International Geology Review, 19(10): 1178-1182.

KUMAR K R, PANDE D, MISHRA A, et al, 2011. Playa sediments of the Didwana Lake, Rajasthan: a new environment for surficial-type uranium mineralisation in India [J]. Journal Geological Society of India, 77(1): 89-94.

KYSER T K, WILSON M R, RUHRMANN G, 1989. Stable isotope constraints on the role of graphite in the genesis of unconformity-type uranium deposits [J]. Canadian Journal of Earth Science, 26(3): 490-498.

LANGENHEIM J H, 2003. Plant Resins: Chemistry, Evolution, Ecology, and Ethnobotany [M]. Portland, Cambridge: Timber Press.

LEGGETT J K, 1980. British Lower Palaeozoic black shales and their palaeo-oceanographic significance [J]. Journal of the Geological Society, 137(2): 139-156.

LESBROS-PIAT-DESVIAL M, BEAUDOIN G, MERCADIER J, et al, 2017. Age and origin of uranium mineralization in the Camie River deposit (Otish Basin, Québec, Canada) [J]. Ore Geology Reviews, 91: 196-215.

LEWIńSKA-PREIS L, FABIAńSKA M J, ĆMIEL S, et al, 2009. Geochemical distribution of trace elements in Kaffioyra and Longyearbyen coals, Spitsbergen, Norway [J]. International Journal of Coal Geology, 80(3-4): 211-223.

LI C H, LIANG H D, WANG S K, et al, 2018. Study of harmful trace elements and rare earth elements in the Permian tectonically deformed coals from Lugou Mine, North China Coal Basin, China [J]. Journal of Geochemical Explor, 190: 10-25.

LI C X, MORAN R C, MA J Y, et al, 2020a. A mid-Cretaceous tree fern of Thyrsopteridaceae (Cyatheales) preserved in Myanmar amber [J]. Cretaceous Research, 105: 104050.

LI C X, MORAN R C, MA J Y, et al, 2020b. A new fossil record of Lindsaeaceae (Polypodiales) from the mid-Cretaceous amber of Myanmar [J]. Cretaceous Research, 105: 104040.

LI J, ZHUANG X G, QUEROL X, et al, 2012. Environmental geochemistry of the feed coals and their combustion by-products from two coal-fired power plants in Xinjiang Province, Northwest China [J]. Fuel, 95: 446-456.

LI J, ZHUANG X G, YUAN W, et al, 2016. Mineral composition and geochemical characteristics of the Li-Ga-rich coals in the Buertaohai-Tianjiashipan mining district, Jungar Coalfield, Inner Mongolia [J]. International Journal of Coal Geology, 167: 157-175.

LI S T, YANG S G, JERZYKIEWICZ T, 1995. Upper Triassic-Jurassic foreland sequences of the Ordos basin in China. In: Dorobek S L(ed.). Stratigraphic evolution of foreland and basin [M]. Tulsa, SEPM Special Publication.

LI Z H, BETHUNE K M, CHI G X, et al, 2015. Topographic features of the sub-Athabasca Group unconformity surface in the southeastern Athabasca Basin and their relationship to uranium ore deposits [J]. Canadian Journal of Earth Sciences, 52(10): 903-920.

LI Z H, CHI G X, BETHUNE K M, et al, 2017. Structural controls on fluid flow during compressional reactivation of basement faults: Insights from numerical modeling for the formation of unconformity-related uranium deposits in the Athabasca Basin, Canada [J]. Economic Geology, 112(2): 451-466.

LI Z S, WARD C R, GURBA L W, 2007. Occurrence of non-mineral inorganic elements in low-rank coal macerals as shown by electron microprobe element mapping techniques [J]. International Journal of Coal Geology, 70(1): 137-149.

LIN M Y, TIAN L, 2011. Petrographic characteristics and depositional environment of the No. 9 Coal (Pennsylvanian) from the Anjialing Mine, Ningwu Coalfield, China [J]. Energy Exploration and Exploitation, 29(2): 197-204.

LIN R H, BANK T L, ROTH E A, et al, 2017a. Organic and inorganic associations of rare earth elements in central Appalachian coal [J]. International Journal of Coal Geology, 179: 295-301.

LIN R H, HOWARDB H, ROTH E A, et al, 2017b. Enrichment of rare earth elements from coal and coal by-products by physical separations [J]. Fuel, 200: 506-520.

LIU J J, YANG Z, YAN X Y, et al, 2015. Modes of occurrence of highly-elevated trace elements in super-high-organic-sulfurcoals [J]. Fuel, 156: 190-197.

LOSIC D, MITCHELL J G, VOELCKER NH, 2009. Diatomaceous Lessons in Nanotechnology and Advanced Materials [J]. Advanced Materials, 21(29): 2947-2958.

LOUCKS R G, REED R M, RUPPEL S C, et al, 2012. Spectrum of pore types and networks in mudrocks and a descriptive classification for matrix-related mudrock pores [J]. AAPG Bulletin, 96(6): 1071-1098.

LOUGHNAN F C, 1978. Flint clays, tonsteins and the kaolinite clayrock facies [J]. Clay Miner, 13(4): 387-400.

MACGREGOR S, 1994. Coal beaning strata as source rocks - a global overview[M]//FLEET A J. Coal and Coal-Bearing Strata as Oil-Prone Source Rocks? London: Geological Society Special Publication No. 77.

MACPHEE R D E, GRIMALDI D A, 1996. Mammal bones in Dominican amber [J]. Nature, 380(6574): 489-490.

MANGINI A, DOMINIK J, 1979. Late Quaternary sapropel on the Mediterranean Ridge: U-budget and evidence for low sedimentation rates [J]. Sedimentary Geology, 23(1): 113-125.

MANGINI A, JUNG M, LAUKENMANN S, 2001. What do we learn from peaks of uranium and of manganese in deep sea sediments? [J]. Marine Geology, 177(1-2): 63-78.

MANN U, LEYTHAEUSER D, MÜLLER P J, 1986. Relation between source rock properties and wireline log parameters: An example from Lower Jurassic Posidonia Shale, NW-Germany [J]. Organic geochemistry, 10(4-6): 1105-1112.

MANZI M S D, HEIN K A A, DURRHEIM R, et al, 2013. Seismic attribute analysis to enhance detection of thin gold-bearing reefs: South Deep gold mine, Witwatersrand basin, South Africa [J]. Journal of Applied Geophysics, 98: 212-228.

MARTIN J K, DAVID R P, RONALD J H, 2002. Mineral surface control of organic carbon in black shale [J]. Science, 295(5555): 657-660.

MCLENNAN S M, TAYLOR S R, 1991. Sedimentary Rocks and Crustal Evolution: Tectonic Setting and Secular Trends [J]. The Journal of Geology, 99(1): 1-21.

MEIJ R, 1994. Trace element behavior in coal-fired powerplants[J]. Fuel Processing Technology, 39(1-3): 199-217.

MEUNIER J D, TROUILLER A, BRULHERT J, et al, 1988. Uranium and organic matter in a paleodeltaic environment: the Coutras Deposit (Gironde, France) [J]. Chemical Geology, 70(1-2): 189.

MEYER B L, NEDERLOF M H, 1984. Identification of source rocks on wireline logs by density/resistivity and sonic transit time/resistivity crossplots [J]. AAPG Bulletin, 68(2): 121-129.

MIN M Z, LUO X Z, MAO S L, et al, 2001. An Excellent Fossil Wood Cell Texture with Primary Uranium Minerals at a Sandstone-hosted Roll-type Uranium Deposit, NW China [J]. Ore Geology Reviews, 17(4): 233-239.

MOLDOVEANU G A, PAPANGELAKIS V G, 2013. Recovery of rare earth elements adsorbed on clay minerals: II. Leaching with ammonium sulfate [J]. Hydrometallurgy, 131-132: 158-166.

MONNET A, PERCEBOIS J, GABRIEL S, 2015. Assessing the potential production of uranium from coal-ash milling in the long term [J]. Resources Policy, 45: 173-182.

MONTGOMERY S L, JARVIE D M, BOWKER K A, et al, 2005. Mississippian Barnett shale, Fort Worth basin, north central Texas: Gas-sale play with mult-trillion cubic foot potential [J]. AAPG Bulletin, 89(2): 155-175.

MOSKAIYK R R, 2003. Gallium: The backbone of the electronics Industry [J]. Minerals Engineering, 16(10): 921-929.

MUNIR M A M, LIU G J, YOUSAF B, et al, 2018. Enrichment of Bi-Be-Mo-Cd-Pb-Nb-Ga, REEs and Y in the Permian coals of the Huainan Coalfield, Anhui, China [J]. Ore Geology Reviews, 95: 431-455.

MURRAY R W, LEINEN M, 1996. Scavenged excess aluminum and its relationship to bulk titanium in biogenic sediment from the central equatorial Pacific Ocean [J]. Geochim et Cosmochim Acta, 60(20): 3869-3878.

MYERS K J, WIGNALL P B, 1987. Understanding Jurassic organic-rich mudrocks-new concepts using gamma-ray spectrometry and paleoecology: Examples from the Kimmeridge Clay of Dorset and the Jet Rock of Yorkshire [J]. Marine Clastic Sedimentology, Springer Netherlands: 172-189.

NASH J T, 2010. Volcanogenic uranium deposits: Geology, geochemical processes, and criteria for resource assessment [J]. US Geological Survey Open-File Report, 1001(0): 1-99.

NOBLE R A, ALEXANDER R, KAGI K I, et al, 1985. Tetracyclic diterpenoid hydrocarbons in some Australia coals sediments and crude oils [J]. Geochim et Cosmochim Acta, 49(10): 2144-2147.

NOBLE R A, ALEXANDER R, KAGI K I, et al, 1986. Identification of some diterpenoid hydrocarbons in petroleum [J]. Organic Geochemistry, 10(4-6): 825-829.

OECD/NEA-IAEA, 2017. Uranium 2016: Resources, Production and Demand [M]. Vienna: IAEA.

ORTEGA L, MILLWARD D, LUQUE F J, et al, 2010. The graphite deposit at Borrowdale (UK): a catastrophic mineralizing event associated with Ordovician magmatism [J]. Geochimica et Cosmochimica Acta, 74(8): 2429-2449.

OSCHMANN W, 2000. Microbes and balck shales [M]//RIDING R E, AWRAMIK S M. Microbial Sediments. Berlin: Springer Verlag.

PALMER C A, KRASNOW M R, FINKELMAN R B, et al, 1993. An evaluation of leaching to determine modes of occurrence of selected toxic elements in coal [J]. Journal of Coal Quality, 12(4): 135-141.

PELLEGRINO L, PIERRE F D, NATALICCHIO M, et al, 2018. The Messinian diatomite deposition in the Mediterranean region and its relationships to the global silica cycle [J]. Earth-Science Reviews, 178: 154-176.

PHUOC T X, WANG P, MCINTYRE D, 2016. Detection of rare earth elements in Powder River Basin sub-bituminous coal ash using laser-induced breakdown spectroscopy (LIBS) [J]. Fuel, 163: 129-132.

PIERSON F B, WILLIAMS C J, HARDEGREE S P, et al, 2011. Fire, plant invasion, and erosion events on western rangelands [J]. Rangeland Ecology & Management, 64(5): 439-449.

POINAR J R. G, 2017. A mid-Cretaceous Lauraceae flower, Cascolaurus burmitis gen. et sp. nov., in Myanmar amber [J]. Cretaceous Research, 71: 96-101.

POLCYN M J, ROGERS J V II, KOBAYASHI Y, et al, 2002. Computed tomography of an Anolis lizard in Dominican amber: systematic, taphonomic, biogeographic, and evolutionary implications [J]. Palaeontologia Electronica, 5(1): 13.

QI H W, HU R Z, ZHANG Q, 2007. REE Geochemistry of the Cretaceous lignite from Wulantuga Germanium Deposit, Inner Mongolia, Northeastern China [J]. International Journal of Coal Geology, 71(2-3): 329-344.

QUEROL X, FERNáNDEZ-TURIEL J L, LÓPEZ-SOLER A, 1995. Trace elements in coal and their behaviour during combustion in a large power station [J]. Fuel, 74(3): 331-343.

QUEROL X, KLIKA Z, WEISS Z, et al, 2001. Determination of element affinities by density fractionation of bulk coal samples [J]. Fuel, 80(1): 83-96.

QUINBY-HUNT M S, WIDE P, 1996. Chemical depositional environments of calcic marine black shales [J]. Economic Geology, 91(1): 4-13.

RAGAZZI E, ROGHI G, GIARETTA A, et al, 2003. Classification of amber based on thermal analysis [J]. Thermochimica Acta, 404(1-2): 43-54.

RARD J A, 1985. Chemistry and thermodynamics of europium and some of its simpler inorganic compounds and aqueous species [J]. Chemical Reviews, 85(6): 555-582.

RATAFIA-BROWN J A, 1994. Overview of trace element partitioning in flames and furnaces of utility coal-fired boilers [J]. Fuel Process Technology, 39(1-3): 139-157.

REN Z J, GAO H M, ZHANG H Q, et al, 2014. Effects of fluxes on the structure and filtration properties of diatomite filter aids [J]. International Journal of Mineral Processing, 130: 28-33.

RICE D D, 1993. Composition and origins of coalbed gas [C]//LAW B E, RICE D D. Hydrocarbons from Coal. Houston: AAPG studies in Geology No. 38.

RIMMER S M, 1991. Distributions and association of selected trace elements in the Lower Kittanning seam, western Pennsylvania, USA [J]. International Journal of Coal Geology, 17: 189-212.

ROBERT G L, STEPHEN C R, 2007. Mississippian Barnett Shale: Lithofacies and depositional setting of a deep-water shale-gas succession in the Fort Worth basin, Texas [J]. AAPG Bulletin, 91(4): 579-601.

ROBINSON A, SPOONER E T C, 1984. Can the Elliot Lake uraninite-bearing quartz pebble conglomerates be used to place limits on the oxygen content of the early Proterozoic atmosphere? [J]. Journal of the Geological Society, 141(2): 221-228.

ROGER M S, NEAL R O, 2011. Pore types in the Barnett and Woodford gas shales: Contribution to understanding gas storage and migration pathways in fine – grained rocks [J]. AAPG Bulletin,95(12):2017 – 2030.

RONG H, JIAO Y Q, WU L Q,et al,2019. Origin of the carbonaceous debris and its implication for mineralization within the Qianjiadian uranium deposit, southern Songliao Basin [J]. Ore Geology Reviews,107: 336 – 352.

ROSCOE S M,1969. Huronian rocks and uraniferous conglomerates in the Canadian Shield [J]. Geolology Survey of Canada,205(1): 40 – 68.

ROSS D A,2015. Technical report on the Patterson Lake South Property, northern Saskatchewan, Canada [R]. Fission Uranium Corp, RPA Inc.

SCHATZEL S J,STEWART B W,2003. Rare earth element sources and modification in the Lower Kittanning coal bed, Pennsylvania: implications for the origin of coal mineral matter and rare earth element exposure in underground mines [J]. International Journal of Coal Geology,54(3 – 4):223 – 251.

SCHMIDT A R, JANCKE S,LINDQUIST E E,et al,2012. Arthropods in amber from the Triassic Period [J]. Proceedings of the National Academy of Sciences of the United States of America,109(37):14 796 – 14 801.

SCHMOKER J W,1981. Determination of organic – matter content of Appalachian Devonian shales from gamma – ray logs [J]. AAPG Bulletin,65(7):1285 – 1298.

SCOTT A R,1993,Composition and origin of coalbed gases from selected basins in the United States. In: Proceedings of the 1993 International Coalbed Methane Symposium Volume 2 [C]. Tuscaloosa: The University of Alabama.

SCOTT A R, KAISER W R, AYERS W B,1994. Thermogenic and secondary biogenic gases, San Juan Basin, Colorado and New Mexico: Implications for coalbed gas producibility [J]. AAPG Bulletin,78(8): 1186 – 1209.

SEREDIN V V, DAI S F, SUN Y Z,et al,2013. Coal deposits as promising sources of rare metals for alternative power and energy – efficient technologies [J]. Applied Geochemistry,31: 1 – 11.

SEREDIN V V, DAI S F,2012. Coal deposits as potential alternative sources for lanthanides and yttrium [J]. International Journal of Coal Geology,94:67 – 93.

SEREDIN V V, FINKELMAN R B,2008. Metalliferous coals: A review of the main genetic and geochemical types [J]. International Journal of Coal Geology,76(4):253 – 289.

SEREDIN V V, SHPIRT M Y,1999. Rare earth elements in the humic substance of metalliferous coals [J]. Lithology and Mineral Resources,34,244 – 248.

SEREDIN V V,1991. About the new type of rare earth element mineralization of Cenozoiccoal – bearing basins [J]. Doklady Akademii Nauk SSSR,320(6):1446 – 1450.

SEREDIN V V,1996. Rare earth element – bearing coals from the Russian Far East deposits [J]. International Journal of Coal Geology, 30(1 – 2):101 – 129.

SEREDIN V V,2012. From coal science to metal production and environmental protection: A new story of success [J]. International Journal of Coal Geology,90 – 91:1 – 3.

SHAO L Y, JONES T, GAYER R,et al,2003. Petrology and geochemistry of the high – sulphur coals from the Upper Permian carbonate coal measures in the Heshan Coalfield, Southern China [J]. International Journal of Coal Geology,55(1): 1 – 26.

SHERBORNE JR. J E, BUCKOVIC W A, DEWITT D B, et al, 1979. Major uranium discovery in volcaniclastic sediments, Basin and Range Province, Yavapai County, Arizona [J]. AAPG Bulletin, 63(4): 621-646.

SHI G L, DUTTA S, PAUL S, et al, 2014a. Terpenoid compositions and botanical origin of Late Cretaceous and Miocene amber from China [J]. PLOS ONE, 9(10): 1-10.

SHI G L, JACQUES F M B, LI H M, 2014b. Winged fruits of Shorea (Dipterocarpaceae) from the Miocene of Southeast China: Evidence for the northward extension of dipterocarps during the Mid-Miocene Climatic Optimum [J]. Review of Palaeobotany and Palynology, 200: 97-107.

SKIRROW R G, MERCADIER J, ARMSTRONG R, et al, 2016. The Ranger uranium deposit, northern Australia: Timing constraints, regional and ore-related alteration, and genetic implications for unconformity-related mineralization [J]. Ore Geology Reviews, 76: 463-503.

SPEARS D A, ZHENG Y, 1999. Geochemistry and origin of elements in some UK coal [J]. International Journal of Coal Geology, 38(3-4): 161-179.

STACH E, MACKOWSKY M-TH, TEICHMULLER M, et al, 1882. Stach's Textbook of Coal Petrology [M]. Stuttgart: Gebruder Borntraeger.

STEINER M, ZHU M Y, ZHAO Y L, et al, 2005. Lower Cambrian Burgess Shale-type fossil associations of South China [J]. Palaeogeography, Palaeoclimatology, Palaeoecology, 220(1-2): 129-152.

STONE R W, 1912. Coal near the Black Hills Wyoming-South Dakota [J]. United States Geological Survey Bulletin, 499: 1-66.

STREET-PERROTT F A, BARKER P A, 2008. Biogenic silica: a neglected component of the coupled global continental biogeochemical cycles of carbon and silicon [J]. Earth Surface Processes and Landforms, 33(9): 1436-1457.

SULLIVAN C W, VOLCANI B E, 1981. Silicon in the cellular metabolism of diatoms [M] // SIMPSON T L, VOLCANI B E. Silicon and Siliceous Structures in Biological Systems. New York: Springer-Verlag.

SUN R Y, LIU G J, ZHENG L G, et al, 2010. Geochemistry of trace elements in coals from the Zhuji Mine, Huainan Coalfield, Anhui, China [J]. International Journal of Coal Geology, 81(2): 81-96.

SUN Y Z, ZHAO C L, LI Y H, et al, 2013. Further Information of the Associated Li Deposits in the No. 6 Coal Seam at Jungar Coalfield, Inner Mongolia, Northern China [J]. Acta Geologica Sinica (English Edition), 87(4): 1097-1108.

SUN Y Z, ZHAO C L, LI Y H, et al, 2012. Li distribution and mode of occurrences in Li-bearing coal seam #6 from the Guanbanwusu Mine, Inner Mongolia, Northern China [J]. Energy Exploration & Exploitation, 30(1): 109-130.

SUN Y Z, 2003. Petrologic and geochemical characteristics of "barkinite" from the Dahe Mine, Guizhou Province, China [J]. International Journal of Coal Geology, 56(3-4): 269-276.

SVERJENSKY D A, 1984. Europium redox equilibria in aqueous solution [J]. Earth and Planetary Science Letters, 67(1): 70-78.

SWAINE D J, 1990. Trace Element in Coal [M]. Essex: Butterworth-Heinemann.

TAO Z P, JIAO Y Q, WU L Q, et al, 2020. Architecture of a sandstone uranium reservoir and the spatial distribution of its internal carbonaceous debris: A case study of the Zhiluo Formation, eastern Ordos Basin, northern China [J]. Journal of Asian Earth Sciences,191:104219.

TAUNTON A E,WELCH S A,BANFIELD J F,2000. Microbial controls on phosphate and lanthanide distributions during granite weathering and soil formation [J]. Chemical Geology,169(3-4):371-382.

TAYLOR S R,MCLENNAN B,1985. The continental crust: its composition and evolution [M]. Oxford: Blackwell scientific publication.

THOMAS L,2002. Coal Geology [M]. New York: John Wiley & Sons.

THOMPSON S,COOPER B S,MORLDY R J,et al,1985. Oil-generating coals. In: Thoms BM et al. eds. Petroleum Geochemistry in Exploration of the Norwegian Shelf [C]. Stavanger: Norwegian Petroleum Society (NPF) conference.

THOMSON J,HIGGS N C,WILSON T R S,et al,1995. Redistribution and geochemical behaviour of redox-sensitive elements around S1, the most recent eastern Mediterranean sapropel [J]. Geochimica et Cosmochimica Acta,59(17):3487-3501.

TIAN C,ZHANG J Y,ZHAO Y C,et al,2014. Understanding of mineralogy and residence of trace elements in coals via a novel method combining low temperature ashing and float-sink technique [J]. International Journal of Coal Geology,131:162-171.

TISSOT B P,WELTE D H,1984. Petroleum formation and occurrence, revised edition [M]. New York: Springer Nerlag.

TRIBOVILLARD N,ALGEO T J,LYONS T,et al,2006. Trace metals as paleoredox and paleoproductivity proxies: An update [J]. Chemical Geology,232(1-2):12-32.

VANDERVENNE F I,BARãO A L,SCHOELYNCK J,et al,2013. Grazers: biocatalysts of terrestrial silica cycling[J]. Proceedings of the Royal Society B-Biological Sciences,280(1772):1-9.

VERMEIRE L T,WESTER D B,MITCHELL R B,et al,2005. Fire and grazing effects on wind erosion, soil water content, and soil temperature[J]. Journal of Environmental Quality,34(5):1559-1565.

VOLKERT R A,JOHNSON C A,TAMASHAUSKY A V,2000. Mesoproterozoic graphite deposits, New Jersey Highlands: geologic and stable isotopic evidence for possible algal origins [J]. Canadian Journal Earth Sciences,37(12):1665-1675.

WALLACE A R,2003. Regional Geologic Setting of Late Cenozoic Lacustrine Diatomite Deposits, Great Basin and Surrounding Region: Overview and Plans for Investigation [C]//BLISS J D,MOYLE P R,LONG K R. Contributions to Industrial-Minerals Research. USGS Numbered Series, Report, Bulletin 2209-B.

WANG B,RUST J,ENGEL M S,et al,2014. A Diverse Paleobiota in Early Eocene Fushun Amber from China [J]. Current Biology,24 (14):1606-1610.

WANG J X,WANG Q,SHI J,et al,2015. Distribution and enrichment mode of Li in the No. 11 coal seam from Pingshuo mining district, Shanxi province [J]. Energy Exploration & Exploitation,33(2):203-216.

WANG Q F,DENG J,LIU X F,et al,2010. Discovery of the REE minerals and its geological significance in the Quyang bauxite deposit, West Guangxi, China [J]. Journal of Asian Earth Sciences,39(6):701-712.

WANG W F,QIN Y,QIAN F C,et al,2014. Partitioning of elements from coal by different solvents extraction [J]. Fuel,125:73-80.

WANG W F,QIN Y,SANG S X,et al,2008. Geochemistry of rare earth elements in a marine influenced coal and its organic solvent extracts from the Antaibao mining district, Shanxi, China [J]. International Journal of Coal Geology,76(4):309-317.

WANG X M,PAN Z J,et al,2019. Abundance and distribution pattern of rare earth elements and Yttrium in vitrainband of high-rank coal from the Qinshui basin, northern China [J]. Fuel,248:93-103.

WANG X Q, JIANG G Q, SHI X Y,et al,2016. Paired carbonate and organic carbon isotope variations of the EdiacaranDoushantuo Formation from an upper slope section at Siduping, South China [J]. Precambrian Research,273:53-66.

WEI Q, DAI S F, LEFTICARIU L,et al,2018. Electron probe microanalysis of major and trace elements in coals and their low-temperature ashes from the Wulantuga and Lincang Ge ore deposits, China [J]. Fuel, 215: 1-12.

WEI Q, RIMMER S M, DAI S F,2017. Distribution of trace elements in fractions after micronization and density-gradient centrifugation of high-Ge coals from the Wulantuga and Lincang Ge ore deposits, China [J]. Energy & Fuels,31(11):11 818-11 837.

WOOD S A,1996. The role of humic substances in the transport and fixation of metals of economic interest (Au, Pt, Pd, U, V) [J]. Ore Geology Reviews,11(1-3):1-31.

XIAO L, XU Y G,MEI H J,et al,2004. Distinct mantle sources of low-Ti and high-Ti basalts from the western Emeishan large igneous province, SW China: implications for plume-lithosphere interaction [J]. Earth and Planetary Science Letters,228(3-4):525-546.

XU Y C,SHEN P,1996. A study of natural gas origins in China [J]. AAPG Bulletin, 80(10): 1604-1614.

XU Y G, CHUNG S L,JAHN B M,et al,2001. Petrologic and geochemical constraints on the petrogenesis of Permo-Triassic Emeishan flood basalts in southwestern China [J]. Lithos,58(3-4):145-168.

YAN G, WEI C, SONG Y,et al,2017. Pore characteristics of organic-rich shale in the Carboniferous-Permian coal-bearing strata in Qinshui Basin [J]. Energy Exploration & Exploitation,35(5): 645-662.

YIN Z W, CAI C Y, HUANG D Y,et al,2017. Specialized adaptations for springtail predation in Mesozoic beetles [J]. Scientific Reports,7(1):98.

YU T T, KELLY R, MU L,et al,2019. An ammonite trapped in Burmese amber [J]. PNAS,116(23):11 345-11 350.

YUDOVICH Y E,2003. Coal inclusions in sedimentary rocks: a geochemical phenomenon[J]. International Journal of Coal Geology,56(3-4): 203-222.

YUE L, JIAO Y Q, WU L Q,et al,2020. Evolution and origins of pyrite in sandstone-type uranium deposits, northern Ordos Basin, north-central China, based on micromorphological and compositional analysis [J]. Ore Geology Reviews,118:103-334.

YUE L, JIAO Y Q, WU L Q,et al,2019. Selective crystallization and precipitation of authigenic pyrite during diagenesis in uranium reservoir sandbodies in Ordos Basin [J]. Ore Geology Reviews,107:532-545.

ZELT F B,1985. Natural gamma-ray spectrometry, lithofacies, and depositional environments of selected Upper Cretaceous marine mudrocks, western United States, including Tropic Shale and Tunink Member of Mancos Shale [R]. New Jersey: Princeton University.

ZENG R S,ZHUANG X G, KOUKOUZAS N,et al,2005. Characterization of trace elements in sulphur-rich Late Permian coals in the Heshan coal field, Guangxi, South China [J]. International Journal of Coal Geology,61(1-2):87-95.

ZHANG F, JIAO Y Q, WU L Q, et al, 2020. Changes in physicochemical properties of organic matter by uranium irradiation: A case study from the Ordos Basin in China [J]. Journal of Environmental Radioactivity, 211: 106105.

ZHANG F, JIAO Y Q, WU L Q, et al, 2019b. Enhancement of organic matter maturation because of radiogenic heat from uranium: A case study from the Ordos Basin in China [J]. AAPG Bulletin, 103(1): 157–176.

ZHANG F, JIAO Y Q, WU L Q, et al, 2019a. In–situ analyses of organic matter maturation heterogeneity of uranium–bearing carbonaceous debris within sandstones: A case study from the Ordos Basin in China [J]. Ore Geology Review, 109: 117–129.

ZHANG F, JIAO Y Q, WU L Q, et al, 2019c. Relations of Uranium Enrichment and Carbonaceous Debris within the Daying Uranium Deposit, Northern Ordos Basin [J]. Journal of Earth Science, 30(1): 142–157.

ZHANG J Z, LI X Q, WEI Q, et al, 2017. Quantitative characterization of pore–fracture system of organic–rich marine–continental shale reservoirs: A case study of the Upper Permian Longtan Formation, Southern Sichuan Basin, China [J]. Fuel, 200(0): 272–281.

ZHANG J Z, LI X Q, ZHANG X Q, et al, 2018. Geochemical and geological characterization of marine–continental transitional shalesfrom Longtan Formation in Yangtze area, South China [J]. Marine & Petroleum Geology, 96(0): 1–15.

ZHANG W C, REZAEE M, BHAGAVATULA A, et al, 2015. A Review of the Occurrence and Promising Recovery Methods of Rare Earth Elements from Coal and Coal By–Products [J]. International Journal of Coal Preparation and Utilization, 35(6): 295–330.

ZHANG X Y, ZHANG F Y, CHEN X, et al, 2012. REEs fractionation and sedimentary implication in surface sediments from eastern South China Sea [J]. Journal of Rare Earths, 30(6): 614–620.

ZHAO L, WARD C R, FRENCH D, et al, 2015. Major and trace element geochemistry of coals and intra–seam claystones from the Songzao Coalfield, SW China [J]. Minerals, 5(4): 870–893.

ZHENG L G, LIU G J, CHOU C L, et al, 2007. Geochemistry of rare earth elements in Permian coals from the Huaibei Coalfield, China [J]. Journal of Asian Earth Sciences, 31(2): 167–176.

ZHENG Q M, SHI S L, LIU Q F, et al, 2017. Modes of occurrences of major and trace elements in coals from Yangquan Mining District, North China [J]. Journal of Geochemical Exploration, 175: 36–47.

ZHOU Y P, BOHOR B F, REN Y L, 2000. Trace element geochemistry ofaltered volcanic ash layers (tonsteins) in Late Permian coal–bearingformations of eastern Yunnan and western Guizhou Province, China [J]. International Journal of Coal Geology, 44(3–4): 305–324.

ZHUANG X G, QUEROL X, ALASTUEY A, et al, 2006. Geochemistry and mineralogy of the Cretaceous Wulantuga high–germanium coal deposit in Shengli coal field, Inner Mongolia, Northeastern China [J]. International Journal of Coal Geology, 66(1–2): 119–136.

ZOU J H, LIU D, TIAN H M, et al, 2014. Anomaly and geochemistry of rare earth elements and yttrium in the late Permian coal from the Moxinpo mine, Chongqing, southwestern China [J]. International Journal of Coal Science & Technology, 1: 23–30.